# Mathematik im Kontext

*Herausgeber:*
Prof. Dr. David E. Rowe
Prof. Dr. Klaus Volkert

Martina R. Schneider

# Zwischen zwei Disziplinen

## B. L. van der Waerden und die Entwicklung der Quantenmechanik

 Springer

Dr. Martina R. Schneider
Johannes Gutenberg Universität Mainz
Fachbereich 8
Institut für Mathematik
Staudinger Weg 9
55099 Mainz
Deutschland
mschneider@mathematik.uni-mainz.de

ISSN 2191-074X          e-ISSN 2191-0758
ISBN 978-3-642-21824-8      e-ISBN 978-3-642-21825-5
DOI 10.1007/978-3-642-21825-5
Springer Heidelberg Dordrecht London New York

Die Deutsche Nationalbibliothek verzeichnet diese Publikation in der Deutschen Nationalbibliografie; detaillierte bibliografische Daten sind im Internet über http://dnb.d-nb.de abrufbar.

Mathematics Subject Classification (2010): 01A02, 20C03, 81R03

*Einbandentwurf:* deblik, Berlin (Portrait von B. L. van der Waerden (ca. 1931), Quelle: Mathematisches Forschungsinstitut Oberwolfach)

Gedruckt auf säurefreiem Papier

Springer ist Teil der Fachverlagsgruppe Springer Science+Business Media (www.springer.com)

*„Die Menschen können nicht sagen,
wie sich eine Sache zugetragen,
sondern nur wie sie meinen,
daß sie sich zugetragen hätte."*

*(Georg Christoph Lichtenberg,
Sudelbuch C, 375)*

# Vorwort

Die vorliegende Arbeit wurde im Oktober 2009 in leicht modifizierter Form als Dissertation an der Bergischen Universität Wuppertal eingereicht und von dem Förderverein der Sächsischen Akademie der Wissenschaften zu Leipzig mit dem Nachwuchsförderpreis 2010 ausgezeichnet. Die vielschichtige Themenstellung verdanke ich meinem Betreuer Erhard Scholz. Er schlug vor, die Beiträge des jungen van der Waerden zur gruppentheoretischen Methode in der Quantenmechanik aus mathematikhistorischer Perspektive zu untersuchen. Dies war eine große, aber zugleich sehr lohnenswerte Herausforderung. Denn zum einen bedeutete dies für mich als Mathematikerin und Mathematikhistorikerin, mich mit Physik auseinanderzusetzen, und zum anderen eröffneten sich damit für mich neue und fruchtbare Fragestellungen. Die Gestaltung der Wechselbeziehungen zwischen Mathematik und Physik begleiteten mich dann nicht nur in meiner Dissertation, sondern ab 2006 auch im Rahmen meiner Arbeit in einem Projekt der Sächsischen Akademie der Wissenschaften zu Leipzig. So ergaben sich manche Synenergien. Mein Leipziger Arbeitskollege Karl-Heinz Schlote war mir stets ein wichtiger Diskussionspartner. Er hat einen nicht unerheblichen Anteil daran, dass die vorliegende Arbeit ihren Abschluss fand.

So gilt mein Dank an erster Stelle Erhard Scholz und Karl-Heinz Schlote, die diese Arbeit über Jahre hinweg mit Interesse, Geduld und vielen Anregungen begleiteten. Aber sie waren nicht die einzigen, welche mich beim Verfassen dieser Arbeit auf mannigfache Weise unterstützten. Für die Möglichkeit, mein Thema in Fachkreisen (Berlin, Budapest, Edinburgh, Leipzig, Mainz, Oberwolfach, Paris, Utrecht, Wien, Wuppertal, Xi'an) vorstellen und diskutieren zu können, bedanke ich mich bei all jenen, die mich zu einem Vortrag einluden. Ebenfalls geht mein Dank an die Teilnehmerinnen und Teilnehmer dieser Tagungen oder Kolloquien und an all die Kolleginnen und Kollegen, deren Fragen und Interesse mich zu weiterem Nachdenken anregten, die mir Hinweise gaben oder auf konstruktive Weise weiterhalfen: Gerard Alberts, Tom Archibald, Charlotte Bigg, Arianna Borrelli, Henk Bos, Karine Chemla, Leo Corry, Yvonne Dold-Samplonius, Moritz Epple, José Ferreirós, Della Fenster, Domenico Giulini, Catherine Goldstein, Hubert Gönner, Jeremy Gray, Niccolò Guicciardini, Uta Hartmann, Tom Hawkins, Wiebke Herr, Marijn Hollestelle, Tinne Hoff Kjeldsen, Christoph Lehner, Birgit Petri, Qu Anjing, Gerhard Rammer,

Volker Remmert, Jim Ritter, Laura Rodríguez, David Rowe, Tilman Sauer, Norbert Schappacher, Gregor Schiemann, Joachim Schwermer, Skuli Sigurdsson, Reinhard Siegmund-Schultze, Silke Slembeck, Friedrich Steinle, Michael Stöltzner, Klaus Volkert, Scott Walter, Gerlinde und Hans Wußing. Die „Novembertagungen" zur Geschichte der Mathematik und die interdisziplinären Leipziger „Kneipenseminare" waren zudem für mich wichtige Foren des informellen Gedankenaustausches. Herzlichen Dank an alle, die zu dieser offenen und intellektuell fruchtbaren Atmosphäre beitrugen. Da diese Arbeit zu einem nicht unerheblichen Teil auf der Auswertung von Korrespondenzen und Universitätsakten beruht, geht mein herzlicher Dank auch an die vielen ungenannten Mitarbeiterinnen und Mitarbeiter in den Archiven, welche mir bei meiner Suche behilflich waren. Ihre Arbeit wird zu selten gesehen.

Dass die Arbeit so schnell erscheinen konnte, verdanke ich dem Springer-Verlag, insbesondere Clemens Heine, sowie den beiden Initiatoren der neuen mathematikhistorischen Reihe *Mathematik im Kontext* David Rowe und Klaus Volkert.

Meiner Familie, meinen Freundinnen und Freunden danke ich, dass sie mich in jeder Hinsicht unterstützten und Nachsicht mit mir hatten, wenn ich wieder einmal keine Zeit zu haben glaubte.

Last but not least: Auch der Bergischen Universität Wuppertal gilt mein ausdrücklicher Dank, denn die Förderung durch das Graduiertenstipendium ermöglichte diese Arbeit.

Mainz, im März 2011                                                           *Martina R. Schneider*

# Inhaltsverzeichnis

# Abbildungsverzeichnis

# Abkürzungen

| | |
|---|---|
| AHQP | Archives for the History of Quantum Physics |
| AIP | American Institue for Physics |
| BBG | Gesetz zur Wiederherstellung des Berufsbeamtentums |
| BPM | Bataafsche Petroleum Maatschappij (heute Shell) |
| CERN | European Organization for Nuclear Research |
| CPH | Communistische Partij in Holland |
| CWI | Centrum voor Wiskunde en Informatica, Amsterdam |
| DM | Deutsches Museum, München |
| DMV | Deutsche Mathematiker-Vereinigung |
| ENB | Ehrenfest Notebooks |
| ESC | Ehrenfest Scientific Correspondence |
| ETH | Eidgenössische Technische Hochschule |
| ETHZH | ETH-Bibliothek Zürich, Spezialsammlungen, Nachlässe |
| GA | Groninger Archieven |
| GAA | Gemeentearchief Amsterdam |
| HBS | Hogere Burgers School |
| IEB | International Education Board |
| IEBvdW | Rockefeller Archive Center, Rockefeller Foundation Archives, Rockefeller Related Special Collection, International Education Board, Series I Appropriations, Sub-Series 3, Box 61, Folder 1027 „Bartel Leendert van der Waerden, 1925–1933 (mathematics)" |
| MB | Museum Boerhaave, Leiden |
| MC | Mathematisch Centrum, Amsterdam |
| MI | Mathematisches Institut, Göttingen |
| MPI | Max-Planck-Institut |
| NSDAP | Nationalsozialistische Deutsche Arbeiterpartei |
| NSUB | Niedersächsische Landes- und Universitätsbibliothek, Handschriftenabteilung, Göttingen |
| NvdW | Nachlass B. L. van der Waerden, ETH-Bibliothek Zürich (Spezialsammlungen, Nachlässe, HS 652) |
| o. D. | ohne Datumsangabe |

| o. O. | ohne Ortsangabe |
|---|---|
| RAC | Rockefeller Archive Center, New York |
| RACTisdale | Rockefeller Archive Center, Rockefeller Foundation, Record Group 12.1, Officer's Diaries, Wilbur E. Tisdale |
| RANH | Rijksarchief Noordholland (Haarlem) |
| RuGA | Rijksuniversiteit Groningen Archief |
| SA | Sturmabteilung (Bis 1933 paramilitärische Kampforganisation der NSDAP, danach vorübergehende staatliche „Hilfspolizei") |
| SDAP | Sociaal Democratische Arbeiterspartij |
| SDP | Sociaal Democratische Partij |
| SS | Sommersemester |
| UAG | Universitätsarchiv Göttingen |
| UAL | Universitätsarchiv Leipzig |
| ULA | Universiteit Leiden Archief |
| WG | Wiskundig Genootschap |
| WS | Wintersemester |

# Einleitung

Ein Kennzeichen der Anfang des 20. Jahrhunderts entstandenen „modernen" physikalischen Theorien, der Relativitätstheorie und der Quantenmechanik, ist ihre starke Durchdringung mit abstrakten mathematischen Konzeptionen. Letztere sind für ein physikalisches Verständnis grundlegend, jedoch führten und führen sie durch ihre ‚Unanschaulichkeit' zum Teil zu fundamentalen Deutungsschwierigkeiten. In der Relativitätstheorie bilden im Fall der speziellen der Minkowskiraum (ein semi-euklidischer vierdimensionaler reeller Raum) und im Fall der allgemeinen eine Riemannsche Mannigfaltigkeit die mathematische Basis. In der Quantenmechanik kommt einem Hilbertraum von quadratintegrierbaren Funktionen eine zentrale Stellung zu. Aber auch weitere mathematische Konzeptionen fanden Eingang in diese physikalischen Theorien. Für die Quantenmechanik sind hier beispielsweise die Wahrscheinlichkeitstheorie (für eine – nicht unumstrittene – Interpretation) oder die Gruppen- und Darstellungstheorie (für das Erfassen von Symmetrien) zu nennen. Physik und Mathematik gehen also in den genannten physikalischen Theorien eine sehr enge Verbindung ein, so dass eine Analyse des Wechselverhältnisses der beiden Disziplinen äußerst vielversprechend erscheint.

Die vorliegende Untersuchung möchte am Beispiel des Engagements des niederländischen Mathematikers Bartel L. van der Waerden (1903–1996) auf dem Gebiet der gruppentheoretischen Methode in der Quantenmechanik einige Dynamiken dieser Wechselbeziehungen aufzeigen und so zu einer differenzierten Erfassung des Gesamtprozesses beitragen. Es zeigt sich auch hier, dass dieser Prozess keine disziplinäre Einbahnstraße ist, sondern dass beide Disziplinen, Mathematik und Physik, von dem Austausch profitieren. Van der Waerden agierte dabei „zwischen" den beiden Disziplinen im folgenden Sinn: Er stand Physikern als mathematischer Berater zur Verfügung und versuchte auf deren Wünsche einzugehen, selbst wenn dies ab und an bedeutete, auf die, seiner Meinung nach, mathematisch sachgemäßeste Darstellung zu verzichten und einfache, konkret nachrechnenbare Ansätze zu wählen. Er scheute aber auch nicht davor zurück, neue Konzepte der modernen Algebra in seinen physikalischen Arbeiten zu benutzen, falls er dies für angebracht hielt. Die Offenheit für die Interessen der Physiker sowie die pragmatische Haltung in Hinblick auf die Mathematik sind für van der Waerdens frühe quantenmechanische

1

Beiträge charakteristisch. Gerade im Vergleich mit den Arbeiten der beiden anderen Pioniere der gruppentheoretischen Methode in der Quantenmechanik, dem Physiker Eugen Wigner und dem Mathematiker Hermann Weyl, wird deutlich, dass alle drei Wissenschaftler unterschiedlich an diese Thematik herangingen. So eröffnet sich ein breites Spektrum in der Ausgestaltung der Wechselbeziehungen zwischen den beiden Disziplinen.

Während die Geschichte der Relativitätstheorie in den letzten Jahren sowohl physikhistorisch als auch mathematikhistorisch verstärkt aufgearbeitet wurde, gilt dies für die sich anschließende Entwicklung der Quantenmechanik nur für den physikhistorischen Zugang.[1] Eine mathematikhistorische Erforschung der Quantenmechanik steht jedoch im Wesentlichen noch aus, auch wenn einzelne Teilaspekte bereits ansatzweise untersucht wurden.[2] Hier setzt die vorliegende Untersuchung an. Sie analysiert und kontextualisiert die Publikationen van der Waerdens zur Quantenmechanik bis Mitte der 30er Jahre des letzten Jahrhunderts. Als historiographische Detailstudie stellt sie damit einen weiteren Schritt zur Erforschung der Geschichte der Quantenmechanik aus mathematikhistorischer Perspektive dar.

Für den Bereich der gruppentheoretischen Methode in der Quantenmechanik, also den Bereich der Quantenmechanik, welchen van der Waerdens Arbeiten berühren, liegen bereits erste wissenschaftshistorische Analysen vor.[3] Von physikhistorischer Seite ermöglichen Mehra und Rechenberg einen zusammenfassenden Überblick für den Zeitraum von ca. 1926 bis 1933.[4] Der jüngst erschienene Artikel von Borrelli bietet einen detaillierten Einblick zur Entwicklung der gruppentheoretischen Methode durch E. Wigner aus derselben Perspektive.[5] Borrelli zeigt auf, wie Wigner zu diesem Ansatz kam, wie er Methoden aus seinen Studien mit H. Mark und K. Weissenberg zur Kristallographie zur Ableitung von Auswahlregeln in der Quantenmechanik nutzbar machte, wie er diese auf weitere quantenmechanische Fragestellungen adaptierte und welchen Einfluss der Mathematiker und Freund Wigners J. von Neumann auf die Entstehung der diesbezüglichen Arbeiten hatte. Borrelli ergänzt damit eine frühere, eher chemiehistorisch angelegte Studie zur gleichen Thematik von Chayut und korrigiert einige der dort geäußerten Ein-

---

[1] Es sei dazu auf die sechsbändige Abhandlung von Mehra und Rechenberg (1982–2000) sowie auf Beller (1999); Darrigol (2003); Hendry (1984) und auf die biographischen Werke zu W. Heisenberg (Cassidy, 2001) und P. A. M. Dirac (Kragh, 1990) verwiesen. Zudem wird derzeit am Max-Planck-Institut für Wissenschaftsgeschichte in Berlin ein Projekt zur Geschichte der Quantenmechanik durchgeführt.

[2] Zu letzteren zählen beispielsweise die Axiomatisierung der Quantenmechanik durch D. Hilbert, J. von Neumann und P. Jordan (Lacki, 2000; Rédei und Stöltzner, 2001) und die Förderung der quantenmechanischen Forschung in Göttingen durch Hilbert (Schirrmacher, 2003b).

[3] Die Geschichte der Gruppen- und Darstellungstheorie vgl. beispielsweise Wußing (1984); Curtis (1999); Hawkins (2000), zu ihren historischen Bezügen zur Kristallographie und anderen anwendungsbezogenen Bereichen siehe Scholz (1989).

[4] Mehra und Rechenberg (2000, Abschn. III.4).

[5] Borrelli (2009).

schätzungen.[6] Von mathematikhistorischer Seite wurde für den Zeitraum von 1926 bis 1930 das Panorama der vielfältigen Anwendungsmöglichkeiten der gruppentheoretischen Methode in der Quantenmechanik durch Scholz beleuchtet.[7] In einem weiteren Artikel wandte sich Scholz vertiefend H. Weyl zu.[8] Er zeichnete Inhalt und Entstehungskontext von Weyls erster quantenmechanischer Arbeit, einem Aufsatz mit dem Titel „Quantenmechanik und Gruppentheorie", nach.[9]

Mit Wigner und Weyl sind bereits zwei wichtige Akteure für die Entwicklung und Verbreitung von gruppentheoretischen Methoden in der Quantenphysik genannt. Ihre jeweiligen Rollen in dem Prozess der Mathematisierung der Quantenmechanik wurden, wenngleich nicht in jeder Facette, durchaus plastisch herausgearbeitet.[10] Scholz' und Borrellis Analysen geben zu einer Modifikation der von Mackey aufgestellten These von zwei distinkten „Programmen" der beiden Wissenschaftler Anlass – auch wenn dies in ihren Arbeiten nicht explizit angesprochen wird.[11] Nach Mackey zielte Wigners Vorgehen stärker auf die konkrete Anwendung der Gruppentheorie in der Quantenmechanik, während Weyls Zugang konzeptioneller und auf die Fundierung der Quantenmechanik hin ausgerichtet gewesen sei. Die beiden jüngeren Analysen zeigen jedoch, dass sich beide Aspekte sowohl in den Arbeiten von Weyl als auch in denen von Wigner nachweisen lassen. Hier spiegelt sich die Komplexität des Wechselverhältnisses wider.

Die vorliegende Untersuchung knüpft an diese wissenschaftshistorischen Beiträge an und erweitert die bisherige Forschungsperspektive um eine mathematikhistorische Analyse zu van der Waerdens frühen quantenmechanischen Arbeiten. Van der Waerden begründete in zwei Arbeiten den Spinorkalkül für die Erfassung der Diracschen Wellengleichung des Elektrons im Kontext der speziellen und, zusammen mit L. Infeld, der allgemeinen Relativitätstheorie (1929, 1933) und publizierte 1932 eine Monographie mit dem Titel „Die gruppentheoretische Methode in der Quantenmechanik".[12] Diese Beiträge werden zwar in der Fachliteratur erwähnt,[13] wurden jedoch bisher nicht näher erörtert. Sie bilden den Fokus der vorliegenden Untersuchung, welche die folgenden drei Forschungskomplexe ins Zentrum stellt:

Der erste zentrale Forschungskomplex behandelt das Verhältnis van der Waerdens zur Physik. Während nämlich der Mathematiker Weyl sich bereits durch sein Buch „Raum Zeit Materie"[14] in der theoretischen Physik einen Namen erworben hatte, hatte der junge van der Waerden bis 1929 noch keinen Forschungsbeitrag zur

---

[6] Chayut (2001). Vgl. weitere diesbezügliche, chemiehistorisch ausgerichtete Arbeiten, beispielsweise Gavroglu (1995); Karachalios (2000); Schweber (1990); Simões (2003).

[7] Scholz (2006b).

[8] Scholz (2008).

[9] Weyl (1928a).

[10] Neben den bereits erwähnten Arbeiten von Scholz (2006b, 2008) und Borrelli (2009) sind zu nennen: Mackey (1988a); Sigurdsson (1991); Speiser (1988).

[11] Mackey (1988a,b, 1993).

[12] van der Waerden (1929); Infeld und van der Waerden (1933); van der Waerden (1932).

[13] Beispielsweise in Scholz (2006b) oder Mehra und Rechenberg (2000, Abschn. III.4).

[14] Weyl (1918).

Physik publiziert. Die bisherige biographische und autobiographische Literatur zu van der Waerden liefert zur Beantwortung dieses Themenkomplexes nur sehr wenige Anhaltspunkte.[15] Durch die Einbeziehung von umfangreichem Archivmaterial gelang eine zum Teil äußerst detailreiche Rekonstruktion der Entstehungskontexte seiner frühen quantenmechanischen Arbeiten sowie seiner Kontakte zur Physik, zu Physikern wie auch zu einigen zur mathematischen Physik arbeitenden Mathematikern bis Mitte der 1930er Jahre. Es zeigt sich zum einen, dass van der Waerden bereits seit seiner Studienzeit an physikalischen Fragestellungen interessiert war – seine erste, in den gängigen Bibliographien[16] unberücksichtigte Publikation beschäftigte sich populärwissenschaftlich mit der Relativitätstheorie – und zum anderen, dass seine wissenschaftlichen Netzwerke für seine frühen Publikationen zur Physik entscheidend waren. Insbesondere wird die tragende Rolle eines niederländischen Netzwerks um den Leidener Physikprofessor P. Ehrenfest herausgearbeitet. Im Rahmen der Archivstudien konnten zudem einige Lücken geschlossen sowie mehrere teilweise widersprüchliche Angaben in der bisherigen biographischen und autobiographischen Literatur zu van der Waerden aufgeklärt werden. So leistet die vorliegende Arbeit auch einen Beitrag zu einer umfassenden wissenschaftlichen Biographie van der Waerdens.

Der zweite zentrale Forschungskomplex besteht in der inhaltlichen Analyse und weiteren Kontextualisierung von van der Waerdens frühen quantenmechanischen Arbeiten. Aus mathematikhistorischer Perspektive stehen hier Fragen bezüglich der ‚Verwendung' von Mathematik im Mittelpunkt: Welche mathematischen Konzepte nutzte van der Waerden explizit und implizit? Wie führte er sie ein und wie modifizierte er diese? Was leisteten sie? In welchem Verhältnis stehen sie zu van der Waerdens eigenen mathematischen Arbeiten und zum Stand der mathematischen Forschung insgesamt? Da van der Waerden ein Vertreter der in den 1920er Jahren von E. Noether und E. Artin entwickelten sogenannten „modernen" Algebra war, wird hier insbesondere der Frage nachgegangen, inwiefern van der Waerden moderne algebraische Konzepte und Methoden in seinen gruppentheoretischen Beiträgen zur Quantenmechanik einsetzte. Die vorliegende Analyse zeigt, dass van der Waerden sehr differenziert vorging. Nur selten griff er auf die moderne algebraische Vorgehensweise zurück, die er dann gegebenenfalls den – von ihm beobachteten oder vermuteten – Bedürfnissen des physikalischen Kontexts und der Physiker anzupassen versuchte. Eine ähnliche Flexibilität in der Wahl seiner Methoden konnte bereits für van der Waerdens Beiträge zur algebraischen Geometrie dargelegt wer-

---

[15] In den biographischen Arbeiten (Thiele, 2009, 2004; Schappacher, 2007) und (Soifer, 2009, Kapitel 36 bis 39), die sich alle auf Teilaspekte von van der Waerdens Leben konzentrieren, den Würdigungen (Gross, 1973; Frei, 1993), den Nachrufen (Scriba, 1996a,b; Dold-Samplonius, 1997; Frei, 1998) und den autobiographischen Werken (Dold-Samplonius, 1994; van der Waerden, 1997(1979)) werden zwar häufig van der Waerdens Publikationen zur Physik erwähnt, aber es wird nur selten auf die Thematik näher eingegangen. Meist findet das Leipziger, seltener das Göttinger Umfeld eine kurze Erwähnung, beispielsweise bei Dold-Samplonius (1994, S. 137 f.), Scriba (1996a, S. 14), Frei (1998, S. 136) und van der Waerden (1997(1979), S. 22). Die Arbeiten von Eisenreich (1981) und Schlote (2008) gehen inhaltlich etwas ausführlicher auf die in Leipzig entstandenen van der Waerdenschen Publikationen ein.

[16] Gross (1973); Top und Walling (1994).

den.[17] Durch den Vergleich mit anderen Arbeiten, insbesondere denen von Weyl und Wigner, wird versucht, das Spezifische an van der Waerdens Vorgehensweise aufzuzeigen. Neben der Einbettung in den mathematikhistorischen Kontext findet auch der quantenmechanische Berücksichtigung. Ebenso wird der Rezeption von van der Waerdens Arbeiten in der Quantenmechanik bis Ende der 1930er Jahre nachgegangen.

Damit wird der dritte, bereits eingangs erwähnte Forschungskomplex der vorliegenden Untersuchung berührt: die Wechselbeziehungen zwischen Mathematik und Physik in der Quantenmechanik. In der vorliegenden Untersuchung gelang es am Beispiel des Engagements von van der Waerden auf dem Gebiet der gruppentheoretischen Methode in der Quantenmechanik, einige Dynamiken dieser Wechselbeziehungen zu erfassen. So konnte herausgearbeitet werden, dass die häufig getroffene Einteilung[18] der Quantenphysiker in Befürworter und Gegner der gruppentheoretischen Methode irreführend ist, da damit die Gruppe der an dieser Methode interessierten Wissenschaftler unberücksichtigt bleibt. Es war nämlich ein Vertreter dieser Gruppe, Ehrenfest, der einige wichtige Impulse für die Entwicklung der gruppentheoretischen Methode gab, und z. B. van der Waerdens Arbeit zum Spinorkalkül anregte. Da Ehrenfest den späteren Kampfbegriff der Gegner der Gruppentheorie prägte („Gruppenpest"), wird er zudem manchmal fälschlich dem Lager der Gegner zugerechnet.[19]

Ein weiteres Ergebnis der vorliegenden Arbeit sei hier vorweg genommen, es betrifft van der Waerdens Motivation für sein quantenmechanisches Engagement. Beide Artikel zum Spinorkalkül gehen auf Anfragen von Physikern (Ehrenfest, Infeld) zurück. Damit können sie als eine Art von Serviceleistung gesehen werden. Außerdem verweist das Bedürfnis der Physiker nach einem Kalkül, einem „Rechenmechanismus"[20] (Ehrenfest), nicht nur auf Schwierigkeiten mit der mathematischen Theorie, sondern auch auf die Bedeutung von einfach zu handhabenden sowie im gewissen Sinne vertrauten Notationsformen für darstellungstheoretische Zusammenhänge, die, Werkzeugen gleich, flexibel einsetzbar sind. Damit sind einige Dynamiken aufgezeigt, welche meines Wissens nach in wissenschaftshistorischen Untersuchungen zu den Wechselbeziehungen bisher nicht zur Geltung kamen.

Schließlich wurde die Entstehung des sogenannten Casimiroperators und dessen Verwendung im Beweis der vollständigen Reduzibilität der Darstellungen halbeinfacher Liegruppen analysiert und damit eine Rückwirkung der quantenmechanischen auf die mathematische Forschung herausgearbeitet. Zwar ist dieses Beispiel bekannt,[21] jedoch konnte der physikalische Hintergrund der Beweise von H. B. G. Casimir und van der Waerden (1935) sowie von G. Racah (1950) deutlicher aufgezeigt werden.[22] Auch wenn einige der hier skizzierten Aspekte nicht

---

[17] Schappacher (2007).

[18] Beispielsweise in Sigurdsson (1991, S. 235-238) oder Mehra und Rechenberg (2000, Abschn. III.4(e)).

[19] Kragh (1990, S. 43).

[20] Ehrenfest an Epstein, 20.10.1929, MB, ESC 4, S.1, 21.

[21] Borel (1986, 1998, 2001); von Meyenn (1989).

[22] Casimir und van der Waerden (1935); Racah (1950).

unbedingt als typisch für das Wechselverhältnis zwischen Mathematik und Physik in der Quantenmechanik erachtet werden können, so demonstrieren sie doch die Vielschichtigkeit des noch weiter zu erforschenden Prozesses.

Die vorliegende Arbeit gliedert sich in vier Teile. Im ersten, an die Untersuchungsthematik heranführenden Teil wird der Hintergrund für van der Waerdens Arbeiten zur Quantenmechanik relativ breit bis ins Jahr 1928 dargestellt. Dabei wird auf darstellungstheoretische und quantenmechanische Entwicklungen eingegangen sowie van der Waerdens Werdegang skizziert. Die drei nächsten Teile sind chronologisch nach van der Waerdens Wirkungsstätten angeordnet. Im zweiten Teil wird sein Einstieg in die quantenmechanische Forschung in Groningen (1928–1931) beschrieben und Entstehungskontexte, Inhalt und Struktur seiner ersten Arbeit zum Spinorkalkül untersucht. Der dritte Teil zu van der Waerdens Zeit in Leipzig (1931–1945) ist bei Weitem der umfangreichste, denn in diese Zeit fallen seine anderen beiden frühen Beiträge zur Quantenmechanik sowie sein Beweis der vollen Reduzibilität der Darstellung von halbeinfachen Liegruppen. An eine Skizze van der Waerdens wissenschaftlichen Umfelds an der Universität Leipzig schließt sich ein Exkurs über sein Verhältnis zum Nationalsozialismus an. Dies trägt zum Verständnis von van der Waerdens Karriere in den Nachkriegsjahren in Holland und damit auch seiner Hinwendung zur angewandten Mathematik bei. Der Schwerpunkt des dritten Teils liegt mit sechs Kapiteln auf der Analyse seiner Monographie zu den gruppentheoretischen Methoden in der Quantenmechanik. Je ein weiteres Kapitel ist der Analyse und Kontextualisierung der gemeinsamen Arbeit mit Infeld zum allgemein-relativistischen Spinorkalkül und dem Casimiroperator gewidmet. Ein Ausblick auf van der Waerdens wissenschaftliche Karriere in den Niederlanden (1945–1951) und in Zürich (ab 1951) sowie auf seine Beschäftigung mit der Physik nach 1945 bilden den vierten und letzten Teil der vorliegenden Untersuchung. In diesem Zeitraum fallen weitere Veröffentlichungen van der Waerdens auf dem Gebiet der Quantenmechanik während der 1960er Jahre, die zweite veränderte Auflage seiner Monographie in englischer Sprache 1974 und einige wissenschaftshistorische Abhandlungen zur Geschichte der Quantenmechanik.[23] Diese Entwicklungen können jedoch nur angedeutet werden, weil der Kontext der Quantenmechanik jener Jahre ein völlig anderer und wissenschaftshistorisch noch unzureichend erschlossener ist. Den Abschluss dieser Arbeit bildet die Analyse eines Vortrags über das Wechselverhältnis zwischen Mathematik, Physik und Astronomie, den van der Waerden anlässlich seiner Emeritierung 1972 hielt.[24]

Die oben angesprochenen Forschungskomplexe werden, wie aus der Gliederung der Arbeit hervorgeht, nicht nacheinander abgearbeitet, sondern sind in der Untersuchung eng miteinander verwoben. Auf diese Weise werden Mikroebene und Makroperspektive verzahnt. Dies scheint für eine Erfassung von historischen – und damit von zeitlich komplex strukturierten – Prozessen durchaus angemessen. Die Vorgehensweise hat den Nachteil, dass die Darstellung unübersichtlich zu werden droht.

---

[23] Physikalische Arbeiten: van der Waerden (1963, 1965, 1966, 1974); physikhistorische Arbeiten: van der Waerden (1960, 1967, 1973b).

[24] van der Waerden (1973a).

Die Verfasserin hat versucht dem entgegenzuwirken, u. a. dadurch, dass den Teilen kurze Überblicksdarstellungen vorangestellt sowie die jeweiligen lokalen wissenschaftlichen Rahmenbedingungen in Hinblick auf van der Waerden in einleitenden Kapiteln zusammengestellt wurden. Weiterhin ist zu beachten, dass die Untersuchung Grundkenntnisse der Darstellungstheorie und der Quantenmechanik voraussetzt. Auch wenn an vielen Stellen zum Teil sogar Elementares aus diesen Bereichen erläutert wird, so kann die Abhandlung in der vorliegenden Form nicht als Einführung in diese Fachgebiete dienen.

Der in dieser Untersuchung thematisierte Mathematisierungsprozess beschränkte sich im 20. Jahrhundert nicht nur auf die Physik, sondern erfasste auch andere Disziplinen, wie beispielsweise die Chemie, die Wirtschaftswissenschaften oder die Soziologie. Natürlich verlief dieser Prozess in den verschiedenen Disziplinen sehr unterschiedlich in Bezug auf Zeitpunkt bzw. Zeitraum sowie auf Art und Umfang der Mathematisierung.[25] Eine genaue Analyse der Wechselbeziehungen am Beispiel der Quantenmechanik birgt dennoch das Potential, auch für das Verständnis anderer Mathematisierungsprozesse aufschlussreich zu sein und damit zugleich einen bescheidenen Beitrag zur Entwicklung der Wissenschaft im 20. Jahrhundert im Allgemeinen zu liefern.

---

[25] Für die gruppentheoretische Methode in der entstehenden physikalischen Chemie klingt dies im Kap. 14 an.

# Teil I

# Hintergrund: Die Entwicklung bis ca. 1928

In den folgenden Kapiteln werden einige Entwicklungen skizziert, die den Kontext für van der Waerdens frühe Beiträge zur Quantenmechanik bilden. Dies umfasst sowohl die Beschreibung des in den für das Thema relevanten Teilgebieten der Mathematik und Physik erreichten Kenntnisstandes wie auch die wissenschaftliche Karriere van der Waerdens. Insbesondere wird ein Überblick gegeben über die Entwicklung der Quantenmechanik, die Herausbildung der Darstellungstheorie und das Auftauchen gruppentheoretischer Methoden in der Quantenmechanik. Die Notwendigkeit für diese Auswahl ergibt sich aus dem Untersuchungsgegenstand: van der Waerdens physikalische Beiträge beschäftigen sich allesamt mit gruppentheoretischen Methoden in der Quantenmechanik. Mathematisch gesehen verbirgt sich hinter den „gruppentheoretischen Methoden" der damaligen Quantenmechanik im Wesentlichen die Darstellungstheorie von Gruppen. So könnte man präziser von „darstellungstheoretischen Methoden" sprechen – ein Ausdruck, der sich aber im Sprachgebrauch nicht eingebürgert hat.

Gemeinsam ist diesen einführenden Überblickskapiteln, dass die Darstellung meist um das Jahr 1928 endet – und damit kurz vor der Publikation von van der Waerdens erster physikalischer Abhandlung im Jahre 1929. In manchen Fällen werden die Entwicklungslinien etwas über diesen Zeitpunkt hinaus weiter gezogen, um keine künstlichen Brüche zu erzeugen. Die Anfangszeitpunkte variieren dagegen thematisch bedingt stark. Die Kapitel wurden chronologisch nach diesen Anfangszeitpunkten angeordnet: Dem Überblick zur Geschichte der Darstellungstheorie (Kap. 1) schließt sich ein Kapitel zur Entwicklung der Quantenmechanik (Kap. 2) und ein weiteres zum Aufkommen gruppentheoretischer Methoden in der Quantenmechanik an (Kap. 3). Abschließend wird van der Waerdens wissenschaftlicher Werdegang bis 1928 nachgezeichnet (Kap. 4). Durch diese Anordnung wird der Lesende systematisch an den Kern der Untersuchung herangeführt. Zu Beginn des zweiten Teils stehen damit wesentliche fachspezifische wie biographische Hintergrundinformationen zur Verfügung, die für ein tieferes Verständnis der frühen physikalischen Arbeiten van der Waerdens und deren kontextuelle Einordnung erforderlich sind.

Während die hier gegebenen Zusammenfassungen zur Geschichte der Darstellungstheorie und zur Geschichte der Quantenmechanik nur grob einige wenige grundlegende Entwicklungen wiedergeben können, gehen die Darstellungen zur gruppentheoretischen Methode und zu van der Waerdens Biographie stärker ins Detail. Hierbei wurden auch in der bisherigen Forschung unberücksichtigt gebliebene Aspekte einbezogen und in Einzelfällen Unbekanntes ans Tageslicht gebracht. Im dritten Kapitel betrifft dies insbesondere die Analyse der Rezeption der gruppentheoretischen Methode, im vierten das Herausarbeiten von van der Waerdens Verhältnis zur Physik und zu Physikern bis 1928.

# Kapitel 1
# Zur Geschichte der Darstellungstheorie

Die Darstellungstheorie von Gruppen hat ihre Wurzeln in vielen verschiedenen Teilgebieten der Mathematik des 19. Jahrhunderts. Sie wurde berührt und/oder (weiter-)entwickelt zur Beantwortung von Fragen und Problemen der Lieschen Transformationsgruppen, der Invariantentheorie, der Theorie der Differentialgleichungen, der Geometrie, der Arithmetik oder der Algebra – dem Bereich, dem sie heute zugerechnet wird –, aber auch in der Auseinandersetzung mit Grundlagenfragen der theoretischen Physik. In allen diesen Gebieten wurden Erkenntnisse gewonnen, welche sich für die Darstellungstheorie als fundamental herausstellten. Dies geschah nicht selten beiläufig, da das eigentliche Forschungsinteresse in eine andere Richtung ging. Daher können diese Forschungsergebnisse nicht ohne weiteres der Geschichte der Darstellungstheorie zugerechnet werden. Retrospektiv betrachtet, konstituieren sie vielmehr in diesen Fällen ihre Vorgeschichte, denn die Ergebnisse waren noch nicht das Produkt einer systematischen, an darstellungstheoretischen Fragestellungen orientierten Forschung. Die eigentliche Geschichte der Darstellungstheorie beginnt erst mit den Arbeiten von Frobenius und Burnside um die Jahrhundertwende vom 19. zum 20. Jahrhundert. Frobenius und Burnside entwickelten zunächst unabhängig voneinander fundamentale Konzepte der Darstellungstheorie für endliche Gruppen. Von einer Darstellungstheorie für Liegruppen kann man im engeren Sinne erst seit Weyls Arbeiten von 1925/26 sprechen. Weyl hob seinen integrativen Ansatz explizit hervor: „Hier sollen alle diese Fäden zu einem einheitlichen Ganzen verwoben werden."[26]

Die Vielfalt der Gebiete, in denen darstellungstheoretische Einsichten formuliert wurden, hatte zur Folge, dass die beteiligten Wissenschaftler die Beiträge der anderen oft gar nicht oder erst spät wahrnahmen. Daher wurden nicht selten Ergebnisse, die aus heutiger Sicht äquivalent sind, mehrfach formuliert und zwischen solchen, die aus heutiger Sicht zusammengehören, wurden selten oder erst spät Bezüge hergestellt. Diese Ignoranz gegenüber anderen Teilgebieten der Mathematik als den eigenen Forschungsgebieten stand nicht nur im Zusammenhang mit dem enormen

---

[26] Weyl (1925, S. 275). Die „Fäden" verweisen auf Arbeiten von Frobenius, Schur, Young, Schouten und Cartan (s. u.).

M.R. Schneider, *Zwischen zwei Disziplinen*, Mathematik im Kontext,
DOI 10.1007/978-3-642-21825-5_1, © Springer-Verlag Berlin Heidelberg 2011

Wachstum mathematischen Wissens, der Institutionalisierung der sich herausbilden-
den Disziplin der Mathematik und ihrer Ausdifferenzierung in viele Teildisziplinen
sowie mit ihrer Professionalisierung – alles Entwicklungen, die während der zweiten Hälfte des 19. Jahrhunderts begannen –, sondern auch mit spezifischen lokalen
Forschungsmilieus. Verschiedene mathematische Stile, Schulen und Herangehensweisen verstärkten in manchen Fällen das Ausblenden ganzer Teilgebiete. Beispielsweise beschäftigte sich Frobenius, der von der Berliner Mathematik der strengen
Begründung à la Weierstraß und Kronecker geprägt worden war und ein äußerst
vielseitiger Mathematiker war, nicht mit der in seinen Augen sicher als ungenü-
gend fundiert erscheinenden Theorie von Lie. Und damit nahm Frobenius auch nicht
É. Cartans an die Liesche Schule anknüpfenden strukturtheoretischen Ergebnisse zu
kontinuierlichen Gruppen zur Kenntnis, welche ganz im Sinne seiner Forschungsrichtung waren. Diese separaten Entwicklungen spiegeln sich in der Gliederung des
Abschnittes in einen zur Entwicklung der Darstellungstheorie von Gruppen endlicher Ordnung (1.1) und einen zu der von Liealgebren und Liegruppen (1.2) wider.

Eine umfassende Geschichte der Darstellungstheorie inklusive ihrer Vorgeschichte zu erarbeiten, ist allein schon aufgrund der Diversität der Forschungsgebiete, welche bei ihrer Herausbildung eine Rolle spielten, eine äußerst anspruchsvolle Aufgabe. Thomas Hawkins zeichnet in seiner Monographie *The emergence of the theory of Lie groups. An essay in the history of mathematics 1869–1926* ein detail-
reiches Bild der Geschichte der Liegruppen als Ergebnis seiner jahrezehntelangen
Forschungen.[27] Dazu gehört ganz wesentlich die Vorgeschichte und Geschichte der
Darstellungstheorie vor allem in Bezug auf Liegruppen. Hawkins beschreibt, wie
zwei disparate Entwicklungslinien – die Darstellungstheorie endlicher Gruppen von
Frobenius und Lies Theorie der Transformationsgruppen – letztlich in Weyls bahn-
brechenden Arbeiten zur Darstellung von Liealgebren 1925/26 zusammenfließen.
Hawkins berücksichtigt und analysiert dabei die verschiedenen Entstehungskontexte, wobei der Fokus auf der Entwicklung der Transformationsgruppen liegt. Neben
Hawkins umfassender Monographie sei auch auf das Buch von Charles W. Curtis
*Pioneers of representation theory: Frobenius, Burnside, Schur, and Brauer* hingewiesen. Curtis fokussiert stärker auf den Kontext der Gruppen endlicher Ordnung,
in welchem die Darstellungstheorie im heutigen Sinne entstand. Die untersuchte
zeitliche Spanne reicht bis in die 1940er Jahre. Curtis stellt dabei häufig Bezüge zur
jüngeren Forschung her und bezieht die Geschichte der polynomialen und modula-
ren Darstellung mit ein. Seine Darstellung ist stärker mathematisch orientiert.[28]

Im Folgenden wird ein kurzer Abriss der Entwicklung der Darstellungstheorie
bis Ende der 1920er Jahre gegeben, der sich im Wesentlichen auf die bereits erwähnte Sekundärliteratur stützt. Der Schwerpunkt liegt dabei auf solchen Entwicklungen, Konstruktionen und Konzepten, welche für die ersten Anwendungen der
gruppentheoretischen Methode in der Quantenmechanik von Bedeutung waren, vgl.
Kap. 3, oder/und für van der Waerdens Arbeiten, vgl. Teile II und III. Das sind
u. a. die Konzepte der Darstellung einer Gruppe sowie der (vollständigen) Zerleg-

---

[27] Hawkins (2000). Vgl. Hawkins (1971, 1972, 1974, 1982, 1998, 1999).

[28] Curtis (1999). Weitere Arbeiten in dieser Richtung sind: Lam (1998a,b); Slodowy (1999); Borel
(2001).

barkeit einer Darstellung in irreduzible, das Schursche Lemma, die Konstruktion der (irreduziblen) Darstellungen der Permutationsgruppe $S_n$, der Drehungsgruppe $SO_3(:= SO_3(\mathbb{R}))$ und der $SL_2(\mathbb{R})$, die Konstruktion von Spindarstellungen, Weyls Beweis der vollen Reduzibilität der endlich-dimensionalen Darstellung von komplexen halbeinfachen Liegruppen und der Satz von Peter und Weyl.[29] Die vielfältigen Entstehungskontexte werden nur angedeutet, da sie in der Sekundärliteratur ausführlich dargestellt sind. Diese Verkürzung hat leider zur Folge, dass nur in wenigen Fällen die Notation der Originalarbeiten aufgegriffen sowie ausführlich auf die zugrundeliegenden zeitgenössischen Konzepte eingegangen werden kann. Auch dafür sei auf die Sekundärliteratur verwiesen.[30] An dieser Stelle sei ebenfalls der physikalische Hintergrund von einigen darstellungstheoretischen Arbeiten Cartans und Weyls hervorgehoben. So ist bereits die frühe Entwicklung der Darstellungstheorie mit physikalischen Fragestellungen eng verknüpft – eine Verbindung, die bis heute immer wieder auftaucht und für die Darstellungstheorie durchaus fruchtbringend war und ist.

## 1.1 Darstellungstheorie endlicher Gruppen

Die grundlegenden Konzepte der Darstellungstheorie von Gruppen, wie vollständige Reduzibilität von Darstellungen oder Charaktere von Darstellungen, wurden von Georg Frobenius Ende der 1890er Jahren in Berlin entwickelt. Dies geschah nur in Bezug auf endliche Gruppen und im Kontext von arithmetischen Fragestellungen. Vorausgegangen war dem die Ausarbeitung einer Theorie der Charaktere. Um die Jahrhundertwende übertrugen William Burnside und Issai Schur Frobenius' Ansatz in andere mathematische Zusammenhänge der Invariantentheorie und erweiterten ihn um neue Konzepte und Erkenntnisse. 1905 entwickelte Schur die Darstellungstheorie systematisch ausschließlich im Rahmen der linearen Algebra. Damit lag erstmals eine umfassende, relativ einfache und eigenständige, d. h. von den Zusammenhängen zu ihren Entstehungskontexten befreite, Präsentation der Darstellungstheorie vor. Während Frobenius kontinuierliche Gruppen nicht in seine Untersuchungen einschloss, erkundeten Burnside und Schur durchaus einige Zusammenhänge zwischen den Darstellungen endlicher und kontinuierlicher Gruppen. Beide interessierten sich zunächst jedoch nicht für den Aufbau einer Darstellungstheorie kontinuierlicher Gruppen, vielmehr sahen sie darin eher eine Anwendungsmöglich-

---

[29] Die Bezeichnung der Gruppen folgt hier der Konvention, dass eine abstrakte Gruppe beispielsweise die Gruppe der Drehungen im dreidimensionalen reellen Raum durch $SO_3(\mathbb{R})$ (bzw. $SO_3$) bezeichnet wird, die zugehörige Matrizengruppe durch $SO(3,\mathbb{R})$ und die zugehörige Liealgebra durch Kleinbuchstaben.

[30] Hawkins (2000) erfasst die diversen konzeptionellen Kontexte in ihrem historischen Zusammenhang und führt auch die zeitgenössische Notation ein. Allerdings wechselt er nicht selten in eine dem heutigen Leser geläufige Darstellung und nutzt heutige Konzepte. Dies fördert meines Erachtens die Verständlichkeit. Durch eine entsprechende Kommentierung versucht Hawkins, den Lesenden vom Ziehen voreiliger Schlüsse abzuhalten.

keit der Darstellungstheorie endlicher Gruppen, welche deren Leistungsfähigkeit zeigen sollte.

## 1.1.1 Frobenius

Frobenius war ein vielseitiger Mathematiker. Er studierte in Berlin bei Kronecker und Weierstraß und wurde 1870 dort promoviert. Nach einer Professur am Polytechnikum Zürich, dem Vorläufer der Eidgenössischen Technischen Hochschule Zürich, wurde er 1892 zum Nachfolger von Kronecker in Berlin berufen. Vier Jahre später veranlasste ihn ein Problem zur Faktorisierung von „Gruppendeterminanten", das Richard Dedekind ihm gestellt hatte, dazu, eine Theorie von Gruppencharakteren und Darstellungen zu kreieren.[31] Die Gruppendeterminante $\Theta$ ist ein Polynom, dessen Zerlegung in (irreduzible) Faktoren in gewisser Weise die Struktur der betreffenden Gruppe wiedergibt. Frobenius untersuchte diesen Zusammenhang. Er verallgemeinerte den Dedekindschen Begriff von Gruppencharakter. Er zeigte, dass die von ihm für eine Gruppe $\mathfrak{G}$ (von endlicher Ordnung) definierten Gruppencharaktere $\psi^{(\lambda)}$ auf den Nebenklassen von $\mathfrak{G}$ konstant sind und die Orthogonalitätsrelation

$$\sum_{r \in \mathfrak{G}} \psi^{(\lambda)}(r)\overline{\psi^{(\mu)}(r)} = g \cdot \delta_{\lambda\mu}$$

erfüllen, wobei $g$ die Anzahl der Elemente von $\mathfrak{G}$ und $\delta_{\lambda\mu}$ das Kroneckerdelta ist. Er wies nach, dass die Gruppendeterminante durch die Gruppencharaktere vollständig bestimmt war, und nannte letztere deshalb schlicht Charaktere. Er zeigte, dass die Anzahl der verschiedenen Charaktere gleich der Anzahl der Nebenklassen ist. Er bezeichnete $f_{\psi^{(\lambda)}} := \psi^{(\lambda)}(1)$, wobei 1 die Identität der Gruppe ist, als „Grad" des Charakters $\psi^{(\lambda)}$ und bewies

$$g = \sum_{\lambda} f_{\psi^{(\lambda)}}^2$$

Mit diesen Mitteln berechnete er Charaktertafeln einiger Familien von Gruppen.[32]

In sich anschließenden Arbeiten stellte er seine Theorie der Charaktere in den Rahmen von Matrizen und betonte die Bedeutung dieses Schritts.[33] Er führte den Begriff „Darstellung" einer endlichen Gruppe durch Matrizen ein und entwickelte grundlegende Konzepte der Darstellungstheorie, wie beispielsweise den Grad einer Darstellung oder die Äquivalenz zweier Darstellungen. Er zeigte, wie Darstellungen und Charaktere zusammenhängen. Die Charaktere sind die Spur von „primitiven" (d. h. irreduziblen) Darstellungen

$$\psi^{(\lambda)}(r) = SpurR = \sum r_{ii},$$

---

[31] Frobenius knüpfte an Arbeiten von Gauß, Dirichlet und Dedekind zu „Charakteren" von binären quadratischen Formen an.

[32] Frobenius (1896a,b). Vgl. Hawkins (1971, 1974); Curtis (1999).

[33] Frobenius (1897, 1898, 1899).

wobei $R = (r_{ij})$ die Darstellungsmatrix von $r \in \mathfrak{G}$ in der durch den Charakter $\psi^{(\lambda)}$ bestimmten Darstellung ist. Die Zuordnung von Charakter und irreduzibler Darstellung konstruierte Frobenius über die heute als reguläre Darstellung bezeichnete Darstellung bzw. deren Zerlegung.[34] Er zeigte, dass zwei irreduzible Darstellungen genau dann äquivalent sind, wenn ihre Charaktere bzw. Spuren gleich sind.

Er bewies den **Satz über die reguläre Darstellung**: Die Anzahl von inäquivalenten irreduziblen Darstellungen einer Gruppe $\mathfrak{G}$ ist gleich der Anzahl der Nebenklassen von $\mathfrak{G}$. Seien $\mu_1, \ldots, \mu_k$ die irreduziblen Darstellungen der Gruppe und $f_\lambda$ der Grad von $\mu_\lambda$, dann tritt $\mu_\lambda$ genau $f_\lambda$ –mal in der vollständigen Zerlegung der regulären Darstellung auf.

Damit hatte Frobenius 1897 gezeigt, dass die reguläre Darstellung in irreduzible Darstellungen zerfällt. Dies war ein Vorläufer von dem 1899 von Heinrich Maschke bewiesenen Satz, der besagt, dass jede reduzible Darstellung einer Gruppe endlicher Ordnung vollständig reduzibel ist.[35] In Verbindung mit dem Konzept der irreduziblen Darstellung ergab sich daraus das **Theorem der vollständigen Zerlegbarkeit**, also dass für jede Darstellung $\phi : \mathfrak{G} \longrightarrow GL(n, \mathbb{C})$ einer Gruppe endlicher Ordnung eine Matrix $M$ existiert, so dass

$$M\phi(r)M^{-1} = \begin{pmatrix} \mu_1(r) & 0 & \cdots & & 0 \\ 0 & \mu_2(r) & 0 & \cdots & 0 \\ \vdots & 0 & \ddots & & \vdots \\ & & \vdots & & 0 \\ 0 & 0 & \cdots & 0 & \mu_m(r) \end{pmatrix}$$

ist, wobei $\mu_i$ irreduzible Darstellungen sind. Burnside formulierte dies 1902 explizit (s. u.).

Ein ähnlicher Satz für hyperkomplexe Zahlen (Algebren) war auch von dem estländischen Mathematiker Theodor Molien, der u. a. bei Felix Klein studiert hatte, aufgestellt und bewiesen worden.[36] Durch Eduard Study erfuhr Frobenius von Moliens Arbeiten kurz vor der Publikation seines Artikels (Frobenius, 1897). Beim weiteren Ausbau seiner Theorie der Darstellungen wandte er sich ebenfalls Algebren zu. Er definierte eine assoziative Algebra über $\mathbb{C}$, deren Basis die Gruppenelemente sind und welche heute als Gruppenalgebra bezeichnet wird. Er erwähnte in dieser Arbeit von 1899 die Ergebnisse von Molien.[37]

Frobenius studierte darüber hinaus die Relation zwischen den Charakteren einer Gruppe und denen ihrer Untergruppen. Er konstruierte die heute als induzierte Darstellung bekannte Darstellung und bewies den heute nach ihm benannten Reziprozitätssatz.

---

[34] Der Ausdruck reguläre Darstellung wurde von Frobenius nicht gebraucht.

[35] Maschke (1899). Maschke hatte bei F. Klein studiert und lehrte seit Anfang der 1890er Jahre in Chicago bei E. H. Moore.

[36] Molien (1893, 1897).

[37] Zur Rolle von Algebren, sowie von Maschke und Molien bei der Entstehung der Darstellungstheorie vgl. Hawkins (1972).

Schließlich gelang es Frobenius, unter Zuhilfenahme kombinatorischer Methoden das schwierige Problem der Berechnung der Charaktere der Gruppe der Permutationen $S_n$ für beliebiges $n \in \mathbb{N}$ zu lösen.[38] Dies diente seinem Doktoranden
Schur als Grundlage, um in seiner Doktorarbeit die polynomialen Darstellungen von
$GL_n(\mathbb{C})$ zu klassifizieren (s. u.). In einer weiteren Arbeit vereinfachte Frobenius die
Berechnung der Charaktere mit Hilfe von Young-Tableaus.[39] Frobenius erkannte,
dass man zur vollständigen Zerlegung einer Darstellung nicht mit rationalen Zahlen
auskam. Deshalb führte er zu jedem Charakter $\psi^{(\lambda)}(r)$ eine primitive charakteris-
tische Einheit $\varepsilon^{(\lambda)}(r)$ ein. Damit ließen sich Charaktere als Summe von primitiven
charakteristischen Einheiten ausdrücken. Die vollständige Ausreduktion der regulären Darstellung konnte dann mit Hilfe einer Matrix geschehen, deren Einträge dem
Körper der rationalen Zahlen, an den die $kg$ primitiven charakteristischen Einheiten
adjungiert werden ($k$ die Anzahl der Nebenklassen bzw. der inäquivalenten irreduziblen Darstellungen; $g$ die Gruppenordnung), entnommen waren. Zur Berechnung
der primitiven charakteristischen Einheiten der $S_n$ (und damit auch zur Berechnung
der Charaktere) entwickelte Frobenius sehr einfache Formeln, welche auf einem invariantentheoretischen Ansatz (Young-Tableaus) des britischen Mathematikers Alfred Young beruhten. Dabei dienten die Zerlegungen von $n$ in eine Summe von
natürlichen Zahlen $\alpha_i$

$$n = \alpha_1 + \alpha_2 + \dots \qquad \text{mit } \alpha_i \geq \alpha_{i+1}$$

zur Charakterisierung der Nebenklassen und damit auch der Charaktere bzw. der
irreduziblen Darstellungen von $S_n$.[40] Weyl übertrug mehr als 20 Jahre später diese
Konstruktion auf Liegruppen. Diese Erweiterung war, wie Hawkins überzeugend
argumentiert, damals außerhalb der Forschungsfragen von Frobenius.

### 1.1.2  Burnside

Etwa zur gleichen Zeit wie Frobenius forschte der britische Mathematiker William Burnside zu Gruppen endlicher Ordnung. Burnside hatte in Cambridge studiert
und lehrte seit 1885 als Professor am Royal Navel College in Greenwich. Im Anschluss an Arbeiten zur Hydrodynamik und elliptischen Funktionen wandte er sich
der Gruppentheorie zu, wobei er auch kontinuierliche Gruppen betrachtete. 1897
publizierte er die erste englischsprachige Monographie über die Theorie der Gruppen endlicher Ordnung.[41] Darin äußerte er sich noch zurückhaltend über den Nutzen
von Matrizen. Burnside kannte die wichtigsten Arbeiten von Lie, Study, Killing und
É. Cartan zur Lieschen Theorie der Transformationsgruppen und sah eine Möglichkeit, Frobenius' Arbeiten zu Gruppen endlicher Ordnung dort einzubringen. In drei

---

[38] Frobenius (1900). Vgl. Curtis (1999, Abschn. II.5).

[39] Frobenius (1903).

[40] Frobenius (1903, §10). Vgl. Hawkins (2000, S. 381 f.).

[41] Burnside (1897).

Arbeiten erkundete er 1898 den Zusammenhang zwischen kontinuierlichen Gruppen, deren infinitesimalen Gruppen und den Gruppen endlicher Ordnung.[42] Es gelang ihm, zu einer endlichen Gruppe $G$ eine Liegruppe zu definieren, deren Liealgebra die mit der Lieklammer $[a, b] = ab - ba$ versehene Gruppenalgebra $\mathbb{C}G$ ist. Er bewies einige der von Frobenius aufgestellten Sätze nochmals in seinem Rahmen. Burnside und Frobenius verfolgten genauestens die Publikationen des anderen.

In weiteren Arbeiten nutzte Burnside die Darstellungstheorie zum Studium der Struktur endlicher Gruppen. Er entwickelte die Theorie der Charaktere erneut und wählte dabei dezidiert einen anderen Zugang als Frobenius.[43] Dieser beruhte auf Ergebnissen aus der Invariantentheorie zur Klassifikation invarianter hermitescher Formen. So entstand die erste systematische Präsentation der Darstellungstheorie endlicher Gruppen – Burnside sah seine Präsentation als „logical presentment", welche „a self-contained point of view" einnimmt.[44] Beispielsweise definierte Burnside den Charakter einer Darstellung einer endlichen Gruppe $G$ in etwa so, wie es heute geläufig ist, als komplexwertige Funktion auf $G$, deren Wert bei $r \in G$ die Spur der darstellenden Matrix $R$ von $r$ ist. Außerdem führte er das Konzept der irreduziblen Darstellung ein:

> „A group of finite order $g$ is said to be *represented* as an *irreducible* group of linear substitutions on $m$ variables when $g$ is simply or multiply isomorphic with the group or linear substitutions, and when it is impossible to choose $m' (< m)$ linear functions of the variables which are transformed among themselves by every operation of the group."[45]

Wie sich herausstellte, war diese Definition zu Frobenius' Konzept der primitiven Darstellung äquivalent. Burnside prägte auch den Begriff vollständig reduzibel und bewies, dass jede Darstellung einer endlichen Gruppe entweder irreduzibel oder vollständig reduzibel ist. Dabei nutzte er u. a. Maschkes Arbeit. Außerdem bewies er einen im Vergleich zu Frobenius leicht erweiterten Satz über die reguläre Darstellung endlicher Gruppen direkt, ohne Rückgriff auf die Theorie der Charaktere. Um die Orthogonalitätsrelation zu beweisen, führte Burnside die „inverse" (d. i. kontragrediente) Darstellung ein, die aus einer gegebenen Darstellung entsteht, wenn die Matrixelemente komplex konjugiert werden. Schließlich führte er die „Komposition" von zwei Darstellungen ein, welche von Frobenius für Charaktere behandelt worden war. Diese Konstruktion ist heute als Kroneckerprodukt oder Tensorprodukt zweier Darstellung bekannt. Der Grad des Kroneckerprodukts zweier Darstellungen ist gerade das Produkt der Grade der beiden Darstellungen, ebenso verhält es sich mit den Charakteren.

Das heute unter dem Namen **Satz von Burnside** bekannte und mit irreduziblen Darstellung von Algebren in Zusammenhang gebrachte Resultat wurde von Burn-

---

[42] Burnside (1898a,b,c). Vgl. Hawkins (1972, Kap. 4) bzw. Curtis (1999, Abschn. III.3).

[43] Burnside (1900, 1904a,b, 1905).

[44] Burnside (1904a, S. 117).

[45] Burnside (1900, S. 147, Hervorhebungen im Original). Curtis (1999, S. 105) betont, dass dies heute der Definition einer unzerlegbaren Darstellung entspricht. Eine Darstellung heißt unzerlegbar, falls sie sich nicht als direkte Summe nichttrivialer Darstellungen derselben Gruppe schreiben lässt. Jede irreduzible Darstellung ist also unzerlegbar.

side zur Charakterisierung irreduzibler Darstellungen von endlichen und kontinuierlichen Gruppen benutzt: Sei $a \longrightarrow A$ eine Darstellung einer Gruppe $G$ vom
Grad $n$. Wenn die Darstellung irreduzibel ist, dann gibt es eine Menge von $n^2$
linear unabhängigen Matrizen $A_1, \ldots, A_{n^2}$, die den Gruppenelementen entsprechen.
Wenn es umgekehrt eine Menge von $n^2$ linear unabhängigen Matrizen gibt, dann ist
die Darstellung irreduzibel.[46]

In der zweiten, stark überarbeiteten und erweiterten Ausgabe seiner *Theory of
groups of finite order* von 1911 stellte Burnside die Darstellungstheorie der Gruppen endlicher Ordnung ausführlich dar und integrierte die wichtigsten Ergebnisse der jüngsten Forschungen zu diesem Gebiet. Diese Monographie eröffnete den
englischsprachigen Mathematikern einen Einstieg in diese Forschungsrichtung, die
allerdings in Großbritannien kaum aufgegriffen wurde. Für Physiker, die die gruppentheoretische Methode in der Quantenmechanik behandelten, diente vielfach das
1923 in der Reihe „Grundlehren der mathematischen Wissenschaften in Einzeldarstellung mit besonderer Berücksichtigung der Anwendungsgebiete" im Springer-
Verlag erschienene Lehrbuch *Die Theorie der Gruppen von endlicher Ordnung* von
Andreas Speiser als Referenzwerk.[47] Nach einer Einführung in die Gruppen- und
Darstellungstheorie behandelte Speiser nicht nur Anwendungen der Gruppentheorie innerhalb der Mathematik, sondern auch auf die Kristallographie. Durch die Beschränkung auf Gruppen endlicher Ordnung war die Abhandlung für die Verhältnisse in der Quantenmechanik jedoch nicht ausreichend.

### 1.1.3 Schur

Issai Schur, der seit 1894 bei Frobenius in Berlin studierte, stellte in seinen ersten
Arbeiten Anfang des 20. Jahrhunderts die Darstellungstheorie in den Rahmen der
sich entwickelnden linearen Algebra. Er führte die heute als polynomiale Darstellung bekannte Art der Darstellung ein – unabhängig und in Unkenntnis der Arbeit
des belgischen Mathematikers Jacques Deruyts, der dies 1892 im Rahmen der klassischen Theorie algebraischer Formen geleistet hatte.[48]

Im Rahmen seiner Dissertation behandelte Schur die klassische Invariantentheorie als ein Problem der Darstellung von $GL(n, \mathbb{C})$.[49] Damit knüpfte er an Studien von
Adolf Hurwitz von 1894 an.[50] Hurwitz hatte gezeigt, dass die klassische Invariantentheorie homogene Polynome untersuchte, welche durch spezielle Darstellungen
von $GL(n, \mathbb{C})$ invariant gelassen werden – Darstellungen von $A = (a_{ij}) \in GL(n, \mathbb{C})$

---

[46] Burnside (1905, S. 433).

[47] Speiser (1923).

[48] Zur Entwicklung der polynomialen Darstellung, vgl. Curtis (1999, Kap. V). Das Gebiet der
polynomialen Darstellung wurde von J. A. Green (1980) erneut aufgegriffen, der auch den Zusammenhang von Deruyts Arbeiten mit der Darstellungstheorie herausarbeitete.

[49] Schur (1901).

[50] Vgl. Hawkins (2000, Abschn. 10.2).

durch Matrizen $T(A) \in GL(N, \mathbb{C})$, deren Elemente Polynome in $a_{ij}$ sind.[51] Schur stellte für diese Darstellungen die gleichen Fragen wie Frobenius: nach der Möglichkeit der Bestimmung aller solcher Darstellungen und der vollständigen Zerlegung dieser Darstellungen, nach der Spur von irreduziblen Darstellungen und nach ihrem Grad. Er zeigte zunächst, dass man die Untersuchung auf solche Darstellungen beschränken kann, deren Matrizenelemente durch homogene Polynome von gleichem Homogenitätsgrad gegeben werden und deren Darstellungsmatrizen invertierbar sind. Es gelang Schur, einen engen Zusammenhang zwischen den homogenen polynomialen Darstellungen $T$ von $GL(n, \mathbb{C})$ (mit Homogenitätsgrad $m$) und den Darstellungen $\tau$ der symmetrischen Gruppe $S_m$ herzustellen: zu $T$ konstruierte er eine Darstellung $\tau$. Er bewies, dass jede homogene polynomiale Darstellung der $GL(n, \mathbb{C})$ vom Grad $m < n$ vollständig reduzibel ist und dass sie genau dann irreduzibel ist, wenn $\tau$ irreduzibel ist. Er zeigte, dass zwei Darstellungen $T_i$ genau dann äquivalent sind, wenn die zu ihnen korrespondierenden Darstellungen $\tau_i$ äquivalent sind. Aus diesen Ergebnissen folgerte er, dass die Anzahl der verschiedenen irreduziblen polynomialen Darstellungen vom Grad $m$ gleich der Anzahl der Partitionen von $m$ ist. Außerdem gab er eine Formel für die Charaktere der irreduziblen polynomialen Darstellungen an.

Durch die Korrespondenz zwischen homogenen polynomialen Darstellungen von der allgemeinen linearen Gruppe $GL(n, \mathbb{C})$ und Darstellungen von der Permutationsgruppe $S_m$ gelang es Schur, die bekannten Ergebnisse von Frobenius über die Darstellungen der Permutationsgruppe auf die polynomialen Darstellungen von $GL(n, \mathbb{C})$ zu übertragen. Frobenius war voll des Lobes für Schurs Dissertation, in der Schur demonstrierte, wie Frobenius' Theorie zur Lösung eines wichtigen Problems, der Bestimmung von invarianten Formen, benutzt werden konnte. Dass die Arbeit als ein erster Schritt zur Ausdehnung der Darstellungstheorie von Gruppen endlicher Ordnung auf $GL(n, \mathbb{C})$ angesehen werden kann, schien zu dieser Zeit weder für Frobenius noch für Schur eine Rolle zu spielen.

Für seine nur ein Jahr später eingereichte Habilitation löste Schur ein Problem von F. Klein und seiner Schule, nämlich die Bestimmung der endlichen Gruppen von projektiven Transformationen, die isomorph zu einer bestimmten Gruppe sind. Schur führte dieses in Kleins geometrischer Forschung zentrale Problem auf ein allgemeineres, nämlich das der Bestimmung von projektiven Darstellungen einer endlichen Gruppe, zurück und löste es.[52] Eine projektive Darstellung ist eine Darstellung einer endlichen Gruppe $G$, deren Darstellungsmatrizen $A(p)$ die Relation

$$A(p)A(q) = a_{p,q}A(pq),$$

erfüllt, wobei $p, q \in G$ und $a_{p,q} \in \mathbb{C} \setminus \{0\}$. Ist $a_{p,q} = 1$ für alle Paare von Gruppenelementen $p, q$, dann erhält man die gewöhnliche Darstellung.

---

[51] Schur nannte $T(A)$ eine invariante Form oder Matrix von $A$.

[52] Schur (1904, 1907, 1911). Schur gebrauchte anstelle des heutigen Ausdrucks der projektiven Darstellung verschiedene Ausdrücke, beispielsweise den der Darstellung einer Gruppe durch Kollineationen in $\mathbb{P}^{n-1}$ oder den der zum Zahlensystem $r_{p,q}$ gehörenden Darstellung.

In einer weiteren Arbeit mit dem Titel *Neue Begründung der Theorie der Gruppencharaktere* entwickelte Schur die Darstellungstheorie aus elementaren Konzepten der linearen Algebra:

> „Die vorliegende Arbeit enthält eine durchaus elementare Einführung in die von Hrn. Frobenius begründete Theorie der Gruppencharaktere, die auch als die Lehre von der Darstellung der endlichen Gruppen durch lineare homogene Substitutionen bezeichnet werden kann.
>
> Eine elementare Begründung dieser Theorie ist zwar in neuerer Zeit bereits von Hrn. Burnside gegeben worden. Hr. Burnside macht jedoch noch von einem dem Gegenstand im Grunde fernliegenden Hilfsmittel, nämlich dem Begriff der *Hermiteschen* Formen, Gebrauch. Ich [Schur] halte es daher nicht für überflüssig, eine neue Darstellung der *Frobenius*schen Theorie mitzuteilen, die mit noch einfacheren Hilfsmitteln operiert.
>
> Zum Verständnis des Folgenden ist aus der Theorie der linearen Substitutionen im Wesentlichen nur die Kenntnis der Anfangsgründe des Kalküls der Matrizen erforderlich. [...]"[53]

Damit gelang es ihm, einen einfachen, direkten Zugang zu diesem Gebiet zu präsentieren, der weder Kenntnisse der Klassifikation invarianter hermitescher Formen (Burnside) noch der Faktorisierung von Gruppendeterminanten (Frobenius) voraussetzte.

Ausgangspunkt seiner Darstellung war ein Lemma, das heute als **Schurs Lemma** bekannt ist: Seien zwei irreduzible Darstellungen $A$ und $B$ einer endlichen Gruppe $G$ mit Grad $f$ bzw. $f'$ gegeben und es existiere eine konstante $f \times f'$ Matrix $P$ mit

$$A(s)P = PB(s) \qquad \text{für alle } s \in G.$$

Dann ist entweder $P = \mathbf{0}$ oder $f = f'$ und $P$ ist invertierbar, so dass die beiden Darstellungen äquivalent sind. Falls im letzten Fall $A(s) = B(s)$ ist, dann ist $P = \lambda I$.[54] Dieses Lemma war bereits in diesem Spezialfall $A(s) = B(s)$ von Frobenius und Burnside benutzt worden. Schur gab jedoch nicht nur einen einfachen Beweis des Lemmas, sondern nutzte es zur Ableitung der wichtigsten Sätze der Darstellungstheorie. Dadurch erhielt das Lemma nicht nur eine zentrale Stellung in seiner Arbeit, sondern auch in der gegenwärtigen Darstellungstheorie.

Darüber hinaus verallgemeinerte er einige bekannte Sätze, beispielsweise dass zwei beliebige (und nicht nur irreduzible) Darstellungen genau dann äquivalent sind, wenn sie denselben Charakter haben, und fügte auch neue Erkenntnisse hinzu. Zu letzteren zählten die Orthogonalitätsrelationen zwischen den zum Gruppenelement $s$ gehörigen Matrizenelementen $a_{ij}(s)$ von $A(s)$ einer irreduziblen Darstellung von Grad $f$

$$\sum_{s \in G} a_{ij}(s^{-1}) a_{kl}(s) = \frac{|G|}{f} \delta_{il} \delta_{jk}$$

($|G|$ bezeichnet dabei die Ordnung der Gruppe) und für eine weitere zur ersten inäquivalenten Darstellung vom gleichen Grad mit Matrizenelementen $b_{ij}(s)$ von $B(s)$

$$\sum_{s \in G} a_{ij}(s^{-1}) b_{kl}(s) = 0$$

für alle $i, j, k, l \in 1, \dots, f$.[55]

---

[53] Schur (1905, S. 406).

[54] Vgl. Satz I. und II. in §2 in Schur (1905).

[55] Vgl. Satz IV. in §2 in Schur (1905).

Frobenius hatte die Entstehung dieser Arbeit von Schur mit Interesse verfolgt und eigene Vorschläge beigesteuert. Es folgten zwei gemeinsam verfasste Arbeiten, in welchen sie den Zusammenhang zwischen Darstellungen über den komplexen und über den reellen Zahlen untersuchten sowie den Satz von Burnside erweiterten. Außerdem studierte Schur Darstellungen über algebraischen Zahlkörpern.[56]

Nach diesen grundlegenden Beiträgen zur Darstellungstheorie widmete sich Schur diesem Gebiet erst wieder Anfang der 1920er Jahre und zwar im Zusammenhang mit der Invariantentheorie. Schur war, nach einer Berufung 1913 als außerordentlicher Professor an die Universität Bonn, nach Berlin zurückgekehrt. Zunächst erhielt er dort 1916 eine Anstellung als außerordentlicher Professor und zwei Jahre nach Frobenius' Tod ein Ordinariat. Vermutlich angeregt durch eine gemeinsame Arbeit mit Alexander Ostrowski zur Invariantentheorie 1922, bot Schur im Wintersemester 1923/24 eine Vorlesung dazu an. Die Aufzeichnungen seines Studenten Richard Brauer zeigen, dass Schur sich auf Cayleys Problem, die Anzahl gewisser Kovarianten anzugeben („Abzählungsproblem"), und den Satz von Hilbert und Hurwitz über die endliche Basis von Invarianten konzentrierte. 1924 nutzte Schur Arbeiten von Hurwitz und von Molien sowie die in seiner Dissertation entwickelte polynomiale Darstellung, um Cayleys Problem für Invarianten bezüglich der Drehungsgruppe $SO_n(\mathbb{R})$ und der orthogonalen Gruppe $O_n(\mathbb{R})$ zu lösen und berechenbare Formeln anzugeben.[57] Dabei bemerkte er, dass die Theorie der Charaktere und der Darstellungen auf jede kontinuierliche Gruppe ausgedehnt werden kann, die ein für stetige Integranden konvergierendes Hurwitz-Integral zulässt. Die (endliche) Summation über die Gruppenelemente konnte in diesem Fall durch eine Integration à la Hurwitz ersetzt werden. Die Orthogonalitätsrelationen zwischen den Charakteren der Drehungsgruppe konnten als (translationsinvariantes) Maß interpretiert werden. Die volle Reduzibilität der Darstellungen von $SO_n(\mathbb{R})$ folgte. Schur berechnete die irreduziblen Charaktere von $SO_n(\mathbb{R})$ und den Grad der zugehörigen Darstellungen, sofern nicht $n$ gerade war und damit zu einer „zweiseitigen" Darstellung Anlass gab.

Die Schursche Arbeit war für Weyl eine der beiden Schlüsselarbeiten zur Übertragung der Theorie von Frobenius auf halbeinfache kontinuierliche Gruppen, welche er kurze Zeit später entwickelte (vgl. Abschn. 1.2.2). Schur kam 1927/28 auf die polynomialen Darstellungen zurück und dann mit Blick auf die analytischen und algebraischen Eigenschaften von Darstellungen von Liegruppen im Kontext des Weylschen Ansatzes.[58] Er leitete Ergebnisse seiner Dissertation nochmals auf eine andere Weise ab, u. a. entwickelte er die sogenannte Schur-Weyl-Reziprozität zwischen den Darstellungen der allgemeinen linearen Gruppe und denen der symmetrischen. Die Bestimmung aller stetigen Darstellungen der $GL_n(\mathbb{C})$ behandelte Schur 1928.

---

[56] Vgl. Curtis (1999, Abschn. IV.3 und 4).

[57] Schur (1924a,b,c). Schur nahm Bezug auf Hurwitz (1897); Molien (1897). Vgl. Hawkins (2000, Abschn. 10.5).

[58] Schur (1927, 1928).

## 1.2 Darstellungstheorie halbeinfacher Liealgebren und Liegruppen

Die Darstellungstheorie von Gruppen wurde, wie gezeigt, zunächst für Gruppen endlicher Ordnung entwickelt. Die Darstellung kontinuierlicher Gruppen kam dabei höchstens als Anwendung der Darstellungstheorie Gruppen endlicher Ordnung und nicht als eigenständiger Forschungsgegenstand vor. Die Theorie der kontinuierlichen Gruppen, also von Liegruppen und Liealgebren, wurde in der zweiten Hälfte des 19. Jahrhunderts von Sophus Lie und Friedrich Engel entwickelt und ausgebaut.[59] In ihren Arbeiten, und stärker noch in denen von Wilhelm Killing, finden sich bereits Ergebnisse, welche darstellungstheoretisch interessant sind. Die ersten wichtigen Schritte hin zu einer Darstellungstheorie halbeinfacher Liealgebren und Liegruppen wurden jedoch von Élie Cartan 1894 in seiner Dissertation unternommen.

Cartans Dissertation, die dafür grundlegenden Arbeiten von Killing, Cartans erneute Hinwendung zu diesem Thema 1913/14 sowie die invariantentheoretische Auseinandersetzung Eduard Studys mit Lies Transformationsgruppen werden im Folgenden im Abschnitt zur Vorgeschichte kurz skizziert. Sie sind zur Vorgeschichte zu zählen, da Cartan seine Ergebnisse mit der Darstellungstheorie von Gruppen endlicher Ordnung nicht in Verbindung brachte – Killings und Studys Forschungen liegen zeitlich vor der Entwicklung der Darstellungstheorie. Anschließend werden Weyls bahnbrechende Arbeiten zur Darstellungstheorie der Liealgebren und Liegruppen präsentiert. Weyl verknüpfte die separaten Entwicklungen zu kontinuierlichen und endlichen Gruppen von Cartan und Schur in einem darstellungstheoretischen Forschungsansatz. Weyls Motivation für diese Forschung entsprang dabei aus seinem Erkenntnisinteresse an physikalischen Grundlagen der Relativitätstheorie.

### 1.2.1 Zur Vorgeschichte: Killing, Study, Cartan

In Paris stießen seit Anfang der 1880er Jahre die Arbeiten von Sophus Lie zu Transformationsgruppen aufgrund ihres Bezugs zu partiellen Differentialgleichungen und damit ihrer Anwendungsmöglichkeit auf Probleme der Physik auf starkes Interesse. Gaston Darboux, Émil Picard und Henri Poincaré ermunterten junge Studenten zu einem Studienaufenthalt bei Lie in Leipzig. Arthur Tresse, ein guter Freund Cartans, verbrachte 1891/92 fast ein Jahr dort und schrieb nach seiner Rückkehr seine Promotion zu einem Problem, das Lie ihm gestellt hatte. Als Tresse in Leipzig ankam, hatten Friedrich Engel und einige Studierende bereits begonnen, sich den Arbeiten von Wilhelm Killing zu widmen. Killing war aufgrund seines durch Vorlesungen von Weierstraß geweckten Interesses an der Fundierung der Geometrie (im Sinne Felix Kleins) auf Probleme gestoßen, welche mit Lies Arbeiten zu Transforma-

---

[59] Vgl. die ausführliche Darstellung von Hawkins (2000).

tionsgruppen in enger Beziehung standen.[60] Killing entwickelte Ende der 1880er Jahre eine Strukturtheorie für halbeinfache Liealgebren, die allerdings lückenhaft und fehlerbehaftet war und die unvollendet blieb.[61] Zu dieser Zeit arbeitete Killing, der in Berlin studiert und bis dahin meist als Lehrer seinen Lebensunterhalt verdient hatte, als Mathematikprofessor an dem Priesterseminar Lyceum Hosianum in Braunsberg. Es ist wohl Engel zu verdanken, dass Killing in der dortigen mathematischen Isolation seine Forschungen zur Strukturtheorie vorantrieb, systematisierte und publizierte. Lies und Killings Ansätze unterschieden sich jedoch sowohl in ihrem Erkenntnisinteresse als auch in ihren Methoden. Um diese Beziehung zwischen den unterschiedlichen Ansätzen fruchtbar zu machen, bemühten sich Engel und seine Studierende um ein besseres Verständnis von Killings Arbeiten. Nachdem Tresse Cartan nach seiner Rückkehr nach Paris auf Killings Arbeiten aufmerksam gemacht hatte, begann auch Cartan diese zu studieren.

In einer Reihe von Artikeln und in seiner Dissertation „Sur la structure des groupes finis et continus" gelang es Cartan 1893/94, einige grundlegende Gedankengänge Killings auf eine solide Basis zu stellen.[62] Cartan übernahm nicht Killings Forschungsprogramm, sondern konzentrierte sich auf solche Aspekte, welche für die Entwicklung einer Art Galoistheorie für Differentialgleichungen wichtig sein konnten. Letztere wurde im Pariser Forschungsmilieu als eine der bedeutsamsten Anwendungsmöglichkeiten der Theorie von Lie betrachtet. Man hoffte, dass die Integration von Systemen von Differentialgleichungen, welche unter kontinuierlichen Gruppen invariant waren, vereinfacht werden konnte und damit letztlich Fortschritte auf dem Gebiet der mathematischen Physik erzielt werden konnten. Mit diesem Ziel vor Augen klärte Cartan Killings abstrakte Konzepte auf und entwickelte sie weiter. Er verbesserte die Begriffe der einfachen Liealgebra, der halbeinfachen bzw. auflösbaren (zu einer Liealgebra assoziierten) Gruppe, indem er andere, in der Regel äquivalente Definitionen wählte.

Cartan erkannte, dass es Killing, in moderner Terminologie ausgedrückt, letztlich um die Bestimmung aller irreduziblen Darstellungen aller halbeinfachen Liealgebren ging. Killing hatte ein Strukturtheorem aufgestellt: Jede Liealgebra $\mathfrak{g}$, für die $\mathfrak{g} = \mathfrak{g}'(:= [\mathfrak{g}, \mathfrak{g}])$ gilt, ist die Summe aus einer einfachen oder halbeinfachen Unteralgebra $\mathfrak{s}$ und einem Ideal $\mathfrak{r}$ von Rang 0:

$$\mathfrak{g} = \mathfrak{s} + \mathfrak{r}.$$

Die Algebren von Rang 0 waren jedoch noch nicht klassifiziert. Killing behauptete, dass das Strukturproblem ohne eine Klassifikation dieser Algebren gelöst werden könne, indem die oben genannte allgemeinere Frage nach den irreduziblen Darstellungen von einfachen Algebren beantwortet werde. Killing gelang eine relativ gute Klassifikation der einfachen Liealgebren, wie Cartan in seiner Dissertation 1894

---

[60] Vgl. Hawkins (2000, Kap. 4 u. 5).

[61] Killing (1888a,b, 1889, 1890). Cartan (1893b, S. 785) meinte dazu: „[...] les considérations qui conduisent M. Killing à ces résultats manquent de rigueur. Il était, par suite, désirable de refaire ces recherches, d'indiquer ses théorèmes inexacts et de démontrer ses théorèmes justes."

[62] Cartan (1893a,b,c, 1894).

zeigte. Killing hatte Strukturtypen A bis D, $E_6, E_7, E_8, G_2, F_4$ (in moderner Bezeich-nung, die sich aber an Killings Notationsweise anlehnt) bestimmt; Cartan zeigte, dass ein weiterer von Killing angegebener Typ mit $F_4$ äquivalent war. Killings Ver-suche, die Darstellungen dieser Strukturen zu finden, waren jedoch nicht sehr er-folgreich. Dies gelang Cartan zumindest für eine kleine, im Pariser Umfeld aber als sehr wichtig angesehene Menge von Liealgebren durch seine Theorie der Wurzeln. Letztere war zum Teil schon in Killings Konzept der „Nebenwurzeln" angelegt.[63] Für jede einfache lineare Liealgebra, die irreduzibel auf dem zugrunde liegenden Vektorraum operiert, bestimmte er so die nichttriviale irreduzible Darstellung von minimalen Grad.[64]

In seiner Dissertation gab Cartan auch einen algebraischen Beweis der vollen Reduzibilität der Liealgebra $sl_2(\mathbb{C})$ von $SL(2,\mathbb{C})$. Dieses Ergebnis formulierte er jedoch nicht als einen eigenständigen Satz, sondern er deduzierte es innerhalb ei-nes anderen Beweises.[65] Die irreduziblen Darstellungen von $sl_2(\mathbb{C})$ waren bereits von Lie im dritten Teil seiner Monographie zu Transformationsgruppen bestimmt worden, allerdings in einem geometrischen Kontext als projektive Gruppen von Normkurven.[66] In heutiger Terminologie konstruierte Lie den Vektorraum $V_m$ der homogenen Polynome in zwei Unbekannten vom Grad $m$ über $\mathbb{C}$ als irreduziblen $sl_2(\mathbb{C})$-Modul mit höchstem Gewicht $m$. Es ist unklar, wann genau Lie seine Charakterisierung vornahm und welchen Stellenwert sie in seinem Forschungspro-gramm einnahm.

Als Lie das Ergebnis 1893 publizierte, war es für ihn jedoch durchaus relevant, denn Eduard Study hatte entdeckt, dass eine von Clebsch und Gordan Anfang der 1870er Jahre für die Invariantentheorie entwickelte Methode, die sogenannte Cleb-sch-Gordan-Reihe, für die Theorie von Lie weitreichende Folgen haben könnte.[67] Study glaubte, dass die Methode – im heutigen Fachjargon – Sätze über die vollstän-dige Reduzibilität für eine große Klasse von Strukturen, darunter auch die halbein-fachen, implizieren und ihre Charakterisierung (als minimale nichtlineare invariante Mannigfaltigkeiten) ermöglichen könnte. Study hatte sich 1885 unter Klein in Leip-zig habilitiert und lernte Lies Theorie dort durch persönlichen Kontakt mit Engel kennen, der gerade von seinem Forschungsaufenthalt bei Lie in Norwegen zurück-gekehrt war. Damit studierte er sie, bereits bevor Lie 1886 Kleins Nachfolger in Leipzig wurde. Studys Forschungsschwerpunkt lag auf der Invariantentheorie. Lie regte an, dass Study die Verbindungen zwischen Geometrie und der Invariantentheo-rie herausarbeitete. Study bewies mit Engels Hilfe die vollständige Reduzibilität von $sl_2(\mathbb{C})$. Allerdings wurde dieser Beweis niemals publiziert – es findet sich lediglich ein Hinweis darauf in Lies Monographie[68] – und es ist daher auch unklar, wann ge-nau Study, der 1888 als Privatdozent nach Marburg ging, dies gelang. Study stellte

---

[63] Killing (1889).

[64] Cartan (1894).

[65] Cartan (1894, S. 100-102).

[66] Lie (1893).

[67] Zur Bedeutung der Clebsch-Gordan-Reihe (auch Clebsch-Gordan-Formel genannt) im Rahmen der gruppentheoretischen Methode in der Quantenmechanik siehe Abschn. 11.2, S. 216 f.

[68] Lie (1893, S. 785-787).

auch einen (lückenhaften) Beweis für die volle Reduzibilität von $sl_3(\mathbb{C})$ auf und charakterisierte die zugehörigen Gruppen erfolgreich. Aufgrund dieser Ergebnisse von Study vermutete Lie, dass die volle Reduzibilität von $sl_n(\mathbb{C})$ wahrscheinlich für alle $n \in \mathbb{N}$ gilt. Deshalb gab er neben der Klassifizierung von $sl_2(\mathbb{C})$ durch irreduzible Darstellungen ebensolche für zwei weitere Liealgebren an.[69]

Fast zwanzig Jahre nach seiner Beschäftigung mit der Strukturtheorie von Killing kehrte Cartan zu einem Problemkreis aus seiner Dissertation zurück. Dies geschah im Rahmen seiner Konzentration auf geometrische Fragestellungen und nicht mehr in Hinblick auf eine Anwendung auf Differentialgleichungssysteme. Durch diese Verschiebung von Interessen traten andere, grundlegendere Fragestellungen in den Vordergrund. In drei Artikeln gelangen ihm wichtige Schritte hin zu einer Darstellungstheorie von Liegruppen.[70] In moderner Terminologie ausgedrückt bestimmte Cartan über $\mathbb{C}$ alle endlich-dimensionalen irreduziblen Darstellungen halbeinfacher Algebren, klassifizierte alle reellen halbeinfachen Liealgebren und bestimmte dazu über $\mathbb{C}$ als auch über $\mathbb{R}$ alle endlich-dimensionalen irreduziblen Darstellungen aller reellen Liealgebren. Damit hatte er Killings allgemeinere Frage und Studys Klassifikationsproblem vollständig beantwortet. Allerdings brachte Cartan seine Begrifflichkeiten und Konstruktionen nicht mit der von Frobenius und Schur entwickelten Darstellungstheorie für endliche Gruppen in Verbindung, auch wenn in Paris die Bedeutung dieser Theorie von Poincaré hoch eingeschätzt wurde. Cartan betrachtete seine Theorie als Lösung des geometrischen Problems der Bestimmung aller Gruppen projektiver Transformationen, die „nichts Ebenes" invariant lassen. Im folgenden wird seine Vorgehensweise aus heutiger, darstellungstheoretischer Sicht kurz skizziert.

Cartan führte den Begriff des Gewichts ein und zeigte, dass dominante Gewichte Multiplizität 1 haben. Die Bestimmung der irreduziblen Darstellungen von (halb-) einfachen Algebren führte er zurück auf das Problem, für jeden der Strukturtypen A bis G von einfachen Algebren $\mathfrak{g}$ von Rang $r$ die linear unabhängigen dominanten Gewichte $\lambda_1, \ldots, \lambda_r$ zu bestimmen und dann zu jedem $\lambda_i$ einen $\mathfrak{g}$–Modul mit dominanten Gewicht $\lambda_i$ zu konstruieren. Für jedes dominante Gewicht $\lambda$, das sich dann als $\sum_{i=1}^{r} p_i \lambda_i$ mit $p_i \in \mathbb{N}$ und $p_i \geq 0$ ausdrücken lässt, konstruierte Cartan aus diesen einen irreduziblen $\mathfrak{g}$–Modul. Dies geschah durch Konstruktion einer Unteralgebra in einem (Tensor-)Produktraum. Da, wie Cartan zeigte, $\mathfrak{g}$–Moduln zum gleichen Gewicht isomorph sind, erhielt Cartan dadurch alle irreduziblen Moduln zu einer einfachen Algebra. Er beschrieb auch, wie entsprechende Moduln von halbeinfachen Algebren zu konstruieren sind. Cartan präsentierte in seinem Artikel 1913 nur die Ergebnisse, nicht deren aufwändige Berechnungen.

Im Fall der Strukturtypen B und D erhielt Cartan auch solche Darstellungen der orthogonalen Liealgebren $o_n(\mathbb{C})$, welche über eine Dekade später in der Quantenmechanik Bedeutung erlangten und in der Folge als Spindarstellung bezeichnet wurden.[71] In seinem Artikel hob Cartan diese Darstellungen nicht besonders hervor,

---

[69] Vgl. Hawkins (2000, Abschn. 7.2), Borel (2001, Kap. V, §§1 u. 2).

[70] Cartan (1913, 1914a,b).

[71] Cartan (1913, S. 86 f., 91 f.).

dies tat erst Weyl 1924.[72] Ihre herausragende Stellung anerkennend untersuchte Cartan diese weiter und publizierte Mitte der 1930er Jahre eine Monographie zur Theorie der Spinoren.[73]

## 1.2.2 Weyl

Die Entwicklung der Darstellungstheorie für Liealgebren und -gruppen in den Jahren 1924 und 1925 durch Weyl war aufs Engste mit Weyls Interesse an einer Fundierung der theoretischen Physik verbunden. Wie Weyl selbst festhielt – und wie Hawkins ausführlich darlegt, kam Weyl zur Darstellungstheorie durch seinen Wunsch, die mathematische Struktur, die dem „formalen Apparat" der Relativitätstheorie zugrunde lag, zu verstehen.[74] Mit dem formalen Apparat meinte Weyl wohl den Tensorkalkül der allgemeinen Relativitätstheorie. Im Zuge seiner Forschungen zur reinen Infinitesimalgeometrie, welche er zur Schaffung einer einheitlichen Theorie von Gravitation und elektromagnetischen Feldern nutzte, lernte Weyl sowohl Cartans Arbeiten (Cartan, 1894, 1913, 1914a,b) zur Klassifikation von Liealgebren als auch die darstellungstheoretischen Arbeiten von Frobenius und Schur (insbesondere Schur, 1901, 1924a) kennen – erstere bei seiner Auseinandersetzung mit dem „Raumproblem", letztere bei der Entwicklung der Tensoralgebra. Weyl erkannte die besondere Bedeutung, welche Gruppen und ihren Darstellungen dabei zukam. Mit Cartan und Schur stand Weyl im brieflichen Kontakt, durch welchen nicht nur Weyl selbst, sondern auch seine Briefpartner von den relevanten Beiträgen des jeweils anderen Kollegen erfuhren. Außerdem war Weyl Zielscheibe einer öffentlichen Kritik Studys, der ein Fehlen von algebraischen invariantentheoretischen Methoden in der Relativitätstheorie beklagte.[75]

In einem an Schur gerichteten, in den *Sitzungsberichte[n] der Preussischen Akademie der Wissenschaften* publizierten Brief vom November 1924 skizzierte Weyl auf der Grundlage von Cartans Ergebnissen eine Darstellungstheorie für $SO_n(\mathbb{R})$, welche bereits Schurs invariantentheoretischen Ansatz übertraf.[76] In der grupppentheoretischen Fundierung der Tensorrechnung verband Weyl die Herangehensweisen von Cartan und Schur mit topologischen Überlegungen.[77] Weyl brachte mit-

---

[72] Weyl (1924c, S. 339). Vgl. nachfolgenden Abschnitt.

[73] Cartan (1938).

[74] Hawkins (1998), Hawkins (2000, Kap. 11). „But for myself I [Weyl] can say that the wish to understand what really is the mathematical substance behind the formal apparatus of relativity theory led me to the study of representations and invariants of groups" (Weyl, 1949, S. 541).

[75] Vgl. Hawkins (2000, Kap. 11), Scholz (2004) sowie Abschn. 7.1 und 7.4. Zu Weyl und Liegruppen vgl. auch Borel (1986).

[76] Weyl (1924c).

[77] Weyl (1924b,a). Beziehungen zwischen der Darstellungstheorie der symmetrischen Gruppen und Tensoralgebra hatte bereits 1919 der niederländische Mathematiker Jan Arnoldus Schouten gesehen und sie in seiner Monographie zum Ricci-Kalkül veröffentlicht (Schouten, 1924). Weyl lernte Schoutens Ergebnisse erst durch diese Publikation kennen.

tels Young-Tableaus Cartans irreduzible Moduln mit Symmetrietypen von gewissen Tensoren in direkte Verbindung. Jede irreduzible Darstellung von $SL_n(\mathbb{C})$ konnte durch die durch sie induzierte Wirkung auf gewisse, durch Symmetriebedingungen ausgezeichnetè Unterräume von Tensoren charakterisiert werden. Damit hatte Weyl als erster bewusst darstellungstheoretische Konzepte für Liegruppen herangezogen und fruchtbar werden lassen.

Weyl entwickelte im Anschluss systematisch die Darstellungstheorie von Liealgebren und Liegruppen. Neben den Arbeiten von Schur und Cartan integrierte er weitere Methoden und Konzepte aus verschiedenen Bereichen der Mathematik, wie etwa aus der Theorie von Lie, der Theorie der Charaktere von Frobenius, der Tensoralgebra, der Invariantentheorie, der Riemannschen Flächen, der linearen Algebra, der Topologie und aus der Integralgleichungstheorie von Hilbert.[78] Er stellte eine Theorie der Charaktere für alle halbeinfachen Gruppen (und nicht nur für die ‚klassischen' Gruppen $SL_n(\mathbb{C}), SO_n(\mathbb{C})$ und $Sp_{2n}(\mathbb{C})$) auf, gab Formeln für die irreduziblen Charaktere an und bestimmte die zu diesen gehörigen Darstellungen. Außerdem verallgemeinerte er die von Killing und Cartan entwickelte Strukturtheorie für halbeinfache Liegruppen. Schließlich zeigte er die Verbindung zwischen Darstellungstheorie und Invariantentheorie für jede halbeinfache Gruppe auf – bis dahin war dies nur für die spezielle lineare Gruppe $SL_n(\mathbb{C})$ und die spezielle orthogonale Gruppe $SO_n(\mathbb{R})$ bekannt. Er bewies zudem einen Satz über die Existenz einer endlichen Basis für Invarianten: die Invarianten jeder Darstellung einer halbeinfachen Gruppe haben eine endliche Basis. Damit verallgemeinerte er den ursprünglich von Hurwitz 1897 nur für $SL_n(\mathbb{C})$ und nur auf eine spezielle Darstellung bezogenen Satz.

Dieser knappe Überblick zeigt nicht nur den großen Umfang der Weylschen Arbeiten zur Darstellungstheorie aus den Jahren 1924 bis 1926 auf, deren ausführliche Darstellung den Rahmen dieser Arbeit übersteigt, sondern auch den durch sie bewirkten enormen Erkenntnisfortschritt. An dieser Stelle sei Weyls Beweis der vollen Reduzibilität endlich-dimensionaler Darstellungen von komplexen halbeinfachen Liealgebren herausgehoben.[79] Denn dieser war, wie die vorliegende Abhandlung deutlich zeigt, von nicht geringer Bedeutung für die Anwendung der Darstellungstheorie in der Quantenmechanik. Außerdem entwickelte van der Waerden auf Anregung des Physikers Hendrik Casimir einige Jahre später einen rein algebraischen Beweis des Satzes (vgl. Kap. 16).

Cartan knüpfte an Weyls Arbeiten an und forschte weiter zu den Zusammenhängen zwischen Liegruppen und Riemannscher Geometrie, aus denen seine Theorie symmetrischer Räume hervorging. Auch Schur nahm Weyls Anstöße in seinen Forschungen auf.

Zusammen mit Fritz Peter bewies Weyl 1927 den heute nach ihnen benannten Satz über die Vollständigkeit des orthogonalen Systems von Funktionen $r_{ij}^{(\mu)}(s)$, wobei $\mu$ über alle inäquivalenten irreduziblen unitären Darstellungen einer Liegruppe läuft und $r_{ij}^{(\mu)}(s)$ ein Matrixelement der zur irreduziblen Darstellung $\mu$ gehörigen

---

[78] Weyl (1925, 1926a,b).

[79] Für eine Skizze des Weylschen Beweises siehe Borel (1986, S. 57–59).

Darstellungsmatrix zu dem Gruppenelement $s$ ist.[80] Damit konnten sie für kontinuierliche Gruppen einen zum Satz über die reguläre Darstellung für Gruppen endlicher Ordnung analogen Zerlegungssatz beweisen. Diese Arbeit war ein zentraler Baustein in der Entwicklung der kommutativen und nichtkommutativen harmonischen Analysis.[81]

---

[80] Peter und Weyl (1927). Vgl. Hawkins (2000, Abschn. 12.7).
[81] Mackey (1992).

# Kapitel 2
# Zur Entwicklung der Quantenmechanik

Im Folgenden wird die Entwicklung der Quantenmechanik von der ersten Formulierung der Quantenhypothese durch Planck über die Bohr-Sommerfeldsche Atomtheorie bis zur Formulierung der neuen Quantenmechanik durch Heisenberg, Dirac, Born, Jordan und Schrödinger skizziert. Die Darstellung endet mit der Aufstellung der mit der speziellen Relativitätstheorie vereinbaren Wellengleichung für das Elektron durch Dirac 1928. Der Fokus liegt dabei mehr auf der konzeptionellen Entwicklung. Die Leistungen der Spektroskopie auf dem Gebiet der Klassifikation von atomaren und molekularen Spektren finden nur am Rande Eingang, ohne dass dadurch ihre Bedeutung für die Theorieentwicklung in Abrede gestellt werden soll. Vielmehr fehlt eine entsprechende wissenschaftshistorische Studie, der hier nicht vorgegriffen werden kann.[82] In Bezug auf Moleküle gab die Spektroskopie schon früh wichtige Hinweise zu ersten Modellbildungen (vgl. Kap. 14). Die hier gegebene Darstellung beruht im Wesentlichen auf physikhistorischer Sekundärliteratur, genannt seien Kragh (2002); Darrigol (2003) sowie Mehra und Rechenberg (2000).[83]

## 2.1 Quanten, Atomstruktur in der alten Quantentheorie

### 2.1.1 Die Quantenhypothese

Das Konzept eines Quantums als Einheit von Strahlung führte Max Planck im Dezember 1900 ein. Bereits seit 1895 hatte Planck an einer elektromagnetischen Fundierung der Thermodynamik gearbeitet. Er hoffte damit u. a. das Schwarzkörper-

---

[82] Die gründliche und umfangreiche Studie zur Entwicklung der Spektroskopie von Hentschel (2002) bezieht die Entstehung der modernen Quantenmechanik (leider) nicht mit ein. Vereinzelte Studien widmen sich Details, beispielsweise Forman (1970).

[83] Weiterhin wurden van der Waerden (1960); Rechenberg (1995) und weitere Bände der sechsbändigen Übersichtsdarstellung Mehra und Rechenberg (1982–2000) hinzugezogen.

M.R. Schneider, *Zwischen zwei Disziplinen*, Mathematik im Kontext,
DOI 10.1007/978-3-642-21825-5_2, © Springer-Verlag Berlin Heidelberg 2011

spektrum zu erklären. Um den Resultaten von neuen Experimenten zur Schwarz-
körperstrahlung an der Physikalisch-Technischen Reichsanstalt in Berlin theoretisch
gerecht zu werden, musste Planck seinen Ansatz überarbeiten. In seiner neuen Theorie nahm er endliche Werte für Energiepakete an. Das kleinste Energieelement oder
Quantum mit einer Strahlung von Frequenz $v$ war nach Planck

$$\varepsilon = hv,$$

wobei $h$ eine Konstante ist, die die experimentell bestimmte Größenordnung

$$6,55 \times 10^{-27}\,\text{erg s}$$

hat und heute als Plancksches Wirkungsquantum bezeichnet wird. Damit konnte er
ein Strahhlungsgesetz für Schwarzkörper formulieren, das sehr gut mit den Ergebnissen der Experimente harmonierte und schnell anerkannt wurde. Planck betrachtete die Quantenhypothese zu dieser Zeit als eine mathematische Notwendigkeit, die
physikalisch keine Bedeutung hatte und nur vorübergehend in der physikalischen
Theorie Bestand haben würde.[84]

Erst Albert Einstein erkannte die radikalen theoretischen Konsequenzen der
Quantenhypothese, die mit den Gesetzen der klassischen Mechanik nicht verein-
bar waren.[85] Er stellte 1905 die These auf, dass die Strahlung selbst von diskreter
Natur sei und führte das Konzept des Energiequantums ein: Die für die Emission
und Absorption von Licht verantwortliche Energie der Oszillatoren sollte sich in
diskreten Schritten ändern, und zwar in ganzzahligen Vielfachen von $hv$:

$$E = nhv \quad (n \in \mathbb{N}).$$

Auch wenn Experimente immer stärker auf einen solchen linearen Zusammenhang
zwischen Energie und Frequenz hindeuteten, der 1916 auch durch die Versuche des
US-amerikanischen Physikers Robert Millikan allgemeine Anerkennung fand, setzte sich die Lichtquantenhypothese zunächst kaum durch. Nur sehr wenige Experten im Bereich hochfrequenter Strahlung, wie Johannes Stark oder William Henry
Bragg begrüßten sie. Trotz der allgemeinen Ablehnung der Hypothese setzte Einstein seine Untersuchungen fort. Er schrieb 1909 dem Lichtquant einen Impuls zu
und kam zu dem Ergebnis, dass elektromagnetische Strahlung sowohl Wellen- als
auch Teilchennatur aufwies. Diese kontradiktorisch erscheinende These, der Einstein weiter nachging, gehörte zu den integralen Bestandteilen der ab 1925 entstehenden neuen Quantenmechanik.

Einsteins Theorie der spezifischen Wärme war der Teil von seiner auf Quanten
beruhender Theorie, der damals am meisten überzeugte. Um 1910 fand man die
Idee von Quanten in einigen Kreisen von Physikern nicht mehr ganz abwegig. Die

---

[84] Kragh (2002, Kap. 5).

[85] In ihrem Prolog argumentieren Mehra und Rechenberg (2000, Kap. 1), dass man eine solche
Aussage erst 1905 treffen konnte, weil erst zu diesem Zeitpunkt die physikalische Theoriebildung
ausgereift genug war, um mit guten Gründen eine Kollision mit der klassischen Mechanik festzustellen.

erste von dem belgischen Industriellen und Chemiker Ernest Solvay gespönsorte Konferenz zur Quantenhypothese fand 1911 in Brüssel statt. In den nachfolgenden Jahren wurden Quanten im Wesentlichen in zwei Bereichen benutzt: in Einsteins ursprünglichen Kontext (hauptsächlich von Einstein, Planck, Walther Nernst in Berlin und Paul Ehrenfest in Leiden) und im Zusammenhang mit der Struktur von Atomen und Molekülen. Auf den zuletzt genannten Bereich wird im Nachfolgenden näher eingegangen.

Einer Idee von Nernst folgend nutzte der dänische Physiker Niels Bjerrum die Quantentheorie, um Teile von Molekülspektren zu erklären: die Quantisierung der einfachen Bewegungen von Molekülen, also ihre Rotation und die Schwingungen ihrer Atome, konnte relativ leicht angesetzt werden und damit konnten Rückschlüsse auf die Struktur der Emissionsspektren gezogen werden. Auch US-amerikanische Physiker wie Edwin Kemble und Robert Mulliken schlugen diesen Weg ein. Es gelang ihnen so, bereits erste Einblicke in die Molekülstruktur und wichtige Ergebnisse der Molekülspektroskopie noch vor Entwicklung der neuen Quantenmechanik 1925/26 zu erreichen.[86]

### 2.1.2 Das Bohr-Sommerfeldsche Atommodell

Mit der Entdeckung des Elektrons 1897 war es möglich, nicht mehr ganz so spekulative Theorien über den Aufbau von Atomen aufzustellen. Eines der erfolgreichsten Modelle während der ersten Dekade des 20. Jahrhunderts war ein mechanistisches Modell, das 1903 von dem britischen Physiker Joseph John Thomson entwickelt wurde. Um den rechnerischen Aufwand gering zu halten, arbeitete Thomson nicht mit einem dreidimensionalen Modell, sondern mit einem zweidimensionalen: in einer positiv geladenen Kreisscheibe rotierte eine große Anzahl von Elektronen auf Ringbahnen. Es war von Anfang an klar, dass Thomsons Modell in konzeptioneller und empirischer Hinsicht problematisch war. Gleichzeitig besaß es aber große Attraktivität aufgrund seiner mathematischen Handhabbarkeit und seiner Einfachheit. Ab 1910 jedoch beschäftigten sich nur noch sehr wenige Physiker mit Thomsons Modell.[87]

Der dänische Physiker Niels Bohr entwickelte 1911 ein Atommodell, das – mit einigen Modifikationen – bis Mitte der 1920er Jahre das Standardatommodell darstellte. Es beruhte auf dem Atommodell von Ernest Rutherford. Aufgrund der 1908 ausgeführten Streuungsexperimente mit $\alpha$–Strahlen seiner Manchester Kollegen nahm Rutherford an, dass sich die positive Ladung im Kern des Atoms konzentrierte, während die Elektronen um diesen Kern kreisten. Bohr lernte dieses Modell während eines Studienaufenthalts in Manchester 1911/12 kennen. Die mechanische Instabilität des Modells löste er durch einen Rückgriff auf Plancks Wirkungsquantum: die kinetische Energie der rotierenden Elektronen sollte proportional zu ihrer

---

[86] Vgl. Abschn. 14.1.1.

[87] Vgl. Kragh (2002, Kap. 4) für weitere Atommodelle.

Umlauffrequenz sein. Als Proportionalitätsfaktor nahm er eine Zahl in der Größenordnung von $h$ an. Zurückgekehrt nach Kopenhagen führte er 1913 in sein Modell
das Konzept der stationären Zustände ein, in welchen zwar die klassische Mechanik,
nicht aber die Elektrodynamik galt. Die Emission oder Absorption von Strahlung
erklärte er durch den ‚Übergang' von Elektronen von einem stationären Zustand in
einen anderen, wobei er offen lies, wie ein solcher Übergang vor sich ging. Die Frequenz bezog Bohr nicht mehr auf die Umlauffrequenz des Elektrons, sondern sie
ergab sich aus der Energiedifferenz zweier stationärer Zustände

$$E_i - E_j = h\nu.$$

Spektroskopisch messbar war nur die Frequenz bzw. Wellenlänge der Strahlung,
nicht die Energie der postulierten stationären Zustände.

Bohr konnte damit die Rydbergkonstante aus elementaren Konstanten ableiten
als

$$R = \frac{2Z^2\pi^2 m_e e^4}{h},$$

wobei $Z$ die Kernladungszahl, $m_e$ die Masse und $e$ die Ladung des Elektrons ist. Für
die Frequenz folgerte er

$$\nu = Rc\left(\frac{1}{n^2} - \frac{1}{m^2}\right),$$

wobei $n$ und $m$ natürliche Zahlen sind, welche die stationären Zustände charakterisieren, und $c$ die Lichtgeschwindigkeit. Für $n = 2$ ergaben sich aus dieser Formel
die Linien der Balmerserie im Wasserstoffspektrum, für $n = 3$ die der Paschenserie.
Bohr sagte aufgrund der Formel die Existenz weiterer Serien im Wasserstoffspektrum voraus, nämlich im ultravioletten ($n = 1$) und im ultraroten ($n \geq 4$) Bereich.
Diese konnten experimentell aufgespürt werden. Als Bohr die sogenannten Picke-
ringlinien, die in stellaren Spektren gefunden wurden, dem Heliumion $He^+$, statt
bis dahin dem Wasserstoff zuordnen konnte, und dies experimentell bestätigt wurde, war das für sein Atommodell ein wichtiger Durchbruch. Bohr entwickelte auch
Modelle für Atome mit mehr als einem Elektron und für Moleküle. Diese wurden
aber experimentell nur bedingt gestützt.

Dem Münchner Physiker Arnold Sommerfeld gelang es 1915/16 durch einige
Modifikationen, die Feinstruktur des Wasserstoffspektrums, also das Auftreten von
eng beieinander liegenden Linien, den sogenannten Multipletts, zu erklären. Er bezog dazu die spezielle Relativitätstheorie in das Bohrsche Atommodell mit ein und
erhielt durch die Einführung von elliptischen Bahnen (anstelle von Kreisbahnen)
neben $n = 1, 2, 3, \ldots$ (der Hauptquantenzahl) weitere ‚Quantenzahlen.' Mit Hilfe
dieser Quantenzahlen – der sogenannten azimutalen Quantenzahl $k = 1, 2, 3, \ldots$
(in heutiger Notation und Terminologie: Drehimpuls- oder Rotationsquantenzahl
$l = k - 1$) und magnetischen Quantenzahl $m$ – konnten die stationären Zustände charakterisiert und deren Energie bestimmt werden.[88] Der Berliner Astronom

---

[88] Name und Bezeichnung der Quantenzahlen wechselten im Untersuchungszeitraum. Im Folgenden wird die Terminologie und Notation des jeweiligen Autors übernommen. Aus dem Kontext
geht meist klar hervor, welche Quantenzahl gemeint ist.

Karl Schwarzschild und der russische Physiker Paul Epstein konnten so unabhängig voneinander den 1913 von Johannes Stark entdeckten und nach ihm benannten Effekt erklären, dass sich Spektrallinien unter dem Einfluss eines elektrischen Feldes aufspalten. Den Einfluss eines magnetischen Feldes auf die Spektrallinien, den sogenannten Zeemaneffekt[89], leiteten – ebenfalls unabhängig voneinander – Sommerfeld und Peter Debye auf derselben Grundlage ab. Die berechneten Größen für den Abstand zwischen den Linien stimmten sehr gut mit den von Friedrich Paschen gemachten Messungen überein. Allerdings blieben weitere beobachtete Effekte ungeklärt, beispielsweise der von Albert A. Michelson und Thomas Preston 1898 entdeckte, sogenannte anomale Zeemaneffekt, bei dem die Spektrallinien ein komplizierteres Aufspaltungsmuster als beim Zeemaneffekt aufwiesen, oder der sogenannte Paschen-Back-Effekt, bei dem Paschen und Ernst Back 1912 feststellten, dass für sehr starke Magnetfelder das Spektralmuster des anomalen Zeemaneffekts wieder durch das des normalen Zeemaneffekts ersetzt wurde. Sommerfelds Modifikationen stellten dennoch eine große Bereicherung für Bohrs Atommodell dar. Denn durch sie war es möglich, Atome mit mehreren Elektronen (und nicht nur mit einem) quantitativ zu fassen und zu studieren.

Der Erfolg des Bohr-Sommerfeldschen Atommodells beruhte nicht so sehr auf dessen theoretischer Konzeption, die viele als nicht überzeugend oder gar bizarr einschätzten, sondern vielmehr auf den vielen empirischen Befunden, die es in der Lage war, mathematisch zu deduzieren. In den folgenden Jahren wurde das Atommodell erweitert und verfeinert. Um Übereinstimmung zwischen Experiment und Theorie zu erreichen, führte Sommerfeld für die Quantenzahlen ad hoc sogenannte „Quantenungleichungen" ein – also eine Form von Auswahlregeln, die bestimmten, welche Übergänge zwischen stationären Zuständen möglich waren.[90] Bohr konnte zeigen, wie sich diese Auswahlregeln aus dem von ihm aufgestellten Korrespondenzprinzip ableiten ließen.[91] Außerdem gelang es Bohr zusammen mit seinem holländischen Assistenten Hendrik Kramers die Intensitäten der Spektrallinien abzuschätzen.

Auf der Grundlage des Korrespondenzprinzips konnte Bohr 1921 den Aufbau des Periodensystems der Elemente und deren wichtigsten physikalischen und chemischen Eigenschaften erklären – eine Leistung für die er im darauf folgenden Jahr den Nobelpreis für Physik bekam. Bohr ging dabei schrittweise vor, indem er von Wasserstoff ausgehend Kernladungszahl und Elektronenzahl jeweils um 1 erhöhte – das sogenannte Aufbauprinzip. Nach diesem Ansatz sollte das noch unentdeckte Element mit der Kernladungszahl 72 dem Zirkonium chemisch näher stehen als, wie bis dahin vermutet, den seltenen Erden. Die Entdeckung des Elements, das den Namen Hafnium bekam, Ende 1922 durch den holländischen Physiker Dirk Coster und den ungarischen Physiker Georg von Hevesy in Kopenhagen wurde als Bestä-

---

[89] Pieter Zeeman entdeckte den nach ihm benannten Effekt 1896.

[90] Zur Entwicklung der Auswahlregeln vgl. Borrelli (2009) sowie Abschn. 12.2.

[91] Der genaue Inhalt des sogenannten Korrespondenzprinzips, das bei Bohr bereits implizit 1913 zur Anwendung kam, variierte im Laufe der Zeit stark und kann daher hier nicht im Detail erläutert werden. Hier geht es um den Zusammenhang zwischen Übergangswahrscheinlichkeiten und dem Dipolmoment.

tigung der Bohrschen Theorie aufgefasst. Sommerfeld und seine Schüler Werner Heisenberg, Wolfgang Pauli sowie der Tübinger Professor Alfred Landé entwickelten anstelle des Orbitmodells einfachere Modelle und verwendeten, falls nötig, auch halbganze Quantenzahlen, um empirische Befunde zu erklären.

Allmählich bildeten sich Forschungszentren für die Struktur der Atome und der Materie heraus. Bohrs 1921 gegründetes Institut für theoretische Physik in Kopenhagen spielte eine zentrale Rolle, aber auch München, wo Sommerfeld lehrte. Sommerfeld publizierte 1919 das Lehrbuch *Atombau und Spektrallinien*, in dem er die wichtigsten mathematischen Methoden zusammen stellte.[92] Ständig aktualisiert trug dieses stark zur Verbreitung der Quantentheorie bei. Neben diesen beiden Zentren spielte auch Berlin eine wichtige Rolle – allerdings nur bis Anfang der 1920er Jahre. Weitere Zentren kamen hinzu. Die Göttinger Mathematiker und Physiker David Hilbert, Richard Courant, Felix Klein, Max Born und James Franck waren an der mathematischen bzw. theoretischen Physik stark interessiert und engagierten sich ab Anfang der 1920er Jahre ebenfalls auf dem Gebiet der Quantentheorie.[93] Born, der intensiv zur Quantentheorie forschte, verbesserte zusammen mit Pauli und Heisenberg 1922 die von Bohr und Kramers entwickelte Störungstheorie, indem sie mathematische Methoden aus der Himmelsmechanik verwendeten. Zwischen Kopenhagen, Göttingen und München gab es sehr enge Kontakte und einen regen Austausch. Junge Wissenschaftler verbrachten dort oft längere Forschungsaufenthalte als Assistenten oder mittels eines Stipendiums. Bohr stellte in Göttingen im Juni 1922 ausführlich seinen Ansatz zur Erklärung des Periodensystems vor. Zu dieser als ‚Bohr-Festspiele‘ in die Geschichte eingehenden Veranstaltung kamen Wissenschaftler aus ganz Deutschland und einigen angrenzenden Ländern. Neben Kopenhagen, München und Göttingen gab es auch weitere kleinere Zentren, wie etwa Leiden (Paul Ehrenfest), Cambridge (Ralph Fowler) oder Hamburg (Wilhelm Lenz).[94]

### 2.1.3 Krisenstimmung

Auch wenn die Quantentheorie vieles erklären konnte, so blieb doch manches rätselhaft und es ergaben sich neue Fragen. Ab 1922/23 tauchten die ersten gravierenden Unstimmigkeiten auf, die nicht leicht übergangen werden konnten. Diese betrafen im Wesentlichen folgende Bereiche: Strahlung, Molekülstruktur, Atome mit mehr als einem Elektron und (anomaler) Zeemaneffekt. Während beim Wasserstoffatom der Theorieansatz zu sehr guten Resultaten führte, ergaben sich schon beim nächst komplizierteren Atom, dem Helium-Atom mit zwei Elektronen, fundamentale Schwierigkeiten: Berechnete man das Helium-Atom mit den von Born, Heisenberg und Pauli entwickelten, an die Himmelsmechanik angelehnten, mathe-

---

[92] Sommerfeld (1919).

[93] Zu Göttingen vgl. Abschn. 4.3. Speziell zu Hilberts forschungspolitischem Engagement für die Quantentheorie in Göttingen, vgl. Schirrmacher (2002, 2003a).

[94] Zu Leiden vgl. Abschn. 6.

matischen Methoden, so standen die Ergebnisse im Widerspruch zum beobachteten Spektrum und zu der Beschreibung von Bohr und Kramers. Damit war gleichzeitig Bohrs Erklärung des Periodensystems gefährdet. Bohr reagierte und entwickelte mit Kramers und dem US-amerikanischen Physiker John Slater die sogenannte BKS-Theorie. Darin hoben sie den Zusammenhang zwischen Quantensprüngen im Atom und der Emission und Absorption von Strahlung auf. Sie hielten aber in ihrem modifizierten Rahmen am Korrespondenzprinzip fest. Die Lichtquantenhypothese, welche 1923 von Debye und Adolf Smekal benutzt wurde, um bestimmte Quanteneffekte zu erklären, lehnten sie ab. Es zeigte sich allerdings schon nach kurzer Zeit, dass die BKS-Theorie nicht tragfähig war.

Auch die Münchner Theorie zur Erklärung des anomalen Zeemaneffekts bereitete Schwierigkeiten. Sommerfeld, Heisenberg und Landé hatten 1923 ein Vektormodell entwickelt, um das Aufsplitten von Spektrallinien unter dem Einfluss von magnetischen und elektrischen Feldern zu erklären. Sie bestimmten den dafür entscheidenden Faktor, den sogenannten gyromagnetischen Faktor $g$, heuristisch aus den Längen der (quantisierten) Drehmomente der Elektronen $J$, des Kerns $R$ und des gesamten Atoms $K$:

$$g = 1 + \frac{J^2 - \frac{1}{4} + R^2 - K^2}{2(J^2 - \frac{1}{4})}$$

Pauli versuchte 1923/24 die entsprechende Formel mathematisch streng aus Borns und Bohrs Ansätzen abzuleiten und scheiterte.

Weitere Anomalien und Schwierigkeiten blieben ungeklärt: Das Wasserstoffmolekülion bereitete Probleme, wie Pauli 1922 entdeckte. Otto Oldenberg in München zeigte 1922, dass das Spektrum von Wasserstoff auch den Paschen-Back-Effekt aufwies, obwohl dies nach der Bohr-Sommerfeld-Theorie ausgeschlossen war. Der Ramsauer-Effekt wurde entdeckt und konnte theoretisch nicht erklärt werden. Jede einzelne der entdeckten Anomalien löste für sich genommen keine Krise aus. Als jedoch ca. 1924 die Häufung dieser Anomalien auf eine generelle Unzufriedenheit mit einem Theoriegebäude, das immer mehr ad-hoc Annahmen beinhaltete, traf, breitete sich in Teilen der Quantenphysiker-Community das Gefühl von einer Krise aus.[95] Einige Physiker, darunter Born, gelangten zu der Überzeugung, dass die Bohr-Sommerfeld-Theorie nicht mehr zu halten war und durch eine andere Theorie ersetzt werden musste. Im Frühjahr 1925 diskutierten Bohr, Kramers, Heisenberg und Pauli in Kopenhagen die krisenhafte Situation in der Quantentheorie. Pauli und Adolf Kratzer – beide Sommerfeld-Schüler – drückten klar ihre Ansicht nach der Notwendigkeit eines radikalen Bruchs mit der alten Theorie in ihren Übersichtsartikeln zur Quantentheorie bzw. zu Bandenspektren aus.[96]

---

[95] Es kann im Rahmen dieser Arbeit nicht erörtert werden, inwiefern diese Wahrnehmung durch gesellschaftliche Strömungen verstärkt oder gar hervorgerufen wurde – wie Forman (1971) argumentiert.

[96] Pauli (1926, S. 164–168) überschrieb einen Abschnitt im Kapitel „Spektren der Atome mit mehr als einem Elektron" mit „Das Versagen der bekannten theoretischen Prinzipien" und meinte in Bezug auf den Normalzustand des Heliumatoms, dass „überhaupt kaum ein auf der klassischen

## 2.2 Das Entstehen der neuen Quantenmechanik

### 2.2.1 Matrixmechanik, q-Zahlen, Wellenmechanik, Operator-Kalkül

Um 1925 bildeten sich neue theoretisch-mathematische Ansätze heraus, welche die alte Quantentheorie ablösen sollten. Heisenberg, Born und Pascual Jordan entwickelten die sogenannte Matrixmechanik. Diese beruhte auf hermiteschen Matrizen mit unendlich vielen Einträgen, mit welchen man (meist durch Diagonalisierung) die Werte bestimmter quantenmechanischer Größen bestimmen konnte. Sie zeigten, dass zwischen Ort $\mathbf{p}$ und Impuls $\mathbf{q}$ eines Teilchens die fundamentale Vertauschungsrelation

$$\mathbf{pq} - \mathbf{qp} = \frac{h}{2\pi i}\mathbf{1}$$

bestand, wobei $\mathbf{1}$ die Einheitsmatrix ist. Ihre Theorie erfüllte das Korrespondenzprinzip und Pauli erhielt damit 1926 die richtigen Energien für das Wasserstoffspektrum. Heisenberg betonte, dass seine Theorie nur auf Relationen zwischen beobachtbaren Größen beruhte und nicht mit spekulativen Konzepten der früheren Quantentheorie, wie etwa Elektronenbahn, operierte.

An Heisenbergs erste Arbeiten zur Matrixmechanik anknüpfend entwickelte der britische Physiker Paul Dirac in Cambridge unabhängig die Theorie der q-Zahlen. Er konzentrierte sich auf die Nichtkommutativität der Größen und begründete seine Theorie auf einer abstrakten Algebra von q-Zahlen. Damit gelang es Dirac 1926 ebenfalls, das Energiespektrum von Wasserstoff abzuleiten. Auch wenn die Göttinger Wissenschaftler überzeugt waren, dass diese beiden Ansätze die neue Quantenmechanik repräsentierten, so vermochten diese zunächst nicht viel mehr zu leisten als die alte Quantentheorie. Viele Physiker waren zudem skeptisch angesichts deren mathematischer Abstraktheit.

Unabhängig von diesen beiden Ansätzen begründete Erwin Schrödinger die sogenannte Wellenmechanik. Schrödinger war Professor in Zürich und hatte bis dahin nicht zum Bohr-Sommerfeldschen Atommodell gearbeitet. Er gründete die Wellenmechanik auf einem Konzept von Louis de Broglie, den sogenannten Materiewellen. De Broglie war ein junger, relativ unbekannter französischer Physiker, für den die Analogie zwischen Materie und Strahlung erkenntnisleitend war. Damit hatten Wellenmechanik und Matrizenmechanik unterschiedliche theoretische Hintergründe. Durch eine Modifikation von de Broglies Konzept der Materiewelle gelang es Schrödinger, eine Wellengleichung aufzustellen, deren Lösungen mit dem Energiespektrum von Wasserstoff korrespondierten. Dieser mechanistische Ansatz konnte jedoch nicht für kompliziertere Atome genutzt werden.

---

Mechanik basierendes Modell existieren" (S. 167) dürfte. Darüber hinaus hob er Probleme mit der Theorie der wasserstoffähnlichen Spektren hervor. Zu Kratzers Einschätzung (insbesondere in Bezug auf Moleküle) vgl. Abschn. 14.1.1. Beide Artikel wurden im Mai bzw. im September 1925 beendet und damit erst nach dem Erscheinen der ersten Arbeiten zur neuen Quantenmechanik.

Born, der Schrödingers Wellenansatz verstehen wollte, entwickelte 1926 die statistische Interpretation: Die Lösungen der Wellengleichung, die (komplexwertigen)
Wellenfunktionen, geben nicht die Trajektorie des Elektrons wieder, sondern nur
Auskunft über die Aufenthaltswahrscheinlichkeit des Elektrons in einem bestimmten Bereich. Damit konnte die Theorie auch auf Atome mit mehreren Elektronen angewandt und auch auf einfache Moleküle übertragen werden.[97] Borns wahrscheinlichkeitstheoretische Interpretation der Wellenfunktion, die von Schrödinger zunächst stark abgelehnt wurde, erhöhte die Akzeptanz der Wellenmechanik. Gleichzeitig stellte sich damit die Frage nach der Rolle des Zufalls in der Natur bzw. inwiefern sich Quantengesetze nicht doch deterministisch fassen lassen. Von Neumann
verbesserte 1927 (vom mathematischen Gesichtspunkt aus) Borns Ansatz, indem er
Fragen nach der Vollständigkeit des Funktionenraumes der Wellenfunktionen und
den Anwendungsbereich von Operatoren untersuchte. Er nutzte dazu das Konzept
des Hilbertraums von quadratintegrierbaren Funktionen.

Da die Matrixmechanik Schwierigkeiten bereitete bei nicht-periodischen Systemen, wie zum Beispiel freien Elektronen, führten Born und der US-amerikanische
Mathematiker Norbert Wiener 1926 lineare Operatoren ein.[98] Sie formulierten die
Gesetze der Matrixmechanik, indem sie Matrizen durch Operatoren ersetzten. Außerdem behandelten sie damit exemplarisch den Fall der freien Bewegung.

Alle vier in den Jahren 1925/26 entwickelte quantenmechanische Ansätze waren
mathematisch komplex, entbehrten Anschaulichkeit und lieferten keine befriedigen-
de physikalische Interpretation. Die Wellenmechanik war für viele Physiker rechnerisch leichter zu beherrschen, weil sie auf Differentialgleichungen beruhte und damit
auf einer mathematischen Methode, die ihnen vertrauter war. Das von Courant ge-
schriebene, auf Hilberts Vorlesungen basierende, 1924 publizierte Lehrbuch zu den
Methoden der mathematischen Physik stellte genau die mathematischen Konzepte
zur Verfügung, welche in der Wellenmechanik zur Anwendung kamen: Eigenwerte,
Eigenfunktionen, Eigenräume.[99] Damit waren konkrete Berechnungen in der Wellenmechanik wesentlich einfacher auszuführen. Die von Heisenberg, Born und Jordan eingeführte Matrizenrechnung – zumal mit Matrizen von unendlichem Rang –
war dagegen unter Physikern weitestgehend unbekannt, der Umgang mit nichtkommutativen Größen einer abstrakten Algebra ebenso. Allerdings wurden auch mathematische Methoden und Konzepte des jeweiligen anderen Ansatzes inkorporiert,
wenn es ihnen sinnvoll erschien. Während Heisenberg und Dirac die Neuheit ihrer
Theorie unterstrichen und die Diskontinuitäten als essentiell betrachteten, betonte
Schrödinger stärker den Bezug zu früheren Theorien und hielt die Diskontinuitäten für vorübergehende theoretische Konstrukte. Die Ansätze polarisierten anfangs
die Quantenphysiker in Anhänger der Wellenmechanik und in solche der Matrizenmechanik bzw. Theorie der q-Zahlen. Letztere waren hauptsächlich in Göttingen,
Hamburg und Kopenhagen zu finden.

---

[97] Vgl. Kap. 14.
[98] Born und Wiener (1926).
[99] Courant und Hilbert (1924). Zur Bedeutung des Buches vgl. Abschn. 4.3, S. 95 f.

Die Frage, ob und wenn ja, wie die verschiedenen, teilweise unvereinbar erscheinenden Theorieansätze miteinander verbunden sein könnten, erhielt nicht geringe Aufmerksamkeit sowohl von Seiten der Physiker als auch von Seiten einiger Mathematiker. Schrödinger zeigte im Frühjahr 1926, dass sich die Endformeln der Wellen- und der Matrixmechanik ineinander übersetzen lassen, dass die beiden Theorien in diesem formalen Sinne äquivalent waren. Dirac und Jordan entwickelten Ende 1926 unabhängig voneinander die Transformationstheorie, welche allgemeine Interpretationsregeln und damit einen gewissen einheitlichen theoretischen Rahmen für beide Ansätze zur Verfügung stellte. Die ersten Bemühungen um eine Axiomatisierung der Quantenmechanik durch Jordan, von Neumann, Lothar Nordheim und Hilbert 1926 bis 1928 können als weiterer Versuch interpretiert werden, den verschiedenen Theorieansätzen eine einheitliche Basis zu geben. Die Motivation für spätere Axiomatisierungen durch Jordan, Wigner und von Neumann kann dagegen eher in einer physikalischen Rechtfertigung der einheitlichen Basis gesehen werden, sowie in den Fragen nach Widerspruchsfreiheit und Vollständigkeit der Axiome und Eindeutigkeit der Theorie. Die Axiomatisierung der Quantenmechanik unterschied sich radikal von Axiomatisierungen früherer Theorien, weil die physikalischen Grundprinzipien der Quantenmechanik zum Zeitpunkt der ersten Axiomatisierungen noch unklar waren – was die meisten Wissenschaftler durchaus problematisierten. Die physikalische Interpretation war mit dem mathematischen Formalismus aufs Innigste verschlungen und kaum davon trennbar, auch wenn Bohr und andere sich darum bemühten. Zudem war der Status der Quantenmechanik als Theorie noch nicht gesichert. Von Neumanns in den *Mathematische[n] Grundlagen der Quantenmechanik* 1932 durchgeführte Axiomatisierung der Quantenmechanik, sein Beweis, dass es keine „verborgenen Parameter" geben könne, sowie die daraus gezogenen Folgerungen, dass die quantenmechanische Theoriebildung als vollständig angesehen werden muss und eine kausale Erklärung der Quantenphänomene ausgeschlossen werden kann, müssen aus diesen Gründen als problematisch betrachtet werden.[100]

Physiker versuchten der stark durch den mathematischen Formalismus bestimmten Quantenmechanik eine physikalische Interpretation zu geben. Bohr stellte 1927 das Komplementaritätsprinzip auf, das aus philosophischen Überlegung zum Messprozess hervorging. In der Quantenwelt störe eine Messung das zu beobachtende System. Das Komplementaritätsprinzip, in einer Fassung von 1930, bedeutete dann, dass die Messung einer klassischen Größe die gleichzeitige Messung einer anderen solchen ausschließt. Wellen- und Teilchennatur eines Elektrons können in diesem Sinne als komplementär zueinander betrachtet werden. Heisenbergs 1927 aus dem quantenmechanischen Formalismus abgeleitete Unschärferelation

$$\Delta p \Delta q \geq \tfrac{h}{4\pi}$$

zwischen Ort und Impuls eines Teilchens bestimmte aus Bohrs Perspektive die Grenzen der Messbarkeit. Je genauer man den Ort eines Teilchens kennt, umso ungenauere Angaben können über den Impuls getroffen werden, und umgekehrt. Wäh-

---

[100] von Neumann (1932). Zu den frühen Axiomatisierungen der Quantenmechanik vgl. Lacki (2000), speziell zu von Neumann vgl. Stöltzner (2001).

rend die Unschärferelation von vielen als wichtig eingeschätzt wurde, traf Bohrs Komplementaritätsprinzip und seine erkenntnistheoretischen Konsequenzen, die einige (darunter auch Bohr) nicht allein auf die Quantenmechanik beschränkt wissen wollten, nicht auf breite Zustimmung. Gerade in den USA verfolgte man einen eher pragmatischen Ansatz, in welchem philosophische Erörterungen kaum von Bedeutung waren. Allerdings lehnten nur wenige Bohrs Deutung explizit ab. Zu diesen wenigen zählten jedoch prominente Physiker wie Einstein und später auch Schrödinger.[101]

## 2.2.2 Elektronenspin und relativistische Wellengleichung

Zur Erklärung der Multiplettstruktur des Spektrums hatte Bohr in seinem Vortrag in Göttingen 1922, wie damals üblich, die Existenz eines Drehmoments des Atomkerns angenommen. Pauli, der seit 1923 Privatdozent bei Wilhelm Lenz in Hamburg war, lehnte diese Erklärung Ende 1924 aufgrund einiger nicht zu beobachtenden Folgerungen aus dieser Hypothese in Bezug auf den anomalen Zeemaneffekt ab. Statt dessen kam er zu der Überzeugung, dass das Valenzelektron allein bzw. genauer: *„eine eigentümliche, klassisch nicht beschreibbare Art von Zweideutigkeit der quantentheoretischen Eigenschaften des Leuchtelektrons"*[102], für die Multiplettstruktur verantwortlich sei. Pauli hatte dabei keinesfalls eine mechanistische Interpretation im Sinn, wie sie die Ehrenfest-Schüler Samuel Goudsmit und George Uhlenbeck im Oktober 1925 gaben: die Idee des in sich rotierenden, ‚spinning' Elektrons.

Die gleiche Idee wie Goudsmit und Uhlenbeck hatte bereits Ralph de Laer Kronig Anfang des Jahres gehabt, als er in Tübingen von Paulis Ausschließungsprinzip Kenntnis nahm. Das von Pauli Anfang 1925 aufgestellte Ausschließungsprinzip (auch Pauli-Verbot genannt) besagte, dass in einem Atom keine zwei Elektronen dieselben vier Quantenzahlen besitzen dürfen. Mit dem Ausschließungsprinzip konnte Pauli u. a. die Anzahl der Elektronen (2, 8, 18, 32, ...) in abgeschlossenen Schalen (s, p, d, f, ...) richtig bestimmen. Er hatte die oben angesprochene Zweideutigkeit in eine der Quantenzahlen bereits mit eingebracht, was Kronig erkannte und dynamisch als Elektronenspin deutete. Doch wegen der Kritik, die diese Deutung in Gesprächen mit Pauli, Heisenberg, Kramers u. a. erfuhr, sah Kronig von einer Publikation ab. Die Idee des spinnenden Elektrons mit einem Drehmoment von $m_s = \pm\frac{1}{2}$ (in der Einheit von $\hbar = \frac{h}{2\pi}$) und einem magnetischen Moment von $2m_s$ war insofern problematisch, weil damit ein Faktor 2 im gyromagnetischen Faktor für das Aufsplitten des Doubletts im Zeemaneffekt resultierte. Als dies aber durch neue Berechnungen, die der britische Physiker Llewellyn Hilleth Thomas in Kopen-

---

[101] Vgl. Kragh (2002, Kap. 14).

[102] Pauli (1925, S. 385, Hervorhebung im Original). Was Pauli damit genau ausdrücken wollte, versuchen z. B. van der Waerden (1960) oder Giulini (2008b) zu beantworten. Vgl. auch die Biographie zu Pauli von Enz (2002).

hagen bei Bohr durchführte, berichtigt wurde, waren viele von der Spinhypothese überzeugt.

Im Frühjahr 1926 führte Heisenberg zusammen mit Jordan Spinvektoren zur Berechnung des anomalen Zeemaneffekts nach der Matrixmechanik ein. Er nutzte diese auch bei seinen Berechnungen zum Heliumatom im Sommer. Ein Jahr später integrierte Pauli den Spin in die Schrödingersche Wellenfunktion.[103] Die (zeitunabhängige) Wellenfunktion eines Elektrons $\psi$ sollte von einem Ortsvektor $q$ und einer Spinkomponente $s_z$ abhängen, wobei $s_z$ nur der Werte $\pm 1$ (in Einheit $\frac{1}{2}\frac{h}{2\pi}$) fähig war. Die Wellenfunktion $\psi$ bestand also aus zwei Komponenten ortsabhängiger Wellenfunktionen $\psi_\alpha(q)$ und $\psi_\beta(q)$ mit $\alpha = 1, \beta = -1$. Pauli zeigte, dass die Operation des Spinoperators auf die zweikomponentige Wellenfunktion, die später die Bezeichnung Pauli-Spinor erhalten sollte, durch die sogenannten Paulischen Spinmatrizen

$$s_x = \begin{pmatrix} 0 & 1 \\ 1 & 0 \end{pmatrix}, \quad s_y = \begin{pmatrix} 0 & -i \\ i & 0 \end{pmatrix} \quad \text{und} \quad s_z = \begin{pmatrix} 1 & 0 \\ 0 & -1 \end{pmatrix}$$

angesetzt werden kann.[104] Er verallgemeinerte diesen Ansatz auf eine Wellenfunktion für $N$ Teilchen

$$\psi(q_1, q_2, \ldots, q_N, s_{z1}, s_{z2}, \ldots, s_{zN}),$$

wobei $s_{zi}$ die Spinkomponente des $i$−ten Elektrons bezeichnete. Diese Wellenfunktion bestand dann aus $2^N$ Komponenten von ortsabhängigen Wellenfunktionen

$$\psi_{k_1, k_2, \ldots, k_N}(q_{k_1}, q_{k_2}, \ldots, q_{k_N}).$$

Als einen Vorteil seines Ansatzes gegenüber anderen Formulierungen sah Pauli, dass dieser beim Übergang zu mehreren Elektronen zu „keinerlei neuen Schwierigkeiten Anlaß gibt [...]".[105] Allerdings war er noch unzufrieden, weil seine Wellenfunktionen unter Lorentztransformationen nicht invariant waren.

Damit berührte Pauli eine wichtige Frage, nämlich die nach der Vereinbarkeit von Quantenmechanik und Relativitätstheorie. Oskar Klein, Walter Gordon und andere stellten 1926/27 eine relativistische Wellengleichung für das Elektron auf, die sogenannte Klein-Gordon-Gleichung. Allerdings hatte diese den Nachteil, dass aus ihr die Feinstruktur des Wasserstoffspektrums nicht deduziert und das neue Spinkonzept darin nicht integriert werden konnte.

---

[103] Pauli (1927).

[104] Hier kam implizit schon Gruppentheorie zum Einsatz, ohne dass sich Pauli dessen bewusst war. Denn die Paulischen Spinmatrizen sind eine Darstellung von $SU_2$, der Überlagerungsgruppe der räumlichen Drehungsgruppe $SO_3$. Nach Paulis Erinnerung machte ihn Hermann Weyl auf diesen Zusammenhang kurz nach Erscheinen seines Artikels aufmerksam: „Von dem Zusammenhang der Spinoren mit dem Begriff Darstellung der Drehungsgruppe des dreidimensionalen Raumes erfuhr ich erst kurz nach Erscheinen meiner Arbeit und zwar durch Weyl." Pauli an Schouten, 4.5.1949, CWI, WG, Schouten, Hervorhebung im Original.

[105] Pauli (1927, S. 604).

Die Lösung dieses Problems brachte ein Ansatz von Dirac, der Anfang 1928 veröffentlicht wurde.[106] Dirac war es wichtig, eine relativistische Wellengleichung zu gewinnen, welche in der Ableitung nach der Zeit linear und nicht wie bei Klein-Gordon quadratisch war. Ohne Rückgriff auf Paulis Ansatz konstruierte Dirac eine vierkomponentige relativistische Wellenfunktion für das Elektron, deren Wellengleichung unter der Lorentzgruppe invariant und damit mit der speziellen Relativitätstheorie kompatibel war. Die Paulischen Spinmatrizen nutzte Dirac, um seine vier $\gamma$-Matrizen von der Größe $4 \times 4$ zu erhalten, welche die Bedingung

$$\gamma_\mu \gamma_\nu + \gamma_\nu \gamma_\mu = 2\delta_{\mu\nu}$$

erfüllen sollten (mit $\delta_{\mu\nu}$ dem Kroneckerdelta, $\mu, \nu \in \{1,2,3,4\}$). Der Spin eines Elektrons musste dabei nicht von vornherein in die Gleichung eingebracht werden, sondern ergab sich als Folge der von Dirac angesetzten Gleichung. Er konnte quasi als relativistischer Effekt interpretiert werden. Außerdem stimmte die aus dem Ansatz deduzierte Größe des magnetischen Moments mit der für den Spin erwarteten überein. Diracs relativistische Wellengleichung setzte sich sehr schnell durch, als Dirac in einem anschließenden Artikel zeigte, dass sowohl die mit ihrer Hilfe aufgestellten Auswahlregeln sowie die Erklärung des Zeemaneffekts als auch die damit berechneten relativen Intensitäten der Linien eines Multipletts und das Energiespektrum des Wasserstoffatoms gute Übereinstimmung mit den experimentellen Resultaten aufwiesen.[107] Allerdings warf Diracs Lösungsansatz auch Fragen auf und es zeigten sich bald schwerwiegende Probleme, wie beispielsweise das Auftreten negativer Energiewerte. Nachdem Dirac eine mit der speziellen Relativitätstheorie kompatiblen Wellengleichung für das Elektron gefunden hatte, konnte man nun hoffen, eine allgemein-relativistische Verallgemeinerung davon anzugeben.[108] Die relativistische Wellengleichung war Gegenstand aller drei frühen Abhandlungen van der Waerdens zu Quantenmechanik und wird daher im Folgenden mehrmals aufgegriffen.[109]

Die Forschung zur Quantenmechanik wurde in den 1920er Jahren zunehmend internationaler. Die US-amerikanischen Stipendien des International Education Board (IEB) ermöglichten vielen jungen Wissenschaftlern nach dem ersten Weltkrieg einen Forschungsaufenthalt in den europäischen Zentren quantenmechanischer Forschung. Sie brachten das Wissen in ihre Heimatländer zurück. In den USA investierte man zudem stark in den Aufbau einer eigenen nationalen Forschungslandschaft, so dass rückkehrenden Wissenschaftlern zum Teil sehr gute Bedingungen geboten werden konnten. Außerdem wurden führende Experten auf dem Gebiet der Quantenmechanik, wie Sommerfeld, Born, Heisenberg, Dirac, Kramers, Hund u. a., zu Vortragsreisen, Kongressen oder Vorlesungen in die USA eingeladen. Eine junge Generation US-amerikanischer Physiker, darunter John Slater, Carl Eckart, David Dennison und Robert Oppenheimer, leistete schon bald wichtige Beiträge zur

---

[106] Dirac (1928a).

[107] Dirac (1928b).

[108] Vgl. Abschn. 15.1.

[109] Vgl. Abschn. 7.3, 12.3.5 und 15.3.

quantenmechanischen Forschung. Am Entstehen der Quantenchemie um 1930 hatten US-amerikanische Forscher, wie Slater, Mulliken oder Pauling, einen großen Anteil.[110]

Ab 1928 wurden die ersten Monographien zur Quantenmechanik publiziert. Dazu gehörten neben dem bereits erwähnten *Wellenmechanischen Ergänzungsband* (1929) von Sommerfeld auch Hermann Weyls *Gruppentheorie und Quantenmechanik* (1928), Heisenbergs *Die physikalischen Prinzipien der Quantentheorie* (1930) und Diracs *The principles of quantum mechanics* (1930).[111] Auch Courant und Hilberts *Methoden der mathematischen Physik* erschienen 1931 in zweiter, verbesserter Auflage, welche den Entwicklungen in der Quantenmechanik explizit Rechnung trug. Es deutete sich damit eine gewisse Konsolidierung der noch jungen Theorie an.

---

[110] Kragh (2002, Kap. 11). Zur Quantenchemie vgl. Kap. 14.

[111] Sommerfeld (1929); Weyl (1928b); Heisenberg (1930); Dirac (1930).

# Kapitel 3
# Gruppentheorie und Quantenmechanik bis 1928

Im Rahmen der neuen Quantenmechanik tauchten Überlegungen zur Symmetrie
von Problemen und zu ihrer darstellungstheoretischen Erfassung bereits ab 1926
in Publikationen auf. Dabei ging es zunächst um Konstellationen, die mehrere
gleiche Teilchen aufwiesen, wie etwa Atome mit mehreren Elektronen. Der
Anwendungsbereich dehnte sich jedoch rasch aus. Bis 1928 können vier Anwen-
dungsfelder in der Quantenmechanik unterschieden werden, in denen darstellungstheoretische Konzepte eingesetzt wurden:

- die qualitative Erklärung von Spektren von Atomen und Molekülen
  (Heisenberg, Wigner, von Neumann, Weyl, Witmer)
- Fundierung der Quantenmechanik
  (Weyl, Wigner)
- Diracs relativistische Wellengleichung[112]
  (von Neumann, Weyl)
- Molekülbildung
  (Weyl, Heitler, London)

Im Folgenden wird diese Entwicklung bis Ende 1928 skizziert. Dies geschieht
hauptsächlich auf der Grundlage von Scholz (2006b) und Mehra und Rechenberg
(2000, Kap. III.4) unter Einbeziehung der Originalarbeiten. Der Fokus liegt auf
der qualitativen Erklärung von Atomspektren, die anderen Bereiche werden nur gestreift. Die Entwicklung im Bereich der Molekülspektren wird in Kapitel 14 genauer nachgezeichnet. Die Reaktionen auf die Gruppentheorie sowie ihre Rezeption ist
der Gegenstand des letzten Abschnittes (3.3). Durch die Einbeziehung von weiteren
Archivalien zeigt sich hierbei ein etwas differenzierteres Bild der Reaktionen als je-
nes, welches häufig in der Literatur zu finden ist. Die gruppentheoretische Methode
rief nicht nur Ablehnung hervor, sondern weckte auch Interesse. Zwischen diesen
beiden Polen sind aber ebenso vorsichtige Zurückhaltung und skeptische Haltungen
zu erkennen.

---

[112] Eine allgemein-relativistische Fassung wurde von Tetrode und Wigner 1928 vorgeschlagen,
die Entwicklung einer allgemein-relativistischen Quantenfeldtheorie begann 1929 mit Arbeiten
von Weyl und Fock, vgl. Abschn. 15.1.

M.R. Schneider, *Zwischen zwei Disziplinen*, Mathematik im Kontext,
DOI 10.1007/978-3-642-21825-5_3, © Springer-Verlag Berlin Heidelberg 2011

## 3.1 Das Auftauchen von Symmetrien bei Heisenberg und Dirac

Im Jahr 1926 untersuchten Heisenberg und Dirac im Rahmen ihrer neuen quanten-mechanischen Ansätze atomare Konstellationen mit mehreren gleichen Teilchen. Dabei fassten sie als erste Symmetrien bezüglich Permutationen (von Wellenfunktionen oder Elektronen) ins Auge. Heisenberg studierte Atome mit mehreren Elektronen unter Berücksichtigung des Spinkonzepts, insbesondere das Heliumatom $He$ und das Lithiumion $Li^+$ mit zwei Elektronen.[113] Es ging um die Frage von nicht-kombinierenden Termsystemen im Spektrum solcher Atome, also um Terme, zwischen denen anscheinend kein Übergang stattfand. Dies machte sich im Spektrum durch das Fehlen gewisser Linien bemerkbar. Heisenberg sah die Ursache in einem (nicht genauer bestimmten) quantenmechanischen „Resonanz"- oder „Austausch"-Phänomen zwischen den Elektronen, das eine Art Spinkoppelung darstellen sollte. Er entwickelte einen mathematischen Ansatz, um dem gerecht zu werden. Mit Hilfe eines alten (und im Lichte der jüngeren Entwicklung auf diesem Gebiet altmodisch erscheinenden) Algebra-Lehrbuchs von Serret (1868) zur Galoistheorie versuchte er eine Zerlegung in minimale orthogonale Unterräume eines Zustands-raumes zu geben, der durch die Permutation der $n$ Elektronen zustande kam. Während die Orthogonalität der Unterräume nicht gut begründet war, konnte Heisenberg plausibel machen, dass das Phänomen der Spinkoppelung die Zerlegung nicht störte. Damit folgerte er, dass die nichtkombinierenden Termsysteme auch unter der Berücksichtigung des Spins durch die orthogonalen Unterräume charakterisiert werden konnten. Heisenbergs Ansatz war gewagt und mathematisch nicht unproblematisch. Von einer Zerlegung in unter der Permutationsgruppe $S_n$ invariante Unterräume war sie weit entfernt, auch wenn Heisenberg seine Methode mit Wigners gruppentheoretischem Ansatz im Einklang sah.[114] Heisenbergs Arbeiten, insbesondere seine Idee, Terme im Spektrum mit minimalen invarianten Unterräumen in Zusammenhang zu bringen, wirkten jedoch anregend.

Dirac folgerte 1926 unter Bezug auf Paulis Ausschließungsprinzip, dass sich die Wellenfunktionen von Elektronen antisymmetrisch bezüglich den Permutationen von Elektronen verhalten müssen.[115] Bei der Untersuchung des Verhaltens einer Menge von Teilchen in einem begrenzten Raum folgerte er, dass bei Annahme von symmetrischen Permutationsverhalten die Bose-Einstein Statistik für die Teilchen gilt. Da die Bose-Einstein Statistik für Lichtquanten vorhergesagt worden war, schloss er, dass Lichtquanten symmetrisch bezüglich Permutationen waren. Nahm man aber antisymmetrisches Permutationsverhalten an, wie im Fall von Elektronen und, wie Dirac meinte, auch von Molekülen, so genügten die Teilchen nach seinen Berechnungen einer Statistik, welche heute als Fermi-Dirac Statistik bekannt ist. Auch wenn die Unterscheidung von symmetrischen und antisymmetrischen Ei-

---

[113] Heisenberg (1926a,b, 1927).

[114] Für eine ausführliche Analyse der Arbeiten Heisenbergs vom mathematischen Gesichtspunkt siehe Scholz (2006b).

[115] Dirac (1926).

genfunktionen/Permutationsverhalten als eine einfachste gruppentheoretische Argumentation, die im Wesentlichen das Signum $\pm 1$ einer Permutation betrifft, aufgefasst werden kann (und auch wichtige physikalische Konsequenzen hatte), so sah Dirac selbst den Zusammenhang mit der Darstellungstheorie nicht.

## 3.2 Das Einbeziehen der Darstellungstheorie und die Eröffnung weiterer Anwendungsmöglichkeiten

Die Arbeiten von Heisenberg und Dirac waren der erste Schritt zu gruppentheoretischen Betrachtungen in der Quantenmechanik. Weitere, meist junge Wissenschaftler griffen diesen Ansatz auf und erschlossen bis 1928 ein weites Feld von Anwendungsbereichen der Gruppentheorie in der Quantenmechanik. Dabei wurde die aktuelle mathematische Forschung zur Darstellungstheorie einbezogen und für die Probleme der Quantenmechanik nutzbar gemacht. Diese Richtung wurde vor allem von Eugen Wigner, einem jungen Physiker, der mit dem Mathematiker John von Neumann kooperierte, und dem bereits durch seine Beiträge zur Physik und zur Darstellungstheorie distinguierten Mathematiker Hermann Weyl vorangetrieben.

### 3.2.1 Wigner

Der junge ungarische Physiker Eugen Wigner bearbeitete dasselbe Problem wie Heisenberg: Wie lässt sich ein Mehrteilchenproblem durch die Zustände der einzelnen Teilchen beschreiben und wie verhält es sich unter Permutationen gleicher Teilchen. Dabei betrachtete er im Prinzip denselben durch Permutationen der Elektronen erzeugten Unterraum $V^{(n)}$ (des $n-$fachen Tensorproduktraumes $\bigotimes^n V$ über den durch die $n$ Eigenfunktionen $\psi_i(r_i)$ aufgespannten Vektorraum $V = \langle \psi_1, \psi_2, \ldots, \psi_n \rangle$) wie Heisenberg: $V^{(n)}$ wird erzeugt durch die Operationen $\sigma$ der Permutationsgruppe $S_n$ auf Elementen von $\bigotimes^n V$:

$$\psi_{\sigma 1}(r_1)\psi_{\sigma 2}(r_2)\ldots\psi_{\sigma n}(r_n),$$

wobei $r_i = (x_i, y_i, z_i)$ die drei fiktiven Raumkoordinaten des $i-$ten Elektrons bezeichnen.[116] $V^{(n)}$ hat also die Dimension $n!$. Für den Fall von $n = 3$ Elektronen berechnete Wigner die Zerlegung von $V^{(3)}$ in vier unter $S_3$ invariante Unterräume, zwei eindimensionale und zwei zweidimensionale.[117] Im Gegensatz zu Heisenberg gelang Wigner eine Zerlegung in irreduzible Unterräume. Ohne es zu wissen, reproduzierte Wigner die Zerlegung der regulären Darstellung der $S_3$ in ihre irreduziblen Bestandteile. Denn $V^{(n)}$ kann mit dem Darstellungsraum der regulären Darstellung von $S_n$ identifiziert werden. Diese enthält auch die eindimensionale symmetrische

---

[116] Es werden im Folgenden dieselben Bezeichnungen wie in Scholz (2006b) benutzt.

[117] Wigner (1927a).

und antisymmetrische Darstellung, welche Wigner mit Diracs Folgerungen in Verbindung brachte.

Der Mathematiker John von Neumann, ein Freund Wigners aus den gemeinsamen Schultagen in Budapest, machte Wigner auf diesen Umstand aufmerksam und verwies ihn auf die relevanten mathematischen Arbeiten von Georg Frobenius, William Burnside und Issai Schur, welche um die Jahrhundertwende entstanden waren.[118] Wigner arbeitete sich rasch in diese Arbeiten ein. In seiner nächsten Publikation behandelte er den allgemeinen Fall von $n$ Elektronen.[119] Dazu gab er eine Einführung in die Darstellungstheorie von Permutationsgruppen. U. a. erklärte er, wie man die Dimension des Darstellungsraums einer zu einer Zerlegung $n = \lambda_1 + \lambda_2 + \cdots + \lambda_k$ (mit $\lambda_{i+1} \geq \lambda_i$) von $n$ gehörigen Darstellung von $S_n$ berechnen kann. Mit Heisenberg konnte er das Aufsplitten eines $n!-$fach entarteten Energieterms im Spektrum physikalisch als Austauschphänomen interpretieren, mathematisch identifizierte er die aufgesplitteten Energieterme mit den irreduziblen Darstellungen der regulären Darstellung von $S_n$.

Wigner betrachtete in einem weiteren Artikel Invarianzen der Schrödingerschen Wellengleichung. Dazu führte er sein Konzept der „Substitutionsgruppe" der Wellengleichung ein: Wenn mit der Wellenfunktion $\psi(r_1, r_2, \ldots, r_n)$ für eine Substitution $R$ auch $\psi(R(r_1, r_2, \ldots, r_n))$ eine Lösung der Wellengleichung zu demselben Energiewert darstellt, dann ist $R$ ein Element der Substitutionsgruppe. Neben Permutationen der Koordinaten der Elektronen sowie der von anderen gleichartigen Teilchen (etwa von Kernen) betrachtete Wigner erstmalig auch auf den Elektronenkoordinaten operierende orthogonale Gruppen und deren Untergruppen als mögliche Substitutionen. Die Bedeutung der Darstellungstheorie für eine qualitative Strukturanalyse des Termspektrums hob Wigner am Anfang seines im Mai 1927 eingereichten Artikels klar hervor:

> „Die einfache Gestalt der *Schrödinger*schen Differentialgleichung gestattet die Anwendung einiger Methoden der Gruppen, genauer gesagt, der Darstellungstheorie. Diese Methoden haben den Vorteil, daß man mit ihrer Hilfe beinahe ganz ohne Rechnung Resultate erhalten kann, die nicht nur für das Einkörperproblem (Wasserstoffatom), sondern auch für beliebig komplizierte Systeme *exakt* gültig sind. Der Nachteil dieser Methode ist, daß sie keine Näherungsformeln abzuleiten gestattet. Es ist auf diese Weise möglich, einen großen Teil unserer qualitativen spektroskopischen Erfahrung zu erklären."[120]

Einleitend fasste Wigner kurz die wichtigsten Konzepte der linearen Algebra und der Darstellungstheorie zusammen. Dabei stützte sich Wigner, wiederum dem Rat von Neumanns folgend, auch auf aktuellere darstellungstheoretische Arbeiten. Neben Speisers Lehrbuch *Die Theorie der Gruppen endlicher Ordnung* nutzte er Arti-

---

[118] Von Neumann war zu dieser Zeit im Thema: Im Frühjahr 1927 reichte er eine Arbeit zur Darstellungstheorie kontinuierlicher Gruppen ein (von Neumann, 1927b).

[119] Wigner (1927b).

[120] Wigner (1927c, S. 624, Hervorhebungen im Original).

kel von Schur und Weyl, in welchen diese die irreduziblen Darstellungen der orthogonalen Gruppen konstruierten.[121]

Abb. 3.1: Eugene Wigner (ca. 1948)

Wigner brachte die irreduziblen Darstellungen $\mathscr{D}^l$ (mit $l \in \mathbb{N}_0$) der Drehungsgruppe $SO_3$ vom Grad $(2l + 2)$ mit der azimutalen Quantenzahl in Verbindung,
indem er mit Hilfe der Gruppentheorie Übergangswahrscheinlichkeiten berechnete
und damit Auswahlregeln für $l$ aufstellte, welche mit den Auswahlregeln der azimutalen Quantenzahl übereinstimmten. Außerdem interpretierte er den Zeemaneffekt
als eine Störung der Symmetrie des Systems. Der Einfluss eines starken Magnetfeldes in der $z$–Richtung (normaler Zeemaneffekt) verkleinerte die Symmetriegruppe:
anstelle der Symmetrie unter $SO_3$ trat die Symmetrie unter $SO_2(:= SO_2(\mathbb{R}))$. Der
Übergang zur Untergruppe bedeutete darstellungstheoretisch den Übergang zu den
eindimensionalen irreduziblen Darstellungen $d^m$ ($m = l, l-1, \dots, -l+1, -l$) der
$SO_2$. Den gruppentheoretischen Index $m$ identifizierte er als magnetische Quanten-

---

[121] Speiser (1923); Schur (1924a,b,c); Weyl (1924c). Zur Darstellungstheorie der Permutationsgruppe empfahl Wigner außerdem die „sehr schöne und leicht verständliche Darstellung" in Schur
(1905). Vgl. Abschn. 1.2.

zahl und brachte ihn mit der Aufspaltung eines Terms im Atomspektrum in $m$ Linien unter dem Einfluss eines Magnetfeldes in Verbindung. (Vgl. Abschn. 12.2.1) Kritisch merkte er an, dass bei dieser Konzeption nur eine ungerade Anzahl von Termaufspaltungen, nämlich $2l + 1$, zustande kommen konnte, was im Widerspruch zur Erfahrung aus Experimenten stand. Er folgerte, dass „noch ein wesentlicher Punkt fehlt."[122] Diese Frage konnte er in einer Reihe von Artikeln mit von Neumann 1927/28 aufklären, indem er den Einfluss weiterer Faktoren, wie Elektronenspin und der von Dirac geforderten Antisymmetrie der Wellenfunktion, berücksichtigte.

In einer weiteren Arbeit nutzte Wigner 1927 die Gruppentheorie, um die Erhaltungssätze der Quantenmechanik zu begründen.[123] Dies kann als ein Beitrag Wigners zur theoretischen Fundierung der Quantenmechanik betrachtet werden.

### 3.2.2 Wigner und von Neumann

Während Wigners erste drei Artikel zur Gruppentheorie und Quantenmechanik in Berlin entstanden waren, schrieb er die folgenden, gemeinsam mit von Neumann publizierten Arbeiten zum „Drehelektron" als physikalischer Assistent von Hilbert in Göttingen.[124] Zwar konnte Wigner in seinem Göttinger Jahr nicht viel von Hilberts Wissen profitieren, weil dieser in dieser Zeit durch eine Krankheit eingeschränkt arbeitsfähig war, aber Wigner hatte regen Kontakt mit anderen Göttinger Wissenschaftlern und Gästen, wie Born, Jordan (mit dem er einen gemeinsamen Artikel zur Quantenfeldtheorie publizierte), Nordheim, Walter Heitler und Enos Eby Witmer. Die beiden letztgenannten waren im Kontext von Molekülbindung und -spektren stark an der gruppentheoretischen Methode interessiert und veröffentlichten 1928 entsprechende Arbeiten.[125] Göttingen wurde mit Wigners (und Heitlers, s. u.) Umsiedlung zu einem kleinen Zentrum der gruppentheoretischen Methode. Von Neumann, der sich mit der mathematischen Fundierung und Axiomatisierung der Quantenmechanik beschäftigte, besuchte Göttingen in dieser Zeit regelmäßig. Wigners Arbeiten entstanden in einem so engen Austausch mit von Neumann, dass Wigner diesen als Mitautor nannte, auch wenn er diese (nach eigenen Angaben) fast ausschließlich allein verfasste. Auch von Neumann profitierte von der Zusammenarbeit: Er bedankte sich in einem Artikel bei Wigner (und Jordan) für die „wesentlichen Anregungen", die er aus Gesprächen mit ihnen in Göttingen erhalten habe.[126] Hier fand also im Bereich der Quantenmechanik ein enger Austausch zwischen einer Gruppe von jungen Mathematikern und Physikern statt.

Die konzeptionelle Rolle der Gruppentheorie in der Quantenmechanik wurde von Wigner und von Neumann deutlich – und an prominenter Stelle, nämlich am Anfang

---

[122] Wigner (1927c, S. 647).

[123] Wigner (1927d).

[124] von Neumann und Wigner (1928a,b,c). Dies blieben nicht die einzigen gemeinsamen Publikationen im Bereich der Quantenmechanik, vgl. etwa von Neumann und Wigner (1929a,b).

[125] Vgl. nachfolgenden Abschn. 3.2.3 sowie das Kap. 14.

[126] von Neumann (1928, S. 869).

der Einleitung – hervorgehoben. Sie verglichen diese Rolle mit der Bedeutung des Invarianzprinzips in der allgemeinen Relativitätstheorie:

> „Diese Methode [die gruppentheoretische Methode, MS] beruht auf der Ausnutzung der elementaren Symmetrieeigenschaften aller atomaren Systeme, nämlich der Gleichheit aller Elektronen und der Gleichwertigkeit aller Richtungen des Raumes (diese letztere wird hauptsächlich benutzt werden); sie findet in der sogenannten Darstellungstheorie ihr adäquates mathematisches Werkzeug. [ ... ]
>
> Im Anschluß daran ist es vielleicht nicht unnütz, darauf hinzuweisen, welche Spürkraft diesen (und ähnlichen) Symmetrie- (d. h. Invarianz-) Prinzipien beim Aufsuchen von Naturgesetzen innewohnt: so wird es z. B. in diesem Falle vom qualitativen Bilde *Paulis* vom Drehelektron eindeutig und zwingend zu den Regelmäßigkeiten der Atomspektren führen. Es ist ähnlich wie in der allgemeinen Relativitätstheorie, wo ein Invarianzprinizip die Auffindung der universellen Naturgesetze ermöglichte."[127]

Wigner und von Neumann propagierten hier offensichtlich Symmetrien als systematisch zu untersuchende und auszunützende physikalische Strukturen, die ihrer Meinung nach für die Konzeption der Quantenmechanik eine grundlegende Rolle innehaben sollten.[128] Wigner erinnerte sich, dass ihn eine Frage von Max von Laue auf die zentrale Bedeutung der Symmetrie für die Quantenmechanik geführt hatte.[129]

Wigner und von Neumann bezogen sich auf die Transformationstheorie von Dirac und Jordan sowie auf Paulis 1927 entwickelten Ansatz zur mathematischen Erfassung des Konzepts des Elektronenspins. Demnach kann ein System mit $n$ Elektronen mit Spin (Wigner nutzte den mechanistischen Ausdruck „Drehelektron") durch eine Wellenfunktion

$$\varphi(x_1, \ldots, z_n; s_1, \ldots, s_n)$$

beschrieben werden, die von den „Schwerpunktskoordinaten" $(x_i, y_i, z_i) \in \mathbb{R}^3$ der $n$ Elektronen und von den der Werte $\pm 1$ fähigen Spins $s_i$ der $n$ Elektronen abhängt.[130]

---

[127] von Neumann und Wigner (1928a, S. 203 f., Hervorhebungen im Original).

[128] Angesichts dieser deutlichen Worte erscheint die Unterscheidung eines Wignerschen und eines Weylschen Programms nach Mackey (1988a,b, 1993) fragwürdig. Vgl. auch Scholz (2006b).

[129] „Of the older generation [of physicists] it was probably M. von Laue who first recognized the significance of group theory as the natural tool with which to obtain a first orientation in problems of quantum mechanics. [ ... ] I [Wigner] recall his question as to which results derived in the present volume (Wigner, 1931) I considered most important. My answer was the explanation of Laporte's rule (the concept of parity) and the quantum theory of the vector addition model appeared to me most significant. Since that time, I have come to agree with his answer that the recognition that almost all rules of spectroscopy follow from the symmetry of the problem is the most remarkable result." (Wigner, 1959, S. V). Der hier angegebene Zeitpunkt um 1931 für Wigners Erkenntnis ist kaum haltbar angesichts des obigen Zitats. Es ist daher anzunehmen, dass von Laue seine Frage bereits 1927 angesichts der Artikelserie (von Neumann und Wigner, 1928a,b,c) stellte. Dafür sprechen auch zwei weitere Argumente: Erstens, diese Haltung ist in früheren Artikeln Wigners nicht zu finden; zweitens, die von Wigner erwähnten Ergebnisse (Laportesche Regel bzw. das Hundsche Vektoradditionsmodell) finden sich bereits in (von Neumann und Wigner, 1928b, S. 89-91 bzw. 88-86) und nicht erst in (Wigner, 1931).

[130] Der Spin wird dabei in $z$-Richtung gemessen angenommen und in Einheiten von $\frac{he}{4\pi mc}$ angegeben.

Wigner bezeichnete diese als „Hyperfunktion". Betrachtet man die Spinvariablen als Parameter, so kann die Hyperfunktion als direktes Produkt durch $2^n$ nur von den Schwerpunktskoordinaten abhängigen, „spinfreien Wellenfunktionen"

$$\varphi_{s_1,\ldots,s_n}(x_1,\ldots,z_n)$$

beschrieben werden

$$\tilde{\varphi}(x_1,\ldots,z_n) = (\varphi_{s_1,\ldots,s_n}(x_1,\ldots,z_n))_{s_i=\pm 1}$$

mit Werten in $\mathbb{C}^{2^n}$.

Die beiden Autoren studierten die Wirkung einer räumlichen Drehung $\mathscr{R} \in SO_3$ der Koordinatenachsen auf die Wellenfunktionen $\varphi \mapsto \varphi(\mathscr{R})$. Sie folgerten, dass es einen linearen orthogonalen Operator $O_\mathscr{R}$ mit

$$\varphi(\mathscr{R}) = O_\mathscr{R}\varphi$$

gibt, der bis auf einen konstanten Faktor von Absolutwert 1 bestimmt ist. Daher gilt:

$$O_\mathscr{R}O_\mathscr{S} = const\ O_\mathscr{R S}$$

mit *const* einer Konstante von Absolutwert 1. Für die den Operator darstellende Matrix, Wigner benutzte dafür das Symbol $\{a_{s,t}^{(\mathscr{R})}\}$, wobei $s$ bzw. $t$ für den Multiindex $s_1,\ldots,s_n$ bzw. $t_1,\ldots,t_n$ stehen, muss dann Analoges gelten. Man erhält also „vieldeutige", d. h. nur bis auf eine Einheitswurzel bestimmte Darstellungen der $SO_3$. Damit wurden neben den in Wigner (1927c) benutzten eindeutigen, also injektiven Darstellungen weitere Darstellungen hinzugenommen, die zur Lösung des dort angesprochenen Problems der Termaufspaltung beim Zeemaneffekt beitrugen.

Neben dem Operator $O_\mathscr{R}$, der auf die (Elektronen-)Schwerpunkt- und Spinkoordinaten der Wellenfunktion gleichzeitig wirkt, untersuchten sie auch den Operator $P_\mathscr{R}$, der nur auf den Schwerpunktkoordinaten operiert, und $Q_\mathscr{R} := P_\mathscr{R}^{-1} O_\mathscr{R}$, der nur auf den Spinkoordinaten operiert. Für ihre Darstellungsmatrizen gilt dasselbe wie für $O_\mathscr{R}$.

Für den Fall von einem Elektron ($n = 1$) hat die Wellenfunktion zwei Komponenten. Als Darstellung vom Grad zwei ordneten sie einer Drehung mit Eulerwinkeln $\alpha, \beta, \gamma$ die beiden unitären Matrizen

$$\pm \begin{pmatrix} e^{-\frac{1}{2}i\alpha} & 0 \\ 0 & e^{\frac{1}{2}i\alpha} \end{pmatrix} \begin{pmatrix} \cos\frac{1}{2}\beta & \sin\frac{1}{2}\beta \\ -\sin\frac{1}{2}\beta & \cos\frac{1}{2}\beta \end{pmatrix} \begin{pmatrix} e^{-\frac{1}{2}i\gamma} & 0 \\ 0 & e^{\frac{1}{2}i\gamma} \end{pmatrix}$$

zu und damit das lokale Inverse der Überlagerungsabbildung von $SU_2$ (aufgefasst als zweiblättrige Überlagerung) nach $SO_3$. Damit hatten sie eine „zweideutige" Darstellung der $SO_3$. Hier nutzten sie die bahnbrechende Arbeiten von Hermann Weyl zur

Darstellungstheorie klassischer Liegruppen.[131] Nennen wir diese Darstellung $\mathscr{D}^{\frac{1}{2}}$, dann zeigten sie, wie man weitere Darstellungen $\mathscr{D}^{\frac{k}{2}}$ ($k \in \mathbb{N}$ ungerade und $k > 1$) der $SO_3$ von geradem Grad $k + 1$ konstruierte. Zusammen mit $\mathscr{D}^{l}$ ($l \in \mathbb{N}_0$) aus Wigners vorherigen Artikel erhielten sie also für jede Dimension des Darstellungsraumes eine Darstellung. Diese war eindeutig, falls der Grad der Darstellung ungerade war, und zweideutig, falls dieser gerade war.

Aus der Darstellung $\mathscr{D}^{\frac{1}{2}}$ konstruierten Wigner und von Neumann für jede Anzahl von Elektronen $n$ eine Darstellung der $SO_3$ auf dem Tensorproduktraum der Wellenfunktionen der einzelnen Elektronen als $n-$faches Tensorprodukt

$$\bigotimes^{n} \mathscr{D}^{\frac{1}{2}}.$$

Mit einer Beschreibung, in welche Summe von irreduziblen Darstellungen diese Produktdarstellung zerfiel, beendeten sie ihren ersten Artikel, den sie Ende Dezember 1927 bei der *Zeitschrift für Physik* einreichten. Für eine gerade Anzahl von Elektronen $n$ kamen in der Zerlegung nur eindeutige Darstellungen vor, für eine ungerade nur zweideutige.

In dem anschließenden, zwei Monate später eingereichten Artikel verbanden sie diesen Ansatz mit der Symmetrie unter Permutationen und Diracs Forderung nach Antisymmetrie, um eine mit den Experimenten im Einklang stehende theoretische Erklärung des anomalen Zeemaneffekts zu geben.[132] Für Permutationen $\alpha = (\alpha_1, \ldots, \alpha_n)$ der Elektronenkoordinaten und Spinvariablen der Hyperfunktionen führten sie ebenfalls Operatoren ein: $O_\alpha$ operiert gleichzeitig auf beiden, $P_\alpha$ nur auf den Elektronenkoordinaten und $Q_\alpha := P_\alpha^{-1} O_\alpha$ nur auf den Spinvariablen. Für diese Operatoren gelten dieselben Regeln wie für die der Drehungsgruppe.

In Wigners Vorstellung konnte der Energieoperator $H$ der Wellengleichung als Summe zweier Operatoren

$$H = H_1 + H_2$$

angesetzt werden. Der erste Operator $H_1$ sollte die Bewegung der Elektronen im Raum sowie die elektromagnetische Wechselwirkung mit dem Kern erfassen. Der zweite $H_2$ sollte andere Einflüsse berücksichtigen, wie etwa solche, die vom Elektronenspin herrühren. Man konnte also zunächst eine Wellengleichung für Wellenfunktionen ohne Spin ansetzen

$$H_1 \psi = \lambda \psi.$$

Um Spineffekten gerecht zu werden, konnte dann der Einfluss von $H_2$ quasi als (allmählich anwachsende) Störung hinzugenommen werden und damit zu den Hyperfunktionen $\varphi$ übergegangen werden. Während die Situation bei $H_1$ invariant unter $P$ und trivialerweise auch unter $Q$ (und damit auch unter $O$ ist), reduziert sich die Symmetrie beim Zuschalten von $H_2$ auf $O$ allein. Dies hat darstellungstheoretisch

---

[131] Weyl (1925, 1926a,b).

[132] von Neumann und Wigner (1928b).

zur Folge, dass die zu $H_1$ gehörigen irreduziblen Darstellungen beim Übergang zu $H_1 + H_2$ reduzibel werden. Wigner und von Neumann hatten damit eine gruppentheoretische Erklärung des anomalen Zeemaneffekt gefunden, bei dem durch Einschaltung eines schwachen Magnetfeldes die zu einer magnetischen Quantenzahl $m$ gehörigen Linien aufsplitten.

Um die von Dirac geforderte Antisymmetrie zu erreichen, suchten sie irreduzible eindimensionale antisymmetrische Darstellungen im antisymmetrischen Unterraum

$$Alt^n \tilde{V} \subset \overset{n}{\bigotimes} \tilde{V}$$

im Darstellungsraum des $n$-fachen Tensorprodukts des zweidimensionalen Darstellungsraumes $\tilde{V}$ der Hyperfunktionen eines Elektrons. Dabei sollte die antisymmetrische Darstellung der Hyperfunktion von einer irreduziblen Darstellung der spinfreien Funktionen induziert werden. Unter Verwendung von Speisers Lehrbuch fanden sie heraus, dass dies genau dann der Fall ist, falls in der Zerlegung $(\lambda) = (\lambda_1, \ldots, \lambda_k)$ von $n$, welche eine irreduzible Darstellung von $S_n$ im Raum der spinfreien Funktionen charakterisiert, nur die Zahlen 1 und 2 auftauchen.

Durch mehr oder weniger kombinatorische Überlegungen konnten sie dann die Werte der inneren Quantenzahl $j$, die auch den Spin berücksichtigte, angeben. Diese war von der Anzahl der Elektronen $n$, der azimutalen Quantenzahl $l$ und der Anzahl der Zweier $z$ in der durch die Zerlegung $(\lambda)$ charakterisierten Darstellung der Permutationsgruppe $S_n$ abhängig. Damit konnten sie auch die Anzahl $t$ der möglichen Terme, in welche ein Term mit Quantenzahl $j$ zerfallen konnte, berechnen

$$t = \min \begin{cases} n - 2z + 1; \\ 2l + 1. \end{cases}$$

Dieses Ergebnis stimmte perfekt mit der spektroskopischen Erfahrung überein und auch mit den Folgerungen aus Hunds Aufbauprinzip. Wigner und von Neumann hielten dies fest und betonten noch einmal die fundamentale Bedeutung des Symmetriekonzepts für die Quantenmechanik:

> „Damit ist wohl die wichtigste qualitative spektroskopische Regel abgeleitet. Man wird sich – abgesehen von der ungeheuren Leistungsfähigkeit der Quantenmechanik (in der klassischen Mechanik wäre es natürlich absolut unmöglich, eine ähnliche Rechnung durchzuführen oder z. B. die nun folgenden Intensitätsformeln streng zu berechnen) – darüber wundern, daß alles, wie man sagt ‚durch die Luft‘ ging, d. h. ohne Bezugnahme auf die spezielle Form der *Hamilton*schen Funktion, lediglich aus Symmetrieforderungen und der qualitativen Idee *Paulis*. Allerdings war dies bis zu einem gewisse[sic!] Grade zu erwarten, daß nämlich eine dem Wesen der Dinge angepaßte Theorie diese *qualitativen* Erfahrungen auch ohne explizite Rechnung wird erschließen können."[133]

Wie bereits im Zitat angedeutet, schlossen sich daran weitere Ableitungen an, die auch quantitative Ergebnisse beinhalteten. Allerdings standen diese unter einem gewissen Vorbehalt, weil sie nicht relativistisch rechneten. Gruppentheoretisch interessant sind einerseits das Studium von Spiegelungen andererseits die im

---

[133] von Neumann und Wigner (1928b, S. 86, Hervorhebungen im Original).

mathematischen Anhang des dritten Teils der Arbeit (von Neumann und Wigner, 1928c, S. 856) erwähnte Formel über die Ausreduktion der Tensorprodukt-Darstellung $\mathscr{D}^l \mathscr{D}^{l'}$ der Drehungsgruppe $SO_3$:

$$\mathscr{D}^l \mathscr{D}^{l'} = \sum_{k=|l-l'|}^{l+l'} \mathscr{D}^k,$$

also der Clebsch-Gordan-Formel.

Mitte März 1928 reichte von Neumann einen Artikel zur „Diracschen Theorie des relativistischen Drehelektrons" bei der *Zeitschrift für Physik* ein, dessen Entstehung wesentlich auf Gesprächen von Neumanns mit Wigner und Pascual Jordan in Göttingen beruhte.[134] Von Neumann diskutierte einige Probleme der Diracschen Wellengleichung für das Elektron, darunter das Auftreten von vier Komponenten der relativistischen Wellenfunktion: den vier komplexwertigen gewöhnlichen Wellenfunktionen $\psi_\zeta(xyzt)$ mit $\zeta = 1, 2, 3, 4$ und $(xyzt)$ im Minkowskiraum. Er hob hervor, dass die relativistische Wellenfunktion $\psi(xyzt; \zeta) = \psi_\zeta(xyzt)$ ein Element in einem komplexen vierdimensionalen Raum ist, während die vier Komponenten $(xyzt)$ eines „Weltvektors" einem anderen, reellen Raum angehören. Beim Nachweis der Lorentzinvarianz der Diracschen Wellengleichung ging $\psi$ unter einer Lorentztransformation $O$ in $\Lambda\psi$ über. Dabei unterschied er zwischen $\psi \to \psi'$ und $\psi' \to \Lambda\psi'$: erstere entsprach eine Transformation im Minkowskiraum, letztere eine Transformation des Spins, also von $\zeta$. Jeder Lorentztransformation $O$ ist, so deutete von Neumann an, also ein $\Lambda$ zugeordnet, allerdings nicht auf eindeutige Weise, sondern nur bis auf einen konstanten Faktor. Man erhält also eine „(mehrdeutige!) vierdimensionale Darstellung der Lorentzgruppe".[135] Von Neumann betonte, dass diese Darstellung nicht mit der in der Physik üblichen Darstellung eines relativistischen Vierervektors übereinstimme. Im Anschluss daran hob er eine wichtige Eigenschaft der neuen Darstellung hervor: Sie zerfalle in zwei zweidimensionale Unterräume, so dass bei geeigneter Basiswahl die ersten beiden und die zweiten beiden Komponenten der relativistischen Wellenfunktion $\psi$ untereinander transformiert werden. Um dies zu beweisen, gab von Neumann eine Matrix an, welche mit allen $\Lambda$ vertauscht und zwei doppelte Eigenwerte hat:

$$\alpha := \gamma_1 \gamma_2 \gamma_3 \gamma_4,$$

wobei $\gamma_i$ die Diracschen Größen (siehe S. 41) sind. Die Matrix $\alpha$ hat dann die Eigenwerte $\pm 1$.

Von Neumann bettete also die Diracsche Wellengleichung in einen darstellungstheoretischen Kontext ein. Allerdings setzte er dazu darstellungstheoretisches Wissen voraus. Zudem blieb er wenig konkret. Er gab keine Formel für die Zuordnung $O \to \Lambda$ an und nutzte zum Teil koordinatenlose Formulierungen. Dieser Teil seines

---

[134] von Neumann (1928).

[135] von Neumann (1928, S. 876).

Artikels, der eine mathematische präzise und knappe Beschreibung der neuartigen vierkomponentigen relativistischen Wellenfunktion lieferte, dürfte für die Mehrheit der Quantenphysiker kaum verständlich gewesen sein. Van der Waerdens ein Jahr später entwickelter Spinorkalkül nutzte die hier von von Neumann zusammengestellten Erkenntnisse aus, ohne dass sich van der Waerden auf von Neumanns Artikel explizit bezog, vielmehr verwies er auf Arbeiten von Weyl und Weiß (vgl. Kap. 7).[136]

### 3.2.3 Heitler und London

Einen weiteren Anwendungsbereich der gruppentheoretischen Methode erschlossen Walter Heitler und Fritz London im Bereich der Moleküle. In einer gemeinsamen in Zürich entstandenen Arbeit führten sie ein neues Konzept von Molekülbindung ein, die sogenannte kovalente Bindung („homöopolare Bindung"), welche auf einem Paar von Valenzelektronen beruhte.[137] Diese Arbeit war grundlegend für die Entstehung der Quantenchemie.[138] Sie zeigte, wie die Molekülformation durch die Koppelung von zwei Valenzelektronen mit unterschiedlichem Spin zustande kam. Anschließend führten Heitler und London in diesem Rahmen gruppentheoretische Methoden ein.[139]

Heitler wurde im Sommer 1927 Assistent von Born in Göttingen, wo er auf Wigner traf. Heitler (1927a) brachte das von London und ihm entwickelte Konzept der kovalenten Bindung mit Heisenbergs Austauschphänomen in Verbindung. Dies ermöglichte ihm, den störungstheoretischen Ansatz aus dem gemeinsamen Artikel mit London mit der von Wigner entwickelten gruppentheoretischen Methode und Hunds Ansatz zu Symmetriecharakteren (Hund, 1927b) zu kombinieren, um die Energieterme („Energieschwerpunkt") eines Atoms mit mehr als zwei Elektronen zu berechnen. Heitler gab dazu eine kurze „Wiederholung der *Frobenius-Schur-Wignerschen Theorie*"[140] und eine 9-seitige Einführung zu Gruppencharakteren nach Speiser (1923). In einem weiteren Artikel untersuchte er das Konzept der kovalenten Bindung zwischen zwei Atomen für den Fall des Vorhandenseins von mehr als zwei Valenzelektronen.[141] Unter Verweis auf Wigner (1927b,c) zog

---

[136] Die Diracsche Wellenfunktion für das Elektron war auch für Friedrich Möglich Ausgangspunkt für Untersuchungen zu ihrem Transformationsverhalten im April 1928. Ohne explizit darstellungstheoretische Konzepte zu nutzen, stellte er mit Hilfe der Klein-Sommerfeldschen Kreiseltheorie eine unitäre Darstellung der räumlichen Drehungsgruppe $SO_3$ im Raum der vierkomponentigen relativistischen Wellenfunktion auf und untersuchte Darstellungen von Lorentztransformationen. Bei der Korrektur wies Wigner – die Zerlegbarkeit der Darstellung in zwei irreduzible ausnutzend – Möglich auf die Möglichkeit einer anderen Basiswahl hin, was zu einfacheren Formeln führte. (Möglich, 1928).

[137] Heitler und London (1927).

[138] Vgl. Kap. 14.

[139] Scholz (2006b), Mehra und Rechenberg (2000, Kap. III.5(c)).

[140] Heitler (1927a, S. 53).

[141] Heitler (1928a).

er für das Studium seines Mehrteilchenproblems die Darstellungstheorie von Permutationsgruppen hinzu. Er arbeitete mit irreduziblen Darstellungen von $S_n$, die zu Zerlegungen von $n$ in eine Summe von Einser und Zweier korrespondierten, weil er meinte, dies folge aus dem Pauli-Verbot, und er suchte nach antisymmetrischen Darstellungen. Schließlich versuchte er wieder unter Einsatz von gruppentheoretischen Methoden das Konzept der kovalenten Bindung auf komplexere Moleküle, die aus mehr als zwei Atomen bestehen, zu erweitern.[142]

London ging nach seinem Aufenthalt in Zürich als Assistent von Schrödinger nach Berlin.[143] Dort habilitierte er sich. Zunächst entwickelte er einen Ansatz, um das chemische Konzept der Valenz im quantenmechanischen Rahmen zu interpretieren.[144] Darin wandte er keine Gruppentheorie an, verwies aber auf Wigner (1927b). Im Mai 1928 reichte er einen stark gruppentheoretisch fundierten Artikel zur kovalenten Bindung ein.[145] Wie Heitler untersuchte er darin zweiatomige Moleküle. Im Unterschied zu Heitler, der nur Atome mit gleich vielen Valenzelektronen betrachtete, entwickelte London den allgemeinen Fall mit beliebig vielen Elektronen. London bezog sich auf gruppentheoretische Arbeiten von Frobenius und Schur, sowie auf Wigner (1927b,c). Er gab auch ein Verfahren zur Berechnung der Dissoziationsenergie auf der Grundlage der Gruppencharaktere der Permutationsgruppe an. In seiner Einleitung hob er hervor, dass das chemische Schema der Valenzstriche mathematisch deduziert werden konnte:

„Diese Eindeutigkeit der chemischen Symbolik hat sich nun tatsächlich aus den grundlegendsten Sätzen der Theorie der Darstellungen der symmetrischen Gruppe folgern lassen. (§ 3)."[146]

London kritisierte auch einige Aspekte Heitlers störungstheoretischen Ansatzes.[147] Wigner begrüßte Londons gruppentheoretische Arbeiten sehr.[148]

Die gruppentheoretische Behandlung von Fragen der Molekülbindung war auch ein Forschungsfeld von Weyl (s. u.). Mit einer qualitativen Strukturanalyse von Molekülspektren zweiatomiger Moleküle untersuchten Wigner und Witmer einen weiteren Bereich der Molekültheorie gruppentheoretisch.[149] Ihre Arbeit, die 1928 in Göttingen entstand, wird im Abschnitt 14.1.2 dargestellt.

---

[142] Heitler (1928b).

[143] Zu Londons Zeit in Berlin vgl. Gavroglu (1995, S. 49–61).

[144] London (1927).

[145] London (1928).

[146] London (1928, S. 24).

[147] Auch Heitler publizierte zum Schema der Valenzstriche: Heitler (1929).

[148] Gavroglu (1995, S. 60).

[149] Wigner und Witmer (1928).

### 3.2.4 Weyl

In etwa gleichzeitig und unabhängig von Wigner und von Neumann beschäftigte sich Hermann Weyl mit der Bedeutung der Gruppentheorie für die Quantenmechanik. Weyl war zu dieser Zeit Professor für Mathematik an der Universität Zürich. Er war bereits in den Jahren 1917 bis 1923 mit Beiträgen zur theoretischen Physik in den Bereichen der allgemeinen Relativitätstheorie, einheitlichen Feldtheorie und der Kosmologie hervorgetreten.[150] Als die neue Quantenmechanik entstand, veröffentlichte er, wie im Abschn. 1.2.2 bereits erwähnt, grundlegende Arbeiten zur Darstellungstheorie halbeinfacher Liegruppen.[151] Diese standen für ihn in einem engen Zusammenhang mit konzeptionellen Fragen der physikalischen Theoriebildung.[152] Die Entwicklung der Quantenmechanik verfolgte Weyl nicht nur, sondern er stand darüber auch im Austausch mit den Göttinger Physikern Born und Jordan, als diese 1925 den matrizenmechanischen Formalismus entwickelten. Ihnen stellte er einen von ihm selbst ausgearbeiteten Alternativansatz vor, in welchem unitäre Gruppen eine grundlegende Bedeutung zukam. Allerdings erschien Born dieser Ansatz zu kompliziert für Physiker.

Zwei Jahre später, im Oktober 1927, reichte Weyl seinen ersten Beitrag zur Quantenmechanik unter dem programmatischen Titel *Quantenmechanik und Gruppentheorie* bei der *Zeitschrift für Physik* ein.[153] Zu diesem Zeitpunkt hatte Wigner bereits seine ersten gruppentheoretischen Beiträge vorgelegt, aber der erste gemeinsame Artikel mit von Neumann war noch nicht abgeschlossen. Weyl behandelte in seinem Artikel, der auf seinem 1925 entwickelten Ansatz beruhte, jedoch ganz andere Fragestellungen als Wigner. Ihm ging es nicht wie Wigner um eine qualitative Erklärung der Struktur von Spektren, sondern es ging ihm vor allem um die „Frage nach dem Wesen und der richtigen Definition der *kanonischen Variablen*", welche Heisenbergs Vertauschungsrelationen

$$[P,Q] = PQ - QP = \tfrac{\hbar}{i} 1$$

erfüllten, und damit um eine Frage aus dem Bereich der theoretischen Fundierung der Quantenmechanik.[154] Er entwickelte ein Quantisierungsverfahren, das in systematischer Weise den (klassischen) physikalischen Größen (quantenmechanische) hermitesche Operatoren zuordnete. Dazu führte er Strahldarstellungen (projektive Darstellungen) ein, welche nur bis auf einen komplexen Faktor von Absolutwert 1 bestimmt waren und damit für Heisenbergs Vertauschungsrelation prädestiniert waren. Er zeigte, dass die Schrödingersche Wellengleichung für ein (freies) Elektron mit den irreduziblen Strahldarstellungen in engster Beziehung stand. Auf dieser Grundlage und mit Hilfe von Fouriertransformationen gelang es ihm, einer physi-

---

[150] Vgl. beispielsweise Sigurdsson (1991); Scholz (2001, 2004, 2006a).

[151] Wie in Abschn. 1.2.2 dargestellt.

[152] Hawkins (1998), Hawkins (2000, Teil IV), Scholz (2004).

[153] Weyl (1928a).

[154] Weyl (1928a, S. 2).

kalischen Größe einen quantenmechanischen Operator im Hilbertraum zuzuordnen. Weyl konnte durch dieses Vorgehen einige Probleme anderer Quantisierungsverfahren umgehen bzw. lösen. Außerdem diskutierte Weyl die Beziehung zwischen Quantenmechanik und Relativitätstheorie.[155]

Obwohl Weyls Ansatz zur Quantisierung in dessen 1928 veröffentlichten Monographie zur Quantenmechanik und Gruppentheorie Eingang fand und ab 1931 durch die englische Übersetzung des Buches einem großen Kreis von Wissenschaftlern zur Verfügung stand,[156] wurde er von seinen Zeitgenossen kaum aufgegriffen. Nur die Mathematiker von Neumann und Marshall Stone lieferten Anfang der 1930er Jahre einen strengen Beweis über die Struktur von Strahldarstellungen von $\mathbb{R}^n$ und eine Übertragung auf unbeschränkte Operatoren, welche für die Quantenmechanik fundamental war.[157] Erst ca. 20 Jahre später wurde Weyls Ansatz von dem US-amerikanischen Mathematiker George Mackey, der bei Stone promoviert hatte, aufgegriffen, modifiziert und zu einem Forschungsprogramm zu irreduziblen unitären Darstellungen von Gruppenerweiterungen von abelschen und später von allgemeineren Gruppen ausgedehnt.[158] In den 1960er Jahren erlebte Weyls Quantisierungskonzept einen erneuten Aufschwung im Kontext deformierter Quantisierung.[159]

Im Wintersemester 1927/28 kündigte Weyl eine Vorlesung zur Gruppentheorie und Quantenmechanik an der ETH Zürich an. Zu dieser Zeit waren die beiden Professuren für theoretische Physik an der ETH und an der Universität Zürich unbesetzt, weil Schrödinger einen Ruf nach Berlin angenommen hatte und Debye nach Leipzig gewechselt war. Aus dieser Vorlesung entstand im Sommersemester 1928 auf der Grundlage einer Vorlesungsmitschrift die Monographie *Gruppentheorie und Quantenmechanik*, welche zu einem der ersten Lehrbücher der Quantenmechanik zählte.[160] Weyl arbeitete sein Buch also parallel zu Wigner und Neumanns Artikelserie zum Drehelektron aus. Ein direkter Austausch zwischen ihnen ist nicht belegt. Weyl erwähnte ihre Arbeit allerdings in seinem Vorwort, wo er die Parallelität der Ansätze als Ausdruck einer „zwangsläufigen" Entwicklung sah:

> „Der Gang der Ereignisse ist so zwangsläufig, daß fast alles, was die Vorlesung an Neuem enthielt, seither von anderer Seite namentlich in Arbeiten der Herren *C. G. Darwin, F. London, J. von Neumann* und *E. Wigner*, veröffentlicht worden ist."[161]

In den gemeinsam untersuchten Bereichen entwickelten Weyl, Wigner und von Neumann im Wesentlichen dieselben gruppentheoretischen Verfahren.

---

[155] Zu den Details des Artikels siehe Scholz (2006b, 2008).

[156] Weyl (1928b, §§45, 46), Weyl (1931c, Kap. IV., §§14, 15).

[157] Stone (1930); von Neumann (1931).

[158] Mackey (1949).

[159] Pool (1966). Zu den verschiedenen Rezeptionslinien vgl. Abschnitt „Weyl at backstage" in Scholz (2006b) sowie Scholz (2008).

[160] Weyl (1928b).

[161] Weyl (1928b, S. VI, Hervorhebungen im Original).

Abb. 3.2: Hermann Weyl in Zürich (1928)

In seinem Buch, zu dessen Entstehen u. a. der neu nach Zürich berufene Pauli
beitrug und das von John von Neumann Korrektur gelesen wurde,[162] eröffnete Weyl
praktisch das ganze Panorama der zu dieser Zeit bekannten Anwendungsmöglichkeiten der Gruppentheorie in der Quantenmechanik. Er betonte im Vorwort die fundamentale Relevanz der Gruppentheorie für die Quantenmechanik: „Die Wichtigkeit gruppentheoretischer Gesichtspunkte für die Gewinnung der allgemein gültigen
Gesetze in der Quantentheorie ist in den letzten Jahren immer mehr offenbar geworden."[163] Neben den in seinem Artikel ausgearbeiteten Ideen zu den Grundlagen der
Quantenmechanik, die nochmals ausführlich dargestellt wurden, integrierte er auch
die Strukturanalyse von Spektren von Atomen und das von Heitler und London ent-

---

[162] Weyl (1928b, S. VI) dankte seinen Züricher Kollegen und Mitarbeitern: Pauli „für Kritik im
allgemeinen und eine Reihe nützlicher Winke im besonderen" wie auch G. Pólya und F. Boh-
nenblust im Vorwort. In einen Brief an Weyl berichtete von Neumann über seine Fortschritte bei
der Korrektur der Druckfahnen [Von Neumann an Weyl, 30.6.1928, ETHZH, Nachlass Weyl, HS
91:679].
[163] Weyl (1928b, S. V).

wickelte Konzept der Spinkoppelung als spezielle Form der Molekülbildung. Das Werk, das Weyl als Einführung in die Quantenmechanik verstand und das sich gleichermaßen an Mathematiker und Physiker richtete, ist in fünf Kapitel untergliedert. Nach einer Einführung in die Theorie der Hilberträume und hermiteschen Operatoren („Unitäre Geometrie" überschrieben) gab er im zweiten Kapitel eine Einleitung in die Quantenmechanik, wobei er sowohl Schrödingers wellenmechanischen Ansatz als auch den matrizenmechanischen von Heisenberg, Born und Jordan und die wahrscheinlichkeitstheoretische Interpretation von Born vorstellte. Daran anschließend stellte er das Konzept der Gruppe und ihrer Darstellung, sowie grundlegende Begriffe der Darstellungstheorie vor (Kap. III). Er behandelte zunächst die Darstellung endlicher Gruppen, ging dann zu kontinuierlichen Gruppen (Liegruppen) über und führte abschließend die Strahldarstellungen ein. Die konkreten Darstellungen einiger kontinuierlicher Gruppen – wie der Drehungsgruppe (orthogonalen Gruppe) und der Lorentzgruppe – entwickelte er erst im folgenden Kap. IV. zu den Anwendungen der Gruppentheorie auf die Quantenmechanik. In diesem Kapitel bearbeitete er auch die Struktur der Atomspektren, Diracs relativistische Theorie, den Aufbau des Periodensystems auf Grundlage von Paulis Ausschließungsprinzip und das (Weylsche) Quantisierungsverfahren. In dem abschließenden Kapitel stellte er den Zusammenhang („Reziprozitätsgesetz") zwischen den Darstellungen der Permutationsgruppe und denen der unitären Gruppen her, um damit die Valenzbindung in Molekülen zu erklären. Die Reziprozität, die Weyl erst vor wenigen Jahren in seinen mathematischen Beiträgen zur Darstellungstheorie so klar herausgearbeitet hatte, bekam dadurch physikalische Relevanz – wie Weyl in seinem Vorwort betonte:

> „Besonderen Wert habe ich [Weyl] gelegt auf die „Reziprozität" zwischen den Darstellungen der symmetrischen Permutationsgruppe und der vollen linearen Gruppe; diese Reziprozität ist in der physikalischen Literatur bisher nicht recht zur Geltung gekommen, obschon sie sich gerade von der Fragestellung der Quantenphysik aus auf die natürlichste Weise ergibt."[164]

Weyl arbeitete sehr deutlich heraus – vielleicht deutlicher als Wigner und von Neumann, denn diese arbeiteten eher konkreter mit den Eigenfunktionen –, dass die einfachsten Strukturen der Darstellungstheorie, die irreduziblen Darstellungen, quasi von selbst in der Quantenmechanik auftauchten. In der Einleitung wies er den Lesenden nochmals auf die „fundamentale Bedeutung" der Gruppentheorie für die Quantenmechanik hin:

> „In der letzten Zeit hat es sich gezeigt, daß die Gruppentheorie für die Quantenmechanik von fundamentaler Bedeutung ist. Sie enthüllt hier die wesentlichen Züge, welche nicht an eine spezielle Form des dynamischen Gesetzes, an einen bestimmten Ansatz für die wirkenden Kräfte gebunden sind. Man wird erwarten dürfen, daß diese Teile der Quantenmechanik zugleich die am meisten gesicherten sind."[165]

Hier zeigt sich gleichzeitig eine gewisse Skepsis Weyls gegenüber der damaligen Theoriebildung, welche bei Wigner und von Neumann so nicht geäußert wurde.

---

[164] Weyl (1928b, S. V).

[165] Weyl (1928b, S. 2).

Heisenberg lobte Weyls Buch in einer Mitte Dezember 1928 veröffentlichten Rezension für die *Deutsche Literaturzeitung* in höchsten Tönen.[166] Er sprach von einer klaren und formal außerordentlich eleganten Behandlung des schwierigen und für Mathematiker wie Physiker einigermaßen neuen Gegenstandes und von einer meisterhaften Darstellung durch Weyl. Es werde ein physikalisch in sich geschlossenes System zur Beherrschung atomarer Vorgänge von hoher mathematischer Schönheit entwickelt. Heisenberg begann seine Rezension mit einem klaren Bekenntnis zur Notwendigkeit der Gruppentheorie für die Quantenmechanik:

> „Die Quantenmechanik der Mehrkörperprobleme führte die Physiker zu mathematischen Schwierigkeiten, die nur mit Hilfe der Gruppentheorie zu überwinden waren. Da das mathematische Rüstzeug der Gruppentheorie bisher nur wenigen Physikern zu Gebote stand, so hat ein Buch, das zu diesem mathematischen Rüstzeug eben in Verbindung mit physikalischen Fragen verhilft, für den Physiker die allergrößte Bedeutung. Auch auf den reinen Mathematiker muß dieses in *Weyls* Buch dargestellte plötzliche Konkretwerden abstrakter Gedankengänge in der modernen Physik, also den Dingen der Wirklichkeit einen großen Reiz ausüben."[167]

Auf einer Vortragsreise in die USA im Winter 1928/29 hielt Weyl Vorträge zur Anwendung der gruppentheoretischen Methode in Princeton und Berkeley und veröffentlichte entsprechende Artikel in US-amerikanischen Zeitschriften. Damit warb er für die Gruppentheorie in einer wissenschaftlichen Community, die traditionell eher praktischer und experimenteller Forschung nahestand.

## 3.3 Zurückhaltung, Interesse, Skepsis, Ablehnung – zur Rezeption

Eine systematische historische Studie zur Rezeption der gruppentheoretischen Methode in der Quantenmechanik von ihren Anfängen bis heute steht noch aus. Einige wissenschaftshistorische Arbeiten befassen sich mehr oder weniger ausführlich mit der Rezeption im Zeitraum von 1926 bis Anfang der 1930er Jahre.[168] Der Begriff der „Gruppenpest," der in dieser Zeit aufkam, bildet dabei häufig einen Fokuspunkt. Allerdings wird er meist nur mit einer stark ablehnenden Haltung zur Gruppentheorie in Verbindung gebracht – zu Unrecht wie die folgende Analyse zeigt. Der Begriff entstand nicht aus einer Verweigerungshaltung oder Totalopposition heraus, sondern in einem an der Gruppentheorie ernsthaft interessiertem Umfeld. Anstelle einer stark polarisierenden Einteilung in Befürworter und Gegner der gruppentheoretischen Methode wird im Folgenden ein differenzierteres Bild gezeichnet. So wird ein Spektrum von Meinungen erkennbar sowie eine gewisse Dynamik in dessen zeitlicher Entwicklung. Die Untersuchung umfasst die Jahre von 1927 bis 1931, wobei der Schwerpunkt auf dem Jahr 1928 liegt. Die Rezeption der Gruppentheorie in der

---

[166] Heisenberg (1928).

[167] Heisenberg (1928, S. 2474).

[168] Beispielsweise Sigurdsson (1991, Kap. VI), Mehra und Rechenberg (2000, Abschn. III.4.(d) und (e)), Scholz (2006b).

entstehenden Quantenchemie wird angerissen und im Kap. 14 wieder aufgenommen.

Wie die ersten Arbeiten von Wigner zur grupppentheoretischen Methode von den zur Quantenmechanik forschenden Physikern 1926/27 aufgenommen wurden, ist nicht leicht zu belegen. Die Arbeiten wurden in den *Physikalische[n] Berichte[n]*[169] und im *Jahrbuch über die Fortschritte der Mathematik*[170] rezensiert. Die beiden *Jahrbuch*-Rezensionen Fritz Londons bringen die darstellungstheoretischen Zusammenhänge und die Bedeutung der irreduziblen Darstellungen in Wigners Arbeiten sehr deutlich zum Ausdruck. Nur in wenigen Werken *vor* 1928 finden sich konkrete Hinweise auf die gruppentheoretische Methode. Dies geschieht beispielsweise in den Arbeiten von Pauli zum Spin oder von Hund und Kronig zu Mehrteilchenproblemen. Pauli regte in seinem Aufsatz zur Behandlung des Spins an, Wigners gruppentheoretische Untersuchung auf Elektronen mit Spin auszudehnen.[171] Hund betonte, dass sein Ansatz zur Berechnung von Symmetriecharakteren von Termen ohne Gruppentheorie auskommt.[172] Kronig dagegen propagierte die gruppentheoretische Methode von Wigner auch für die Untersuchung von Molekülspektren.[173] Beide machten von der gruppentheoretischen Methode jedoch selbst keinen direkten Gebrauch.

Es ist zu vermuten, dass bis Ende des Jahres 1927 diese neue Methode nur von sehr wenigen Physikern außerhalb Göttingens wahrgenommen wurde. Denn zum einen galt es, mit der rasch fortschreitenden Entwicklung der Quantenmechanik im allgemeinen Schritt zu halten, zum anderen kam es erst 1928 zu einer massiven Veröffentlichungswelle von gruppentheoretischen Arbeiten: Neben der dreiteiligen Artikelserie von von Neumann und Wigner zum Drehelektron,[174] erschienen Weyls Aufsatz,[175] eine Arbeit von Wigner und Witmer zu Molekülspektren,[176] die Arbeiten von F. London und Heitler zur Bindung[177] sowie Weyls umfangreiches Buch[178]. Damit zeigte sich erst im Laufe des Jahres 1928 die reichhaltige Palette von An-

---

[169] Wigner fasste seine Arbeiten (Wigner, 1927a,b) dort im ersten Teil 1927 zusammen, von Neumann rezensierte (Wigner, 1927c) ebenda (1. Teil, 1928).

[170] Theodor Schmidt rezensierte (Wigner, 1927a) und Fritz London (Wigner, 1927b,c).

[171] Pauli (1927, S. 622) verwies auf Wigner (1927b).

[172] „Wigner [Fußnote mit Verweis auf Wigner (1927a,b) u. a., MS] gab allgemein und vollständig die Gesetze über Anzahl und Entartungsgrad dieser nicht kombinierenden Termsysteme für beliebig viele Partikel. Trotz der weitgehenden Behandlung, die das Problem also schon erfahren hat, soll hier noch einmal von anderem Gesichtspunkt her darauf eingegangen werden. Es erscheint nämlich nützlich, die nicht-kombinierenden Systeme *ohne Voraussetzung gruppentheoretischer Sätze* direkt aus der Symmetrie der Eigenfunktionen in den *gleichen Partikeln* zu verknüpfen [ ... ]" (Hund, 1927b, S. 788, Hervorhebungen im Original).

[173] Kronig (1928b, S. 351, Hervorhebungen im Original) verwies auf die Arbeit von Wigner (1927c), als er gerade und ungerade Terme einführte: „Dies ist ganz analog dem von *Wigner* untersuchten Verhalten der Eigenfunktionen der Atome."

[174] von Neumann und Wigner (1928a,b,c).

[175] Weyl (1928a).

[176] Wigner und Witmer (1928).

[177] Heitler (1927a, 1928a,b); London (1928).

[178] Weyl (1928b).

wendungsmöglichkeiten der Gruppentheorie in der Quantenmechanik. Durch diesen fulminanten Auftritt begleitet von entsprechenden Rezensionen[179] erregte die gruppentheoretische Methode mit Sicherheit zunächst ein hohes Interesse und zwar bei unterschiedlich spezialisierten Quantenphysikern: von den an einer Fundierung interessierten bis hin zu den an Molekülspektroskopie arbeitenden.[180] Mit Weyls Monographie war zudem die Möglichkeit zum (Quer-)Einstieg in die Quantenmechanik via Gruppentheorie geschaffen worden.

Dem anfänglich hohen Interesse standen jedoch die Schwierigkeiten beim Verständnis dieser für die meisten Physiker neuen Methode gegenüber. Gruppen- und Darstellungstheorie gehörten damals nicht zum Handwerkszeug von Physikern, wie auch Heisenberg in seiner Rezension des Weylschen Buchs feststellte.[181] Sie fanden nur Anwendung in einem sehr speziellen Bereich, nämlich der Kristallographie – einer der Wurzeln für die Entwicklung der Gruppentheorie im 19. Jahrhundert – und dort wiederum nur bei einigen wenigen Spezialisten, wie etwa bei Hermann Mark und Karl Weissenberg, bei denen Wigner studiert hatte.[182] Allerdings spielten für die Kristallographie hauptsächlich Gruppen mit endlich vielen Elementen eine Rolle, welche Kristallstrukturen im Raum invariant lassen, bzw. die Klassifikation solcher Gruppen.[183] In den Beiträgen Weyls und Wigners zur Quantenmechanik kamen dagegen auch Gruppen mit unendlich vielen Elementen vor und deren Darstellungen. Dies war, auch für die meisten Spezialisten in der Kristallographie, neu. Um die gruppentheoretische Methode zu verstehen, hätte es also einer intensiven Einarbeitung in einen unbekannten Teil der Mathematik bedurft, welcher zudem selbst Gegenstand aktiver Forschung war. Anscheinend erfüllten die entsprechenden Einleitungen in den Arbeiten von Wigner, Weyl, Heitler und London diesen Zweck nicht in befriedigender Weise.

---

[179] In den *Physikalische[n] Berichte[n]* rezensierte für den ersten Teil 1928 A. Unsöld (Weyl, 1928a), für den zweiten Teil 1928 J. von Neumann (von Neumann und Wigner, 1928a), G. Herzberg (Heitler, 1927b), A. Unsöld (Heitler, 1928a), Heitler sich selbst (Heitler, 1927a), A. Smekal (London, 1928). Im ersten Teil 1929 erschienen dort Zusammenfassungen von (von Neumann und Wigner, 1928b,c) durch F. London, von (Wigner und Witmer, 1928) durch Wigner und von (Heitler, 1928b) durch diesen selbst.
Im *Jahrbuch über die Fortschritte der Mathematik* rezensierte S. Bochner (von Neumann und Wigner, 1928a,b,c; Weyl, 1928b) und W. Gordon (Wigner und Witmer, 1928; Heitler, 1928b), F. London (Heitler, 1927a) und von Neumann (Weyl, 1928a). Außerdem sei bereits die zitierte Rezension von (Weyl, 1928b) durch Heisenberg (1928) hingewiesen.

[180] Otto Laporte wollte beispielsweise in einer Vorlesung zu Problemen der Spektroskopie „Gruppentheory[sic!] à la Wiegner[sic!] treiben" (Laporte an Sommerfeld, 15.4.1928, DM, Nachlass A. Sommerfeld). Drei Jahre später publizierte Laporte zu Spinoren (Laporte und Uhlenbeck, 1931). Im Sommer 1928 berichtete der US-amerikanische Physiker William Vermillion Houston aus Leipzig von seinem Studium der Anwendungen der Gruppentheorie auf spektroskopische Probleme (Houston an Sommerfeld, 30.5.1928, ebenda). Das Interesse von Heitler (und London) an der Gruppentheorie wurde dagegen schon im Herbst 1927 geweckt, als dieser Borns Assistent in Göttingen wurde und dort Wigner traf (Gavroglu, 1995).

[181] Siehe S. 60.

[182] Vgl. Chayut (2001); Borrelli (2009).

[183] Vgl. beispielsweise Scholz (1989).

Einige Hinweise auf diese Schwierigkeiten finden sich in Korrespondenzen. In diesen persönlichen Dokumenten äußerten sich die Wissenschaftler manchmal recht freimütig dazu. Natürlich muss beim Rückgriff auf diese Quellen auch eine gewisse Selbstinszenierung bedacht werden. In den Briefen des Leidener Physikprofessors Paul Ehrenfest an seine Schüler kommt sowohl sein Interesse an der Gruppentheorie als auch seine Mühen und seine Anfälle von Verzweiflung beim Erlernen der neuen Methode zum Ausdruck. In einem Brief an Kramers schrieb er Ende August 1928:

> „[...] Ich [Ehrenfest] moechte jetzt so gerne die ganze Gruppe von Arbeiten WENIGS-
> TENS IN DEN PRINZIPIEN UND METHODEN verstehen, die aus dem Pauliprinzip
> durch alle moeglichen Symmetriebetrachtungen so viel ueber Atome und Molekuele ablei-
> ten. Ich waere voellig zufrieden, wenn ich capierte wie die ALLEREINFACHSTEN BEI-
> SPIELE erledigt werden."[184]

Die gruppentheoretische Methode war dabei nur ein Punkt unter vielen, die Ehrenfest in der Quantenmechanik verstehen wollte. Eine Woche später, nachdem sich Ehrenfest etwas in die Thematik eingelesen hatte, klang es in einem weiteren Brief bereits pessimistischer:

> „Ob ich [Ehrenfest] jemals die Gruppomanen capieren werde?"[185]

Ehrenfest resignierte jedoch nicht. Er lud in der Folgezeit Experten im Bereich der Gruppentheorie zu Gastvorträgen nach Leiden ein.[186]

Angesichts der Fülle der gruppentheoretischen Arbeiten sprach Ehrenfest in einer Reihe von Briefen von einer „Gruppenpest". Der Begriff Gruppenpest tauchte vermutlich erstmalig in einem Brief Ehrenfests an Pauli Ende September 1928 auf.[187] Dabei sprach Ehrenfest von „Gruppenpest-Arbeiten". Ob Ehrenfest diesen Begriff auch prägte, muss ungeklärt bleiben. Es ist jedoch wahrscheinlich. Jedenfalls nutzte Ehrenfest diesen Ausdruck ausgiebig. Ein gutes halbes Jahr später, nach einer intensiven Auseinandersetzung mit der gruppentheoretischen Methode verwandte er den Begriff in einem weiteren Brief an Pauli etwas negativer:

> „[...] moege es [Paulis Werk, MS] vorallem nicht allzusehr Gruppen-verpestet oder sonst-
> wie vermathematikastert sein (vielleicht ist uebrigens der Term ‚mathematikastriert' bes-
> ser)."[188]

Man mag diese Wortspielereien als Ausdruck einer Reserviertheit oder Überforderung auf Seiten Ehrenfests gegenüber der Anwendung der gruppentheoretischen Methode (und weiterer abstrakter mathematischer Konzepte) deuten, eine Ablehnung derselben implizierten sie jedoch nicht.[189] Denn zur selben Zeit beschäftigte

---

[184] Ehrenfest an Kramers, 29.8.1928, MB, ESC 6, S.9, 300, Hervorhebungen im Original.

[185] Ehrenfest an Kramers, 5.9.1928, MB, ESC 6, S.9, 301.

[186] Im November 1928 z. B. F. London (Gavroglu, 1995, S. 60). Vgl. Abschn. 6.2.

[187] Ehrenfest an Pauli, 22.9.1928 (Pauli, 1979, S. 474).

[188] Ehrenfest an Pauli, 8.5.1929, MB, ESC 8, S.6, 321.

[189] Diese voreilige Interpretation findet sich beispielsweise bei Kragh (1990, S. 43), der Ehrenfest zu den Gegnern bzw. Ablehnern der gruppentheoretischen Methode in der Quantenmechanik aufgrund seiner Briefe an Pauli zählte.

sich Ehrenfest mit dem auf seine Anregung hin von van der Waerden entwickelten Spinorkalkül.[190] Ehrenfests drastische Wortwahl und seine Wortschöpfungen dürfen also nicht darüber hinweg täuschen, dass er grundsätzlich an den gruppentheoretischen Methoden in der Quantenmechanik interessiert war.

Ihre Unvertrautheit und ihre Schwierigkeiten mit der Gruppentheorie drückten andere etwas vorsichtiger aus. Im Dezember 1928 bedankte sich Arnold Sommerfeld bei Hermann Weyl für das Geschenk von *Gruppentheorie und Quantenmechanik*. Sommerfeld betonte, dass die allgemeine Gruppentheorie ihm fremd sei, er diese aber von Weyl zu lernen hoffe. Es folgte ein Seufzer: „Scheusslich, wie abstrakt die Physik wird. Aber ich [Sommerfeld] sehe wohl, dass unsere ganze Multiplett-Theorie nach Gruppen schreit."[191] Sommerfeld sah sich also gezwungen, sich mit der Gruppentheorie auseinanderzusetzen. Der britische Physiker Douglas Hartree war sich dagegen nicht so sicher, wie notwendig das Erlernen der Gruppentheorie langfristig gesehen sein würde.[192] Er schrieb im September 1928 an Fritz London:

> „I [Hartree, MS] am afraid that having studied physics, not mathematics, I find group theory very unfamiliar, and do not feel I understand properly what people are doing when they use it. (In England, 'Physics' usually means 'Experimental Physics'; until the last few years 'Theoretical Physics' has hardly been recognized like it is here [at the time Hartree was in Copenhagen], and, I understand, in your country [Germany, MS]. In Cambridge particularly the bias has been much to the experimental side, and most people now doing research in theoretical physics studied mathematics, not physics.) I have been waiting to see if the applications of group theory are going to remain of importance, or whether they will be superseded, before trying to learn some of the theory, as I do not want to find it is going to be of no value as soon as I begin to understand something about it! Is it really going to be necessary for the physicist and chemist of the future to know group theory? I am beginning to think it may be."[193]

Hier scheint auch eine gewisse Sorge auf, dass die theoretische Physik zunehmend zu einem Geschäft von Mathematikern wird und viele Physiker aufgrund ihrer mathematisch unzureichenden Ausbildung nicht mithalten können.[194] Einige Aussagen von Mathematikern, vor allem jenen in Göttingen, trugen mit dazu bei, solche Sorgen und Ängste zu schüren (vgl. Abschn. 4.3.1).

Auch Schrödinger gab seinem Unbehagen in Bezug auf die Mathematisierung der Quantenmechanik im allgemeinen Ausdruck, als er sich bei Weyl für das Geschenk der ersten Auflage der *Gruppentheorie und Quantenmechanik* verspätet –

---

[190] Vgl. Kap. 6, 7 und 16.

[191] Arnold Sommerfeld an Hermann Weyl, 26.12.1928, ETHZH, Nachlass Weyl, HS 91:756.

[192] Vgl. Kap. 14.

[193] Zitiert nach Gavroglu (1995, S. 55 f.).

[194] Das Eintreten dieser Befürchtung konstatierte Born knapp zwei Jahre später in einem Brief an Weyl: „Leider ist es in der theoretischen Physik ja jetzt so gekommen, daß eigentlich der reine Mathematiker, der die physikalischen Fragen aufnimmt, mehr über die Dinge zu sagen hat als wir sogenannten Fachleute. Ich selbst habe es eigentlich aufgegeben noch an der Forschung tätigen Anteil zu nehmen und bin froh, wenn ich die wichtigsten Fragen und Antworten wenigstens rezeptiv verstehe." (Born an Weyl, 1.6.1930, ETHZH, Nachlass Weyl, HS 91:489). Diese Ansicht Borns mag nur eine temporäre gewesen sein, die wahrscheinlich als Ausdruck von dessen vorübergehender Überarbeitung zu werten ist. Aber es ist auch zu berücksichtigen, dass die Mathematisierung der Quantenmechanik zu diesem Zeitpunkt ebenfalls weiter fortgeschritten war.

im November 1929 – bedankte. Er appellierte an die Mathematiker, sich einfach auszudrücken:

> „Ich [Schrödinger] erzähle Ihnen [Weyl] das, damit Sie sehen, mit wie primitiven Schwierigkeiten viele von uns Physikern noch kämpfen, wie elementaren Unterrichts wir noch bedürfen, und – verzeihen Sie, wenn ich es ein Bissel burschikos ausdrücke – wie wenig wir geneigt sind, einen so schrankenlosen Formelapparat zu fressen. Liebe Mathematiker, wir wissen, wie bitter nötig, wir vieles von dem hätten, was Ihr uns zu sagen habt. Gebt Euch, bitte, Mühe, uns das in leichter fasslicher Form und mit nicht gar zu vielen uns neuen Begriffsbildungen zusagen – möglichst in schäbigen alten abgetragenen Begriffen, die Euch schon langweilig sind, ich weiss es. Neue Begriffsgebäude aufbauen macht Spass, es ist Eure allerureigenste Sphäre, aber für uns liegt das Physikalische noch viel zu tief im Dunkel, als dass wir hoffen könnten, in dieser Finsternis mit solch komplizierten, ungewohnten Instrumenten erfolgreich arbeiten zu können. Fleissige Menschen werden damit dies und jenes ‚nach der neuen Quantentheorie' ausrechnen. Aber dem vollen menschlichen Verständnis können wir uns erst nähern, wenn einfache, von einem menschlichen Gehirn mit einem Blick umspannbare Ideen die Totalität dessen, was bis jetzt vorliegt, erfassen. Natürlich müssen wir dazu lernen, und vielleicht erst noch viele Jahre lernen."[195]

Hier zeigt sich, wie große Schwierigkeiten die neue Quantenmechanik vielen Physikern bereitete, insbesondere ihre mathematische Fassung. Auch wenn Schrödinger an dieser Stelle die gruppentheoretische Methode nicht direkt ansprach, so gehörte diese für Schrödinger gewiss zu den schwer verständlichen Elementen der Quantentheorie.

Neben Interesse und vorsichtiger Skepsis rief die gruppentheoretische Methode jedoch auch offene Ablehnung hervor. Zu den erklärten Gegnern zählte ab 1929 der US-amerikanische Physiker John Slater. Noch im Jahr zuvor hatte Slater ebenfalls mit der Gruppentheorie experimentiert.[196] Allerdings war in Slaters Erinnerung die Auseinandersetzung mit den gruppentheoretischen Arbeiten von Wigner, von Neumann und Weyl „a frustrating experience".[197] Diese schlug dann in starke Ablehnung um:

> „I had what I can only describe as a feeling of outrage at the turn which the subject had taken."[198]

Für Slater schien zudem eine Art Gruppendruck zu existieren, sich als Physiker mit Gruppentheorie auseinanderzusetzen

> „[...] everyone felt that to be in the mainstream of quantum mechanics, one had to learn about it [group theory]."[199]

Diese Äußerung kann man als Kehrseite des oben beschriebenen gesteigerten Interesses an der Gruppentheorie im Jahr 1928 auffassen: Gruppentheorie war gewissermaßen ‚en vogue' in der Quantenmechanik und, um auf dieser Welle mitzuschwimmen, musste man als Physiker in die Gruppentheorie eintauchen. Allerdings dürfen

---

[195] Schrödinger an Weyl, 6.9.1929, ETHZH, Nachlass Weyl, HS 91:730, Hervorhebungen im Original

[196] Slater (1928).

[197] Zitiert nach Mehra und Rechenberg (2000, S. 506).

[198] Zitiert nach Schweber (1990, S. 376).

[199] Zitiert nach Mehra und Rechenberg (2000, S. 506).

hierbei zwei Punkte nicht außer Acht gelassen werden: Erstens erfasste diese Mo-
dewelle nur einen sehr geringen Teil der in der Quantenmechanik tätigen Physiker,
auch wenn dazu einige der aktivsten Forscher gehörten. Die Anzahl der Physiker, die
quantenmechanische Arbeiten, die unter Zuhilfenahme gruppentheoretischer Methode entstanden, publizierten, war sehr gering. Der Anteil dieser Arbeiten an quantenmechanischen Publikationen insgesamt folglich marginal. Zweitens war das Forschungsfeld der Quantenmechanik gemessen an der gesamten physikalischen Forschung zu dieser Zeit ebenfalls klein, wenn man die Anzahl der Publikationen als
Maßstab anlegt.[200] Das bedeutet aber, dass die Community, auf die Slater sich bezog, überschaubar und das von ihm beschriebene Phänomen kein Massenphänomen
war.

Slater formulierte auch inhaltliche Kritik an der gruppentheoretischen Methode. Die praktischen Folgerungen aus der Gruppentheorie schienen ihm vernachläs-
sigbar.[201] Auch wenn unklar bleibt, für welche Zeit die Aussage getroffen wurde,
so lagen die Anwendungsbereiche der Gruppentheorie eher im theoretisch-konzep-
tionellen Bereich. Bei der Berechnung von Quantenzahlen ging es meist um eine
mathematische Ableitung bekannter empirischer Strukturen. Praktische Folgerungen (im Sinne von neuen Konsequenzen für empirisches Material oder einfachen
quantitativen Formeln) waren in der Tat selten.[202]

Im Sommer 1929 gelang es Slater, mit Hilfe einer mathematisch einfachen Methode, die eine Determinantenbildung involvierte, die Quantenzahlen für Atome mit
mehreren Elektronen zu deduzieren.[203] Damit gab es in diesem Bereich eine Alternative zur Gruppentheorie. Seine Arbeit stieß auf großes Interesse. In Slaters
Erinnerung brachte das Erscheinen dieser Arbeit das Ausmaß der Ablehnung der
gruppentheoretischen Methode ans Tageslicht:

> „As soon as this paper (Slater, 1929, MS) became known, it was obvious that a great many
> other physicists were disgusted as I [Slater, MS] had been with the group-theoretical ap-
> proach to the problem. As I heard later, there were remarks made such as "Slater has slain
> the 'Gruppenpest.'" I believe no other work I had done was so universally popular."[204]

Der Begriff der Gruppenpest erfuhr hier eine Umdeutung: Für die Gegner der gruppentheoretischen Methode beschrieb er etwas, dass es auszumerzen galt. Slater
nahm seine Arbeit auch als Katalysator für Kritik an der gruppentheoretischen Methode wahr. Mit Verweis auf die Slatersche Arbeit berichtete Born an Sommerfeld
im Oktober 1930 mit gewissem Stolz, dass er ähnliches im Bereich der Molekülstruktur geleistet habe und Heitler die Gruppentheorie aufgegeben habe:

> „Ich [Born] selber habe jetzt trotz meines invaliden Zustands doch etwas fertig gebracht:
> Genau wie Slater die Gruppentheorie aus den Atomstrukturen herausgeworfen hat, habe

---

[200] Eine verlässliche quantitative Erhebung steht meines Erachtens noch aus. Die Autorin schätzt
den Anteil von Publikationen zur Relativitätstheorie und Quantenmechanik zusammen Ende der
1920er Jahre auf unter 10%.

[201] Mehra und Rechenberg (2000, S. 506).

[202] Eine Ausnahme in dieser Hinsicht ist Herzbergs Arbeit zur Dissoziationsenergie von Sauerstoff,
vgl. Abschn. 14.1.2.

[203] Slater (1929). Vgl. Kap. 13.

[204] Zitiert nach Mehra und Rechenberg (2000, S. 508).

ich sie aus den Molekülstrukturen entfernt. Sie hat da wirklich nichts zu suchen, weil man von den irreversiblen[sic!] Bestandteilen der Permutationsgruppen doch nur den einen antisymmetrischen braucht. Heitler, der bisher ein großer Gruppenmensch war, hat nach Kenntnisnahme meiner einfachen Ableitung seiner Formeln den Gruppenkram ganz aufgegeben und sitzt jetzt mit einem jungen Russen namens RUMER daran, nach meiner Methode alle möglichen konkreten Moleküle auszurechnen, d. h. die Valenzstriche der Chemiker zu rechtfertigen bzw.[sic!] Ausnahmen davon aufzudecken. Das geht wunderschön und gibt ein riesiges Material an Tatsachen."[205]

Sechs Tage später berichtete er auch Weyl davon – in nur leicht gemäßigtem Ton.[206] Auch wenn kein großer Anstieg an Kritik an der gruppentheoretischen Methode in den hier ausgewerteten Korrespondenzen zu verzeichnen ist, so war der Gegenwind doch so stark, dass Weyl in der zweiten Auflage seines Buches 1931 im Vorwort explizit darauf einging.[207]

Dirac nahm ebenfalls 1929 eine ablehnende Haltung ein, allerdings basierte diese nicht auf mathematischen Schwierigkeiten. Vielmehr schien er der Meinung gewesen zu sein, dass man die Gruppentheorie als einen Teil der Quantenmechanik sehen könne und dass dieser Zugang der einfachere sei.[208] Einen Beweis dieser These blieb Dirac jedoch schuldig. Dies war gewiss ein singulärer Standpunkt und für Dirac auch nur ein temporärer. Allerdings zeigt er eine weitere Variante der Reaktion seitens eines selbstbewussten Mitbegründers des quantenmechanischen Theoriegebäudes auf: die Integration bzw. Usurpation der Gruppentheorie in bzw. durch die Quantenmechanik.

Die Zurückhaltung, Skepsis und Ablehnung gegenüber der gruppentheoretischen Methode hat, wie die vorangegangene Analyse zeigt, nichts damit zu tun, dass die

---

[205] Born an Sommerfeld, 1.10.1930, DM, Nachlass A. Sommerfeld, Hervorhebungen im Original.

[206] „Ich [Born] selbst habe eine quantentheoretische Arbeit geschrieben, die eigentlich Ihren [Weyls] Tendenzen zuwiderläuft. Sie betrifft nämlich den Versuch, die Gruppentheorie möglichst aus der Theorie der Atom- und Molekülspektren herauszuwerfen. Die Sache liegt doch so, daß von allen irreduziblen Bestandteilen der Permutationsgruppe schließlich nur der antisymmetrische benutzt wird. Slater hat gezeigt, wie man durch eine kleine Umgestaltung des Gedankenganges die Atomstrukturen ohne alle Gruppentheorie in äußerst einfacher Weise bekommen kann, und ich habe nun dasselbe für die Moleküle gemacht. Heitler, der sehr auf die Gruppen eingeschworen war, wollte erst garnicht zugeben, daß man ohne sie auskommen kann. Aber jetzt hat er sich bekehrt und hat zusammen mit dem eben genannten Rumer meine Methode auf mehratomige Moleküle sehr erfolgreich angewandt. Man kann damit wirklich mit relativ einfachen Rechnungen die Valenzchemie der Chemiker rechtfertigen, soweit sie eben zu rechtfertigen ist. Das Amüsante ist gerade, daß es Ausnahmen von dem Valenzschema gibt, und gerade die theoretisch zu erwartenden Strukturen sind auch den Chemikern empirisch als Ausnahmen bekannt." (Born an Weyl, 6.10.1930, ETHZH, Nachlass Weyl, HS 91:490). Zu Borns ambivalenten Verhältnis zur Gruppentheorie vgl. Abschn. 14.1.2.

[207] Weyl (1931a, S. VIIf.), siehe S. 264. Auch Born (1931, S. 390) verwandte den Ausdruck „Gruppenpest" in seiner Veröffentlichung.

[208] Dirac (1929, S. 716). Vgl. Kragh (1990, S. 43). Wie Condon und Shortley (1935, S. 10f.) in ihrem Vorwort berichten, vermied Dirac in einem Vortrag 1928 in Princeton nicht die Gruppentheorie als solche, sondern nur die Ableitung der Ergebnisse mithilfe gruppentheoretischer Kenntnisse. Für den anwesenden Weyl bestand Diracs Vorgehen nichtsdestotrotz aus Anwendungen der Gruppentheorie. Insofern ist Diracs Haltung nicht leicht zu beurteilen. Ich danke H. Goenner, der mich auf diesen Zusammenhang aufmerksam machte.

Darstellungstheorie als Teil der Gruppentheorie zu der um 1900 entstehenden „modernen" Mathematik (im Sinne J. Grays) gehörte.[209] Unter den Physikern wurde im Zusammenhang mit der Gruppentheorie kein Diskurs über die Anwendung oder Nichtanwendung „moderner" mathematischer Methoden in der Quantenmechanik geführt. Vielmehr gehörte die Gruppentheorie zu den unter Physikern kaum bekannten und benutzten Teilen der Mathematik und war primär wegen ihrer Unvertrautheit umstritten. Die neue Quantenmechanik selbst zählte ihrerseits zur „modernen" Physik.[210] Das dahinterstehende mathematische Theoriegebäude (Hilbertraum, Operatoren, etc. der Funktionalanalysis) war, wie die Darstellungstheorie, Teil der „modernen" Mathematik. Dies hob der Mathematiker Hasse hervor, wenn er in seiner Rede zur Propagierung der „modernen algebraischen Methode" auf der Jahresversammlung der DMV im September 1929 in Prag davon sprach, dass die Quantentheorie „durch das Eingreifen der Theorie der unendlichen Matrizen und der abstrakten Operatoren in algebraisches Fahrwasser geraten" war. Damit konnte seiner Meinung nach auch dort das Prinzip der „modernen algebraischen Methode" angewendet werden, welches er darin sah, „[...] die einfachsten begrifflichen Grundlagen für eine vorliegende Theorie aufzusuchen und dadurch vereinheitlichend und systematisierend zu wirken [...]".[211] In diesem eher mathematischen Sinne ist Weyls Monographie zur Quantenmechanik und Gruppentheorie oder von Neumanns mathematische Begründung der Quantenmechanik modern zu nennen, weil dort die mathematischen Grundlagen klar herausgearbeitet werden.[212] Inwiefern van der Waerdens Beiträge zur Quantenmechanik als modern angesehen werden können, wird im Folgenden mit erörtert.[213]

---

[209] Gray (2006, 2008).

[210] Siehe beispielsweise Heisenbergs Rezension von Weyls Monographie (S. 60). Zur Herausbildung des Begriffspaars der „klassischen" und „modernen" Physik um die Jahrhundertwende vgl. Staley (2005).

[211] Hasse (1930, S. 33 f.).

[212] Weyl (1928b); von Neumann (1927a). Weyls Darstellung der linearen Algebra im ersten Kapitel ist in diesem Sinne ebenfalls modern, wenn auch nicht immer axiomatisch.

[213] Vgl. vor allem Abschn. 10.4.

# Kapitel 4
# Van der Waerdens wissenschaftlicher Werdegang bis 1928

Im Folgenden wird ein Überblick über van der Waerdens wissenschaftlichen Werdegang gegeben. Der Schwerpunkt liegt dabei, wie auch in den weiteren biographischen Kapiteln 5, 8, 17 und 18, auf den Berührungspunkten mit der Physik und damit nicht auf seinen diversen Beiträgen zur reinen Mathematik, zur Geschichte der Mathematik und der Astronomie oder zur Statistik und Wahrscheinlichkeitsrechnung. Letztere werden nur am Rande gestreift und deren Einbeziehung bleibt Aufgabe einer noch zu verfassenden wissenschaftlichen Biographie.[214] Die hier vorgelegten biographischen Kapitel können als ein erster Schritt zu einer solchen gesehen werden.

Die Berührungspunkte van der Waerdens mit der Physik sind bis 1928 bereits von sehr vielfältiger Natur: seien es Vorlesungen zur (mathematischen) Physik im Studium, sei es der Austausch mit Physikern oder an der mathematischen Physik interessierten Mathematikern, sei es ein Vortrag zu einem physikalischen Thema, sei es die Lektüre eines physikalischen Lehrbuchs oder gar die Publikation eines populärwissenschaftlichen Artikels zur Physik. Später trat die Publikation von Fachartikeln und einer Monographie zur Physik sowie die Begleitung und/oder Begutachtung von Promotionen und Habilitationen auf diesem Gebiet hinzu. Es konnte aufgezeigt werden, dass van der Waerden schon früh ein Interesse an der Physik hatte, wenngleich diese nicht im Zentrum seiner Untersuchungen stand. Van der Waerdens physikalisches Interesse richtete sich in dem in diesem Kapitel betrachteten Zeitraum sowohl auf die ‚moderne' Relativitätstheorie wie auch auf ‚klassischen' Gebiete der mathematischen Physik. Dass van der Waerden auch Interesse an der neuen Quantenmechanik zeigte, ist anzunehmen – zumal er sich in Göttingen aufhielt, einem

---

[214] Eine solche, wie auch eine vollständige Bibliographie – Top und Walling (1994) ist unvollständig – ist sehr wünschenswert. Die bisherigen (auto)biographischen Beiträge, Würdigungen und Nachrufe – Dold-Samplonius (1994, 1997), Eisenreich (1981), Frei (1993, 1998), Frei u. a. (1994), Gross (1973), Schappacher (2007), Scriba (1996a,b), Soifer (2004a,b, 2005) bzw. Soifer (2009, Kap. 36 bis 39), Thiele (2004, 2009), van der Waerden (1997(1979)) – bieten einen ersten Ansatzpunkt dazu. In der vorliegenden Darstellung wurde versucht, die sich aus diesen Arbeiten ergebenden Widersprüchlichkeiten aufzulösen und einige der Lücken zu füllen.

M.R. Schneider, *Zwischen zwei Disziplinen*, Mathematik im Kontext,
DOI 10.1007/978-3-642-21825-5_4, © Springer-Verlag Berlin Heidelberg 2011

der damaligen Zentren der quantenmechanischen Forschung; ein eindeutiger Beleg dafür ließ sich jedoch nicht aufspüren.

## 4.1 Elternhaus und Jugend

Bartel Leendert van der Waerden wurde am 2. Februar 1903 in Amsterdam geboren als erstes Kind von Dorothea Adriana (geb. van der Endt) und Theo[dorus] van der Waerden. Theo van der Waerden hatte Ingenieurwissenschaften studiert und arbeitete als Lehrer für Mathematik und Mechanik bis 1922. Er betrieb aktiv Politik – von 1920 bis 1940 als Abgeordneter der Sociaal Democratische Arbeiterspartij (SDAP) in der Zweiten Kammer des niederländischen Parlaments.[215] Theo van der Waerden war eine führende Autorität auf dem Gebiet der Ökonomie.[216] Während der Flügelkämpfe der SDAP Anfang des 20. Jahrhunderts zählte er zum marxistischen Flügel. Theo van der Waerden pflegte nach der Abspaltung des linksradikalen Flügels der SDAP 1909 – der Sociaal Democratische Partij (SDP), die sich ab 1918 Communistische Partij in Holland (CPH) nannte – weiterhin gute Kontakte zu Kommunisten, etwa zu dem SDP-CPH-Mitglied und Mathematiker Gerrit Mannoury.[217] Mannoury besuchte die Familie um 1910 regelmäßig, um mit Theo van der Waerden über Politik zu diskutieren.[218] Van der Waerden wuchs also in einer politisch links engagierten Umgebung auf. Die politische Betätigung seines Vaters sollte Bartel van der Waerden als Professor in Leipzig während des Nationalsozialismus Schwierigkeiten bereiten (s. Abschn. 8.3).

Im Gegensatz zu seinen beiden jüngeren Brüdern zeigte Bartel van der Waerden schon als Kind reges Interesse an der Mathematik – und das obwohl sein Vater zunächst versuchte, ihn von der Mathematik und den Mathematikbüchern fern zu halten.[219] Schon früh stand fest, dass Bartel van der Waerden mathematisch besonders begabt war. Nach dem Besuch der Grundschule, die damals sechs Jahre dauerte, ging er von 1914 bis 1919 auf die Hogere Burgers School (HBS) in Amsterdam.

Die HBS war eine fünfjährige Reformschule, die 1863 eingeführt worden war und deren Abschluss zusammen mit einer Zusatzprüfung in Latein und Griechisch ein Studium an der Universität ermöglichte, welches zuvor nur den Absolventen des Gymnasiums vorbehalten war. Sie trug zum sozialen Aufstieg eines großen Teils des Bürgertums in den Niederlanden bei. Ab 1917 war die Zusatzprüfung in Latein und Griechisch nicht mehr verpflichtend für ein Universitätsstudium der Medizin,

---

[215] Zu Theo van der Waerdens politischer Arbeit vgl. Bloemen (1986).

[216] Vgl. Th. van der Waerden, *Het Taylorstelsel – met een inleiding over Stukloon en moderne loonsystemen*, Amsterdam 1916.

[217] Zu Mannourys politischen Betätigungen vgl. Harmsen und Voerman (1998). Eine knappe Zusammenfassung der Lage der Linken in Holland Anfang des 20. Jahrhunderts findet man bei Alberts (1994, S. 284-286). Siehe auch Brinkman u. a. (1994); Cornelissen u. a. (1965); Harmsen (1982).

[218] Siehe Alberts (1994, S. 288) und Dold-Samplonius (1994, S. 131).

[219] Siehe Dold-Samplonius (1994, S. 129 f.).

Mathematik und Naturwissenschaften.[220] Als Konsequenz stiegen die Studieren-
denzahlen an den Universitäten an. Es ist unklar, ob van der Waerden Latein und
Griechisch damals trotzdem lernte oder ob er die Sprachkenntnisse später erwarb.[221]
Fest steht, dass Griechischkenntnisse für seine späteren mathematikhistorischen Arbeiten unerlässlich waren. Im Gegensatz zu den vom humanistischen Ideal gepräg-
ten Gymnasien bildeten an der HBS die Naturwissenschaften und moderne Sprachen den Unterrichtsschwerpunkt. Ein Drittel des Unterrichts war für die Naturwissenschaften reserviert. In den Anfangsjahren der HBS sollte die Betonung der
Mathematik und der Naturwissenschaften im Unterricht primär praktischen Nutzen
für die Gesellschaft haben, später wurde der Unterricht in diesen Fächern als wichtige Schulung des Geistes und des Denkens verstanden und stellte einen Wert an
sich dar. Nicht wenige Lehrer für Mathematik und Naturwissenschaften an der HBS
wechselten später an die Hochschulen.[222] Die HBS war, was die naturwissenschaft-
liche Ausbildung anbelangte, langfristig ein voller Erfolg: 1937 begannen mehr als
die Hälfte der HBS-Schüler ein Studium, die Mehrheit der Professoren in den Naturwissenschaften war HBS-Absolventen und bis 1940 waren sechs von acht niederländischen Nobelpreisträgern HBS-Absolventen.[223] Während sich van der Waerden
nicht an einzelne Mathematiklehrer der HBS in Amsterdam erinnerte, beeindruckte
ihn ein Physiklehrer durch seine Verbindung von Theorie und Experiment.[224]

Van der Waerden besuchte bereits als Schüler regelmäßig den Lesesaal der Amsterdamer Bibliothek. Dort studierte er u. a. ein Buch zur analytischen Geometrie
von dem Groninger Professor Johan Antony Barrau. Aufgrund von Unklarheiten
und Beweislücken im zweiten Teil des Buches korrespondierte van der Waerden
mit Barrau. Dabei soll ihn Barrau als seinen Nachfolger vorgeschlagen haben – was
im Jahr 1928 sogar tatsächlich eintreten sollte.[225] Van der Waerden legte 1919 im
Alter von 16 Jahren die Abschlussprüfung an der HBS ab und begann ein Studium
an der Universität von Amsterdam.

Vor dem ersten Weltkrieg war in den Niederlanden, wie in anderen westeuro-
päischen Ländern auch, der Fortschrittsglaube weit verbreitet. Die Entwicklung der
Naturwissenschaften und Technik wurde als eine Möglichkeit gesehen, den Lebens-
standard zu erhöhen und viele Probleme der Menschheit zu lösen. In den Niederlanden begann im letzten Viertel des 19. Jahrhunderts eine Zeit, die als ‚zweites gol-
denes Zeitalter' (Tweede Gouden Eeuw) in die Wissenschaftsgeschichte einging.[226]

---

[220] Vgl. Maas (2001, S. 129).

[221] Letzteres ist wahrscheinlicher, weil van der Waerden auf seiner Bewerbung für ein Rockefeller-Stipendium 1925 weder Latein- noch Griechisch-Kenntnisse angab (RAC, IEBvdW).

[222] Beispielsweise J. Cardinaal, D. Korteweg, G. Mannoury.

[223] Klomp (1997, S. 8). Dazu gehörten beispielsweise die Physiker Pieter Zeeman und Frits Zernike
(Willink, 1998). Zur HBS siehe auch Alberts (1994, S. 281), Alberts u. a. (1999, S. 385 f.), Maas
(2001).

[224] Dold-Samplonius (1994, S. 131).

[225] Dold-Samplonius (1997, S. 125). Vgl. nachfolgendes Kapitel.

[226] Historiker lassen diese Periode meist mit der Doktorarbeit des Physikers Johannes Diderik van
der Waals 1873 beginnen. Als ‚erstes goldene Zeitalter' wird in den Niederlanden die Zeit Simon
Stevins und Christiaan Huygens im 17. Jahrhundert bezeichnet.

Den Naturwissenschaften gelangen in dieser Zeit in den Niederlanden große Fortschritte und acht niederländische Naturwissenschaftler wurden mit Nobelpreisen
ausgezeichnet, darunter die Physiker H. A. Lorentz, P. Zeeman, H. Kammerlingh
Onnes und F. Zernike. Infolge dieser Entwicklung wurde auch die Mathematik in
den Niederlanden um die Jahrhundertwende zu neuer Blüte erweckt.[227] Das Ende dieser Periode ist umstritten: einige lokalisieren es bereits zu Beginn des ersten
Weltkrieges 1914[228], andere erst mit der Okkupation der Niederlande im zweiten
Weltkrieg 1940[229].

Auch wenn die Niederlande während des ersten Weltkrieges neutral blieben und
der Krieg sie nicht direkt betraf, verbreitete sich in der Bevölkerung nach dem ersten
Weltkrieg eine kulturkritische und zum Teil auch kulturpessimistische Stimmung,
die ihren Höhepunkt in den 1930er Jahren nach der Weltwirtschaftskrise und der
Machtübernahme durch die Nazis in Deutschland hatte.[230] Allerdings war diese
nicht ganz so ausgeprägt wie etwa in Deutschland. Die verheerenden Folgen des
Einsatzes von Naturwissenschaft und Technik im Krieg führten bei vielen zu einer
kritischen Haltung gegenüber den Naturwissenschaften.[231] Dennoch traf die Erhöhung der finanziellen Mittel für die Naturwissenschaften nach dem ersten Weltkrieg
durchaus auf Zustimmung in weiten Teilen der Bevölkerung.[232] Es scheint daher
angebracht im Wesentlichen von zwei weit verbreiteten, konträren Positionen zur
Naturwissenschaft und Technik in der niederländischen Gesellschaft auszugehen.
So war zum Beispiel van der Waerdens Vater auch nach dem ersten Weltkrieg und
trotz der Erhöhung der Arbeitslosigkeit durch die Einführung (neuer) Maschinen
vom Nutzen des technologischen Fortschritts für die Gesellschaft überzeugt.[233] Die
Studienwahl des Sohnes war also durchaus im Sinne des Vaters.

---

[227] Alberts u. a. (1999, S. 369).

[228] Etwa Willink (1991, S. 520).

[229] Etwa Maas (2001).

[230] Das einflussreiche kulturkritische Werk *In de schaduwen van morgen* (In den Schatten von morgen) von dem Historiker Johan Huizinga erschien 1935: „This much is certain, this undeniable and
positive progress, which means a deepening, refinement, purification, in short, improvement, has
led scientific thought into a state of crisis the exit of which is still shrouded in mist. This ever-novel
science has not yet sunk into the culture, and cannot do so. The miraculously increased knowledge
has not yet been incorporated in a new harmonious worldview that irradiates and illuminates us as
the clear sunshine in which we walk. The sum of all science has not yet become *culture* within us."
(zitiert nach van Berkel u. a., 1999, S. 207, Hervorhebung im Original, Übersetzung van Berkel).

[231] Vgl. Klomp (1997, S. 9 f.) und ausführlicher van Berkel u. a. (1999, S. 206-209).

[232] Maas (2005, S. 34) behauptet sogar, dass die Naturwissenschaften auf breite Zustimmung stießen: „In short, there was a large public support for science, and scientists cashed in on their prestige
by securing public funds for their facilities." Er belegt diese Behauptung damit, dass viele Artikel in Zeitschriften zur Eröffnung von Laboratorien und der Nachfolge von Professoren publiziert
wurden, und dass die Beerdigung von Lorentz Tausende angezogen habe, sowie dass die Ausgaben
für Physik an der Amsterdamer Universität sich im Zeitraum zwischen erstem Weltkrieg und 1930
vervierfachten.

[233] Bloemen (1986).

## 4.2 Der Einstieg in die Wissenschaft

Van der Waerden publizierte bereits während seines Studiums in Amsterdam zur Invariantentheorie und zur Relativitätstheorie. Sein Artikel zur Relativitätstheorie war populärwissenschaftlich und ging auf einen Vortrag von Paul Ehrenfest zurück. Er ist kaum bekannt und soll deshalb hier vorgestellt werden.[234] Van der Waerdens Interesse an der mathematischen Physik wurde in Amsterdam jedoch nur unzureichend befriedigt.

### 4.2.1 Studium in Amsterdam (1919–1924)

Van der Waerden studierte Mathematik, Physik, Mechanik und Chemie an der Universität von Amsterdam von 1919 bis 1924, nur unterbrochen von der ‚kleinen Dienstzeit' beim Militär 1923/24.[235] Er belegte Vorlesungen bei den Mathematikern Hendrik de Vries, Roland Weitzenböck, Gerrit Mannoury und Luitzen Egbertus Jan Brouwer und dem Physiker Johannes Diderik van der Waals jr.

Hauptsächlich studierte van der Waerden bei dem angesehenen Geometer Hendrik de Vries, bei dem schon Brouwer studiert hatte. Bei ihm legte er im Oktober 1924 sein ‚Doctoraalexamen' (mündliche Abschlussprüfung) ab und promovierte 1926 mit einer Arbeit über die Grundlagen der abzählenden Geometrie.[236] De Vries, der zur projektiven und darstellenden Geometrie in der Tradition von Möbius, Steiner und Plücker forschte, wurde vor allem für seine Lehre und seine Lehrbücher geschätzt. Van der Waerden hörte bei ihm Vorlesungen zur klassischen Algebra, zur abzählenden Geometrie (Schubert-Kalkül) und zur projektiven Geometrie.[237] Bereits während seines Studiums beschäftigten van der Waerden fundamentale Fragen der abzählenden Geometrie, welche er teilweise in seiner Promotion beantwortete. Van der Waerden ergänzte sein Studium durch weiterführende Lektüre. Beispiels-

---

[234] Vgl. Abschn. 4.2.2.

[235] UAG, Math. Nat. Pers. 8.1 und 8.2., sowie Gutachten von Hilbert und Courant vom Januar 1925 (IEBvdW) geben übereinstimmend diesen Zeitraum für den Militärdienst an. Dem Gutachten kann auch entnommen werden, dass van der Waerden neben Mathematik auch Physik, Chemie und Mechanik studierte, denn er hat in Physik ein Candidaats- und Doctoraalexamen (Mai 1922; Oktober 1924) abgelegt, in Chemie das Candidaatsexamen (Juli 1923) und in Mechanik das Doctoraalexamen (Oktober 1924). B. Jakob (1985) behauptet in ihrer Diplomarbeit *Die Briefsammlung B. L. van der Waerden* zur Inventarisierung van der Waerdens Korrespondenz, dass van der Waerden dort auch Philosophie studiert habe. Dafür hat die Verfasserin keine weiteren Belege gefunden.

[236] Siehe Dold-Samplonius (1994, S. 125 f.), Dold-Samplonius (1997, S. 131 ff.) und UAG, Math. Nat. Pers. 8.1 und 8.2.

[237] Scriba (1996a, S. 13) behauptet van der Waerden hätte bei de Vries auch Vorlesungen zur Geschichte der Mathematik gehört – was sich allerdings anhand der Vorlesungsverzeichnisse (Universiteit van Amsterdam, 1919–26, 1919/20–1923/24) nicht bestätigen lässt, denn de Vries lehrte in diesem Zeitraum nicht zur Geschichte der Mathematik.

weise las er Heinrich Webers *Lehrbuch der Algebra*, Felix Kleins *Vorlesungen über das Ikosaeder . . .* und Artikel von Max Noether.[238]

Neben de Vries war Roland Weitzenböck für van der Waerdens mathematische Ausrichtung wichtig.[239] Weitzenböck wurde 1921 Professor in Amsterdam. Er forschte zur Invariantentheorie und Differentialgeometrie. In seiner Antrittsrede an der Universität Amsterdam „Aufgaben und Methoden der Invariantentheorie" betonte Weitzenböck (1921) von Beginn an die Wichtigkeit der Invariantentheorie für die Relativitätstheorie. Am Ende der Rede konkretisierte Weitzenböck das Verhältnis zwischen Mathematik und Physik:

> „Die modernste theoretische Physik, wie sie etwa, an A. EINSTEIN anknüpfend von H. WEYL in ihren Grundlagen entworfen wurde, macht sich in überaus schöner Weise diesen invariantentheoretischen Standpunkt zu eigen. Hier wird ein physikalischer Zustand durch Tensoren festgelegt, physikalische Gesetze sind dann Relationen zwischen Invarianten und Differentialinvarianten dieser Tensoren. Physikalische Gesetze feststellen heißt demnach hier: Beziehungen zwischen Invarianten aufsuchen, d. h. mathematische Tatsachen konstatieren, die unabhängig sind von der Wahl des Koordinatensystems. Ins physikalische übersetzt heißt das: Tatsachen feststellen, die Objekten und Erscheinungen an sich anhaften, unabhängig von dem wann, wo und was des Beobachters. Die Einordnung der Physik in ein spezielles Kapitel der Invariantentheorie, darin erblicke ich [Weitzenböck] einen der wesentlichsten Fortschritte der Erkenntnis, die uns durch die Relativitätstheorien gebracht worden sind. *Es ist dann die Aufgabe der Mathematiker, im Besonderen der Invariantentheoretiker, unabhängig und ohne Rücksicht auf physikalische Auslegungen das Kapitel der Differentialinvarianten soweit auszugestalten und das mathematische Rüstzeug soweit zu entwickeln, dass dann der Physiker – ich denke da insgeheim besonders an die modernen Atombaumeister – seinen Bedarf an Ausdrücken und Formeln wie reife Früchte von einem Baume zu greifen vermag.*"[240]

Weitzenböck versprach sich demnach Erfolge bei der Anwendung der Invariantentheorie auf die Quantentheorie. Mit dieser Einschätzung sollte Weitzenböck recht haben, wenn auch nicht in dem von ihm angedeuteten Sinne. Bei der Anwendung der Gruppentheorie in der Quantenmechanik kam auch die Invariantentheorie ins Spiel, beispielsweise nutzte van der Waerden (1929) explizit invariantentheoretische Überlegungen bei der Entwicklung des Spinorkalküls.[241] Er entwickelte einen nach mathematischen Kriterien einfachen Kalkül, den die Physiker nur noch zu ‚pflücken' brauchten – um in Weitzenböcks Bild zu bleiben.

Während van der Waerdens Studienzeit hielt Weitzenböck Vorlesungen über Invariantentheorie, Zahlentheorie, Tensorrechnung (Mathematische Grundlagen der Relativitätstheorie), elliptische Funktionen, Theorie der algebraischen Zahlkörper, geometrische Differentialinvarianten und endliche, diskrete Gruppen sowie ein Se-

---

[238] van der Waerden (1975b, S. 31 f.).

[239] In dem Formular ‚Personal History Record' für die Beantragung eines Stipendiums beim International Education Board im April 1925, gab van der Waerden an, dass er 1921 bei de Vries zur abzählenden Geometrie und 1922/23 bei Weitzenböck zur Invariantentheorie, sowie 1923 selbständig zu den Axiomen der Geometrie geforscht habe (RAC, IEBvdW).

[240] Weitzenböck (1921, S. 7 f., Hervorhebung MS).

[241] Vgl. Kap. 7.

minar zur Funktionentheorie.[242] Van der Waerden lernte bei Weitzenböck Invariantentheorie.[243] Seine ersten mathematischen Artikel (van der Waerden, 1922, 1923), die er noch während des Studiums verfasste, behandelten Fragestellungen aus der Invariantentheorie. Außerdem half van der Waerden Weitzenböck beim Korrekturlesen von dessen Monographie *Invariantentheorie*, die zu den besten ihrer Zeit zählte.[244]

Bei Gerrit Mannoury, der ein Freund von van der Waerdens Vater war und ab 1918 Professor für Geometrie, Mechanik und Philosophie der Mathematik, lernte van der Waerden nach eigenen Angaben die Topologie der komplexen projektiven Ebene kennen.[245] „Aber am meisten gelernt habe ich von Mannoury", teilte van der Waerden Yvonne Dold-Samplonius (1994, S. 131) mit. Mannoury bot Vorlesungen zur analytischen, darstellenden und projektiven Geometrie, zur Mechanik und zur Philosophie der Mathematik an. Im Studienjahr 1920/21 behandelte er in einer Anfängervorlesung zur Mechanik u. a. die Grundlagen der Relativitätstheorie (Eigenzeit und -länge). Es ist unbekannt, ob van der Waerden dieser Vorlesung folgte.

Mannoury war auch sehr wichtig für David van Dantzig, der nach dem Beginn eines Chemiestudiums zur Mathematik wechselte. Van der Waerden und van Dantzig lernten sich – vielleicht über Mannoury – während des Studiums kennen. Sie wurden gute Freunde und tauschten sich auch fachlich aus.[246]

Luitzen Egbertus Jan Brouwer hielt Vorlesungen zu reellen Funktionen, axiomatischer Geometrie, Mengenlehre und ‚kanonischer Gleichungslehre‘.[247] Es ist anzunehmen, dass zumindest die Vorlesung zu reellen Funktionen und zur Mengenlehre intuitionistischer Natur waren, weil sie sich an fortgeschrittene Studierende wandten und Brouwer damals intuitionistische Artikel[248] dazu veröffentlichte. Brouwer publizierte zu dieser Zeit aber auch zur Topologie.[249] Van der Waerden studierte je-

---

[242] Angaben im *Jaarboek der Universiteit van Amsterdam* (Universiteit van Amsterdam, 1919–26, insbesondere 1921/22–1923/24).

[243] Abgesehen von den Vorlesungen zur Invariantentheorie ist nicht bekannt, welche weiteren Vorlesungen von Weitzenböck van der Waerden besuchte. Allerdings schien van der Waerden, wie auch Hans Freudenthal, hauptsächlich Weitzenböcks Kenntnisse der Invariantentheorie zu schätzen: „Er [Weitzenböck] konnte keine Mathematik außer der Invariantentheorie verstehen. Er bat mich [Freudenthal] einmal, etwas zur Galoistheorie zu erklären; van der Waerden war mit mir einig, er konnte keinen einzigen konzeptionellen Beweis verstehen." (van Dalen, 2005a, S. 288, Übersetzung MS).

[244] Vgl. das Vorwort von Weitzenböck (1923).

[245] Van der Waerdens Erinnerung (van der Waerden (1997(1979), S. 21), Dold-Samplonius (1994, S. 132)) wird von den Vorlesungsverzeichnissen (Universiteit van Amsterdam, 1919–26, insbesondere 1919/20–1923/24) nicht gestützt. Vielleicht sprachen van der Waerden und Mannoury privat über Topologie.

[246] Vgl. Nachlass van Dantzig im RANH.

[247] Universiteit van Amsterdam (1919–26, 1919/20–1923/24). Zu Brouwer: van Dalen (1999, 2005b).

[248] van Dalen (1999, S. 312 ff.).

[249] van Dalen (1999, S. 312 ff., S. 290 ff.).

denfalls intuitionistische Mathematik[250] bei Brouwer.[251] Er hat eine Vorlesung zum Lebesgue-Integral vom intuitionistischen Standpunkt bei Brouwer gehört.[252] Es erstaunt etwas, dass van der Waerden nicht hauptsächlich bei Brouwer studierte, der als unangefochtene Autorität der mathematischen und naturwissenschaftlichen Fakultät von Amsterdam die jungen begabten Studenten an sich zog. Brouwer und van der Waerden schienen schon zu dieser Zeit ein eher distanziertes Verhältnis gehabt zu haben.[253] Allerdings schlug Brouwer van der Waerden 1925 für ein Stipendium beim International Education Board vor.[254]

Dies zeigt, dass einige der Gebiete, zu denen van der Waerden später wichtige wissenschaftliche Beiträge leistete bzw. zu deren Umgestaltung er beitrug, schon ins Studium zurück verfolgt werden können: Fundierung der abzählenden Geometrie, Topologie, Algebra und Invariantentheorie.

Die physikalische Abteilung der Universität von Amsterdam hatte Anfang des 20. Jahrhunderts insgesamt einen guten Ruf.[255] Dieser beruhte auf den beiden Nobelpreisträgern Johannes Diderik van der Waals (sr.) und Pieter Zeeman, die dort lehrten. Während van der Waerdens Studiums waren neben Zeeman als weiterer Experimentalphysiker Philipp Abraham Kohnstamm tätig, sowie die Theoretiker Remmelt Sissingh und Johannes Diderik van der Waals (jr.). Zeeman war wissenschaftlich am produktivsten. Er richtete 1923 ein neues Physiklabor an der Universität ein. Sissingh war hauptsächlich in der Lehre (Experimentalphysik) und in den Praktika aktiv. Kohnstamm hatte 1914 seine physikalische Forschung abrupt ein-

---

[250] Zur diskursiven Verbindung zwischen Intuitionismus und Quantenmechanik siehe Hesseling (2003, S. 329-333).

[251] „I was [trained in intuitionistic mathematics, MS], because I had studied under the guidance of L. E. J. Brouwer in Amsterdam." (van der Waerden, 1975b, S. 39). In Dold-Samplonius (1994, S. 132) behauptete van der Waerden gar, dass Brouwer „immer nur über die Grundlagen seiner intuitionistischen Mathematik" gelesen habe.

[252] van der Waerden (1997(1979), S. 21). Wahrscheinlich handelte es sich dabei um die Vorlesung zur kanonischen Gleichungslehre.

[253] Dold-Samplonius (1994, S. 132). van Dalen (2005b, S. 516-520) kommt zu dem Ergebnis, dass das Verhältnis zwischen Brouwer und van der Waerden während van der Waerdens Studiums ‚unproblematisch' war. Das Verhältnis zwischen Brouwer und van der Waerden verschlechterte sich im Laufe der Jahre: Van der Waerden nahm David van Dantzig zur Promotion an, nachdem sich Brouwer mit diesem überworfen hatte. Desweiteren verteidigte er van Dantzigs Promotion gegen Brouwers Plagiatsvorwürfe, vgl. Abschn. 5.2. Als van der Waerden nach dem zweiten Weltkrieg nach Holland kam, versuchte Brouwer zu verhindern, dass van der Waerden eine Professur in Amsterdam bekam, vgl. Kap. 17.

[254] Brouwer setzte sich auch dafür ein, dass sein Stipendium 1926 erhöht wurde, vgl. Brief von Brouwer an Trowbridge, 28.2.1926, RAC, IEBvdW.

[255] Zur Situation der theoretischen und experimentellen Physik an der Universität von Amsterdam zwischen den Weltkriegen vgl. Maas (2001) (als kurze englischsprachige Zusammenfassung Maas (2005)). Eine kurze englischsprachige Darstellung der Situation der Physik in den Niederlanden zwischen 1914 und 1940 bietet van Berkel u. a. (1999, S. 175-180). Zwikker (1971) beschreibt den Stand der Physik in den Niederlanden im Jahr 1921. Heijmans (1994) beleuchtet als erster die Situation der durchaus diversifizierten Experimentalphysik am Beispiel der Universität Utrecht, die bis dahin durch die Konzentration der Wissenschaftsgeschichte auf theoretische Physik und auf die Experimente zur Thermodynamik vernachlässigt worden war.

gestellt.[256] Bis dahin hatte er vor allem zur Thermodynamik geforscht und Präzissionsmessungen von hohem Druck vorgenommen. Seitdem hielt er zwar weiterhin Vorlesungen zur Thermodynamik, widmete seine Zeit aber hauptsächlich anderen Beschäftigungsfeldern, wie der Pädagogik. Ab 1919 hatte er einen zweiten Lehrstuhl für Pädagogik inne. Kohnstamm sah sich selbst als Physiker, Philosoph und Politiker.

Van der Waals jr. beschäftigte sich mit statistischer Physik.[257] In Amsterdam forschte er zur Brownschen Bewegung und zu den Grundbegriffen der Physik. Ab 1920 publizierte er jedoch nicht mehr. Van der Waals jr. war auch philosophisch und literarisch tätig. Er war Neokantianer – auch noch nach der Entwicklung der allgemeinen Relativitätstheorie. Von der Richtigkeit der neuen physikalischen Theorien, wie der Quanten- und der Relativitätstheorie, überzeugte er sich nur langsam: Erst nach 1920, so Maas (2001, S. 152), akzeptierte er diese. Im Studienjahr 1919/20 hielt van der Waals eine Vorlesung *privatissime* zu den Grundlagen der allgemeinen Relativitätstheorie. In einer Vorlesung zur Elektrizitätstheorie behandelte er die Relativitätstheorie und in einer Vorlesung zur kinetischen Wärmelehre stellte er das Atommodell von Bohr und die Quantentheorie vor – beides 1920/21. Im darauffolgenden Jahr bot er eine Veranstaltung unter dem Titel Elektronentheorie und Relativitätstheorie an, sowie in den zwei folgenden Jahren eine Vorlesung zur kinetischen Wärmelehre und Quantentheorie – das erste Jahr für Chemiker, das zweite für Physiker.[258] Allerdings publizierte van der Waals noch 1921 eine populärwissenschaftliche Abhandlung mit dem Titel *Over het wereldaether* (Über den Weltäther), in der der Äther eine zentrale Rolle spielte.[259] Zwei Jahre später erschien van der Waals Buch *De relativiteitstheorie* (Die Relativitätstheorie).[260]

Van der Waals ambivalente Haltung gegenüber der modernen Physik, die bis in die Studienzeit van der Waerdens hineinreichte, mag ein Grund gewesen sein, warum van der Waerden dessen Vorlesungen nicht besonders schätzte.[261] Ein anderer könnte „die Kombination von Sarkasmus, Zynismus und beissenden Bemerkungen" gewesen sein, von denen andere Studierende berichteten.[262] Anscheinend kritisierte van der Waerden van der Waals jr. auch inhaltlich, und zwar öffentlich während der Vorlesung.[263]

Der Überblick zeigt, dass die Physik an der Universität Amsterdam während der Studienzeit van der Waerdens in vielen Bereichen nicht den aktuellen Wissenstand repräsentierte. Einzig Zeeman trug zu ihrem wissenschaftlichen Renommee aktiv bei. Alle anderen hatten bereits ihre wissenschaftliche Forschung weitgehend eingestellt. Die modernen physikalischen Theorien, wie Relativitätstheorie und Quan-

---

[256] Vgl. Maas (2001, S. 157).

[257] Zu van der Waals jr. vgl. Maas (2001), insbesondere S. 99-101, 150-155.

[258] Universiteit van Amsterdam (1919–26, 1919/20–1923/24).

[259] van der Waals jr. (1921).

[260] van der Waals jr. (1923).

[261] Siehe Dold-Samplonius (1994, S. 137). Es ist nicht bekannt, welche Vorlesungen van der Waerden bei van der Waals besuchte.

[262] Maas (2001, S. 100, Übersetzung MS).

[263] van Dalen (2005b, S. 518).

tentheorie, kamen in der Lehre zwar vor, allerdings war der für theoretische Physik zuständige Professor van der Waals kein überzeugter Vertreter dieser Theorien. Zeeman dagegen bemühte sich als Experimentalphysiker schon früh, die allgemeine Relativitätstheorie experimentell zu untermauern, und führte auch spektroskopische Untersuchungen zur Quantenmechanik durch.[264] Auch von mathematischer Seite wurden die Grundzüge der Relativitätstheorie in den Lehrplan integriert: Mit Mannoury und Weitzenböck hatte van der Waerden zwei Professoren, die sich aus einer mathematischen Perspektive mit der Relativitätstheorie auseinandersetzten.

## 4.2.2 Die erste Publikation: zur Relativitätstheorie (1921)

Noch vor seinen Artikeln zur Invariantentheorie (van der Waerden, 1922, 1923) publizierte van der Waerden eine populärwissenschaftliche Zusammenfassung der speziellen und allgemeinen Relativitätstheorie (van der Waerden, 1921). Dies ist der erste (bekannte) publizierte Beitrag van der Waerdens überhaupt und gleichzeitig sein erster zur Physik.[265] Der Artikel erschien in einer sozialdemokratischen Monatszeitschrift, dem *De socialistische gids*, neben vier Artikeln seines Vaters zu wirtschaftlichen Themen. Laut Klomp (1997, S. 5 f., 228) entstand der Artikel nach einem Vortrag des Leidener Physikprofessors Paul Ehrenfest in dem ‚Instituut voor Arbeidersontwikkeling' (Institut für Arbeiterbildung), den van der Waerden und sein Vater gemeinsam besuchten und von dem sie begeistert waren. Der Artikel fällt in einen Zeitraum, in dem in der westlichen Welt populäre und philosophisch interpretierende Texte zu Relativitätstheorie Hochkonjunktur hatten.[266] Auslöser dafür war anscheinend die experimentelle Bestätigung der von der allgemeinen Relativitätstheorie vorhergesagten Lichtablenkung im Sommer 1919.

    In den Niederlanden hielten im Zeitraum von 1920 bis 1930 Hochschullehrer, aber auch Laien viele populärwissenschaftliche, öffentliche Vorträge zur Relativitätstheorie und anderen naturwissenschaftlichen Fragen. Dies verweist auf ein Interesse der Bevölkerung an den Naturwissenschaften, kann aber auch vor dem Hintergrund eines weit verbreiteten Skeptizismus gegenüber Naturwissenschaft und Technik als eine Verteidigungsstrategie der Wissenschaft gesehen werden. Die Vorträge fanden in verschiedenen gesellschaftlichen Institutionen statt, neben dem ‚Instituut voor Arbeidersontwikkeling' auch in der ‚Maatschapij tot Nut van't Algemeen' (Gesellschaft für den Nutzen der Allgemeinheit) oder in den ‚volksuniversiteiten' (Volkshochschulen). Auch kulturelle Zeitschriften wie *De gids*[267], *Onze eeuw, Stimmen des tijds* oder *Studiën* und Zeitungen wie das *Handelsblad*[268] ver-

---

[264] Maas (2001, S. 149 f.).

[265] Er erscheint in keiner der veröffentlichten Bibliographien zu van der Waerden. Der einzige, mir bekannte Hinweis auf diesen Artikel ist bei (Klomp, 1997, S. 5 f., 228) zu finden. Ich danke G. Alberts, der mich auf diese Arbeit van der Waerdens aufmerksam machte.

[266] Hentschel (1990, S. 67-73).

[267] Beispielsweise publizierte darin der Philosoph Gerard Heymans Einwände gegen die relativistische Auffasung von Raum und Zeit (*Leekenvragen ten opzichte van de relativiteitstheorie*, De

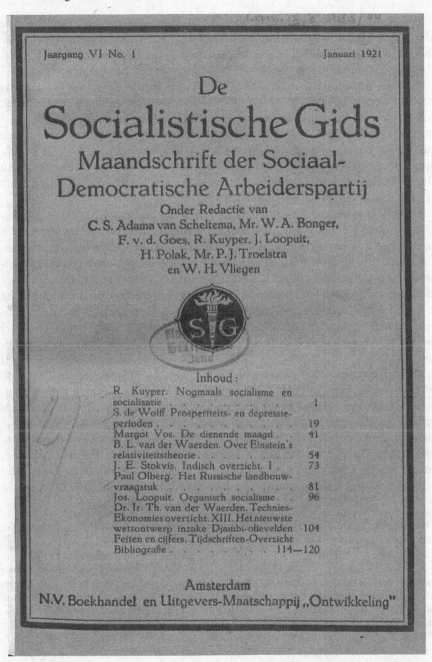

Abb. 4.1: Titelblatt von *De socialistische gids* (1921) mit B. L. van der Waerdens Artikel zu Einsteins Relativitätstheorie

gids 85(II), 1921, S. 85-108), welche A. D. Fokker zu widerlegen suchte (*Relativistische studie. Proeve van antwoord aan Prof. Dr. G. Heymans*, De gids 86(IV), 1922, S. 244-271).

öffentlichten Artikel zur Relativitätstheorie. Die Relativitätstheorie repräsentierte die moderne Physik in der öffentlichen Debatte. Die Quantentheorie, obwohl sie genauso modern war und ebenfalls tiefgreifende Veränderungen mit sich brachte, gelangte dagegen kaum ins öffentliche Bewusstsein in den Niederlanden.[269]

Mit einer populärwissenschaftlichen Einführung in die Relativitätstheorie von 1921 beteiligte sich auch van der Waerden an der öffentlichen Debatte. Er versuchte darin durch einfache, anschauliche Beispiele die Grundprinzipien der speziellen und der allgemeinen Relativitätstheorie plausibel darzustellen und aufzuzeigen, welche empirischen Tatsachen diese Theorie stützten. Bis auf wenige Ausnahmen in Fußnoten verzichtete van der Waerden auf mathematische Formeln.[270] Da dieser mit „Over Einsteins relativiteitstheorie" überschriebene Artikel van der Waerdens kaum bekannt ist, soll sein Inhalt im Folgenden umrissen werden.

Der Artikel besteht aus zwei separaten Teilen: im ersten wird die spezielle Relativitätstheorie behandelt, im zweiten die allgemeine. Im ersten Teil widmete sich van der Waerden den Konzeptionen der Äthertheorie, der speziellen Relativitätstheorie und des Minkowskiraums. Um den Unterschied zwischen den Äthertheorien und der Relativitätstheorie zu veranschaulichen, wählte er das Beispiel einer riesengroßen Kugel, deren Innenseite Licht reflektiert. Im Inneren der Kugel sollte ein Beobachter sitzen, der eine Lampe kurz ein- und wieder ausschaltet. Dies sollte einmal in der ruhenden und ein anderes Mal in der gleichförmig bewegten Kugel geschehen. Je nachdem welche Theorie man benutze, gelange man zu unterschiedlichen Vorhersagen: wandte man die Theorie des ruhenden Äthers (Lorentz, Fresnel) an, so unterschieden sich die Beobachtungen in der ruhenden und bewegten Kugel; wandte man dagegen die Theorie Newtons bzw. die Theorie des sich mitbewegenden Äthers (Stokes, Hertz) an, so ergaben sich keine Unterschiede. Da die Theorien von Newton, Stokes und Hertz aus verschiedenen Gründen als „widerlegt"[271] galten, erwarte man, dass die Vorhersage der Theorie von Lorentz und Fresnel eintreten würde. Damit wäre das Relativitätsprinzip der speziellen Relativitätstheorie, nämlich dass es unmöglich ist festzustellen, ob man sich in einem ruhenden oder in einem sich gleichförmig bewegenden Bezugssystem befindet, „über Bord gegan-

---

[268] Dort erschien 1920 ein Artikel des Mathematikers J. A. Schouten zur Entwicklung der Konzepte Raum und Zeit im Zusammenhang mit dem Relativitätsprinzip (Struik, 1978, S. 104).

[269] Zur öffentlichen Diskussion der Relativitätstheorie in den Niederlanden: Klomp (1997), vor allem S. 5 und Fußnoten 14–18 (S. 228), 90 (S. 235). Auch der Lorentz-Schüler A. D. Fokker gehörte zu den Fürsprechern der speziellen Relativitätstheorie und hielt eine Reihe von populärwissenschaftlichen Vorträgen. Er baute diese in ein philosophisches Weltbild ein (de Jong und van Lunteren, 2003). Zu Fokker vgl. auch Fußnote 429 auf S. 118. Einen kurzen Überblick zur Rezeption der allgemeinen Relativitätstheorie in den Niederlanden zwischen 1915 und 1920 gibt Kox (1992).

[270] Hentschel (1990, S. 57) prägt dafür den Begriff der Tertiärliteratur: „allgemeinverständliche Arbeiten [...], in denen einige der für wesentlich gehaltenen Gedanken der Einsteinschen Theorien einem breiten Publikum meist unter vollständigem Verzicht auf Mathematik korrekt, mindestens ohne grobe Verzerrung von Sachverhalten dargelegt werden." Dies geschieht in Abgrenzung zur Primär-, Sekundär- (basierend auf Primärliteratur, sehr anspruchsvoll) und Quartiärliteratur („halbgegorenes Gebräu aus Miß- und Unverstandenem").

[271] van der Waerden (1921, S. 57, Übersetzung MS).

gen."[272] Dieses Beispiel hatte als erster Paul Ehrenfest in seiner Antrittsrede[273] zu seiner Professur als Nachfolger von H. A. Lorentz in Leiden 1912 angeführt.

Das Michelson-Experiment, das als eine Abwandlung des Kugelexperiments betrachtet werden kann, „widerlegte"[274] jedoch die Theorie von Fresnel und Lorentz und war konsistent mit dem Relativitätsprinzip. Daraufhin führte Lorentz Änderungen (Ätherwind, Lorentzkontraktion) in seine Theorie des ruhenden Äthers ein, so dass auch mit dieser das Ergebnis des Experiments von Michelson erklärt werden konnte. An dieser Stelle zitierte van der Waerden Ehrenfest, um die Umständlichkeit der Lorentzschen Theorie aufzuzeigen:

> „Ehrenfest drückt das Kernstück der Lorentztheorie markant folgendermaßen aus: Durch den Ätherwind werden die Erscheinungen und die Messinstrumente so raffiniert verdorben, dass die verdorbenen Erscheinungen, gemessen mit den verdorbenen Instrumenten, genau so aussehen wie die unverdorbenen Erscheinungen, die mit unverdorbenen Instrumenten gemessen werden."[275]

Dieses Zitat belegt, dass van der Waerden die Antrittsrede Ehrenfests kannte – auch wenn van der Waerden keine Quelle dafür angab. Denn es ist eine Paraphrase eines Zitats aus Ehrenfest (1913).[276] Van der Waerden veranschaulichte Ehrenfests Beispiel durch Zeichnungen und erklärte einige Sachverhalte, die Ehrenfest offen gelassen hatte. Dadurch wurde das Beispiel leichter verständlich.

Van der Waerden bewertete die Theorie von Lorentz weitaus kritischer, als es Ehrenfest damals getan hatte:

> „Es ist deutlich geworden, dass diese Theorie [von Lorentz] viel Unbefriedigendes enthält. Wodurch wird die Lorentzkontraktion verursacht? Und warum hat sie gerade den genannten Betrag? Die Theorie kann auf diese und dergleichen Fragen keine andere Antwort geben als: weil es sonst mit den Beweisen nicht hinkommt. Was beseelt die Uhren und Maßstäbe in Gottes Namen, dass sie ihr Bestes geben, um den Bewegungszustand des Äthers vor uns zu verbergen? Oder sollten sie sich nur zufällig so verhalten? Auf all diese Fragen kann die Theorie keine Antwort geben [ ... ]
>
> Wir sagten bereits, dass die Lorentzverformung im hohen Maße unerklärbar scheint, dass die scheinbare Gültigkeit des Relativitätsprinzips in der Lorentztheorie eine wunderliche

---

[272] „[ ... ] en het relativiteitsprincipe overboord gooien" (van der Waerden, 1921, S. 57, Übersetzung MS).

[273] Ehrenfest (1913).

[274] van der Waerden (1921, S. 57, Übersetzung MS).

[275] „Ehrenfest drukt kernachtig de hoofdzaak der Lorentz-theorie zóó uit: Door den aetherwind worden de verschijnselen en de meetinstrumenten zoo geraffineerd bedroven, dat de bedroven verschijnselen, gemeten met de bedroven meetinstrumenten, er net zoo uitzien als onbedroven verschijnselen, die met onbedroven meetinstrumenten worden gemeten." (van der Waerden, 1921, S. 60, Übersetzung MS).

[276] „Gestatten Sie in einigen grellen Strichen das Bild zu skizzieren: Der Aetherwind stört den Ablauf der Processe[,] mit denen der Experimentator operiert; [ ... ] *Und wenn nun der Experimentator die durch den Aetherwind gestörten Processe mit seinen Instrumenten beobachtet, die derselbe Aetherwind verdorben hat, dann sieht er exact das, was der ruhende Beobachter, an den ungestörten Processen mit den unverdorbenen Instrumenten beobachtet.*" Ehrenfest (1913, S. 14 f., Hervorhebung MS).

Folge aus einer Reihe von Naturgesetzchen ist; und dass aus diesen Gründen die Theorie von Lorentz sehr unbefriedigend ist."[277]

Van der Waerden brachte an dieser Stelle zusätzlich Einsteins Einwand, dass „alles, das nicht wahrgenommen wird und wovon wir wissen, dass es nicht wahrgenommen werden kann, für mich [Einstein] physikalisch nicht besteht. Allein was man wahrnehmen kann, gibt es in der Natur."[278] Dieser erkenntnistheoretischen Haltung stand van der Waerden leicht zurückhaltend gegenüber, was aber keineswegs zu einer Ablehnung der Einsteinschen Relativitätstheorie führte, im Gegenteil:

> „Ich [van der Waerden] bin der Meinung, dass man, auch ohne die soeben skizzierte Einsteinsche Betrachtungsweise zu teilen, Einsteins Relativitätstheorie annehmen kann; aber dass man doch auch eingestehen muss, dass wir dieser Betrachtungsweise die Geburt der Relativitätstheorie zu verdanken haben, die zu solchen in allen Hinsichten glänzenden Ergebnissen geführt hat, und dass wir also ihr Existenzrecht vorurteilsfrei untersuchen müssen und versuchen, uns in sie hineinzudenken."[279]

Im Anschluss zeigte van der Waerden anhand eines Beispiels, wie sich mit den zwei Grundprinzipien der speziellen Relativitätstheorie – dem Relativitätsprinzip (dass es unmöglich ist festzustellen, ob man sich in einem ruhenden oder in einem sich gleichförmig bewegenden Bezugssystem befindet) und der Konstanz der Lichtgeschwindigkeit im Vakuum – die Begriffe ‚gleichlang‘ und ‚gleichzeitig‘ definieren lassen und wie sich mit deren Hilfe die Lorentzkontraktion ableiten lässt.

Schließlich stellte van der Waerden die grundlegenden Hypothesen der Lorentzschen und der Einsteinschen Theorie gegenüber: Sie teilen das Axiom der Konstanz der Lichtgeschwindigkeit; bei Lorentz kommen noch die Hypothese des ruhenden Äthers hinzu und die der Lorentzverformung; bei Einstein nur das Relativitätsprinzip. Bei Lorentz folgt aus den Hypothesen die scheinbare Gültigkeit des Relativitätsprinzips; bei Einstein die scheinbare Gültigkeit der Lorentzverformung. Beide Theorie seien physikalisch identisch.

Van der Waerden widerlegte noch zwei häufig genannte Einwände gegen die spezielle Relativitätstheorie: die Ablehnung des relativen Begriffs der Gleichzeitigkeit

---

[277] „Het is duidelijk, dat deze theorie veel onbevredigends heeft. Waardoor wordt de Lorentz-contractie veroorzaakt? En waarom bedraagt zij juist het genoemde bedrag? De theorie kan op deze en dergljke vragen geen ander antwoord geven dan: omdat het anders niet uitkomt met de proeven. Wat bezielt die klokken en meetstaven [!] en godsnaam, dat ze al hun best doen om den bewegingstoestand van den aether voor ons te verbergen? Of zouden ze zich slechts toevallig zoo gedragen? Op al deze vragen kan de theorie geen antwoord geven. [...] We zagen reeds, dat de Lorentz-vervorming in hooge mate onverklaarbaar scheen, dat het schijnbaar gelden van het Relativiteitsprincipe in Lorentz' theorie een wonderlijk gevolg is van een reeks natuurwetjes; en dat om deze redenen de theorie van Lorentz zeer onbevredigend is." (van der Waerden, 1921, S. 60 f., Übersetzung MS).

[278] van der Waerden (1921, S. 61 f.).

[279] „Ik ben van oordeel, dat men, ook zonder de zooeven geschetste Einsteiniaansche beschouwingswijze te deelen, Einstein's relativiteitstheorie kan aanvaarden; maar dat men toch moet erkennen dat we aan die beschouwingswijze de geboorte der relativiteitstheorie te danken hebben, die tot zulke in alle opzichten schitterende resultaten heeft geleid, en dat we dus haar recht van bestaan onbevooroordeeld moeten onderzoeken en trachten ons erin te denken." (van der Waerden, 1921, S. 61, Übersetzung MS).

und das Problem, das Wesen des Lichts in der Relativitätstheorie zu fassen. Er argumentierte, dass es kein Problem darstelle, falls der Begriff von relativer Gleichzeitigkeit gegen unsere Erfahrung verstieße. Falls er aber gegen apriori Urteile unseres Verstandes verstieße, dann sei dies ein großes Problem für die Einsteinsche Theorie. Diesen Fall schloss van der Waerden jedoch aus und zwar aus drei Gründen. Erstens habe ein apriori Urteil nur Geltung für unseren intuitiven Begriff von Gleichzeitigkeit, nicht aber unbedingt für den physikalischen. Zweitens, würden viele durch allgemein-relativistische Erklärungen von ‚rätselhaften Erscheinungen‘ von der Richtigkeit der speziellen Relativitätstheorie (und dem damit verbundenen Gleichzeitigkeitsbegriff) überzeugt – also stütze sich das Urteil auf Erfahrungstatsachen und könne somit nicht apriorisch sein. Drittens, wäre es ein apriori Urteil, dann könnten Einstein und seine Anhänger sich eine relativistische Gleichzeitigkeit nicht sehr gut vorstellen.[280]

Die Frage nach dem Wesen des Lichts, so führte van der Waerden aus, sei bei der Relativitätstheorie genauso unbefriedigend gelöst wie bei der Äthertheorie. Beide gäben letztendlich keine Antworten darauf. Sie könnten nur Aussagen treffen von der Form: Wenn man dies macht, dann geschieht das. Damit zeigte van der Waerden, dass die Relativitätstheorie keinen Rückschritt gegenüber der Äthertheorie im Verständnis von Licht bedeute.[281]

Zum Abschluss des ersten Teils versuchte van der Waerden den Minkowskiraum zu veranschaulichen. Dazu nahm er Bezug auf eine Konstruktion aus dem bekannten Roman des Briten Edwin A. Abbott *Flatland. A romance of many dimensions* von 1884, der in den Niederlanden 1920 bereits in der vierten Auflage unter dem Titel *Platland. Een roman van vele afmetingen* und dem Pseudonym ‚Een Vierkant‘ erschienen war. Van der Waerden ließ den Leser im Geiste in jedem Augenblick ein Photo von den Wesen in dieser zweidimensionalen Welt machen. Die Photos sollten so beschaffen sein, dass der Hintergrund durchsichtig ist. Dann sollten diese Photos alle übereinander gestapelt werden. Diesen Stapel nannte van der Waerden ein ‚Filmbuch.‘ Ein ruhendes Wesen ergab darin eine (zu den Blättern des Filmbuchs) senkrechte Gerade, ein sich gleichförmig bewegendes Wesen ergab eine schräg nach oben verlaufende Gerade. Um den Minkowskiraum zu erhalten, verfahre man analog mit unserer dreidimensionalen Welt.[282] Van der Waerden betonte, dass dies „nichts mehr als eine Vorstellung ist und dass es zu nichts anderem dient, als sich das Naturgeschehen einfach vorzustellen.“[283] Daraufhin leitete van der Waerden anhand eines Beispiels ab, wie sich Gleichzeitigkeit im Minkowskiraum zeigt und wann man von einem früheren und einem späteren Ereignis sprechen kann. Van der Waerden begründete zum Abschluss ausführlich, dass man auch in der Relativitätstheorie die Frage eindeutig beantworten könne, ob Alexander der Große vor

---

[280] van der Waerden (1921, S. 66 f.). Zu van der Waerdens eigentümlichen Verständnis von apriori vgl. Fußnote 290 auf Seite 85.

[281] van der Waerden (1921, S. 66 f.).

[282] van der Waerden (1921, S. 68 f.).

[283] „Ik vestig er nogmaals de aandacht op dat het niet meer is dan een denkbeeld, en dat het nergens anders voor dient dan om zich het natuurgebeuren gemakkelijk voor te stellen.“ (van der Waerden, 1921, S. 69, Übersetzung MS).

Napoleon lebte. Damit schob er weitverbreiteten, falschen Vulgarisierungen der Relativitätstheorie – im Sinne eines ‚Alles ist relativ'– einen Riegel vor.[284]

Im zweiten Teil behandelte van der Waerden Zeit und Kausalität, die mathematischen Konsequenzen des Relativitätsprinzips, das Äquivalenzprinzip der allgemeinen Relativitätstheorie, den Begriff des Bezugssystems, sowie die Verbindung zwischen allgemeiner Relativitätstheorie und spezieller Relativitätstheorie, euklidischer Geometrie bzw. Mechanik. Zum Abschluss gab van der Waerden noch eine zusammenfassende Übersicht und weiterführende Literatur an.

Zu Beginn des zweiten Teils untersuchte van der Waerden den Begriff der Zeit. Die spezielle Relativitätstheorie spricht von Gleichzeitigkeit in einem absoluten Sinn, wenn zwei Ereignisse in einem Weltpunkt zusammenfallen. Außerdem ist die Ursache in einem kausalen Zusammenhang zwischen zwei Ereignissen immer früher als die Wirkung. Darüber hinaus benötige ein und dieselbe Ursache immer ‚dieselbe Zeit' (in Abhängigkeit vom Bezugssytem), um ihre Wirkung hervorzurufen. ‚Gutlaufende' Uhren seien nun dadurch zu definieren, dass sie bezüglich ruhender Weltlinien gleich laufen. An dem Beispiel des Wurfs eines kleinen Körpers zusammen mit einer Uhr von Amsterdam nach Haarlem (ohne Einwirkung von Schwerkraft) erklärte van der Waerden, dass die Eigenzeit der gleichförmigen geradlinigen Bewegung zwischen zwei Weltpunkten die längste sei. Van der Waerden formulierte dies folgendermaßen:

> „Jeder sich freibewegende Körper, der sich von einem Weltpunkt zu einem anderen bewegt, muss aus allen möglichen Bewegungen, die zum Ziel führen, immer diejenige Bewegung wählen, die die längste Eigenzeit hat."[285]

Er merkte an, dass diese Formulierung etwas eigenartig anmutet:

> „Das einigermaßen eigenartige [dieser Formulierung] liegt darin, dass wir gerade so tun, als ob der Körper wüßte, an welchen Weltpunkt er ankommen müßte, und dann ausrechnet, welchen Weg er dann am besten wählen kann. In der Wirklichkeit wird die Bewegung natürlich nicht bestimmt durch das Endziel, sondern durch die Anfangsgeschwindigkeit und durch die Kräfte, die auf ihn wirken (die in diesem Fall gleich null sind)."[286]

Im Anschluss ging van der Waerden auf einen weiteren Vorbehalt gegen die spezielle Relativitätstheorie ein: es wäre nicht klar, was das Verhalten von Lichtstrahlen, von dem ausgehend die Aussagen über die Gleichzeitigkeit etc. getroffen wurden, mit der Zeit zu tun habe. Dazu fasste van der Waerden die Ergebnisse eines Artikels von Philipp Frank und Hermann Rothe zusammen.[287] Diese leiteten aus

---

[284] van der Waerden (1921, S. 69-73).

[285] „Ieder vrij-bewegende lichaam, dat van een punt-tijdstip naar een ander beweegt, moet uit alle mogelijke bewegingen, die tot het doel zouden voeren, steeds de beweging kiezen, die de langste eigen-tijd heeft." (van der Waerden, 1921, S. 187 f., Übersetzung MS).

[286] „Het eenigszins eigenaardige ervan ligt hierin, dat we net doen alsof het lichaam weet in welk punt-tijdstip het terecht moet komen, en dan uitrekent welken weg het dan het beste kiezen kan. In werkelijkheid wordt de beweging natuurlijk niet bepaald door het einddoel, maar door de beginsnelheid en door de krachten die erop werken (die in dit geval =0 zijn)." (van der Waerden, 1921, S. 188, Übersetzung MS).

[287] Frank und Rothe (1911).

dem Relativitätsprinzip die Lorentzverformung ab – und damit auch die Aussagen zur Zeit. Bei ihnen trat eine universelle Naturkonstante auf, die die Eigenschaften einer Geschwindigkeit aufwies und welche immer und von überall aus denselben Wert hatte. Diese Konstante hatte, so bewiesen sie, bei einer Fortpflanzung im luftleeren Raum den Wert der Lichtgeschwindigkeit $c$. Als universelle Konstante, die das Verhalten der Dinge beeinflusst, hat sie auch Auswirkungen auf die Uhren und damit auf die Zeit.[288]

Die Konstante sei aber nicht eindeutig bestimmt. Man könne zwei Fälle unterscheiden: $c = \infty$ und $c$ endlich. Für $c = \infty$ verschwindet die Lorentzkontraktion und man erhält die klassische Mechanik zurück, für einen endlichen Wert von $c$ erhält man dagegen die spezielle Relativitätstheorie. In beiden Fällen gelte aber das Relativitätsprinzip. Die Experimente, die zeigten, dass $c$ nicht unendlich ist, waren mit Lichtstrahlen durchgeführt worden, weil dies bisher die einzig mögliche Methode war. So kam es zu der zentralen Stellung von Licht in der Relativitätstheorie.

Frank und Rothes Artikel zeige, dass Mechanik und Relativitätstheorie über das Relativitätsprinzip fest miteinander verbunden seien. Van der Waerden stellte die Frage, ob das Relativitätsprinzip noch fundamentaler sei:

„Ist die Unterstellung zu gewagt, dass das Relativitätsprinzip, lang bevor es bewusst formuliert wurde, der tiefere Grund gewesen ist für das Entstehen von einem großen Teil der apriorischen Elemente in der klassischen Mechanik?"[289]

Das Relativitätsprinzip bezeichnete van der Waerden schließlich als ein „halbbewusstes apriorisches Urteil."[290] In einer Fußnote ging van der Waerden auf Einsteins zwiespaltige Haltung gegenüber apriorischen Urteilen im Falle des Relativitätsprinzips ein. Einerseits akzeptiere Einstein aufgrund seiner positivistischen erkenntnistheoretischen Haltung apriorische Urteile nur schwer, andererseits hielte er das Relativitätsprinzip aufgrund seiner Natürlichkeit und Einfachheit für unabweisbar.

Nach diesen Exkursen kam van der Waerden auf die allgemeine Relativitätstheorie zu sprechen. Als erstes behandelte er beschleunigte bzw. gebremste Bewegungen. Man könne zwar ohne äußeres Bezugsystem nicht feststellen, ob sich ein Zug gleichförmig bewege oder ruhe, aber man könne sehr wohl ein Schaukeln, eine Beschleunigung oder Bremsung wahrnehmen. Die Lorentztheorie erklärte dies mit dem Äther. Die Einsteintheorie müsse aber eine andere Ursache dafür finden. Der Zug müsse sogar als ruhend angenommen werden können.

---

[288] van der Waerden (1921, S. 188 f.).

[289] „Is de veronderstelling te gewaagd, dat het Relativiteitsprincipe, lang voordat het met bewustzijn geformuleerd werd, die diepere grond is geweest van het ontstaan van een groot deel der aprioristische elementen in de klassieke Mechanica?" (van der Waerden, 1921, S. 190, Übersetzung MS).

[290] „half-bewust aprioristisch oordeel" (van der Waerden, 1921, S. 191, Übersetzung MS). Zuvor hatte van der Waerden das Relativitätsprinzip vorsichtig und etwas rätselhaft ein „halb oder ganz apriorisches Urteil" (van der Waerden, 1921, S. 188, Übersetzung MS) genannt. Damit meinte er, dass es vielleicht doch einen (geringen) Anteil von Erfahrungswissen enthalten könnte. Zu van der Waerdens Interpretation der synthetischen Urteile apriori bei Kant siehe van der Waerden (1951), van der Waerden (1965, insbesondere S. 278-280).

Um das Äquivalenzprinzip der allgemeinen Relativitätstheorie, dass Beschleunigung und (Schwer-)Kraftwirkung lokal physikalisch ununterscheidbar seien, zu erklären, griff van der Waerden auf ein Beispiel aus einem Vortrag Ehrenfests[291] zurück. Statt eines beschleunigten, schaukelnden Zugs benutzte Ehrenfest einen (geradlinig, gleichförmig beschleunigten) Lift, in dem Einstein und ein fiktiver Gegner über die allgemeine Relativitätstheorie debattierten. Van der Waerden versuchte, diesen Wechsel plausibel zu machen.[292] Einstein führte verschiedene Phänomene auf den Einfluss einer (Schwer-)Kraft bzw. eines (Schwer-)Kraftfeldes zurück, so den gefühlten Druck in den Beinen, das Herabfallen von Bällen auf den Boden, die Krümmung von Lichtstrahlen und eine Veränderung von Gegenständen und Uhren auf einer rotierenden Scheibe. Die Bestätigung der Krümmung von Lichtstrahlen im Gravitationsfeld der Sonne, die im Sommer 1919 bei einer totalen Sonnenfinsternis gewonnen werden konnte, überzeugte den fiktiven Gegner der allgemeinen Relativitätstheorie von deren Richtigkeit.[293]

Dass van der Waerden und Ehrenfest an dieser und anderen Stellen explizit Einwände gegen die Relativitätstheorie aus dem Weg räumten, weist auf das allgemeine naturwissenschaftskritische gesellschaftliche Klima in den Niederlanden hin. Es könnte – was van der Waerden betrifft – auch eine Reaktion auf die skeptische Haltung seines Physikprofessors van der Waals jr. (und manch eines anderen Hochschullehrers) gesehen werden. Im Gegensatz zu van der Waals war van der Waerden von der Plausibilität der Relativitätstheorie überzeugt – nicht zuletzt aufgrund der empirischen Befunde.

Desweiteren ging van der Waerden darauf ein, wie der Begriff von Zeit weitergehend relativiert werden könne. Anstelle nur ‚gutlaufende‘ Uhren (vgl. S. 84) als Zeitmaßstäbe anzuerkennen, erlaube die allgemeine Relativitätstheorie auch anders geartete Zeitmaßstäbe. Als Beispiel für einen solchen Zeitmaßstab wählte van der Waerden den eigenen, unregelmäßigen Herzschlag. Die Naturgesetze, die aufgrund solcher ‚schlechtlaufenden‘ Uhren gebildet werden, seien dann komplizierter als die, welche mit ‚gutlaufenden‘ Uhren aufgestellt wurden. Durch die Annahme eines speziellen Schwerkraftfeldes könne ein Beobachter mit einer ‚schlechtlaufenden‘ Uhr die ‚Unregelmäßigkeit‘ von ‚richtiglaufenden‘ Uhren erklären, und umgekehrt. Van der Waerden machte den Leser darauf aufmerksam, dass er ähnliche Phänomene bereits kenne: In der Theorie des ruhenden Äthers gab es ein ausgezeichnetes, besonders einfaches Bezugsystem und in der Theorie der speziellen Relativitätstheorie waren gleichförmige geradlinige und ruhende Bewegungen ausgezeichnet.[294] Van der Waerden zitierte in einer Fußnote Barrau, um darauf hinzuweisen, dass Barrau

---

[291] Dieser wird in einer Fußnote als „Ehrenfest, Aulavoordracht Amsterdam“ (van der Waerden, 1921, S. 192, Fußnote 8) bezeichnet und ist wahrscheinlich mit dem von Klomp (1997, S. 5 f., 228) erwähnten Vortrag identisch.

[292] van der Waerden (1921, S. 192).

[293] van der Waerden (1921, S. 192-195).

[294] van der Waerden (1921, S. 195-197).

bereits 1907 – also vor der Formulierung der allgemeinen Relativitätstheorie – die Unmöglichkeit eines absoluten Zeitmaßstabs dargelegt hatte.[295]

Nachdem van der Waerden zusätzlich den Begriff des Bezugskörpers (Weichtier, Molluske) mit Einstein relativierte und damit Raum und Zeit vollständig relativiert hatte, ging er auf die Interpretation des Philosophen Moritz Schlick ein. Dieser meinte, so van der Waerden, dass „durch Einsteins Allgemeines Relativitätsprinzip die Naturwissenschaft von allen Urteilen über unwahrnehmbare, nicht-messbare, also unpassende Themen gesäubert"[296] sei. Allein Ereignisse, die in einem Weltpunkt zusammenfielen, sogenannte Koinzidenzen, seien messbar. Van der Waerden äußerte sich mit vorsichtiger Skepsis zu diesem Aspekt des logischen Empirismus à la Schlick[297]

> „Ob es auch vollständig richtig ist, dass all unsere äußere Wahrnehmung letztendlich auf Wahrnehmungen von zeiträumlichen Koinzidenzen beruht, scheint mir [van der Waerden] nicht wesentlich. Worauf die Erörterung [von Schlick] tatsächlich beruht, ist wieder die Behauptung von Max Planck: Was man messen kann, das besteht. Ich will es dahin gestellt sein lassen, ob dies eine haltbare Behauptung ist und ob also diese Erörterung vollständig richtig ist. Doch fühlt man, dass in dieser Erörterung ein Kern von Wahrheit steckt. Diese liefert auf jeden Fall einen richtigen Eindruck von dem großen Charme und der Bedeutung von der allgemeinen Relativitätstheorie."[298]

Schließlich führte van der Waerden vor, wie man die allgemeine Relativitätstheorie aus den beiden Haupthypothesen (dem Äquivalenzprinzip und dem Prinzip, dass spezielle Relativitätstheorie und euklidische Geometrie gelten, falls keine Schwerkraft wirkt) aufbauen kann. Dabei musste der Begriff des Schwerkraftfeldes verallgemeinert werden. Das erste Hauptgesetz der allgemeinen Relativitätstheorie besagt dann, dass in jedem Schwerkraftsfeld sich ein freibewegender Körper entlang dem Weg mit der längsten Eigenzeit bewegt; das zweite macht Aussagen darüber, wie sich Uhren in Schwerkraftsfeldern verhalten (und wird von van der Waerden nicht näher erläutert). Van der Waerden wies aber daraufhin, dass Newtons Gravitationsgesetz, das ‚durch die Erfahrung' begründet wurde, nun aus dem allgemeinen Relativitätsprinzip „(und einigen Hypothesen, die Einstein zusätzlich annahm)" folge.[299] Auch die einzig bekannte Abweichung von Newtons Gesetz, die Perihelbewegung

---

[295] van der Waerden (1921, S. 196). Dies kann als weiterer Hinweis darauf gesehen werden, dass van der Waerden Barraus Werke gut kannte.

[296] „is [...] door Einstein's Algemeen Relativiteitsprincipe de Natuurkunde gezuiverd van alle oordeelen over onwaarneembare, niet-meetbare, dus ongepaste onderwerpen" (van der Waerden, 1921, S. 199, Übersetzung MS).

[297] Zur Relativitätstheorie und logischem Empirismus, insbesondere Schlicks Auffassung siehe Hentschel (1990, Kap. 4.7). Vgl. auch Engler (2007).

[298] „Of het wel geheel juist is, dat al onze uitwendige waarneming ten slotte berust op waarnemingen van tijdruimtelijke samenvallen, lijkt mij niet principieel. Waar het betoog feitelijk op berust, is weer de stelling van Max Planck: Wat men meten kan, dat bestaat. Ik wil in het midden laten of dit een houdbare stelling is en of dus het betoog geheel juist is. Toch voelt men, dat in het betoog een kern van waarheid ligt. Het geeft in ieder geval een juisten indruk van de groote bekoring en de waarde van de Algemeene Relativiteitstheorie." (van der Waerden, 1921, S. 199, Übersetzung MS).

[299] „Hierdoor blijkt dat de wet van Newton een noodzakelijk gevolg te zijn van het Allgemeene Relativiteitsprincipe (en van de enkele hypothesen die Einstein verder aanam)." (van der Waerden,

des Merkur, könne mithilfe der allgemeinen Relativitätstheorie befriedigend erklärt werden.

Van der Waerden überzeichnete hier die experimentelle Bestätigung der allgemeinen Relativitätstheorie. Experimentalphysikern waren damals durchaus noch nicht zufrieden. Sie forderten weitergehende, verfeinerte und modifizierte Experimente. Gerade Anhänger des logischen Empirismus, u. a. Schlick, neigten dazu, die experimentelle Bestätigung überzubetonen.[300] Van der Waerdens emphatisches Schlussplädoyer für die Allgemeine Relativitätstheorie steht dem in nichts nach:

> „So erweist sich, dass die allgemeine Relativitätstheorie nicht nur im Stande ist, die Krümmung von Lichtstrahlen durch das Feld von der Sonne vorherzusagen, sondern auch das, bis jetzt lose neben den Naturwissenschaften hängende, Gesetz von Newton in seiner Notwendigkeit aufzuzeigen und außerdem die einzig wahrgenommene Abweichung vollständig zu erklären. Und dies alles wird erreicht durch eine schöne, abgerundete und befriedigende Theorie, ruhend auf erhabenen, harmonischen Grundlagen."[301]

Als weiterführende Literatur empfahl van der Waerden als beste populärwissenschaftliche Abhandlung Einsteins *Über die spezielle und allgemeine Relativitätstheorie*, als philosophisch anspruchsvoller und stilistisch komplizierter Schlicks *Raum und Zeit in der gegenwärtigen Physik* und für die spezielle Relativitätstheorie *Das Einsteinsche Relativitätsprinzip* von Pflüger.[302] Den mathematisch geschulten Lesern verwies van der Waerden an erster Stelle auf Hermann Weyls *Raum Zeit Materie*[303] und ansonsten auf die Originalarbeiten von Lorentz, Einstein, Minkowski, Frank und Rothe.[304]

Van der Waerden gelang es in dem Artikel, die Grundzüge der Relativitätstheorie allgemeinverständlich und anschaulich darzustellen. Dabei berührte er viele Aspekte: Er bettete die Relativitätstheorie in den physikalisch-theoretischen Kontext ihrer Entstehung ein. Er klärte die Rolle der Grundprinzipien/Axiome. Er behandelte die Limesrelation zwischen allgemeiner und spezieller Relativitätstheorie. Er exemplifizierte eine Bewegung auf Geodäten (Weg mit der längsten Eigenzeit). Er ging sowohl auf die relativen, als auch auf die invarianten Konzepte der Relativitätstheorie

---

1921, S. 201, Übersetzung MS). An dieser Stelle verschwieg van der Waerden den empirischen Anteil bei der Konstruktion der allgemeinen Relativitätstheorie, nämlich dass die zusätzlichen metrischen Annahmen gerade so gewählt worden waren, damit Newtons Gravitationsgesetz gültig blieb.

[300] Vgl. Hentschel (1990, S. 383-385).

[301] „Zoo blijkt de Algemeene Relativiteitstheorie niet alleen in staat om de kromming van lichtstralen door het veld van de zon te voorspellen, maar ook om de, tot nu toe los naast de Natuurkunde hangende, wet van Newton in zijn noodzakelijkheid te laten zien, en bovendien de eenige waargenomen afwijking volledig te verklaren. En dit alles wordt bereikt door een mooie, afgeronde en bevredigende theorie, rustend op verheven, harmonische grondslagen." (van der Waerden, 1921, S. 201, Übersetzung MS).

[302] Einstein (1920); Schlick (1920); Pflüger (1920).

[303] Weyl (1918, in der Auflage von 1919). Es ist unklar, ob van der Waerden die 2. unveränderte Auflage oder die dritte geänderte, die beide 1919 erschienen, meinte.

[304] Vgl. van der Waerden (1921, S. 204). Damit umfassen van der Waerdens Empfehlungen – um Hentschels Terminologie (vgl. Fußnote 270 auf Seite 80) aufzugreifen – Primär-, Sekundär- (Einstein, 1920) und Tertiärliteratur (Pflüger, 1920).

ein, ohne eines der beiden überzubetonen. Er berührte philosophische Fragestellungen und er nahm Bezug auf die empirische Basis der Relativitätstheorien. Die Leserschaft des *De socialistische gids* wurde damit umfassend über die Relativitätstheorien informiert.[305] Woher hatte van der Waerden dieses Wissen? Wie bereits in Abschn. 4.2.1 erwähnt, hatte van der Waerden die Möglichkeit an diesbezüglichen Vorlesung von van der Waals jr. und Mannoury teilzunehmen. Es ist auch anzunehmen, dass van der Waerden die Vorlesungen zur Relativitätstheorie durch Eigenstudien ergänzte. Dabei griff er offensichtlich auf Primär-, Sekundär- und Tertiärliteratur zurück und besuchte auch öffentliche Vorträge, wie den von Ehrenfest.

Van der Waerdens Artikel ging höchstwahrscheinlich weit über den Inhalt von Ehrenfests ‚Aulavortrag' hinaus. Das zeigt allein seine Länge. Darüber hinaus kann man davon ausgehen, dass van der Waerden anlässlich des Vortrags und seiner partiellen Zusammenfassung mit Paul Ehrenfest bereits während seines Studiums in Kontakt trat. Diese Bekanntschaft vertiefte sich im Laufe der Jahre so, dass der Physiker Coster 1928, als es um die Berufung van der Waerdens nach Groningen ging, Ehrenfest bat, Einfluss auf van der Waerdens Entscheidung zu nehmen – was dieser dann auch umgehend versuchte.[306]

## 4.3 Promotion und Habilitation (1924–1928)

Nach der Abschlussprüfung in Amsterdam im Oktober 1924 studierte van der Waerden an der Universität Göttingen. Ein Auslandsstudium war in dieser Zeit für einen niederländischen Doctorandus der Mathematik durchaus nicht unüblich.[307] In Göttingen lernte van der Waerden in dem Kreis um den Mathematiker Richard Courant seiner Meinung nach erst richtig die mathematische Physik kennen. Er promovierte 1926 in Amsterdam, ging für ein Jahr nach Hamburg, habilitierte sich 1927 in Göttingen und wurde anschließend außerordentlicher Assistent bei Richard Courant.

### 4.3.1 Studium in Göttingen 1924/25 – „a new world opened up"

Van der Waerden verbrachte das Wintersemester 1924/25 und das Sommersemester 1925 am Mathematischen Institut der Georg-August-Universität zu Göttingen.[308] Damit gehörte er mit zu den ersten ausländischen Studenten der Mathematik in Göttingen nach dem ersten Weltkrieg. Sein Vater finanzierte das erste Halbjahr[309], danach erhielt van der Waerden ein siebenmonatiges Stipendium vom International

---

[305] Es bleibt die Frage, inwiefern die Leser van der Waerdens Ausführungen folgen konnten.

[306] Vgl. Abschn. 5.1.

[307] Johannes van der Corput etwa ging für ein halbes Jahr 1920 nach Göttingen, um bei Edmund Landau zu studieren (de Bruijn, 1977).

[308] UAG, Math. Nat. Pers. 8.1.

[309] Dold-Samplonius (1994, S. 133).

Education Board, mit dem er von Mai bis Juli 1925 dort weiterstudieren konnte. Dieses Stipendium nutzte er auch für ein Studium an der Universität Hamburg im Sommersemester 1926.[310] Als Forschungsprojekt gab van der Waerden die Beziehung zwischen Invariantentheorie und Gruppentheorie an.[311]

Laut Reid (1979, S. 139 f.) war das Göttingen der Nachkriegsjahre nach dem ersten Weltkrieg in Courants Erinnerung

> „ein Paradies, in dem der Unterschied zwischen ‚angewandter' und ‚reiner' Mathematik nicht existierte, ein Ort, an dem „die Mathematiker, abstrakte Mathematiker, und *mehr konkrete* Mathematiker und Physiker einen intensiven und sehr häufigen Ideenaustausch pflegten – und einander auch verstehen konnten [...]"[312]

Göttingen war also nicht nur wegen seiner Kapazitäten in der Mathematik (Felix Klein, David Hilbert, Emmy Noether, u. a.) und in der Physik (Max Born, James Franck, u. a.) der Fachwelt ein Begriff, sondern auch aufgrund der dort gelebten Interdisziplinarität. Die neue Quantenmechanik, die stark durch abstrakte mathematische Konzepte bestimmt war, wurde, wie in Kap. 2 dargestellt, von Physikern und Mathematikern in Göttingen entscheidend mitentwickelt und ausgebaut. Nicht nur die Professoren tauschten sich aus, sondern auch die Nachwuchswissenschaftler, wie beispielsweise Jordan, von Neumann und Wigner.[313] Eine solch enge Zusammenarbeit zwischen Mathematikern und Physikern sowie zwischen Mathematikern verschiedener Teilgebiete untereinander stellte damals eine Ausnahme dar –

---

[310] Van der Waerden an H. Kneser, 14.5.1925, NSUB, Cod. Ms. H. Kneser A 92. Nach van der Waerdens Erinnerung ging ein Rockefeller-Stipendium auf die Anregung Emmy Noethers zurück, wurde aber von Richard Courant beantragt. Das Stipendium habe ihm ermöglicht ein Semester in Göttingen und ein weiteres Semester in Hamburg zu studieren (Dold-Samplonius, 1994, S. 134). Dies ist nur teilweise richtig. Aus (RAC, IEBvdW) geht hervor, dass van der Waerden ein siebenmonatiges IEB-Stipendium – auf Vorschlag von Brouwer und Emmy Noether – beantragte. Hilbert und Courant schrieben dafür ein Gutachten über van der Waerden. Die ersten drei Monate (Mai bis Juli 1925) studierte er auf eigenen Wunsch bei Emmy Noether in Göttingen, drei weitere Monate (Mai bis Juli 1926) studierte er in Absprache mit Brouwer in Hamburg. Die Idee, das Studium in Absprache mit Brouwer an einem anderen Ort als Göttingen fortzuführen, scheint auf Augustus Trowbridge (und Brouwer) zurückzugehen, der die Gefahr sah, dass das Mathematische Institut Göttingen durch Auslandsstudierende seinen Anspruch auf eine herausragende Stellung in der deutschen Forschungslandschaft festigte (Gesprächs-Memo von Trowbridge mit Brouwer, 6.3.1925, RAC, IEBvdW; Trowbridge an W. Rose, 20.4.1925, RAC, IEBvdW). Zum Einfluss der Rockefeller Foundation auf die Internationalisierung der Mathematik vgl. Siegmund-Schultze (2001).

[311] Personal History Record, RAC, IEBvdW.

[312] Zitat von R. Courant. Zu Göttingen im ersten Drittel des 20. Jahrhunderts allgemein vgl. Reid (1970, 1979), Rowe (1989b, 2004), Sigurdsson (1994), zur mathematisch-physikalischen Tradition Majer (2001), zur Quantenmechanik in Göttingen Lacki (2000); Stöltzner (2001), speziell zu deren Etablierung durch die Wissenschaftspolitik Hilberts und Kleins Schirrmacher (2002, 2003b), zu Hilberts physikalischen Beiträgen Corry (1995, 1996a, 1997b, 1999, 1998, 2004), Corry u. a. (1997), Mehra und Rechenberg (1982–2000, Bd. 1,1 (Kap. III.1, III.2); Bd. 6,1 Kap. III.2), Renn und Stachel (1999), Rowe (1999, 2001), Sauer (1999), Walter (1999). Vgl. auch van der Waerden (1983, 1997(1979)).

[313] Wenn auch ein Partner des Teams (von Neumann) in Berlin angesiedelt war und Göttingen ‚nur' besuchte, so unterstreicht dies die Attraktivität Göttingens zusätzlich.

nicht nur innerhalb Deutschlands.[314] Dies war im Wesentlichen ein Ergebnis einer ausgeklügelten, über Jahrzehnte betriebenen Wissenschaftspolitik von Felix Klein, David Hilbert und Hermann Minkowski. Diese Mathematiker waren von einer ‚prästabilierten Harmonie' zwischen Mathematik und Physik überzeugt: Einerseits sah man Mathematik als den Schlüssel für das Verständnis der Natur – die Gesetze der Physik sollten mathematisch sein; andererseits profitierte die Mathematik von den Problemen, die ihr aus den Naturwissenschaften zugetragen wurden.

Hilbert formulierte diese Überzeugung auf dem Internationalen Mathematiker Kongress in Paris 1900 wie folgt:

> „Welch' wichtiger Lebensnerv aber würde der Mathematik abgeschnitten durch die Exstirpation der Geometrie und der mathematischen Physik? Ich [Hilbert] meine im Gegenteil, wo immer von erkenntnistheoretischer Seite oder in der Geometrie oder aus den Theorien der Naturwissenschaft mathematische Begriffe auftauchen, erwächst der Mathematik die Aufgabe, die diesen Begriffen zu Grunde liegenden Principien zu erforschen und dieselben durch ein einfaches und vollständiges System von Axiomen derart festzulegen, daß die Schärfe der neuen Begriffe und ihre Verwendbarkeit zur Deduktion den alten arithmetischen Begriffen in keiner Hinsicht nachsteht."[315]

Die Axiomatisierung der Physik hatte für Hilbert einen großen Stellenwert. Sie war aber unter Physikern nicht unumstritten.[316] Das hatte physikalische wie auch fachpolitische Gründe. Denn damit eigneten sich letztendlich die Mathematiker die Zuständigkeit für die Physik an. Diese reklamierte Hilbert auch ganz offen in einem Vortrag 1917 in Zürich:

> „Ich [Hilbert] glaube: Alles, was Gegenstand des wissenschaftlichen Denkens überhaupt sein kann, verfällt, sobald es zur Bildung einer Theorie reif ist, der axiomatischen Methode und damit der Mathematik. Durch Vordringen zu immer tieferliegenden Schichten von Axiomen im vorhin dargelegten Sinne gewinnen wir auch in das Wesen des wissenschaftlichen Denkens selbst immer tiefere Einblicke und werden uns der Einheit unseres Wissens immer mehr bewußt. In dem Zeichen der axiomatischen Methode erscheint die Mathematik berufen zu einer führenden Rolle in der Wissenschaft überhaupt."[317]

---

[314] In dem mathematischen Zentrum Berlin wurde aufgrund einer neohumanistischen Sichtweise auf die Wissenschaft allein die reine Mathematik geschätzt.

[315] Hilbert (1900, S. 258 f.).

[316] Max Born, ein ehemaliger Schüler Hilberts, hielt die axiomatische Methode in abgeschwächter Form als durchaus nützlich für die Physik: „Der Physiker geht darauf aus, zu erforschen, wie die Dinge in der Natur sind; Experiment und Theorie sind ihm dabei nur Mittel zum Zweck, und im Bewußtsein der unendlichen Kompliziertheit des Geschehens, die ihm bei jedem Experiment entgegentritt, wehrt er sich dagegen, irgendeine Theorie als endgültig anzusehen. Darum verabscheut er das Wort ‚Axiom', dem im gewöhnlichen Sprachgebrauch der Sinn der endgültigen Wahrheit anhaftet, in dem gesunden Empfinden, daß Dogmatismus der schlimmste Feind der Naturwissenschaft sei. Der Mathematiker aber hat nicht mit Tatsachen des Geschehens, sondern mit logischen Zusammenhängen zu tun, und in *Hilberts* Sprache bedeutet axiomatische Behandlung einer Disziplin keineswegs die endgültige Aufstellung bestimmter Axiome als ewige Wahrheiten, sondern die methodische Forderung: Nenne deine Voraussetzungen am Anfang deiner Überlegung, halte dich daran und untersuche, ob diese Voraussetzungen nicht zum Teil überflüssig sind oder gar einander widersprechen." (Born, 1922, zitiert nach Born (1963), Bd. 2, S. 591).

[317] Hilbert (1917, S. 415).

Für ein solches Verhalten der Göttinger Mathematiker hatte sich in Göttingen der Neologismus 'Nostrifizierung' eingebürgert. Charakteristisch für eine Nostrifizierung sind zwei Gesichtspunkte: Zum einen die Inanspruchnahme der professionellen Zuständigkeit für ein Gebiet, zum anderen das Nichtzitieren von relevanter Literatur außerhalb des Göttinger Kreises. Die Nostrifizierung betraf nicht nur die Physik, sondern auch Teilgebiete der Mathematik.[318] Nicht alle Mathematiker in Göttingen nostrifizierten und man unterschied dort zwischen bewusster Nostrifikation (wie im obigen Zitat Hilberts), unbewusster Nostrifikation und Selbstnostrifikation.[319] Was in der heutigen Wissenschaftskultur zurecht als „(disziplinärer) Imperialismus"[320] bezeichnet werden kann, hatte unter den damaligen Umständen noch nicht so negative Auswirkungen auf den Ruf und die Karriere der (nichtzitierten) Kollegen.[321] Deshalb wird von anderen (u. a. Rowe, Corry) der Begriff der „Aneignung (appropriation)", der auch näher am Nostrifizierungsbegriff liegt, für dieses Göttinger Verhalten für historisch angemessener gehalten. Rowe und Corry stellen den Nostrifizierungsbegriff in Zusammenhang mit der starken Konkurrenz unter (jungen) Mathematikern in Göttingen und der dortigen mündlichen Kultur innerhalb der Mathematik.[322] Corry weist darauf hin, dass mit dem Nostrifizierungsbegriff eine Aneigung und Umgestaltung von Wissen verbunden war, in welche „the peculiar style of creating and developing scientific ideas in Göttingen, and not least because of the pervasive influence of Hilbert", eingeschrieben war, und man daher zu kurz greift, wenn man diesen auf „the misappropriation of merits that belong to others" reduziert.[323]

Im ersten Drittel des 20. Jahrhunderts förderten Hilbert und Klein die Kooperation zwischen den Disziplinen Mathematik und Physik auf mannigfache Weise.[324] Sie publizierten und hielten Vorlesungen zu den neusten physikalischen Gebieten, wie Relativitätstheorie und Quantenphysik. Sie nahmen Einfluss auf Personalentscheidungen in der Physik in Göttingen. Sie förderten die Physik finanziell zum Teil durch Umwidmung von Geldern der Mathematik. Beispielsweise hatte Hilbert seit 1912 eine zweite Assistentenstelle, die meist mit einem Physiker, z. B. Wigner 1927/28, besetzt wurde, außerdem wurden Vorträge und Vorlesungen zur

---

[318] Beispielsweise, warf Garrett Birkhoff Emmy Noether rückblickend vor, dass sie die Beiträge britischer und amerikanischer Algebraiker zur Entstehung der modernen Algebra nicht gewürdigt hatte: „This seems like an example of German 'nostrification': reformulating other people's best ideas with increased sharpness and generality, and from then on citing the local reformulation" (zitiert nach Renn und Stachel, 1999, S. 8). Indirekt wird der Vorwurf der Nostrifikation auch in der J. D. Tamarkins Rezension der zweiten Auflage der *Methoden der mathematischen Physik* von Courant und Hilbert sichtbar. Dort wies Tamarkin ausdrücklich darauf hin, dass die bibliographischen Angaben „a little more complete" (Tamarkin, 1932, S. 21) als in der ersten Ausgabe seien, um dann auf noch bestehende Lücken zu verweisen.

[319] Letzteres meinte eine scheinbare Neuentdeckung eines Resultats, das der Entdecker bereits zuvor publiziert hatte, vgl. Reid (1979, S. 141 f.).

[320] Pyenson (1982, 1983); Schirrmacher (2003b).

[321] Darauf macht Rowe (2004) aufmerksam.

[322] Rowe (2004, S. 97-101).

[323] Corry (2004, Abschn. 9.2, Zitate: S. 419, 406).

[324] Schirrmacher (2002, 2003b).

Physik aus Geldern des Wolfkehlpreises finanziert. Dies alles bewirkte im ersten Drittel des 20. Jahrhunderts einen fundamentalen Wandel in der Göttinger theoretischen Physik: Der experimentell-phänomenologische Ansatz um 1900 war um 1925 weitestgehend einer spekulativen, stark mathematisierten Betrachtungsweise gewichen.[325] Dies manifestierte sich spätestens mit der Ernennung von James Franck und Max Born zu Professoren 1921. Durch die Ernennung des Experimentalphysikers Robert Pohl zum Nachfolger von Eduard Riecke 1915 erhielt Göttingen einen an der Atomstruktur arbeitenden Experten, dessen experimentelle Präzision allseits geschätzt war.[326] Damit war die Göttinger Physik (und Mathematik) bestens auf die neue Quantenmechanik vorbereitet, zu der sie auch grundlegende Beiträge leistete. Der Erfolg des Göttinger Modells führte dazu, dass es vielfach nachgeahmt wurde.[327]

Für van der Waerden war das Auslandsjahr in Göttingen in vielerlei Hinsicht wertvoll:

„When I [van der Waerden] came to Göttingen in 1924, a new world opened up before me."[328]

Das Mathematische Institut in Göttingen war damals – im Gegensatz zu Amsterdam – ein pulsierendes wissenschaftliches Zentrum. Van der Waerden lernte dort viele berühmte Mathematiker kennen und solche, die es werden sollten. Er kam in Kontakt mit Emmy Noethers moderner Algebra, die er begeistert aufnahm und weiterentwickelte. Er wurde mit den neusten Entwicklungen in der Topologie bekannt, u. a. im Austausch mit Hellmuth Kneser.[329] Und er nutzte die Möglichkeit, sich dort in die mathematische Physik zu vertiefen.

### 4.3.1.1 Studium der Mathematik

Als van der Waerden nach Göttingen kam, hielten am Mathematischen Institut Heinrich Behmann, Paul Bernays, Richard Courant, David Hilbert, Felix Klein, Hellmuth Kneser, Edmund Landau, Emmy Noether, Alexander Ostrowski, Carl Runge und Alwin Walther Vorlesungen bzw. Seminare. Van der Waerden studierte hauptsächlich bei Emmy Noether, die ihm von Brouwer empfohlen worden war. Die erste Vorlesung, die van der Waerden bei Noether hörte, war zur ‚Gruppentheorie' (Wintersemester 1924/25). Dies war ganz im Sinne seines Forschungsprojekts, das er

---

[325] „A closer look at physics in Göttingen in the first quarter of the 20th century reveals a rather drastic reorganization of a research program from one that was initially grounded in an experimentally guided phenomenological approach to one that was more speculative and strongly mathematical." (Schirrmacher, 2003a, S. 4).

[326] Riecke war der Quantenmechanik eher skeptisch gegenübergestanden. Vgl. Schirrmacher (2002, S. 298-303).

[327] Es war beispielsweise auch Vorbild für das nach dem zweiten Weltkrieg gegründete „Mathematisch Centrum" in Amsterdam, an dem van der Waerden arbeitete. Vgl. Abschn. 17.3.

[328] van der Waerden (1975b, S. 32).

[329] van der Waerden (1997(1979), S. 21).

bei der Beantragung seines Stipendium angegeben hatte. Er diskutierte mit ihr im Anschluss an die Vorlesung seine Fragen zu den Grundlagen der abzählenden Geo- metrie. Noether verwies van der Waerden dabei auf bereits entwickelte algebrai- sche Konzepte, die er zur Beantwortung seiner Fragen heranziehen konnte. Die zu- gehörige Literatur studierte van der Waerden im Lesezimmer des Mathematischen Instituts, das er sehr schätzte.[330] Das Studium der Algebra bei Emmy Noether be- einflusste van der Waerden nachhaltig. Die ersten Resultate daraus waren einige Veröffentlichungen und seine Promotion 1926. Mittelfristig ist das wegweisende zweibändige Werk *Moderne Algebra,* das eine Wendemarke in der Entwicklung der Algebra darstellt, zu nennen und langfristig seine Publikationen zur algebraischen Geometrie.

Wie Rowe (1999) aufzeigte, war auch Emmy Noether an der mathematischen Physik interessiert und leistete grundlegende Beiträge zur Relativitätstheorie.[331] Paul Alexandroff betonte in seinem Nachruf auf Emmy Nother, dass sie eine en- ge Verbindung zwischen Mathematik und der realen Welt fühlte:

> „Emmy Noether deeply felt connection between all great mathematics, even the most ab- stract, and the real world; even if she did not think this through philosophically, she intuited it with all of her being as a great scientist and as a lively person who was not at all impriso- ned in abstract schemes. For Emmy Noether mathematics was always knowledge of reality and not a game of symbols."[332]

Emmy Noether war also auch in Hinblick auf ihre Haltung zur Physik eine geeig- nete Mentorin für van der Waerden. Sie betreute sogar eine Promovendin in Physik: Grete Hermann, die in Göttingen und Freiburg Mathematik, Physik und Philosophie studierte.[333]

Neben der Algebra und algebraischer Geometrie beschäftigte sich van der Waer- den auch mit Topologie, Logik und algebraischer Zahlentheorie. Er hatte Kontakt mit Kneser, Ostrowski, Landau und Hilbert.[334] Bei letzterem besuchte er auch Vor- lesungen. Van der Waerden trat 1925 in die Deutsche Mathematiker-Vereinigung (DMV) ein.

---

[330] Vgl. van der Waerden (1975b, S. 32 f.), van der Waerden (1997(1979), S. 23 f.). Zur sozialen Funktion des Lesezimmers als Ort des Austausches vgl. Rowe (2004, S. 96 f.).

[331] Zur Rezeption dieser Arbeiten vgl. Kastrup (1987, S. 140 ff.).

[332] Zitiert nach Rowe (1999, S. 194).

[333] Henry-Hermann befasste sich in den 1930er Jahren mit der Quantenmechanik und reiste für ein Jahr nach Leipzig, um mit Werner Heisenberg und Carl-Friedrich von Weizsäcker die philosophi- schen Implikationen der Quantenmechanik zu diskutieren, vgl. Hermann (1935) und den Aufsatz „Grete Henry-Hermanns Beiträge zur Philosophie der Physik" von L. Soler und A. Schnell in (Miller und Müller, 2001, S. 16-27), sowie Heisenberg (1975).

[334] van der Waerden (1975b, S. 37 f.), van der Waerden (1997(1979), S. 22), Dold-Samplonius (1994, S. 134).

### 4.3.1.2 Studium der mathematischen Physik

Van der Waerden erhielt für das Studium in Göttingen ein Empfehlungsschreiben von Brouwer, das an den Privatdozenten Hellmuth Kneser gerichtet war.[335] Kneser hatte bei Hilbert zur Quantentheorie 1921 promoviert und war von 1920 bis 1924 Assistent von Richard Courant.[336] Über Kneser kam van der Waerden in Kontakt mit Courant und dessen weiteren Schülern Kurt Otto Friedrichs und Hans Lewy. Schon bald gehörte er zum engen Kreis der Schüler um Courant, zu dem etwas später auch Otto Neugebauer und Franz Rellich zählten. Courant, ein Hilbert-Schüler, war seit 1920 in Göttingen Professor als Nachfolger von Erich Hecke. Er beschäftigte sich u. a. intensiv mit mathematischer Physik.[337] Für van der Waerden bedeuteten diese Kontakte den Einstieg in die mathematische Physik. Er hörte dazu eine Vorlesung bei Courant und studierte Fachbücher:

> „Ein anderes sehr wichtiges Gebiet, das ich [van der Waerden] damals in Göttingen erst gelernt habe, war die mathematische Physik, d. h. die Gesamtheit der Methoden, die die Physiker dauernd brauchen. Die Potentialtheorie, die Theorie der Wärmeleitung, die Lösung der Wellengleichungen, Laplace-Transformationen, Fourier-Transformationen usw., kurz all das[,] was in dem bekannten Buch von Courant-Hilbert so meisterhaft dargestellt ist. Von alledem hatte ich, als ich in Amsterdam mein Studium abschloß, noch keine Ahnung; gelernt habe ich es erst in Göttingen aus dem Buch von Courant-Hilbert, dessen erster Band gerade herausgekommen war, als ich nach Göttingen kam, ferner aus der Vorlesung von Courant, und vor allem aus Gesprächen mit Courants Schülern Levy [sic!], Friedrichs und später Rellich, und aus dem Studium der Arbeiten von Levy und Friedrichs in den Mathematischen Annalen."[338]

Das im Zitat erwähnte Lehrbuch *Methoden der mathematischen Physik*[339] von Courant und Hilbert ging auf eine Vorlesung Hilberts von 1918 zurück und wurde aber von Courant allein geschrieben. Zunächst schätzten dieses Lehrbuch besonders Mathematiker, weil es bekannte physikalische Theorien (Elastizität, Akustik, Hydrodynamik, u. a.) in eleganter mathematischer Form darstellte und die Techniken und Methoden, die im Kreis um Hilbert seit 1900 zur Anwendung kamen[340], festhielt. Auf viele Physiker dagegen schien es zunächst altmodisch zu wirken, weil nur die klassischen Themen behandelt wurden und nicht die beiden modernen Theorien Relativitätstheorie und Quantenphysik.[341] Diese Einschätzung änderte sich jedoch schlagartig mit der Entwicklung der neuen Quantenmechanik 1925/26. Denn damit war das Kapitel zur Schwingungslehre, das Eigenwerte und Eigenfunktionen von partiellen Differentialgleichungen einführte, und das Arbeiten mit Operatoren hochaktuell.

---

[335] van der Waerden (1997(1979), S. 21), Soifer (2009, S. 375).

[336] Corry (2004, S. 458), Reid (1979, S. 100).

[337] Zu Courant siehe Reid (1979).

[338] van der Waerden (1997(1979), S. 22).

[339] Courant und Hilbert (1924).

[340] Rowe (2004, S. 92).

[341] Vgl. die Bemerkungen in Reid (1979, S. 114 ff.).

Der Erfolg des Buches führte zu einer verbesserten zweiten Auflage 1931, in der den Bedürfnissen der Quantenmechanik Rechnung getragen wurde.[342] Der Physiker Friedrich Hund beschrieb in einer Rezension der zweiten Auflage die zentrale Stellung des Buches in der Entwicklung der Quantenmechanik wie folgt:

„Dieser Abschnitt der Physik [des Besinnens der Quantentheorie auf ihre Grundlagen, MS] wurde nun gerade in den Jahren nach Erscheinen der 1. Auflage des vorliegenden Bandes mit erstaunlicher Schnelligkeit überwunden. Und seitdem werden gerade in der Quantentheorie (sei es bei den Methoden, die *Schrödinger* einführte, sei es bei der Benutzung von Matrizen und Operatoren) die Methoden, die dieses Buch behandelt, ausgiebig benutzt. Die rasche Entwicklung dieses neuesten Zweiges der theoretischen Physik wäre nicht möglich gewesen, wenn die mathematischen Methoden nicht bereitgelegen hätten und Mathematiker auf ihre Wichtigkeit hingewiesen hätten. Es gibt sicher manchen theoretischen Physiker, dem die aktive oder rezeptive Teilnahme an der genannten Entwicklung möglich wurde durch Hilbertsche oder Courantsche Vorlesungen oder durch das vorliegende Buch."[343]

Durch die Lektüre von Courant/Hilbert hatte van der Waerden also nicht nur Kenntnis von (dem Göttinger Stil) der mathematischen Physik erhalten, sondern er war auch mathematisch bestens auf die im Entstehen begriffene neue Quantenmechanik vorbereitet.

Courant hielt während van der Waerdens Aufenthalt in Göttingen mehrere Vorlesungen zur mathematischen Physik: Mathematische Methoden der Wellenausbreitung (Wintersemester 1924/25), Mechanik, Ausgewählte Kapitel der Variationsrechnung (Sommersemester 1925) – alles Themen der ‚klassischen‘ Physik. Van der Waerden besuchte (mindestens) eine dieser Vorlesung; es ist jedoch nicht bekannt welche. Courants Vorlesungen galten als schlecht vorbereitet, voller technischer Details, die jedoch mit ansteckender Leichtigkeit dargeboten wurden, und sie galten als nicht stringent, da der Ansatz häufig gewechselt wurde.[344] Neben Courant lernte van der Waerden in diesem Jahr auch Carl Runge kennen, der seit 1904 das deutschlandweit erste Ordinariat für angewandte Mathematik in Göttingen innehatte und den er schätzte.[345]

Vortrag zur mathematischen Physik

Van der Waerden hielt im Juli 1925 einen Seminarvortrag zum Thema „Dichteschwankungen der Luft".[346] Er stellte darin eine einfache wahrscheinlichkeitstheo-

---

[342] Es wurden hermitesche Matrizen, unitäre Transformationen, komplexwertige Funktionen, die Schrödingersche Differentialgleichung und gestörte Differentialgleichungen, sowie Probleme kontinuierlicher Spektren von Eigenwerten mitbehandelt.

[343] Hund (1931, Hervorhebung im Original).

[344] Vgl. Reid (1979, S. 108 f.).

[345] van der Waerden (1983, S. 4).

[346] NSUB, Cod. Ms. D. Hilbert 717, Seminarvortrag, 2.7.1925, handschriftlich, 9 Seiten. Siehe Abb. 4.2. In wessen Seminar dies geschah, ist unklar. Es könnte sich um einen Vortrag im Seminar über ausgewählte Probleme der mathematischen Literatur handeln, das von Hilbert und Courant donnerstags angeboten wurde, denn der zum Datum des Manuskripts gehörende Wochentag ist ein Donnerstag.

retische Methode vor, die mittlere (Luft-)Moleküldichte in einem festen Volumen und deren Schwankungsbreite (Varianz) zu berechnen. Das Ergebnis nutzte er, um die blaue Farbe des Himmels zu erklären. Dieses Problem hatte Hilbert bereits in einer Vorlesung zur Einheit in der Naturerkenntnis (Wintersemester 1923/24) erwähnt, die in Form einer Vorlesungsmitschrift in der Bibliothek des Mathematischen Instituts auch van der Waerden zugänglich war. Hilbert benutzte das Problem der blauen Himmelsfarbe als Beispiel für eine sogenannte Schwankungserscheinung, die neben der kinetischen Gastheorie, der statistischen Mechanik u. a. die Wichtigkeit der Wahrscheinlichkeitsrechnung für die theoretische Physik verdeutlichen sollte.[347]

Van der Waerden betrachtete dazu ein endliches Volumen $V$, in dem sich $N$ Moleküle befinden. Dann berechnete er als erstes den Erwartungswert $n_0 := \overline{n}$ für die Anzahl $n$ der Moleküle, die sich zu einem bestimmten Zeitpunkt in einem kleinen Teilvolumen $v$ aufhalten, und die Varianz $\mu^2 := \overline{(n - n_0)^2} = \overline{\delta^2}$ für $n = n_0 + \delta$. Dazu führte van der Waerden die Berechnung der Varianz auf die Berechnung von $\overline{n^2}$ zurück:

$$\mu^2 = \overline{\delta^2} = \overline{n^2} - n_0^2.$$

Hierbei geht ein, dass $\overline{\delta} = 0$ ist. Um $\overline{n}$ und $\overline{n^2}$ zu bestimmen, benutzte van der Waerden im dritten Abschnitt einen „Kunstgriff,“ der die übliche Vorgehensweise stark vereinfachte: Er ordnete dem $i$−ten Molekül eine Zufallsgröße $u_i$ $(1 \leq i \leq N)$ zu, die die Werte 1 oder 0 annehmen konnte je nachdem, ob sich das Molekül in dem Teilraum $v$ befand oder nicht. Dann gilt

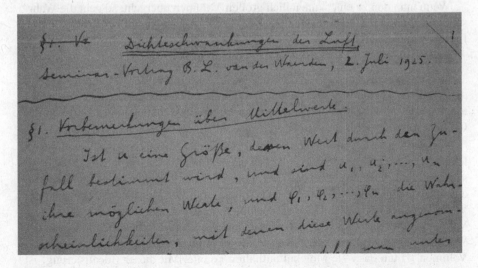

Abb. 4.2: Beginn einer Ausarbeitung eines Seminarvortrags zu den Dichteschwankungen der Luft von Bartel L. van der Waerden (Göttingen, 2. Juli 1925)

[347] Hilbert (1924, S. 169-172).

$$n = \sum_{i=1}^{N} u_i.$$

Sei $p := \frac{v}{V}$ die Wahrscheinlichkeit, dass sich ein Molekül in $v$ aufhält. Dann ist der Erwartungswert von $u_i$ gerade $p$, und ebenso der Erwartungswert von $u_i^2$. Damit konnte van der Waerden schließlich den Erwartungswert $n_0$ berechnen:

$$n_0 = \overline{n} = \overline{\sum_{i=1}^{N} u_i} = N \frac{v}{V}.$$

Um die Varianz zu bestimmen, bildete van der Waerden $\overline{n^2}$ mit Hilfe der neuen Zufallsgrößen:

$$\overline{n^2} = \overline{\left(\sum u_i\right)^2} = Np + \sum_{i \neq k} \overline{u_i u_k}.$$

Er nahm zunächst an, dass die Zufallsgrößen stochastisch unabhängig voneinander sind. Dann ist die Wahrscheinlichkeit, dass sich das $i$−te und das $k$−te Molekül in $v$ befinden, gerade $p^2$, also $\overline{u_i u_k} = p^2$. Damit folgte

$$\overline{n^2} = Np + N(N-1)p^2 = n^2 + Np(1-p)$$

und die Varianz ist

$$\mu^2 = \overline{\delta^2} = Np(1-p).$$

Wenn man nun zu einem unendlich großen Volumen übergeht, so geht die Wahrscheinlichkeit $p$ für das Antreffen eines Moleküls in $v$ gegen null. Also erhält man für die Varianz der Luft

$$\mu_L^2 = \overline{\delta^2} = Np = n_0.$$

Daraus folgerte van der Waerden im vierten Teil mit Hilfe der Dichte in $v$ und der mittleren Dichte in $v$ und weiterer wahrscheinlichkeitstheoretischer Betrachtungen, dass alle praktisch vorkommenden Dichteschwankungen der Luft von der Größenordnung $\frac{1}{\sqrt{n_0}}$ seien.

Van der Waerden verfeinerte nun dieses Modell: Er nahm an, dass sich die Moleküle nicht unabhängig voneinander bewegen, sondern sich, wenn sie sehr nah zusammen sind, abstoßen. Das bedeutet, dass die Zufallsgrößen $u_i$ nicht mehr stochastisch unabhängig voneinander sind. Um unter diesen Umständen die (bedingte) Wahrscheinlichkeit $p(k|i)$ dafür zu berechnen, dass sich das $k$−te Molekül in dem Volumen $v$ aufhält, wenn sich dort bereits das $i$−te Molekül befindet, ging van der Waerden davon aus, dass sich das $k$−te Molekül nicht in einer kleinen Kugel (mit Volumen $\beta$) um das $i$−te Molekül aufhalten konnte. Mit dieser ‚Idealisierung' ist die gesuchte Wahrscheinlichkeit $p(k|i)$ gerade

$$p(k|i) = \frac{v - \beta}{V - \beta},$$

bzw. annähernd

$$p(k|i) \approx \frac{v - \beta}{V}.$$

Damit ergibt sich $\overline{u_i u_k} = p\,p(k|i) = \frac{v}{V} \frac{v-\beta}{V} = p^2(1 - \frac{\beta}{v})$ und schließlich für die Varianz

$$\overline{\delta^2} = n_0 \frac{v - n_0\beta}{v}.$$

Die darin enthaltene Größe $n_0\beta$ brachte van der Waerden mit dem Van der Waalschen Gesetz in Zusammenhang: sie sei gerade das $b$, die Summe der Abstoßungsvolumina der Moleküle in $v$. Da aber $b$ in der Natur immer sehr klein gegenüber $v$ ist, so ist $\overline{\delta^2} = n_0$ eine gute Approximation.

Im Schlussteil erklärte van der Waerden das Zustandekommen der blauen Farbe des Himmels mit Hilfe des Lorentz-Lorenzenschen Gesetzes und der Energieformel von Raleigh. Außerdem diskutierte er daraus resultierende experimentelle Möglichkeiten, die Avogadrozahl zu bestimmen.

Aus dieser Zusammenfassung zu van der Waerdens physikalische Studien in Göttingen lassen sich folgende Thesen aufstellen: Van der Waerden lernte in dem Jahr mathematische Physik im Göttinger Stil kennen, die sich von der in Amsterdam gelehrten stark unterschied. Er beschäftigte sich in diesem Jahr intensiv mit mathematischer Physik, er studierte das gerade erschienene Lehrbuch *Methoden der mathematischen Physik* von Courant und Hilbert. Van der Waerden interessierte sich für mathematische Vereinfachungen von (bekannten) physikalischen Methoden. Er widmete sich anscheinend vorwiegend Themen der klassischen Physik.

## 4.3.2  Promotion in Amsterdam

Van der Waerden verließ Göttingen nach dem Sommersemester 1925 und kehrte in die Niederlande zurück.[348] In den Niederlanden verfasste er seine Doktorarbeit *De algebraiese grondslagen der meetkunde van het aantal* (Die algebraischen Grundlagen der abzählenden Geometrie).[349] Während dieser Zeit besuchten Emmy Noether und Paul Alexandroff die Niederlande.[350] In seiner Dissertationsschrift wandte van der Waerden die in Göttingen bei Noether erworbenen Kenntnisse der Algebra an, um einige Grundbegriffe der abzählenden Geometrie zu präzisieren. Er reichte diese in Amsterdam bei Hendrik de Vries ein und verteidigte sie am 24. März 1926.

Das bedeutet, dass van der Waerden höchstwahrscheinlich nicht in Göttingen war, als die neue Quantenmechanik von Juli 1925 bis März 1926 u. a. dort entwickelt wurde[351]. Stattdessen war er in den Niederlanden und arbeitete an seiner Promotion.

---

[348] Der genaue Zeitpunkt der Rückkehr in die Niederlande ist unklar.

[349] van der Waerden (1926).

[350] Alexandroff (1981).

[351] Mehra und Rechenberg (2000, Prologue).

Ob van der Waerden in dieser Zeit in Den Helder bei der Marine war, wie er sich später erinnerte, ist unklar.[352] Sein Aufenthalt in den Niederlanden könnte auch erklären, warum van der Waerden in seinen Erinnerungen an Göttingen, nie von der Entwicklung der Quantenmechanik berichtete, wohl aber von seinen Studien der klassischen mathematischen Physik.[353]

### 4.3.3 Hamburg 1926/7 – „herrlich, mathematisch gesprochen"

Nach seiner Promotion ging van der Waerden im Sommer 1926 nach Absprache mit Brouwer an die Universität Hamburg. Diesen knapp einjährigen Aufenthalt finanzierte er, seiner Erinnerung nach, mit dem 1925 bewilligten Stipendium des IEB[354] – möglicherweise von Mai bis Juli 1926; im Wintersemester 1926/27 trat er wahrscheinlich eine Assistentenstelle bei Wilhelm Blaschke an.[355] Zwischen den Mathematikern in Göttingen und Hamburg herrschte damals reger Austausch. Man besuchte sich gegenseitig für Vorträge.[356] Van der Waerden trat zu dieser Zeit bereits sehr selbstbewusst auf – wie seine pointierten Einschätzungen über Kollegen und mathematische Institute in einem Interview mit Wilbur Tisdale zeigen.[357]

Van der Waerden studierte in Hamburg Algebra und algebraische Zahlentheorie bei Erich Hecke, Emil Artin und Otto Schreier. An seinen Freund van Dantzig schrieb van der Waerden im Juli 1926 begeistert:

---

[352] Van der Waerden behauptete dies in Dold-Samplonius (1994, S. 134). van Dalen (2005b, S. 520) berichtet, ohne Angabe näherer Quellen und Zeitdaten, von einem Besuch von de Vries bei van der Waerden während dessen Zeit beim Militär. In einem Gutachten von Hilbert und Courant über van der Waerden für ein IEB-Stipendium im Januar 1925 (RAC, IEBvdW) und in seinem Lebenslauf für seine Habilitation 1927 (UAG, Math. Nat. Pers. 8.2, Personalakte PD v.d. Waerden) steht übereinstimmend, dass van der Waerden 1923/24 beim Militär gewesen sei. Nachforschungen der Verfasserin beim niederländischen Ministerium der Verteidigung und dem Niederländischen Institut für Militärgeschichte waren ergebnislos: es liege keine Information zu van der Waerdens Wehrpflicht vor. Allerdings bestätigt ein Brief von Brouwer an Trowbridge vom 27.1.1926 (RAC, IEBvdW), dass van der Waerden zu diesem Zeitpunkt „at home" studierte. Hierzu vgl. auch Brouwer an Trowbridge, 28.2.1926, (RAC, IEBvdW).

[353] van der Waerden (1975b, S. 38), van der Waerden (1997(1979), S. 22).

[354] Vgl. Fußnote 310 auf Seite 90.

[355] Die Quellenlage zu van der Waerdens Zeit in Hamburg ist verwirrend, insbesondere in Hinblick auf van der Waerdens Position, vgl. Soifer (2009, Abschn. 36.4).

[356] Beispielsweise hielt van der Waerden einen Vortrag zu ‚Algebraische Funktionen von mehreren Veränderlichen' am 22. Juni 1926 in Göttingen (Jber. DMV 1926), Hilbert hielt Ende der Sommersemester 1926 und 1927 eine Vorlesung zu den Grundzügen bzw. den Grundfragen der Mathematik (Vorlesungsverzeichnis Universität Hamburg). Ich danke Uta Hartmann für ihre Kurzrecherche in Hamburg.

[357] Tisdale selbst bemerkte dazu: „While he [van der Waerden] is young, he has very clear and definite opinions – perhaps too much so." Außerdem hielt er fest, dass van der Waerden stammelte (Interview zwischen Tisdale und van der Waerden, 15.1.1927, IEBvdW).

„Es ist hier [in Hamburg, MS] herrlich, mathematisch gesprochen. Von Artin und auch von Schreier hab ich [van der Waerden] viel: wir diskutieren fast jeden Mittag über das eine oder andere Problem."[358]

Van der Waerden war dabei, als Artin und Schreier die „reellen Körper" einführten.[359] In Hamburg waren zu dieser Zeit in der Mathematik außerdem noch der außerplanmäßige außerordentliche Professor Paul Riebesell (für Versicherungsmathematik und -statistik), sowie die Privatdozenten Heinrich Behnke und Gerhard Thomsen angestellt. Darüber hinaus kamen im Sommersemester 1926 als Gastdozenten Hilbert und der Geometer Enrico Bompiani aus Bologna.[360]

Abb. 4.3: Bartel Leendert van der Waerden (1. von rechts) im Ratsweinkeller in Hamburg (1927). Emil Artin (3. von links), Gustav Herglotz (4. von links), Kurt Reidemeister (5. von links), Otto Schreier (5. von rechts), Wilhelm Blaschke (4. von rechts), Heinrich Behnke (3. von rechts), Hendrik Kloosterman (2. von rechts).

Im Sommersemester 1926 hörte van der Waerden eine Vorlesung zur Algebra von Emil Artin, im Wintersemester 1926/27 gab er zusammen mit Artin, Blaschke und Schreier ein Seminar zur Idealtheorie.[361]. Die Vorlesung sollte er, nach Courants

---

[358] „'t Is hier heerlik, mathematies gesprooken. Aan Artin en ook aan Schreier heb 'k veel: wij diskussiëren haast elke middag over een of ander probleem." (van der Waerden an van Dantzig, 22.7.1926, RANH, van Dantzig)

[359] van der Waerden (1975b, S. 38). Ein Körper heißt formal-reell, wenn in ihm $-1$ nicht als Quadratsumme darstellbar ist, vgl. Kap. X in (van der Waerden, 1930).

[360] Bompiani hielt eine Vorlesung (insgesamt sechs Stunden) zu ausgewählten Fragen der mehrdimensionalen Geometrie (Vorlesungsverzeichnis Universität Hamburg).

[361] Vgl. van der Waerden (1930, S. 2). Im Vorlesungsverzeichnis der Universität Hamburg ist kein Seminar zur Idealtheorie aufgeführt. Es handelt sich dabei wahrscheinlich um das zweistündige

Idee, zusammen mit Artin zu einem Buch zur Algebra ausarbeiten, das in der gelben Springer-Reihe erscheinen sollte. Der als wissenschaftlicher Berater des Springer-Verlags tätige Courant hatte diese Idee, nachdem Artin allein mit dem Schreiben des Buches nicht vorwärts kam.[362] Artins Vorlesung bildete die Grundlage für das zweibändige Lehrbuch *Moderne Algebra*, mit dessen Ausarbeitung van der Waerden bereits Ende 1926 begann. Das Werk erschien jedoch erst 1930/31 und unter der alleinigen Autorenschaft von van der Waerden, wenn auch Artins Anteil an der Entstehung klar herausgestrichen wurde.[363] Zusammen mit Artin publizierte van der Waerden einen Artikel zu endlichen Körpererweiterungen.[364]

In Artins Algebra Vorlesung saß auch der Physiker Wolfgang Pauli, der zu dieser Zeit in Hamburg Assistent bei Wilhelm Lenz war, bevor er 1928 nach Zürich wechselte.[365] Pauli erwähnte auch die Anwesenheit von van der Waerden in dieser Vorlesung. Es ist daher anzunehmen, dass sich Pauli und van der Waerden dort kennenlernten.[366] Pauli las im Wintersemester 1926/27 eine vierstündige Vorlesung zur allgemeinen Relativitätstheorie.

Im September 1926 hielt van der Waerden einen Vortrag zu seinem Habilitationsthema „Über die algebraische Behandlung abzählender Probleme, insbesondere den Satz von Bézout" auf der DMV-Jahrestagung in Düsseldorf. Im Anschluss daran fand dort der Deutsche Mathematiker- und Physikertag statt. Unter der Leitung von Albert Einstein trugen dort u. a. Werner Heisenberg zur quantentheoretischen Mechanik und Courant zu partiellen Differentialgleichungen vor.[367] Es ist sehr wahrscheinlich, dass van der Waerden an dieser Sitzung ebenfalls teilnahm.

---

„Vortragsseminar zur Algebra" von Artin, Blaschke und Schreier, in dem van der Waerden als Blaschkes Assistent mitarbeitete. Van der Waerden wurde im Vorlesungs- und Personalverzeichnis der Universität Hamburg nicht aufgeführt.

[362] Remmert (2008, S. 183).

[363] van der Waerden (1975b, S. 38). Soifer (2009, Abschn. 36.5) zeigt auf, dass van der Waerden Ende 1926 Courant berichtete, dass Artin für das gemeinsame Buch sehr wenig schreibt. Im August 1927 – so Remmert und Soifer übereinstimmend – zog sich Artin von dem Buchprojekt zurück.

[364] Artin und van der Waerden (1926). Dieser Artikel ist in der Bibliographie von Top und Walling (1994) nicht aufgeführt.

[365] Zu Lenz vgl. Reich (2011).

[366] von Meyenn (1989, S. 114). Pauli datierte in seinem Brief an Weyl (1955) Artins Vorlesung auf das Wintersemester 1927/28. Damals las Artin „Ausgewählte Kapitel der höheren Algebra" (Vorlesungsverzeichnis Universität Hamburg). Wenn Paulis Zeitangabe stimmt, dann fuhr van der Waerden zweimal die Woche für je eine Stunde von Göttingen nach Hamburg. Wahrscheinlicher ist daher, dass die von Pauli erwähnte Vorlesung während van der Waerdens Zeit in Hamburg, also zwischen Sommer 1926 und Frühjahr 1927 stattfand. In diesem Fall hätten die dort vermittelten Kenntnisse und Methoden in Paulis Arbeit zum Spin (Pauli, 1927) Eingang finden können.

[367] Vgl. Jahresbericht der DMV 1927.

## 4.3.4 Habilitation in Göttingen und Assistenz bei Courant 1927/28

Van der Waerden habilitierte sich am 26. Februar 1927 in Göttingen mit der Arbeit *Der verallgemeinerte Satz von Bézout*.[368] Er kehrte nach Göttingen zurück und arbeitete dort von Mai 1927 bis September 1928 als außerplanmäßiger Assistent bei Courant.[369] Als Privatdozent hielt er nun Vorlesungen zur Geometrie, Algebra und algebraischer Zahlentheorie.[370]

Weiterhin arbeitete van der Waerden mit Noether zusammen. Im Wintersemester 1927/28 besuchte van der Waerden bei Emmy Noether die Vorlesung über Hyperkomplexen Zahlen und Gruppencharaktere, die van der Waerden bereits drei Jahre zuvor, im Wintersemester 1924/25, in anderer Form gehört hatte. Eine von Noether verbesserte Mitschrift van der Waerdens wurde anschließend als Arbeit zur Darstellungstheorie der Gruppen und hyperkomplexen Zahlen (Algebren) von Noether publiziert.[371] Sie gehört durch ihren modernen, strukturellen Ansatz zu den Meilensteinen in der Darstellungstheorie der Algebren.

Van der Waerden beschäftigte sich in dieser Zeit auch mit Topologie. Er hatte die Möglichkeit, mit Paul Alexandroff zu diskutieren, der im Sommer 1927 in Göttingen war. Es ging dabei um die Axiomatisierung der mengentheoretischen Topologie und die Einführung von Grundbegriffen der algebraischen Topologie. Außerdem hielt Heinz Hopf Gastvorträge zu Brouwers topologischen Arbeiten. Van der Waerdens Auseinandersetzung mit der Topologie mündete schließlich in einem gemeinsamen Artikel mit van Dantzig[372].

In dieser Zeit lernte van der Waerden auch den Assistenten Otto Neugebauer kennen, der sich mit Geschichte der vorgriechischen und griechischen Mathematik beschäftigte.[373] Außerdem kam van der Waerden in Kontakt mit dem Schweizer Johann Jakob Burckhardt, der den Sommer 1928 in Göttingen verbrachte. Dieser besuchte bei Emmy Noether die Vorlesungen zur nicht-kommutativen Algebra.[374]

Darüber hinaus beschäftigte sich van der Waerden weiterhin mit mathematischer Physik im vertrauten Kreis um Richard Courant. Lewy, Friedrichs, Courant und van der Waerden pflegten einen lockeren Umgangston miteinander. Sie diskutier-

---

[368] van der Waerden (1928b).

[369] UAG, Kur 4 V k 14 h, Bl. 147, 173, 180.

[370] Analytische Geometrie II, Allgemeine Idealtheorie (WS 1927/28), Grundlagen der projektiven Geometrie, Vorbereitung zur Theorie der algebraischen Zahlen, Algebraische Zahlen (SS 1928) – wahrscheinlich auch Analytische Geometrie I (SS 1927), die im Vorlesungsverzeichnis als „N.N." angekündigt ist.

[371] Noether (1929). Vgl. van der Waerden (1975b, S. 37).

[372] van Dantzig und van der Waerden (1928). Vgl. van der Waerden (1997(1979), S. 21).

[373] Van der Waerden erinnerte sich, eine Vorlesung über Geschichte der griechischen Mathematik bei Neugebauer besucht zu haben. Dies könnte sowohl im Sommersemester 1928 im Rahmen eines Kolloquiums zur antiken Mathematik als auch im Sommersemester 1929 – als van der Waerden eine Gastprofessur in Göttingen inne hatte – gewesen sein. Desweiteren meinte van der Waerden, dass bereits Hendrik de Vries sein Interesse für die Geschichte der Mathematik weckte. (Dold-Samplonius, 1994, S. 143).

[374] Frei und Stammbach (1994, S. 27 f.). Die dort ebenfalls erwähnte Vorlesung zur nicht-kommutativen Arithmetik fand erst im Sommersemester 1929 statt.

ten zuweilen sehr heftig über den Aufbau und die Formulierung von Artikeln, wie ein 1929 gedrehter Film zeigt.[375] Van der Waerden half Courant, Lewy und Friedrichs beim Korrekturlesen ihrer Arbeit zur numerischen Mathematik. Er zeigte sich tief beeindruckt, als er ihre Arbeit „Über die partiellen Differenzengleichungen der mathematischen Physik" Korrektur las, die im September 1927 bei den *Mathematischen Annalen* eingereicht wurde.[376] Van der Waerden erzählte noch im Sommer 1971 Constance Reid „voller Begeisterung über den lebhaften Eindruck, den die Arbeit über die *Existenz* und *Eindeutigkeit* der Lösungen partieller Differentialgleichungen in elliptischen, hyperbolischen und parabolischen Fällen damals auf ihn [van der Waerden] gemacht hatte". Van der Waerden hatte, bevor er nach Göttingen kam, „einem Ingenieur Privat-Stunden gegeben, der etwas über partielle Differentialgleichungen erfahren wollte. Sein Ziel war, eine Gleichung, die sich auf die Wärmeleitung in einem Zylinder bezog, lösen zu können. ,Ich [van der Waerden] hatte seinetwegen ein schlechtes Gewissen, weil ich sein Geld angenommen hatte, ohne daß er bei mir etwas Nützliches gelernt hatte. Deshalb war ich, als ich nach Göttingen kam, auf diesem Gebiet viel unvoreingenommener. Es hat mir mein ganzes Leben lang zum Vorteil gereicht', fügte er hinzu, ,daß ich in jenem Moment jene Arbeit gelesen habe.'"[377] Diese Episode zeigt neben van der Waerdens Begeisterung für die mathematische Physik, dass er bereits damals – wenn auch vielleicht nicht allzu erfolgreich – seine Mathematikkenntnisse in den Dienst eines konkreten Problems aus der Ingenieurspraxis stellte.

Die 1925/26 entstandene Quantenmechanik wurde inzwischen weiterentwickelt. Neben David Hilbert und Max Born arbeiteten in Göttingen auch die Assistenten Eugen Wigner, Friedrich Hund, Pascual Jordan und Lothar Nordheim an ihrer theoretischen Fundierung mit, wie in den Abschnitten 2.2 und 3.2 beschrieben.[378] Auch John von Neumann, den van der Waerden kannte und schätzte, kam regelmäßig nach Göttingen. Für die mathematische Fundierung der Quantenmechanik war von Neumanns Ende Mai 1927 dort gehaltener Vortrag zur Eigenwerttheorie symmetrischer Operatoren grundlegend. Diese Fragestellung ergab sich direkt aus der neuen Quantenmechanik.[379] Wigner, von Neumann, Heitler und Witmer erarbeiteten in dieser Zeit Methoden, um mit Hilfe der Darstellungstheorie Atom- und Molekülspektren qualitativ zu beschreiben – das Thema, zu dem van der Waerden 1932 eine Monographie publizierte. Van der Waerden hat diese Forschungen Wigners und von Neumanns wahrscheinlich zeitnah wahrgenommen.[380] Aufgrund des engen Austauschs

---

[375] Der Film zeigt, wie je drei von ihnen wild gestikulierend über Papieren an einem Tisch im Garten sitzen, der vierte filmt. Die Szene ist gestellt, aber wohl der Wirklichkeit nachempfunden. Yvonne Dold-Samplonius will diesen Film als Teil eines Videos über Göttingen der 1920er und beginnenden 1930er Jahre verwenden. Ich danke ihr für die Filmvorführung.

[376] Courant u. a. (1928).

[377] (Reid, 1979, S. 138, Hervorhebungen im Original).

[378] Vgl. auch Abschn. 14.1.2.

[379] Vgl. *Jahresbericht der Deutschen Mathematiker-Vereinigung* 1928.

[380] Darauf deutet die folgende Bemerkung hin: „Es gab die Anwendung der Gruppentheorie auf die Quantenmechanik, die wurde damals von John von Neumann und Wigner gemacht. Darüber hat Hermann Weyl dann ein Buch geschrieben [...]" (Dold-Samplonius, 1994, S. 137).

zwischen Mathematikern und Physikern in Göttingen ist anzunehmen, dass van der Waerden spätestens ab Sommer 1927 die aktuellen Forschungen zur Quantenmechanik verfolgte.[381]

Als eines der Zentren der quantenmechanischen Forschung war Göttingen äußerst attraktiv für auswärtige Wissenschaftler. So bot sich den Göttinger Physikern und Mathematikern auch die Gelegenheit, mit einigen führenden auswärtigen Forschern der Quantenmechanik ins Gespräch zu kommen und mit ihnen deren aktuelle Forschungsergebnisse zu diskutieren: Neben den bereits erwähnten Bohr-Festspielen verbrachte Dirac im Sommer 1928 einige Wochen in Göttingen, nachdem er während der Leipziger Woche im Juni 1928 die bahnbrechende relativistische Gleichung für das Elektron, die nach ihm benannte Diracgleichung, vorgestellt hatte.[382] Die Diracgleichung bildete den Ausgangspunkt für die Entwicklung des Spinorkalküls durch van der Waerden.[383] Auch junge Forschende, wie etwa der niederländische Physikstudent Hendrik B. G. Casimir, kamen für Gastaufenthalte nach Göttingen.[384]

---

[381] In einem Brief an Weyl nennt von Neumann einen von van der Waerden Anfang 1928 aufgestellten Zusammenhang für Operatoren, den von Neumann direkt in den Kontext der Quantenmechanik stellt (Von Neumann an Weyl, 30.6.1928, ETHZH, Nachlass Weyl, HS 91:679). Aus diesem Zusammenhang leitete er einen Einwand gegen ein Vorgehen in Weyls *Gruppentheorie und Quantenmechanik* ab.

[382] Kragh (1990, S. 67). Vgl. Abschn. 2.2.

[383] Vgl. Kap. 7.

[384] Casimir (1982, S. 699).

# Teil II
# Van der Waerdens Einstieg in die
# Quantenmechanik in Groningen

Mit dem 1929 publizierten Artikel zur Spinoranalyse manifestierte sich erstmals van der Waerdens Interesse für die Quantenmechanik.[385] Van der Waerden positionierte sich damit in einem Kreis von Mathematikern, die die Entwicklung der Quantenmechanik durch eigene Forschungsbeiträge (mathematisch) begleiteten und vorantrieben. Zu diesen Mathematikern gehörten u. a. Weyl, von Neumann, Hilbert, Schouten und Veblen. Wie kam es, dass van der Waerden sein Wissen in den Bereich der Quantenmechanik einbrachte, dass er einen dem Tensorkalkül nachempfundenen Kalkül entwickelte, der den Physikern den Umgang mit relativistischen Wellengleichungen erleichtern sollte? Ergänzend zu den im vorangehenden Kapitel vorgelegten Hinweisen auf van der Waerdens Interesse und Engagement für mathematische Physik wird in den ersten beiden Kapiteln dieses Teils dargestellt, wie sehr das niederländische wissenschaftliche Umfeld, in dem sich van der Waerden während seiner Professur in Groningen bewegte, zur Entstehung und zum Gegenstand dieser Arbeit beigetragen hat (Kap. 5 und 6). Eine Schlüsselrolle spielte dabei der Leidener Physiker Ehrenfest. Er war es, der van der Waerden um die Ausarbeitung eines Spinorkalküls bat.

Der Spinorkalkül selbst ist Gegenstand des Kapitels 7. Er beruht, mathematisch gesehen, auf einer Verbindung von Ergebnissen aus der Darstellungstheorie und aus der Invariantentheorie. Er ermöglicht einen einfachen schematischen Umgang mit den „zweideutigen" Darstellungen, den sogenannten Spindarstellungen, welche in der Quantenmechanik 1927 für die Drehungsgruppe und 1928 für die (eigentliche orthochrone) Lorentzgruppe implizit auftauchten.[386] Van der Waerden kannte sich, wie bereits dargestellt wurde, in den beiden genannten mathematischen Gebieten sehr gut aus. In diesem Kapitel wird u. a. den folgenden Fragen nachgegangen: Inwiefern und auf welche Weise gingen diese Kenntnisse in seine Arbeit ein? Wieviel Mathematik-Kenntnisse setzte van der Waerden bei seinen Lesern voraus? Die Analyse des Artikels zum Spinorkalkül zeigt van der Waerdens Bemühen um eine einfache Darstellung – einfach, weil van der Waerdens Darstellung mit möglichst wenigen (für Physiker neuen) mathematischen Konzepten auskam, weil sie die Handhabung des Kalküls in den Vordergrund stellte und weil sie den physikalischen Kontext berücksichtigte. Van der Waerden stellte für die Physiker einen Kalkül, also in Ehrenfests Worten einen „Rechenmechanismus", zusammen, mit denen die betreffenden darstellungstheoretischen Objekte der Physik einfach zu verwenden wären und damit handhabbarer wurden.[387] In dem letzten Abschnitt des Kapitels (7.5) wird die Rezeption des Spinorkalküls skizziert. Da der Spinorkalkül auch Gegenstand der zwei weiteren frühen quantenmechanischen Arbeiten van der Waerdens ist, geht es an dieser Stelle in erster Linie um die Aufnahme im niederländischen Entstehungskontext der Arbeit. Eine umfassendere Analyse der Rezeption des Spinorkalküls wird im Abschnitt 15.4 gegeben.

---

[385] van der Waerden (1929).

[386] Pauli (1927); Dirac (1928a). Vgl. Abschn. 2.2.2.

[387] Ehrenfest an Epstein, 20.10.1929, MB, ESC 4, S.1, 21. Ich danke Marijn Hollestelle, die mich auf diesen Brief aufmerksam machte.

# Kapitel 5
# Van der Waerden als Professor in Groningen (1928–1931)

Van der Waerden trat seine erste Professur in Groningen im Oktober 1928 an.[388] Er war dort bis April 1931 Ordinarius für Geometrie. Im Folgenden wird seine Berufung und sein Wirken in Groningen dargestellt. Bemerkenswert für die vorliegende Untersuchung sind dabei vor allem zwei Facetten: Die beiden Physiker Coster und Ehrenfest setzten sich für die Berufung van der Waerdens nach Groningen ein; die Groninger Antrittsrede zeigte van der Waerden als einen offenen, undogmatischen und hilfsbereiten Mathematiker.

## 5.1 Berufung nach Groningen

Van der Waerden hatte bereits mit 25 Jahren einen guten Namen in der mathematischen Fachwelt. Er erhielt 1928 jeweils einen Ruf nach Rostock und Groningen – und war auch für eine Professur in Breslau im Gespräch. In Rostock war ein Extraordinariat zu besetzen, in Groningen die Nachfolge des Ordinarius für Geometrie Barrau zu regeln, der nach Utrecht wechselte. Die Groninger Fakultät für Mathematik und Naturwissenschaften hatte Anfang Juli van der Waerden auf den ersten Platz der Berufungsliste gesetzt vor J. A. Schouten, Professor an der Technischen Hochschule Delft, und G. Schaake, Privatdozent in Amsterdam. Sie drängte auf eine schnelle Entscheidung der Kuratoren, weil sie wusste, dass auch Angebote aus Rostock und Breslau an van der Waerden ergangen waren.[389] Aus diesem Grund bat der Groninger Physikprofessor Coster seinen ehemaligen Lehrer Paul Ehrenfest auch, van der Waerden „zu Gunsten von Groningen und den Niederlanden überhaupt zu beeinflussen."[390] Daraufhin schrieb Ehrenfest umgehend an van der Waerden. Er erkundigte sich, unter welchen Bedingungen van der Waerden Groningen den an-

---

[388] Einen Überblick zur Mathematik und Mathematikern in den Niederlanden bieten Alberts u. a. (1999), Bertin u. a. (1978a,b, 1920–1940).

[389] GA, archief nr. 46, inv. nr. 624; RuGA.

[390] „... kun je [Ehrenfest] hem [van der Waerden] te gunste van Groningen en Nederland überhaupt beïnvloeden." Coster an Ehrenfest, 12.7.1928, MB, ESC 3, S.1, 1.

M.R. Schneider, *Zwischen zwei Disziplinen*, Mathematik im Kontext,
DOI 10.1007/978-3-642-21825-5_5, © Springer-Verlag Berlin Heidelberg 2011

deren Angeboten vorzöge, lobte die jungen Kollegen in Groningen, insbesondere den Physiker Coster, und das dortige Potential für Veränderungen. Van der Waerden antwortete, dass er die Position in Groningen der in Rostock vorzöge, sofern man seinen Wünschen in Groningen entgegenkäme – die Stelle in Breslau wäre schon mit Radon besetzt.[391] Die Intervention Ehrenfests in den Berufungsprozess belegt, dass sich van der Waerden und Ehrenfest zu diesem Zeitpunkt bereits besser kannten. Van der Waerden lehnte Anfang August den Ruf nach Rostock ab, am 8. August 1928 erfolgte durch die Königin die Ernennung van der Waerdens zum Professor für elementare Mathematik, analytische, darstellende und höhere Geometrie an der Rijksuniversiteit Groningen.[392] Im Oktober 1928 trat er seine neue Stelle an.

Van der Waerden hielt seine Antrittsrede in Groningen am 6. Oktober 1928. Er wählte als Thema „De strijd om de abstraktie" (Der Streit um die Abstraktion).[393] Van der Waerden beschrieb darin zwei, wie er es nannte, verschiedene Denkweisen in der Mathematik, die letztlich auf verschiedene Temperamente zurückzuführen seien: zum einen die Denkweise der ‚Abstrakisten', zum anderen die der ‚Konkretisten'. Den Abstrakisten ginge es um Systematisierung, Einordnung, Verallgemeinerung und Analogisieren von Ergebnissen, sie wollten ‚begreifen'. Die Konkretisten strebten nach unentdeckten Wahrheiten, sie wollten ‚wissen'. Beide Denkweisen ließen sich nicht klar auseinander halten, dennoch gab van der Waerden Beispiele aus der Geschichte der Mathematik, die die Unterscheidung verdeutlichen sollten. Van der Waerdens Beispiele legen nahe, dass je eine der beiden Richtungen für einen längeren Zeitraum bestimmend war. Momentan würden jedoch beide Strömungen gleichzeitig hervortreten. Van der Waerden nannte Hilbert als einen herausragenden Vertreter der Abstrakisten, und als Vertreter der Konkretisten nannte er (mit Einschränkung) Edmund Landau und Eduard Study.

Das Ideal der Abstrakisten würde zur damaligen Zeit besonders in den folgenden Disziplinen erreicht bzw. angestrebt: in der projektiven Geometrie, in der modernen Algebra, in der Analysis und in der Topologie. Die Topologie sei beispielhaft dafür, dass zuerst das abstrakte Fundament gelegt würde und dann erst, unter aktiver Mithilfe von Konkretisten, Spezialuntersuchungen und Konstruktionen durchgeführt würden. Meistens sei es jedoch so, dass die konkrete Phase der abstrakten vorausgehen müsse. Auch wenn van der Waerdens Sympathien bei der abstrakten Richtung lägen, so seien beide Richtungen notwendig für die Entwicklung der Mathematik: „Ziel der Mathematik ist nun einmal nicht Wissen allein und nicht Begreifen allein, sondern beides."[394]

Diese Rede schürte nicht die zu dieser Zeit schwelende, innermathematische Auseinandersetzung zwischen Formalisten und Konstruktivisten – welche sich in van der Waerdens Beschreibung von Abstrakisten und Konkretisten (cum grano

---

[391] Ehrenfest an van der Waerden, 13.7.1928, MB, ESC 10, S.6, 213; Van der Waerden an Ehrenfest 20.7.1928, MB, ESC 10, S.6, 214.

[392] GA, Curatoren II, inventarisnummer 13, Bl. 495; RuGA.

[393] van der Waerden (1928a).

[394] „Doel der wiskundige onderzoeking is nu eenmaal niet alleen weten en niet alleen begrijpen, maar beide." (van der Waerden, 1928a, S. 13, Übersetzung MS).

Dr. B. L. VAN DER WAERDEN, die benoemd is tot hoogleraar in de faculteit der Wis- en Natuurkunde van de Rijks Universiteit te Groningen om onderwijs te geven in de elementaire wiskunde, de analytische, beschrijvende en hoogere meetkunde.

Abb. 5.1: Bartel Leendert van der Waerden in Groningen (1928)

salis) durchaus wiederfinden konnten. Sie hätte integrierend wirken können. Van der Waerden verstand es, die Balance zu halten und beide Strömungen als notwendig für die Mathematik zu sehen. Insofern war er dem Standpunkt E. Noethers und Courants näher als dem Hilbertschen.

Die Begriffsbildung ‚Abstrakisten vs. Konkretisten,‘ schließt sich, leicht abgewandelt, an die von Courant in einem Vortrag über die allgemeine Bedeutung des mathematischen Denkens im September 1927 gebrauchte an.[395] Dort warnte Courant vor einer „auf fortschreitende Abstraktion zielende Tendenz" und fuhr fort:

> „Das vom harten Stoff der Wirklichkeit unbeschwerte Gedankenspiel der reinen Abstraktion übt auf viele Gemüter einen unwiderstehlichen Zwang aus und läßt zuweilen vergessen, daß letzthin alle Mathematik mehr oder weniger unmittelbar aus dem Konkreten herausgewachsen ist und die Verbindung mit dem konkreten Stoffe des Lebens nicht verlieren darf, wenn die Wissenschaft als Ganzes in einem solchen Entwicklungsprozeß nicht zu reiner lebensferner Form erstarren will."[396]

---

[395] Courant (1928). Vgl. auch Zitat S. 90.

[396] Courant (1928, S. 93 f.). Ich danke Birgit Bergmann, die mich auf diese Stelle aufmerksam machte.

Auch wenn Courants Äußerungen im Zusammenhang mit der Etablierung der angewandten Mathematik zu sehen sind und van der Waerden auf eine andere innermathematische Unterscheidung abzielte – das Begriffspaar also gewissermaßen verschob, so sind die Parallelen frappierend.

Zum Abschluss der Antrittsrede wandte sich van der Waerden an die Studierenden. Er hoffe, ihnen als Freund zur Seite stehen zu können, der ihnen bei ihren Schwierigkeiten stets helfe. Sein Aufenthalt in Göttingen habe ihn für diese Aufgabe gut vorbereitet: „Das wird mir [van der Waerden] nicht schwer fallen, erfüllt wie ich bin von dem ungezwungenen Zusammenarbeiten und dem angenehmen Einvernehmen, welche die Kennzeichen von dem wissenschaftlichen Zentrum waren, woher ich zu Ihnen komme."[397] Dies zeigt, dass van der Waerden den lockeren Umgangsstil, den Noether und auch Courant mit einigen ihrer Studierenden in Göttingen pflegten, so sehr schätzte, dass er ihn in Groningen zur Regel machen wollte.[398]

Die Antrittsrede enthält einige Aspekte, welche in der Entwicklung des Spinorkalküls zum Tragen kommen: Die Wertschätzung und Kenntnis der Arbeit der Konkretisten durch van der Waerden zeigt sich im Spinorkalkül, der wesentlich auf invariantentheoretischen Ergebnissen von August Weiß, einem Schüler von Study, beruht. Mit der freundschaftlichen Hilfe, die van der Waerden seinen Studierenden anbot, konnten auch seine Kollegen rechnen.[399] Im Fall des Spinorkalküls erfüllte er eine Bitte des Physikers Ehrenfest. Der Spinorkalkül stellt eine neue Notationsform dar mit dem Ziel, den Physikern den Umgang mit der Darstellungstheorie zu erleichtern. Insofern zeigt sich hier auch eine undogmatische, pragmatische Haltung van der Waerdens in Bezug auf die Mathematik, insbesondere gegenüber den neuen Konzepten der modernen Algebra. In den folgenden Kapiteln wird diesen Zusammenhängen nachgegangen.

## 5.2 Zur Mathematik und Physik in Groningen

Die Groninger Universität hatte zu dieser Zeit zwei Ordinariate für Mathematik. Van der Waerdens Kollege Johannes van der Corput[400] vertrat die Analysis. Er forschte zur analytischen Zahlentheorie, insbesondere zur asymptotischen Entwicklung.

---

[397] „Dit zal mij niet moeilik vallen, vervuld als ik ben van de ongedwongen samenwerking én prettige verstandhouding, die de kenmerken waren van het wetenschappelik centrum, waarvandaan ik tot U kom." (van der Waerden, 1928a, S. 16, Übersetzung MS).

[398] Diese Göttinger Erfahrung van der Waerdens steht im Widerspruch zu der von Corry (2004) und Rowe (2004) als durch Konkurrenz beschriebenen Atmosphäre (vgl. S. 91 f). Allerdings weisen beide darauf hin, dass es Ausnahmen gab, u. a. Noether.

[399] Diese Hilfsbereitschaft war anscheinend ein Wesenszug van der Waerdens. Wie Yvonne Dold-Samplonius der Verfasserin mündlich mitteilte, schob van der Waerden in seiner Zeit als Professor in Zürich seinen Kollegen häufig kleine Zettel zu, die Lösungen zu deren Fragen oder offenen Problemen enthielten.

[400] Zu van der Corput siehe de Bruijn (1977); zu seinen erfolgreichen Bemühungen nach dem zweiten Weltkrieg ein mathematisches Zentrum in den Niederlanden zu gründen siehe Alberts (1998).

Van der Waerden unterrichtete Geometrie. Er hielt Vorlesungen zur „Analytischen Geometrie anhand der Differentialtheorie von Kurven und Flächen höherer Ordnung" (WS 1928/29), „Analytischen Geometrie", „Theorie der Kurven und Flächen höherer Ordnung", zum „Variationskalkül" (WS 1929/30 bzw. SS 1930), zur „Analytischen Geometrie", „Darstellenden Geometrie, Theorie der Kurven und Flächen höherer Ordnung", „Euklidischen und Nicht-Euklidischen Geometrie" (WS 1930/31).[401]

Während der Zeit in Groningen arbeitete van der Waerden die beiden Bände zur modernen Algebra aus, die größtenteils auf den Vorlesungen Artins und Noethers beruhten.[402] Er gab eine axiomatische, abstrakte Einführung in die von Noether und Artin u. a. entwickelte, sogenannte moderne Algebra. Damit stellt die *Moderne Algebra* eine Wendemarke in der Geschichte der Algebra dar. Das Lehrbuch war sehr erfolgreich und auch einflussreich. Der Autorengruppe Nicolas Bourbaki galt dieses Buch bereits 1935 als Modell für ihr späteres Werk. Insbesondere versuchten sie die präzise Sprache und die sehr stringente Anordnung der Entwicklung von Ideen sowie der einzelnen Kapitel untereinander nachzuahmen.[403] Van der Waerden wurde durch dieses Buch weithin bekannt.

In Groningen betreute van der Waerden ab Januar 1930 die Dissertation seines Freundes David van Dantzig zur algebraischen Topologie. Van Dantzig wollte ursprünglich bei Brouwer in Amsterdam promovieren, überwarf sich aber im Juni 1929 mit diesem. Kurz bevor van der Waerden die Universität verließ, erlangte van Dantzig im März 1931 in Groningen den Doktortitel.[404] Van der Waerden empfahl van Dantzig auf Anfrage von Schouten als Lektor an der TH Delft im Februar 1932.[405] Die Besetzung dieses Lektorats mit van Dantzig wollte Brouwer verhindern. Er warf van Dantzig vor, dass dieser seine Dissertation nicht eigenständig erarbeitet habe und deren Ergebnisse nicht über Brouwers Resultat hinausgingen. Daraufhin verteidigte van der Waerden van Dantzigs Arbeit Kapitel um Kapitel gegen Brouwers Kritik und zeigte anhand seiner Korrespondenz mit van Dantzig auf, dass dieser eigenständig gearbeitet hatte.[406] Schlussendlich wurde van Dantzig als Privatdozent in Delft zugelassen. Die Topologie spielte nicht nur in van Dantzigs Dissertation eine Rolle, van der Waerden versuchte in Groningen auch topologische Betrachtungen für die algebaische Geometrie nutzbar zu machen, nachdem er sich in seiner eigenen Dissertation mit dem Schubert-Kalkül beschäftigt hatte.[407]

Van Dantzig publizierte ab Mitte der 1920er Jahre auch zur mathematischen Physik. Er arbeitete zunächst zur Relativitätstheorie, später zum Elektromagnetismus,

[401] Rijksuniversiteit Groningen (1964).

[402] van der Waerden (1930, 1931a). Zur Entstehungsgeschichte siehe van der Waerden (1975b); Remmert (2008); Soifer (2009). Zur Bedeutung für die Entwicklung der modernen Algebra siehe Corry (1996b) und Schlote (2005).

[403] Dieudonné (1970, S. 136 f.).

[404] GA, archief nr. 49, inv.nr. 7.

[405] Van der Waerden an Schouten, 4.2.1932, CWI, WG, Schouten.

[406] Van der Waerden an Schouten 8.2.1932 und 22.4.1932, CWI, WG, Schouten. Damit ist das bei van Dalen (2005b, S. 686 f.) erwähnte Gerücht, das van der Waerden dementierte, belegt.

[407] Schappacher (2007).

zur Thermo- und zur Hydrodynamik. Im November 1928 korrespondierten van der Waerden und van Dantzig über Weyls *Gruppentheorie und Quantenmechanik*.[408] Dies geschah zu einem Zeitpunkt, als auch Ehrenfest sich mit diesbezüglichen Fragen an van der Waerden wandte. Gemeinsam mit Schouten entwickelte van Dantzig 1932 mit der sogenannten generellen Feldtheorie eine projektive Relativitätstheorie (siehe Abschn. 15.1). Van Dantzig hielt 1933 einen öffentlichen Vortrag in Amsterdam zur Bedeutung der Gruppentheorie für die Geometrie und die moderne Physik. Neben der Anwendung der Gruppentheorie in der speziellen und allgemeinen Relativitätstheorie ging er darin auch auf die gruppentheoretische Methode in der Quantenmechanik ein.[409] Er rezensierte außerdem van der Waerdens Buch zur gruppentheoretischen Methode in der Quantenmechanik und Infelds und van der Waerdens Aufsatz zum allgemein-relativistischen Spinorkalkül im *Zentralblatt für Mathematik und ihre Grenzgebiete*.[410]

Die Physik in Groningen wurde repräsentiert durch Dirk Coster, der seit 1924 eine Professur für Experimentalphysik innehatte, und Frits Zernike, der die theoretische Physik seit 1915 vertrat. Coster, der sich bereits in den Berufungsverhandlungen für van der Waerden eingesetzt hatte, und seine Assistenten waren Teil des im folgenden Kapitel ausführlich beschriebenen Netzwerks von Wissenschaftlern um Ehrenfest.[411] Er war Nachfolger von W. J. de Haas. Zusammen mit G. von Hevesy hatte er das Element Hafnium (Ordnungszahl 72) 1923 in Kopenhagen entdeckt mit Methoden, die er bei Mahne Siegbahn in Lund studiert hatte. Coster arbeitete zur Röntgenspektroskopie und setzte damit eine Groninger Tradition fort. Bis 1934 bildeten röntgenspektroskopische und vakuumspektroskopische Untersuchungen von Atomen und zweiatomigen Molekülen den Schwerpunkt der Experimentalphysik in Groningen. Neben Groningen wurden auch in Amsterdam (Zeeman) und Utrecht (Ornstein) spektroskopische Experimente durchgeführt.[412] Coster importierte einen Röntgenspektrographen, der die unter den holländischen Universitäten einzigartigen Studien von Röntgenspektren ermöglichte, und brachte frischen Wind in die Groninger Physik: Er installierte dort eine kleine, gut ausgestattete Präsenzbibliothek und ein regelmäßiges Kolloquium. Wie Ehrenfest und van der Waerden, wollte er mit den Studierenden lernen. Coster lud ausländische Forscher zu Vorträgen und Gastaufenthalten ein. Es gelang ihm, in Groningen 1928 einen Anbau für das Labor zu erhalten, in dem u. a. die Untersuchungen zu Bandenspektren, zu denen auch sein

---

[408] Vgl. RANH, van Dantzig.

[409] RANH, van Dantzig, 10.11.1933.

[410] van Dantzig (1932, 1934).

[411] Coster hatte nach einer Lehrerausbildung theoretische Physik bei Ehrenfest in Leiden studiert, war anschließend Assistent in Delft, wo er einen Abschluss als Ingenieur der Elektrotechnik erwarb. Im Anschluss daran ging er 1920 für zwei Jahre zu M. Siegbahn nach Lund und für ein Jahr zu N. Bohr nach Kopenhagen. Coster promovierte 1922 in Leiden bei Ehrenfest zu Röntgenspektren und der Atomphysik von Bohr. Bevor er nach Groningen berufen wurde, arbeitete er als Konservator im Teyler Museum in Haarlem. Zu Coster siehe Brinkman (1980); Gillispie (1970–1990); Kronig (1949).

[412] Heijmans (1994, Kap. III.9). Zur Experimentalphysik in Groningen siehe Brinkman (1980) und in den Niederlanden allgemein siehe Brinkman (1971).

Assistent Gerhard Heinrich Dieke forschte, möglich waren. Mit Coster und Dieke pflegte van der Waerden engen Kontakt.[413]

Dieke war seit Juli 1928 Assistent von Coster.[414] Er promovierte 1929 bei Ehrenfest in Leiden und erhielt im Februar 1930 eine Anstellung als ‚assistant professor' an der Johns Hopkins University in Baltimore. Nachfolger von Dieke wurde Ralph de Laer Kronig, ein Assistent von Kramers in Leiden und Spezialist auf dem Gebiet der quantenmechanischen Behandlung von Molekülen. Kronig war von 1930 bis 1931 Assistent, anschließend bis 1939 Lektor für theoretische Physik, insbesondere für Mechanik und Quantenmechanik in Groningen. Danach erhielt Kronig eine Berufung nach Delft.

Zernike war eigentlich Chemiker und kam erst durch seinen Vorgänger L. S. Ornstein in Kontakt mit der theoretischen Physik.[415] Auch wenn Zernike einen Lehrstuhl für theoretische Physik hatte, führte er umfangreiche experimentelle Forschungen durch. Für seine Entdeckung des Phasenkontrasts und die Entwicklung des Phasenkontrastmikroskops in den 1930er Jahren erhielt er den Nobelpreis. Zernike forschte meist allein oder mit nur einem Assistenten oder Promovenden. Er beschäftigte sich bis ca. 1930 mit statistischer Physik, anschließend mit Optik und der Optimierung des Phasenkontrastmikroskops. Er besaß – im Gegensatz zu Coster – eine eher introvertierte Persönlichkeit und einen ebensolchen Forschungsstil.

## Intermezzo: Gastdozent in Göttingen (Sommer 1929)

Im Juni 1929 ging van der Waerden für das restliche Sommersemester als Gastdozent nach Göttingen. Er hielt dort eine Vorlesung zu kontinuierlichen Gruppen.[416] Im ersten Teil der Vorlesung behandelte er topologische Gruppen, im zweiten Teil die Theorie von Lie. Van der Waerden konzentrierte sich im letzten Paragraphen (§14, des zweiten Teils) zur Darstellungstheorie auf die algebraischen Aspekte der Theorie und skizzierte nur kurz die analytische Vorgehensweise nach Weyl. Damit ging van der Waerden ähnlich vor wie Artin in seiner Hamburger Algebra-Vorle-

---

[413] Van der Waerden unternahm mit ihnen und dem japanischen Physiker und Gastwissenschaftler Nitta Pfingsten 1929 eine Kanutour durch Friesland (Dieke an Ehrenfest, 17.5.1929, MB, ESC 3, S.5.) – dies mag eine holländische Variante der Göttinger Spaziergänge auf dem Hainberg sein (zu letzteren vgl. Rowe, 2004, S. 90, 101 f.).

[414] Dieke wurde in Rheda (Deutschland) geboren, studierte Physik in Leiden, erhielt 1926 an der University of California einen PhD und ging an die Universität in Tokio, bevor er als Assistent in Groningen begann (Biographische Notiz http://www.library.jhu.edu/collections/specialcollections/manuscripts/msregisters/ms349.html, Stand April 2007). Dieke freute sich sehr über die bevorstehende Berufung van der Waerdens nach Groningen (Coster an Ehrenfest, 12.7.1928, MB, ESC 3, S.1, 1).

[415] Zu Zernike siehe Brinkman (1988); Gillispie (1970–1990).

[416] Diese ist unter dem Titel „Kontinuierliche Gruppen, Vorlesung Sommersemester 1929" in der Bibliothek des Mathematischen Instituts der Universität Göttingen als maschinenschriftliche Ausarbeitung zugänglich.

sung, allerdings nicht ganz so radikal.[417] Zusätzlich zur Vorlesung hielt van der Waerden im Juni und Juli eine Reihe von Vorträgen zur Algebra und Topologie in der Göttinger mathematischen Gesellschaft.[418] Dort wurden im Juni ebenfalls zwei Vorträge physikalischen Inhalts gehalten.[419] Emmy Noether las zu dieser Zeit über nichtkommutative Arithmetik.

Am Mathematischen Institut in Göttingen waren damals eine Reihe von (ausländischen) Gästen, darunter Wigner, Kerékjártó, Haar, P. Ehrenfest und seine Frau Tatjana Ehrenfest-Afanassjewa. Van der Waerden sprach in einen Brief an van Dantzig von einer „Leidener-Eindhovener Invasion".[420] Ehrenfest versuchte auch Casimir nach Göttingen zu holen, wahrscheinlich mit Erfolg.[421]

Van der Waerden lernte in Göttingen im Juli 1929 die Tirolerin Camilla Juliana Anna Rellich kennen, die Schwester des Mathematikers Franz Rellich. Im September heirateten sie in Graz. Im Juli 1930 wurde das erste von drei Kindern geboren.

---

[417] Siehe S. 102.

[418] Jahresbericht der DMV 1930.

[419] Prandtl/Tollmien: „Über die Enstehung der Turbulenz;" Rumer: „Zur Geometrie der Relativitätstheorie."

[420] Van der Waerden an van Dantzig, 18.6.1929, RANH, van Dantzig. Wahrscheinlich sind damit R. L. Krans, Florin, M. Rutgers van der Loef, G. Uhlenbeck, A. D. Fokker, A. J. Rutgers, E. R. van Kampen gemeint, vgl. Ehrenfest an Casimir, 2.7.1929, MB, ESC 2, S.8, 179.

[421] Ehrenfest an Casimir, 2.7.1929, MB, ESC 2, S.8, 179. Casimir erwähnte in der Literaturangabe seiner Dissertation (Casimir, 1931a, S. 109) van der Waerdens Vorlesung zu kontinuierlichen Gruppen.

# Kapitel 6
# Der Spinorkalkül als Auftragsarbeit für Ehrenfest

Die Kontakte mit Coster und Ehrenfest intensivierten sich, als van der Waerden die Professur in Groningen annahm. Ehrenfest wandte sich immer wieder mit Fragen an van der Waerden. Van der Waerden wurde so vorübergehend Teil eines losen Netzwerks um Ehrenfest. Die Akteure in diesem Netzwerk studierten auf Anregung Ehrenfests ab Sommer 1928 gruppentheoretische Methoden in der Quantenmechanik, insbesondere Wigners und Weyls Arbeiten. Ehrenfest organisierte dazu eine Reihe von Gastvorträgen, in der auch van der Waerden referierte. Diese Einbindung führte schließlich zu van der Waerdens erstem Beitrag zur Quantenmechanik. Die Entstehung des Spinorkalküls kann sogar als eine Auftragsarbeit für Ehrenfest gesehen werden. Im Folgenden wird dieses informelle niederländische Netzwerk und seine Aktivitäten in Bezug auf die Gruppentheorie Ende der 1920er Jahre beschrieben.

## 6.1 Ehrenfests physikalisches Netzwerk in den Niederlanden

Der Österreicher Paul Ehrenfest, der 1912 die Nachfolge von H. A. Lorentz in Leiden angetreten hatte, arbeitete zur statistischen Mechanik, zur Relativitätstheorie und zur Quantenmechanik.[422] Er versuchte immer das Wesentliche der physikalischen Theorien herauszuarbeiten – jenseits des bloßen Formalismus. Dies war notwendig, aber auch schwierig in einer Phase des Umbruchs, in der sich die Physik damals befand. Ehrenfest galt als ausgezeichneter Lehrer, der mit seinen Studierenden gleichberechtigt und offen diskutierte.[423] Er hatte viele begabte junge Schüler, darunter Hendrik B. G. Casimir[424], Dirk Coster, Gerhard Dieke, Samuel Goudsmit, Hendrik Anthonie Kramers und George Uhlenbeck, mit denen er sich regelmäßig

---

[422] Zu Ehrenfest siehe Klein (1970).

[423] Casimir (1982, S. 66 ff.), Klein (1989). Sein Verhalten war vereinzelt auch autoritär, vgl. Casimir (1982, S. 78 f.), Dresden (1987, S. 92 ff.). Zur Atmosphäre im Kreis um Ehrenfest vgl. auch Dirk Struiks Erinnerungen (Rowe, 1989a, S. 14 ff.).

[424] Zu Casimir siehe Kap. 16.

M.R. Schneider, *Zwischen zwei Disziplinen*, Mathematik im Kontext,
DOI 10.1007/978-3-642-21825-5_6, © Springer-Verlag Berlin Heidelberg 2011

austauschte.[425] Ehrenfest lud zahlreiche Gäste nach Leiden ein. Diese hielten Vorträge und Vorlesungen, diskutierten mit Ehrenfest und seinen Schülern und teilweise verweilten sie dort auch für einen längeren Aufenthalt. Ende 1928 war beispielsweise Oppenheimer (mit einem IEB-Stipendium) dort.[426] Ehrenfest pflegte rege Korrespondenz mit zahlreichen Physikern, darunter Einstein und Pauli. Einstein war ab 1920 Professor honoris causa in Leiden, mit der Auflage zwei Wochen im Jahr in Leiden zu verbringen. Außerdem etablierte Ehrenfest das Mittwochabend-Kolloquium zur theoretischen Physik, zu dem sich Physiker und ausgewählte Physikstudenten verschiedener Universitäten, sowie ausländische Gastvortragende trafen, um über die neuesten physikalischen Entwicklungen zu diskutieren.[427] Zu den regelmäßigen Teilnehmern gehörte Ende der 1920er Jahre neben Ehrenfest und seinen aktuellen Schülern auch Kramers[428], der seit 1926 Professor für theoretische Physik in Utrecht und ein anerkannter Experte im Bereich der Quantenmechanik war, Adriaan Daniël Fokker[429] und der Leidener Astronom H. R. Woltjer.[430]

Der Ehrenfest-Kreis bestand also hauptsächlich aus aktuellen und ehemaligen Schülern von Ehrenfest. Diese waren als Professoren oder Assistenten zwar über die Niederlande verteilt, hielten aber den Kontakt zu Ehrenfest aufrecht. So bestand unter den Physikern des Ehrenfest-Kreises an den Universitäten Leiden, Utrecht, Groningen und Delft eine enge Verflechtung, welche sich auch in Stellenbesetzungen ausdrückte.[431] Als van der Waerden seine Professur in Groningen antrat, wurde er in dessen Kreis integriert. Außer Ehrenfest kannte van der Waerden bereits einige

---

[425] Ehrenfests ‚Initiationsritus' für seine angehenden Promovenden der theoretischen Physik ging auf seinen Lehrer Ludwig Boltzmann in Wien zurück: Zunächst wurde die Hingabe eines potentiellen Promovenden für die theoretischer Physik getestet, indem eine berufliche Zukunft als Experimentalphysiker oder Mathematiker als attraktiver dargestellt wurde. Wenn der Kandidat dennoch bei der theoretischen Physik blieb, setzte man ihn einem stundenlangen Vortrag über die aktuellen Entwicklungen aus, gab ihm anschließend die relevanten Literaturhinweise und erwartete, dass er sich innerhalb von zwei Wochen eingearbeitet hatte. Ehrenfests Schüler G. Uhlenbeck übernahm diesen Initiationsritus von Ehrenfest. (Pais, 2000, S. 316).

[426] Pauli (1979, S. 476 f.).

[427] Zu den Gastvortragenden zählten u. a. Bohr, Dirac, Schrödinger und Heisenberg. Zum Kolloquium siehe Klein (1989).

[428] Zu Kramers: Dresden (1987); Ter Haar (1998).

[429] Fokker promovierte 1913 bei Lorentz in Leiden, arbeitete dann bei Einstein in der Schweiz zur Relativitätstheorie. Nach einem Kriegseinsatz wurde er Assistent bei Lorentz und Ehrenfest, bevor er 1923 Hochschullehrer an der TH Delft wurde. Anschließend wechselte er 1927 als Konservator der physikalischen Abteilung zur Teyler Stiftung in Haarlem. Nach dem Tod von Lorentz 1928 nahm Fokker dessen Stelle als Kurator an und wurde außerordentlicher Professor in Leiden. (de Jong und van Lunteren, 2003, S. 3).

[430] Ehrenfest an Dirac, 16.6.1927, MB, ESC 3, S.6, 173. Vgl. auch Ehrenfest an Kramers, 9.10.1928, MB, ESC 6, S.9, 304. Nach mündlicher Mitteilung von G. Alberts gehörte der Delfter Professor J. A. Schouten zum weiteren Kreis von Wissenschaftlern um Ehrenfest.

[431] Der Utrechter Experimentalphysiker L. S. Ornstein war aufgrund seines Temperaments dagegen in den Niederlanden eher isoliert. Dennoch hielten Ehrenfest und Ornstein Kontakt. In Ornsteins Labor wurden in den 1920er und 1930er Jahren u. a. wichtige spektroskopische Versuche zur Quantenmechanik, insbesondere die genaue und systematische Messung der Intensitäten von Spektrallinien, durchgeführt. (Heijmans, 1994, Teil III).

Schüler von Ehrenfest aus seiner Zeit in Göttingen. In Groningen selbst arbeiteten die beiden Ehrenfest-Schüler Dieke und Coster.

Abb. 6.1: Gerhard Dieke, Samuel Goudsmit, Jan Tinbergen, Paul Ehrenfest, Ralph de Laer Kronig, Enrico Fermi (von links nach rechts)

Ehrenfest bezog van der Waerden direkt in seine aktuellen physikalischen Studien mit ein. Er korrespondierte mit ihm und traf sich mit ihm. Dabei war Ehrenfest die treibende Kraft. Im Frühjahr 1929 arrangierten sie gemeinsam einen Besuch des gerade in Oxford weilenden amerikanischen Mathematikers Oswald Veblen in Groningen und Leiden.[432] Als im April 1930 Albert Einstein Leiden besuchte, lud Ehrenfest auch van der Waerden ein.[433] Ehrenfest schlug van der Waerden u. a. als einen der Dozenten für eine Art Schnell-Kurs zur theoretischen Physik für Groninger Studenten vor.[434]

---

[432] Van der Waerden an Ehrenfest, MB, ESC 10, S.6, 223, 225.

[433] Ehrenfest an van der Waerden, 27.3.1930, MB, ESC 10, S.7, 236.

[434] „Aber nun ist die Frage, wie kann man im Augenblick in Groningen am besten diesem Beduerfnis [in ‚menschlicher' Weise etwas über die neuen Strömungen in der theoretischen Physik zu hören, MS] entgegengekommen werden? Und da glaube ich: durch ein freundschaftlich (nicht humorloses!) Zusammenspiel von Kramers, Zernike, Kronig, Van der Waerden. Jeder muss trachten ungelehrt, anschaulich und doch wieder (in gewissem Sinn) prezies (das Prinzipiele) ei-

Darüber hinaus versuchte Ehrenfest Anfang des Jahres 1930 van der Waerden als Nachfolger von Jan Cornelius Kluyver, der im September 1930 emeritiert werden sollte, in Leiden zu gewinnen.[435] Eine Professur in Leiden war damals durchaus attraktiv: Die Physik in Leiden hatte auch nach der Emeritierung von Lorentz und Kammerlingh Onnes 1923 einen ausgezeichneten Ruf; mathematisch gesehen war Leiden durchaus mit Groningen zu vergleichen – hatte aber den Vorteil, dass man schnell in den anderen Universitätsstädten (Amsterdam, Utrecht, Delft) war. Ehrenfest wollte durch die Besetzung mit van der Waerden Leiden zu einem Mathematikzentrum entwickeln, das auch enge Beziehungen zu Göttingen haben sollte. Er verschob deswegen seinen Aufenthalt in den USA um ein halbes Jahr. Van der Waerden lehnte jedoch im Mai 1930 das Angebot ab. Ehrenfest, der darüber stark enttäuscht war, vermutete, dass für die Absage die Einstellung von van der Waerdens Ehefrau verantwortlich war, die nicht in den Niederlanden bleiben wollte.[436] Es könnte jedoch auch sein, dass van der Waerden zu diesem Zeitpunkt bereits von einem Ruf nach Leipzig erfahren hatte.[437] Als Kluyvers Nachfolger wurde schließlich Kloosterman bestimmt. Allerdings wurde die Stelle zu einem Lektorat zurückgestuft.

Nach dem Freitod Ehrenfests im September 1933 löste sich der Kreis um Ehrenfest auf.[438] Casimir übernahm bis 1934 vorübergehend die Lehrstuhlvertretung, dann trat Kramers die Ehrenfest-Nachfolge in Leiden an. Casimir wechselte 1942, als die Universität Leiden aufgrund der deutschen Okkupation Hollands geschlossen war, zu Philips ins Natuurkundig Laboratorium in Eindhoven. Dort arbeitete er weiterhin wissenschaftlich. Casimir wurde dessen Direktor und später sogar Präsident der Königlich-niederländischen Akademie der Wissenschaften. Uhlenbeck,

---

ne Seite der Sache darzulegen, nach einem gemeinsamen Plan. Ich glaube da liesse sich etwas sehr huebsches daraus machen. Immer vorausgesetzt eine gewisse Liebe zum Zuhoerer. (Vielleicht auch Prins?)" (Ehrenfest an Coster, 6.5.1930, MB, ESC 3, S.1, 27, Hervorhebungen im Original). Ehrenfests teilweise etwas unorthodoxe Schreibweise wurde hier wie in nachfolgenden Zitaten übernommen.

[435] Ehrenfest an van der Waerden, 6.2.1930 MB, ESC 10, S.7, 233; Ehrenfest an van der Waerden, 14.3.1930, MB, ESC 10, S.7, 235; Ehrenfest an van der Waerden, 27.3.1930, MB, ESC 10, S.7, 236. Die fakultätsinterne Berufungskommission (bestehend aus Ehrenfest, Kluyver, dem Astronom de Sitter und dem Mathematiker van der Woude) setzte van der Waerden auf den ersten Platz vor J. G. van der Corput, J. Droste und H. D. Kloosterman (ULA, Faculteit der Wis- en Natuurkunde, Periode 1935–1955, inv.nr. 4). Van der Waerden stand gleichzeitig auf dem dritten Platz der Berufungsliste zur Nachfolge Hilberts in Göttingen, hinter H. Weyl und E. Artin. Ehrenfest bemühte sich um Gutachten über van der Waerden von Hilbert und Courant (Ehrenfest an Courant, 7.2.1930, MB, ESC 3, S.2, 34; Courant an Ehrenfest, 9.2.1930, MB, ESC 3, S.2, 35). Hilbert stellte ein exzellentes Gutachten aus (ULA, Faculteit der Wis- en Natuurkunde, Periode 1935–1955, inv.nr. 5).

[436] „Einigermassen vertraulich: Van der Waerden hat nach einigem Schwanken, vermutlich unter Einfluss seiner oesterreichischen Frau, die ihn moeglichst bald aus Holland heraus haben will, abgelehnt." Ehrenfest an Uhlenbeck, 1.6.1930, MB, ESC 10, S.2, 78. Siehe auch: Ehrenfest an Goudsmit, 3.5.1930, MB, ESC 5, S.1, 13.

[437] Vgl. Kap. 8.

[438] Zu Ehrenfests Motiven, seinen behinderten Sohn und anschließend sich selbst zu töten, vgl. van Delft (2007).

der in Ann Arbor lehrte und forschte, wurde als Nachfolger von Kramers 1936 nach Utrecht berufen, wo er bis August 1939 blieb.

## 6.2 Die Leidener Vortragsreihe zur Gruppentheorie in der Quantenmechanik

Paul Ehrenfest und sein Kreis beschäftigten sich zu der Zeit, als van der Waerden nach Groningen ging, mit der Quantenmechanik. Neben Diracs neusten Arbeiten zur relativistischen Wellengleichung und von Neumanns Arbeiten zu den Grundlagen der Quantenmechanik studierten sie die Arbeiten zur gerade aufgekommenen gruppentheoretischen Methode in der Quantenmechanik.[439] Ehrenfest wollte die diesbezüglichen Arbeiten von Wigner, von Neumann, Weyl, Hund, Heitler und London verstehen:

> „Ich [Ehrenfest] wuerde mich sehr freuen in den naechsten zwei Monaten folgendes zu erlernen: 1. Kritische Uebersicht ueber die Problemstellungen und behaupteten Resultate auf Gebiet der Molekuele. 2. Schulmaessige Einuebung etwa des Apparates der WIGNER und Wigner-Neumann Arbeiten (besonders: einueben des jonglierens mit den Symmetrietypen falls speziell wegen Pauliverbot und Spinarmut nur ,zweier und einser vorkommen' und wirkliche Verdauung der Mystik der ,zweideutigen Darstellung der Drehgruppe') 3. Baedeker durch Weyl mit Vergleichen gegenueber Dirac und Wigner."[440]

Ehrenfest hatte dabei zunächst Schwierigkeiten sowohl mit der Physik[441] als auch mit der Mathematik. Wie in Abschnitt 3.3 bereits erwähnt, benutzte er den Ausdruck ,Gruppenpest' für die Anwendung der Gruppentheorie in der Quantenmechanik – ein Ausdruck, der wahrscheinlich von ihm selbst geprägt wurde und später zum Schlagwort derjenigen Physiker wurde, die die gruppentheoretische Methode ablehnten.

Um die neuen Methoden zu verstehen, organisierte Ehrenfest eine Reihe von Gastvorträgen, die im September und Oktober 1928 in Leiden stattfanden. Er versuchte dafür Experten zu gewinnen: Ehrenfest bat Eugen Wigner, Wolfgang Pauli, Walter Heitler, Fritz London und Johann von Neumann – allesamt Wissenschaftler, die zu diesem Gebiet publiziert hatten (vgl. Kap. 3) – und van der Waerden, der noch nichts zur Quantenmechanik publiziert hatte, aber Darstellungstheorie beherrschte. Bis auf London, der aus terminlichen Gründen absagte, kamen alle (von Neumann

---

[439] Ehrenfest an Kramers, 29.8.1928, MB, ESC 6, S.9, 300, Ehrenfest an Kramers, 9.10.1928, MB, ESC 6, S.9, 304; sowie Hinweise in Ehrenfests Notizbüchern MB, ENB 1:32, VIII 1927 – IX 1928, (6694) u. (6703).

[440] Ehrenfest an Kramers, 4.9.1928, MB, ESC 6, S.9, 306, Hervorhebungen im Original.

[441] „Practisch alle neueren theoretischen Arbeiten stehen als ein fuer mich voellig unverstaendlicher Wall vor mir und ich bin voellig verzweifelt. Ich verstehe nicht mehr die Symbole oder Sprache und weiss nicht mehr was die Problemstellungen sind." (Ehrenfest an Kramers, 24.8.1928, MB, ESC 6, S.9, 298, Hervorhebung im Original).

kam allerdings erst im April 1929 nach Leiden).[442] Während Wigner seinen Vortrag sehr anspruchsvoll gestaltete, war Heitlers Vortrag für die Physiker um Ehrenfest eher hilfreich, und van der Waerdens Vorlesung war „brilliant" – so zumindest in der Erinnerung Casimirs.[443]

Ehrenfest bediente sich darüber hinaus auch öfters der Expertise van der Waerdens. Er wollte van der Waerden in Groningen besuchen, um ihm Fragen zu Weyls Buch *Gruppentheorie und Quantenmechanik* zu stellen, das kurz vorher im August 1928 herausgekommen war:

> „Ich [Ehrenfest] habe Sie [van der Waerden] ueber verschiedene fuer Sie ganz elementare mathematische Dinge zu fragen, da ja leider eine wahre Gruppenpest in unseren physikalischen Zeitschriften ausgebrochen ist. Fast alle meine Fragen werden sich auf bestimmte Stellen aus dem neuen Buch von Weyl: Gruppentheorie und Quantenmechanik beziehen und da wieder hauptsaechlich auf die verschiedenen ‚ganz- und halbzahligen' Darstellungen der Drehgruppe im Drei- und vierdimensionalen Raum."[444]

Van der Waerden trug, wie bereits erwähnt, in Leiden zur Gruppentheorie und Quantenmechanik vor. Die vorübergehende Einbindung in den Kreis um Ehrenfest führte dazu, dass van der Waerden die bisher erschienenen Arbeiten zum gruppentheoretischen Ansatz in der Quantenmechanik, wie etwa das von Ehrenfest erwähnte Lehrbuch von Weyl, intensiv studierte. Der oben erwähnte Brief von van der Waerden an van Dantzig zeugt davon: Van der Waerden gab dort im November 1928 eine klare Zusammenfassung der Weylschen Vorgehensweise beim Aufstellen der Darstellungen der Drehungs- und der Lorentzgruppe.[445]

Van der Waerdens erster Beitrag zur Quantenmechanik wurde 1929 veröffentlicht. Er entwickelte darin auf Bitte von Paul Ehrenfest hin den sogenannten Spinorkalkül. Ehrenfest war es auch, der den Ausdruck ‚Spinor' prägte:

> „ ‚Nennen wir die neuartigen Größen, die neben den Vektoren und Tensoren in der Quantenmechanik des Spinning Electron aufgetreten sind, und die sich bei der Lorentzgruppe ganz anders transformieren wie Tensoren, kurz Spinoren. Gibt es keine Spinoranalyse, die jeder Physiker lernen kann wie Tensoranalyse, und mit deren Hilfe man erstens alle möglichen Spinoren, zweitens alle invarianten Gleichungen, in denen Spinoren auftreten, bilden kann?' So fragte mich [van der Waerden] Herr EHRENFEST, und die Antwort soll im folgenden gegeben werden."[446]

Es handelte sich also um eine Art Auftragsarbeit für Ehrenfest. Die Aufgabe, den Spinorkalkül am Tensorkalkül auszurichten, bedeutete ein Notationssystem und

---

[442] Briefwechsel Ehrenfest an London, MB, ESC 7, S.3, 159-160; Briefwechsel Ehrenfest an von Neumann, MB, ESC 8, S.1, 41-46. Vgl. auch Casimir (1984, S. 75 f., 82 ff.). von Meyenn (1989, S. 97) meint, dass Pauli im *Utrechter* Kolloquium sprach.

[443] Casimir (1982, S. 699).

[444] Ehrenfest an van der Waerden, 8.10.1928, MB, ESC 10, S.6, 217. Siehe Abb. 6.2. In Ehrenfests Notizbuch (MB, ENB:1-33, IX 1928 – V 1929) befinden sich dazu ebenfalls zwei Einträge mit dem Hinweis auf van der Waerden. Sie beziehen sich anscheinend auf Weyls Buch, insbesondere auf die Darstellung der symmetrischen Gruppe.

[445] Van der Waerden an van Dantzig, 25.11.1928, RANH.

[446] van der Waerden (1929, S. 100, Hervorhebung im Original). Vgl. auch Ehrenfest an Epstein, 20.10.1929, MB, ESC 4, S.1, 21.

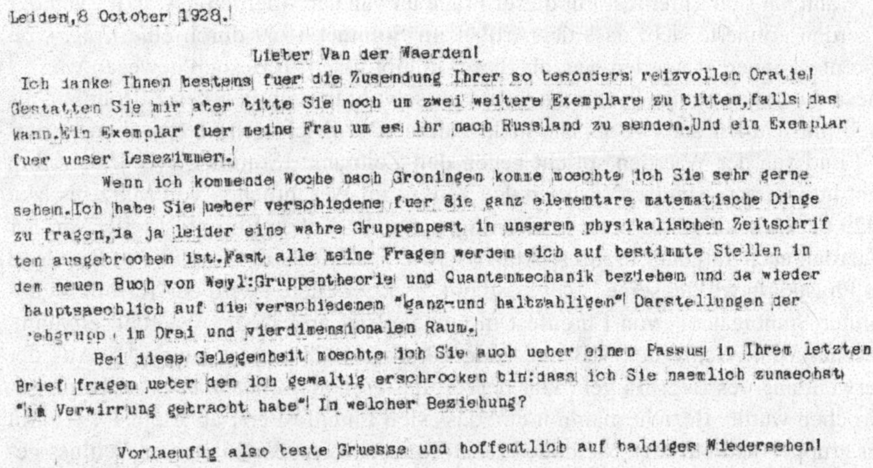

Leiden,8 October 1928.

Lieter Van der Waerden!

Ich janke Ihnen bestens fuer die Zusendung Ihrer so besonders reizvollen Oratie! Gestatten Sie mir aber bitte Sie noch um zwei weitere Exemplare zu bitten,falls das kann.Ein Exemplar fuer meine Frau um es ihr nach Russland zu senden.Und ein Exemplar fuer unser Lesezimmer.

Wenn ich kommende Woche nach Groningen komme moechte ich Sie sehr gerne sehen.Ich habe Sie ueber verschiedene fuer Sie ganz elementare matematische Dinge zu fragen,da ja leider eine wahre Gruppenpest in unseren physikalischen Zeitschrif ten ausgebrochen ist.Fast alle meine Fragen werden sich auf bestimmte Stellen in den neuen Buch von Weyl:Gruppentheorie und Quantenmechanik beziehen und da wieder hauptsaechlich auf die verschiedenen "ganz-und halbzahligen"! Darstellungen der 'ehsgrupp im Drei und vierdimensionalen Raum.

Bei dieser Gelegenheit moechte ich Sie auch ueber einen Passus! in Ihrem letzten Brief fragen ueber den ich gewaltig erschrocken bin:dass ich Sie naemlich zunaechst "in Verwirrung gebracht habe"! In welcher Beziehung?

Vorlaeufig also beste Gruesse und hoffentlich auf baldiges Wiedersehen!

Abb. 6.2: Durchschlag eines Briefes von Paul Ehrenfest an Bartel L. van der Waerden, 8. Oktober 1928

einen „Rechenmechanismus" für Darstellungen der Lorentzgruppe zu finden, die den Physikern vertrauter vorkamen und einfacher zu handhaben waren als die bisher benutzten darstellungstheoretischen Konzepte und Methoden.[447] In einem Brief an van Dantzig sprach sich van der Waerden vehement für solche an den jeweiligen Kontext angepasste Notationen aus:

> „[…] ich [van der Waerden] habe immer das Grundrecht von jedem verteidigt, für sich doch eine dafür passende Notation zu gebrauchen. Schoutens Ideal einer Notation, die für alle Zwecke passt, ist mir ein Gräuel."[448]

Diese sehr deutlichen Worte fielen anlässlich einer Kritik van Dantzigs an einer Notation in Weyls Buch *Gruppentheorie und Quantenmechanik*. Mit der Entwicklung des Spinorkalküls versuchte van der Waerden, Ehrenfest mit einem geeigneten Notations- und Rechensystem zu unterstützen.

Am 26. Juli 1929 – van der Waerden hatte eine Gastprofessur in Göttingen inne – wurde der Artikel zur Spinoranalysis der Gesellschaft der Wissenschaften zu Göttingen von Richard Courant vorgelegt. Zu dieser Zeit hielten sich neben Ehrenfest auch eine Reihe weiterer junger Physiker in Göttingen auf, u. a. Wigner und Uhlenbeck.[449]

---

[447] Ehrenfest an Epstein, 20.10.1929, MB, ESC 4, S.1, 21.

[448] „[…] ik heb altijd het grondrecht van iederen verdedigt, voor elk doch een daarbijpassende notatie te gebruiken. Schouten's ideaal van een notatie die voor alle doeleinden past is mij een gruwel." (Van der Waerden an van Dantzig, 25.11.1928, RANH, Übersetzung MS).

[449] Ehrenfest an Casimir, 2.7.1929, MB, ESC 2, S.8, 179; van der Waerden an van Dantzig, 18.6.1929, RANH, van Dantzig.

Wann hat sich Ehrenfest mit dieser Frage an van der Waerden gewandt? Van der Waerden erinnerte sich, dass der Artikel im Sommer 1929 durch eine Frage von Ehrenfest angeregt worden war, als dieser in Göttingen zu Besuch gewesen war.[450] Diese Aussage van der Waerdens lässt sich sowohl hinsichtlich des Zeitpunkts, als auch hinsichtlich der Ortsangabe nicht halten. Der Briefwechsel zwischen Ehrenfest und van der Waerden spricht gegen den Zeitpunkt ‚Sommer 1929‘: Aus ihm geht hervor, dass van der Waerden den Kalkül im Wesentlichen von März bis Mai 1929 entwickelte, als er noch in Groningen war.[451] Neben Ehrenfest teilte van der Waerden auch Tatjana Ehrenfest-Afanassjewa, Ehrenfests Ehefrau, die in Russland als Physikerin wirkte, seine Ergebnisse mit.[452] Desweiteren wird der Terminus „absoluter Spinorcalcul" von Ehrenfest in einem Brief an van der Waerden erwähnt, welcher vom Archiv des MB auf Ende Oktober 1928 datiert wurde.[453] Aus der Verwendung des Begriffs geht klar hervor, dass schon vorher über das Thema gesprochen wurde. Bezieht man mit ein, dass sich Ehrenfest erst ab August 1928 mit der gruppentheoretischen Methode beschäftigte, so könnte man zu dem Schluss gelangen, dass Ehrenfests Idee zur Entwicklung des Spinorkalküls während der Vortragsreihe in Leiden entstand, also in den Monaten September und Oktober 1928. Allerdings erscheint die Datierung dieses Briefes höchst fragwürdig, so dass nur Zeitraum und Ort der Entwicklung des Kalküls, also von März bis Mai 1929 in Groningen, als hinreichend belegt angesehen werden können.

Damit war in erster Linie van der Waerdens Einbindung in Ehrenfests Netzwerk entscheidend für die Entwicklung des Spinorkalküls durch van der Waerden – und nicht das Göttinger Umfeld, auch wenn van der Waerden dort wahrscheinlich mit der Anwendung der Gruppentheorie auf die Quantenmechanik in Berührung kam und der Artikel der dortigen Gesellschaft der Wissenschaften vorgelegt wurde.

---

[450] van der Waerden (1960, S. 236).

[451] Am 11. März 1929 schickte van der Waerden den ersten Teil seiner Spinoranalyse an Ehrenfest, am 10. Mai 1929 folgten Korrekturen für den ersten Teil und der Schlussteil. Es geht aus dem Briefwechsel nicht hervor, was genau der Inhalt dieser beiden Teile umfasst. In der darauf folgenden Woche herrschte reger Briefwechsel zwischen Paul Ehrenfest und van der Waerden. (Korrespondenz zwischen Ehrenfest und van der Waerden, MB, ESC 10, S.6, 225-231. Siehe auch Ehrenfests Einträge im Mai 1929 im Notizbuch MB, ENB:1-34, V 1928 – VIII 1929, (6853, 6855, 6856 u. a.)).

[452] Van der Waerden schickte den Schlussteil auch an sie (Van der Waerden an Ehrenfest, 10.5.1929, MB, ESC 10, S.6, 226). Oliver Schlaudt machte mich darauf aufmerksam, dass Ehrenfest-Afanassjewa vermutlich als erste den Gruppenbegriff zur Dimensionsanalyse heranzog (Ehrenfest-Afanassjewa, 1916, siehe Satz I, S. 262). Auf dieses Interessensgebiet seiner Frau spielte Ehrenfest wahrscheinlich auch in dem in der folgenden Fußnote erwähnten Brief an.

[453] Ehrenfest an van der Waerden 21.10.1928, MB, ESC 10, S.6, 219. Die beiden letzten Ziffern der Jahreszahl sind durch eine Lochung unkenntlich. Da Ehrenfest in dem Brief über eine Arbeit Focks über $n$−Beine, vermutlich Fock (1929) vgl. Abschn. 15.1, berichtet, wurde dieser wahrscheinlich erst im Oktober 1929 und nicht 1928 verfasst.

# Kapitel 7
# Spinorkalkül und Wellengleichung

In diesem Kapitel wird van der Waerdens erste Arbeit zum Spinorkalkül vorgestellt. Sie erschien 1929 unter dem Titel „Spinoranalyse" und gliederte sich grob in zwei Teile.[454] Im ersten Teil (§1 – §3) wird der Spinorkalkül entwickelt, im zweiten Teil (§4 u. §5) werden verschiedene relativistische Wellengleichungen für das Elektron, darunter auch die Diracsche, aufgestellt und diskutiert. Das Interesse liegt hier vor allem auf dem Einfluss von Ehrenfest: Inwiefern zeigt sich dieser in der Arbeit? Um eine Antwort darauf zu finden, wird einerseits der Briefwechsel zwischen Ehrenfest und van der Waerden herangezogen, andererseits wird auf van der Waerdens Darstellung des mathematischen Hintergrunds, also der Invarianten- und der Darstellungstheorie geachtet. Es zeigt sich, dass van der Waerden in diesem Artikel sehr weit auf die Bedürfnisse Ehrenfests einging. Die mathematischen Anforderungen an den Leser hielt van der Waerden auf konzeptioneller Ebene äußerst gering. Er vermied soweit wie möglich darstellungstheoretische Konzepte und referierte invariantentheoretische Ergebnisse gleich in der Sprache des Spinorkalküls. Der Artikel war also nicht nur dem Inhalt nach eine Auftragsarbeit für Ehrenfest, sondern orientierte sich auch methodisch an den Bedürfnissen des Physikers. Allerdings fügte van der Waerden auch einige naheliegende mathematische Verallgemeinerungen ein. Beispielsweise betrachtete er eine Erweiterung der eigentlichen orthochronen Lorentzgruppe zur orthochronen. Auch die Diskussion anderer Formen der relativistischen Wellengleichung kann als eine solche betrachtet werden. Bei der Diskussion der verschiedenen relativistischen Wellengleichungen für ein Elektron stieß van der Waerden u. a. auf eine Wellengleichung erster Ordnung für eine zweikomponentige Wellenfunktion. Diese Wellengleichung, die Weyl etwa zur selben Zeit wie van der Waerden aufgestellt hatte, wurde später zur Beschreibung der Wellengleichung des Neutrinos herangezogen. Im Abschnitt 7.4 wird der Versuch unternommen, van der Waerdens Entwicklung des Spinorkalküls, welche nicht aus dem Artikel hervorgeht, ausgehend von zwei Quellen zu rekonstruieren. Dabei spielt neben Weyls Lehrbuch *Gruppentheorie und Quantenmechanik* eine invariantentheoretische Ar-

---

[454] van der Waerden (1929).

M.R. Schneider, *Zwischen zwei Disziplinen*, Mathematik im Kontext,
DOI 10.1007/978-3-642-21825-5_7, © Springer-Verlag Berlin Heidelberg 2011

beit von Weiß eine wichtige Rolle. Abschließend wird die Rezeption des Kalküls im Ehrenfest-Kreis nachgezeichnet.

## 7.1 Der Kontext

Wie bereits im Abschnitt 2.2 erwähnt, hatte Dirac im Frühjahr 1928 eine Wellengleichung für das Elektron gefunden, die unter den Transformationen der Lorentzgruppe invariant war. Damit war es gelungen, Quantenmechanik und spezielle Relativitätstheorie zu verknüpfen. Der Spin des Elektrons ergab sich quasi automatisch aus der Gleichung. Dies alles trug erheblich zur Absicherung der jungen Quantenmechanik bei. Allerdings warf Diracs relativistische Wellengleichung auch neue Fragen und Zweifel auf. Beispielsweise operierte sie mit vierkomponentigen Wellenfunktionen, die sich unter der Lorentzgruppe eigenartig transformierten. Dieses Problem beschäftigte auch Ehrenfest (vgl. Abschn. 6.2 und 7.3). J. von Neumann publizierte dazu (von Neumann (1928), vgl. Abschn. 3.2.2). Mit dem Spinorkalkül versuchte van der Waerden einige Aspekte dieses Problems aufzuklären und den Physikern ein Werkzeug zur Verfügung zu stellen, mit dem sie die orthochrone Lorentzgruppe in allen ihren Darstellungen erfassen und so verschiedene relativistische Wellengleichungen studieren konnten.

Die mathematischen Grundlagen des Spinorkalküls lagen bereits vor. Van der Waerden hatte einen Überblick über die endlich-dimensionalen Darstellungen der Lorentzgruppe. Sowohl die vollständige Reduzibilität der Lorentzgruppe als auch ihre irreduziblen Bestandteile waren bekannt. Van der Waerden verwies den Leser dazu auf Weyls Darstellung in der ersten Auflage von *Gruppentheorie und Quantenmechanik* und bezog sich auf Weyls Ausführungen dort.[455] Um die Diracsche Wellengleichung zu untersuchen und um weitere relativistische Wellengleichungen aufzustellen, nutzte van der Waerden die im Bereich der symbolischen Invariantentheorie angesiedelte Dissertation von August Weiß zum Hesseschen Übertragungsprinzip.[456]

Auf den Rat seines ehemaligen Gymnasiallehrers Hans Beck hin, der 1921 zum Ordinarius für Mathematik in Bonn ernannt wurde, hatte Weiß nach der Entlassung aus amerikanischer Kriegsgefangenenschaft bei Becks ehemaligen Professor Eduard Study in Bonn studiert.[457] Study forschte hauptsächlich zur Geometrie und Invariantentheorie, hatte sich aber auch in diesem Zusammenhang, wie in Abschnitt 1.2 dargestellt, mit der Reduzibilität der Darstellung der Liealgebra $sl_2(\mathbb{C})$ beschäftigt. Er bemühte sich, die Vorzüge der symbolischen Invariantentheorie gegenüber der Tensoranalysis zu propagieren. Dabei ging es ihm auch um die Physik. Beispielsweise kritisierte er stark Weyls Darstellungsweise mit Tensoren in dessen

---

[455] Vgl. Abschn. 3.2.

[456] Weiß (1924). Zu Weiß vgl. den ausführlichen Nachruf von Strubecker (1943). Zu seinem Engagement während der Zeit des Nationalsozialismus siehe Segal (1992).

[457] Zu Study vgl. die Dissertation von Hartwich (2005).

Buch *Raum Zeit Materie* von 1918.[458] Mit seinen Bemühungen um die Verbreitung der symbolischen Invariantentheorie in der Physik war Study nicht allein. Van der Waerdens Lehrer Weitzenböck hegte dieselben Hoffnungen.[459] Allerdings gab es auch Zweifel von mathematischer Seite an dem Nutzen der symbolischen Invariantentheorie für die Physik. Weyl verteidigte seine Tensordarstellungsweise gegen die Angriffe von Study. Emmy Noether war zwar von ihrem Nutzen überzeugt, blieb aber etwas skeptisch in Bezug auf die Realisierungschancen: „Allerdings es bedarf dazu [für den Umgang mit den symbolischen Methoden der Invariantentheorie, MS] natürlich einer Charaktereigenschaft, die heutzutage schon recht selten geworden ist, der Geduld. Ob die Physiker diese Geduld der Symbolik gegenüber aufbringen werden? Hoffen wir das Beste!", so Noether in einer Rezension einer Studyschen Arbeit zur Invariantentheorie von 1923.[460]

Weiß benutzte in seiner Dissertation mit dem Titel „Ein räumliches Analogon zum Hesseschen Übertragungsprinzip" die symbolisch abstrakten Methoden der Invariantentheorie seines Doktorvaters Study.[461] Er griff dort eine Problemstellung auf, die Study in einer aus dem Jahr 1886 stammenden unveröffentlichten Arbeit bereits bearbeitet hatte: die Ausarbeitung des Hesseschen Übertragungsprinzips, mit welchem man bestimmten Elementen der Ebene gewisse Formen zuordnen konnte, anhand einer konkreten Form und dessen Verbesserung in Hinblick auf die Anforderungen der Invariantentheorie. Dabei konnte Weiß zusätzlich Studys neuere Arbeit zur Invariantentheorie *Einleitung in die Theorie der Invarianten linearer Transformationen auf Grund der Vektorrechnung*[462] heranziehen.

Weiß untersuchte in seiner Dissertation abstrakt im Rahmen der symbolischen projektiven Invariantentheorie die Form $(UM)(mt)(\mu\tau)$, die eine komplexe quaternäre Unbekannte $(U_0, U_1, U_2, U_3)$ und zwei komplexe binäre Unbekannte $(t_1, t_2)$, $(\tau_1, \tau_2)$ enthält:

$$(UM)(mt)(\mu\tau) := (U_0 M_0 + U_1 M_1 + U_2 M_2 + U_3 M_3)(m_1 t_2 - m_2 t_1)(\mu_1 \tau_2 - \mu_2 \tau_1)$$

mit komplexen Koeffizienten $M_i, m_j, \mu_k$ ($i \in \{0,1,2,3\}$, $j,k \in \{1,2\}$). Dies war eine etwas allgemeinere Form als die 1886 von Study betrachtete $(UM)(mt)^2$. Dieser Form ordnete Weiß eine sogenannte Grundfläche $F_2 : (U\Lambda)^2 = 0$ im komplexen vierdimensionalen projektiven Raum zu. $F_2$ ist eine Quadrik in den Unbekannten $U_i$. Man findet dann für die Punkte $X$ von $F_2$ eine Parametrisierung durch die beiden binären Unbekannten. Einer Ebene $A$ im quaternären Raum ordnete Weiß via dem Durchschnitt $A \cap F_2$ eindeutig eine „projektive Verwandtschaft erster Art", d. h. eine Bilinearform in $t, \tau$, zu – in der Bezeichnung von Weiß: $(AM)(mt)(\mu\tau) = (at)(\alpha\tau)$. Ebenen und „projektive Verwandtschaften ersten Art" bzw. Bilinearformen entsprachen einander dadurch eindeutig. Man gewann so „Übertragungsformeln" zwischen quaternären und den beiden binären Größen.

[458] Hartwich (2005, Kap. 7.3), Hawkins (1999, Abschn. 11.4).

[459] Vgl. Abschn. 4.2.1.

[460] Noether (1924, S. 168).

[461] Weiß (1924).

[462] Study (1923). Es war diese Arbeit die Noether (1924) rezensierte.

Diese „Übertragungsformeln" nutzte Weiß für ein „Übertragungsprinzip" zwischen Invarianten: Die Gruppe $SL(2,\mathbb{C}) \times SL(2,\mathbb{C})$, die auf den Bilinearformen operiert, induziert vermöge der Übertragungsformeln eine Gruppe $\Gamma$ von Transformationen im quaternären Raum, welche die Grundfläche invariant lassen, und umgekehrt. Die Invarianten dieser Gruppen lassen sich dann ebenfalls übertragen. Sie lassen sich also durch quaternäre und doppeltbinäre Größen ausdrücken. Die doppeltbinären Formen und Invarianten waren im Wesentlichen bekannt. Die Fundamentalsätze der symbolischen Invariantentheorie gestatteten sämtliche Invarianten aufzustellen.

Das Thema der Weißschen Dissertation war sehr speziell und hatte auf den ersten Blick keinen Bezug zur Relativitätstheorie. Van der Waerden hatte die Arbeit vermutlich im Zuge seiner intensiven Auseinandersetzung mit der Invariantentheorie zur Kenntnis genommen. Bei der Entwicklung des Spinorkalküls griff er auf einige allgemeine Ergebnisse dieser Dissertation zurück. Er arbeitete ein Übertragungsprinzip zwischen den Weltvektoren und den Spinoren konkret aus. Die Weltvektoren entsprachen dabei den quaternären Größen, die Spinoren den binären. Die Übertragungsformeln lieferten einen Gruppenhomomorphismus, also eine Darstellung der Lorentzgruppe. Mit Hilfe dieses Übertragungsprinzips diskutierte er dann invariante relativistische Wellengleichungen. In van der Waerdens Worten:

> „Um weiter zu einer Invariantentheorie für die Spinoren zu kommen, hat man nur die bekannte zweistufige Isomorphie zwischen der Lorentzgruppe und der binären unimodularen Gruppe [$SL(2,\mathbb{C})$, MS] in ebenfalls bekannter Weise zu einem „Übertragungsprinzip" für die Kovarianten beider Gruppen zu verwerten [Fußnote mit dem Literaturhinweis auf die Dissertation von Weiß, MS] und einen bekannten Satz der Invariantentheorie zu benutzen, um einzusehen, daß alle überhaupt möglichen invarianten Gleichungen sich als binäre Tensorgleichungen schreiben lassen."[463]

Wie im Folgenden gezeigt wird, nutzte van der Waerden zwar die Ergebnisse der Weißschen Dissertation, aber nicht ihre Symbolik und abstrakte Vorgehensweise. Von der symbolischen Invariantentheorie ist in van der Waerdens Arbeit nichts mehr zu spüren. Vielmehr integrierte van der Waerden die Weißschen Resultate in eine Art von Tensorkalkül, dem Spinorkalkül. Er ersparte damit den Physikern eine Einarbeitung in die symbolische Invariantentheorie. Dies weist darauf hin, dass er – in Übereinstimmung mit Weitzenböck, Study und Noether – die Resultate der symbolischen Invariantentheorie als fruchtbar für die Physik erachtete, dass er aber – im Gegensatz zu Study – das Erlernen der symbolischen Invariantentheorie für Physiker nicht als dringend geboten erachtete. Für den Artikel wählte er eine pragmatische Vorgehensweise. Van der Waerdens Hinweis auf die Weißsche Arbeit und auf die Invariantentheorie ist, wie der Abschn. 7.4 zeigt, auch als ein Hinweis auf van der Waerdens eigene, im Text nicht sichtbare Herangehensweise zu verstehen, und als eine – zumindest rhetorische – Unterstützung von Weitzenböcks und Studys Richtung. Der Verweis auf die Invariantentheorie, auf Weiß (und damit indirekt auf Study) zeigt, dass van der Waerden die Arbeit der in seiner Groninger Antrittsre-

---

[463] van der Waerden (1929, S. 100).

de als „Konkretisten" bezeichneten Mathematiker durchaus schätzte und kannte.[464]
Van der Waerdens gute Kenntnis der symbolischen Invariantentheorie und der Geometrie ermöglichte ihm letztendlich die Entwicklung des Spinorkalküls und eine
systematische Diskussion von invarianten Wellengleichungen. Dabei folgte van der
Waerden Ehrenfests Wunsch nach einem Kalkül, der sich an dem Tensorkalkül orientierte. Van der Waerden operationalisierte also Ergebnisse der „Konkretisten" für
Physiker.

## 7.2 Einführung der Spinoren und des Kalküls

Als erstes führte van der Waerden die Fragestellung Ehrenfests[465] nach einem Spinorkalkül auf das bereits durch Weyl gelöste Problem der Darstellungen der Lorentzgruppe zurück.

> „Die Aufgabe, alle ‚Größen' zu finden, die bei Lorentztransformationen nach irgendeiner
> Regel linear mit-transformiert werden, so daß bei Zusammensetzung zweier [sic!] Lorentz-
> transformationen auch die zugehörigen Transformationen der ‚Größen' zusammengesetzt
> werden, d. h. so daß dem Produkt zweier Lorentztransformationen wieder das Produkt ent-
> spricht, ist nichts anderes als das Problem der *Darstellung* der Lorentzgruppe durch lineare
> Transformationen.
>
> Es ist bekannt, daß die Lorentzgruppe eine zweideutige Darstellung als binäre Gruppe (d. h.
> als Gruppe in zwei komplexen Veränderlichen) besitzt [...]"[466]

Van der Waerden erläuterte hier mit einfachen Worten den Begriff der Darstellung
am Beispiel der Lorentzgruppe. Dies ist die einzige ‚Definition' des Darstellungsbegriffs in dem Artikel. Sie ist konkret und kontextuell gehalten, und weder abstrakt
noch allgemein. Diese auf das nötigste reduzierte Erläuterung zur Darstellungsthe-
orie˙unterscheidet sich deutlich von der wesentlich umfangreicheren und stärker
algebraisch gehaltenen Einführung in die Darstellungstheorie in van der Waerdens
späteren Monographie zu gruppentheoretischen Methoden in der Quantenmechanik.[467]

   Im Anschluss gab van der Waerden konkret an, wie sich die „Lorentzgruppe",
gemeint ist in der Regel die reelle, eigentliche, orthochrone Lorentzgruppe, die im
Folgenden mit $\mathscr{L}_+^\uparrow$ bezeichnet werden soll,[468] durch „binäre Transformationen von
Deteminante 1", also durch die $SL(2, \mathbb{C})$, darstellen lässt. Dazu entwickelte er zunächst den Spinorkalkül.

---

[464] Van der Waerden publizierte auch später noch zur Invariantentheorie, etwa van der Waerden
(1937a).

[465] Vgl. S. 121.

[466] van der Waerden (1929, S. 101, Hervorhebung im Original).

[467] van der Waerden (1932).

[468] Im mathematischen Kontext ist auch die Bezeichnung $SO_{3,1}^+(\mathbb{R})$ gebräuchlich.

## 7.2.1 Entwicklung des Spinorkalküls

Van der Waerden betrachtete die Operation der $SL(2,\mathbb{C})$ auf einem zweidimensionalen komplexen Vektorraum, der hier im Folgenden mit $S$ bezeichnet wird, durch sich selbst, indem also eine Matrix $A = (\alpha_{ij}) \in SL(2,\mathbb{C})$ auf den Koordinaten $(\xi_1, \xi_2)$ eines Vektors aus $S$ als

$$\alpha_{11}\xi_1 + \alpha_{12}\xi_2$$
$$\alpha_{21}\xi_1 + \alpha_{22}\xi_2,$$

in Matrizenschreibweise $A(\xi_1, \xi_2)^T$, operiert. Eine dazu inäquivalente Darstellung, nämlich die konjugiert-komplexe Darstellung der $SL(2,\mathbb{C})$, wird durch die zu $A$ konjugiert-komplexe Matrix $\overline{A}$ gegeben. Allerdings ließ van der Waerden diese komplex-konjugierte Darstellung nicht auf $S$, sondern auf einem zu $S$ isomorphen Vektorraum operieren, der im Folgenden mit $\dot{S}$ bezeichnet werden soll und der aus $S$ durch komplexe Konjugation entsteht. Dann gilt für die Darstellung von $SL(2,\mathbb{C})$ in $\dot{S}$ also $\overline{A}(\overline{\xi}_1, \overline{\xi}_2)^T$. Um zwischen den beiden Darstellungen bzw. den Darstellungsräumen zu unterscheiden führte van der Waerden die folgende neue, bis in die gegenwärtige Literatur[469] reichende Notation ein:

$$(\xi_{\dot{1}}, \xi_{\dot{2}}).$$

Mit dem Punkt über dem Index wird angezeigt, dass es sich um ein Objekt aus $\dot{S}$ handelt bzw. dass die Größe mit der konjugiert-komplexen Darstellung der $SL(2,\mathbb{C})$ transformiert wird. Van der Waerden prägte für diese Form der Notation den Begriff der „punktierten Indizes".[470]

Diese „Größen" (Vektoren) in $S, \dot{S}$ bildeten die Grundbausteine von „Produkten", beispielsweise der Form $\overline{\xi}_\lambda \overline{\eta}_\mu \zeta_\nu$ mit $\lambda, \mu, \eta \in \{1,2\}$, auf welchen die Gruppe $SL(2,\mathbb{C})$ faktorweise durch die beiden obigen Darstellungen operiert. Van der Waerden führte für Produktgrößen dieser Art die, die obige Notation aufgreifende, Bezeichnung $a_{\dot{\lambda}\dot{\mu}\nu}$ ein. Die Indizes zeigen an, wieviele Faktoren das Produkt hat und nach welcher Darstellung der $SL(2,\mathbb{C})$ der Faktor transformiert wird. Modern gesprochen, sind diese „Produktgrößen" Komponenten eines Tensorprodukts von Vektoren aus den beiden zweidimensionalen komplexen Vektorräumen $S$ und $\dot{S}$, auf denen $SL(2,\mathbb{C})$ faktorweise operiert. Die im Beispiel erwähnte Produktgröße $a_{\dot{\lambda}\dot{\mu}\nu}$ steht also für die Komponenten eines Tensorprodukts in $\dot{S} \otimes \dot{S} \otimes S$. Derartige Produktgrößen bezeichnete van der Waerden – auf Anregung von Ehrenfest – als „Spinoren". Im Folgenden wird die Bezeichnung „Spinorraum" oder „Raum der Spinoren" für Tensorprodukte aus $\dot{S}$ und $S$ benutzt.

In Analogie zum Tensorkalkül gab van der Waerden für den Spinorkalkül die Regeln an, mit denen sich die Indizes hinauf- und herabziehen lassen, mit denen man

---

[469] Etwa in Beju u. a. (1983); Sexl und Urbantke (1992); Naber (1992), oder mit einem Strich statt eines Punktes in Penrose und Rindler (1982); Carmeli und Malin (2000).

[470] van der Waerden (1929, S. 101).

also in heutiger Terminologie zwischen einem Vektorraum und seinem Dualraum hin- und herwechselt: Für Spinoren aus $S$ gilt

$$\xi^1 = \xi_2 \qquad \xi^2 = -\xi_1,$$

für Spinoren aus $\dot{S}$ gilt dasselbe mit punktierten Indizes. Für „Spinoren $n$−ten Grades", also Komponenten von Tensorprodukten mit $n$ Faktoren, geht man faktorweise vor.[471] Beispielsweise gilt für Spinoren $a_{\dot{\alpha}\beta}$ aus $\dot{S} \otimes S$:

$$a^{\dot{1}1} = a^{\dot{1}}_{\ 2} = a_{\dot{2}2}$$
$$a^{\dot{2}2} = -a^{\dot{2}}_{\ 1} = a_{\dot{1}1}$$
$$a^{\dot{1}2} = -a^{\dot{1}}_{\ 1} = -a_{\dot{2}1}$$
$$a^{\dot{2}1} = a^{\dot{2}}_{\ 2} = -a_{\dot{1}2}$$

Mit diesen Regeln sind Spinoren als Objekte eines Spinorkalküls bereits im ersten Paragraphen vollständig beschrieben. Es fehlt noch die Entwicklung der Spinoranalysis im eigentlichen Sinne, d. h. die Beschreibung der Differentiationsoperatoren, und die Anbindung zur Physik, welche zunächst durch die Ausarbeitung der Beziehung zur Lorentzgruppe geschieht.

## 7.2.2 Darstellungen der Lorentzgruppe in Spinorräumen

Van der Waerden zeigte noch im ersten Paragraphen, dass die Lorentzgruppe sich im Raum der Spinoren darstellen lässt. Dazu gab er eine Abbildung zwischen Spinoren $a_{\dot{\alpha}\beta}$ aus $\dot{S} \otimes S$ und Vektoren $(x, y, z, t)$ in einem komplexen vierdimensionalen Vektorraum, der hier $V$ genannt werden soll, an durch:

$$\frac{a_{\dot{2}1} + a_{\dot{1}2}}{2} = x \qquad\qquad (7.1)$$
$$\frac{a_{\dot{2}1} - a_{\dot{1}2}}{2i} = y$$
$$\frac{a_{\dot{1}1} - a_{\dot{2}2}}{2} = z$$
$$\frac{a_{\dot{1}1} + a_{\dot{2}2}}{2c} = t$$

bzw. umgekehrt durch

---

[471] Hawkins (2000, S. 440 ff.) stellt dar, wie Hermann Weyl Anfang 1920 den Tensorbegriff in den heutzutage geläufigen Zusammenhang von Vektorraum und Multilinearform brachte.

$$a_{21} = x + iy \qquad (7.2)$$
$$a_{12} = x - iy$$
$$a_{11} = z + ct$$
$$-a_{22} = z - ct$$

Dabei ist $c$ die Lichtgeschwindigkeit und i die imaginäre Einheit. Wie er auf diese Abbildung kam, wird im Artikel nicht erläutert. Eine Rekonstruktion auf der Basis zweier Quellen wird im Abschnitt 7.4 gegeben.

Van der Waerden zeigte, dass jede Operation von $SL(2,\mathbb{C})$ auf $\dot{S} \otimes S$ eine reelle Transformation der Spinoren bewirkt. Dann induziert sie aber auch eine reelle Transformation in $V$. Die Form $-\frac{1}{2} \sum_{\dot{\alpha}=1}^{2} \sum_{\beta=1}^{2} a^{\dot{\alpha}\beta} a_{\dot{\alpha}\beta}$ (van der Waerden nutzte hier die unter Physikern gebräuchliche Bezeichnungsweise $-\frac{1}{2} a^{\dot{\alpha}\beta} a_{\dot{\alpha}\beta}$, bei der über doppelt vorkommende obere und untere (punktierte) Indizes summiert wird) ist unter $SL(2,\mathbb{C})$ invariant. Unter Beachtung der Regeln des Spinorkalküls gilt

$$-\frac{1}{2} a^{\dot{\alpha}\beta} a_{\dot{\alpha}\beta} = -\frac{1}{2} \left( a^{\dot{1}1} a_{\dot{1}1} + a^{\dot{1}2} a_{\dot{1}2} + a^{\dot{2}1} a_{\dot{2}1} + a^{\dot{2}2} a_{\dot{2}2} \right) \qquad (7.3)$$
$$= -\frac{1}{2} \left( a_{\dot{2}2} a_{\dot{1}1} - a_{\dot{2}1} a_{\dot{1}2} - a_{\dot{1}2} a_{\dot{2}1} + a_{\dot{1}1} a_{\dot{2}2} \right)$$
$$= -a_{\dot{2}2} a_{\dot{1}1} + a_{\dot{2}1} a_{\dot{1}2}$$
$$= x^2 + y^2 + z^2 - c^2 t^2.$$

In der letzten Zeile wird die Abbildung 7.2 in den Vektorraum $V$ benutzt. Diese Form in $V$ ist unter den durch $SL(2,\mathbb{C})$ in $V$ induzierten Transformationen invariant. Also induziert $SL(2,\mathbb{C})$ in $V$ reelle Lorentztransformationen. Van der Waerden erläuterte weiter, dass man so alle reellen eigentlichen orthochronen Lorentztransformationen erhält, dass aber diese Zuordnung nicht eindeutig ist, weil $A$ und $-A \in SL(2,\mathbb{C})$ auf dieselbe Lorentztransformation abgebildet werden. Damit hatte er eine Darstellung der $SL(2,\mathbb{C})$ durch die Lorentzgruppe in $V$ konstruiert bzw. umgekehrt eine „zweideutige Darstellung" der Lorentzgruppe durch die $SL(2,\mathbb{C})$ im Spinorraum $\dot{S} \otimes S$ erhalten also in heutiger Terminologie eine zweifache Überlagerung der Lorentzgruppe durch die $SL(2,\mathbb{C})$.

Van der Waerden fasste anschließend die Erkenntnisse aus der Darstellungstheorie in der neu eingeführten Sprache der Spinoren zusammen: Die irreduziblen Darstellungen der $SL(2,\mathbb{C})$, und damit der Lorentzgruppe, erhält man in Räumen aus Spinoren der Form $a_{\alpha\beta\ldots\dot{\gamma}\dot{\delta}\ldots}$, wobei die Spinoren symmetrisch in den Indizes $\alpha, \beta, \ldots$ und $\dot{\gamma}, \dot{\delta}, \ldots$ sein müssen – in der modernen Schreibweise also Elemente der Räume $Sym^n S \otimes Sym^k \dot{S}$ sind, wobei $Sym^n S$ das total symmetrische $n$-fache, aus $S$ gebildete Tensorprodukt bezeichnet. Die vollständige Reduzibilität der Lorentzgruppe garantiert dann, dass man in jedem Tensorproduktraum aus $S$ und $\dot{S}$ eine Darstellung der Lorentzgruppe erhält, dass also auf Spinoren von beliebiger Form die Lorentzgruppe vermittels $SL(2,\mathbb{C})$ operiert.

Van der Waerden erweiterte außerdem die (eigentliche orthochrone) Lorentzgruppe zur orthochronen Lorentzgruppe, indem er (räumliche) Spiegelungen an der $XZ-$ Ebene hinzunahm. Einer solchen Spiegelung entspricht im Raum der Spinoren zweiter Stufe (d. h. mit zwei Indizes) eine Transformation der Spinoren $a_{\dot{\mu}\nu}$ zu $a_{\dot{\nu}\mu}$. Darüber hinaus behandelte er in einer Fußnote die Darstellung der Drehungsgruppe $SO_3$ in Spinorräumen. Er erläuterte, dass die Drehungsgruppe im Raum der Spinoren durch die unitäre Gruppe $SU(2,\mathbb{C})$ dargestellt werden kann und dass man dabei auf $\dot{S}$ verzichten kann. Die irreduziblen Darstellungen der Drehungsgruppe erhält man mit Weyl (vgl. Abschn. 1.2.2) in Darstellungsräumen der Form $Sym^{2j} S$ mit $j \in \mathbb{N}$. In einem Brief an Ehrenfest deutete van der Waerden an, dass ihm die Darstellung der Lorentzgruppe durch Spinoren als einfacher erscheine als die der Drehungsgruppe.[472] Damit konkretisierte er die Darstellungen von weiteren, mit der Lorentzgruppe eng verbundenen Gruppen – auch wenn ihre Bedeutung für den physikalischen Kontext noch unklar war. Allerdings ging er in seinen Bemühungen um Erweiterung des im Spinorkalkül repräsentierbaren Gruppenspektrums nicht so weit, durch eine Inklusion von Zeit-umkehrenden Abbildungen zur vollen Lorentzgruppe überzugehen – wie es Wigner wenige Jahre später anging.[473]

### 7.2.3 Objekte der Relativitätstheorie in Spinornotation

Van der Waerden übersetzte gängige Objekte der Relativitätstheorie, wie Weltvektoren, Welttensoren, verschiedene Differentialoperatoren und, wie bereits dargestellt, die metrische Form des Minkowskiraums, in die Spinornotation. Es waren diese Objekte, an denen Ehrenfest starkes Interesse zeigte und mit denen sich auch Uhlenbeck und Laporte in einem Artikel beschäftigten.[474] Sie waren die Grundlage für einen physikalisch brauchbaren Spinorkalkül und wurden für die anschließende Diskussion der Lorentzinvarianten Wellengleichungen der Quantenmechanik in van der Waerdens Artikel benötigt. Die Möglichkeit einer solchen Übertragung lieferte, wie van der Waerden hervorhob, die Darstellungstheorie:

> „Da die binären Tensordarstellungen [die Darstellung der Lorentzgruppe im Raum der Spinoren, MS] alle Darstellungen liefern, müssen sich auch die gewöhnlichen quaternären Weltvektoren und -Tensoren darunter finden, d. h. die Weltvektoren müssen sich als Spinoren mit binären Indices schreiben lassen."[475]

Der Minkowskiraum ist im Gegensatz zu $V$ ein reeller vierdimensionaler Vektorraum. Die obige Abbildung 7.2 zwischen $V$ und $\dot{S} \otimes S$ bildet reelle Vektoren aus $V$ auf solche Spinoren ab, für die die Relation

$$a_{\dot{2}1} = \overline{a_{\dot{1}2}} \quad \text{gilt und} \quad a_{\dot{1}1}, a_{\dot{2}2} \in \mathbb{R}$$

[472] Van der Waerden an Ehrenfest, Groningen 10.5.1929, MB, ESC 10, S.6, 226.

[473] Wigner (1932).

[474] Laporte und Uhlenbeck (1931).

[475] van der Waerden (1929, S. 103).

sind. Diese sehr speziellen Spinoren sollen im Folgenden als Hermitesche Bispinoren bezeichnet werden. Ein Element des Minkowskiraums $\{a^l\}$ mit $l \in \{0,1,2,3\}$[476] (kovariant zu $t,x,y,z$) kann dann vermittels der Zuordnung 7.2 als Hermitescher Bispinor aufgefasst werden:

$$a_{\dot{2}1} = a^1 + \mathrm{i}a^2 = a_1 + \mathrm{i}a_2 \tag{7.4}$$
$$a_{\dot{1}2} = a^1 - \mathrm{i}a^2 = a_1 - \mathrm{i}a_2$$
$$a_{\dot{1}1} = a^3 + ca^0 = a_3 - \tfrac{1}{c}a_0$$
$$-a_{\dot{2}2} = a^3 - ca^0 = a_3 + \tfrac{1}{c}a_0$$

Die metrische Fundamentalform des Minkowskiraums

$$\sum_{l=0}^{3}\sum_{k=0}^{3} g_{lk}a^l a^k = -c^2(a^0)^2 + (a^1)^2 + (a^2)^2 + (a^3)^2$$

lässt sich mit 7.3 durch Spinoren ausdrücken als $-\tfrac{1}{2}a^{\dot{\lambda}\mu}a_{\dot{\lambda}\mu}$ ($\lambda,\mu \in \{1,2\}$). Damit gilt also

$$\sum_{k=0}^{3} a_k b^k = a_k b^k = g_{kl}a^k b^l = -\frac{1}{2}a^{\dot{\lambda}\mu}b_{\dot{\lambda}\mu}.$$

Bei der Übertragung von Kontraktionen in die Spinorform treten also konstante Faktoren hinzu.

Zur Übertragung von Differentialoperatoren genügte es die Differentialoperatoren $\frac{\partial}{\partial x}, \frac{\partial}{\partial y}, \frac{\partial}{\partial z}, \frac{\partial}{\partial t}$ zu übersetzen. Diese verhalten sich aber kovariant zu $a_l$, so dass unter Berücksichtigung von 7.4

$$\partial_{\dot{2}1} = \frac{\partial}{\partial x} + \mathrm{i}\frac{\partial}{\partial y}$$
$$\partial_{\dot{1}2} = \frac{\partial}{\partial x} - \mathrm{i}\frac{\partial}{\partial y}$$
$$\partial_{\dot{1}1} = \frac{\partial}{\partial z} - \frac{1}{c}\frac{\partial}{\partial t}$$
$$\partial_{\dot{2}2} = -\frac{\partial}{\partial z} + \frac{1}{c}\frac{\partial}{\partial t}$$

anzusetzen ist. Damit lassen sich dann ganz analog zur Übertragung des metrischen Fundamentaltensors beispielsweise die Divergenz *div a* und der D'Alembert-Operator $\square$ im Spinorformalismus schreiben als

---

[476] Lateinische Indizes kennzeichnen Objekte im Minkowskiraum, griechische Indizes solche im Spinorraum.

$$div\, a = \sum_{i=1}^{3} \frac{\partial}{\partial x_i} a^i + \frac{\partial}{\partial t} a^0 = -\frac{1}{2} \partial_{\lambda\mu} a^{\lambda\mu}$$

$$\Box = \sum_{i=1}^{3} \frac{\partial^2}{\partial x_i^2} - \frac{1}{c^2} \frac{\partial^2}{\partial t^2} = -\frac{1}{2} \partial_{\lambda\mu} \partial^{\lambda\mu}$$

(mit $x_1, x_2, x_3$ als Bezeichnung für $x, y, z$).

Van der Waerden stellte eine Tabelle zusammen, in der er angab, welche Spinoren erster bis vierter Stufe[477] es gab und welchen von ihnen Weltvektoren und Welttensoren entsprachen. Im Anschluss bemerkte er, dass nicht nur Spinoren vierter Stufe, sondern auch Spinoren zweiter Stufe von der Form $a_{\lambda\mu}$ und $a_{\lambda\dot\mu}$ Welttensoren entsprechen konnten, und zwar alternierenden, selbstdualen $F_{kl}$, und gab einen Hinweis zur Konstruktion an.

Für diese Art von Übersetzung von den Vektoren und Tensoren des Minkowskiraums und ganz allgemein der Elektrodynamik interessierte sich Ehrenfest in seinem Briefwechsel mit van der Waerden besonders. Er schickte van der Waerden Listen von Übersetzungsversuchen und bat um Korrektur und Hilfe, weil er sich noch sehr unsicher mit dem neuen Kalkül fühlte, insbesondere in Bezug auf Vorzeichen und Faktoren. Ehrenfest ignorierte dabei mehrfach den Faktor $-\frac{1}{2}$, der bei der Übersetzung der metrischen Form bzw. bei jeder Kontraktion auftritt und daher eine entscheidende Rolle im Spinorkalkül spielt. Dass van der Waerden in seinem Artikel die Übersetzung der metrischen Fundamentalform explizit zweimal innerhalb weniger Seiten darstellte, mag auf den Briefwechsel mit Ehrenfest zurückgehen.[478] Dieser Fehler Ehrenfests weist auf Ehrenfests starke Orientierung am Tensorkalkül hin, auf eine beinahe blind-schematische Übertragung der Regeln des Tensorkalküls auf den Spinorkalkül. Ehrenfests Interesse an einem Kalkül, an dessen Regeln und an der Übertragung von physikalischen Objekten in diesen neuen Kalkül deutet auf einen formal-rechnerischen Zugang hin, bei dem der Umgang mit Spinoren, das Beherrschen von Rechnungen mit Spinoren im Vordergrund standen und nicht so sehr Konzeptionelles – mit Ehrenfests Worten:

„Aber ich [Ehrenfest] bin noch soweit davon entfernt mit den Dingen operieren zu koennen. Du [van der Waerden] musst mir das erst an einigen Beispielen ‚muendlich' VORMA-CHEN!!"[479]

Auch wenn das Operieren mit Spinoren für Ehrenfest zunächst im Vordergrund stand, so fragte er sich auch, inwiefern Spinoren für andere Bereiche der Physik

---

[477] Unter einem Spinor $n$–ter Stufe (bzw. Grades) verstand van der Waerden einen Spinor mit $n$ Indizes.

[478] van der Waerden (1929, S. 102, 104) erwähnte explizit die Formeln, die Ehrenfest in seinem Brief (Leiden 16.5.1929, MB, ESC 10, S.6, 229) an van der Waerden bei seinem Versuch, die elektrodynamischen Tensoren und Operatoren in Spinorform zu übertragen, mehrmals missachtet hatte.

[479] Ehrenfest an van der Waerden, Leiden 15.5.1929, MB, ESC 10, S.6, 228, Hervorhebung im Original.

sinnvoll sein könnten. Er dachte dabei vor allem an die Elektrodynamik und die Kristallphysik.[480]

Mit der Darstellungstheorie setzte sich Ehrenfest u. a. in der von ihm organisierten Vortragsreihe intensiv auseinander, für die Invariantentheorie interessierte er sich anscheinend nicht. Van der Waerden bediente dieses spezifische Interesse durch die Entwicklung des Spinorkalküls in seinem Artikel größtenteils. Die Ergebnisse der Darstellungstheorie wie auch der symbolischen Invariantentheorie übertrug er ohne nähere Erläuterung in den Spinorkontext, notwendige Rechenregeln gab er explizit an und illustrierte diese an wenigen Beispielen. Allerdings genügte das Ehrenfest und anderen Physikern noch nicht. Sie vermissten eine ausführliche Einführung in die Handhabung des Spinorkalküls. Eine solche – allerdings stark auf die Rechentechnik fokusierte – Einführung zum Spinorkalkül holte der Ehrenfest-Schüler Uhlenbeck zusammen mit Laporte nach.[481]

## 7.3 Diskussion der relativistischen Wellengleichung

Den Spinorkalkül nutzte van der Waerden, um die Diracsche Wellengleichung für ein Elektron in Spinorform zu übertragen und um weitere „Wellengleichungen", d. h. unter der eigentlichen orthochronen Lorentzgruppe invariante Differentialgleichungen erster und zweiter Ordnung für Wellenfunktionen mit zwei oder vier Komponenten aufzustellen. Dahinter stand die Frage, inwiefern vierkomponentige Wellenfunktionen notwendig sind. Van der Waerden schrieb am 14. Mai 1929 an Ehrenfest:

> „Als ich [van der Waerden] den Apparat der Spinoren fertig hatte, habe ich mir auch überlegt, ob man nicht Wellengleichungen mit weniger als 4 Komponenten bilden kann."[482]

Diese Frage beschäftigte gleichzeitig auch Ehrenfest:

> „Ich hoffe auch, dass Du [van der Waerden] mir [Ehrenfest] helfen wirst ganz klar einzusehen, warum man mit Dirac VIER Feldfunctionen fuers Spinelectron nehmen muss und nicht mit zweien auskommt."[483]

### 7.3.1 Diracs Wellengleichung im Spinorkalkül

Bei der Übertragung der Diracschen Wellengleichung in den Spinorkalkül wurde aus der Differentialgleichung für eine vierkomponentige Wellenfunktion ein Paar

---

[480] Ehrenfest an van der Waerden, Leiden 15.5.1929, MB, ESC 10, S.6, 228. Vgl. auch Abschn. 7.5.

[481] Laporte und Uhlenbeck (1931). Vgl. Abschn. 7.5.

[482] Van der Waerden an Ehrenfest, Groningen, 14.5.1929, MB, ESC 10, S.6, 227.

[483] Ehrenfest an van der Waerden, Leiden 15.5.1929, MB, ESC 10, S.6, 228, Hervorhebung im Original.

von Differentialgleichungen für zwei zweikomponentige Spinoren. Van der Waerden ging von der im Lehrbuch von Weyl gegebenen Darstellung der Wellengleichung aus, modifizierte diese jedoch leicht.[484] Seine Version der Wellengleichung für eine Wellenfunktion $\psi = (\psi_1, \psi_2, \psi_3, \psi_4)$ (mit $\psi_i = \psi_i(t, x, y, z)$ eine komplexwertige Wellenfunktion) lautete dann:

$$\frac{1}{c}\left(\frac{h}{\mathrm{i}}\frac{\partial}{\partial t} + \Phi_0\right)\psi + \sum_{r=1}^{3} s'_r\left(\frac{h}{\mathrm{i}}\frac{\partial}{\partial x_r} + \Phi_r\right)\psi + mc\Gamma_0\psi = 0,$$

wobei $h$ das Plancksche Wirkungsquantum geteilt durch $2\pi$ (also in heutiger Notation $\hbar$), $m$ die Masse des Elektrons ist, während $c$ die Lichtgeschwindigkeit und $\Phi_k$ das elektrostatische Potential bezeichnen, und $s'_r$ $4 \times 4$ Matrizen sind, die sich aus den Paulischen Spinmatrizen $s_r (r = 1, 2, 3)$ wie folgt zusammensetzen:[485]

$$s'_r = \begin{pmatrix} s_r & 0 \\ 0 & -s_r \end{pmatrix}$$

mit

$$s_1 = \begin{pmatrix} 0 & 1 \\ 1 & 0 \end{pmatrix}, \quad s_2 = \begin{pmatrix} 0 & \mathrm{i} \\ -\mathrm{i} & 0 \end{pmatrix}, \quad s_3 = \begin{pmatrix} 1 & 0 \\ 0 & -1 \end{pmatrix}.$$

Die ebenfalls vierreihige Matrix $\Gamma_0$ hat die Form

$$\begin{pmatrix} 0 & E \\ E & 0 \end{pmatrix}.$$

Um die zugehörige Spinordarstellung zu gewinnen, spaltete van der Waerden diese Gleichung in zwei Gleichungen auf: Die erste und zweite Zeile der Gleichung bildeten die eine, die dritte und vierte die andere Gleichung. Die Wellenfunktion $\psi$ ersetzte er durch zwei zweikomponentige Spinoren $(\psi_{\dot{1}}, \psi_{\dot{2}}, \chi^1, \chi^2)$, wobei $\psi_{\dot{\mu}}$ und $\chi^\nu$ mit $\mu, \nu \in \{1, 2\}$ komplexwertige Wellenfunktionen, also quadrat-integrierbare Funktionen sind, die sich kontragredient und komplex-konjugiert zueinander transformieren. Die Summe aus Differentialoperator $\frac{h}{\mathrm{i}}\frac{\partial}{\partial x_k}$ und Potential $\Phi_k$ fasste er als ein Objekt $a_k$ auf, das mit Hilfe der Formeln 7.4 in einen Bispinor $a_{\lambda\mu}$ übertragen werden konnte. Dann übersetzt sich die Diracsche Wellengleichung in das folgende Paar von Spinorgleichungen:[486]

$$-a^{\dot{\lambda}\mu}\psi_\lambda + mc\chi^\mu = 0 \tag{7.5}$$

$$-a_{\dot{\mu}\lambda}\chi^\lambda + mc\psi_{\dot{\mu}} = 0, \tag{7.6}$$

---

[484] Weyl (1928b, S. 172, Nr. 47'). Van der Waerden permutierte die Basisvektoren und multiplizierte die Zeitachse mit einem Faktor.

[485] Die Matrizen $s'_r$ entsprechen bis auf Basiswechsel den Diracschen $\gamma_k$-Matrizen.

[486] Die auch von van der Waerden benutzte Konvention des Tensorkalküls, dass über oben und unten vorkommende Indizes summiert wird, wird im Folgenden übernommen. Griechische Indizes – punktiert oder unpunktiert – laufen dabei von 1 bis 2, lateinische von 0 bis 3.

Setzt man die Spinoren $\chi$ zu $\psi$ kovariant an und ersetzt die Bispinoren $a_{\dot\lambda\mu}$ durch die den $a_k$ entsprechenden spinoriellen Ausdrücke $\partial_{\dot\lambda\mu} + \Phi_{\dot\lambda\mu}$, so ergibt sich ein Paar von Spinorgleichungen, welches wieder physikalisch interpretierbar wird:

$$-\left(\frac{\hbar}{i}\partial_\mu^{\dot\lambda} + \Phi_\mu^{\dot\lambda}\right)\psi_{\dot\lambda} + mc\chi_\mu = 0 \tag{7.7}$$

$$\left(\frac{\hbar}{i}\partial_{\dot\mu}^\lambda + \Phi_{\dot\mu}^\lambda\right)\chi_\lambda + mc\psi_{\dot\mu} = 0. \tag{7.8}$$

Darüber hinaus erwähnte van der Waerden die spinorielle Wellengleichung zweiter Ordnung für den Fall, dass kein (äußeres) Feld ($\Phi_k = 0$) vorhanden ist, und damit eine Übertragung der Klein-Gordon Gleichung in den Spinorkalkül. Diese ergibt sich aus der spinoriellen Wellengleichung erster Ordnung nach einigen Umformungen in folgender Form

$$\hbar^2 \Box \chi_\nu = -\tfrac{1}{2}\hbar^2 \partial^{\dot\lambda\mu}\partial_{\dot\lambda\mu}\chi_\nu = m^2 c^2 \chi_\nu, \tag{7.9}$$

wobei für $\psi_{\dot\nu}$ dieselbe Gleichung anzusetzen ist.

### 7.3.2 Alternative Wellengleichungen

Die eingangs erwähnte Frage nach möglichen Alternativen zur Diracschen Wellengleichungen für ein Elektron, die von einer zweikomponentigen statt einer vierkomponentigen Wellenfunktion ausgehen, erörterte van der Waerden zum Abschluss seiner Abhandlung. Er betrachtete dazu ganz allgemein spinorielle Wellengleichungen für zwei- und vierkomponentige Wellenfunktionen. Mit Hilfe des Spinorformalismus gelangte er relativ einfach zu einer Übersicht über Alternativen.

Van der Waerden machte drei Voraussetzungen für die Form einer Wellengleichung: Die Wellengleichung sollte in den Wellenfunktionen linear sein; die Ableitungen nach der Zeit $\frac{\partial\psi}{\partial t}$ bzw. $\frac{\partial^2\psi}{\partial t^2}$ sollten sich linear durch die anderen Ableitungen von nicht höherem Grad ausdrücken lassen; die dabei auftretenden Koeffizienten sollten höchstens vom (äußeren) Feld abhängen. Der Briefwechsel mit Ehrenfest zeigt, dass van der Waerden zunächst von einer anderen Form der Wellengleichungen ausging, diese jedoch aus einer Reihe von Gründen verwarf.[487]

Van der Waerdens allgemeine Wellengleichungen in Spinorform sind die folgenden: Die Wellengleichung erster Ordnung für eine zweikomponentige Wellenfunktion wird durch

$$\partial_{\dot\lambda\mu}\psi^\mu + c_{\dot\lambda\mu}\psi^\mu = 0, \tag{7.10}$$

---

[487] Van der Waerden betrachtete $\frac{\hbar}{i}\partial_\alpha^{\dot\beta}\psi_{\dot\beta} + a_\alpha^{\dot\beta}\psi_{\dot\beta} + B_\alpha^{\dot\beta}\overline{\psi}_{\dot\beta} = 0$ als Ansatz für eine Wellengleichung erster Ordnung mit einer zweikomponentigen Wellenfunktion. Er führte gegen diese Wellengleichung viele schwerwiegende Einwände an, u. a., dass der Lösungsraum keinen Untervektorraum ergab und dass die Gleichung nicht spiegelungsinvariant war (Van der Waerden an Ehrenfest, Groningen, 14.5.1929; MB, ESC 10, S.6, 227 und 230).

gegeben, die Wellengleichung erster Ordnung für eine vierkomponentige Wellen-funktion durch das Paar

$$\partial_{\lambda\mu}\,\psi^\mu + b_{\lambda\mu}\,\psi^\mu + c_\lambda^{\dot\sigma}\,\psi_{\dot\sigma} = 0 \tag{7.11}$$

$$\partial_{\lambda\mu}\,\psi^{\dot\lambda} + e_{\lambda\mu}\,\psi^{\dot\lambda} + f_\mu^\rho\,\psi_\rho = 0 \tag{7.12}$$

die Wellengleichung zweiter Ordnung für eine zweikomponentige Wellenfunktion durch

$$\Box\psi^\mu + b_{\dot\sigma}^{\dot\lambda\rho\mu}\partial_{\lambda\rho}\,\psi^\sigma + c_\lambda^\mu\,\psi^\lambda = 0. \tag{7.13}$$

Alle auftretenden Koeffizienten hängen höchstens vom Feld ab. Die Möglichkeiten zur Bildung von Lorentzinvarianten Wellengleichungen für ein Elektron scheinen auf den ersten Blick äußerst vielfältig. Es befinden sich darunter auch die beiden im vorangehenden Abschnitt betrachteten Wellengleichungen erster und zweiter Ord-nung. Eingeschränkt wird die Vielzahl von Möglichkeiten, wenn man den Fall un-tersucht, dass kein Feld vorhanden ist.

Für diesen Fall zeigte van der Waerden, dass sich die Wellengleichung erster Ordnung für eine zweikomponentige Wellenfunktion (7.10) durch das untere Glei-chungspaar von 7.7 mit $\Phi_{\dot\mu}^\lambda = 0$ (für alle $\dot\mu, \lambda$) der Diracschen Wellengleichung ausdrücken lässt, wenn man die Masse des Elektrons $m = 0$ setzt. Dies interpretierte van der Waerden so, dass eine Wellengleichung erster Ordnung mit einer zweikom-ponentigen Wellenfunktion „nicht mit der Tatsache der Masse in Einklang steht".[488] Deshalb war eine auf einer zweikomponentigen Wellenfunktion basierende Wellen-gleichung erster Ordnung für das Elektron abzulehnen.

Während sich van der Waerden im Mai 1929 mit dieser Frage nach alternativen Wellengleichungen beschäftigte, reichte Weyl einen Artikel zu einer allgemein-re-lativistischen Fassung der Quantenmechanik bei der *Zeitschrift für Physik* ein, in dem er zu einem ähnlichen Ergebnis wie van der Waerden kam.[489] Weyl erreichte es mit anderen mathematischen Mitteln. Er nutzte hierfür die von ihm entwickelte Eichgeometrie, mit der er hoffte, Gravitation, Quantenmechanik und Elektromagne-tismus zu vereinigen. Die Masse des Elektrons war als Bestandteil der Wellenglei-chung unverträglich mit deren Eichinvarianz, an der Weyl festhalten wollte. Deshalb verwarf Weyl die zweikomponentige Wellengleichung erster Ordnung nicht, son-dern versuchte, die Masse des Elektrons als eine Naturkonstante in seine Theorie einzubetten. Dieser Rettungsversuch war jedoch für Physiker wie Fock und Pauli wenig überzeugend.

Van der Waerdens Untersuchung zu alternativen Wellengleichungen Anfang Mai 1929 war nicht durch Weyls Abhandlung motiviert. Allerdings könnte es durchaus sein, dass die Änderung seines Ansatzes für alternative Wellengleichungen, wie sie sich aus dem Vergleich der Korrespondenz mit Ehrenfest und dem publizierten Ar-tikel ergibt, durch die Weylsche Arbeit angeregt worden ist. Denn van der Waerdens Änderung geht genau in die Richtung von Weyls Ansatz der Wellengleichung mit

---

[488] van der Waerden (1929, S. 101).
[489] Weyl (1929). Vgl. Scholz (2005) und Abschn. 15.1.

einer zweikomponentigen Wellenfunktion, der ohne komplex-konjugierte Komponenten der Wellenfunktion auskam. Möglicherweise war Weyls Arbeit in Göttingen noch vor ihrer Publikation bekannt, so dass van der Waerden diese noch während seines Aufenthalts dort im Sommer 1929 zur Kenntnis nehmen und einarbeiten konnte. Die von Weyl und van der Waerden diskutierte und von vielen verworfene Wellengleichung für eine zweikomponentige Wellenfunktion erlebte über 25 Jahre später ein Comeback: Lee und Yang nutzten sie Mitte der 1950er Jahren zur Beschreibung der Wellengleichung des masselosen Neutrinos.[490]

Van der Waerden untersuchte nach der obigen Methode auch die anderen Alternativen: Die Wellengleichung erster Ordnung für eine vierkomponentige Wellenfunktion (7.11) ergibt für den Fall ‚kein Feld', dass die Koeffizienten $b, e$ verschwinden und die Koeffizienten $c, f$ konstant sind, genauer dass $\{c_{\lambda}^{\mu}\}$ und $\{f_{\mu}^{\sigma}\}$ Vielfache der Einheitsmatrix sind. Die Diracsche Wellengleichung ergibt sich daraus, falls sich diese Koeffizienten nur im Vorzeichen unterscheiden. Für eine Wellengleichung zweiter Ordnung mit einer zweikomponentigen Wellenfunktion (7.13) konstatierte van der Waerden lediglich, dass „die Anzahl der Möglichkeiten noch viel größer [als für den vorher betrachteten Fall, MS]"[491] werde.

Van der Waerden diskutierte weder mathematisch noch physikalisch diese spinorellen Wellengleichungen eingehender. Beispielsweise wies er nicht auf die mangelnde Spiegelungsinvarianz der von ihm untersuchten Wellengleichung erster Ordnung für kein Feld hin.[492] Er stellte nur verschiedene invariante Wellengleichungen zur Verfügung und betonte den großen Spielraum, der den Physikern bei der Aufstellung einer Wellengleichung von mathematischer Seite geboten wurde. Van der Waerden enthielt sich jeglicher physikalischer Interpretation und Spekulationen der von ihm aufgestellten Wellengleichungen. Dies überließ er den Physikern.

## 7.4 Die Bedeutung der Weißschen Arbeit

Die bereits im Abschnitt 7.1 erwähnte Weißsche Arbeit „Ein räumliches Analogon zum Hesseschen Übertragungsprinzip" war die invariantentheoretische Grundlage für den Spinorkalkül.[493] Allerdings geht der Umfang ihres Einflusses bei der Entwicklung des Spinorkalküls nicht unmittelbar aus van der Waerdens Artikel hervor. Van der Waerden wies vor allem auf die Bedeutung des Übertragungsprinzips in Bezug auf die Übertragung von Invarianten und Kovarianten hin. Das Übertragungsprinzip bildete den Hintergrund für die Diskussion von invarianten Wellengleichungen: die invarianten Spinorgleichungen, die sich als Invarianten in zwei binären komplexen Variablen mit Hilfe der Invariantentheorie leicht aufstellen lassen,

---

[490] Mehra und Rechenberg (2000, S. 1112 ff.).

[491] van der Waerden (1929, S. 109).

[492] Diese Eigenschaft hatte er in der Diskussion der falschen Wellengleichung (vgl. Fußnote 487 auf S. 138) noch nachgeprüft, obwohl er bereits von der Masseunverträglichkeit der Wellengleichung ausging.

[493] Weiß (1924).

entsprechen mittels des Übertragungsprinzips unter der Lorentzgruppe invarianten Wellengleichungen, an denen die Physiker interessiert waren. Allerdings bleibt in van der Waerdens Artikel völlig unklar, warum die Weißschen Ergebnisse überhaupt angewendet werden können. Insbesondere lässt sich kein Anknüpfungspunkt an die für die Weißsche Arbeit grundlegende Form $(UM)(mt)(\mu\tau)$ finden.[494]

Durch zwei Quellen kann diese Lücke jedoch geschlossen werden. In einem Brief an Schrödinger im Sommer 1932 und in seinem physikhistorischen Artikel zum Spin von 1960 gab van der Waerden Hinweise, wie er den Spinorkalkül entwickelte.[495] Er beschrieb in dem physikhistorischen Artikel relativ ausführlich, wie er auf die Abbildung zwischen (Hermiteschen) Bispinoren und Weltvektoren (Gleichungen 7.1 und 7.2 auf Seite 131) gestoßen war. Der Brief an Schrödinger belegt im Wesentlichen diese – über dreißig Jahre später – gegebene Darstellung seiner Herangehensweise. Im Folgenden wird aus van der Waerdens wissenschaftshistorischer Beschreibung der Zusammenhang zur Weißschen Dissertation rekonstruiert.

In seinem physikhistorischen Artikel erinnerte sich van der Waerden, dass sein Ausgangspunkt geometrisch war:

> „In my paper ‚Spinoranalyse‘ I [van der Waerden] started with the formulae (8) [i.e. the map between worldvector and spinor, equations 7.2, 7.1; MS] without explaining how they were found. My original starting point was the geometry of straight lines on a quadric."[496]

Van der Waerden ging von der Quadrik $Q : x_1 x_2 - x_3 x_4 = 0$ aus, einem Hyperboloid im projektiven komplexen Raum $\mathbb{P}^3(\mathbb{C})$. Diese Quadrik tauchte sowohl bei Weyl als auch bei Weiß auf.[497] Bei Weiß spielte die Quadrik – in der Terminologie und Symbolik von Weiß – die Rolle einer Grundfläche $F_2 : (U\Lambda)^2 = 2(U_0 U_3 - U_1 U_2) = 0$, die zur Form $(UM)(mt)(\mu\tau) = U_0 t_2 \tau_2 + U_1 t_2 \tau_1 + U_2 t_1 \tau_2 + U_3 t_1 \tau_1$ gehört.[498]

Van der Waerden nutzte eine bekannte Parametrisierung der Grundfläche $Q$ durch zwei binäre komplexe Parameter $(\lambda^1, \lambda^2)$ und $(\mu^1, \mu^2)$, mit der auch Weyl gearbeitet hatte. Diese Parametrisierung $p : \mathbb{P}^1(\mathbb{C}) \times \mathbb{P}^1(\mathbb{C}) \to Q \subset \mathbb{P}^3(\mathbb{C})$ von $Q$ ordnete $x_1$ bis $x_4$ folgende Produkte aus Parametern zu

$$
\begin{aligned}
x_1 &= \lambda^2 \mu^1 & x_3 &= \lambda^1 \mu^1 \\
x_2 &= \lambda^1 \mu^2 & x_4 &= \lambda^2 \mu^2
\end{aligned}
\tag{7.14}
$$

Für konstantes $\frac{\lambda^1}{\lambda^2}$ bzw. für konstantes $\frac{\mu^1}{\mu^2}$ erhält man eine Gerade auf dem Hyperboloid. Insgesamt gewinnt man also zwei Scharen von Geraden, die das Hyperboloid erzeugen. Die Operation der Gruppe $SL(2,\mathbb{C}) \times SL(2,\mathbb{C})$ auf den binären Parametern induziert lineare Transformationen in den $x_i$, welche die Quadrik bzw. Grund-

---

[494] Vgl. S. 127.

[495] Van der Waerden an Schrödinger, Leipzig, 14.6.1932, AHQP; van der Waerden (1960, S. 236-238).

[496] van der Waerden (1960, S. 238).

[497] Weyl (1928b, S. 111); Weiß (1924, S. 12).

[498] Vgl. Weiß (1924, S. 12, Beispiel 1). Dabei sind die beiden durch $U_i$ und $x_j$ gegebenen Räume isomorph: $U_0 = x_1, U_1 = x_3, U_2 = x_4, U_3 = x_2$.

fläche invariant lassen und welche die beiden Scharen von Erzeugenden jeweils in sich überführen.

In der Relativitätstheorie arbeitet man aber nicht im komplexen, sondern im reellen Raum. Van der Waerden zeigte, dass man den reellen Lichtkegel $L : x^2 + y^2 + z^2 - c^2 t^2 = 0$ im $\mathbb{R}^4$ durch einen Koordinatenwechsel in $Q$ einbetten kann

$$0 = x^2 + y^2 + z^2 - c^2 t^2 = (x + \mathrm{i}y)(x - \mathrm{i}y) - (ct + z)(ct - z) = x^1 x^2 - x^3 x^4$$

bzw. in kontravarianten Koordinaten

$$x_1 x_2 - x_3 x_4 = 0.$$

Der Lichtkegel $L$ kann also auf diese Art als Teil der Quadrik $Q$ in $\mathbb{P}^3(\mathbb{C})$ aufgefasst werden. Diese Einbettung bietet bereits eine erste Erklärung für die Abbildungsformeln 7.1 und 7.2. Der so eingebettete Lichtkegel wird parametrisiert, indem man in der Parametrisierung $p$ der Quadrik für die beiden Parameter die spezielle Wahl $(\lambda^1, \lambda^2) = (\overline{\mu}^1, \overline{\mu}^2)$ trifft. Für die Koordinaten des parametrisierten Lichtkegels in $\mathbb{P}^3(\mathbb{C})$ gilt dann $x_1 = \overline{x}_2$ und $x_3, x_4$ sind reell. Das erklärt die Abbildungsformeln vollständig.

Der von $(\overline{A}, A)$ (mit $A \in SL(2, \mathbb{C})$) erzeugten Untergruppe von $SL(2, \mathbb{C}) \times SL(2, \mathbb{C})$ entsprechen reelle Transformationen der Weltvektoren. Es galt nun noch zu zeigen, dass sie Lorentztransformationen induzieren, dass sie also die Form $x^2 + y^2 + z^2 - c^2 t^2$ invariant lassen. Den Beweis führte van der Waerden mit Weißschen Mitteln: er nutzte dessen Zuordnung zwischen Ebenen und Bilinearformen.[499] Van der Waerden schnitt den parametrisierten Lichtkegel mit einer Ebene $E : \sum_{k=1}^4 b^k x_k = 0$. So ergibt sich die Gleichung

$$b^1 \lambda^2 \mu^1 + b^2 \lambda^1 \mu^2 + b^3 \lambda^1 \mu^1 + b^4 \lambda^2 \mu^2 = 0 \quad (*).$$

Allerdings betrachtete van der Waerden nicht beliebige Ebenen, sondern nur reelle Ebenen. Diese sind im $\mathbb{R}^4$ gegeben durch die Gleichung $Xx + Yy + Zz + cTt = 0$ (mit $X, Y, Z, T \in \mathbb{R}$). Bettet man diese Ebenen in den $\mathbb{P}^3(\mathbb{C})$ nach der obigen Inklusion ein, so haben die Ebenenkoeffizienten $b^k$ die Form

$$b^1 = X + \mathrm{i}Y, \quad b^2 = X - \mathrm{i}Y,$$
$$b^3 = cT + Z, \quad b^4 = cT - Z.$$

Also gilt $b^1 = \overline{b^2}$ und $b^3, b^4$ sind reell und die Größen transformieren sich unter der oben erwähnten Untergruppe wie $b_{\dot{\alpha}\beta}$. Deshalb bietet sich die Bezeichnung:

$$b^1 = b_{\dot{2}1}, \ b^2 = b_{\dot{1}2}, \ b^3 = b_{\dot{1}1}, \ b^4 = b_{\dot{2}2}$$

an, mit der sich die Gleichung $(*)$ spinoriell schreiben lässt als

---

[499] Vgl. S. 127.

$$b_{\dot{2}1}\lambda^2\mu^1 + b_{\dot{1}2}\lambda^{\dot{1}}\mu^2 + b_{\dot{1}1}\lambda^{\dot{1}}\mu^1 + b_{\dot{2}2}\lambda^2\mu^2 = 0.$$

Einer reellen Ebene entspricht mit Weiß die Form, welche durch die linke Seite dieser Gleichung gegeben wird. Das ist gerade die hermitesche Form

$$b_{\dot{2}1}\lambda^2\mu^1 + b_{\dot{1}2}\lambda^{\dot{1}}\mu^2 + b_{\dot{1}1}\lambda^{\dot{1}}\mu^1 + b_{\dot{2}2}\lambda^2\mu^2.$$

Die Determinante dieser Form ist $b_{\dot{1}1}b_{\dot{2}2} - b_{\dot{1}2}b_{\dot{2}1} = -X^2 - Y^2 - Z^2 + c^2T^2$ und sie ist invariant. Also induzieren die Transformationen $(\overline{A}, A)$ (mit $A \in SL(2, \mathbb{C})$) reelle Lorentztransformationen im $\mathbb{R}^4$.

Die Leistung van der Waerdens bestand also in der konkreten Ausarbeitung des Weißschen Settings, um „Übertragungsformeln" zwischen Weltvektoren und den speziellen doppeltbinären Größen, den Hermiteschen Bispinoren, zu erhalten. Dies war die Grundlage für die Entwicklung des Kalküls. Dass dies möglich war, ergab sich aus der vollständigen Reduzibilität der (eigentlichen orthochronen) Lorentzgruppe und ihren irreduziblen Bausteinen. Die Weißsche Arbeit garantierte dann, dass sich die Invarianten übertragen lassen. Da die Invariantentheorie Methoden für die Bildung sämtlicher Invarianten doppeltbinärer Größen bereitstellte, war es möglich, invariante Spinorgleichungen, und damit unter der Lorentzgruppe invariante Wellengleichungen, systematisch aufzustellen und für eine Diskussion Physikern zur Verfügung zu stellen.

Weyl war in seiner Konstruktion der Darstellung der Lorentzgruppe ähnlich vorgegangen wie in der hier gegebenen Rekonstruktion. Er erwähnte das Hyperboloid und seine Parametrisierung explizit. Der Unterschied bestand lediglich darin, dass sich die beiden von van der Waerden (und Weiß) eingeführten binären Größen kovariant transformierten, während Weyl mit einer kovarianten und einer kontravarianten binären Größe arbeitete.[500] Dadurch erhielten sie verschiedene Darstellungen der $SL(2, \mathbb{C}) \times SL(2, \mathbb{C})$ auf dem Hyperboloid. Van der Waerden verwies in seinem Artikel auf die Darstellungen von Weyl und Weiß. Bei der Entwicklung des Spinorkalküls modifizierte er beide Darstellungen leicht. Van der Waerden nutzte zwei kovariante komplex-konjugierte Darstellungen.

Während van der Waerden Darstellungstheorie und Invariantentheorie soweit wie möglich aus seinem Artikel heraushielt, integrierte Weyl diese in seine Monographie. In einem Unterkapitel gab Weyl eine Einführung in die Invariantentheorie. Dazu übertrug er Konzepte und Sätze der Invariantentheorie in den Kontext der Darstellungstheorie.[501] In einer Fußnote, in welcher er auf Weitzenböcks Monographie zur Invariantentheorie[502] verwies, bemerkte er, dass ein modernes Lehrbuch zur Invariantentheorie in deutscher Sprache, das auch Transformationen mit Deter-

---

[500] Weyl (1928b, §25). In der zweiten Auflage seines Lehrbuchs (Weyl, 1931a, Kap. III., §8c) änderte Weyl den Zugang. Die Darstellungen der Lorentzgruppe entwickelte er direkt aus Formeln der stereographischen Projektion der Einheitskugel $-x_0^2 + x_1^2 + x_2^2 + x_3^2 = 0$, die – bis auf konstante Faktoren – den Übertragungsformeln 7.1 entsprechen. Diesen Zugang wählte er bereits 1929 (Weyl, 1929). Dies war möglich, weil Lichtkegel und Einheitskugel projektiv äquivalent sind.

[501] Weyl (1928b, §32).

[502] Weitzenböck (1923).

minante ungleich 1 umfasse, bisher fehle. Dies kann als versteckte Kritik an seinem Kritiker Study gelesen werden, dessen Lehrbuch Study (1923) Weyl zudem nicht erwähnte.[503]

## 7.5 Erste Reaktionen auf den Spinorkalkül

Da die Entwicklung des Spinorkalküls eine Auftragsarbeit für Ehrenfest war und da dieser Kalkül auch zentral für die beiden weiteren Beiträge van der Waerdens ist, wird im Folgenden hauptsächlich die unmittelbare Reaktion im Ehrenfest-Kreis beschrieben.[504] War Ehrenfest mit der von van der Waerden abgelieferten Arbeit zufrieden? Wurde der Spinorkalkül von ihm selbst oder seinen Schülern tatsächlich benutzt? Insgesamt wurde der Kalkül von Physikern in ihren Veröffentlichungen zunächst eher zögerlich aufgegriffen.

Es sei an dieser Stelle kurz auf zwei Arbeiten von Schouten hingewiesen, die in den Jahren 1929/30 entstanden.[505] Schouten, der an der TH Delft, und damit ganz in der Nähe von Leiden, lehrte, gehörte zwar nicht zu den Schülern von Ehrenfest, er stand aber mit Ehrenfest im Austausch und nahm auch häufig an den Leidener Kolloquien teil.[506] Er nutzte zwar nicht den Spinorkalkül, aber er entwickelte eine Darstellung der Lorentzgruppe im komplexen zweidimensionalen Raum bzw. im vierdimensionalen Raum mit Hilfe von Quaternionen bzw. Sedenionen. Diese war im gewissen Sinne allgemeiner als die in der Physik übliche Darstellung, in der die Paulischen Spinmatrizen auftauchten. In der Auseinandersetzung um eine allgemein-relativistische Fassung der Diracschen Wellengleichung für ein Elektron griff er auf diese Arbeiten zurück (vgl. Abschn. 15.1) und zitierte van der Waerdens Arbeit zum Spinorkalkül.[507]

### 7.5.1 *Laporte und Uhlenbeck*

Der Ehrenfest-Schüler und Miterfinder des Spins George Uhlenbeck und sein Kollege Otto Laporte, die 1931 beide in den USA an der University of Michigan arbeiteten, waren die ersten, die den von van der Waerden entwickelten Spinorkalkül in einem Artikel programmatisch anwandten.[508] Sie benutzten ihn, um die Maxwell- und Diracgleichungen in eine einfache kovariante Form zu bringen. Damit nahmen sie sich genau der Fragen an, die auch Ehrenfest in seiner Korrespondenz mit van

---

[503] Vgl. Fußnote 75 auf S. 26.

[504] Zur Rezeption des Spinorkonzepts im allgemeinen vgl. Abschn. 15.4.

[505] Schouten (1929, 1930).

[506] Nach mündlicher Mitteilung von G. Alberts.

[507] Schouten (1933a, S. 405).

[508] Laporte und Uhlenbeck (1931).

der Waerden erörtert hatte.[509] Laporte und Uhlenbeck warben für den Spinorkalkül. Sie betonten, dass einige der Gleichungen der Elektrodynamik einfacher in der Spinorschreibweise als in der Tensorschreibweise seien. Sie wiesen die Physiker darauf hin, dass Spinoren von selbst in den Arbeiten zur Diracgleichung aufgetaucht waren als anscheinend neue, nicht-tensorielle Größen. Diese ‚neuen' Größen, die Spinoren, seien für Mathematiker nicht so neu:

> „Now it has been known to the mathematicians that the ordinary tensor language does not comprise all possible representations of the Lorentzgroup as had always been assumed tacitly by the physicists [Fußnote mit Verweis auf Weyl (1928b, Kap. III), MS]. The necessary extension of the tensor calculus, the *spinor calculus*, was given by B. van der Waerden, upon instigation of Ehrenfest, and indeed gives all possible representations."[510]

Die deutlichen Hinweise auf Physiker und physikalische Kontexte, und schließlich auch der Beitrag von Laporte und Uhlenbeck insgesamt sollten die physikalische Relevanz des Spinorkalküls verdeutlichen. Sie können nicht nur als Argument für die physikalische Relevanz des Kalküls gelesen werden, sondern auch als Versuch, Physikern das Erlernen dieses Kalküls nahezulegen.

Laporte und Uhlenbeck betrachteten es als notwendig, eine ausführliche Einführung in den Spinorkalkül zu geben. Sie begründeten dies zum einen mit dem ihnen als nicht einfach erscheinenden Zugang zur van der Waerdenschen Publikation, zum anderen mit dem Wunsch, den Kalkül bekannter und beliebter zu machen:

> „Since van der Waerden's article is not easily accessible, and in order to make the spinor analysis more popular, we shall briefly develop the few necessary theorems and formulae here, following van der Waerden closely."[511]

Sie stellten den Spinorkalkül im ersten Teil ihres Artikels auf sechs Seiten ausführlich vor.[512] Dabei legten sie großen Wert darauf, die Bezeichnungsweise für Spinoren klar darzulegen und die Analogie und Differenz zum Tensorkalkül aufzuzeigen. Sie stellten Rechenregeln auf, die sie auch deutlich als solche auszeichneten. Auch wenn der Bezug zum Minkowskiraum der speziellen Relativitätstheorie und der Lorentzgruppe auf das Wesentliche beschränkt wurde, illustrierten sie mit Hinweis auf Weyls Monographie[513] in einer Fußnote die Darstellung von Lorentztransformationen durch die $SL(2,\mathbb{C})$ anhand von zwei Beispielen. Die vollständige Reduzibilität der Darstellung der Lorentzgruppe in irreduzible Spinordarstellungen wurde mit einfachen Worten kurz zusammengefasst:

> „It can be proved, and this is the fundamental theorem of spinor analysis, that one obtains all representations of the Lorentz group by transforming all possible spinors by (1) and (2) [i. e. $SL(2,\mathbb{C})$ and $\overline{SL(2,\mathbb{C})}$, MS]. It follows that the true ‚quantities' belonging to the Lorentz group are spinors, of which tensors form only a special class."[514]

---

[509] Vgl. Abschn. 7.2.

[510] Laporte und Uhlenbeck (1931, S. 1382, Hervorhebung im Original).

[511] Laporte und Uhlenbeck (1931, S. 1382).

[512] Laporte und Uhlenbeck (1931, S. 1386-1388).

[513] Weyl (1928b).

[514] Laporte und Uhlenbeck (1931, S. 1385).

Im Anschluss wurde von dem Autorenpaar ausführlich vorgeführt, wie sich Welttensoren, Gradient und verschiedene Operatoren in Spinorschreibweise überführen ließen. Laporte und Uhlenbeck griffen nur die Darstellung der eigentlichen, orthochronen Lorentzgruppe $\mathscr{L}_+^\uparrow$ auf, nicht aber die Darstellung der durch eine Punktspiegelung erweiterten Lorentzgruppe $\mathscr{L}^\uparrow$.

Sie betonten in ihrer Arbeit wesentlich stärker als van der Waerden die rechnerische Seite, die konkrete Handhabung des Kalküls. Damit glich ihr Zugang dem Ehrenfests: das Verständnis des Spinorkalküls durch konkrete Anwendungen im Bereich der Physik zu fördern. Mathematisch-konzeptionelle Überlegungen reduzierten sie auf ein Minimum. Allerdings interpretierten sie spinorielle Objekte physikalisch bzw. übertrugen verschiedene bekannte Zusammenhänge in spinorielle Form. Beispielsweise leiteten sie eine Wellengleichung zweiter Ordnung für eine vierkomponentige Wellenfunktion in Spinorform aus der Diracschen Wellengleichung ab. Diese berücksichtige im Gegensatz zu der von van der Waerden angegebenen Gleichung (7.9) auch das elektrostatische Potential. Es ergab sich eine Wellengleichung, deren linke Seite äquivalent zu der Klein-Gordonschen Wellengleichung war, während der Ausdruck der rechten Seite als ein durch den Spin verursachter Korrekturterm aufgefasst werden konnte, der (in den punktierten bzw. unpunktierten Indizes) symmetrische Bispinoren, also selbstduale Feldtensoren involvierte:[515]

$$-\frac{1}{2}\left(\frac{h}{i}\partial^{\dot{\sigma}\lambda}+\Phi^{\dot{\sigma}\lambda}\right)\left(\frac{h}{i}\partial_{\dot{\sigma}\lambda}+\Phi_{\dot{\sigma}\lambda}\right)\psi_{\dot{m}}+m^2c^2\psi_{\dot{m}}=-\frac{h}{2i}g_{\dot{m}\dot{\sigma}}\psi^{\dot{\sigma}}$$

$$-\frac{1}{2}\left(\frac{h}{i}\partial^{\dot{\sigma}\lambda}+\Phi^{\dot{\sigma}\lambda}\right)\left(\frac{h}{i}\partial_{\dot{\sigma}\lambda}+\Phi_{\dot{\sigma}\lambda}\right)\chi_k+m^2c^2\chi_k=\frac{h}{2i}g_{k\lambda}\chi^{\lambda}.$$

(wobei sowohl die lateinischen als auch die griechischen Indizes die Werte 1 und 2 annehmen und die Koeffizienten $m$ bzw. $c$ die Masse eines Elektrons bzw. die Lichtgeschwindigkeit repräsentieren).

Außerdem konnten Laporte und Uhlenbeck einen Spinorausdruck für den Stromvektor angeben und eine von Darwin und Gordon eingeführte Zerlegung dieses Stromvektors in Spinorform nachvollziehen. Durch die Übertragung von verschiedenen quantenmechanischen und elektrodynamischen Gleichungen und Verfahren in den Spinorkalkül gelang es ihnen, die Spinoren als physikalisch relevante und interpretierbare Größen darzustellen.[516] Damit war ein weiterer Schritt in Richtung physikalischer Integration des Spinorkalküls getan – allerdings wurde Laporte und Uhlenbecks Arbeit zunächst kaum aufgegriffen. Dass dieser auf die Handhabung und Anwendung des Spinorkalküls ausgerichtete Artikel in der amerikanischen Zeitschrift *The Physical Review* erschien, in der drei Jahre zuvor Slater seine Alternative zur gruppentheoretischen Methode publiziert hatte (vgl. Kap. 13), passt gut zur eher pragmatischen Herangehensweise der US-amerikanischen Physiker.

---

[515] Laporte und Uhlenbeck (1931, S. 1393 f., Gleichungen (4) und (5)).

[516] Laporte und Uhlenbeck planten noch eine Anschlussarbeit zum Spannungstensor, die allerdings – vielleicht aufgrund von formalen Schwierigkeiten bei der Differentiation von Spinoren – nicht erschien. (Uhlenbeck an Ehrenfest, 21.6.1932, MB, ESC 10, S.3, 86).

## 7.5.2 Ehrenfest

Ehrenfest, dem Initiator der van der Waerdenschen Arbeit zum Spinorkalkül, gelang es anscheinend nicht, den Spinorkalkül so zu durchdringen, dass er ihn fruchtbar anwenden konnte. Er gebrauchte ihn zwar 1930 als Prüfungsgegenstand bei der mündlichen Prüfung von Casimir. Er stellte diesem im Wesentlichen dieselben Fragen, wie er sie ein Jahr zuvor an van der Waerden gerichtet hatte: Neben der Diracgleichung sollte Casimir einige Objekte in Spinorform angeben und erklären, warum man eine vierkomponentige Wellenfunktion in der relativistischen Theorie brauche.[517] In Ehrenfests wissenschaftlichen Tagebüchern kommt der Spinorkalkül jedoch kaum vor und in seinen Veröffentlichungen nur als offene Frage. Ehrenfest war mit der Ausarbeitung des Spinorkonzepts auch 1931 noch nicht zufrieden. Er hatte einerseits Schwierigkeiten mit dem Spinorkonzept und andererseits noch viele offene Fragen zur Bedeutung der Spinoren in der Physik. In einem Brief an Uhlenbeck im April 1931, als er bereits ein Manuskript der Laporte-Uhlenbeckschen Arbeit studiert hatte, gestand er ein grundsätzliches Unbehagen mit der Spinoranalyse:

> „Was mir [Ehrenfest] im Grunde doch noch immer die Spinoranalyse unverdaulich macht ist, dass ich mir die Spinoren an absolut nichts „veranschaulichen" kann, wie man das doch bei Vectoren und einigermassen bei Tensoren kann. – Ich bedaure das sehr, aber niemand kann mir helfen. Ich verstehe es ja so abscheulich schlecht, dass ich nicht einmal formulieren kann, was ich eigentlich verlange. – Ich moechte irgendwie ein den Spinor veranschaulichendes „objcct" gezeigt bekommen. dann wuerde ich erst die komische zweideutige Transformation bei Derehungen „sehen". Ich fuehle mich total blind und also ungluecklich."[518]

Auch wenn Ehrenfest den Kalkül zu diesem Zeitpunkt wahrscheinlich rechnerisch beherrschte, so fehlte ihm offensichtlich zur produktiven Anwendung eine geometrisch-physikalische Vorstellung von Spinoren – so könnte man Ehrenfests Ausdruck „veranschaulichendes Objekt" hier interpretieren. Der Kalkül allein und auch die Arbeiten von van der Waerden, Laporte und Uhlenbeck gaben darauf keine Antworten.

In seinem Artikel „Einige die Quantenmechanik betreffende Erkundigungsfragen" beschäftigte sich Ehrenfest mit Spinoren als einem von drei Themen- bzw. Fragekomplexen.[519] Dieser Artikel entstand bereits 1931. Jedoch hielt Ehrenfest die Publikation für mehr als ein Jahr zurück aus Angst vor den Reaktionen von Bohr und Pauli.[520]

---

[517] Ehrenfest an Uhlenbeck, 1.6.1930, MB, ESC 10, S.2, 78.

[518] Ehrenfest an Uhlenbeck, 28.4.1931, MB, ESC 10, S.3, 84, Hervorhebung im Original.

[519] Ehrenfest (1932).

[520] „Ich [Ehrenfest] hatte aus Angst vor Bohr und Ihnen [Pauli] (,und sonst niemandem in der Welt') mehr als ein Jahr an dem Entschluß herumgewürgt, die paar Zeilen drucken zu lassen, bis mich schließlich eine Art Verzweiflung dazu trieb. Denn immer hilfloser fühlte ich mich als Schulmeister den jüngeren Leuten gegenüber, die natürlich überzeugt sind, daß ich alles wissen und alles verstehen *muß*." Ehrenfest an Pauli, [Leiden], 31.10.1932, zitiert nach von Meyenn (1985, S. 135). Damit lässt sich auch das im Ehrenfest-Nachlass in Leiden erhaltene, undatierte Fragment zu Spinoren (MB, ESC 3, S.8, 248) grob datieren. Denn es enthält – zum Teil wortwörtlich –

Ehrenfest forderte in diesem Artikel das „Zugänglichermachen der Spinorrechnung."[521] Er dachte dabei an „ein *dünnes Büchlein*, aus dem man *gemütlich* die Spinorrechnung mit der Tensorrechnung vereinigt lernen könnte."[522] Er begründete dies damit, dass ein „reiche[r] Vorrat von Analogien zwischen anschaulich sehr verschiedenen Vektoren und Vektorfeldern [...] der Entwicklung der Mechanik und der Physik immer wieder sehr geholfen"[523] habe, und verwies auf das Beispiel der Tensorrechnung in der allgemeinen Relativitätstheorie. Van der Waerdens Artikel von 1929 betrachtete Ehrenfest als eine „Skizze", für welche Physiker „sicher sehr aufrichtig dankbar"[524] seien. Er erwähnte in einer Fußnote auch die Arbeit von Laporte und Uhlenbeck, sowie van der Waerdens Darstellung der Spinoren in dessen Lehrbuch *Die gruppentheoretische Methode in der Quantenmechanik* (vgl. Abschn. 12.3).

Ehrenfest schloss mit vier Bemerkungen. Erstens bekundete er Verwunderung über den späten Zeitpunkt der Entdeckung der Spinoren und wies auf Focks klärenden Artikel[525] hin. Zweitens hielt er eine einfache Exposition zur reellen Drehungsgruppe in Räumen beliebiger Dimension für nötig, die deren Topologie, die zweidimensionalen irreduziblen Darstellungen und spinorähnliche Größen, sowie eine klare Erläuterung des vierdimensionalen Falls beinhaltete. Hier zeigte sich sein Interesse für den mathematischen Hintergrund. Drittens wünschte sich Ehrenfest eine Klärung der Weylschen Vermutung, dass „in der Physik nur solche Tensoren eine fundamentale Rolle spielen, deren Komponenten sich gemäß der *irreduziblen* Darstellungen der Dreh- bzw. Lorentzgruppe transformierten."[526] Er suchte also auch im Zusammenhang mit den Spinoren Antworten auf theoretisch-konzeptionelle Fragestellungen, wie sie Weyls Arbeiten aufwarfen. Viertens, fragte Ehrenfest, ob Spinoren auch bei der „Klassifikation von linear-homogenen Erscheinungszusammenhängen in Kristallen"[527] ins Spiel kommen könnten und verwies dazu auf W. Voigts *Lehrbuch der Kristallphysik*.[528] Damit präzisierte er eine Frage, die er schon bei der Entwicklung des Spinorkalküls 1929 an van der Waerden gerichtet hatte.[529] Diese Bemerkungen zeigen deutlich, dass Ehrenfests Fragen weit über die von van der Waerden sowie von Laporte und Uhlenbeck bearbeiteten Gebiete hinausgingen. Die Arbeiten von ihnen könnten jedoch als Grundlage für das von Ehrenfest gewünschte einführende Werk gesehen werden.

---

einige der in Ehrenfest (1932, S. 559) angesprochenen Fragestellungen zu Spinoren. Es kann daher angenommen werden, dass es aus den Jahren 1931/32 stammt.

[521] Ehrenfest (1932, S. 555).

[522] Ehrenfest (1932, S. 558, Hervorhebungen im Original).

[523] Ehrenfest (1932, S. 558).

[524] Ehrenfest (1932, S. 558).

[525] Fock (1929).

[526] Ehrenfest (1932, S. 559, Hervorhebung im Original).

[527] Ehrenfest (1932, S. 559).

[528] Voigt (1910).

[529] Ehrenfest an van der Waerden, Leiden 15.5.1929, MB, ESC 10, S.6, 228.

Kurz darauf wurde die Antwort Paulis auf Ehrenfests Fragen publiziert. Pauli behandelte allerdings nicht den Themenkomplex Spinoren.[530] Er überließ diesen Bereich den „Gruppenfritze[n]"[531], weil er sich für die „mehr mathematisch-gruppentheoretischen Fragen [...] nicht kompetent"[532] fühlte.

Ehrenfest äußerte seine Unzufriedenheit mit dem Spinorkalkül auch in seiner Korrespondenz mit anderen Kollegen, etwa gegenüber Einstein. Einstein, der auch nicht glücklich über den Spinorkalkül war, entwickelte zusammen mit Mayer das Konzept der Semivektoren, das er als eine physikalisch ansprechende Alternative zu den Spinoren sah. Mit den Semivektoren von Einstein und Mayer ist hier ein anderer Entwicklungsstrang angesprochen, nämlich der der vereinheitlichenden Feldtheorien und der Übertragung der Spinoren in den allgemein-relativistischen Kontext.[533]

Insgesamt war also van der Waerdens Artikel zum Spinorkalkül für Ehrenfest und wahrscheinlich auch für viele andere Physiker in den ersten Jahren nach dessen Publikation nicht wirklich hilfreich, auch wenn van der Waerden Ehrenfests Fragen aufgriff und sich um eine einfache mathematische Darstellung des Gebiets bemühte. Problematisch blieb, neben der Handhabung des Kalküls, die physikalische Relevanz bzw. Interpretation der Spinoren und, damit eng verbunden, ein anschauliches Konzept für diese. Bei der Entwicklung und der physikalischen Durchdringung der Theorie der Spinoren spielte Ehrenfest, das zeigt dieses Kapitel deutlich, eine zentrale Rolle – vielleicht gerade aufgrund seiner Verständnisschwierigkeiten bzw. seines Willens, diese zu überwinden. Diese Rolle Ehrenfests wurde auch von den Zeitgenossen wahrgenommen.[534]

---

[530] Pauli (1933b).

[531] Pauli an Ehrenfest, Zürich, 28.10.1932, zitiert nach von Meyenn (1985, S. 134).

[532] Pauli (1933b, S. 573).

[533] Vgl. Kap. 15.

[534] Vgl. Pauli (1933c, S. 843), Veblen (1934, S. 426).

# Teil III
# Van der Waerden und seine Leipziger Arbeiten zur Quantenmechanik

Dieser Teil beginnt mit einer Darstellung von van der Waerdens Zeit in Leipzig von 1931 bis 1945 (Kap. 8). Dabei werden insbesondere seine wissenschaftlichen Aktivitäten im Bereich der mathematischen Physik rekonstruiert. Ein Exkurs zu van der Waerdens Verhalten in Bezug auf die nationalsozialistische Politik beschließt das Kapitel. Nach einer Übersicht zu den Entstehungskontexten und dem Aufbau der Monographie *Die gruppentheoretische Methode in der Quantenmechanik*[535] (Kap. 9) folgen Kapitel zu speziellen Teilaspekten des Werkes: zur Einführung der Darstellungstheorie durch das relativ junge Konzept der Gruppe mit Operatoren (Kap. 10), zur Konstruktion der wichtigsten Darstellungen einiger quantenmechanisch relevanter Gruppen (Kap. 11), zu ausgewählten Anwendungen der Gruppentheorie in der Quantenmechanik (Kap. 12), zum Umgang mit der von John Slater entwickelten gruppenfreien Alternativmethode (Kap. 13) und schließlich zur gruppentheoretischen Behandlung von Molekülspektren (Kap. 14). Die Auswahl dieser Themen ergibt sich hauptsächlich durch den Vergleich von van der Waerdens Werk mit den kurz zuvor herausgekommenen Monographien zur Gruppentheorie und Quantenmechanik von Hermann Weyl und Eugen Wigner.[536] Dadurch können einige Spezifika der van der Waerdenschen Vorgehensweise herausgearbeitet werden, wie beispielsweise ein gewisser Pragmatismus in der mathematischen Darstellung oder ein – in gewisser Hinsicht – „moderner" Zugang. Eine Zusammenstellung zur Rezeption des Buches insgesamt und der gruppentheoretischen Methode in der Quantenmechanik im Allgemeinen mit Schwerpunkt auf den 1930er Jahren wird im Abschnitt 12.4 gegeben.

Im Kapitel 15 wird die gemeinsam mit Leopold Infeld publizierte Arbeit „Die Wellengleichung des Elektrons in der allgemeinen Relativitätstheorie"[537] im Kontext der Entwicklung vereinheitlichender Feldtheorie analysiert, ihre etwas verwickelte Genese rekonstruiert und ihrer Wirkungsgeschichte in den 1930er Jahren nachgegangen. Auch diese Arbeit kann als Service für Physiker aufgefasst werden, weil van der Waerden damit auf ein Unbehagen unter Physikern mit dem von Weyl und Fock 1929 in die Physik eingeführten Konzept der $n$−Beine reagierte.

Den Abschluss des dritten Teils bildet ein Aspekt der Wechselbeziehungen zwischen Mathematik und Physik, der häufig zu kurz kommt, nämlich ein Beispiel für die Rückwirkung der Mathematisierung der Physik auf die mathematische Forschung. Auf der Grundlage eines durch Hendrik Casimir in der Quantenmechanik konstruierten mathematischen Konzepts gelang es 1935 van der Waerden und Casimir den ersehnten „Algebraische[n] Beweis der vollständigen Reduzibilität der Darstellungen halbeinfacher Liescher Gruppen" zu geben.[538] Weitere algebraische Beweise dieses Zusammenhangs wurden von Richard Brauer im Jahr 1936 und von Giulio Racah Anfang der 1950er Jahre aufgestellt – letzterer wiederum in enger Verbindung zu dessen quantenmechanischer Forschung.

---

[535] van der Waerden (1932).

[536] Weyl (1931a); Wigner (1931).

[537] Infeld und van der Waerden (1933).

[538] Casimir und van der Waerden (1935).

# Kapitel 8
# Van der Waerden als Professor in Leipzig (1931–1945)

Leipzig hatte sich unter Debye, Heisenberg und Hund seit 1927/28 zu einem internationl führenden Zentrum der Quantenmechanik in Deutschland entwickelt. Als Professor in Leipzig beteiligte sich van der Waerden an ihrem quantenmechanischen Seminar, publizierte zur Quantenmechanik und regte quantenmechanische Forschung an. Diese Tätigkeiten im Bereich der mathematischen Physik scheinen zwar angesichts seines breiten Forschungsspektrums in Leipzig eher unbedeutend, waren jedoch zusammen mit seinen Untersuchungen im Bereich der angewandten Mathematik eine wichtige Voraussetzung für seinen weiteren beruflichen Werdegang. Van der Waerdens Professur in Leipzig fiel teilweise in die Zeit der nationalsozialistischen Herrschaft in Deutschland. Wie van der Waerden sich während des Nationalsozialismus verhielt, wird in einem Exkurs im letzten Abschnitt des Kapitels (8.3) ausführlich erörtert werden.

## 8.1 Berufung, Kollegen und Lehre

Im Mai 1930 schlug die Philosophische Fakultät der Universität Leipzig dem Sächsischen Ministerium für Volksbildung van der Waerden als einzigen Kandidaten für die Nachfolge von Otto Hölder vor, der bereits 1928 emeritiert worden war.[539] Dies geschah gerade zu der Zeit, als van der Waerden eine Berufung an die Universität Leiden ablehnte. Damit kann die mögliche Berufung van der Waerdens in Leipzig als zusätzliches Motiv für seine Absage an Leiden angesehen werden.[540] Leipzig

---

[539] UAL, Film 513, Bl. 453. Zu diesem ungewöhnlichen Vorgehen der Fakultät bei der Regelung der Nachfolge Otto Hölders siehe Thiele (2004, S. 8 f.) und Schlote (2008, Kap. 7.4). Van der Waerdens Zeit in Leipzig wird von Schlote (2008), Thiele (2004, 2009), Soifer (2004a, 2009) und Eisenreich (1981) dargestellt. Schlote und Eisenreich behandeln das wissenschaftliche Werk van der Waerdens, Soifer geht fast ausschließlich auf van der Waerdens Verhalten in der NS-Zeit ein.

[540] Bereits am 3.6.1930 berichtete Tisdale, dass van der Waerden laut Landau und Courant einen Ruf nach Leipzig angenommen habe (RACTisdale). Siehe auch S. 120. Die Leipziger mathematische Fakultät wurde offiziell erst im September 1930 davon unterrichtet.

M.R. Schneider, *Zwischen zwei Disziplinen*, Mathematik im Kontext,
DOI 10.1007/978-3-642-21825-5_8, © Springer-Verlag Berlin Heidelberg 2011

war für van der Waerden gerade deshalb attraktiv, weil dort die für ihre quantenmechanische Forschung renommierten Physiker Werner Heisenberg und Friedrich
Hund arbeiteten.[541]

Van der Waerden wurde zum 1. Mai 1931 zum Ordinarius für Geometrie und
Direktor des Mathematischen Instituts und Seminars an der Universität Leipzig ernannt. Seine Kollegen waren Paul Koebe, Léon Lichtenstein und ab Oktober 1936
– auf Betreiben van der Waerdens, Heisenbergs und Hunds – Eberhard Hopf[542], der
ab Mai 1937 als Nachfolger von Lichtenstein ordentlicher Professor wurde, sowie
Friedrich Levi und Ernst Hölder, der Sohn von Otto Hölder.[543] Léon Lichtenstein
war stark an der mathematischen Physik interessiert. Er forschte vor allem zu mathematischen Problemen in der Hydrodynamik und in der Astronomie. Zu seinen
Studenten zählten u. a. Ernst Hölder und Aurel Wintner, die ebenfalls zur mathematischen Physik arbeiteten. Lichtenstein verstarb 1933 in Polen, wohin er nach
einer antisemitischen Kampagne gegen ihn gereist war. Sein Nachfolger Eberhard
Hopf arbeitete zu verschiedenen Gebieten der mathematischen Physik (u. a. zur Er-
godentheorie), ab 1936 forschte er zu Turbulenzerscheinungen. Hopf war ab 1942
an der Deutschen Forschungsanstalt für Segelflug in Ainring tätig. Friedrich Levi,
mit dem van der Waerden einige Seminare zusammen anbot und einen Artikel[544]
veröffentlichte, wurde im Mai 1935 aufgrund des Gesetzes zur Wiederherstellung
des Berufsbeamtentums entlassen.[545] Paul Koebe arbeitete zur Funktionentheorie
mit Schwerpunkt auf Uniformisierung und automorphen Funktionen. Er hatte be-
kanntermaßen einen eher unangenehmen Charakter. Dies bekam van der Waerden
beispielsweise zu spüren, als Koebe zu seinen Studierenden sagte, dass er van der
Waerdens Vorlesungen für nicht so wichtig hielte.[546] Neben solch persönlichen Un-
annehmlichkeiten gab es auch fachliche Differenzen zwischen van der Waerden und
Koebe, so etwa zur Besetzung einer Assistentenstelle und zur Leitung des mathematischen Instituts.[547]

Am 27. Juni 1931 hielt van der Waerden seine Antrittsvorlesung in Leipzig. Sie
trug den Titel „Die Gruppentheorie als ordnendes Prinzip". Inwiefern er darin auch
auf ihre ordnende Rolle im Bereich in der Quantenmechanik bei der Bestimmung
der Quantenzahlen und damit auf ihre ordnende Rolle auch außerhalb der Mathematik einging, lässt sich nicht eruieren, weil kein Zeugnis von dem Inhalt der Rede
aufgespürt werden konnte. Van der Waerden bot in den folgenden Jahren Vorlesungen und Seminare zur Geometrie (analytische, projektive, algebraische, darstellende), zur Algebra, Topologie, Zahlentheorie, Analysis, Wahrscheinlichkeitstheorie

---

[541] So zumindest van der Waerdens Erinnerung in dem Interview mit Dold-Samplonius (1994).

[542] Hopf hatte für seine Berufung eine Stelle am M.I.T. aufgegeben (Beyer, 1996, S. 348).

[543] Zu Koebe, Lichtenstein, Hopf, Ernst Hölder siehe Beckert und Schumann (1981); Beyer (1996).
Zu Levi vgl. Pinl (1972, S. 188-191), Fuchs und Göbel (1993). Eine umfangreiche und detaillierte
Untersuchung der Leipziger Mathematiker und Physiker und ihren Forschungen, insbesondere im
Bereich der mathematischen und theoretischen Physik gibt Schlote (2008).

[544] Levi und van der Waerden (1932).

[545] Vgl. Kap. 8.3 auf Seite 158.

[546] van Dalen (1999, S. 190).

[547] Zu ersterem siehe Bradley und Thiele (2005, S. 92 f.), zu letzterem siehe Kap. 8.3.

und angewandten Mathematik, zur Geschichte der Mathematik und Astronomie und zur mathematischen Physik an.[548] Seine Lehrtätigkeit spiegelt hier zum ersten Mal die Breite seines wissenschaftlichen Interesses wider. Van der Waerden hielt nur ein Seminar zur mathematischen Physik in Leipzig ab, nämlich zur Gruppentheorie und Quantenmechanik im Sommersemester 1931. In einem weiteren Seminar, das er zusammen mit Levi gestaltete, behandelte er die Spektraltheorie allgemeiner Eigenwertprobleme – ein Thema das mit der Quantenmechanik in enger Beziehung steht. Damit spielte die mathematische Physik in van der Waerdens Lehre, wie auch in seinen Publikationen, eher eine marginale Rolle. Dagegen publizierte van der Waerden ab 1935 zur Wahrscheinlichkeitstheorie und Statistik und bot ab 1939 regelmäßig Vorlesungen zur angewandten Mathematik (Wahrscheinlichkeitsrechnung, Statistik, numerische und graphische Methoden) an. Ebenfalls ab 1939 begann er Veranstaltungen zur Geschichte der Mathematik (Altertum, Algebra, Astronomie) anzukündigen, wozu er bereits seit 1937 publizierte. Damit kann man mit Kriegsbeginn sowohl eine Hinwendung van der Waerdens zur angewandten Mathematik – und damit vielleicht auch zur Kriegsforschung verwertbaren Mathematik – in der Lehre konstatieren, als auch eine Hinwendung zu der auf den ersten Blick für die Nazis unbrauchbaren Geschichte der Mathematik und Astronomie.[549] Neben van der Waerden gab es in Leipzig zwei weitere Mathematiker, die zur mathematischen Physik lehrten: Ernst Hölder und Eberhard Hopf.[550] Van der Waerden besuchte auch Vorlesungen anderer Kollegen, etwa bei Hans-Georg Gadamer zur Philosophie Platons.

Wie schon in Groningen war van der Waerden um ein freundschaftliches Verhältnis zu seinen Studierenden bemüht. Wie Herbert Beckert, der während einer Frontbeurlaubigung 1942/43 bei van der Waerden eine Vorlesung zur Wahrscheinlichkeitstheorie und ein Seminar zur Maßtheorie besuchte, berichtete, lud van der Waerden seine Seminarteilnehmer anschließend zu Tee und Kuchen ein.[551]

## 8.2 Forschungsbeiträge zur mathematischen Physik – eine Übersicht

In Leipzig arbeiteten die Physiker Werner Heisenberg, Friedrich Hund und Peter Debye – allesamt Experten auf dem Gebiet der Quantenmechanik.[552] Unter ihnen entwickelte sich Leipzig ab 1927 schnell zu einem führenden Zentrum der quanten-

---

[548] Vorlesungsverzeichnis Leipzig, UAL, Filme 1518, 1495, 1496.

[549] Letzteres wird bei anderen Mathematikern manchmal als eine Art von innerem Exil bewertet.

[550] Ernst Hölder war Assistent. Er bot im Sommersemester 1931 eine Vorlesung zur Riemannschen Geometrie an als Einführung in die mathematische Behandlung der Relativitätstheorie und im Sommersemester 1937 eine Vorlesung zur mathematischen Behandlung von Wellenvorgängen. Hopf las im zweiten Trimester 1940/41 Methoden der mathematischen Physik.

[551] Beckert (2007, S. 71).

[552] Zur Quantenmechanik in Leipzig unter Heisenberg siehe Kleint und Wiemers (1993). Für eine umfangreiche wissenschaftliche Biographie Heisenbergs siehe Cassidy (2001).

mechanischen Forschung. Es entstand ein reger wissenschaftlicher Austausch zwischen dem aufstrebenden Leipzig und den schon etablierten Zentren Kopenhagen, Göttingen, München sowie den kleineren Zentren wie Zürich. Es wurden Gastvorträge gehalten, man organisierte Konferenzen. Die von den Leipziger Physikern ab 1927 veranstaltete sogenannte ‚Leipziger Vortragswoche,‘ eine jährlich stattfindende Tagung zu wechselnden Themen aus der physikalischen Forschung[553], trug zu dieser Entwicklung bei. Heisenberg und Hund zogen in dieser Zeit viele begabte, in- und ausländische Studierende, Promovenden und Physiker an.[554] Van der Waerden nahm regelmäßig am Seminar zur Struktur der Materie teil, das von Heisenberg und Hund dienstags von 15 bis 17 Uhr abgehalten wurde und für einen kleinen, speziell eingeladenen Kreis von Gästen und Studierenden bestimmt war.[555] Im Anschluss daran gab es Tee, von Heisenberg gestifteten Kuchen und es wurde Tischtennis gespielt. Der Umgangsstil untereinander war locker und ungezwungen. Van der Waerden fungierte dort als ein Berater in mathematischen Fragen.[556] In Leipzig bot sich ihm also die Gelegenheit, den im Ehrenfest-Kreis begonnenen interdisziplinären Diskurs fortzusetzen. Dies mündete in weitere Forschungsbeiträge zur Physik.

Während seiner Professur in Leipzig veröffentlichte van der Waerden neben den beiden bereits erwähnten quantenmechanischen Arbeiten[557] einen weiteren Artikel auf dem Gebiet der mathematischen Physik, nämlich zur Tieftemperaturphysik bzw. Supraleitung[558]. Der Inhalt dieses Artikels sei an dieser Stelle der Vollständigkeit halber kurz skizziert.[559] Der 1941 erschienene Artikel zur Tieftemperaturphysik wurde durch ein Gespräch mit Richard Becker in Göttingen angeregt. Van der Waerden erklärte wahrscheinlichkeitstheoretisch die sogenannte lange Reichweite der regelmäßigen Atomanordnung in Mischkristallen, die bis dahin von H. A. Bethe und F. Zernike nur approximativ bestätigt worden war. Zu diesem Zeitpunkt lehrte und publizierte van der Waerden bereits zur Wahrscheinlichkeitstheorie und Statistik. Ein Mischkristall, der zu gleichen Teilen aus zwei Komponenten (Elementen oder größeren Einheiten) besteht, weist unterhalb einer kritischen Temperatur besonderes Verhalten auf, wie etwa das der Supraleitung. Dieses sei, so die Hypothese, auf eine spezielle Anordnung der Kristallkomponenten im Gitter des Kristalls zurückzuführen: nämlich der Unterschiedlichkeit von je zwei Nachbarkomponenten im Kristallgitter in einem großen Gebiet. Diese spezielle Ordnung wurde als regelmäßige Atomanordnung langer Reichweite bezeichnet. Van der Waerden zeigte,

---

[553] Quantentheorie und Chemie (1928), Dipolmoment und chemische Struktur (1929), Elektronen-interferenzen (1930), Molekülstruktur (1931), Magnetismus (1933), siehe die von Debye herausgegebene Reihe *Leipziger Vorträge* (erschienen bei S. Hirzel, Leipzig 1928–1933).

[554] Eine Liste findet man in Kleint und Wiemers (1993, S. 137 f.).

[555] Kleint und Wiemers (1993).

[556] Siehe Zitat auf S. 370.

[557] van der Waerden (1932); Infeld und van der Waerden (1933).

[558] van der Waerden (1941a). Ein Hinweis auf diesen Artikel fehlt in der Bibliographie von Top und Walling (1994).

[559] Von einer ausführlichen Analyse und Kontextualisierung musste abgesehen werden, weil diese Arbeit thematisch und methodologisch von den vorangegangenen Artikeln abweicht.

Abb. 8.1: B. L. van der Waerden in Leipzig

dass unterhalb der kritischen Temperatur die Wahrscheinlichkcit von Fehlständen, also dass zwei Nachbarkomponenten im ebenen oder im räumlichen Gitter gleich sind, verschwindend gering wird. Dazu entwickelte er eine spezielle kombinatorische Methode, mit der die Wahrscheinlichkeit für Fehlstände abgeschätzt werden konntc. Schließlich gelang ihm damit auch ein neues physikalisches Ergebnis abzuleiten: „*die* [mittlere] *Energie* [eines Zustands des Mischkristalls] *als Funktion der Temperatur* für alle Temperaturen unterhalb der kritischen exakt zu berechnen."[560] Diese Arbeit widmete van der Waerden seinem Kollegen Werner Heisenberg zum 40. Geburtstag.[561]

Van der Waerden arbeitete nicht nur selbst zu physikalischen Themen, sondern er regte auch gelegentlich seine Studierenden an, sich mit diesen auseinanderzusetzen. In seiner Leipziger Zeit vergab van der Waerden zwei Dissertationsthemen, die eng mit der Physik verbunden waren.[562] Er stellte Hermann Arthur Jahn ein Problem zur quantenmechanischen Erfassung des Methanmoleküls (siehe Abschn. 14.3) und Georg Wintgen ein Problem, das für die Kristallographie wichtig war, nämlich die

---

[560] van der Waerden (1941a, S. 474, Hervorhebung im Original).

[561] E. Lea und G. Wiemers in: Kleint und Wiemers (1993, Fußnote 26, S. 205).

[562] Van der Waerden war Erstgutachter von insgesamt zehn Dissertationen in Leipzig und Zweitgutachter von fünf weiteren Dissertationen, sowie einmal Drittgutachter (UAL, Promotionsgutachten, Film 32, MI B135/136).

irreduziblen unitären Darstellungen der sogenannten Raumgruppen aufzustellen.[563] Zur Bearbeitung beider Themen wurde die Darstellungstheorie herangezogen. Während das Auffinden der Darstellungen der Raumgruppen zwar physikalisch motiviert war[564], aber rein mathematisch formuliert und bearbeitet werden konnte, reichte Jahns Thema tief in die Quantenmechanik hinein und war ohne fundierte quantenmechanische und darstellungstheoretische Kenntnisse nicht zu behandeln. Jahns Dissertation entstand deshalb auch teils am mathematischen, teils am theoretisch-physikalischen Institut der Universität Leipzig.

Neben der Vergabe der zwei physikalischen Dissertationsthemen betätigte sich van der Waerden auch als Gutachter für eine Dissertation und zwei Habilitationen im Bereich der Physik bzw. Astronomie. Er begutachtete die Dissertation von Siegfried Böhme zur Astronomie, sowie die Habilitationen von Carl Friedrich von Weizsäcker zur Quantenmechanik und von Hans Heinrich Huber zur Astronomie.[565]

## 8.3 Exkurs: Van der Waerden und der Nationalsozialismus

Im Januar 1933 kamen die Nationalsozialisten in Deutschland an die Regierungsmacht. Für die Hochschulen bedeutete dies in den folgenden zwei Jahren gravierende Einschnitte: Die Universitäten wurden ‚gleichgeschaltet' und zahlreiche Wissenschaftler und Wissenschaftlerinnen entlassen. Das Gesetz mit der größten Auswirkung auf die Wissenschaft war das Gesetz zur Wiederherstellung des Berufsbeamtentums (BBG), das am 7. April 1933 erlassen wurde und in den Jahren bis 1937, als das Deutsche Beamtengesetz in Kraft trat, weiter verschärft wurde. Es ermöglichte die Entlassung von tausenden von Wissenschaftlern und Wissenschaftlerinnen aus politischen (§2a, §4)[566], aus ‚rassischen' (§3)[567] oder verwaltungstechnischen (§6)[568] Gründen. Nur Soldaten, die im ersten Weltkrieg gekämpft hatten, sogenannte Frontkämpfer, und deren Hinterbliebenen, sowie Beamte, die vor 1914 eingestellt worden waren, sogenannte Altbeamte, waren vom §3 BBG bis Herbst 1935 ausgenommen. Nach den in §3 BBG genannten ‚rassischen' Gründen zählten die im §6 BBG umrissenen verwaltungstechnische Gründe zu den anfangs am häufigsten benutzten. Denn mithilfe des §6 konnten auch nichtdienstunfähige Personen ohne

[563] Wintgen (1942).

[564] Van der Waerden stellte in seiner Begutachtung explizit den Zusammenhang zur Kristallographie her (UAL, Promotionsgutachten, Film 32, MI B135).

[565] Böhme (1935); von Weizsäcker (1936); Hans Heinrich Huber, *Zur Diskussion der Hoffmannschen Stöße und der durchdringenden Komponente der kosmischen Strahlung* (1938) (UAL, Film 32, MI B135; UAL, Film 33, MI B141). Van der Waerden fertigte Gutachten zu zwei weiteren mathematischen Habilitationen an: von Hans Reichardt und Hans Werner Richter.

[566] Dazu zählten marxistische, sozialdemokratische oder kommunistische, frühere oder aktuelle Betätigungen (§2a), bzw. eine politische Betätigung, die vermuten ließ, dass der betreffende Wissenschaftler nicht „jederzeit rückhaltlos für den nationalen Staat eintreten" würde (§4).

[567] Im BBG, §3 galten als ‚Nichtarier' diejenigen Personen, die einen Elternteil oder einen Großelternteil von jüdischen Glauben hatten.

[568] Vereinfachung der Verwaltung (§6).

Angabe von Gründen in den Ruhestand versetzt werden, deren Stelle sollte dann wegfallen, was aber häufig durch Sondergenehmigungen verhindert wurde.[569] Außerdem sollte vor jeder Entlassung nach §3 im Einzelfall geprüft werden, ob nicht §4 angewandt werden konnte, weil dann die Ruhegehaltsansprüche niedriger waren. Der §4 kam aber bei Mathematikern nur selten zur Anwendung. Das Inkrafttreten des BBG führte zu einer ersten Entlassungswelle an deutschen Hochschulen. Dem BBG fielen bis Oktober 1933 an der Universität Leipzig insgesamt 21 Wissenschaftler zum Opfer.[570] Im September 1935 wurde das Reichsbürgergesetz verabschiedet, mit dem die Entlassung aller jüdischen Hochschullehrer verfügt wurde.

Desweiteren wurden die Hochschulen dazu angehalten, sich nach dem Führerprinzip zu organisieren. Dies wurde am 1. April 1935 in den „Richtlinien zur Vereinheitlichung der Hochschulverwaltung" verbindlich und einheitlich geregelt. Der Rektor sollte nicht mehr gewählt werden, sondern wurde vom Wissenschaftsministerium ernannt. Außerdem waren die Universitäten dem Druck von nationalsozialistischen Studierenden ausgesetzt.[571] Der Nationalsozialistische Deutsche Studentenbund erwirkte, teilweise mit der Unterstützung der SA, symbolische, personelle und auch inhaltliche Anpassung an das Naziregime. An der Universität Leipzig erreichte dieser bereits 1931 die absolute Mehrheit im Allgemeinen Studentenausschuss AStA. Gegen die Maßnahmen der Nationalsozialisten regte sich kaum Widerstand von Seiten der betroffenen Hochschulen und der Wissenschaftler, einige Maßnahmen wurden in Sachsen, noch ehe ein entsprechendes Gesetz verabschiedet worden war, umgesetzt.[572]

Wie betraf van der Waerden die nationalsozialistische Gesetzgebung? Wie reagierte er auf die Entlassungen seiner Kollegen? Wie stand van der Waerden zum Nationalsozialismus? Warum blieb er in Deutschland während des Naziregimes? Diese Fragen sollen im Folgenden erörtert werden, auch wenn sie nicht abschließend beantwortet werden können. Der Fragenkomplex wurde bereits von Thiele (2004) und Soifer (2004a) behandelt – allerdings in unbefriedigender Weise.[573] Dabei erschloss Soifer auf verdienstvolle Weise zahlreiche bisher unberücksichtigt gebliebene Quellen.

Der Exkurs gliedert sich im Anschluss an eine knappe Darstellung zur irrtümlichen Anwendung des BBG auf van der Waerden sowie (erfolglosen) Protesten der nationalsozialistischen Studentenschaft gegen van der Waerden in die folgenden Abschnitte: Van der Waerdens Unterstützung entlassener Kollegen (S. 161–165), van der Waerden und die sogenannte „Bohr-Affäre" (S. 165–167), van der Waerdens Unterlaufen der nationalsozialistischen Wissenschaftspolitik (S. 167–170), seine Ablehnung von Rufen an andere Universitäten (S. 170–173) sowie die Zeit der

---

[569] Vgl. Gerstengarbe (1994, S. 33 f.).

[570] Kleint und Wiemers (1993); Lambrecht (2006). Zur Auswirkung des BBG auf Mathematiker vgl. Schappacher und Kneser (1990, Kap. 3).

[571] Grüttner (1995).

[572] Zur nationalsozialistischen Hochschul- und Wissenschaftspolitik in Sachsen siehe Parak (2002) und zur Universität Leipzig während des Nationalsozialismus siehe Parak (2005).

[573] Soifer hat jüngst aufgrund weiterer Recherchen seine damaligen Einschätzungen zum Teil revidiert (Soifer, 2009). Thiele (2009) blieb bei seinen Einschätzungen.

letzten Kriegsjahre (S. 173). Dabei wird in der Regel das verstreut publizierte Material zu van der Waerden zusammengestellt, zum Teil neu bewertet und um einige weitere unpublizierte Quellen bereichert. Zudem wird in meist stärkerem Maße als in den oben erwähnten Publikationen eine Kontextualisierung in die lokalen Verhältnisse vorgenommen. In einer abschließenden Zusammenfassung (S. 173–177) versucht die Verfasserin, eine Charakterisierung von van der Waerdens Verhalten während des Nationalsozialismus zu geben.

Van der Waerden war als Holländer, der keine jüdischen Verwandten hatte, vom BBG zwar nicht direkt betroffen, wurde aber von ihm mittelbar getroffen. Drei Tage nach dem Erlass des BBG wurde van der Waerden in einem Schreiben der Philosophischen Fakultät der Universität Leipzig (unterzeichnet von Freyer und dem Dekan der Philosophischen Fakultät L. Weickmann) an das Ministerium unterstellt, dass er unter das BBG falle. Van der Waerden versicherte gegenüber Weickmann, dass er nachweisbar „Vollblutarier" sei.[574]

Kurz darauf im Mai 1933 wurde von studentischer Seite, namentlich dem Leiter der mathematischen Fachschaft Friedrich und dem Studenten Hahn, gefordert, dass van der Waerden das Amt des geschäftsführenden Direktors des mathematischen Instituts und Seminars, das bis dahin im turnusmäßigen Wechsel von den drei Professoren bekleidet wurde, nicht weiterführe. Dieser Antrag wurde durch den nationalsozialistisch gesinnten Professor Johannes Ueberschaar eingebracht.[575] Der Vertreter der Studentenschaft stieß sich sowohl daran, dass van der Waerden (vermeintlich) Jude, als auch daran, dass er Ausländer war. Die Studierendenschaft besaß in Leipzig einen relativ großen Einfluss, weil sie an der Wahl des Rektors beteiligt war.[576] Die nationalsozialistischen Studenten in Leipzig fühlten sich zusätzlich durch den sogenannten Vorfall Kessler vom November 1932 in ihrem Vorgehen bestärkt.[577] Zunächst wurde der studentischen Forderung mit Hinweis auf die schlechte außenpolitische Wirkung nicht nachgegeben.[578] Allerdings wurde kurze Zeit später Koebe doch auf unbefristete Zeit zum geschäftsführenden Direktor ernannt.[579]

---

[574] UAL, Film 513, Bl. 457 f.

[575] Vgl. Auszüge aus den Akten des Ministeriums für Volksbildung in Dresden von 1933 in Thiele (2009, Anhang 7).

[576] Grüttner (1995, S. 80).

[577] Dort gelang es ihnen die Vorlesung des Ökonomen Gerhard Kessler, der öffentlich das Programm und das Personal der NSDAP stark angegriffen hatte, zu unterbrechen. Der Senat missbilligte zwar das Vorgehen der Studierenden, bedauerte aber auch Kesslers Kritik an der NSDAP und forderte ihn dazu auf, einige Ämter niederzulegen (Grüttner, 1995, S. 49 f.). Kessler wurde entlassen. Es gelang ihm, in die Türkei zu emigrieren und eine Anstellung an der Universität Istanbul zu erhalten (Parak, 2002).

[578] UAL, Film 513, Bl. 460 f.

[579] Dies ergibt sich aus einem Brief von Koebe an den Dekan Wilmanns, UAL, B 1/14[23], Bl. 197-199. Weder Thiele noch Soifer erwähnen dies.

**Unterstützung von entlassenen Kollegen**

Van der Waerden protestierte gegen die aufgrund des BBG vorgenommenen Entlassungen von Kollegen.[580] Er engagierte sich für Richard Courant in Göttingen, für Otto Blumenthal in Aachen und Friedrich Levi in Leipzig: Van der Waerden unterzeichnete eine an den Minister für Wissenschaft, Kunst und Volksbildung im Mai 1933 gerichtete Petition zur Aufhebung der zwangsweisen Beurlaubung seines früheren Lehrers und Göttinger Institutsleiters Richard Courant. Zu den insgesamt 28 Unterzeichnern gehörten neben van der Waerden u. a. Artin, Blaschke, Carathéodory, Friedrichs, Heisenberg, Herglotz, Hilbert, Hund, von Laue, Mie, Planck, Prandtl, Schrödinger, Sommerfeld und Weyl. Die Argumentation dieser Petition war nicht nationalistisch, vielmehr betonte sie neben Courants Verdiensten in Lehre und Forschung, seinen Einsatz für die Göttinger mathematisch-physikalische Fakultät.[581] Das Mittel der Petition wurde zwar durchaus kritisch beurteilt, vor allem weil es nicht unbedingt erfolgversprechend schien, aber es war eine Möglichkeit, dem Protest öffentlich Ausdruck zu verleihen.[582]

Otto Blumenthal, Ordinarius in Aachen seit 1905 und Mitherausgeber der *Mathematische[n] Annalen*, wurde wegen seiner jüdischen Abstammung und aus politischen Gründen verfolgt. Bereits vor dem Erlass des BBG drängte der Allgemeine Studentenausschuss AStA der TH Aachen beim Ministerium auf den Entzug der Prüfungserlaubnis – wahrscheinlich war der Auslöser ein Propagandaartikel in einem Lokalblatt. Blumenthal wurde verhaftet, dann beurlaubt und schließlich Ende September 1933 aufgrund §4 BBG entlassen. Van der Waerden versuchte Blumenthal eine Stelle in den USA zu vermitteln. Er schrieb an Oswald Veblen in Princeton. Doch dieser konnte nicht weiterhelfen. Blumenthal blieb bis 1939 in Deutschland,

---

[580] Zur Emigration von Mathematikern aus Nazideutschland vgl. Siegmund-Schultze (2009).

[581] UAG, Kur 4 I 122.

[582] Das ist der Soifer (2004a, S. 24) fehlende Beleg dafür, dass van der Waerden bereits 1933 gegen die Entlassung von Kollegen protestierte.
Es gibt noch einen weiteren Hinweis auf van der Waerdens Protest gegen die Zerschlagung des Mathematischen Instituts in Göttingen 1933 durch die Nationalsozialisten: Laut einer im Juli 1945 von van der Waerden verfassten Verteidigungsschrift (RANH, Freudenthal, inv.nr. 89, 20.7.1945. Eine Abschrift der Verteidigungsschrift findet sich auch im Nachlass von van der Waerden: NvdW, HS 652:10693, van der Waerden an Dijksterhuis, 20.7.1945. Im folgenden wird die Quelle mit ‚RANH, ...‘ geführt.) protestierte van der Waerden auch gegen den Boykott der Vorlesung des jüdischen Mathematikers Edmund Landau in Göttingen durch Nazi-Studerende im November 1933. Landau wurde im Sommersemester 1933 vom Dekan gebeten seine angekündigte Vorlesung nicht zu halten, sondern sich durch seinen Assistenten Werner Weber vertreten zu lassen. Als er im Wintersemester seine Vorlesung halten wollte, war nur eine Person im Hörsaal anwesend, während ca. 90 vor dem Hörsaal ausharrten. Nachdem sein (nationalsozialistisch gesinnter) Student Oswald Teichmüller ihm mündlich und schriftlich erklärte, dass die Studierenden nicht von einem jüdischen Professor unterrichtet werden wollten, reichte Landau sein Rücktrittsgesuch ein. Van der Waerden reiste, eigenen Angaben zufolge, nach Berlin und Göttingen, um sich für Landau einzusetzen. Van der Waerdens Einsatz konnte durch keine weitere Quelle bestätigt werden. Landau erhielt eine Anstellung an der Universität Groningen. Zum Landau-Boykott siehe Segal (2003, S. 124-129, 444-446), Schappacher und Kneser (1990); Schappacher und Scholz (1992).

ging dann in die Niederlande. Von dort wurde er ins Konzentrationslager Theresienstadt deportiert, wo er am 13. November 1944 umkam.[583]

Im Frühjahr 1935 setzte in Sachsen eine zweite Entlassungswelle ein, noch bevor im September das Reichsbürgergesetz verabschiedet wurde. Verantwortlich dafür war der Gauleiter und Reichsstatthalter Martin Mutschmann, der seit dem 28. Februar 1935 auch das Amt des sächsischen Ministerpräsidenten inne hatte nach einem Machtkampf mit Manfred von Killinger, seinem Vorgänger.[584] Mutschmann veranlasste die Entlassung der in der öffentlichen Verwaltung sowie in Schul- und Hochschuleinrichtungen verbliebenen jüdischen oder polititsch missliebigen Mitarbeiter und Mitarbeiterinnen. Dabei wurde keine Rücksicht mehr auf die Frontkämpfer-Ausnahmeregelung genommen.

An der Universität Leipzig war von den von Mutschmann angeordneten Entlassungen auch van der Waerdens Kollege Friedrich Levi betroffen. Als Friedrich Levi, der eigentlich als Frontkämpfer nicht dem §3 BBG unterlag, entlassen werden sollte, empörte sich van der Waerden in einer Fakultätssitzung im Mai. Zusammen mit den Physikern Heisenberg und Hund und dem Archäologen Bernhard Schweitzer protestierte er nicht nur gegen Levis Entlassung, sondern auch gegen die gleichzeitig ausgesprochene Entlassung von drei weiteren Angehörigen der Philosophischen Fakultät: dem Religionsphilosophen Joachim Wach, dem Akkadisten Benno Landsberger und dem Photochemiker Fritz Weigert.

Dem Sitzungsprotokoll zufolge erkundigte sich zunächst der Nordist Konstantin Reichardt nach den näheren Gründen der Entlassung. Es wurden vom Dekan Helmut Berve dienstliche Gründe genannt und die Entlassung mit §6 BBG begründet. Der anwesende Rektor Felix Krueger legte dar, wie er in Berlin agiert hatte. Krueger teilte mit, dass entgegen der gültigen Rechtslage, in welcher Lehrstühle, deren Inhaber nach §6 entlassen wurden, wegfielen, dies bei nichtarischen Inhabern nicht unbedingt so sei. Daran anschließend äußerte van der Waerden Bedenken, weil die von Mutschmann veranlasste Entlassung, wie er vermutete, nicht aus den angeführten dienstlichen Gründen geschehen war, sondern weil die Entlassenen Juden waren:

> „v.d.Waerden: Kann der Rektor nichts über die Natur der dienstlichen Gründe mitteilen, die vorlagen?
> Rektor: Das kann ich nicht. In Berlin wusste man nicht einmal die Namen der Herren.
> v.d.Waerden: Und in Dresden? Es liegt doch der Verdacht sehr nahe, dass es sich gegen die Juden richtet und nicht um dienstliche Gründe handelt."[585]

Heisenberg und Hund wiesen darauf hin, dass ihre Kollegen als Kriegsteilnehmer vom BBG nicht betroffen sein dürften und dass diese bei den Studierenden angesehen seien. Hund fühlte Scham, falls Kriegteilnehmer entlassen werden sollten. Van

---

[583] Schappacher und Kneser (1990, S. 36 f.), Segal (2003, S. 231-234). Die in Soifer (2004a) – trotz Hinweis auf Segal – noch fehlende Episode zu van der Waerdens Engagement für Blumenthal hat Soifer (2009, S. 406) im Zusammenhang mit dem Protest der Herausgeber der Mathematische[n] Annalen gegen F. Springers Beschluss, keine jüdischen Autoren zu publizieren (siehe S. 168), erwähnt.

[584] Parak (2005); Wagner (2004, 2001).

[585] UAL, Film 513, Bl. 474.

Abb. 8.2: Friedrich Levi

der Waerden schlug ein „einmütiges Urteil über die Rechte der Frontkämpfer und über den Sinn des Beamtengesetzes [...], das offensichtlich hier missachtet wird" vor. Schweitzer wies auf die für die Betroffenen sehr drastischen Auswirkung einer Entlassung hin. Nur der nationalsozialistisch eingestellte Prorektor Arthur Golf versuchte die Diskussion zu beenden und protestierte lautstark, weil van der Waerden dem Reichsstatthalter hier unterstellt haben soll, er handle ungesetzlich. Der Dekan Berve und der Rektor Krueger hatten diese Diskussion gewähren lassen.[586] Dieses Eingreifen von van der Waerden, Heisenberg, Hund und Schweitzer war aufrichtig und hatte für van der Waerden unangenehme Folgen.[587]

---

[586] UAL, Film 513, Bl. 474-75. Auszüge der Diskussion sind in englischer Übersetzung in Soifer (2004a, S. 27 f.) wiedergegeben. Van der Waerden erinnerte sich in einem Brief an Rechenberg: „Die wenigen Nazis in der Fakultät versuchten, diese Proteste zu unterdrücken, aber Berve lies uns reden." (van der Waerden an Rechenberg, 20.5.1983, NvdW, HS 652:7378).

[587] Bei Soifer (2004a, S. 28) hat es den Anschein, als wäre van der Waerdens *Unterstützung des BBG* eine mutige Handlung: „In this story van der Waerden strongly supported the law as it existed since April 7, 1933. This was a brave act – especially considering his foreign (Dutch) citizenship – although his oath of loyalty to Hitler was of help." Aufgrund ihres Protests gegen die Entlassung Courants kann man aber davon ausgehen, dass Heisenberg, Hund und van der Waerden das BBG nicht inhaltlich unterstützten, sondern es nur als Argumentationshilfe gebrauchten, um die bevorstehende Entlassung ihrer Kollegen abzuwenden. Sie protestierten gegen Mutschmanns willkürliches Vorgehen, das keine gesetzliche Grundlage hatte. Darüber hinaus ist völlig unklar, warum

Der Protest gegen die Entlassung ihrer Kollegen war erfolglos. Van der Waerden versuchte deshalb für Levi eine Stelle an einer anderen Universität zu finden. Er schrieb einen Brief an Schouten an der TH Delft, in dem er Levis Lage erklärte, dessen Lebenslauf, Publikationsliste und ein Gutachten beifügte und anfragte, ob dieser eine freie Stelle für Levi habe:

> „Ich [van der Waerden] weiss nicht, wie es mit der Besetzung von Deiner [Schoutens] Assistentenstelle steht, seit van Dantzig Lektor ist; ich weiss auch nicht, ob in Deiner mathematischen Abteilung in absehbarer Zeit noch andere Stellen frei werden. Darum will ich Deine Aufmerksamkeit auf einen deutschen Mathematiker lenken, der zum 31. Oktober als Jude seine Stelle als Assistent und Privatdozent verliert und der, da es in Deutschland keine Möglichkeiten für ihn mehr gibt, wohl ins Ausland flüchten wird müssen: Prof. Dr. Friedrich Levi, 45 Jahre alt, der seit 1919 auf sehr verdienstvolle Weise seine Pflichten am math[ematischen] Institut in Leipzig erfüllt. [...] Ich kann ihn also ruhigen Gewissens für eine wissenschaftliche Anstellung empfehlen. Ich werde mich sehr freuen, wenn es mir gelingen sollte, irgendwo auf der Welt einen Platz für ihn und seine Familie zu finden."[588]

Van der Waerdens Bemühung um eine Anstellung für Levi in Delft hatte keinen Erfolg. Levi gelang es noch im selben Jahr, eine Professur in Kalkutta (Indien) zu erhalten, die er bis zu seiner Rückkehr nach Deutschland 1952 innehatte.[589]

Die Proteste von van der Waerden, Hund, Heisenberg und Schweitzer gegen die Entlassung ihrer Kollegen wurden dem Sächsischen Ministerium für Volksbildung gemeldet. Daraufhin wurde van der Waerden im August 1935 vom Ministerium gegenüber dem Rektor eine anti-nationalsozialistische Haltung, Illoyalität und Einmischung in deutsche Angelegenheiten vorgehalten. Dies wurde durch zwei weitere Vorfälle belegt: Erstens, soll sich van der Waerden auf der DMV-Tagung in Bad Pyrmont im September 1934 geweigert haben einen „Angriff [...], der von einem ausländischen Hochschullehrer [Harald Bohr], der noch dazu Halbjude ist, gegen einen reichsdeutschen Hochschullehrer [Ludwig Bieberbach] wegen eines Aufsatzes gerichtet wurde, in dem der letztere eine nationalsozialistische Grundlegung des mathematisch-wissenschaftlichen Denkens versucht hatte," zurückzuweisen. Zweitens habe van der Waerden sich geweigert, Fragen über seine Religion und Weltanschauung zu beantworten mit dem Hinweis, dass dies seines Wissens nach nicht strafbar sei. Das Ministerium erwog „weitere Entschließungen," falls sich van der Waerden „weiterhin so wenig loyal und zurückhaltend" zeigen sollte. Dies sollte van

---

der Eid auf Hitler, den alle Beamten leisten mussten, wollten sie weiterhin beim Staat angestellt bleiben, bei diesem Vorgehen eine Hilfe sein sollte.

[588] „Ik weet niet, hoe 't met de bezetting van jouw assistentenbetrekking staat, sinds Van Dantzig lektor is; ik weet ook niet, of er in jullie wiskundige afdeling binnen afzienbare tijd nog andere betrekkingen open komen. Daarom wil ik je aandacht vestigen op een Duits mathematicus, die per 31 Oktober als jood z'n betrekking als assistent en privaat-docent in Leipzig verliest, en die, daar in Duitsland geen mogelikheden meer voor hem zijn, wel naar 't buitenland zal moeten vluchten: Prof. Dr. Friedrich Levi, oud 45 jaar, die sinds 1919 op zeer verdienstelike wijze zijn plichten aan 't math. Institut in Leipzig vervult. [...] Ik kan hem dus met een gerust geweten aanbevelen voor een wetenschappelike betrekking. Ik zou erg blij zijn, als het mij gelukte, ergens in de wereld een plaatsje voor hem en zijn gezin te vinden." Van der Waerden an Schouten, 28.8.1933, CWI, WG, Schouten, Übersetzung MS.

[589] Zu Levi vgl. Pinl (1972, S. 188-191), Fuchs und Göbel (1993).

der Waerden mitgeteilt werden.[590] Der Rektor rügte daraufhin van der Waerden und auch Friedrich Hund.[591] Van der Waerdens Einsatz für seine Kollegen wurde gegen ihn verwendet bei der Besetzung der Carathéodory-Nachfolge in München.[592]

## Die ‚Bohr-Affäre'

Der im Brief angesprochene Vorfall auf der DMV-Tagung in Bad Pyrmont im September 1934, die sogenannte Bohr-Affäre, ist gut dokumentiert, daher soll er im Folgenden nur skizziert werden unter besonderer Berücksichtigung des Verhaltens van der Waerdens.[593] Der Berliner Mathematiker Ludwig Bieberbach präsentierte 1933 unter der Überschrift „Deutsche Mathematik" eine rassistische Theorie der mathematischen Denkstile, mit der er auch fachpolitische Ziele verband. Im April 1934 hielt er einen diesbezüglichen Vortrag mit dem Titel „Persönlichkeitsstruktur und mathematisches Schaffen". In diesem forderte er u. a. für deutsche Studenten deutsche Lehrer.[594] Über diesen Vortrag berichtete die Zeitschrift *Deutsche Zukunft*, die sich an eine akademische Leserschaft wandte.[595] Der dänische Mathematiker Harald Bohr reagierte auf diesen Zeitungsartikel mit einem Zeitungsartikel im *Berlingske Aften*, der am 1. Mai 1934 erschien. Er kritisierte Bieberbach inhaltlich und äußerte sich abschätzig über dessen Persönlichkeit.[596] Daraufhin verfasste Bieberbach einen „Offenen Brief an Harald Bohr", in dem er Bohrs Vorgehen kritisierte, Bohrs Kritik als haltlos zurückwies und Bohr als „Schädling aller internationalen Zusammenarbeit"[597] bezeichnete. Diesen offenen Brief platzierte Bieberbach im Jahresbericht der DMV gegen den erklärten Willen der Mitherausgeber Helmut Hasse und Konrad Knopp und ohne Wissen des Vorsitzenden der DMV Oskar Perron.

---

[590] UAL, Film 513, Bl. 476 f.

[591] „Wie Hund, habe auch ich [van der Waerden] eine Rüge erhalten [...] Im Auftrag des Sächsischen Ministeriums teilte er [Krueger] mir mit, dass ich als Ausländer mich nicht in deutsche politische Angelegenheiten einzumischen hätte. Ich stellte mich ganz naiv und sagte, dass die vier ja nicht aus politischen, sondern aus ‚dienstlichen' Gründen entlassen worden seien. Die Rüge, die er erteilen musste, war dem guten Krüger sehr peinlich." Van der Waerden an Rechenberg, 20.5.1983, NvdW, HS 652:7378.

[592] Litten (1994, S. 155-157).

[593] Es wird hier auf Schappacher und Kneser (1990, S. 57-62), Segal (2003, S. 263-288), Remmert (2004a, S. 160-164) zurückgegriffen. Siehe auch Mehrtens (1985, S. 85-93).

[594] Bieberbach hatte bereits im Juli 1933 einen ähnlichen Vortrag vor der Berliner Akademie der Wissenschaften gehalten.

[595] Bieberbach publizierte eine Zusammenfassung des Vortrags in *Forschungen und Fortschritte*, 20.6.1934, S. 235-237.

[596] Bohr hielt den Austausch zwischen verschiedenen mathematischen Schulen für anregend und warf Bieberbach die Zerstörung der internationalen Tradition der Wissenschaft vor. Er beendete den Artikel mit einer Feststellung, die sich nur auf Bieberbach beziehen konnte: „Wir alle, die wir uns der deutschen mathematischen Wissenschaft in tiefer Dankbarkeit verpflichtet fühlen, waren daran gewöhnt, als deren Repräsentanten andere, größere und sauberere Gestalten vor Augen zu haben." zitiert nach Schappacher und Kneser (1990, S. 58 f.).

[597] Zitiert nach Schappacher und Kneser (1990, S. 59).

Nachdem der Versuch, den DMV-Mitgliedern eine Notiz zukommen zu lassen, dass Bieberbachs Artikel ohne Absprache mit den Mitherausgebern und dem Vorstand erschienen war, scheiterte, kam Bieberbachs Vorgehen auf der DMV-Jahrestagung in Bad Pyrmont im September 1934 zur Sprache. Hasse lud dazu u. a. van der Waerden ausdrücklich ein.[598] Die Mitglieder verabschiedeten dazu zwei Erklärungen:

> „Die Mitgliederversammlung verurteilt aufs schärfste den Angriff des Herrn Bohr auf Herrn Bieberbach, soweit darin ein Angriff auf den neuen Deutschen Staat und auf den Nationalsozialismus zu sehen ist. Sie bedauert die Form des offenen Briefes des Herrn Bieberbach und sein Vorgehen bei dessen Veröffentlichung, die erfolgt ist gegen den Willen der beiden Mitherausgeber und ohne Wissen des Vorsitzenden."[599]

Van der Waerden schlug vor, das Wort „bedauert" durch „missbilligt" zu ersetzen. Damit wäre die sehr zaghafte und ambivalente Erklärung etwas kritischer gegenüber Bieberbach ausgefallen. Dieser Vorschlag van der Waerdens wurde abgelehnt. Die zweite Erklärung fiel noch eindeutiger zu Gunsten Bieberbachs aus, dessen Vorgehen als national motiviert gutgeheißen wurde:

> „Die Mitgliederversammlung erkennt an, daß Herr Bieberbach in der Angelegenheit Bohr die Belange des Dritten Reiches zu wahren bemüht war."[600]

Damit arrangierte sich die DMV als Fachverband in diesem Fall eindeutig mit der nationalsozialistischen Ideologie.[601] Als im Dezember 1934 das Protokoll der Jahrestagung und die Erklärungen erschienen, nahm eine Reihe von Mathematikern dies zum Anlass, aus der DMV auszutreten. Darunter befanden sich Harald Bohr, Hermann Weyl, John von Neumann und Richard Courant.

Van der Waerdens Verhalten auf der DMV-Tagung in Bad Pyrmont wurde vom sächsischen Landesministerium als eine anti-nationalsozialistische Haltung bewertet. Dies hatte neben der Rüge weitere Konsequenzen. Der Dekan der Mathematisch-Naturwissenschaftlichen Abteilung der Philosophischen Fakultät Wolfgang Wilmanns, wie auch sein Nachfolger Rudolf Heinz, benutzte dies, um van der Waerdens Anträge auf Vortragsreisen ins Ausland (1939 nach Rom, 1942 nach Pisa und Rom) abzulehnen.[602] Die Klarstellung der Situation im Juni 1942 durch van der Waerden in einem Brief an den NS-Dozentenbundleiter M. Clara reichte nicht aus, um Genehmigungen zu Tagungsteilnahmen im Ausland zu erhalten. Van der Waerden beschrieb in seinem Brief den Vorfall auf der DMV-Tagung und erwähnte, dass Bieberbachs offener Brief von vielen anderen, darunter auch von Deutschen und Nationalsozialisten, etwa Sperner und Hasse, scharf getadelt worden war, weil sie

---

[598] Hasse schrieb Briefe am 7.8.1934 an F. K. Schmidt, Krafft, Krull, Friedrichs, Trefftz, Neumann (Marburg), Ullrich und van der Waerden. Vgl. Schappacher und Kneser (1990, S. 62).

[599] Zitiert nach Schappacher und Kneser (1990, S. 63).

[600] Zitiert nach Schappacher und Kneser (1990, S. 63).

[601] Zum Verhalten der DMV während des Nationalsozialismus siehe Schappacher und Kneser (1990); Remmert (2004a,b).

[602] Es wurden jedoch nicht alle Anträge van der Waerdens auf Auslandsreisen abgelehnt. Beispielsweise hielt van der Waerden im Oktober 1938 in Groningen eine Reihe von Vorträgen (UAL, Film 513, Bl. 477).

durch diesen eine Schädigung des Rufs der deutschen Mathematik im Ausland befürchteten. Er betonte insbesondere, dass Bieberbachs Artikel zur Rassenfrage in der Mathematik nicht inhaltlich diskutiert oder kritisiert worden war, sondern dass es nur um die „äußere Form des persönlichen Gegenangriffs von Bieberbach und dessen Publikation im Jahresbericht der DMV" gegangen war.[603] Erst als 1942 der nationalsozialistische Professor Emanuel Sperner van der Waerdens Bericht bestätigte und ihn auf diese Weise entlastete, wurde der Vorfall nicht mehr erwähnt. Sperner fügte seinem Schreiben hinzu, dass die DMV mit ihrem 40-prozentigen Anteil von ausländischen Mitgliedern ein „beachtliches Instrument deutscher Kulturpropaganda im Ausland" sei und dass dieses durch fehlendes Taktgefühl den ausländischen Mitgliedern gegenüber Schaden nehmen könnte.[604] Van der Waerdens Verhalten auf der DMV-Tagung wird von Soifer (2004a) nicht erwähnt, obwohl er in seiner Bibliographie Segal (2003) auflistet, der die Angelegenheit ausführlich darlegt.[605]

**Unterlaufen der Wissenschaftspolitik der Nazis**

Emmy Noether, van der Waerdens Lehrerin, die 1933 in die USA emigrierte, starb im April 1935 unerwartet nach einer Operation. Van der Waerden verfasste einen Nachruf auf sie, der im selben Jahr zusammen mit einer Publikationsliste in den *Mathematische[n] Annalen* veröffentlicht wurde.[606] Darin lobte er sowohl Noethers herausragende Fähigkeiten als Wissenschaftlerin, als auch ihre Vorzüge als Lehrerin und als Person. Er vergaß auch nicht darauf hinzuweisen, dass sie entlassen wurde.[607] Angesichts der nationalsozialistischen Hetze gegen Juden sollte selbst diese vorsichtige Formulierung als Akt der Aufrichtigkeit beurteilt werden.[608] Anders als bei der ‚Bohr-Affäre' sind hier keine Schwierigkeiten bekannt, die van der Waerden durch die Veröffentlichung dieses Artikels entstanden. In einer seiner „Verteidigun-

---

[603] UAL, Film 513, Bl. 493.

[604] UAL, Film 513, Bl. 496. Siehe auch UAL, Film 513, Bl. 483, 495.

[605] Soifers kritische Einstellung gegenüber van der Waerden führte in dieser Arbeit offensichtlich zu einer etwas einseitigen Quellenauswahl. Die jüngste Arbeit (Soifer, 2009) ist in dieser Hinsicht ausgewogener.

[606] van der Waerden (1935a).

[607] „Auch als sie [Emmy Noether] 1933 in Göttingen die Lehrberechtigung verlor ...," schrieb van der Waerden (1935a, S. 473) leicht beschönigend.

[608] Aufrichtigkeit kann nach Meinung der Verfasserin durchaus einen Akt der Zivilcourage darstellen. Die Einschätzungen von Wissenschaftshistorikern zu dem Nachruf gehen auseinander: Thiele (2009, S. 32) bezeichnet diesen als „mutige Tat" und vergleicht van der Waerdens Vorgehen mit dem Hilberts, der im ersten Weltkrieg einen Nachruf auf Gaston Darboux verfasste. Siegmund-Schultze (2009, S. 158) spricht ebenfalls von einem „courageous obituary". Gleichzeitig relativiert er dies durch den Vergleich mit dem öffentlichen Protest des Physikers James Franck (S. 70). Soifer (2004a, S. 24) erwähnt den Nachruf zwar, aber im Zusammenhang mit dem (unberechtigten) Vorwurf, dass van der Waerden nicht gegen die Entlassung von Juden 1933 protestiert habe.

gen", die van der Waerden nach dem Krieg verfasste, wies er auf diesen Nachruf hin.[609]

Van der Waerden kritisierte im Dezember 1938 offen Koebes autoritären Führungsstil. Er versuchte den turnusmäßigen Wechsel des geschäftsführenden Direktors wieder einzuführen und pochte auf die Gleichberechtigung der Professoren untereinander. Koebe dagegen berief sich auf die Forderung der Studierenden nach einem Deutschen und auf das – inzwischen an den Universitäten geltende – Führerprinzip. Van der Waerden und Hopf erreichten, dass Hopf ab April 1940 kurzzeitig Koebe als geschäftsführenden Direktor ablöste. Wie der Briefwechsel mit dem Dekanat zeigt, wurde das Verhältnis zwischen van der Waerden und Koebe zunehmend gespannt, neben der Direktorenfrage ging es auch um die Besetzung von Assistentenstellen.[610]

Neben den Hinweis auf van der Waerdens Verhalten in der ‚Bohr-Affäre‘ streute das Sächsische Ministerium für Volksbildung 1939 das Gerücht, dass van der Waerdens Vater ein „namhafter holländischer Marxistenführer" sei. Dieses Gerücht wurde durch die Deutsche Gesandtschaft in Den Haag überprüft und konnte nicht bestätigt werden. Daraufhin wurde dem Dekan dennoch mitgeteilt, dass van der Waerden für eine weitere Anstellung Loyalität und politische Zurückhaltung gegenüber dem nationalsozialistischen Deutschland und dessen Einrichtungen zeigen sollte.[611]

Als Mitherausgeber der *Mathematische[n] Annalen* bemühte sich van der Waerden zusammen mit Erich Hecke und Heinrich Behnke, alle Autoren unabhängig von ihrer ‚Rasse‘ gleich zu behandeln und allein die Qualität der Artikel als Maßstab für eine Publikation heranzuziehen. Segal erwähnt sowohl Bestrebungen, die Publikation ideologischer Aufsätze zu Rasse und Mathematik in den *Annalen* zu verhindern, als auch Bestrebungen, Artikel von ‚nichtarischen‘ Autoren zu veröffentlichen.[612] Als es Anfang 1940 darum ging einen Artikel des jüdischen Mathematikers Kurt Lachmann zu gewöhnlichen Differentialgleichungen in den *Mathematische[n] Annalen* gegen den Willen des Verlagsinhabers Ferdinand Springer zu plazieren, drohten Hecke und van der Waerden mit ihrem Rücktritt als Herausgeber. Van der Waerden hatte ursprünglich vorgeschlagen, nicht die Zustimmung Springers einzuholen – was Behnke jedoch ablehnte. Zu diesem Zeitpunkt waren Artikel jüdischer Autoren in deutschen Zeitschriften offiziell nicht verboten. Lachmanns Artikel erschien nicht in den *Mathematische[n] Annalen*. Hecke trat zwar zurück, blieb aber provisorisch Herausgeber und auch sein Name blieb auf dem Deckblatt der Zeitschrift. Van der Waerden trat aus verschiedenen Gründen nicht zurück. Ein Grund war, dass van der Waerden für die Zeit nach dem Krieg in Deutschland Strukturen erhalten

---

[609] RANH, Freudenthal, inv.nr. 89, 20.7.1945. Zur Entstehung von van der Waerdens „Verteidigungsschriften" siehe Soifer (2009, Kap. 38.3).

[610] Zur Direktorenfrage: UAL, Fakultätsakten B 1/14²³, Bl. 192-199, 200-202, 206, 223 f., 232, 236; zur Assistentenfrage: UAL, Fakultätsakten B 1/14²³, Bl. 209-222 sowie Bradley und Thiele (2005, S. 92 f.).

[611] UAL, Film 513, Bl. 479 f., 485.

[612] Segal (2003, S. 251-255, 260-263).

wollte, welche einer Wiederaufnahme von wissenschaftlichen Kontakten nicht im Wege stehen sollten.[613]

Wie Siegmund-Schultze (2009) in seiner Fallstudie 10.S.1 zu dem geplanten, aber schlussendlich nicht publizierten Algebrabuch von R. Brauer herausarbeitet, hatte van der Waerden nicht unwesentlichen Anteil an der Verhinderung der Veröffentlichung im Springer-Verlag.[614] Allerdings ist die Motivlage verwickelt. Zu van der Waerdens Eitelkeit, einen Konkurrenzband zu seiner *Modernen Algebra* zu verhindern,[615] trat eine politisch vorsichtige Haltung Courants. Courant wollte den Verleger Springer 1935 nicht zur Publikation eines emigrierten jüdischen Autors drängen. Gleichzeitig wurde auch auf der disziplinären Ebene eine Auseinandersetzung um die strukturelle Mathematik geführt. Brauer wollte – im Einvernehmen mit Courant und E. Noether – ein einfaches, mehr konkretes Algebralehrbuch schreiben als Ergänzung zu van der Waerdens anspruchsvoller und abstrakter Monographie. Van der Waerden scheint Brauers Buch jedoch als in Konflikt mit Noethers mathematischer Linie eingeschätzt zu haben.[616] Vordergründig führte die Unterdrückung von Brauers Publikation paradoxerweise zu einer Stärkung der abstrakten Richtung in der Mathematik, welche von Nazianhängern wie Bieberbach abgelehnt wurde. Die Fallstudie zeige aber, so Siegmund-Schultze,

> „[...] that the Nazi rule not only led to the oppression of "abstract" mathematics but—dependent on the specific historical constellation—also to the destruction of more "concrete" directions in mathematical research, as emigration included representatives of all different fields of mathematics."[617]

Also kann man van der Waerdens Rolle in diesem Fall sowohl als der Nazipolitik zuwiderlaufend, als auch als sie unterstützend interpretieren. Beides greift jedoch zu kurz.

Van der Waerden setzte sich auch nach 1935 in Leipzig für Wissenschaftler ein, deren wissenschaftliche Arbeit durch die Nazis erschwert, wenn nicht gar verhindert werden sollte. Er ermöglichte dem Polen Edwin Gora 1942 die Promotion. Edwin Gora studierte ab 1939 bei Heisenberg und wurde später als deutschfeindlicher Ausländer eingestuft. Ab 1941 durfte er das Physikalische Institut offiziell nicht mehr betreten. Van der Waerden, Hund und Gadamer halfen ihrem Kollegen Heisenberg bei der Promotion Goras, indem sie Goras Arbeit mit begutachteten (Hund) und ihn in Physik (Hund), Mathematik (van der Waerden) und Philosophie (Gadamer)

---

[613] Die Lachmann-Episode wird ausführlich in Segal (2003, S. 234-244) dargestellt. Soifer (2004a, S. 29) beurteilt van der Waerdens Verhalten in diesem Fall als löblich, Thiele (2004) erwähnt die Lachmann-Episode nicht. Van der Waerden selbst wies darauf indirekt in einer seiner „Verteidigungen" (RANH, Freudenthal, inv.nr. 89, 20.7.1945) hin. Außerdem erwähnte er dort seine Herausgebertätigkeit bei Springers Reihe „Die Grundlehren der mathematischen Wissenschaften in Einzeldarstellung mit besonderer Berücksichtigung der Anwendungsgebiete", der sogenannten „Gelben Reihe", in der noch 1937 der zweite Band der *Methoden der mathematischen Physik* von R. Courant und D. Hilbert erschien.

[614] Vgl. auch Siegmund-Schultze (2011).

[615] Vgl. auch Soifer (2009, Abschn. 36.9).

[616] Zur Auseinandersetzung um die strukturelle Algebra vgl. Kap. 10, insbesondere S. 193.

[617] Siegmund-Schultze (2009, S. 313 f.).

prüften.[618] Van der Waerden hob in einer seiner nach dem Krieg verfassten „Verteidigungen" hervor, dass bei ihm bis 1941 auch ‚Nichtarier' promovierten.[619]

## Rufe an andere Universitäten

Während seiner Zeit in Leipzig erhielt van der Waerden Einladungen und Rufe von anderen Universitäten (Princeton, München, Utrecht). Er wurde als Gastdozent für das Wintersemester 1933/34 nach Princeton eingeladen. Princeton liegt nicht weit von Bryn Mawr (Philadelphia) entfernt – der Frauenhochschule, an der Emmy Noether lehrte. Obwohl van der Waerden bereits die Erlaubnis für ein Forschungssemester in Princeton erhalten hatte und auch eine Vertretung für van der Waerden in Leipzig gefunden worden war, sagte van der Waerden die Gastprofessur in Princeton ab. Seine Gründe dafür sind nicht näher bekannt.[620] Van der Waerden war 1939 im Gespräch um die Nachfolge von Constantin Carathéodory in München, der 1938 emeritiert worden war. Dies wurde, van der Waerden zufolge, durch nationalsozialistische Instanzen mit Hinweis auf seine politische Untragbarkeit verhindert.[621]

Nach dem deutschen Überfall auf die Niederlande und deren Besetzung im Mai 1940 wurde van der Waerden vorübergehend die Lehrerlaubnis entzogen.[622] Denn als Niederländer[623] wurde er als deutschfeindlicher Ausländer betrachtet. Um die Nachfolge von Barrau zu regeln, hatte die Universität Utrecht mit van der Waerden Verhandlungen aufgenommen. Van der Waerden wurde gebeten, die Nachfolge von

---

[618] Kleint und Wiemers (1993, S. 202, 214 f.). Vgl. auch den Artikel von E. Gora: One Heisenberg did save, *Science news*, 20.3.1976.

[619] RANH, Freudenthal, inv.nr. 89, 20.7.1945. Er meinte wahrscheinlich En-Po Li.

[620] In einem Schreiben vom 29.7.1933 an das Ministerium sprach van der Waerden von Gründen, die seinen Aufenthalt am mathematischen Institut in Leipzig erforderlich machten (UAL, Personalakte 70 van der Waerden, Bl. 32). Soifer (2009, Abschn. 37.2) stellt die These auf, dass van der Waerden einen Aufenthalt in Rom (mit Hilfe eines – dann doch nicht gewährten – Rockefeller-Stipendiums) der Gastprofessur in Princeton vorgezogen habe. Siegmund-Schultze (2001, S. 113) macht darauf aufmerksam, dass die Ablehnung des Rom-Aufenthalts durch die Rockefeller-Stiftung im Zusammenhang mit dem Ruf nach Princeton stehen könnte, aber auch mit dem zunehmenden Einsatz der Stiftungsgelder für die direkte Unterstützung der US-amerikanischen Mathematik. Das oben genannte Schreiben widerspricht zudem der von Schappacher (2007, §3, Fußnote 17) ohne genauere Angaben von Quellen vertretenen Auffassung, dass das Sächsische Ministerium ihm eine Annahme der Einladung verweigerte. Siegmund-Schultze (2009, S. 158) zitiert van der Waerden aus einem Schreiben an Courant von 1933 über eine Einladung nach Princeton mit den Worten: „I [van der Waerden] think I will suggest to the Americans that they can use their money more wisely in these times than in getting me out, one who still has a position." Van der Waerdens Entscheidung, nicht nach Princeton zu gehen, könnte also auch politisch motiviert gewesen sein.

[621] RANH, Freudenthal, inv.nr. 89, 20.7.1945. Vgl. auch Litten (1994, S. 155-157).

[622] UAL, Film 513, Bl. 490.

[623] Van der Waerden war die niederländische Staatsbürgerschaft wegen seiner Verbeamtung in Deutschland entzogen worden, er hatte sie jedoch 1935 wiedererlangen können (Van der Waerden an van der Corput, RANH, Freudenthal, inv.nr. 89).

Barrau anzutreten, der im September 1943 in den Ruhestand treten sollte.[624] Im Februar 1944, nach einer erneuten Anfrage des niederländischen Generalsekretärs des Ministeriums für Unterricht, Künste und Wissenschaften Jan van Dam, teilte van der Waerden seinen Entschluss, bis Kriegsende in Leipzig zu bleiben und danach eventuell nach Utrecht zu gehen, dem Dekan der Philosophischen Fakultät Leipzig mit. Dies wurde in Leipzig positiv aufgenommen.[625] Van der Waerden nannte nach dem Krieg als Grund für das Aufschieben des Angebots aus Utrecht, dass er nicht von dem von den deutschen Besatzern installierten Generalsekretär van Dam ernannt werden wollte.[626]

Van Dam, Germanistikprofessor an der Universität von Amsterdam, der in nationalsozialistischen Kreisen verkehrte, war kurz nach der Besetzung der Niederlande von dem Generalkommissar für Justiz und Verwaltung, dem Österreicher Friedrich Wimmer, als Generalsekretär des Ministeriums für Unterricht, Künste und Wissenschaften eingesetzt worden.[627] Van Dam versuchte die Neuordnung der niederländischen Universitäten im Sinne des sogenannten Schwarzplans[628] gegen den Widerstand der Universitäten durchzusetzen. Ende August 1940 wurde die Einstellung und Beförderung von Juden im Staatsdienst verboten. Diese Maßnahme sorgte für Diskussionen und öffentlichen Protest. Mitte Oktober wurde von allen Beamten eine schriftliche Erklärung eingefordert, ob sie jüdisch seien, die sogenannte Ariererklärung. Diese Erklärungen wurden von allen, teilweise unter Protest, abgegeben. Ende November wurden die jüdischen Beamten und Angestellten per Brief vorläufig suspendiert, drei Monate später ging ihnen ihre Entlassung zu.

Nach dieser Entlassungswelle sollten nach dem Willen der Besatzer die freigewordenen Lehrstühle neu besetzt werden, jedoch unter Umgehung der bisherigen Berufungspraxis. Die Neubesetzung der Vakanzen stellte sich als schwierig heraus. Zum einen gab es unterschiedliche Vorstellungen zur Personalpolitik zwischen den verschiedenen nationalsozialistischen Instanzen. Zum anderen sperrten sich die Fakultäten gegen die Neubesetzung von Lehrstühlen, deren frühere Inhaber durch die Nationalsozialisten entlassen worden waren. Die Fakultäten wollten nur die unter normalen Umständen entstandenen Vakanzen neu besetzen. Als sie gezwungen wur-

---

[624] UAL, Film 513, Bl. 497, 500, 501. Vgl. auch Soifer (2004a, S. 32-35). Zur Situation der Universitäten in den besetzten Niederlanden am Beispiel der Universität Amsterdam siehe Knegtmans (1998, 1999), am Beispiel der Universität Leiden siehe Hirschfeld (1997). Zur allgemeinen Lage im besetzten Holland vgl. Hirschfeld (1984).

[625] UAL, Film 513, Bl. 503, 511.

[626] RANH, Freudenthal, inv.nr. 89, 20.7.1945. Dold-Samplonius (1994, S. 141).

[627] Zu van Dam siehe Hirschfeld (1997, S. 570 f.).

[628] Der Schwarzplan ist nach seinem Urheber Heinrich Schwarz, einem jungen Beamten, der vor Kriegsbeginn im Reichserziehungsministerium gearbeitet hatte, benannt. Er wurde speziell für die Niederlande konzipiert und sah Entlassungen von jüdischen Professoren, Neubesetzungen mit dem Nationalsozialismus bzw. den Deutschen freundlich gesinnten Beamten, die Einrichtung neuer Lehrstühle (etwa für Rassenkunde und Rassenhygiene, Sport) und ein wissenschaftliches Austauschsprogramm mit Deutschland vor sowie Zugangserleichterungen für Kinder aus der Arbeiterklasse und dem Mittelstand. Darüber hinaus sollten alle konfessionellen Hochschulen (die reformierte Freie Universität Amsterdam, die Katholische Universität Nijmegen, die katholische Wirtschaftshochschule in Tilburg) nach und nach geschlossen werden.

den, auch die anderen, sogenannten ‚verseuchten' Stellen zu besetzen; bediente man
sich zweier Strategien: Erstens, versuchte man zeitlich befristete Nachbesetzungen
mit Professoren, die bereits eine Stelle an einer anderen Universität innehatten vorzunehmen, um so den entlassenen Lehrstuhlinhabern nach dem Ende der deutschen
Besatzung wieder ihre alte Stelle anbieten zu können. Es war jedoch schwer, überhaupt Bewerber für solche Stellen zu finden. Zweitens, wurden Berufungslisten mit
für die Nationalsozialisten inakzeptablen Vorschlägen eingereicht. Die Namen der
Bewerber mussten ab Anfang 1941 van Dam gemeldet werden, damit er prüfen
konnte, ob diese den Deutschen genehm waren. Als Reaktion auf diese Regelung
weigerten sich die Freie Universität Amsterdam sowie die Katholische Universität
Nijmegen, Bewerberlisten einzureichen.

Verschiedene Eingriffe der deutschen Besatzer in den universitären Betrieb in
den Niederlanden in den Jahren 1942/43 führten zu starken Protesten von Seiten der
Hochschulleitung, der Professoren und der Studierenden.[629] Hochschulen schlossen
freiwillig, Professoren traten zurück, Studierende exmatrikulierten sich. Es wurde
die Möglichkeit geschaffen, das Studium im Untergrund fortzusetzen. Im Wintersemester 1943/44 konnte der Universitätsbetrieb mit stark eingeschränktem Angebot
nur mit Mühe aufrecht erhalten werden.[630]

Die Stelle, die van der Waerden antreten sollte, gehörte nicht zu den ‚verseuchten' Stellen, sondern war durch die Emeritierung Barraus frei geworden. Insofern
hätte van der Waerden sie guten Gewissens annehmen können. Allerdings waren,
wie oben beschrieben wurde, die Zustände an den niederländischen Universitäten
durch die Besatzungspolitik instabil, als van der Waerden den Ruf nach Holland bekam. Insofern wäre die Annahme der Professur in Utrecht sowohl in wissenschaftlicher Hinsicht, als auch mit Blick auf seine Familie ein Wagnis.[631] In einer Zeit, in
der Hochschullehrer freiwillig ihre Professur in den Niederlanden niederlegten, erscheint es auch nicht gerade opportun, eine Stelle anzutreten.[632] Dass van der Waerden nicht durch van Dam, der die nationalsozialistischen Pläne an den Universitäten

---

[629] Dazu zählte die Einführung des Arbeitsdienstes für Niederländer im Alter zwischen 18 und 24
Jahren im April 1942 und die von Studenten verlangte, sogenannte Loyalitätserklärung gegenüber
Deutschland im April 1943.

[630] Hirschfeld (1997); Knegtmans (1998, 1999).

[631] Die Sorge um seine Familie drückt sich sowohl in einem Brief an Dijksterhuis aus (siehe
S. 175), als auch in einer durchgestrichenen Passage eines Entwurfes von einem Brief an van
der Corput: „ ‚was schert mich Weib, was schert mich Kind, ich habe weit besseres Verlangen: lass
sie betteln gehen, wenn sie hungrig sind' " Van der Waerden an van der Corput, 31.7.1945, NvdW,
HS 652:12160.

[632] Wenn man diesen historischen Kontext betrachtet, dann relativiert sich auch der Vorwurf von
Soifer (2004a, S. 32-35, insbesondere S. 35), dass van der Waerden die Utrechter Fakultät mit
seiner Entscheidung warten ließ. Es ist jedoch unklar, inwiefern van der Waerden über die Situation
in den Niederlanden im Bilde war. Van der Waerden hielt sich zwar Ende 1942 in den Niederlanden
auf, schien aber dennoch nicht viel von der Protestbewegung mitbekommen zu haben, vgl. van der
Waerden an van der Corput, 31.7.1945, NvdW, HS 652:12160. Allerdings erkundigte er sich dort
nach dem Ergehen von Blumenthal, vgl. Auszug aus einem Brief von van der Waerden an Hecke,
6.4.1943, zitiert in Thiele (2009, S. 111).

zu implementieren versuchte, ernannt werden wollte, erscheint vor dem skizzierten Hintergrund plausibel und ist als Argument durchaus ernst zu nehmen.[633]

## Die letzten Kriegsjahre

Am 4. Dezember 1943 wurde Leipzig stark bombardiert. Van der Waerden soll sich in dieser Nacht in den Augen des Dekans der Philosophischen Fakultät „bewährt" haben.[634] Die inzwischen fünfköpfige Familie verlor ihre Wohnung und kam in einem Zimmer im Hotel Engel in Bischofswerda unter, das für Bombenopfer bereitgestellt worden war.[635] Van der Waerden wohnte weiterhin in Leipzig und besuchte die Familie in Bischofswerda nur am Wochenende. Im März 1945 verließen er und seine Familie Sachsen und fuhren aufs Land zu van der Waerdens Schwiegermutter nach Tauplitz in die Nähe von Graz. Dort erlebte die Familie das Kriegsende.[636]

## Zusammenfassung

Wie lässt sich das – sich aus Archivmaterial ergebende – Verhalten van der Waerdens während des Nationalsozialismus charakterisieren? Van der Waerden versuchte auf der wissenschaftlichen Ebene die herrschende nationalsozialistische Ideologie zu unterlaufen: er nahm ‚Nichtarier' zur Promotion an und bemühte sich, Artikel von ‚Nichtariern' – soweit sie seinen wissenschaftlichen Anforderungen genügten – zu publizieren. Desweiteren setzte er sich für Wissenschaftler ein, die vom BBG betroffen waren, lehnte das Führerprinzip für die Wissenschaft ab und versuchte, wissenschaftliche Kontakte auf internationaler Ebene aufrecht zu erhalten. In diesem Verhalten zeigt sich einerseits eine Ablehnung der nationalsozialistischen Wissenschaftspolitik und Rassenideologie sowie andererseits van der Waerdens (wissenschaftliche) Aufrichtigkeit.

Darüber hinaus kommt in einen Brief an seinen Freund David van Dantzig klar zum Ausdruck, dass van der Waerden dem Nationalsozialismus skeptisch gegenüber stand und insbesondere die nationalsozialistische Wirtschaftspolitik ablehnte:

„Die Politik in unserer Fakultät [in Leipzig] ist Gott sei Dank nicht so schlimm wie an einigen anderen Universitäten. ‚Meine Umgebung' besteht zu einem großen Teil aus Juden, und die sind natürlich todsicher nicht für eine Naziherrschaft. Aber diese scheint doch nahezu unvermeidlich, besonders jetzt da sie so eine packende Wahllosung haben: gegen

---

[633] Soifer (2009, S. 413 f.) bezweifelt dagegen die Glaubwürdigkeit und Stichhaltigkeit dieses Arguments. Dabei scheint er die Situation an den niederländischen Universität zur Zeit der deutschen Besatzung nicht berücksichtigt zu haben.

[634] UAL, Film 513, Bl. 511, 512. Vgl. Soifer (2004a, S. 35).

[635] van der Waerden an van der Corput, 10.2.1944, NvdW, HS 652:12155.

[636] Persönliches Gespräch der Verfasserin mit Yvonne Dold-Samplonius, geführt am 17.11.2003. Vgl. auch Thiele (2004); Dold-Samplonius (1994).

Lausanne[637]. Hitler scheint viel geschickter zu sein, als jeder gedacht hat. Aber den ökonomischen Problemen werden die Nazis wohl noch machtloser gegenüberstehen als andere Parteien."[638]

Obwohl van der Waerden die nationalsozialistische Politik nicht guthieß, blieb er in Deutschland und arrangierte sich mit dem Naziregime. Dazu gehörte u. a., den Eid auf Hitler abzulegen und den Hitlergruß zu erwidern.[639] Gleichzeitig unterlief er auf wissenschaftlichem Gebiet gelegentlich die herrschende Doktrin. Dieses Verhalten war durchaus nicht unüblich unter deutschen Wissenschaftlern in der Nazizeit.

Warum ist van der Waerden in Deutschland geblieben? Ein Motiv, das van der Waerden in seinen Verteidigungsschreiben immer wieder nannte, ist, dass er die Kultur, und dazu zählte er auch die Wissenschaft, vor der Vernichtung durch die Nazis bewahren wollte:

> „Ich [van der Waerden] sah es als meine wichtigste Aufgabe an, die europäische Kultur, insbesondere die Wissenschaft gegen den kulturvernichtenden Nationalsozialismus verteidigen zu helfen."[640]

Dieses Motiv passt gut zu dem oben charakterisierten Verhalten van der Waerdens während des Naziregimes. Auch andere führende deutsche Wissenschaftler führten dasselbe heroisierénde Motiv an, am bekanntesten ist vielleicht die Rechtfertigung von van der Waerdens Leipziger Kollegen Werner Heisenberg.[641] Für van der Waerden hatte die deutsche Wissenschaft eine zentrale Stellung innerhalb der Wissenschaft:

---

[637] Auf der Konferenz von Lausanne wurden im Juni/Juli 1932 die Reparationsforderungen gegenüber Deutschland endgültig geklärt. Deutschland sollte eine Schlusszahlung von 3 Milliarden Reichsmark leisten.

[638] „De politiek is in onze fakulteit goddank niet zo erg als aan sommige anderen universiteiten. ,Mijn omgeving' bestaat voor een groot deel uit joden, en die zijn natuurlijk als de dood voor een nazi-heerschappij. Maar die schijnt toch vrijwel onvermijdelik, speciaal nu ze zo'n pakkende verkiezingsleus hebben: tegen Lausanne. Hitler schijnt veel bekwamer te zijn als iedereen had gedacht. Maar tegenover de ekonomiese problemen zullen de Nazis wel nog machtlozer staan dan de andere partijen." (Van der Waerden an van Dantzig, 12.7.1932, RANH, van Dantzig, Übersetzung MS). Es ist das einzige mir bekannte Zeugnis, in dem sich van der Waerden vor Kriegsende explizit kritisch gegenüber dem Nationalsozialismus äußerte. Vgl. auch die Bemerkung Infelds zum Klima an der Fakultät in Leipzig auf S. 302.

[639] Die Verweigerung des Hitlergrußes konnte zu einem Disziplinarverfahren führen, dessen Ziel der Entzug der venia legendi war, vgl. den Fall Ernst Zermelo (Schappacher und Kneser, 1990, S. 41).

[640] „Ik beschouwde het als mijn belangrijkste taak, de Europeese cultuur, in het bizonder de wetenschap tegen het cultuurvernietigende nationaalsocialisme te helpen verdedigen." (RANH, Freudenthal, inv.nr. 89, 20.7.1945, Übersetzung MS). Vgl. auch van der Waerden an van der Corput o. O., o. D., NvdW, HS 652:12153 (Antwort auf: van der Corput an van der Waerden Groningen, 20.8.1945, NvdW, HS 652:12161).

[641] Dass van der Waerden als Nichtdeutscher diese Position vertrat, mag auf den ersten Blick erstaunen. Es kann aber als Zeichen der Internationalität der Mathematik in Deutschland bzw. als eine nichtnationalistische Haltung seitens van der Waerdens begriffen werden, die konträr zu dem nationalistischen Zeitgeist stand. Aus heutiger Sicht kann es gar als ein das Nationalitätskonzept transzendierender (wenn nicht sogar pervertierender) kritischer Akt verstanden werden.

„Die Wissenschaft ist international und auf sichere Höhe verlegbar, aber es gibt so etwas wie Nervenzellen und Zellkerne in der Wissenschaft, die nicht ohne Schaden für das Ganze herausgeschnitten werden können, und so ein Zellkern war die deutsche Mathematik und Physik."[642]

Deshalb machte es für ihn Sinn, in Deutschland zu bleiben. In der Tat war Deutschland für die internationale Forschung ein bedeutendes Land. Ob es jedoch so unersetzlich war, wie van der Waerden behauptete, kann man durchaus infrage stellen.

Die Aufgabe der Kulturbewahrung, die van der Waerden für sein Handeln in Anspruch nahm, kann man ebenso als durchaus fragwürdig im Kontext eines faschistischen Regimes beurteilen: Indem van der Waerden sie in Deutschland erfüllte, arbeitete er gleichzeitig für Deutschland und indirekt auch für die Nationalsozialisten – und damit ab 1940 für die Besatzer u. a. seines Vaterlandes. Von verschiedenen Seiten bekam er nach dem Krieg den Vorwurf der Kollaboration zu hören.[643] Van der Waerden machte sich diesen Vorwurf im Stillen selbst, wie er in einem Brief an E. J. Dijksterhuis, mit dem er sonst hauptsächlich über mathematikhistorische Fragen korrespondierte, zugab:

„Ich [van der Waerden] habe hier in Holland sieben Monate gegen Verleumdung, Misstrauen und zu 90% ungerechtfertigte Vorwürfe kämpfen müssen. Nun kommt derjenige, der sich von Anfang an als mein bester Freund gezeigt hat, der mich in Utrecht haben wollte und der mir immerfort geholfen hat bei meiner Verteidigung, und drückt auf die sanfteste und freundlichste Weise vorsichtig aus, dass doch dieser eine Vorwurf übrig bleibt, dass ich durch meine Vorlesungen den Deutschen geholfen habe. Ich weiss im Grunde meines Herzens, dass dieser Vorwurf gerechtfertigt ist. Alle anderen Dinge, vor allem die Vorwürfe über meine Haltung vor dem Krieg, sind unvernünftig, aber dieser eine bleibt, und Du [Dijksterhuis] weißt, dass gerechtfertigte Vorwürfe immer am meisten ärgern. Mein erster Impuls war, aufbrausend zu antworten: Warum habt ihr mich dann gefragt nach Holland zurückzukehren? Du konntest doch besser als ich wissen, dass die Menschen hier nichts von mir wissen wollten. Aber nein, dachte ich, das hat der Mann doch nicht von mir verdient, dass ich ihm, der alles für mich getan hat, was er konnte, nun einen Vorwurf mache. Gleichzeitig meldete sich mein Stolz: Ich habe doch angemessen gehandelt! Und so kam ich zu meiner Antwort: Ja, ich hätte nicht anders gehandelt, aber nach Holland wäre ich nicht zurückgekehrt, wenn ich im voraus gewusst hätte, wie man mich hier empfängt!

Die richtige Antwort wäre gewesen: Ja, Du hast prinzipiell Recht, aber ich mache mildernde Umstände geltend. Erstens, vor dem Krieg hatte ich keine Gelegenheit gehabt, nach Holland zurückzukehren: in Amsterdam, wo zwei Vakanzen frei waren, hat man mich nicht genommen. Zweitens, noch 1942 dachte niemand daran es mir übel zu nehmen, dass ich nach D[eutschland] zurückkehrte. Drittens, wenn ich untergetaucht wäre, wäre meine Familie ohne Schutz in Leipzig gesessen. Viertens, Widerstand hat allein Sinn als kollektive Handlung; ein einzelner Mensch, weit weg von seinen Landleuten, die ihm helfen könnten, kann nichts beginnen. Fünftens, die wissenschaftliche Arbeit für den Krieg wird in speziellen Laboratorien getan, nicht an der Univ[ersität]; ich habe Vorlesungen für Mäd-

---

[642] „De wetenschap is international en tot op zekere hoogte verplaatsbaar, maar er zijn zoiets als zenuwcellen en celkernen in de wetenschap, die niet zonder schade voor het geheel uitgesneden kunnen worden, en zo'n celkern was de Duitse wis- en natuurkunde." Auszüge aus einem undatierten Brief an van der Corput, RANH, Freudenthal, inv.nr. 89, Übersetzung MS.

[643] Vgl. Kap. 17.1.

chen, Soldaten auf Urlaub, Schwerverletzte, Ausländer gehalten und über nichts, was für die Kriegsführung hätte gebraucht werden können."[644]

Die hier von van der Waerden angeführten ‚mildernden Umstände' wirken größtenteils leicht gekünstelt, bzw. wie Antworten auf weitere Vorwürfe. Dies ist durchaus typisch für viele der Gründe, die van der Waerden in seinen erhalten gebliebenen Verteidigungen für sein Verhalten während des Nationalsozialismus angibt. In keinem anderen der Verfasserin bekannten Brief jedoch ließ van der Waerden Selbstzweifel aufkommen bzw. akzeptierte Vorwürfe anderer. Er wies vielmehr sonst jede Schuld von sich und plädierte auf „vollständigen Freispruch."[645] Es war diese Haltung, die für viele seiner Kollegen nur schwer zu verstehen war.

Ist van der Waerdens Verhalten wirklich so schwer zu verstehen, wie Soifer (2004a, S. 23) meint? Van der Waerden hatte sich mit dem nationalsozialistischen Regime arrangiert, obwohl er es ablehnte. Er leistete keinen aktiven Widerstand gegen die Nationalsozialisten, aber er unterlief auf wissenschaftlichem Gebiet gelegentlich die herrschende Doktrin. Er versuchte, die Wissenschaft in Deutschland zu bewahren. Nimmt man dieses – heroisierende und im Kontext eines faschistischen Regimes durchaus fragwürdige – Motiv ernst, so ergibt sich eine einigermaßen schlüssige Erklärung von van der Waerdens Verhalten während des Nationalsozialismus und gleichzeitig eine Antwort auf die Frage, warum van der Waerden Deutschland nicht verließ.

Aus einer (holländischen) nationalistischen Perspektive konnte van der Waerdens Verhalten aber spätestens nach der Besetzung Hollands durch die Deutschen 1940 als Kollaboration bewertet werden. Dies geschah und wurde von van der Waerden

---

[644] „Ik heb hier in Holland zeven maanden tegen laster, wantrouwen en voor 90% ongerechtvaardigde verwijten moeten vechten. Nu komt degeen, die zich van 't begin af als mijn beste vriend heeft getoond, die mij in Utrecht wilde hebben en die mij aldoor geholpen heeft in mijn verweer, en drukt, op de zachtste en vriendelijkste manier, voorzichtig uit dat er toch dit éne verwijt overblijft, dat ik door mijn lessen de Duitsers heb geholpen. Ik weet in de grond van mijn hart, dat dit verwijt juist is. Alle andere dingen, vooral de verwijten over mijn houding vóór de oorlog, zijn onredelijk, maar dit éne blijft, en je weet, dat gerechtvaardigde verwijten soms het meeste ergeren. Mijn eerste impuls was, heftig te antwoorden: waarom hebben jullie mij dan gevragd naar Holland terug te komen? Je kondt toch beter dan ik weten, dat de mensen hier niets van mij wilden weten. Maar neen, dacht ik, dat heeft die man toch niet aan mij verdiend, dat ik hem, die alles voor mij heeft gedaan wat hij kon, nu een verwijt maak. Tevens meldde zich mijn trots aan: Ik heb toch behoorlijk gehandeld! En zo kwam ik tot mijn antwoord: Ja, ik zou net anders gehandeld hebben, maar naar Holland zou ik niet zijn teruggekeerd, als ik van tevoren had geweten, hoe men mij hier zou ontvangen!

Het juiste antwoord was geweest: Ja, je hebt principieel gelijk, maar ik bepleit verzachtende omstandigheden. Ten eerste: vóór de oorlog heb ik nooit gelegenheid gehad, naar Holland terug te keren: in Amsterdam, waar 2 vacatures vrij waren, heeft men mij niet genomen. Ten tweede: Nog in 1942 dacht niemand eraan het mij kwalijk te nemen, dat ik naar D. terugkeerde. Ten derde: Als ik was ondergedoken, zou mijn familie zonder bescherming in Leipzig zitten. Ten vierde: Verzet heeft alleen zin als collectieve actie; een afzonderlijk man, ver van zijn landgenoten die hem kunnen helpen, kan niets beginnen. Ten vijfde: Het wetenschappelike werk voor de oorlog werd in speciale laboratoria gedaan, niet aan de Univ.; ik gaf college voor meisjes, soldaten met verlof, zwaargewonden, buitenlanders, en over niets wat voor de oorlogvoering kon worden gebruikt." Van der Waerden an Dijksterhuis, o. D., NvdW, HS 652:10690, Übersetzung MS.

[645] Etwa: van der Waerden an van der Corput, o. D., NvdW, HS 652:12153.

im Stillen und im nachhinein auch akzeptiert.[646] Bei ausländischen Wissenschaftlern, die während der Nazizeit in Deutschland blieben, tritt also neben der Frage, wie
sie sich in Deutschland zu dem Regime verhielten, eine zusätzliche Fragestellung
hinzu, nämlich wie sich ihr Verhalten im nationalen Kontext ihres Ursprungslandes
darstellte. Das Kapitel 17 wirft Licht auf diese Fragestellung in Bezug auf van der
Waerden und die Niederlande.

---

[646] Dass van der Waerdens Verhalten während der Zeit des Nationalsozialismus aus einer Kombination aus Weltfremdheit und einem kruden Verständnis von Moral resultierte, wie Soifer (2005,
S. 153 ff.) vorschlägt, hält die Verfasserin für abwegig. Denn erstens zeigt der oben zitierte Brief
von van der Waerden an van Dantzig, dass van der Waerden nicht unpolitisch war. Auch Yvonne
Dold-Samplonius charakterisierte van der Waerden auf Nachfrage der Verfasserin als durchaus politisch interessierten Menschen (Persönliches Gespräch der Verfasserin mit Y. Dold-Samplonius,
geführt am 17.11.2003). Zweitens lässt das von Soifer angeführte Beispiel aus van der Waerdens
Jugend, auf das er seine Vermutung gründet, durchaus auch andere Interpretationen als ein primi-
tives moralisches Bewusstsein zu. Soifer ist inzwischen von dieser These ebenfalls abgekommen
(Soifer, 2009, Abschn. 39.7).

# Kapitel 9
# Überblick zu van der Waerdens Monographie zur gruppentheoretischen Methode in der Quantenmechanik

Dieses Kapitel bietet einen kurzen Überblick zum Entstehungskontext und Inhalt von van der Waerdens Werk *Die gruppentheoretische Methode in der Quantenmechanik*[647], bevor in den nachfolgenden Kapiteln 10 bis 14 eine genauere Analyse von einzelnen Aspekten des Buches erfolgt. Darüber hinaus werden einige mathematisch-physikalische Grundzüge der Quantenmechanik, wie sie van der Waerden in einem einleitenden Kapitel zusammenstellte, zur Verfügung gestellt.

## 9.1 Entstehungskontexte

Van der Waerdens Monographie zur gruppentheoretischen Methode in der Quantenmechanik wurde 1932 publiziert. Sie war van der Waerdens dritte Monographie in seiner noch jungen wissenschaftlichen Laufbahn und zugleich war sie die dritte Monographie zu diesem Themenkomplex. Nach Weyl, dessen umfangreiches Werk *Gruppentheorie und Quantenmechanik* 1931 in einer überarbeiteten zweiten Auflage und auch in englischer Übersetzung veröffentlicht wurde, hatte Wigner gerade erst eine kurze pragmatische Einführung unter dem Titel *Gruppentheorie und ihre Anwendung auf die Quantenmechanik der Atomspektren* publiziert.[648] Es fragt sich also, warum unter diesen Bedingungen noch ein drittes Buch zu einer nicht unumstrittenen Methode erschien.

Ein Teil der Antwort auf diese Frage ist wohl in der Verlagsstrategie des Springer Verlags zu suchen. Courant, der wissenschaftliche Berater Ferdinand Springers für die Mathematik, war verantwortlich für die Springer-Reihe „Die Grundlehren der mathematischen Wissenschaften in Einzeldarstellung mit besonderer Berücksichtigung der Anwendungsgebiete", in der bereits van der Waerdens *Moderne Algebra* erschienen war.[649] Im Juli 1931 teilte Courant dem Verleger Springer mit, dass er

---

[647] van der Waerden (1932).

[648] Weyl (1928b, 1931a,b); Wigner (1931).

[649] Zur Rolle Courants als wissenschaftlicher Berater des Springer Verlags vgl. Remmert (2008).

M.R. Schneider, *Zwischen zwei Disziplinen*, Mathematik im Kontext,
DOI 10.1007/978-3-642-21825-5_9, © Springer-Verlag Berlin Heidelberg 2011

van der Waerden überredet habe, bald ein Manuskript einzureichen. Van der Waerden habe eigentlich vorgehabt, so Courant, auf sein Buch über Gruppentheorie und Quantenmechanik zu verzichten, „weil ja inzwischen ein ähnliches recht gutes Buch von Wigner erschienen ist."[650] Ein halbes Jahr später, im Januar 1932, verfasste van der Waerden bereits das Vorwort zu dem Manuskript. Wie bei der *Moderne[n] Algebra* ist es also Courants Engagement und Beharrlichkeit zu verdanken, dass das Buch als Band 36 der Grundlehren-Reihe entstand. Der Springer Verlag erschloss mit van der Waerdens Monographie ein Gebiet der Quantenmechanik, das bis dahin von seinen beiden Konkurrenten im Bereich des wissenschaftlichen Publizierens, den Verlagen Hirzel (Weyl) und Vieweg (Wigner), allein besetzt worden war. Wirtschaftlich war dies für Springer dennoch ein voller Erfolg. Innerhalb von nur zwei Jahren verkaufte sich das Buch über 1000-mal.[651] Dies zeigt, dass trotz oder gerade wegen all der Kontroversen um den Sinn und Nutzen der gruppentheoretischen Methode ein hohes Interesse an derselben bestand.

Das Datum von Courants Mitteilung an Springer ist zudem aufschlussreich. Van der Waerden willigte demzufolge spätestens im Juli 1931 ein, das Buchprojekt doch fortzuführen. Das bedeutet, dass es nicht erst zu diesem Zeitpunkt entstanden, sondern bereits längere Zeit geplant war. Die Durchführung eines Seminars zur Gruppentheorie und Quantenmechanik im Sommersemester 1931, also während van der Waerdens erstem Semester in Leipzig, könnte ein Hinweis darauf sein, dass das Projekt bereits vor dem Wechsel nach Leipzig existierte. Der genaue Zeitpunkt der Idee für das Buchprojekt und die näheren Umstände, etwa ob sich Courant mit der Bitte um einen Beitrag direkt an van der Waerden wandte oder ob van der Waerden durch den Kontakt mit Ehrenfest dazu motiviert wurde, konnten nicht eruiert werden. Für jede der beiden skizzierten Varianten gibt es einige Anzeichen, die dafür sprechen: Courant sprach nicht selten von sich aus mögliche Autoren an, er kannte van der Waerden gut und er war bereits 1929 in die Publikation von dessen erstem Beitrag zur Quantenmechanik involviert; Ehrenfests Wunsch nach einem „Baedeker durch Weyl"[652] sowie nach einem „dünne[n] Büchlein"[653] zum Spinor- und Tensorkalkül wie auch van der Waerdens enge Kontakte zu Ehrenfest während seiner Groninger Zeit sind gleichfalls dokumentiert.

Das Leipziger Umfeld war an der Entstehung der Monographie insofern beteiligt, als van der Waerden in seinem Seminar im Sommersemester 1931 mit den Fragen, Problemen und Interessen der Kollegen unmittelbar konfrontiert war. Sein damaliger Kollege Friedrich Hund erinnert sich:

> „von seiner [van der Waerdens] Vorlesung [sic!] über Gruppentheorie und Quantemechanik haben wir vieles nicht gleich verstanden [...] Aus der Vorlesung ist van der Waerdens bekanntes Buch entstanden."[654]

---

[650] Courant an Springer, 19.7.1931, Verlagsarchiv Springer. Ich danke Volker Remmert für diesen Hinweis.

[651] Remmert (2008, S. 184). Laut Courant soll es preislich das billigste gewesen sein (Courant an Springer, 27.11.1931, Verlagsarchiv Springer).

[652] Ehrenfest an Kramers, 4.9.1928, MB, ESC 6, S.9, 306.

[653] Ehrenfest (1932, S. 558).

[654] Hund in Kleint und Wiemers (1993, S. 99).

Die Diskussionen mit den Leipziger Kollegen (wie wahrscheinlich auch mit Coster und Kronig in Groningen) schlug sich vermutlich u. a. in dem Kapitel zu Molekülspektren nieder – einem Thema, das dort zu dieser Zeit hohe Aufmerksamkeit erfuhr[655] und das in den Monographien von Wigner und Weyl nicht behandelt worden war. Damit ist schließlich auch ein inhaltlicher Grund für die Publikation eines weiteren Werkes zur Gruppentheorie und Quantenmechanik Anfang der 1930er Jahre angesprochen.

Im Vorwort seiner Monographie ‚rechtfertigte' van der Waerden explizit das Erscheinen seines Buches angesichts der jüngsten Publikation Wigners.[656] An erster Stelle nannte er dabei das Kapitel über Moleküle (siehe Abschn. 14.2.1). Als weitere inhaltliche Unterschiede zum Wignerschen Werk führte er die Behandlung der Lorentzgruppe sowie der relativistischen Wellengleichung für das Elektron auf – beides Themen, die Wigner explizit ausgeklammert hatte und die van der Waerden in seiner Arbeit zum Spinorkalkül bereits berührt hatte. Außerdem wies van der Waerden auf die „abweichende Behandlung mancher Einzelheiten" und damit auf die unterschiedliche Darstellung der Ergebnisse hin. Damit könnte er u. a. die in einem Brief an Sommerfeld 1937 von ihm geäußerte Absicht gemeint haben, „möglichst unmittelbar an die konkreten physikalischen Tatsachen anzuschließen".[657] Weyls Monographie empfahl er, neben einigen weiteren Originalabhandlungen von Frobenius, Schur und Weyl, als vertiefende Lektüre in Bezug auf die Darstellung der Permutationsgruppe.[658] Damit verortete van der Waerden sein Werk zwischen denen von Wigner und Weyl.

Die Analyse der Entstehung der *Gruppentheoretische[n] Methode in der Quantenmechanik* zeigt also, dass nicht ein lokaler Kontext als primärer Faktor benannt werden kann.[659] Vielmehr scheint dafür ein Konglomerat von lokalen wissenschaftlichen Milieus (Göttingen, Groningen/Leiden, Leipzig) verantwortlich zu sein, in

---

[655] Vgl. Abschn. 14.2.1.

[656] van der Waerden (1932, S. V f.).

[657] Van der Waerden an Sommerfeld, 2.7.1937, AHQP.

[658] van der Waerden (1932, S. V). Erwähnenswertswert ist vielleicht auch, dass van der Waerden das Korrekturlesen eines Werks von Hermann Weyl im April 1930 quasi ablehnte: „Was das Mitlesen der Korrekturen betrifft, glaube ich [van der Waerden] nicht, daß Sie [Weyl] an mir den richtigen Mann haben. Ich übersehe auch bei größter Anstrengung weitaus die meisten Druck- und Rechenfehler. Und was inhaltliche Kritik anbetrifft, da vermute ich, daß unsere Meinungsverschiedenheiten zu groß sein werden um zu einem vernünftigen Kompromiss mit kleinen Änderungen führen zu können. Wenn Sie aber trotzdem nicht davor zurückschrecken sollten, mich mitlesen zu lassen, so bitte ich, mir anzugeben wann die Proben herauskommen, da ich in der nächsten Zeit ziemlich besetzt bin." (Van der Waerden an Weyl, 8.4.1930, ETHZH, Nachlass Weyl, HS 91:784) Es geht leider nicht hervor, um welches Werk es sich handelt. Aber der Zeitpunkt legt nahe, dass es sich um Weyls zweite Auflage seiner Monographie zur *Gruppentheorie und Quantenmechanik* handeln könnte. Dann wären die inhaltlichen Differenzen sehr bemerkenswert. Allerdings rezensierte van der Waerden dieses Werk für das *Zentralblatt für Mathematik und ihre Grenzgebiete* (van der Waerden, 1931b).

[659] Die vorgelegte Untersuchung widerlegt zudem klar Soifers Vermutung zur Genese des Werks: „He [van der Waerden] picked up physics from them [Heisenberg, Hund] (as he did algebra from Emmy Noether and Emil Artin) and already the following year published a book on applications of group theory to quantum mechanics in the Springer's *Yellow Series*." (Soifer, 2009, S. 392).

# DIE
# GRUPPENTHEORETISCHE METHODE
# IN DER QUANTENMECHANIK

VON

## Dr. B. L. van der WAERDEN
O. PROFESSOR AN DER UNIVERSITÄT
LEIPZIG

MIT 7 ABBILDUNGEN

BERLIN
VERLAG VON JULIUS SPRINGER
1932

Abb. 9.1: Titelblatt *Die gruppentheoretische Methode in der Quantenmechanik* (1932)

denen sich van der Waerden in den letzten Jahren bewegte und in denen er Beziehungen knüpfte. In diesen Netzwerken wurde er auch mit Forschungsfragen konfrontiert, welche nicht zu seinen eigenen Hauptforschungsgebieten zählten. Im Fall der Quantenmechanik ließ er sich darauf so sehr ein, dass er sogar zu diesem Gebiet publizierte.

## 9.2  Zu Inhalt, Aufbau und Stil

Van der Waerdens Monographie richtete sich in erster Linie an quantenmechanisch vorgebildete Leser, also hauptsächlich an Physiker.[660] Damit unterscheidet sich ihr Zielpublikum von dem der Abhandlung von Weyl, der Physiker und Mathematiker gleichermaßen ansprechen wollte. Van der Waerden gab einen Überblick über die Grundbegriffe und -konzepte der Darstellungstheorie, über die Darstellungen von den Gruppen, die für die Quantenmechanik wichtig sind, und über die wichtigsten Anwendungsmöglichkeiten der Darstellungstheorie im Bereich der Quantenmechanik. Dabei ging es ihm um eine möglichst einfache, zweckdienliche Darstellung und nicht um die Vermittlung umfangreicher mathematischer Kenntnisse:

> „Diese mathematischen Begriffsbildungen [der Gruppentheorie] und ihre physikalische Anwendung in möglichst einfacher Weise zu erklären, ist der Zweck dieses Büchleins. Ich [van der Waerden] habe mich bemüht, immer mit den einfachsten Hilfsmitteln auszukommen und in den mathematischen Entwicklungen nicht über das physikalisch Bedeutsame hinauszugehen."[661]

Diese pointierte Absichtserklärung aus dem Vorwort lässt den Unterschied zur Weylschen Monographie bereits deutlich hervortreten. Denn Weyl ging es darum, dass Physiker die mathematischen Grundlagen der Quantenmechanik und Mathematiker die Grundzüge der Quantenmechanik aus seinem Buch lernen können.[662] Er hatte also sowohl Mathematiker als auch Physiker als Leser im Blick. Dass die Quantenmechanik noch immer, auch für so manchen Physiker schwer verständlich war, zeigt eine Passage aus einem Brief von Schrödinger, in dem er sich im April 1931 bei Weyl für das Geschenk der zweiten Auflage der *Gruppentheorie und Quantenmechanik* bedankte:

> „Das Verstehen der Quantenmechanik geht bei mir [Schrödinger] langsamer als bei irgendeinem anderen Menschen und das herrliche Wort Ehrenfests vom asthmatischen Dackel, der hinter der Elektrischen herjapst, kann ich im vollsten Umfang auf mich selbst anwenden. Vielleicht werde ich das alles gerade in dem Augenblick ganz verstehen, wenn es nicht mehr wahr ist."[663]

---

[660] „Die Grundbegriffe der Wellenmechanik und der Spektroskopie werden in diesem Buch als bekannt vorausgesetzt." (van der Waerden, 1932, S. VI).

[661] van der Waerden (1932, S. V).

[662] Weyl (1928b, S. V).

[663] Schrödinger an Weyl, 1.4.1931, ETHZH, Nachlass Weyl, HS 91:732.

Indem Weyl sein Werk auch als eine Einleitung in die Quantenmechanik konzipierte, gestaltete sich das Weylsche Werk inhaltlich wesentlich umfangreicher als das van der Waerdens. Wigner dagegen hatte wie van der Waerden primär das Ziel, die gruppentheoretische Methode im Bereich der Quantenmechanik einem größeren Kreis von Physikern zu vermitteln.[664]

Im Vorwort fasste van der Waerden sehr knapp und mathematisch präzise zusammen, worin der Nutzen und die Anwendbarkeit dieser Methode liegt:

> Die quantenmechanische Behandlung der Atome und Moleküle mittels der Schroedingerschen Wellengleichung stößt auf große Schwierigkeiten, die in der Kompliziertheit des Problems ihre Ursache haben. Daß man trotzdem über die Eigenfunktionen und Eigenwerte allgemeine Aussagen machen kann, die in spektroskopischen Regelmäßigkeiten ihre Bestätigung finden, ist durch die Symmetrie-Eigenschaften der Wellengleichung, nämlich ihre Drehungsinvarianz, Spiegelungsinvarianz und Invarianz bei Permutationen der Elektronen (bzw. Kerne) bedingt. Die mathematischen Hilfsmittel zur Begründung dieser Regelmäßigkeiten liefert die Gruppentheorie, speziell die Darstellungstheorie der endlichen und kontinuierlichen Gruppen."[665]

Damit schloss er sich zum Teil der Argumentation Wigners an, der ebenfalls in seinem Vorwort angesichts der rechnerischen Schwierigkeiten bei der Lösung der Wellengleichung die Vorteile der „reine[n] Symmetrieüberlegungen" herausgestellt hatte.[666] Wenn van der Waerden Gruppen- und Darstellungstheorie nur als „mathematisch[e] Hilfsmittel" zur Erfassung der Symmetrien bezeichnet, dann schreibt er der Gruppentheorie eine eher bescheidene Rolle in der physikalischen Theoriebildung zu. Dies führt vor Augen, wie stark sich van der Waerdens Herangehensweise von der in Göttingen, vor allem von Hilbert und Klein vertretenen Auffassung der prästabilierten Harmonie unterschied. Van der Waerden zeigte sich auch offen für alternative Methoden, wie die von Slater,

> „welche die recht komplizierte Darstellungstheorie und Charakterenberechnung der symmetrischen Permutationsgruppe in den Hintergrund gedrängt und zu vermeiden gelehrt hat."[667]

Damit signalisierte van der Waerden dem Lesenden eine undogmatische, pragmatische Behandlung des Themas.

Diese Art von nüchterner Gelassenheit im Diskurs um die Bedeutung der Gruppentheorie in der Quantenmechanik, die van der Waerden hier präsentierte, findet sich natürlich so nicht in den Monographien von Wigner und Weyl. Als Mitbegründer der gruppentheoretischen Methode in der Quantenmechanik gingen diese auf Kritik ein und versuchten, ihre Methode dagegen zu verteidigen. Wigner propagierte nochmals das Konzept der Symmetrie als ein physikalisch Intuitives und führte

---

[664] Vgl. Vorwort in Wigner (1931, S. V).

[665] van der Waerden (1932, S. V).

[666] „Die wirkliche Lösung der quantenmechanischen Differentialgleichungen stößt im allgemeinen auf so große Schwierigkeiten, daß man durch direkte Rechnung zumeist nur eine grobe Annäherung zu erreichen vermag. Umso erfreulicher ist es, daß ein so großer Teil der quantenmechanischen Resultate schon durch reine Symmetrieüberlegungen erhalten werden kann." (Wigner, 1931, S. V).

[667] van der Waerden (1932, S. V).

die Widerstände gegen die Gruppentheorie auf deren Andersartigkeit und die Unvertrautheit der Physiker damit zurück:

> „Man hat gegen die gruppentheoretische Behandlung der Schrödingergleichung oft den Einwand erhoben, daß sie ‚nicht physikalisch' sei. Es scheint mir [Wigner] aber, daß die bewußte Ausnutzung elementarer Symmetrieeigenschaften dem physikalischen Gefühl eher entsprechen muß, als die mehr rechnerische Behandlung. Der erwähnte Einwand dürfte darauf zurückzuführen sein, daß die Gruppentheorie einen wesentlich anderen Charakter hat, als die dem Physiker hauptsächlich geläufigen Teile der Mathematik, so daß es immerhin einige Zeit erfordert, bis man sich mit ihr befreundet hat."[668]

Weyl charakterisierte die aktuelle Debatte in dem im November 1930 in Göttingen verfassten Vorwort zur zweiten Auflage wie folgt:

> „Es ist in jüngster Zeit die Rede, daß die ‚Gruppenpest' allmählich wieder aus der Quantenmechanik ausgeschieden wird."[669]

Damit paraphrasierte er eine Stelle aus einem Brief seines Kollegen Born, den er im vorherigen Monat erhalten hatte.[670] Er bezog dazu Stellung, indem er differenziert die Bedeutung der einzelnen Gruppen und ihrer Darstellung für die Quantenmechanik beurteilte.[671] Wigner und Weyl griffen also die Fachdebatte explizit auf und vertraten offensiv die gruppentheoretische Methode. Als einer, der quasi von außen kam, fühlte van der Waerden sich anscheinend nicht berufen, direkt in diese einzugreifen. Diese Außenseiterposition fällt auch ins Auge bei seiner wohlwollenden Behandlung von Slaters Methode, die ohne Gruppentheorie auskam.[672]

Van der Waerdens Werk ist mit 157 Seiten im Vergleich zu den beiden anderen am kürzesten. Es ist in sechs Kapitel gegliedert. Im ersten Kapitel gab van der Waerden eine knappe „quantenmechanische Einleitung". Dazu bündelte er die zum Verständnis nötigen physikalischen Grundlagen und, soweit es das mathematische Fundament der quantenmechanischen Theorie betraf, auch die mathematischen Grundannahmen. Der Inhalt soll hier kurz nachgezeichnet werden.

Van der Waerden ging zunächst auf die Schrödingersche Wellengleichung für ein Atom und für ein aus zwei Atomen bestehendes Molekül ein, erinnerte kurz an die statistische Interpretation der Wellenfunktion sowie die dazu notwendigen mathematischen Rahmenbedingungen (wie Quadratintegrabilität der Wellenfunktion und Vollständigkeit des Systems der Eigenfunktionen). Der Fall des Atoms mit nur einem Elektron, also der einfachste und am besten studierte Fall, wurde genauer untersucht. Van der Waerden löste die zugehörige zeitunabhängige Wellengleichung eines Elektrons im kugelsymmetrischen Feld

---

[668] Wigner (1931, S. V).
[669] Weyl (1931a, S. VII).
[670] Vgl. Fußnote 206 auf S. 67.
[671] Siehe Fortführung des Zitats auf S. 264.
[672] Vgl. Kap. 13.

$$-\frac{\hbar^2}{2\mu}\Delta\psi - eV\psi = E\psi$$

(mit $2\pi\hbar$ das Plancksche Wirkungsquantum[673], $\mu$ die Masse des Elektrons, $\Delta$ der Hamiltonoperator, $e$ die Ladung des Elektrons, $V$ das vom Radius abhängige Potential) nach der Wellenfunktion $\psi$ mit Hilfe der Kugelfunktionen

$$\psi = f(r)Y_l(\theta,\varphi),$$

wobei $Y_l$ Kugelfunktionen $l$−ter Ordnung sind und $f$ durch eine Differentialgleichung definiert wird. Er zeigte, wie sich damit die azimutale Quantenzahl $l$ ($l \in \mathbb{N}^0$), die magnetische Quantenzahl $m$ ($-l \leq m \leq l$) und die Hauptquantenzahl $n$ ($n = l+1, l+2, \dots$) einführen lassen.[674] Weiterhin gab er Formeln zur Berechnung der Energieterme $E(n,l)$, der Wellenzahlen und der Übergangswahrscheinlichkeiten zwischen zwei Energieniveaus an.

Anschließend behandelte van der Waerden noch die Störungsrechnung. Dabei tritt an die Stelle der ungestörten Wellengleichung

$$H^0\psi = E^0\psi$$

ein gestörtes System

$$(H^0 + \varepsilon W)\psi = E\psi,$$

wobei der Faktor $\varepsilon$ sehr klein angenommen wird, so dass das Störungsglied $\varepsilon W$ ebenfalls klein ist. Es werden Verfahren vorgestellt zur Approximation der gestörten Eigenfunktionen und Eigenwerte unter verschiedenen Voraussetzungen.

Abschließend stellte van der Waerden die Beziehung zwischen den Operatoren des Drehimpulses eines $f$−Elektronensystems und der Gruppe der infinitesimalen Drehungen um die $z$−Achse her. Die Drehimpulsoperatoren $L_x, L_y, L_z$ haben im quantenmechanischen Kontext die Form

$$\hbar L_x = \frac{\hbar}{i}\sum\left(y\frac{\partial}{\partial z} - z\frac{\partial}{\partial y}\right),$$

$$\hbar L_y = \frac{\hbar}{i}\sum\left(z\frac{\partial}{\partial x} - x\frac{\partial}{\partial z}\right),$$

$$\hbar L_z = \frac{\hbar}{i}\sum\left(x\frac{\partial}{\partial y} - y\frac{\partial}{\partial x}\right),$$

wobei sich die Summation über die Ortskoordinaten aller Elektronen erstreckt. Das Quadrat des Gesamtdrehimpuls ist gegeben durch

$$\hbar^2\mathfrak{L}^2 = \hbar^2(L_x^2 + L_y^2 + L_z^2).$$

---

[673] Van der Waerden verwendete anstelle von $\hbar$ die Bezeichnung $h$ (van der Waerden, 1932, S. 1). Hier wie im folgenden wird aber die heute übliche Bezeichnung $\hbar$ benutzt.

[674] Vgl. Abschn. 12.2.2.

Eine Drehung $D$ des Raumes führt eine Funktion $\psi(q) := \psi(x,y,z)$ in eine Funktion $\psi' := D\psi$ über, welche durch

$$\psi'(Dq) = \psi(q) \qquad \text{oder} \qquad \psi'(q) = \psi(D^{-1}q)$$

definiert ist, wobei $D^{-1}$ die zu $D$ inverse Drehung bezeichnet. Betrachtet man die infinitesimalen Drehungen um die $z-$Achse, so zeigte sich, dass der Zuwachs $\delta\psi = \psi' - \psi$ in erster Ordnung durch die Operation

$$-(x\frac{\partial}{\partial y} - y\frac{\partial}{\partial x}),$$

bestimmt ist. Dreht man nun alle $q_i = (x_i, y_i, z_i)$ der $f$ Elektronen gleichzeitig um denselben Winkel, so wird dies durch den Operator

$$I_z := -\sum_{i=1}^{f}(x_i\frac{\partial}{\partial y_i} - y_i\frac{\partial}{\partial x_i}) = -iL_z$$

erfasst. Analog werden die Operatoren $I_x$ und $I_y$ definiert. Für diese gelten dann die Relationen

$$I_xI_y - I_yI_x = I_z,$$

$$I_yI_z - I_zI_y = I_x,$$

$$I_zI_x - I_xI_z = I_y.$$

Ohne dass der Leser explizit darauf aufmerksam gemacht wird, führte van der Waerden ihn bereits in der Einleitung auf die Strukturkonstanten der Liealgebra der $SO_3$. Er erwähnte auch, dass für ein kugelsymmetrisches Feld die Eigenfunktionen einer Energiestufe durch Drehungen, also auch durch infinitesimale Drehungen, untereinander linear transformiert werden.

Nun wandte sich van der Waerden erneut dem Fall eines Elektrons im kugelsymmetrischen Feld zu. Die Operatoren $I_x, I_y, I_z$ wirken dann linear auf $f(r)Y_l^{(m)}$ ($-l \leq m \leq l$) bzw., da $f(r)$ darunter invariant ist, nur auf die Kugelfunktion:

$$I_z Y_l^{(m)} = -im Y_l^{(m)} \quad \text{bzw.} \quad L_z Y_l^{(m)} = m Y_l^{(m)}.$$

Die Kugelfunktionen sind also gerade die Eigenfunktionen von $L_z$. Die Operation des Quadrats des Gesamtimpulsoperator kann dann als

$$\mathfrak{L}^2 Y_l^{(m)} = l(l+1)Y_l^{(m)}$$

für alle $-l \leq m \leq l$ bestimmt werden.

Damit lässt sich der Zeemaneffekt, also die Aufspaltung von Linien im Spektrum unter dem Einfluss eines Magnetfeldes, im Falle eines Atoms mit einem Elektron berechnen. Man nimmt ein konstantes homogenes Magnetfeld der Stärke $\mathfrak{H}_z$ in

$z-$Richtung an und setzt als lineares Störungsglied in der Schrödingerschen Wellengleichung

$$W = \varkappa \mathfrak{H}_z L_z$$

an, wobei $\varkappa = \frac{eh}{2\mu c}$ das Bohrsche Magneton bezeichnet. Die Untersuchungen zum Störungsproblem zeigen, dass sich für das gestörte Eigenwertproblem mit $H = H_0 + W$ Eigenfunktionen finden lassen, welche gleichzeitig Eigenfunktionen des ungestörten Problems zum Eigenwert $E_0$ sind und zu einem bestimmten Eigenwert $m$ von $L_z$ gehören. Der gestörte Eigenwert dieser Eigenfunktionen ist dann

$$E = E_0 + \varkappa \mathfrak{H}_z m.$$

Die Termaufspaltung beim Zeemaneffekt beträgt danach $\varkappa \mathfrak{H}_z m$. Dies lässt sich auf mehrere Elektronen übertragen, vorausgesetzt, die Eigenfunktionen lassen sich so wählen, dass die Eigenfunktionen jeder Energiestufe gleichzeitig Eigenfunktionen von $L_z$ sind.

Van der Waerden zeigte auf, wie sich in diesem Setting die Auswahlregel für die magnetische Quantenzahl $m$ bestimmen lässt als

$$m \to m + 1, m, m - 1.$$

Das einzige gruppentheoretische Resultat, das bei seiner Ableitung Anwendung fand, ist, dass die Wellenfunktionen $\psi$ so gewählt werden können, dass Drehungen um die $z-$Achse mit Winkel $\alpha$ in einem Faktor $e^{-im\alpha}$ münden. Für den Ansatz mit Kugelfunktionen folgt dies aus der Eigenschaft von $Y_l^{(m)}$. Mit dieser Auswahlregel kann der normale Zeemaneffekt erklärt werden, d. h. die Aufspaltung einer Linie unter Einfluss eines Magnetfeldes in drei äquidistante Linien.

Van der Waerdens „quantenmechanische Einleitung" gibt also in sehr dichter Form und praktisch ohne gruppentheoretischen Hintergrund die wichtigsten Ergebnisse wieder und bereitet so den physikalisch-mathematischen Kontext für die Anwendung von darstellungstheoretischen Konzepten und Ergebnissen vor.

In den anschließenden beiden Kapiteln der Monographie folgt zunächst eine Einführung in die Darstellungstheorie (Kap. II) und dann die Konstruktion von Darstellungen der Drehungsgruppe und der Lorentzgruppe (Kap. III). Dabei entwickelte van der Waerden die Darstellungstheorie aus dem Konzept der Gruppe mit Operatoren.[675] Außerdem inkludierte er die von ihm entwickelte Spinoranalyse.[676] Beide Kapitel sind naturgemäß stark mathematisch geprägt, allerdings stellte van der Waerden schon dort die Bezüge zur Quantenmechanik immer wieder her. Das Kapitel III zusammen mit dem darauf folgenden Kapitel IV zum „spinning electron", in welchem Spin und die relativistische Wellengleichung behandelt wurden, bildet in van der Waerdens Augen das „Kernstück" der Monographie.[677] Das fünfte Kapitel widmet sich der Permutationsgruppe und dem Pauli-Verbot. Van der Waerden

---

[675] Siehe Kap. 10.

[676] Siehe Abschn. 12.3.

[677] van der Waerden (1932, S. V).

erläuterte den Aufbau des Periodensystems, optimierte die Slatersche Methode zur Bestimmung von Multipletts[678] und stellte ein Verfahren zur approximativen Berechnung der Energie vor. Im letzten Kapitel werden die Molekülspektren behandelt, insbesondere solche von zweiatomigen Molekülen.[679]

---

[678] Siehe Kap. 13.
[679] Siehe Kap. 14.

# Kapitel 10
# Darstellungstheorie vermittels Gruppen mit Operatoren

Van der Waerden gab im zweiten Kapitel seiner Monographie auf nur vierunddrei-
ßig Seiten eine sehr dichte Einführung in die Gruppen- bzw. Darstellungstheorie
und umriss ihre Anwendungsmöglichkeiten in der Quantenmechanik. Dabei spielte
das relativ neue Konzept der ‚Gruppe mit Operatoren‘ eine zentrale Rolle – ein Konzept, das weder Wigner noch Weyl in ihren Lehrbüchern erwähnten und das für den
modernen strukturellen Zugang zur Algebra dieser Zeit typisch war. Im Folgenden
wird nach einem kurzen Exkurs zur Entwicklung des Konzepts van der Waerdens
Vorgehen bei der darstellungstheoretischen Einführung skizziert. Am Beispiel des
Beweises der Eindeutigkeit einer Zerlegung einer Darstellung in irreduzible Darstellungen wird der Unterschied mit den Herangehensweisen von Weyl und Wigner
herausgearbeitet. Abschließend findet eine Diskussion über die „Modernität" von
van der Waerdens Zugang statt.

## 10.1 Zur Geschichte des Konzepts

Das Konzept der Gruppe mit Operatoren wurde erstmals von Wolfgang Krull, der
mit Emmy Noether zusammenarbeitete, Mitte der 1920er Jahre im Kontext von Differentialgleichungssystemen und von Matrizengruppen eingeführt.[680] Zunächst definierte Krull eine „verallgemeinerte Abelsche Gruppe mit Operatoren" als abelsche
Gruppe $G$, auf der zusätzlich eine Menge $O$ von sogenannten Operatoren durch Multiplikation operiert, wobei $G$ gegenüber $O$ abgeschlossen ist und für alle $\theta \in O$ und
$\alpha_i \in G$ das Distributivgesetz

$$\theta(\alpha_1 + \alpha_2) = \theta\alpha_1 + \theta\alpha_2$$

gilt.[681] Abgesehen von der Distributivität gab es keine Bedingungen an den Ope-
ratorenbereich. Krull übertrug Begriffe und Konzepte, die aus der Gruppentheo-

---

[680] Krull (1925, 1926).
[681] Krull (1925, S. 165 f.).

rie bekannt waren, wie etwa Untergruppe, direkte Summe, vollständige Reduzibilität, endlicher Rang, auf verallgemeinerte Abelsche Gruppen mit Operatoren. Dabei wurde gelegentlich eine Zusatzannahme über den Operatorbereich gemacht, nämlich dass dieser einen Körper enthält. Krull bewies den „Fundamentalsatz" über die Eindeutigkeit der Zerlegung von „verallgemeinerten endlichen Abelschen Gruppen" in eine Summe von unzerlegbaren Gruppen.[682] Unter einer verallgemeinerten endlichen Abelschen Gruppe verstand Krull eine verallgemeinerte Abelsche Gruppe, deren auf- und absteigenden Ketten von Untergruppen stationär werden. Schließlich wandte Krull diesen Fundamentalsatz auf die Theorie von Differentialgleichungssystemen und auf „Komplexe von Matrizen" an.

Krulls Arbeit stieß bei Emmy Noether auf Interesse. Sie brachte Vorschläge zur Vereinfachung der Beweise ein. Darüber hinaus erwähnte sie dieses Konzept in ihrem Artikel zur Idealtheorie (Noether, 1927), nämlich beim Beweis der Äquivalenz von „Doppelkettensatz" (d. h. aufsteigende und absteigende Kettenbedingung sind erfüllt) und der Existenz einer Kompositionsreihe[683] für einen „wohlgeordneten Modul" (d. i. eine Teilmenge eines nullteilerfreien, wohlgeordneten Rings $\mathfrak{R}$ aufgefasst als Modul über $\mathfrak{R}$). Solche „wohlgeordneten Moduln" seien verallgemeinerte Abelsche Gruppen mit Multiplikatorenbereich $\mathfrak{R}$.[684] Noether zeigte dabei auch, dass, wenn eine Kompositionsreihe existiert, diese insofern eindeutig ist, als dass eine andere Kompositionsreihe die gleiche Länge und bis auf Isomorphie die gleichen Quotientengruppen hat (Satz von Jordan-Hölder). Van der Waerden hat das Konzept der Gruppe mit Operatoren vermutlich bereits in diesem frühen Stadium über Emmy Noether kennengelernt.

Otto Schmidt erweiterte den von Krull eingeführten Begriff der verallgemeinerten endlichen Abelschen Gruppe auf nicht-abelsche Gruppen: verallgemeinerte endliche Gruppen.[685] Er gab für den Fundamentalsatz für verallgemeinerte endliche Gruppen einen einfachen Induktionsbeweis (über die Anzahl der irreduziblen Faktoren) an, der auf einer Übertragung des Satzes von Jordan-Hölder über Kompositionsreihen auf verallgemeinerte endliche Gruppen beruhte.

Schließlich führte Noether den Begriff der „Gruppe mit Operatoren" für beliebige Gruppen ein. In ihrer Arbeit zu „Hyperkomplexen Größen und Darstellungstheorie" entwickelte sie diesen Begriff systematisch.[686] Noether zeigte, wie durch diesen Begriff Moduln und Ideale einheitlich gefasst werden können und wie sich damit die grundlegenden Konzepte und Sätze der Darstellungstheorie ableiten lassen. Dies bildete das begriffliche Grundgerüst, um im zweiten Teil Wedderburns Resul-

---

[682] Krull (1925, S. 186). Zur Geschichte des Fundamentalsatzes, der auf Henry MacLagan Wedderburn, Robert Remak, Otto Schmidt und Wolfgang Krull zurückgeht, vgl. Corry (1996b, S. 265-267).

[683] Eine Kompositionsreihe besteht aus einer Folge von Untergruppen $\{e\} \subset \mathfrak{A}_r \subset \mathfrak{A}_{r-1} \subset \cdots \subset \mathfrak{A}_1 \subset \mathfrak{G}$, wobei jede Untergruppe ein Normalteiler in der darauf folgenden Untergruppe ist und die Quotientengruppen $\mathfrak{A}_i/\mathfrak{A}_{i+1}$ einfach sind.

[684] Noether (1927, Fußnote 33, S. 57). Diesen Artikel hatte sie bereits im August 1925 bei den *Mathematische[n] Annalen* eingereicht. Vgl. auch Corry (1996b, S. 239-245).

[685] Schmidt (1928, S. 35 f.).

[686] Noether (1929).

tate zu hyperkomplexen Systemen ($k-$Algebren) und Darstellungstheorie (im Sinne von Burnside und Schur) „als einheitliches Ganzes" erscheinen zu lassen. Noether benutzte also den neuen Begriff „Gruppe mit Operatoren" zur Systematisierung: Verschiedene algebraische Begriffe und Herangehensweisen wurden unter ihm gefasst und damit deren wesentliche Struktur aufgedeckt. Dieser Artikel (Noether, 1929) beruhte auf der „freien Ausarbeitung" einer Vorlesung, die Emmy Noether im Wintersemester 1927/28 in Göttingen gehalten hatte, durch van der Waerden. Dessen „kritische Bemerkungen" flossen in die Arbeit ein.[687] Van der Waerden war also spätestens zu diesem Zeitpunkt mit dem Konzept der Gruppe mit Operatoren im darstellungstheoretischen Kontext bestens vertraut.

Van der Waerden verwendete das Konzept der Gruppe mit Operatoren in seinem Lehrbuch *Moderne Algebra*. In dem Kapitel zur Gruppentheorie definierte er zunächst Gruppen mit Operatoren (im allgemeinen Noetherschen Sinne) und bewies dann parallel für Gruppen und für Gruppen mit Operatoren die beiden Isomorphiesätze, Sätze über Normalteiler und Kompositionsreihen und auch den Satz von Jordan-Hölder.[688] Im zweiten Band arbeitete er mit diesem Begriff in dem Kapitel zur Linearen Algebra und zur Theorie der hyperkomplexen Systeme.[689] Dort zeigte van der Waerden, dass andere algebraische Bereiche unter den Begriff Gruppe mit Operatoren subsumiert werden können – beispielsweise Moduln, Ringe, hyperkomplexe Systeme und Linearformen.

Aber es gab auch eine im gewissen Sinne gegenläufige Bewegung: Richard Brauer und Issai Schur bewiesen den Krullschen Fundamentalsatz für Gruppen „linearer homogener Substitutionen (Matrizen)" direkt und zwar zweifach. Als Motivation gaben sie folgenden Grund an:

> „Es erschien uns aber von Interesse zu sein, den Beweis auf etwas direkterem Wege zu erbringen, um zu zeigen, daß der Satz nicht aus dem Rahmen der speziellen Theorie der Gruppen linearer Substitutionen herausfällt."[690]

Anscheinend genügte ihnen die abstrakte Vorgehensweise nicht, auch wenn Krull diese am Beispiel von Matrizengruppen expliziert hatte. Die Ergebnisse des strukturellen Ansatzes in der Algebra sollten also ergänzt werden durch für Matrizen spezifische Beweisverfahren und so an die Subdisziplinen der „Theorie der Gruppen linearer Substitutionen" zurückgebunden werden. Mit dieser Vorgehensweise waren Brauer und Schur nicht allein.[691] Ihre Arbeit zeigt exemplarisch das Neben-

---

[687] Konkret finden sich zwei Anregungen van der Waerdens in Fußnoten. Sie konnten nicht mehr in den Textkörper integriert werden, weil sie zu spät kamen (Noether, 1929, Fußnote 13a, S. 666; Fußnote 15a, S. 670 f.).

[688] van der Waerden (1930, Kap. 6, §38–42).

[689] van der Waerden (1931a, Kap. 15 u. 16).

[690] Brauer und Schur (1930, S. 210).

[691] Auch Oystein Ore gab 1933 dem „direkten Weg" im Bereich der nicht-kommutativen Polynome den Vorzug gegenüber einer abstrakten Vorgehensweise mittels Gruppen mit Operatoren. Er wollte damit die Unabhängigkeit der Subdisziplin von der allgemeinen Theorie aufzeigen und auf die spezifischen Eigenheiten der nicht-kommutativen Polynome hinweisen. Zwei Jahre später arbeitete Ore jedoch an einer Theorie der algebraischen Strukturen, wobei er Krulls Arbeit zu

einander von traditionelleren und modernen Ansätzen zu dieser Zeit des Umbruchs in der Algebra.

## 10.2 Van der Waerdens Einführung in die Darstellungstheorie

Van der Waerden entschied sich, dem relativ jungen Konzept der „Gruppe mit Operatoren"[692] als konzeptionellen Rahmen zentrale Bedeutung in seiner Einführung in die Darstellungstheorie für Physiker zukommen zu lassen. Damit unterschied sich seine Darstellungsweise von der Wigners und Weyls: Wigner benutzte es nicht, Weyl, der die Arbeit von Krull, Schmidt und Noether kannte und auch nutzte, ging nur implizit am Rande in der zweiten Auflage seines Buches darauf ein.[693] Insofern zeigt sich an dieser Stelle van der Waerdens mathematischer Hintergrund als Schüler und Mitarbeiter von Emmy Noether deutlich.

Gleich zu Beginn des zweiten Kapitels definierte van der Waerden die beiden zentralen algebraischen Bereiche „Gruppe" und „Gruppe mit Operatoren" abstrakt und axiomatisch:

> „Eine Menge $\mathfrak{g}$ von *Elementen* $a, b, \ldots$ irgendwelcher Art (z. B. von Zahlen, von linearen Transformationen) heißt eine *Gruppe*, wenn folgende vier Bedingungen erfüllt sind:

(8.1.)  Jedem Elementenpaar $a, b$ ist ein „Produkt" $a \cdot b$ (oder $ab$), das wieder zu $\mathfrak{g}$ gehört, zugeordnet.

(8.2.)  Das Assoziativgesetz: $ab \cdot c = a \cdot bc$.

(8.3.)  Es gibt ein „Einselement", $e$ oder 1, mit der Eigenschaft $ae = ea = a$.

(8.4.)  Zu jedem $a$ von $\mathfrak{g}$ existiert ein Inverses $a^{-1}$ in $\mathfrak{g}$, so daß $a \cdot a^{-1} = a^{-1} \cdot a = 1$ ist.

> Die Gruppe heißt *Abelsch*, wenn stets $ab = ba$ ist. [ … ]

> Man redet im allgemeinen, wenn zu einer additiven [d. i. Abelschen] Gruppe gewisse „Multiplikatoren" oder „Operatoren" $\theta$ mit der Eigenschaft (8.5.) [d. i.

$$\theta(u + v) = \theta u + \theta v \qquad (u, v \in \mathfrak{g})]$$

> hinzugenommen werden, von einer *Gruppe mit Operatoren*."[694]

Van der Waerden griff hier also auf Krulls ursprüngliche Definition zurück, indem er nur abelsche Gruppen mit Operatoren betrachtete. Er definierte das Konzept der zulässigen Untergruppe einer Gruppe mit Operatoren, d. h. einer Untergruppe,

---

verallgemeinerten Abelschen Gruppen als einen Versuch in dieselbe Richtung explizit erwähnte. (Corry, 1996b, Kap. 6.2, 6.3).

[692] Heute benutzt man dafür auch den verkürzten Krullschen Begriff der verallgemeinerten Abelschen Gruppe. Gelegentlich trifft man auf den Begriff der „operator groups" (Hazewinkel, 1990), der aber streng genommen etwas anderes meint, vgl. Abschn. 12.1.2.

[693] Weyl (1931a, S. 120) wies in einer Fußnote auf Krull (1925); Schmidt (1928); Noether (1929) hin. Zur impliziten Verwendung des Konzeptes Gruppe mit Operatoren bei Weyl siehe den folgenden Abschn. 10.3.

[694] van der Waerden (1932, S. 28 f., Hervorhebung im Original).

die bezüglich der Operatorenmultiplikation abgeschlossen ist, und das des Operatorhomomorphismus bzw. -isomorphismus, d. h. eines surjektiven Gruppenhomomorphismus bzw. -isomorphismus $f$ zwischen zwei Gruppen $\mathfrak{g}, \bar{\mathfrak{g}}$ mit dem gleichen Operatorbereich, für den $f(\theta a) = \theta f(a)$ für alle Operatoren $\theta$ und für alle $a \in \mathfrak{g}$ gilt. Dabei baute van der Waerden auf die vorher für Gruppen definierten Konzepte Untergruppe, Gruppenhomomorphismus bzw. -isomorphismus auf – so wie es auch hier geschah. Als Beispiel für eine Gruppe mit Operatoren gab van der Waerden einen Vektorraum an: die Addition von Vektoren kann als kommutative Gruppenstruktur aufgefasst werden, die Skalare als Operatorbereich. Er wies darauf hin, dass der erste Homomorphiesatz für Gruppen auch für Gruppen mit Operatoren gilt.[695]

Die Darstellung einer Gruppe erklärte van der Waerden als

> „wichtige[n] Spezialfall des Homomorphismusbegriffs, der entsteht, wenn die zugeordnete Gruppe $\bar{\mathfrak{g}}$ aus linearen Transformationen eines Vektorraumes $\mathfrak{R}$ besteht. Es wird also jedem Element der Gruppe $\mathfrak{g}$ eine nichtsinguläre lineare Transformation $A$ eines Raumes $\mathfrak{R}$ zugeordnet, derart, daß dem Produkt $ab$ stets das Produkt $AB$ entspricht."[696]

Im Vergleich zu Wigner und Weyl betonte van der Waerden hier besonders stark die Subsumption des Darstellungsbegriffs unter das Homomorphismuskonzept.[697]

Das Konzept der Gruppe mit Operatoren wandte van der Waerden auf den Darstellungsraum $\mathfrak{R}$ an.[698] Der Darstellungsraum kann als Vektorraum als Gruppe mit Operatoren betrachtet werden, wobei der Operatorbereich der Skalare nun um die Gruppenelemente erweitert wurde: ein Gruppenelement $a$ operiert auf einem Vektor $v$ des Darstellungsraums vermittels der zugehörigen linearen Transformation $A : Av$.

Die Interpretation des Darstellungsraums als Gruppe mit Operatoren betrachtete van der Waerden als „oft zweckmäßig"[699] – und zwar sowohl in Hinsicht auf die Physik, als auch in Hinsicht auf die Einführung in die Darstellungstheorie. Erstens erleichterte diese Auffassung die Notation: Man könne die Gruppenelemente $a$ einer Gruppe $\mathfrak{g}$ direkt auf verschiedenen Darstellungsräumen $\mathfrak{R}$ oder Unterräumen (etwa den Eigenräumen zu verschiedenen Energieniveaus oder den Unterräumen der

---

[695] van der Waerden (1932, S. 32).

[696] van der Waerden (1932, S. 32).

[697] Bei Wigner (1931, S. 79, Hervorhebung im Original): „Die Darstellung einer Gruppe ist eine zu ihr isomorphe [d. i. in heutiger Terminologie: homomorphe, MS] Substitutionsgruppe [Matrizengruppe mit quadratischen Matrizen], also eigentlich *eine Zuordnung je einer Matrix* $\mathbf{D}(A)$ *(oder* $A$*) zu jedem Gruppenelement* $A$, und zwar so, daß $\mathbf{D}(A)\mathbf{D}(B) = \mathbf{D}(AB)$ sei".
Für Weyl (1931a, S. 107) ist eine Darstellung eine spezielle „Verwirklichung" einer „abstrakten Gruppe" durch lineare Transformationen, genauer: „Eine $n$–dimensionale Darstellung von $\mathfrak{g}$ oder eine Darstellung vom *Grade* $n$ liegt also vor, wenn jedem Element $s$ der Gruppe eine affine Abbildung $U(s)$ des $n$–dimensionalen Vektorraums $\mathfrak{R} = \mathfrak{R}_n$ so zugeordnet ist, daß allgemein die Gleichung besteht $U(s)U(t) = U(st)$." Der Unterschied zu van der Waerden liegt darin, dass Weyls Konzept der „Verwirklichung" an Gruppen gebunden ist, van der Waerdens Konzept des Homomorphismus jedoch für verschiedene algebraische Bereiche fundamental ist.

[698] Van der Waerden hatte das Konzept des Vektorraums zuvor pragmatisch als Menge von „Linearkombinationen $c_1 e_1 + \cdots + c_n e_n$ von $n$ linear unabhängigen *Basisvektoren* $e_1, \ldots, e_n$ mit komplexen Koeffizienten" bzw. als „Schar von Größen irgendwelcher Art, die aus Linearkombinationen von $n$ linear-unabhängigen Größen bestehen" (van der Waerden, 1932, S. 23) eingeführt.

[699] van der Waerden (1932, S. 33).

Orts- und Spinkoordinaten von Elektronen) operieren lassen, ohne jeweils die genaue Darstellungsmatrix $A$ von $a$ anzugeben, indem man $av$ ($v \in \mathfrak{R}$) schreibt. Dieses Argument van der Waerdens ist nicht unerheblich, denn bei Wigner kamen bis zu vier verschiedene Bezeichnungen je nach Darstellung und Operationskontext des Gruppenelements vor. Bei der Gruppe der Raumdrehungen bezeichnete beispielsweise $R$ eine Drehung, für die Operation von $R$ im Konfigurationsraum benutzte Wigner $O_R$, für die Operation auf den Raumkoordinaten $P_R$, für die auf den Spinkoordinaten $Q_R$ und für die zugehörigen Darstellungsmatrizen in einem Eigenraum $D(R)$.[700] Diese Bezeichnungsvielfalt für einen Operator bei Wigner kann einerseits als Hilfe gesehen werden, indem die verschiedenen Darstellungen für verschiedene physikalisch relevante Konzepte auseinandergehalten wurden, sie konnte andererseits den Leser aber auch überfordern und verdeckte die zugrundeliegende einheitliche Struktur bzw. Herangehensweise. Die van der Waerdensche Notation unterstrich dagegen diesen strukturellen Aspekt. Ob das, wie van der Waerden suggerierte, für das Verständnis der Physiker ein echter Vorteil war, ist also durchaus anzweifelbar.

Zweitens konnten mit Hilfe der obigen Auffassung gruppentheoretische Konzepte und Sätze über Gruppen mit Operatoren auf Darstellungsräume übertragen werden. Dies hatte zur Folge, dass damit wichtige darstellungstheoretische Konzepte und Beziehungen erklärt waren und nicht noch einmal bewiesen werden mussten. Auf diesen strukturellen Vorteil wies van der Waerden explizit hin:

> „Schließlich hat man noch den Vorteil, daß man alle gruppentheoretischen Begriffe und Sätze unmittelbar auf Darstellungsräume anwenden kann, indem man diese als additive Gruppen mit Operatoren auffaßt."[701]

Er erläuterte dies anhand von mehreren Beispielen: Der Begriff des Operatorisomorphismus ergibt angewandt auf Darstellungsräume den Begriff der Äquivalenz zweier Darstellungen: zwei Darstellungen $\rho, \rho'$ sind genau dann äquivalent, wenn es einen Operatorisomorphismus zwischen den beiden Darstellungsräumen $V, V'$ gibt. Der Begriff der zulässigen Untergruppe, d. h. einer Untergruppe, die gegenüber der Multiplikation mit Operatoren abgeschlossen ist, ergibt angewandt auf Darstellungsräume den Begriff eines invarianten Unterraums. Schließlich ergibt sich der Begriff der reduziblen Darstellung: eine Darstellung heißt reduzibel, wenn der Darstellungsraum einen invarianten Unterraum hat, der weder nur aus dem Nullelement besteht noch der Darstellungsraum selbst ist. Irreduzibilität und vollständige Reduzibilität definierte van der Waerden zunächst allgemein für Gruppen mit Operatoren und im Anschluss durch Anwendung auf Darstellungsräume für Darstellungen.[702]

Auch für das zweite Argument van der Waerdens für das Konzept Gruppe mit Operatoren ist fraglich, inwiefern es aus der Sicht von Physikern stichhaltig war. Denn mit Gruppentheorie, den dortigen Konzepten und Sätzen waren diese in der Regel nicht vertraut, so dass es sich bei der von van der Waerden angesprochenen Übertragung nicht um eine von einem bekannten zu einem unbekannten Bereich

---

[700] Vgl. Wigner (1931, S. 240 ff.).

[701] van der Waerden (1932, S. 33).

[702] van der Waerden (1932, S. 33-36).

handelte, sondern eine zwischen zwei unbekannten. Zumindest didaktisch gesehen ist dies sicher problematisch.

Van der Waerden benutzte das Konzept der Gruppe mit Operatoren im weiteren hauptsächlich für den Beweis von darstellungstheoretischen Sätzen, etwa für den Beweis des Eindeutigkeitssatzes für die Zerlegung von Darstellungen in ihre irreduziblen Bestandteile (siehe folgenden Abschn.) oder für den Beweis von Schurs Lemma.[703] Die fundamentale Bedeutung des Konzepts Gruppe mit Operatoren besteht bei van der Waerden darin, die darstellungstheoretischen Begriffe und Sätze mit dessen Hilfe abzuleiten. Van der Waerden benutzte dieses Konzept als konzeptionellen Rahmen, um darin die Darstellungstheorie vorzustellen.

Gleichzeitig bemühte sich van der Waerden um eine dichte Verflechtung zwischen konzeptionellen Rahmen und den konkreten Objekten der Darstellungstheorie, den Darstellungsmatrizen. Dazu schilderte er – häufig im direkten Anschluss an die abstrakte Theorie – die Konsequenzen auf der Ebene von Matrizen. Dieses Vorgehen soll an zwei Beispielen illustriert werden.

Nach dem Einführen der Begriffe der reduziblen bzw. vollständig reduziblen Darstellung zeigte van der Waerden, wie die zugehörigen Darstellungsmatrizen bei geeigneter Basiswahl aussehen:

$$\begin{pmatrix} P & Q \\ \mathbf{0} & S \end{pmatrix}, \quad \text{bzw.} \quad \begin{pmatrix} A_1 & & & 0 \\ & A_2 & & \\ & & \ddots & \\ 0 & & & A_h \end{pmatrix},$$

wobei $P, Q, S, A_i$ Matrizen sind und $\mathbf{0}$ die Nullmatrix.[704] Zusätzlich analysierte er die Bestandteile der Darstellungsmatrizen einer reduziblen Darstellung gruppentheoretisch: während die eine Matrix auf der Diagonalen $P$ einer Darstellung der Gruppe in einem Unterraum $\mathfrak{r}$ des Darstellungsraums $\mathfrak{R}$ entspricht, gehört die andere Matrix auf der Diagonalen $S$ zu einer Darstellung im „Faktorraum" $\mathfrak{R}/\mathfrak{r}$. So gelang es van der Waerden nicht nur den Begriff der reduziblen bzw. vollständig reduziblen Darstellung auf der Ebene der Darstellungsmatrizen zu konkretisieren, sondern auch die Begriffe des invarianten Unterraums und des Faktorraums. Außerdem gab van der Waerden ein Beispiel in Matrizenform für die irreduziblen Bestandteile einer vollständig reduziblen Darstellung der Permutationsgruppe $S_3$ vom Grad 3.

Nach dem Einführen der Grundbegriffe widmete sich van der Waerden im Abschnitt §10 dem Aufstellen von konkreten Darstellungen inklusive zugehöriger Darstellungsmatrizen. Er wählte dafür zyklische Gruppen von endlicher Ordnung, die „axiale Drehungsgruppe" ($SO_2$), die „axiale Drehspiegelungsgruppe" ($O_2(\mathbb{R})$) und die Permutationsgruppe $S_3$. Dabei führte van der Waerden vor, wie man durch das Ausnutzen allgemeiner darstellungstheoretischer Sätze[705] sich die Aufgabe erleich-

---

[703] van der Waerden (1932, S. 43, 47). Vgl. S. 20.

[704] van der Waerden (1932, S. 34, 36).

[705] Beispielsweise, dass eine unitäre Darstellung einer abelschen Gruppe in lauter irreduzible eindimensionale Darstellungen zerfällt (van der Waerden, 1932, §10: Beispiel 1, 2).

tert. Zusätzlich stellte er auch konkrete Bezüge zur Quantenmechanik der Molekül-spektren her.[706]

Van der Waerden versuchte also in diesem kurzen und dichten Kapitel den kon-zeptionellen Rahmen von Gruppen mit Operatoren mit der konkreten Ebene der Darstellungsmatrizen und auch – wie im Abschn. 12.1 gezeigt wird – mit der Quan-tenmechanik zu verbinden. Er zielte also auf eine enge Verflechtung zwischen der traditionelleren Darstellungstheorie à la Frobenius und Schur und dem modernen Ansatz à la Noether – und damit, wenn man van der Waerdens Terminologie aus seiner Groninger Antrittsrede aufgreifen will, zwischen dem Ansatz der „Konkre-tisten" und dem der „Abstrakisten".

## 10.3  Beispiel: Eindeutigkeitssatz

Am Beispiel des Beweises des Eindeutigkeitssatzes lässt sich ein tieferer Einblick gewinnen, inwiefern und auf welche Weise van der Waerden, Weyl und Wigner die verschiedenen zur Verfügung stehenden algebraischen Konzepte in ihre Lehrbücher zur Gruppentheorie und Quantenmechanik integrierten. Der Eindeutigkeitssatz in der Darstellungstheorie besagt, dass die vollständige Reduktion einer Darstellung in irreduzible Darstellungen bis auf Isomorphie und Reihenfolge eindeutig ist.

Der Eindeutigkeitssatz bewegte Weyl dazu, in der zweiten Auflage das Konzept der Gruppe mit Operatoren doch implizit einzuführen. Weyl bewies zunächst den Satz von Jordan-Hölder, dass die Quotientengruppen einer Kompositionsreihe ei-ner Gruppe (bis auf Reihenfolge) „ihrer Struktur nach" eindeutig durch die Gruppe bestimmt sind. Das Konzept der Kompositionsreihe führte Weyl dafür extra ein.[707] Mit dem Hinweis auf die Artikel von Noether (1929), Krull (1925), Schmidt (1928) und Brauer und Schur (1930) stellte er den Satz in einen allgemeineren Kontext:

> Dagegen gewinnt er [der Jordan-Höldersche Satz] einen wichtigen Inhalt in der Noetherschen Verallgemeinerung. Ein System $\Sigma$ linearer Abbildungen des Vektorraums $\mathfrak{R}$ auf sich liegt zugrunde. Die Worte invariant, äquivalent, Reduktion beziehen sich auf dieses System."[708]

Dies ist gerade der Kontext von Gruppen mit Operatoren, auch wenn Weyl den Be-griff hier nicht explizit verwendet. Weyl übersetzte anschließend den Satz von Jor-dan-Hölder in diesen Kontext und nannte ihn „Jordan-Hölder-Noetherschen Satz":

> „In einer zweiten Kompositionsreihe [des Vektorraums $\mathfrak{R}$ in bezug auf $\Sigma$, MS]

---

[706] (van der Waerden, 1932, §10: Beispiel 2, 3). Vgl. Kap. 14.

[707] Eine Kompositionsreihe definierte Weyl als Folge von Untergruppe $\mathfrak{g}_0 = \mathfrak{g}, \mathfrak{g}_1, \ldots, \mathfrak{g}_r$, wobei $\mathfrak{g}_i$ „maximale invariante Untergruppen" in $\mathfrak{g}_{i-1}$ sind, d. h. $\mathfrak{g}_i$ ist ein Normalteiler von $\mathfrak{g}_{i-1}$ und es gibt keinen weiteren Normalteiler außer $\mathfrak{g}_i$ und $\mathfrak{g}_{i-1}$, der $\mathfrak{g}_i$ enthält. Aus der Bedingung der Maximalität folgt, dass die Quotientengruppen $\mathfrak{g}_{i-1}/\mathfrak{g}_i$ einfach sind. Also ist Weyls Definition äquivalent zu der in Fußnote 683 auf Seite 192 gegebenen Definition. Weyl erwähnte zuvor das Konzept der Kompositionsreihe in Bezug auf Vektorräume bei der Definition einer irreduziblen Darstellung, jedoch ohne es formal zu definieren (Weyl, 1931a, S. 109 f.).

[708] Weyl (1931a, S. 120).

$$0, \mathfrak{R}'_1, \mathfrak{R}'_2, \ldots, \mathfrak{R}$$

sind die zugehörigen Projektionsräume

$$\mathfrak{R}'_1, \mathfrak{R}'_2(\text{mod. } \mathfrak{R}'_1), \mathfrak{R}'_3(\text{mod. } \mathfrak{R}'_2), \ldots,$$

in geeigneter Reihenfolge genommen, den Projektionsräumen der Reihe (4.3) [der ersten Kompositionsreihe von $\mathfrak{R}$, MS]:

$$\mathfrak{R}_1, \mathfrak{R}_2(\text{mod. } \mathfrak{R}_1), \mathfrak{R}_3(\text{mod. } \mathfrak{R}_2), \ldots,$$

äquivalent. Die Anzahl $r$ der Glieder ist beidemal die gleiche."[709]

Den Beweis des Satzes in Anlehnung an den Beweis des Satzes von Jordan-Hölder empfahl Weyl dem Leser. Für den Spezialfall, dass die linearen Transformationen des Operatorbereichs eine Darstellung einer Gruppe bildeten, ergab der Jordan-Hölder-Noethersche Satz gerade den Eindeutigkeitssatz für vollständig reduzible Darstellungen – wie Weyl betonte.[710] Weyl griff in seiner zweiten Auflage implizit das relativ junge Konzept der Gruppe mit Operatoren an dieser wichtigen Stelle auf. Es hatte die Funktion, den Eindeutigkeitssatz für vollständig reduzible Darstellungen zu beweisen – und zwar in Anlehnung an Noether. Es hatte nicht die grundlegendere Funktion wie bei van der Waerden, nämlich der Ableitung sämtlicher darstellungstheoretischer Begrifflichkeiten. Deshalb ist es nicht verwunderlich, dass Weyl auf die Einführung einer zusätzlichen Terminologie (Gruppe mit Operatoren) verzichtete.

Den Abschnitt zum Satz von Jordan-Hölder hat Weyl in der zweiten Auflage neu eingeführt. In der ersten Auflage hatte er die Eindeutigkeit der Zerlegung einer unitären Darstellung in irreduzible mit Hilfe von Charakteren bzw. Orthogonalitätsrelationen gefolgert.[711] In seinem Vorwort zur zweiten Auflage erwähnte Weyl, dass diese methodische Änderung „im Zeichen der Elementarisierung" geschah:

> „Die [in Nordamerika] gesammelten Erfahrungen haben ihren Niederschlag in der neuen Auflage gefunden, deren Abfassung durchweg im Zeichen der *Elementarisierung* stand. Zwar bieten die transzendenten Methoden, welche in der Gruppentheorie auf dem Kalkül der *Charaktere* beruhen, den Vorteil des raschen Überblicks, aber nur explizite elementare Konstruktion gewährleistet vollen Einblick und restloses Verständnis der Zusammenhänge. In dieser Hinsicht erwähne ich [...] den Abschnitt über die Schlußweise des Jordan-Hölderschen Satzes in Kapitel III [...]."[712]

Weyl sah also in dem Zugang der modernen abstrakten Algebra nach Emmy Noether eine Vereinfachung, die für ein tieferes Verständnis notwendig war.

Im Unterschied zu Weyl – und wie später ersichtlich auch zu van der Waerden – folgerte Wigner die Eindeutigkeit der Zerlegung einer Darstellung in irreduzible Bestandteile nicht aus der allgemeinen Struktur einer Gruppe (mit Operatoren). Wigner bewies sie konkret auf der Ebene der Darstellungsmatrizen und zwar mit Hilfe von

---

[709] Weyl (1931a, S. 121).

[710] Weyl (1931a, S. 121).

[711] Weyl (1928b, S. 126, 129).

[712] Weyl (1931a, S. VIf., Hervorhebungen im Original).

Charakterformeln, d. h. mit den von Weyl erwähnten „transzendenten Methoden". Er hatte bereits den Begriff der Reduzibilität und Irreduzibilität einer Darstellung (einer Gruppe *endlicher* Ordnung) über die Form der Darstellungsmatrizen definiert:

> „Besteht die erste Darstellung aus den Matrizen $\mathbf{D}(A_1), \mathbf{D}(A_2), \ldots, \mathbf{D}(A_h)$, die zweite aus den Matrizen $\mathbf{D}'(A_1), \mathbf{D}'(A_2), \ldots, \mathbf{D}'(A_h)$, so besteht die neue [Darstellung] aus den Übermatrizen
> $$\begin{pmatrix} \mathbf{D}(A_1) & 0 \\ 0 & \mathbf{D}'(A_1) \end{pmatrix}, \begin{pmatrix} \mathbf{D}(A_2) & 0 \\ 0 & \mathbf{D}'(A_2) \end{pmatrix}, \ldots \begin{pmatrix} \mathbf{D}(A_h) & 0 \\ 0 & \mathbf{D}'(A_h) \end{pmatrix}. (*)$$
> [...] Darstellungen, die auf diese Weise aus anderen Darstellungen entstehen, nennt man *reduzibel*. Reduzible Darstellungen lassen sich durch eine Ähnlichkeitstransformation immer auf die Gestalt $(*)$ bringen, sie sind mit einer Darstellung der Form $(*)$ äquivalent. Darstellungen, für die das nicht möglich ist, heißen *irreduzibel*."[713]

Wigner definierte hier Reduzibilität im engeren Sinne der vollständigen Reduzibilität (Zerfalls) von Darstellungen – was im Falle von unitären Darstellungen, die in der Quantenmechanik benutzt wurden, durchaus Sinn macht, weil dort Reduzibilität die vollständige Reduzibilität impliziert. Die Mathematiker van der Waerden und Weyl unterschieden jedoch die beiden Begriffe.[714]

Um zu zeigen, dass die „Ausreduktion" einer Darstellung einer Gruppe $G$ (die Zerlegung einer Darstellung in irreduzible Darstellungen) eindeutig ist, arbeitete Wigner mit Charakteren. Er leitete eine Formel her zur Berechnung der Anzahl $a_j$, wie oft eine irreduzible Darstellung mit Darstellungsmatrizen $\mathbf{D}^{(j)}(R)$ und Charakteren $\chi^{(j)}(R)$ in einer reduziblen Darstellung mit Darstellungsmatrizen $\mathbf{D}(R)$ und Charakteren $\chi(R)$ vorkommt:

$$a_j = \frac{1}{h} \sum_{R \in G} \chi(R) \chi^{(j)}(R)^*,$$

wobei $h(< \infty)$ die Gruppenordnung ist und $*$ die komplexe Konjugation anzeigt.[715] Dieser Beweis funktioniert nur für Gruppen endlicher Ordnung, für Gruppen unendlicher Ordnung blieb Wigner den Beweis seinen Lesern schuldig. Wigner trennte in seiner Darlegung der Gruppen- und Darstellungstheorie konsequent Gruppen endlicher Ordnung von „kontinuierlichen Gruppen" (Liealgebren bzw. -gruppen). Das Kapitel IX „Allgemeine Darstellungstheorie" behandelte nur Gruppen endlicher Ordnung, während im Kapitel X „Kontinuierliche Gruppen" Teile der im vorangehenden Kapitel entwickelten gruppen- und darstellungstheoretischen Konzepte auf kontinuierliche Gruppen übertragen wurden. Wigner folgte trotz seines abstrakt und axiomatisch gefassten Gruppenbegriffs nicht der Tendenz der modernen Algebra, die Trennung zwischen Gruppen endlicher und unendlicher Ordnung aufzuheben.[716] Er griff auch nicht auf die Arbeit von Brauer und Schur (1930) zurück,

---

[713] Wigner (1931, S. 80, Hervorhebung im Original).

[714] Siehe Weyl (1931a, S. 109 f.) und van der Waerden (1932, S. 34 f.).

[715] Wigner (1931, S. 95).

[716] Wigner verwies an anderer Stelle auf den Zusammenhang zwischen endlicher Gruppe (Permutationsgruppe) und unendlicher Gruppe (Drehungsgruppe). Vgl. Kap. 13.

die den Eindeutigkeitssatz konkret für Gruppen von Matrizen bewiesen hatten, und übernahm nicht Speisers Beweis, der Linearformen benutzte[717].

Bei van der Waerden folgte der Beweis des Eindeutigkeitssatzes für Darstellungen dem aus der Definition der darstellungstheoretischen Grundbegriffe bekannten Muster: zunächst gab van der Waerden den Beweis für Gruppen mit Operatoren, dann wandte er diesen auf Darstellungsräume an: Aus dem Eindeutigkeitssatz für vollständig reduzible Gruppen mit Operatoren[718]

> „*Satz 3: Sind* $\mathfrak{G} = \mathfrak{g}_1 + \mathfrak{g}_2 + \cdots + \mathfrak{g}_r$ *und* $\mathfrak{G} = \mathfrak{h}_1 + \mathfrak{h}_2 + \cdots + \mathfrak{h}_s$ *zwei Zerlegungen einer vollständig reduziblen additiven Gruppe in irreduzible, so ist stets* $r = s$ *und die* $\mathfrak{g}_\nu$ *sind in irgendeiner Reihenfolge isomorph zu den* $\mathfrak{h}_\mu$.“[719]

folgte der Eindeutigkeitssatz für die Zerlegung von vollständig reduziblen Darstellungen, den van der Waerden nicht extra heraushob, sondern nur andeutete:

> „Insbesondere folgt aus diesem Satz, daß die irreduziblen Bestandteile, in welche eine Darstellung zerfällt, nur von dieser Darstellung selbst abhängen und nicht von der gewählten Zerlegung des Vektorraums in irreduzible Teilräume.“[720]

Van der Waerdens Beweis des Eindeutigkeitssatzes für Gruppen mit Operatoren ist sehr einfach und kommt ohne zusätzliche algebraische Begriffe aus. Er beruht auf zwei Sätzen über vollständig reduzible additive Gruppen mit Operatoren, die ebenfalls elementar bewiesen wurden.[721] Van der Waerdens Beweisstruktur erinnert an Krulls induktiven Beweis des Fundamentalsatzes.[722]

Der Vergleich von van der Waerdens Beweis des Eindeutigkeitssatzes mit dem von Weyl zeigt, dass beide – van der Waerden explizit, Weyl implizit – die Theorie der Gruppe mit Operatoren heranzogen und mit ihrer Hilfe den Eindeutigkeitssatz strukturell begründeten. Diese Vorgehensweise entsprach ganz den jüngsten Forschungstrends in der „modernen" Algebra und damit zeigten sie sich auf dem neuesten Forschungsstand. Beide wählten dabei den für die moderne Algebra charakteristischen top-down-Zugang, indem sie die Eindeutigkeit von Darstellungen als einen Spezialfall eines Satzes für übergeordnete algebraische Bereiche darstellten. Van der Waerden bewies den Eindeutigkeitssatz mit elementaren Mitteln, während Weyl den Zugang über den Satz von Jordan-Hölder wählte und daher neue Konzepte (Kompositionsreihe, implizit auch Gruppe mit Operatoren) einführte, die im

---

[717] Speiser (1923, §42).

[718] Dass es sich hier um Gruppen mit Operatoren handelt, geht aus dem Kontext, aber auch aus dem Term „vollständig reduzibel" hervor, den van der Waerden nur für Gruppen mit Operatoren definiert hatte (van der Waerden, 1932, S. 36).

[719] van der Waerden (1932, S. 43).

[720] van der Waerden (1932, S. 43).

[721] Der erste Satz besagt, dass für eine vollständig reduzible additive Gruppe $\mathfrak{G}$ und eine beliebige zulässige Untergruppe $\mathfrak{H}$ die Gruppe $\mathfrak{G}$ als direkte Summe von $\mathfrak{H}$ und Summanden aus der vollständigen Zerlegung geschrieben werden kann. Der zweite Satz lautet, dass für zwei Zerlegungen einer Gruppe in direkte Summen, die gleichlang sind und die in allen bis auf einen Summanden übereinstimmen, die beiden abweichenden Summanden isomorph sein müssen. (van der Waerden, 1932, S. 42 f.).

[722] Krull (1925, §3).

weiteren nicht mehr benutzt wurden. An dieser Stelle zeigte sich also zum einen die Effizienz im algebraischen Bereich von van der Waerdens konsequenter Benutzung des Konzeptes Gruppe mit Operatoren, zum anderen die Sparsamkeit mit der van der Waerden algebraische Konzepte in diesem Buch gebrauchte.[723] Die hohe Bedeutung, die beide Autoren den Eindeutigkeitssätzen zumaßen, lässt sich daran erkennen, dass sie diese als Sätzen formulierten und ihnen ein gesondertes Kapitel zuwiesen. Wigner, dagegen, ignorierte den größeren algebraischen Bezugsrahmen und blieb auf der Ebene der Matrizen. Von dem damaligen ‚modernen' algebraischen Standpunkt, wie er von Noether und Artin entwickelt wurde, musste Wigners Vorgehen altmodisch, wenn nicht sogar unangemessen erscheinen, zumal der Eindeutigkeitssatz nicht für Darstellungen der „kontinuierlichen Gruppen" bewiesen wurde. Von dem Standpunkt eines Physikers dagegen war Wigners Vorgehensweise durchaus instruktiv, denn man erhielt dabei Werkzeuge an die Hand: zum einen eine Methode, um die irreduziblen Bestandteile der Darstellung einer Gruppe endlicher Ordnung aus den bekannten irreduziblen Darstellungen zu berechnen, zum anderen ein Kriterium, den Charakter, für die Isomorphie zweier Darstellungen.[724] Van der Waerden und Weyl lieferten diese Methode und das Kriterium nach.[725]

## 10.4  Ein moderner, struktureller Zugang?

Die vorangehende Analyse von van der Waerdens Einführung in die Darstellungstheorie zeigt, dass van der Waerden in seiner Monographie ein neues Konzept der modernen Algebra ins Zentrum seiner Einführung in die Darstellungstheorie stellte. Dieser Befund könnte zu der Schlussfolgerung verleiten, dass van der Waerdens Zugang ein „moderner" ist. Die in den letzten Jahren geführten Diskussionen um eine Moderne in der Mathematik und in der Wissenschaft um die Wende vom 19. zum 20. Jahrhundert lassen klar die Vielschichtigkeit des Konzepts der „Moderne" zutage treten. Die obige Schlussfolgerung erscheint im Lichte dieser Diskussionen vorschnell und nicht gut begründet. Im Folgenden werden weitere Aspekte erörtert, um einer Antwort auf die Frage nach der Modernität von van der Waerdens Vorgehensweise näher zu kommen.

Als erstes lässt sich feststellen, dass van der Waerdens Zugang in dem darstellungstheoretischen Kapitel als ein „struktureller" im Sinne von Leo Corry charakterisiert werden kann.[726] Dieser, damals neue, „strukturelle Zugang" zur Algebra wurde von Emmy Noether, Emil Artin und anderen entwickelt und vertreten. Durch van der Waerdens *Moderne Algebra* wurde er einem großen Kreis von Mathemati-

---

[723] In der *Moderne[n] Algebra* hatte van der Waerden den Satz von Jordan-Hölder als Folgerung des „Hauptsatzes über Normalreihen" bewiesen. Normalreihen sind etwas weiter gefasst als Kompositionsreihen: Sie brauchen nicht der Bedingung der Einfachheit der Quotientengruppen zu genügen. (van der Waerden, 1930, §41).

[724] Wigner (1931, S. 95).

[725] Weyl (1931a, S. 142, 139), van der Waerden (1932, S. 57).

[726] Vgl. Corry (1996b, Kap. 1.3 und S. 252).

kern präsentiert. Corry identifizierte den strukturellen Zugang anhand van der Waerdens *Moderne[r] Algebra* und untersuchte sowohl dessen Vorgeschichte als auch Weiterentwicklungen davon.[727] Das Konzept der Gruppe mit Operatoren ist, nach Corry, gewissermaßen paradigmatisch für spätere Entwicklungen des strukturellen Zugangs. Denn man konnte verschiedene algebraische Bereiche unter dieses Konzept subsumieren – was nicht zuletzt ein Charakteristikum der späteren Kategorientheorie ist.[728] Corry beschrieb daher Gruppen mit Operatoren als „an incipient attempt [...] to formulate a general formal concept of structure."[729]

Genau diese Funktion der Subsumption kommt in van der Waerdens Nutzung des Konzepts als konzeptioneller Rahmen für die Darstellungstheorie zum Einsatz: die für eine Gruppe mit Operatoren entwickelten Begriffe und bewiesenen Sätze werden auf Darstellungen übertragen. Vektorräume und Darstellungsräume stellte van der Waerden als Gruppen mit Operatoren dar. Die mathematische Struktur wurde also klar herausgearbeitet. Er übernahm auch weitere wesentliche Aspekte der strukturellen Zugangsweise der modernen Algebra. Er gab eine abstrakte und axiomatische Definition von den zentralen algebraischen Grundbegriffen. Er setzte strukturierende Konzepte wie Homomorphismus oder Untergruppe in den relevanten algebraischen Bereichen (Gruppe, Gruppe mit Operatoren, Darstellungen) ein. Die fundamentale Fragestellung nach der Struktur, wie etwa die nach der Zerlegbarkeit in einfache Unterbereiche, beantwortete er für all diese Bereiche. Indem van der Waerden die Darstellungstheorie aus dem Begriff der Gruppe mit Operatoren heraus entwickelte, könnte man also insgesamt seine Vorgehensweise als eine Demonstration der Effizienz einer modern-algebraischen Herangehensweise auffassen.

Allerdings stellt sich dann die Frage, ob eine solche Demonstration eines seiner Ziele war, ob er mit seiner Monographie zur Quantenmechanik moderne Algebra propagieren wollte. Wenn dies der Fall gewesen sein sollte, dann tat er dies nicht offensichtlich, denn er hob seinen modernen Ansatz in der Monographie zur gruppentheoretischen Methode in der Quantenmechanik nicht besonders hervor, ja er charakterisierte seine Darstellung nicht explizit als modern – sieht man von den Literaturhinweisen auf seine *Moderne Algebra* ab. Er grenzte seine mathematische Vorgehensweise auch nicht von denen von Weyl und Wigner ab. Weyls Zugang kann man, wie am Beispiel des Eindeutigkeitssatz ersichtlich, durchaus „modern" nennen, wenngleich er nicht ganz so strukturell ist wie van der Waerdens knappe Darstellung.[730] Wigners Zugang kann dagegen kaum als strukturell oder modern bezeichnet werden, auch wenn er punktuell Kennzeichen der modernen Herange-

---

[727] Auch wenn viele einzelne Facetten des „strukturellen Zugangs" zur Algebra schon seit der zweiten Hälfte des 19. Jahrhunderts in Veröffentlichungen in Erscheinung traten, so bedurfte es zur Entstehung des „strukturellen Zugangs" Neuerungen sowohl im Wissenskörper (body of knowledge) als auch im Wissensbild (image of knowledge) der Algebra. Zu späteren Formen grenzte Corry (1996b) den „strukturellen Zugang" Noethers von dem strukturellen Programm Oystein Ores, von Bourbakis Theorie von Strukturen und von der Kategorientheorie ab.

[728] Zur Geschichte der Kategorientheorie vgl. Krömer (2007).

[729] Corry (1996b, S. 47).

[730] Siehe auch S. 67.

hensweise aufweist, wie etwa seine abstrakte und axiomatische Definition des Gruppenbegriffs.[731]

Statt auf die Modernität seiner Darstellungsweise verwies van der Waerden, wie in Abschn. 10.2 gezeigt, auf die Zweckmäßigkeit des Konzepts der Gruppe mit Operatoren. Zweckmäßigkeit kann mit Gay (2008) durchaus als ein Kennzeichen der Moderne gedeutet werden. Man denke etwa an die an Funktionalität orientierte „moderne" Architektur (Bauhaus), die sich sowohl in Form als auch in Wahl der Baumaterialien ausdrückte, oder an die moderne Literatur (James Joyce, Virginia Woolf), die durch die Auflösung der Satzstruktur im „stream of consciousness" versuchte, Assoziationsketten angemessen darzustellen. Auf Gays Suche nach der Charakterisierung *einer* Moderne in Kunst, Musik, Literatur, Theater und Architektur stellt Zweckmäßigkeit nicht eines ihrer Hauptmerkmale dar. Als ein wesentliches Kennzeichen der Moderne destillierte Gay u. a. heraus, dass sich der Künstler, der Komponist, die Autorin, die Regisseurin oder die Architektin bewusst von der Tradition absetzte. Van der Waerden tat dies nicht. Auch Emmy Noether als eine der Begründer der modernen Algebra in den 1920er Jahren betonte immer wieder die Leistungen Dedekinds und stellte sich damit in eine Traditionslinie. Dieses Kriterium Gays trifft also nicht unbedingt auf die Algebraiker um Emmy Noether zu – diese vorsichtige Formulierung ist dem Umstand geschuldet, dass ihr Zugang von manchen Zeitgenossen durchaus als neu und radikal anders wahrgenommen wurde. Trotzdem wird man den strukturellen Zugang zur Algebra der mathematischen Moderne zugehörig einstufen. Denn dieser stellte sich als gewissermaßen paradigmatisch für die mathematische Moderne heraus. Es bleibt zu untersuchen, ob und gegebenenfalls wie die von Gray (2008) als interne, innermathematische Entwicklung skizzierte Moderne in der Mathematik als Teil der von Gay beschriebenen umfassenderen Moderne gesehen werden kann, und damit auch wie die verschiedenen Kennzeichen von „Modernität" zueinander stehen.[732]

Um auf die Frage nach dem Ziel von van der Waerdens Vorgehensweise zurückzukommen, so ist das erklärte Ziel, die Grundkonzepte der Darstellungstheorie zu vermitteln. Im Zentrum steht die Darstellungstheorie samt ihren Anwendungen und konkreten Darstellungsmatrizen. Dieses Ziel lässt sich in der Monographie leicht erkennen: Van der Waerden konkretisierte abstrakte algebraische Konzepte, wie die Reduzibilität von Darstellungen, auf der Ebene von Matrizen, gab viele Beispiele für konkrete Darstellungen und erläuterte bereits an dieser Stelle grob die Verbindung zwischen Darstellungstheorie und Quantenmechanik.[733] Dadurch traten Anwendung und Anwendungsbezug in den Vordergrund. Dies steht wiederum nicht unbedingt für einen modernen Zugang.

---

[731] Wigner (1931, S. 63).

[732] Diese Fragestellung geht auf den Vortrag „One or many modernisms in mathematics?" von Moritz Epple auf der Tagung „Mathematics at the Turn of the 20th Century. Explorations and Beyond" am Erwin Schrödinger International Institute for Mathematical Physics in Wien zurück, die Della D. Fenster und Joachim Schwermer im Januar 2008 organisierten.

[733] Vgl. Abschn. 12.1, S. 232 ff. Diese Art von Konkretisierung ist auch in van der Waerdens *Moderne[r] Algebra* anzutreffen.

Mit Blick auf dieses Ziel hatte das neue Konzept Gruppe mit Operatoren durchaus Vorteile. Mit Hilfe dieses Konzepts gelang es van der Waerden, Umfang und Anzahl der eingeführten algebraischen Begriffe auf ein Minimum zu reduzieren. Der Verzicht auf Noethers jüngste allgemeinere Definition von Gruppe mit Operatoren und das Zurückgreifen auf die Krullsche Definition, die sich auf abelsche Gruppen beschränkte, macht im Licht dieses Ziels Sinn, weil die Krullsche Definition für den in der Quantenmechanik notwendigen Teil der Darstellungstheorie völlig ausreichend war. Diese Art des minimalistischen Einsatzes von modernen algebraischen Konzepten zeigt sich auch im Beweis des Eindeutigkeitssatzes. Dort kam er ohne weitere Konzepte wie Kompositionsreihe oder Charakter aus.[734]

Inwiefern diese Art der Einführung für Physiker, dem ins Auge gefassten Leserkreis, gut zugänglich war, lässt sich nur schwer beurteilen. Van der Waerdens konzeptioneller Rahmen war für diese neu, selbst wenn sie die Arbeiten Wigners und Weyls kannten. Obwohl van der Waerden seinen konzeptionellen Rahmen mit Verweis auf eine übersichtlichere Notation rechtfertigte, setzten sich Gruppen mit Operatoren im quantenmechanischen Kontext nicht durch. Es ist der Verfasserin keine physikalische Arbeit bekannt, in der dieses Konzept aufgegriffen wurde. Dieses brachte auch keine physikalisch neuen Erkenntnisse.

Diese Erörterung macht deutlich, dass van der Waerdens primäres Ziel beim Rückgriff auf das Konzept der Gruppe mit Operatoren nicht die Propagierung der modernen Algebra war. Vielmehr scheint er das Heranziehen struktureller Konzepte und Methoden in quantenmechanischer und didaktischer Hinsicht als zweckdienlich betrachtet zu haben. Die Monographie war also nicht ein Mittel zur Verbreitung moderner Mathematik, sondern die moderne Mathematik war ein Mittel, um das Ziel der Monographie, die Vermittlung der gruppentheoretischen Methode, zu erreichen. Deshalb standen auch die strukturellen Aspekte in der Monographie nicht im Vordergrund und es genügte ein minimalistischer Umgang mit modernen Konzepten. Man kann also van der Waerdens Zugang als modern und strukturell charakterisieren, sollte aber diese Charakterisierung im obigen Sinne weiter qualifizieren, um keine falschen Vorstellungen zu wecken.

---

[734] In den letzten zwei Abschnitten (§14, §15) des in die Darstellungstheorie einleitenden Kapitels zur Darstellung endlicher Gruppen verließ van der Waerden diesen minimalistischen Ansatz. Die beiden Abschnitte seien zwar nicht unbedingt notwendig für die dort behandelten quantenmechanischen Anwendungen, so van der Waerden, sie seien allerdings unerlässlich für ein Eindringen in die Gedankengänge der Darstellungstheorie (van der Waerden, 1932, Fußnote, S. 50). Er stellte dort die Konzepte des Gruppenrings und der regulären Darstellung, sowie die Orthogonalitätsrelationen vor und illustrierte die dort deduzierten Gesetzmäßigkeiten und Methoden an Beispielen, die zum Teil auch Bezug zur Quantenmechanik hatten.

# Kapitel 11
# Konstruktion von Darstellungen

Neben der sehr unterschiedlichen Vorgehensweise von van der Waerden, Weyl und Wigner bei der Einführung der wichtigsten Konzepte aus der Darstellungstheorie zeigen sich auch Unterschiede bei der Konstruktion von konkreten Darstellungen. Dies zeigt die folgende kurze Analyse, welche sich auf die Gruppen $SL_2(\mathbb{C}), SU_2(\mathbb{C}), SO_3$, die Liealgebra $sl_2(\mathbb{C})$ und die Lorentzgruppe beschränkt. Im Zentrum stehen dabei die mathematisch-technischen Fragen nach den verwendeten Darstellungsräumen, nach dem Aufzeigen von strukturellen Verbindungen zwischen ihnen und nach der Realisationsmöglichkeit der Darstellung in Form von konkreten Matrizen.

## 11.1 Spezielle lineare und unitäre Gruppe, sowie Drehungsgruppe

Um Darstellungen der reellen Drehungsgruppe $SO_3$, in van der Waerdens Notation $\mathfrak{d}$, konkret zu konstruieren, benutzte van der Waerden den Raum der homogenen Polynome vom Grad $n$ in zwei komplexen Veränderlichen.[735] Mit dem Raum homogener Polynome arbeitete man traditionell in der Theorie der Invarianten und in der Darstellungstheorie.[736] Van der Waerden ging von einem zweidimensionalen komplexen Vektorraum mit Basis $u_1, u_2$ aus, der hier mit $V$ bezeichnet werden soll. Auf diesem operiert die Gruppe $c_2 = SL_2(\mathbb{C})$ durch die komplexe Standarddarstellung. Wenn die Basisvektoren die Transformation

$$u'_1 = u_1\alpha + u_2\gamma$$
$$u'_2 = u_1\beta + u_2\delta$$  (11.1)

---

[735] Vgl. van der Waerden (1932, §16).

[736] Vgl. Kap. 1.

M.R. Schneider, *Zwischen zwei Disziplinen*, Mathematik im Kontext,
DOI 10.1007/978-3-642-21825-5_11, © Springer-Verlag Berlin Heidelberg 2011

erleiden, dann werden die Koeffizienten $(c_1, c_2)$ eines Vektors aus $V$ durch die Matrix

$$A = \begin{pmatrix} \alpha & \beta \\ \gamma & \delta \end{pmatrix}$$

als $A(c_1, c_2)^T$ transformiert. Dies ist, wenn man den Bezug herstellen will, die Standarddarstellung der $SL_2(\mathbb{C})$ im Raum der (homogenen) Polynome vom Grad 1 in zwei Variablen.

Um zu einer Darstellung der speziellen unitären Gruppe $\mathfrak{u}_2 = SU_2(\mathbb{C})$ zu gelangen, führte van der Waerden auf $V$ eine hermitesche Form ein, die Einheitsform. Die Standarddarstellung der $SU_2(\mathbb{C})$ auf $V$ wird durch die unitären Matrizen

$$A = \begin{pmatrix} \alpha & \beta \\ -\bar{\beta} & \bar{\alpha} \end{pmatrix}$$

mit $\alpha\bar{\alpha} + \beta\bar{\beta} = 1$ gegeben.

Um zu komplexen Darstellungen anderen Grades zu gelangen, betrachtete van der Waerden den Raum der homogenen Polynome vom Grad $v$ in zwei Variablen $u_1, u_2$. Dieser Raum wird aufgespannt von den Polynomen

$$u_1^v, u_1^{v-1} u_2, \ldots, u_1 u_2^{v-1}, u_2^v,$$

hat also die Dimension $v + 1$. Die spezielle lineare Gruppe operiert dann faktorweise auf der Basis

$$u_1'^r u_2'^{v-r} = (u_1\alpha + u_2\gamma)^r (u_1\beta + u_2\delta)^{v-r}.$$

Die so auf den Koeffizienten des Polynoms erhaltene Darstellung von $SL_2(\mathbb{C})$ (bzw. $SU_2(\mathbb{C})$) bezeichnete van der Waerden mit $\mathscr{D}_J$, wobei $J = \frac{1}{2}v$ gesetzt wurde und der Grad von $\mathscr{D}_J$ gerade $2J + 1$ ist. Diese Indexierung weicht von der in der Mathematik üblichen nach dem Grad der Polynome $v$ ab und ist der quantenmechanischen Interpretation angepasst. Sie wurde wahrscheinlich zuerst 1928 von Weyl eingeführt.[737] Der obigen Standarddarstellung von $SL_2(\mathbb{C})$ entspricht also $\mathscr{D}_{\frac{1}{2}}$.

Wigner verzichtete auf eine Darstellung der $SL_2(\mathbb{C})$, weil er sich auf nicht-relativistische Fragen beschränkt hatte. Allerdings behandelte er im Zusammenhang mit der Drehungsgruppe eine Darstellung der $SU_2(\mathbb{C})$ im Raum der homogenen Polynome durch 2 Variablen (siehe unten). Weyls Vorgehensweise unterscheidet sich leicht von der van der Waerdenschen Darstellung, indem sie wesentlich allgemeiner war.[738] Weyl gab zunächst an, wie man eine Darstellung der allgemeinen linearen Gruppe $\mathfrak{c}_n = GL_n(\mathbb{C})$ im Raum der homogenen Polynome zweiten Grades in $n$ Unbekannten erhält. Dann erklärte er den Übergang zu Darstellungen im Raum homogener Polynome höheren Grades $f$. Diese Darstellungen, die mit $[\mathfrak{c}_n]^f$ bezeichnet wurden, waren vom Grad $\frac{(n+f-1)!}{n!f!}$. Für $n = 2$ und aufgefasst als Darstellung der $SL_2(\mathbb{C})$ bezeichnete er diese Darstellung (zunächst) mit der in der Mathematik üb-

---

[737] Weyl (1928b, S. 107).
[738] Vgl. Weyl (1931a, Kap. III. §5, 8).

lichen Indexierung $\mathfrak{C}_f$, welche in van der Waerdens Notation gerade $\mathscr{D}_J$ mit $J = \frac{1}{2}f$ entspricht.

Weyl betonte, dass diese Darstellungen der klassischen Formen- und Invariantentheorie entsprungen und „nicht die formal einfachsten, die man ersinnen kann", seien.[739] Als die einfachsten Darstellungen bezeichnete Weyl diejenigen in den von ihm studierten Tensorprodukträumen $V \otimes V$ mit einem $n$–dimensionalen Vektorraum $V$ – der, wie Weyl sich ausdrückt, Mannigfaltigkeit der Tensoren zweiter Stufe. Die Darstellungen $[c_n]^2$ entsprächen dort Darstellungen im Unterraum der symmetrischen Tensoren ($Sym^2V$). Damit deutete er den Isomorphismus zwischen dem Raum der homogenen Polynome zweiten Grades in $n$ Veränderlichen und den symmetrischen Tensoren zweiter Stufe an. Er wies ebenso auf Darstellungen im Raum der schiefsymmetrischen Tensoren ($Alt^2V$) hin. Weyl deutete auch die Konstruktion von Darstellungen $(c_n)^f$ in Tensorprodukträumen $\bigotimes^f V$ an. Er hob hervor, dass die Darstellungen der $GL_n(\mathbb{C})$ im Raum der symmetrischen und schiefsymmetrischen Tensoren alle irreduziblen Darstellungen von $GL_n(\mathbb{C})$ liefern. Darstellungen im Tensorraum bildeten den Ausgangspunkt für die ausführlichen Untersuchungen zur Permutationsgruppe und zur Algebra der symmetrischen Transformationen im Kapitel V von (Weyl, 1931a). Van der Waerden verzichtete auf die Erläuterung der Beziehung zwischen den Räumen der homogenen Polynome und dem Tensorprodukt. Einen zum Tensorproduktraum isomorphen Darstellungsraum, den Raum der bilinearen Abbildungen zwischen zwei Vektorräumen, führte auch van der Waerden ein, allerdings erst später bei der Konstruktion der Darstellungen der Lorentzgruppe.

## Drehungsgruppe

Im Anschluss an die Konstruktion von $\mathscr{D}_J$ erklärte van der Waerden die Beziehung zwischen der speziellen unitären Gruppe und der reellen Drehungsgruppe $SO_3$ durch eine eingehende Analyse der Darstellung $\mathscr{D}_1$ von $SU_2(\mathbb{C})$.[740] Zunächst zeigte er mit Hilfe eines Koordinatenwechsels im dreidimensionalen Raum von homogenen Polynomen zweiten Grades in zwei Veränderlichen

$$c_0 u_1^2 + c_1 u_1 u_2 + c_2 u_2^2$$

zu Polynomen mit Koeffizienten in $x, y, z$, die durch die Gleichungen

$$x = -c_0 + c_2$$
$$y = -\mathrm{i}(c_0 + c_2)$$
$$z = c_1$$

definiert werden, dass die Darstellung $\mathscr{D}_1$ die quadratische Form

---

[739] Weyl (1931a, S. 111). In der ersten Auflage ist dieser Hinweis noch nicht zu finden.

[740] van der Waerden (1932, S. 58-60).

$$x^2 + y^2 + z^2$$

invariant lässt. Mit anderen Worten, die darstellenden Matrizen sind komplexe Drehungen $SO_3(\mathbb{C})$ – die Spiegelungen schloss van der Waerden durch ein Stetigkeitsargument aus. Mit Hilfe von invariantentheoretischen Überlegungen zeigte van der Waerden, dass die $x, y, z$ durch die Darstellung $\mathscr{D}_1$ der $SU_2(\mathbb{C})$ reell transformiert werden, dass sie also eine reelle Drehung erleiden. Van der Waerden bewies außerdem, dass man durch die Darstellung $\mathscr{D}_1$ von $SU_2(\mathbb{C})$ die ganze Gruppe der reellen Drehungen $SO_3$ erhält, dass also die Abbildung surjektiv ist. Dazu gab er explizit die zu den Matrizen

$$B(\beta) = \begin{pmatrix} \cos\beta & -\sin\beta \\ \sin\beta & \cos\beta \end{pmatrix} \quad \text{und} \quad C(\gamma) = \begin{pmatrix} \mathrm{e}^{-\mathrm{i}\gamma} & 0 \\ 0 & \mathrm{e}^{+\mathrm{i}\gamma} \end{pmatrix}$$

durch $\mathscr{D}_1$ vermittelten Drehungen an: $\mathscr{D}_1(B(\beta))$ ist eine Drehung um die $y$–Achse mit Winkel $2\beta$, $\mathscr{D}_1(C(\gamma))$ ist eine Drehung um die $z$–Achse mit Winkel $2\gamma$. Da sich jede Drehung mit den Eulerschen Winkeln $(\theta, \phi, \psi)$ (mit $0 \leq \theta \leq \pi, 0 \leq \phi \leq 2\pi, 0 \leq \psi \leq 2\pi$) als Produkt $Z_\phi Y_\theta Z_\psi$ von Drehungen um die $z$–Achse und $y$–Achse schreiben lässt, erhält man jede beliebige Drehung als Darstellung von Kompositionen der Form $C(\frac{1}{2}\phi)B(\frac{1}{2}\theta)C(\frac{1}{2}\psi)$. Also ist der Homomorphismus zwischen $SU_2(\mathbb{C})$ und $SO_3$ surjektiv.

Van der Waerden zeigte auch, dass der Homomorphismus nicht injektiv ist. Er bestimmte dazu dessen Kern als $\pm E$. Man erhält also eine „zweideutige Darstellung" der $SO_3$ durch die $SU_2(\mathbb{C})$ – oder, wie wir heute sagen, eine zweiblättrige Überlagerung der $SO_3$ durch die $SU_2(\mathbb{C})$. Damit erläuterte van der Waerden ganz konkret anhand der Darstellung $\mathscr{D}_1$, wie eine „zweideutige Darstellung" der Drehungsgruppe in der Darstellungstheorie auftaucht. Die Zweideutigkeit von Darstellungen zählte zu einem von Ehrenfests Problemen mit der Gruppentheorie.[741]

Die so konstruierten Darstellungen $\mathscr{D}_J$ mit $J = 0, \frac{1}{2}, 1, \frac{3}{2}, \ldots$ sind irreduzibel und unitär. Die Unitarität zeigte van der Waerden, indem er für jede Darstellung $\mathscr{D}_J$ eine invariante hermitesche Form

$$\sum_{r=0}^{v} r!(v-r)!\bar{c}_r c_r$$

angab und ein bezüglich dieser Form normiertes Orthogonalsystem

$$\frac{u_1^{v-r}u_2^r}{\sqrt{r!(v-r)!}}.$$

---

[741] Vgl. Abschn. 6.2 und 7.5.2. D. Giulini machte die Autorin auf die Aktualität dieses Problems aufmerksam: Es wird unter Physikern kontrovers diskutiert, ob $SO_3$ oder $SL_2(\mathbb{C})$ die eigentliche Drehungsgruppe der Physik sei. Interessanterweise können auch experimentelle Gründe für die $SL_2(\mathbb{C})$ angeführt werden.

Zum Beweis der Irreduzibilität griff van der Waerden auf infinitesimale Transformationen (und damit auf die Liealgebra-Darstellung) zurück (siehe Abschn. 11.2 unten).

## Zur Darstellung der Drehungsgruppe bei Wigner und Weyl

Die Beziehung zwischen Drehungsgruppe und spezieller linearer Gruppe war auch Gegenstand der Monographien von Wigner und Weyl. Wigner widmete ihr ein Unterkapitel.[742] Er wies daraufhin, dass man nur so die zweideutigen Darstellungen der $SO_3$ erhält, welche für die Beschreibung des Spins wichtig sind. Wigner knüpfte hier vermutlich an eine früher von ihm benutzte Darstellung der Drehungsgruppe im Zusammenhang mit der Idee des Spins von Wolfgang Pauli an.[743] Dieser Zugang unterscheidet sich stark von van der Waerdens und Weyls Konstruktionen. Dazu betrachtete Wigner den Raum der spurfreien Matrizen $\mathbf{h} \in Mat(2, \mathbb{C})$ aufgefasst als dreidimensionalen komplexen Vektorraum: Eine spurfreie Matrix lässt sich als Linearkombination von Paulischen Spinmatrizen $\mathbf{s_x}, \mathbf{s_y}, \mathbf{s_z}$ mit komplexen Koeffizienten:

$$\mathbf{h} = x\mathbf{s_x} + y\mathbf{s_y} + z\mathbf{s_z} = \begin{pmatrix} -z & y+ix \\ y-ix & z \end{pmatrix}$$

schreiben, wobei

$$\mathbf{s_x} = \begin{pmatrix} 0 & i \\ -i & 0 \end{pmatrix}, \qquad \mathbf{s_y} = \begin{pmatrix} 0 & 1 \\ 1 & 0 \end{pmatrix}, \qquad \mathbf{s_z} = \begin{pmatrix} -1 & 0 \\ 0 & 1 \end{pmatrix}$$

sind. Eine Matrix $\mathbf{u} \in SU(2, \mathbb{C})$ operiere auf $\mathbf{h}$ durch $\mathbf{u}\mathbf{h}\mathbf{u}^\dagger$ mit $\mathbf{u}^\dagger := \bar{\mathbf{u}}^T$ die adjungierte Matrix. Im Raum der Koeffizienten $x, y, z$ erhält man so eine Darstellung $\mathbf{R_u}$ der $SU(2, \mathbb{C})$. Ihr Transformationsverhalten gab Wigner explizit an. Die von Wigner hier gegebene Darstellung ist – in moderner Terminologie – eine Darstellung der Gruppe $SU(2, \mathbb{C})$ im Raum der Liealgebra $sl_2(\mathbb{C})$, wobei $SU(2, \mathbb{C})$ einen Basiswechsel induziert, da für $\mathbf{u} \in SU(2, \mathbb{C})$ gerade $\mathbf{u}^\dagger = \mathbf{u}^{-1}$ gilt.[744] Wigner zeigte dann, dass die Darstellung $\mathbf{R_u}$ für reelle $x, y, z$ eine reelle Drehung mit Determinante 1 bewirkt. Weiterhin wies er nach, dass man so die ganze Gruppe $SO_3$ erhält. Dazu gab er konkret an, wie man eine Drehung um die $z-$ bzw. $y-$Achse um den Winkel $\alpha$ bzw. $\beta$ konstruiert, und nutzte die Darstellung einer Drehung in Eulerschen Winkeln, um die Surjektivität zu beweisen. Er stellte dabei die einer Drehung mit Eulerschen Winkeln entsprechende Matrix in $SU(2, \mathbb{C})$ konkret auf. Schließlich zeigte Wigner, dass die Matrizen $\mathbf{u}$ und $-\mathbf{u}$ in $SU(2, \mathbb{C})$ auf dieselbe Drehung abgebildet werden und man damit eine „zweistufige Isomorphie" (2:1 Homomorphis-

---

[742] Wigner (1931, S. 168-173).

[743] Vgl. von Neumann und Wigner (1928a).

[744] Vgl. Weyl (1926a, S. 354 f.). Fulton und Harris (2004, S. 142).

mus)[745] erhält. Wigner konstruierte also zunächst auf eine andere Weise als van der Waerden eine Darstellung der $SU(2,\mathbb{C})$. Beide Darstellungen sind isomorph (siehe unten).

Im anschließenden Unterkapitel konstruierte Wigner die irreduziblen Darstellungen der $SU(2,\mathbb{C})$.[746] Dazu betrachtete er die Operationen der $SU(2,\mathbb{C})$ auf dem Raum der homogenen Polynome vom Grad $n$ in zwei Veränderlichen. Die so gewonnene Darstellung bezeichnete er mit $\mathfrak{U}^{(j)}$ mit $j = \frac{1}{2}n$. (Wigners Darstellung $\mathfrak{U}^{(j)}$ ist isomorph zu der von van der Waerden eingeführten $\mathscr{D}_j$.) Wigner rechnete konkret die Koeffizienten der Darstellungsmatrix von $\mathfrak{U}^{(j)}(\mathbf{u})$ aus. Diese Berechnung zeigte, dass die früher aufgestellte Darstellung vermittels $\mathbf{R_u}$ (bis auf Vorzeichen) gerade $\mathfrak{U}^{(\frac{1}{2})}$ war – und damit im Wesentlichen die van der Waerdensche. Diese doppelte Konstruktion der Darstellung mag aus didaktischen Gründen erfolgt sein. Wigner zeigte die Unitarität und Irreduzibilität der Darstellung. Beim Beweis der Irreduzibilität argumentierte er algebraisch: Falls eine Matrix mit der Darstellung vertauscht, dann muss sie eine „konstante Matrix" (Wigners Bezeichnung für das Vielfache der Einheitsmatrix) sein. Wigner bewies außerdem mit Hilfe von Charakteren, dass dies alle irreduziblen Darstellungen von $SU(2,\mathbb{C})$ sind.

Für $j \in \mathbb{N}$ erhält man „eindeutige Darstellungen" der Drehungsgruppe, welche zu den, von Wigner zuvor mit Hilfe der Kugelfunktionen gewonnenen Darstellungen $\mathfrak{D}^{(j)}$ äquivalent sind. Ansonsten erhält man „zweideutige Darstellungen" der Drehungsgruppe. Wigner zeigte, dass die Zweideutigkeit nicht durch eine geschickte Wahl der Vorzeichen aufgehoben werden kann.

Schließlich nutzte er eine zu $\mathfrak{U}^{(j)}$ isomorphe Darstellung der $SU(2,\mathbb{C})$ zur Darstellung der Drehungsgruppe.[747] Als solche bezeichnete er die Darstellung mit $\mathfrak{D}^{(j)}$. Wigner schloss seine Ausführungen mit der für Physiker beruhigenden Äußerung, die Darstellungen der Drehungsgruppe seien eigentlich Physikern etwas sehr Geläufiges. Dazu wies er auf die Transformationsformeln aus dem Tensorkalkül hin, die nichts anderes als Darstellungen seien. Vektoren transformieren sich äquivalent zu $\mathfrak{D}^{(1)}$, Invarianten äquivalent zu $\mathfrak{D}^{(0)}$. Wigner hob aber auch den Unterschied hervor: Die Darstellung $\mathfrak{D}^{(1)}$ beziehe sich nicht auf die Standardbasis, sondern auf eine modifizierte Basis. Allgemein gehörten zu den meisten physikalisch bedeutsamen Tensoren keine irreduziblen, sondern reduzible Darstellungen. Diese Aussagen illustrierte er an Beispielen. Dieser Bezug zu Bekanntem zusammen mit einer klaren Differenzierung zwischen dem Bekannten und dem Neuen, ebenso wie die konkreten Formeln für die Komponenten der Darstellungsmatrizen waren Physikern gewiss eine große Hilfe beim Erlernen der Darstellungstheorie.

Auch wenn sich van der Waerdens und Wigners Konstruktionen der Darstellung der Drehungsgruppe und ihrer Beziehung zur $SU_2(\mathbb{C})$ unterscheiden, so sind sie in

---

[745] Wigner benutzte die Speisersche Bezeichnungsweise: Isomorphie (bzw. Holomorphie) meint Homomorphie (bzw. Isomorphie) im heutigen Sprachgebrauch (Speiser, 1923, § 8). Dies zeigt, dass die Terminologie, die von Vertretern der modernen Algebra benutzt wurde und die der heute üblichen Sprachkonvention entspricht, sich Anfang der 1930er Jahre noch nicht durchgesetzt hatte.

[746] Wigner (1931, S. 173-179).

[747] Wigner (1932, S. 179-183).

ihrem algebraischen Ansatz doch auch einander ähnlich – vor allem wenn man sie der geometrisch motivierten Konstruktion von Weyl gegenüber stellt.[748] Weyl nutzte die Geometrie, um die Beziehung zwischen den beiden Gruppen zu erläutern. Durch eine stereographische Projektion der Einheitskugel aus dem Südpol auf die äquatoriale $x, y$–Ebene wurde jedem Punkt der Kugeloberfläche (außer dem Südpol) ein Ebenenpunkt zugeordnet. Die $x, y$–Ebene identifizierte er mit den komplexen Zahlen $\zeta = x + iy$ bzw. mit den homogenen komplexen Koordinaten $\xi, \eta$, wobei $\zeta = \frac{\eta}{\xi}$ gilt. Durch die Einführung von homogenen Koordinaten konnte auch der Südpol erfasst werden. Ein Punkt der Kugeloberfläche entspricht dann einem Strahl $\frac{\xi}{\eta}$ im projektiven Raum $\mathbb{PC}$. Eine unitäre Transformation ($U_2(\mathbb{C})$) der homogenen Koordinaten $\xi, \eta$:

$$\xi' = \alpha \xi + \beta \eta, \quad \eta' = \gamma \xi + \delta \eta$$

ergibt eine Drehung der Kugel. Man erhält so jede Drehung (der Kugel), allerdings doppelt, weil $\pm\sigma \in U(2, \mathbb{C})$ auf dieselbe Drehung $s \in SO_3$ abgebildet werden. Da im projektiven Raum die Punkte bis auf einen Linearfaktor bestimmt sind, kann man die Transformationen in $U(2, \mathbb{C})$ so wählen, dass ihre Determinante den Wert 1 hat, also ohne Verlust zur $SU(2, \mathbb{C})$ übergehen. Damit gelang Weyl eine schöne geometrische Interpretation der Beziehung zwischen den beiden Gruppen.

## Strahldarstellung

Die obige Konstruktion ist ein Beispiel für die später von Weyl ausführlich behandelte sogenannte Strahldarstellung.[749] Durch Analyse der abelschen Untergruppe der Drehungen um die $z$–Achse zeigte Weyl, dass die Darstellung der $SU(2, \mathbb{C})$ durch $SO_3 : \sigma \longmapsto s$ zu der durch homogene Polynome $\nu$–ten Grades in zwei Veränderlichen gegebenen Darstellung $\mathfrak{C}_\nu$ isomorph ist.[750] Er wählte für diese Darstellung der $SL_2(\mathbb{C})$ eine neue, dem physikalischen Kontext angepasste Bezeichnung: $\mathfrak{D}_j$, wobei $j = \frac{1}{2}\nu$ gilt. Außerdem zeigte Weyl die Isomorphie zwischen dieser Darstellung und der Darstellung der Drehungsgruppe durch Kugelfunktionen für ganzzahlige $j$. Er deutete zudem an, wie man diese Darstellung erweitern kann, um auch eine Spiegelung zu erhalten. Die orthogonalen Transformationen $O_3(\mathbb{R})$ lassen sich als Darstellung der „abstrakten Gruppe" bestehend aus den Elementen $\sigma$ und $\iota\sigma$, wobei $\iota\iota = id$ gilt, – also in heutiger Terminologie einer zu $SU_2(\mathbb{C}) \times \mathbb{Z}/2\mathbb{Z}$ isomorphen Gruppe – erhalten.[751]

In einer kurzen Bemerkung führte van der Waerden ebenfalls die Strahldarstellung ein, um zu zeigen, dass man mit ihrer Hilfe für „kontinuierliche Gruppen" (Liegruppen) – zumindest lokal – eine „eindeutige" Darstellung erhalten kann. Dazu identifizierte er sowohl im zweidimensionalen komplexen Vektorraum $V$ einen

---

[748] Weyl (1931a, S. 128-130).

[749] Weyl (1931a, S. 161-165, insbesondere Beispiel III).

[750] Vgl. S. 209.

[751] Weyl (1931a, S. 130).

Vektor $v$ mit seinen komplexen Vielfachen $\lambda v$ als auch die beiden Darstellungsmatrizen $A$ und $\lambda A$ mit ($\lambda \in \mathbb{C} - \{0\}$). Er ging also – in moderner Terminologie – von $V$ zum projektiven eindimensionalen Raum $\mathbb{P}V$ über, und damit zu einer projektiven Darstellung. Dies ist die sogenannte Strahldarstellung. Für die Darstellung eines Produktes $ab$ der Gruppe gilt in Bezug auf die Darstellungsmatrizen der Strahldarstellung $AB\lambda$ für beliebige $\lambda \in \mathbb{C} - \{0\}$. Multipliziert man die Darstellungsmatrizen mit einem Faktor $\lambda$ so, dass ihre Determinante 1 ist, dann sind diese bis auf eine Einheitswurzel eindeutig bestimmt. Man erhält also eine „höchstens endlichvieldeutige Darstellung" der Gruppe (eine Überlagerung mit einer endlichen Anzahl von Blättern). Den Faktor $\lambda$ kann man so wählen, dass dem Einselement der Gruppe die Einheitsmatrix entspricht. Für kontinuierliche Gruppen lässt sich dann der Faktor $\lambda$ durch stetige Fortsetzung in der Umgebung des Einselements eindeutig bestimmen. Dann entspricht dort dem Produkt $ab$ genau das Produkt $AB$, so dass man ausgehend von der Strahldarstellung lokal eine eindeutig bestimmte Darstellung der Gruppe erhält.

Mit diesem konzisen, die algebraische Struktur betonenden Exkurs zur Strahldarstellung knüpfte van der Waerden an die Arbeiten von Weyl und von seinem Hamburger Kollegen Otto Schreier zu kontinuierlichen Gruppen an. Er ermöglichte dem Lesenden die Strahldarstellungen einzuordnen, ohne tiefer in die Materie der projektiven Darstellungen und der topologischer Details eindringen zu müssen. Der Vergleich mit Weyls Vorgehensweise zur Konstruktion der Darstellung der $SU_2(\mathbb{C})$ (siehe oben) lässt dies deutlich hervortreten.

Wigner behandelte die Strahldarstellung ausführlicher. Er arbeitete auf der Matrizenebene und versuchte topologische Grundbegriffe (Wegzusammenhang, Zusammenhangskomponente, Überlagerungsgruppe) anschaulich zu erklären.[752] Am Beispiel der Drehungsgruppe $SO_3$ zeigte er auf, dass der Parameterraum (die Kugel, mit den identifizierten gegenüberliegenden Randpunkten – siehe unten) zwei Zusammenhangskomponenten hat. Daher ergibt sich eine zweideutige Darstellung der $SO_3$ als $SU(2, \mathbb{C})$. Wigner stützte sich dabei explizit auf die Arbeiten von Weyl und von Schreier zur Darstellung und Topologie von kontinuierlichen Gruppen.[753] Damit mutete Wigner seinen Kollegen mehr zu als van der Waerden.

## 11.2 Infinitesimale Drehungen

Van der Waerden skizzierte am Beispiel der Drehungsgruppe auf wenigen Seiten einige Grundzüge der, wie wir heute sagen würden, Theorie der Liealgebren (vgl. Abschn. 1.2). Er wandte unter Berufung auf die jüngsten Arbeiten von Weyl die Lie-Cartanschen Methoden auf die Gruppe der Drehungen $SO_3$ an.[754] Dazu wählte er eine Parametrisierung der Drehungsgruppe durch eine Kugel mit Radius $\pi$,

---

[752] Wigner (1931, S. 266-270).
[753] Weyl (1925, 1926a,b), Schreier (1926, 1927).
[754] van der Waerden (1932, §17).

bei der gegenüberliegende Randpunkte miteinander identifiziert wurden. Ein Punkt $\alpha = (\alpha_1, \alpha_2, \alpha_3)$ der Kugel entspricht einer Drehung um die Achse $0\alpha$ mit Winkel $\sqrt{\alpha_1^2 + \alpha_2^2 + \alpha_3^2}$, also mit der Länge von $\alpha$. Van der Waerden zeigte, dass die Darstellungen der Drehungsgruppe bereits vollständig bestimmt sind durch die Darstellungen von ‚unendlich kleinen' Drehungen, den „infinitesimalen Transformationen", in einer Umgebung des Nullpunkts der Kugel bzw. des Einselements der Gruppe. Diese infinitesimalen Transformationen entstanden als Approximationen von einem Produkt, wovon ein Faktor dem Einselement der Gruppe entsprach, durch die Summe der ersten Ableitungen. Damit gewann man die infinitesimalen Drehungen um die $x-, y-, z-$Achse $I_x, I_y, I_z$. Diese linearen Transformationen mussten Integrabilitätsbedingungen erfüllen, welche äquivalent zu den Vertauschungsrelationen

$$I_\mu I_\nu - I_\nu I_\mu = \sum_\sigma I_\sigma c_{\mu\nu}^\sigma$$

sind für bestimmte, für jede Darstellung geltenden Zahlen $c_{\mu\nu}^\sigma$, die heute Strukturkonstanten der Liealgebra genannt werden. Diese Strukturkonstanten bzw. die Vertauschungsrelationen hatte van der Waerden bereits im einleitenden Kapitel bei der Betrachtung des Drehmoments berechnet (siehe Abschn. 9.2). Sie lauten

$$I_x I_y - I_y I_x = I_z$$
$$I_y I_z - I_z I_y = I_x$$
$$I_z I_x - I_x I_z = I_y.$$

Diese Relationen brachte van der Waerden „in eine etwas bequemere Form", indem er statt der Operatoren $I_\nu$ die Operatoren $L_\nu = iI_\nu (\nu = x, y, z)$ und die Operatoren $L_p = L_x + iL_y$ und $L_q = L_x - iL_y$ einführte. Diese Bezeichnungsweise ist die in der Physik heute übliche und passt zur Bezeichnungsweise der Drehmomentoperatoren aus dem einleitenden Kapitel. Die Vertauschungsrelationen lauten dann

$$L_z L_p - L_p L_z = L_p$$
$$L_z L_q - L_q L_z = -L_q$$
$$L_p L_q - L_q L_p = 2L_z$$

Van der Waerden zeigte, wie man mit Hilfe der Operatoren $L_p, L_q$ und $L_z$ eine gegebene Darstellung der Drehungsgruppe $SO_3$ in irreduzible Darstellungen zerlegt, welche den Darstellungen $\mathscr{D}_J$ isomorph sind. Zunächst betrachte man die Darstellung der abelschen Untergruppe von Drehungen um die $z-$Achse. Diese kann in eindimensionale Darstellungen ausreduziert werden, deren Basisvektoren $v_M$ bei einer Drehung um den Winkel $\gamma$ um die $z-$Achse – also $(0, 0, \gamma)$ in der Parameterdarstellung – Eigenvektoren zum Eigenwert $e^{iM\gamma}$ sind, dabei ist $M \in \mathbb{C}$. Der Vektor $v_M$ ist dann auch, wie man leicht nachrechnet, Eigenvektor zum Eigenwert $M$ bezüglich des Operators $L_z$. Außerdem ist $L_p v_M$ ein Eigenvektor (bezüglich $L_z$) zu $M + 1$ und $L_q v_M$ ein Eigenvektor (bezüglich $L_z$) zu $M - 1$. Also würde man heute $L_p$ bzw. $L_q$ als Auf- bzw. Abstiegsoperatoren bezeichnen. Sei nun $J$ der (bezüglich seiner reellen Komponente) größte Eigenwert von $L_z$. Van der Waerden bewies durch einfache Argumentation, dass die Vektoren $v_J, v_{J-1}, \ldots, v_{-J+1}, v_{-J}$ einen bezüglich der

Operatoren $L_p, L_q, L_z$ invarianten Teilraum $\Re_{2J+1}$ aufspannen und dass $J$ nur die Werte $0, \frac{1}{2}, 1, 1\frac{1}{2}, \ldots$ annehmen kann.

Die Darstellung auf $\Re_{2J+1}$ ist irreduzibel. Dies konnte van der Waerden mit Hilfe eines elementaren Widerspruchsbeweises zeigen: Angenommen $\Re'$ ist ein invarianter Unterraum von $\Re_{2J+1}$, dann enthält dieser einen Eigenvektor von $L_z$. Der Eigenvektor muss aber bis auf ein Vielfaches mit einem der Vektoren $v_M$ übereinstimmen. Dann erhält man aus diesem Eigenvektor mittels der Operatoren $L_x, L_y$ jedoch alle Eigenvektoren $v_J, v_{J-1}, \ldots, v_{-J}$ von $L_z$ im Raum $\Re_{2J+1}$. Also ist $\Re'$ isomorph zu $\Re_{2J+1}$ und die Darstellung irreduzibel. Dieser Beweis der Irreduzibilität war nicht neu, auch nicht im quantenmechanischen Kontext.[755]

Dann bewies van der Waerden die Äquivalenz dieser Darstellung mit der vorher mittels homogener Polynome konstruierten Darstellung $\mathscr{D}_J$ der Drehungsgruppe und für ganzzahlige $J$ mit der mittels der Kugelfunktionen konstruierten Darstellungen $\mathscr{D}_l$. Dadurch zeigte er gleichzeitig, dass die Darstellungen $\mathscr{D}_J$ irreduzibel und für ganzzahlige $J$ eindeutig (treu) sind. Abschließend bewies van der Waerden, dass jede irreduzible Darstellung der Drehungsgruppe $SO_3$ zu einer $\mathscr{D}_J$ äquivalent ist.

Die Einführung von infinitesimalen Transformationen diente van der Waerden also zweifach: zum einen nutzte er sie zum einfachen Nachweis der Irreduzibilität von $\mathscr{D}_J$ sowie zur Bestimmung aller irreduziblen Darstellungen der Drehungsgruppe als $\mathscr{D}_J$, zum anderen konnte er Beziehungen zu quantenmechanischen Konzepten herstellen. Letzteres geschah im Aufzeigen der Beziehung zwischen den infinitesimalen Transformationen und den Drehmomentsoperatoren. Van der Waerden wies zudem darauf hin, dass die Eigenvektoren $v_M$ von $L_z$ im Raum $\Re_{2J+1}$ auch Eigenvektoren des Gesamtdrehimpulses

$$\mathfrak{L}^2 = L_x^2 + L_y^2 + L_z^2 = \tfrac{1}{2}\left(L_p L_q + L_q L_p\right) + L_z^2$$

sind und zwar zum Eigenwert $J(J+1)$.

Abschließend führte van der Waerden vor, wie man mit Hilfe dieser Kenntnisse eine beliebige Darstellung $\mathscr{D}$ der Drehungsgruppe in irreduzible zerlegen kann:[756] Man verzeichnet sämtliche Eigenwerte zum Operator $L_z$ im Darstellungsraum, inklusive ihrer Vielfachheiten. Wenn $J$ der maximale Eigenwert ist, so enthält die Darstellung die irreduzible Darstellung $\mathscr{D}_J$. Dann streicht man je einmal die Werte $J, J-1, \ldots, -J+1, -J$ aus der Liste der Eigenwerte, sucht unter den übrigen wieder den größten $J'$, und beginnt das Verfahren von neuem. Man erhält so eine Zerlegung von $\mathscr{D}$ in eine Summe von $\mathscr{D}_J$. Diese Methode wandte van der Waerden sogleich an, um die sogenannte Clebsch-Gordan-Reihe

$$\mathscr{D}_j \times \mathscr{D}_{j'} = \mathscr{D}_{j+j'} + \mathscr{D}_{j+j'-1} + \cdots + \mathscr{D}_{|j-j'|}$$

herzuleiten.[757]

---

[755] Cartan (1913, S. 53), Weyl (1925, S. 275) sowie Born und Jordan (1930, Kap. 4).

[756] van der Waerden (1932, S. 67 f.).

[757] Mit dem ×-Zeichen ist hier die Tensorproduktdarstellung gemeint, die auf Matrizenebene durch das sogenannte Kroneckerprodukt realisiert wird. Die Summe rechts ist eine direkte Summe. Zur Entwicklung der Clebsch-Gordan-Reihe vgl. Hawkins (2000, S. 245).

Diese spielte eine zentrale Rolle in der Anwendung der Gruppentheorie auf die Quantenmechanik. Wigner und Weyl hoben diese Schlüsselstellung der Clebsch-Gordan-Reihe hervor. Wigner leitete die Formel in einem physikalischen Kontext her, nämlich bei der gruppentheoretischen Begründung des Vektoradditionsmodells. Er wies darauf hin, dass dies einer der wichtigsten Fälle sei, in dem „allgemeine Überlegungen" die Effekte der Wechselwirkungen oder Störungen (zwischen Elektronen oder anderen Teilchensystemen) bestimmten.[758] Weyl bezeichnete sie als „die mathematische Grundformel für die Ordnung der Atomspektren und die mathematische Grundformel der Valenzchemie".[759] In der zweiten Auflage widmete er ihr ein eigenes Kapitel.

Bei van der Waerden zeigt sich die zentrale Bedeutung der Clebsch-Gordan-Reihe in einer Vielzahl von Anwendungen im gesamten Buch. Wie Weyl bündelte van der Waerden zunächst einige wesentliche Anwendungsbereiche in einem gesonderten Abschnitt.[760] Dort erläuterte er den Zusammenhang zwischen der Clebsch-Gordan-Reihe und den Quantenzahlen des Spektrums eines Atoms mit mehreren Elektronen.[761] Damit ließen sich sowohl Hunds Vektorschema als auch einige der mit dem Rumpfmodell[762] erzielten Ergebnisse gruppentheoretisch erklären.

Van der Waerden führte aber die Reduktion der (Tensor-)Produktdarstellung in irreduzible auch explizit aus, das heißt er gab ein Verfahren zur Konstruktion von (orthonormalen) Vektoren $W_M^J$ im (Tensor-)Produktraum an, die sich nach $\mathscr{D}_J$ transformieren.[763] Die dazu notwendigen sogenannten Clebsch-Gordan- bzw. Wigner-Koeffizienten stellte er für kleine Werte von $j, j'$ in einer Tabelle zusammen, für die anderen Fälle gab er die allgemeinen Formeln an. Damit stellte er die Grundlagen für die konkrete Berechnung der Matrizen der ausreduzierten Darstellung zur Verfügung.

## Weyl und Wigner

Bei Wigner findet sich keine direkte Behandlung der infinitesimalen Drehungen, auch wenn dieser einen sehr konzentrierten Überblick zu den „Infinitesimalgruppen" gab.[764] Weyl skizzierte, ähnlich wie van der Waerden anhand der infinitesimalen Drehungen die Liesche Theorie der kontinuierlichen Transformationsgrup-

---

[758] Wigner (1931, S. 206 f.).

[759] Weyl (1931a, S. 115).

[760] van der Waerden (1932, §18, II., S. 71-74).

[761] Vgl. Abschn. 12.2. Die Clebsch-Gordan-Reihe kommt in der vorliegenden Untersuchung auch in den Abschnitten zum Spinorkalkül 12.3.4 und zum Molekülspektrum 14.2.2 zum Einsatz.

[762] Im Rumpfmodell werden Alkalimetalle vereinfacht durch ein Leuchtelektron und ein kugelsymmetrisches Feld, das die elektromagnetische Wirkung des Kerns und der übrigen Elektronen zusammenfasst, dargestellt.

[763] van der Waerden (1932, S. 69-71).

[764] Wigner (1931, S. 100-110).

pen.[765] Er gab unter anderem konkrete Darstellungsmatrizen $D_x, D_y, D_z$ vom Grad 3 für infinitesimale Drehungen um die $x-, y-$ und $z-$Achse an und ihre Vertauschungsrelationen. Durch den Homomorphismus zwischen $SU(2, \mathbb{C})$ und Drehungsgruppe können spezielle unitäre Matrizen $S_x, S_y, S_z$ gefunden werden, die auf $D_x, D_y, D_z$ abgebildet werden und den gleichen Vertauschungsrelationen genügen. Weyl führte über $S_x, S_y, S_z$ die in der Physik gebräuchlichen Operatoren ein, denen er aber keine neue Bezeichnung gab, und verwies auf ihre Beziehung zum (Gesamt-) Impulsmoment. Er erwähnte ausdrücklich, dass man in diesem Rahmen auf einfache Weise die Irreduzibilität der Darstellung $\mathfrak{D}_j$ von $SU(2, \mathbb{C})$ beweisen konnte, führte den Beweis selbst aber nicht vor.[766] Im Prinzip ging van der Waerden diesen von Weyl angedeuteten Weg.

Die Clebsch-Gordan-Reihe stellte Weyl im Zusammenhang mit der Darstellung $\mathfrak{C}_f$ der $SU(2, \mathbb{C})$ vor.[767] Er bewies sie direkt durch einen Induktionsbeweis im Raum der homogenen Polynome, erwähnte zusätzlich die Formel für die Darstellungen der allgemeinen linearen Gruppe und grenzte beide zu Darstellungen von $SU_2 \times SU_2$ ab. Eine explizite Berechnung der Basis für die ausreduzierte Darstellung nahm er nicht vor. Wigner bestimmte die Zerlegung der (Tensor-)Produktdarstellung $\mathbf{D}^{(l)}(R) \times \mathbf{D}^{(l)}(R)$ der Drehungsgruppe ebenfalls nicht direkt, sondern über Charaktere, die er in einer Tabelle schematisch zusammenstellte und dann so gruppierte, dass die irreduziblen Darstellungen ablesbar waren.[768] Wigners und van der Waerdens Methode beruhen auf demselben Prinzip, nämlich dass es im Darstellungsraum eine Basis von $2l + 1$ Eigenvektoren gibt mit verschiedenen (von $l$ abhängigen) Eigenwerten. Wigner berechnete dann anhand dieser Eigenwerte die Spur der Produktdarstellung und stellte diese mit Hilfe seines tabellarischen Schemas als Summe von Charakteren irreduzibler Darstellungen dar. Van der Waerden argumentierte dagegen für Darstellungen der infinitesimalen Drehungen, also auf der Ebene von Liealgebren, direkt mit Eigenvektoren und Eigenwerten. Dies kann als eine Vereinfachung der Wignerschen Vorgehensweise interpretiert werden. Wigner gab, wie van der Waerden, konkret die Matrix $\mathbf{S}$ an, mit deren Hilfe die Matrizen $\mathbf{M}$ der Produktdarstellung auf ihre ausreduzierte Form $\mathbf{S}^{-1}\mathbf{M}\mathbf{S}$ gebracht werden konnten.[769] Für $\bar{l} = 1$ stellte er die Koeffizienten von $\mathbf{S}$ in einer Tabelle zusammen.

Im Vergleich zu van der Waerden fällt auf, dass Wigner und Weyl bei ihren Exkursen zu kontinuierlichen Gruppen und den Infinitesimalgruppen stärker analytisch und topologisch argumentierten. Wigner und Weyl lag an einer Übertragung der für Gruppen endlicher Ordnung aufgestellten Gesetze, wie etwa den Orthogonalitäts-

---

[765] Weyl (1931a, S. 143-147, 156-161).

[766] Weyl (1931a, Kap. V., §4) selbst bewies die Irreduzibilität von $\mathfrak{D}_j$ von $SU(2, \mathbb{C})$ erst im letzten Kapitel im Rahmen der Tensorproduktdarstellung.

[767] Weyl (1931a, S. 115-117).

[768] Wigner (1931, S. 200-202). Wigners $\mathbf{D}^{(l)}(R)$ entspricht van der Waerdens irreduziblen Darstellungen $\mathscr{D}_j$ (mit $j = l$) der Drehungsgruppe.

[769] Wigner (1931, S. 202-208).

relationen für Charaktere, auf kontinuierliche Gruppen. Van der Waerden dagegen nutzte die infinitesimalen Drehungen nicht um den größeren mathematischen Zusammenhang zu beleuchten, sondern zunächst rein zweckgebunden für einen einfachen Beweis der Irreduzibilität und der Clebsch-Gordan-Reihe.

## 11.3 Die Lorentzgruppe

Van der Waerden konstruierte eine Darstellung der „vollen Lorentzgruppe", also der orthochronen Lorentzgruppe $\mathscr{L}^\uparrow$ bzw. $O_{1,3}^+(\mathbb{R})$, im Raum der bilinearen Abbildungen auf zwei zweidimensionalen komplexen Vektorräumen.[770] Dazu stellte er zunächst eine Darstellung der Untergruppe der „eigentlichen Lorentztransformationen", also von $\mathscr{L}_+^\uparrow$ bzw. $SO_{1,3}^+(\mathbb{R})$, auf. Seien zwei Vektorräume $V, W$ über $\mathbb{C}$ mit Basen $\{\overset{1}{u}, \overset{2}{u}\}$ und $\{\overset{\dot{1}}{u}, \overset{\dot{2}}{u}\}$ gegeben, die $SL(2, \mathbb{C})$ operiere auf $V$ wie in Gleichung 11.1 auf S. 207, und auf $W$ durch die komplexkonjugierte Darstellung. Dann betrachtete van der Waerden den Vektorraum der Bilinearformen

$$c_{1\dot{1}}\overset{1\dot{1}}{uu} + c_{1\dot{2}}\overset{1\dot{2}}{uu} + c_{2\dot{1}}\overset{2\dot{1}}{uu} + c_{2\dot{2}}\overset{2\dot{2}}{uu}$$

über den jetzt als Zahlveränderliche interpretierten $\overset{\lambda}{u}, \overset{\dot{\lambda}}{u}$.[771] Ohne dies näher zu erläutern, wechselte van der Waerden hier zwischen dem Raum der bilinearen Formen, der im Folgenden mit $L^2(V, W; \mathbb{C})$ bezeichnet werden soll, und dem dazu isomorphen Vektorraum $V \otimes W$ hin und her. Die Gruppe $SL_2(\mathbb{C})$ bewirkt eine lineare Transformation von $L^2(V, W; \mathbb{C})$, welche die „Determinante" von $C = (c_{\lambda\dot{\mu}}) : c_{1\dot{1}}c_{2\dot{2}} - c_{2\dot{1}}c_{1\dot{2}}$ – hier nahm van der Waerden durch seine Terminologie Bezug auf den Isomorphismus zwischen Bilinearformen und quadratischen Matrizen $Mat(2, \mathbb{C})$ – invariant lässt.

Anschließend stellte er eine Bedingung an die Bilinearformen, die sogenannte „Realitätsannahme": Bei der Interpretation von $\overset{1}{u}, \overset{2}{u}$ als zu $\overset{\dot{1}}{u}, \overset{\dot{2}}{u}$ konjugiertkomplexe Zahlenveränderliche darf die Bilinearform nur reelle Werte annehmen. Dies ist erfüllt, falls $c_{1\dot{1}}, c_{2\dot{2}}$ reell sind und $c_{1\dot{2}}$ zu $c_{2\dot{1}}$ konjugiertkomplex ist – also gerade für Hermitesche Bispinoren (vgl. S. 134), womit van der Waerden eine mathematische Motivation zur Einführung dieser Größen nachlieferte, welche 1929 fehlte. Durch die Realitätsannahme wird der zweite Vektorraum $W$ überflüssig. Das hat zur

---

[770] van der Waerden (1932, §20). Der von van der Waerden benutzte Ausdruck ‚volle Lorentzgruppe' meint die orthochrone Lorentzgruppe, weil keine Zeitumkehr betrachtet wurde. Das +-Zeichen in der orthogonalen Gruppe $O_{1,3}^+(\mathbb{R})$, bedeutet, dass nur solche orthogonalen Transformationen zugelassen sind, welche nicht die Ablaufrichtung der Zeit (der ersten Variablen) ändern.

[771] „Man kann, wenn man will, die $\overset{1}{u}, \overset{2}{u}$ als Zahlveränderliche deuten und die $\overset{\dot{1}}{u}, \overset{\dot{2}}{u}$ als konjugiertkomplexe Veränderliche $\overset{\dot{1}}{u} = \overset{\bar{1}}{u}, \overset{\dot{2}}{u} = \overset{\bar{2}}{u}$. Wir werden diese Interpretation gelegentlich benutzen, gelegentlich aber auch unter $\overset{1}{u}, \overset{2}{u}, \overset{\dot{1}}{u}, \overset{\dot{2}}{u}$ vier ganz beliebige Grundvektoren verstehen." (van der Waerden, 1932, S. 79).

Folge, dass man praktisch nicht mehr im $L^2(V,W;\mathbb{C})$ arbeitet, sondern wieder auf den Unterraum der homogenen Polynome zweiten Grades ($Sym^2V \subset V \otimes V$) geführt wird.

Unter der Realitätsannahme lassen sich durch den Koordinatenwechsel

$$c_{2\dot{1}} = x + iy$$
$$c_{1\dot{2}} = x - iy$$
$$c_{1\dot{1}} = z + ct$$
$$c_{2\dot{2}} = -z + ct,$$

wobei $c$ die Lichtgeschwindigkeit bezeichnet, reelle Veränderliche $x,y,z,t$ einführen. Diese transformieren sich unter $SL_2(\mathbb{C})$ linear und reell. Die invariante Determinante schreibt sich in den neuen Variablen als

$$c^2t^2 - z^2 - x^2 - y^2.$$

Also wird die Gruppe $SL(2,\mathbb{C})$ im durch die Koordinaten $x,y,z,t$ bestimmten Vektorraum durch reelle Lorentztransformationen dargestellt.

Diese Darstellung analysierte van der Waerden genau. Als erstes zeigte er im Rückgriff auf die vorherigen Konstruktionen und mit Hilfe von invariantentheoretischen Argumenten, dass die „räumlichen Drehungen" $SO_3 \subset \mathscr{L}^\uparrow$ in dem den Koordinaten $x,y,z$ korrespondierendem Unterraum eine Darstellung der Gruppe $SU(2,\mathbb{C}) \subset SL(2,\mathbb{C})$ sind. Dann bewies er, dass die eigentlichen orthochronen Lorentztransformationen $\mathscr{L}_+^\uparrow$ sich als Darstellung von $SL(2,\mathbb{C})$ ergeben. Da die eigentlichen Lorentztransformationen sich als Produkt eines Boosts mit Geschwindigkeit $v$ und einer Drehung ergeben, genügte es zu zeigen, dass die spezielle lineare Matrix

$$B(\alpha) = \begin{pmatrix} \alpha & 0 \\ 0 & \alpha^{-1} \end{pmatrix}$$

durch einen Boost in $z$−Richtung mit Geschwindigkeit $v = c\frac{\alpha^4-1}{\alpha^4+1}$ in dem durch die Koordinaten $x,y,z,t$ bestimmten Vektorraum dargestellt wird. Da der Kern des Epimorphismus von $SL(2,\mathbb{C})$ nach $\mathscr{L}_+^\uparrow$ gerade $\{\pm E\}$ ist, ist $SL(2,\mathbb{C})$ eine „zweideutige Darstellung" der eigentlichen orthochronen Lorentzgruppe.

Die eigentliche orthochrone Lorentzgruppe ließ sich – so zeigen die obigen Ausführungen – als Darstellung einer Gruppe über einem zweidimensionalen Vektorraum mit Basis $\overset{1}{u},\overset{2}{u}$ realisieren. Van der Waerden wies ausdrücklich darauf hin, dass dies nicht für die „volle" Lorentzgruppe $\mathscr{L}^\uparrow$ gelten konnte. $\mathscr{L}^\uparrow$ entsteht aus der $\mathscr{L}_+^\uparrow$, indem noch die Punktspiegelung $s$ der Ortskoordinaten am Ursprung

$$x' = -x, \quad y' = -y, \quad z' = -z, \quad t' = t$$

hinzugenommen wird.[772] Mit Hilfe einer rein algebraischen Argumentation bewies er durch einem Widerspruchsbeweis, dass man mit einem zweidimensionalen Vektorraum zur Darstellung der $\mathscr{L}^\uparrow$ nicht auskommt.[773] Angenommen dies ginge, dann ließe sich auch eine Darstellung $S$ der Punktspiegelung finden. Da die Spiegelung mit allen räumlichen Drehungen vertauscht, müsste $S$ mit allen Matrizen $SU(2,\mathbb{C})$ vertauschen. Dann müsste $S$ allerdings Diagonalform haben. $S$ vertauscht dann auch mit der ganzen Gruppe $SL(2,\mathbb{C})$, insbesondere mit der dem Boost entsprechenden Matrix $B(\alpha)$. Aber durch eine Spiegelung wird ein Boost in einen Boost mit entgegengesetzter Geschwindigkeit transformiert, der nicht in $\mathscr{L}^\uparrow$ ist. Also erhält man einen Widerspruch. Van der Waerdens Argumentationsweise ist hier rein algebraisch und sehr effizient. Es kommen nur einfache Konzepte und bereits bewiesene Sätze zum Einsatz. Der Beweis ist ein Musterbeispiel für den Stil der modernen Algebra.

Van der Waerden nahm für die Darstellung der vollen Lorentzgruppe $\mathscr{L}^\uparrow$ im Folgenden vier Veränderliche $\overset{1}{u},\overset{2}{u},\overset{i}{u},\overset{2}{u}$, zwischen denen keine Abhängigkeit besteht, für die Konstruktion von der Bilinearformen $L^2(V,W;\mathbb{C})$ an. Allerdings führte er einen Basiswechsel durch: anstelle von $W$ ging er zum Dualraum mit vertauschten Basisvektoren $\underset{1}{v} = -\overset{2}{u}, \underset{2}{v} = \overset{i}{u}$ über, der hier durch $W^{*\prime}$ bezeichnet werden soll. Das hatte den Vorteil, dass sich Drehungen ($SO_3$) durch dieselbe (unitäre) Matrix auf $V$ und $W^{*\prime}$ darstellen lassen. Er zeigte durch explizites Nachrechnen, dass die Transformationen $s$

$$s\overset{\lambda}{u} = i\underset{\lambda}{v} \quad \text{und} \quad s\underset{\lambda}{v} = i\overset{\lambda}{u}$$

der Basisvektoren eine Punktspiegelung der Ortskoordinaten am Ursprung im Vektorraum, der den Koordinaten $x,y,z,t$ entspricht, hervorruft. Damit sich bei zweimaliger Anwendung von $s$ die Einheitsmatrix $E$ (und nicht $-E$) ergibt, modifizierte van der Waerden die obige Darstellung von $s$ geringfügig, indem er sie mit $-i$ multiplizierte.

Die neue Basis $\underset{1}{v},\underset{2}{v}$ war so gewählt, dass beim Übergang von $\overset{i}{u},\overset{2}{u} \in W$ zur neuen Basis in $W^{*\prime}$ die Koordinaten $a_1, a_2$ eines Spinvektors in Koordinaten $a^1 := -a_2$ und $a^2 := a_1$ übergingen. Van der Waerden hob hervor, dass die Bezeichnung der Koordinaten $a_1, a_2, a^1, a^2$ durch $a_1, a_2, a_3, a_4$, die Gefahr barg, dass das Transformationsverhalten der Koordinaten eines Bispinors unter der Lorentzgruppe verwechselt werden konnte mit dem Transformationsverhalten eines Weltvektors $(x,y,z,t)$.[774] Diese unterscheiden sich aber deutlich: Während die Darstellung der eigentlichen orthochronen Lorentzgruppe in Bezug auf Weltvektoren irreduzibel war, zerfiel sie

---

[772] Diese Punktspiegelung wird heute als ‚Paritätsoperation' bezeichnet. Sie ist im Gegensatz zu der Spiegelung an der $xz$−Ebene, die in (van der Waerden, 1929) eingeführt worden war, symmetrisch, also unabhängig von der speziellen Wahl einer Spiegelungsebene.

[773] van der Waerden (1932, S. 80 f.). Weyl verzichtete in beiden Auflagen auf einen Beweis dieses Sachverhalts.

[774] van der Waerden (1932, S. 82).

in zwei invariante Teilräume $(V, W^{*\prime})$ in Bezug auf $a_1, a_2, a_3, a_4$. Außerdem ist die Darstellung von $\mathscr{L}_+^\uparrow$ durch $SL(2, \mathbb{C})$ zweideutig.

## Weyl und Wigner

Wigner gab keine Darstellung der Lorentzgruppe, weil er im Rahmen der nicht-relativistischen Quantenmechanik blieb. Den Spin, der ja als relativistischer Effekt gedeutet werden konnte, behandelte er mit Hilfe der Theorie von Pauli.[775] Weyl behandelte auch die Darstellung der Lorentzgruppe.[776] Er bettete diese in den projektiven Rahmen ein, den er bereits bei der Darstellung der Drehungsgruppe und bei der Strahldarstellung gewählt hatte. Er ging vom dreidimensionalen reellen Euklidischen Raum (mit Koordinaten $x, y, z$) zu einem projektiven dreidimensionalen Raum (mit Koordinaten $x_0, x_1, x_2, x_3$) über, und stellte die Formeln für die stereographische Projektion der projektiven Einheitskugel $(-x_0^2 + x_1^2 + x_2^2 + x_3^2 = 0)$ auf die komplexe Ebene (mit Koordinaten $\xi, \eta$) auf – ganz analog zur geometrischen Konstruktion der Darstellung der Drehungsgruppe.[777] Lineare Transformationen $\sigma$ der komplexen Ebene mit Determinante ungleich 0 lassen – aufgefasst als Transformationen $s$ im projektiven Raum – die Einheitskugel invariant. Solche, deren Determinante den Absolutbetrag 1 hat, lassen sogar die Form, die durch die linke Seite der die Einheitskugel definierenden Gleichung

$$-x_0^2 + x_1^2 + x_2^2 + x_3^2 \quad (*)$$

gegeben wird, invariant. Weyl fasste nun die Koordinaten des projektiven Raums als Koordinaten der „vierdimensionalen Welt" auf, so dass die Gleichung der Einheitskugel gerade den Lichtkegel beschreibt. Die Lorentztransformationen lassen die Form $(*)$ invariant und vertauschen nicht die Ablaufsrichtung der Zeit. In Weyls Zuordnung entsprechen die linearen Transformationen, deren Determinante den Absolutbetrag $+1$ hat, gerade $\mathscr{L}_+^\uparrow$. Die durch $\sigma \mapsto s$ gegebene Darstellung ist surjektiv – was van der Waerden auf dieselbe Art wie Weyl gezeigt hat. Umgekehrt ist die Zuordnung $s \mapsto \sigma$ nicht eindeutig. $\sigma$ ist nur bis auf einen „Eichfaktor", eine (vierte) Einheitswurzel $e^{i\lambda}$, bestimmt. Durch Normierung der $\sigma$ auf Determinante 1, also durch Übergang zu $SL(2, \mathbb{C})$, erreicht man, dass die Zuordnung eine „zweiwertige" Darstellung wird: $s$ kann sowohl $+\sigma$, als auch $-\sigma$ zugeordnet werden. Weyl besprach auch den Übergang zur vollen Lorentzgruppe. Dazu zog er ein weiteres Paar von komplexen Variablen hinzu, die sich kontragredient zu $\xi, \eta$ transformieren. Dann ergibt sich ebenfalls, dass $\sigma$ bis auf einen Eichfaktor $e^{i\lambda}$ durch eine Lorentztransformation bestimmt ist.

---

[775] Wigner (1931, Kap. XX).

[776] Weyl (1931a, S. 130-133).

[777] Vgl. Abschn. 11.1.

## 11.4 Fazit

Wigner, Weyl und van der Waerden bedienten sich in ihren Lehrbüchern zur gruppentheoretischen Methode einer Vielzahl von Konstruktionsmöglichkeiten von Darstellungen: Darstellungen im Raum der homogenen Polynome, der bilinearen Abbildungen, im Raum der (symmetrischen) Tensoren $n$−ter Stufe, im Raum der spurlosen Matrizen, projektive Darstellungen, Darstellung von kontinuierlichen Gruppen und Liealgebren. Van der Waerden nutzte hauptsächlich Darstellungen im Raum der homogenen Polynome zweiten Grades. Bei der Darstellung der Lorentzgruppe kam der Raum der bilinearen Abbildungen hinzu. Van der Waerden erläuterte jedoch nicht, wie Weyl das tat, den mathematischen Zusammenhang zwischen diesen beiden Darstellungsräumen, nämlich dass der Raum der homogenen Polynome zweiten Grades isomorph zum Unterraum der symmetrischen Tensoren zweiter Stufe ist bzw. dass der Raum der bilinearen Abbildungen isomorph zum Tensorprodukt zweier Vektorräume ist. Diese mathematischen Zusammenhänge klingen bei van der Waerden lediglich an, etwa bei der Interpretation der Veränderlichen in einer Form als Vektoren oder als Zahlen. Damit verzichtete van der Waerden auf das Herausstellen von zugrundeliegenden algebraischen Strukturen. Weyl dagegen, der sich in seiner Forschung mit diesen Zusammenhängen auseinandergesetzt hatte, nahm diese auch in seine Darstellung zur Physik auf. Die Tensorprodukträume spielten bei der Beschreibung der Molekülbindung bei Weyl eine zentrale Rolle − ein Thema, das Wigner und van der Waerden nicht behandelten. Insofern ist Weyls Darstellung durchaus angemessen. Weyl stellte auch die von ihm schon bereits an anderer Stelle[778] behandelten Strahldarstellungen ausführlich dar, die Wigner und van der Waerden nur am Rande erwähnten. Mit der Bezeichnung der dort auftretenden Einheitswurzeln als „Eichfaktoren" knüpfte Weyl an die von ihm entwickelte Eichgeometrie an.

In einem Briefentwurf an Weyl vom April 1937 rechtfertigte sich van der Waerden für sein Vorgehen bei der Einführung der Darstellungen $\mathscr{D}_J$. Zunächst räumte er ein, dass er „die Einführung von Spinoren mit Hilfe der komplexen Erzeugenden des Minimalkegels bzw. Lichtkegels für die einfachste und vom mathematischen Standpunkt sachgemäßeste" hielt.[779] Dann nannte er zwei Gründe, dass er in seiner „Gruppentheoretischen Methode" die Sache anders aufgezogen habe:

> „Erstens wollte ich [van der Waerden] die Benutzung der nicht allen Physikern geläufigen komplexen Geometrie vermeiden und dafür nur solche Ansätze machen, die jeder sofort nachrechnen kann; zweitens wollte ich nicht nur den einen Isomorphismus herleiten, sondern gleichzeitig alle Darstellungen $\mathscr{D}_J$ der Drehungsgruppe herleiten, da ich diese für spätere Zwecke unbedingt brauchte. Daß die Darstellung Ihnen [Weyl] zu abstrakt vorgekommen ist, bedaure ich sehr. War es doch im Gegenteil mein Bestreben, mich möglichst unmittelbar an die konkreten physikalischen Tatsachen anzuschließen."[780]

---

[778] Vgl. Scholz (2006b).

[779] Van der Waerden an Weyl, 2.4.1937, NvdW, HS 652:10044. Vgl. vorhergehenden Abschnitt und Abschn. 7.4.

[780] Van der Waerden an Weyl, 2.4.1937, NvdW, HS 652:10044. Siehe Abb. 11.1 und 11.2. Die letzte Aussage wiederholte er einige Monate später in einem Brief an Sommerfeld, vgl. S. 181.

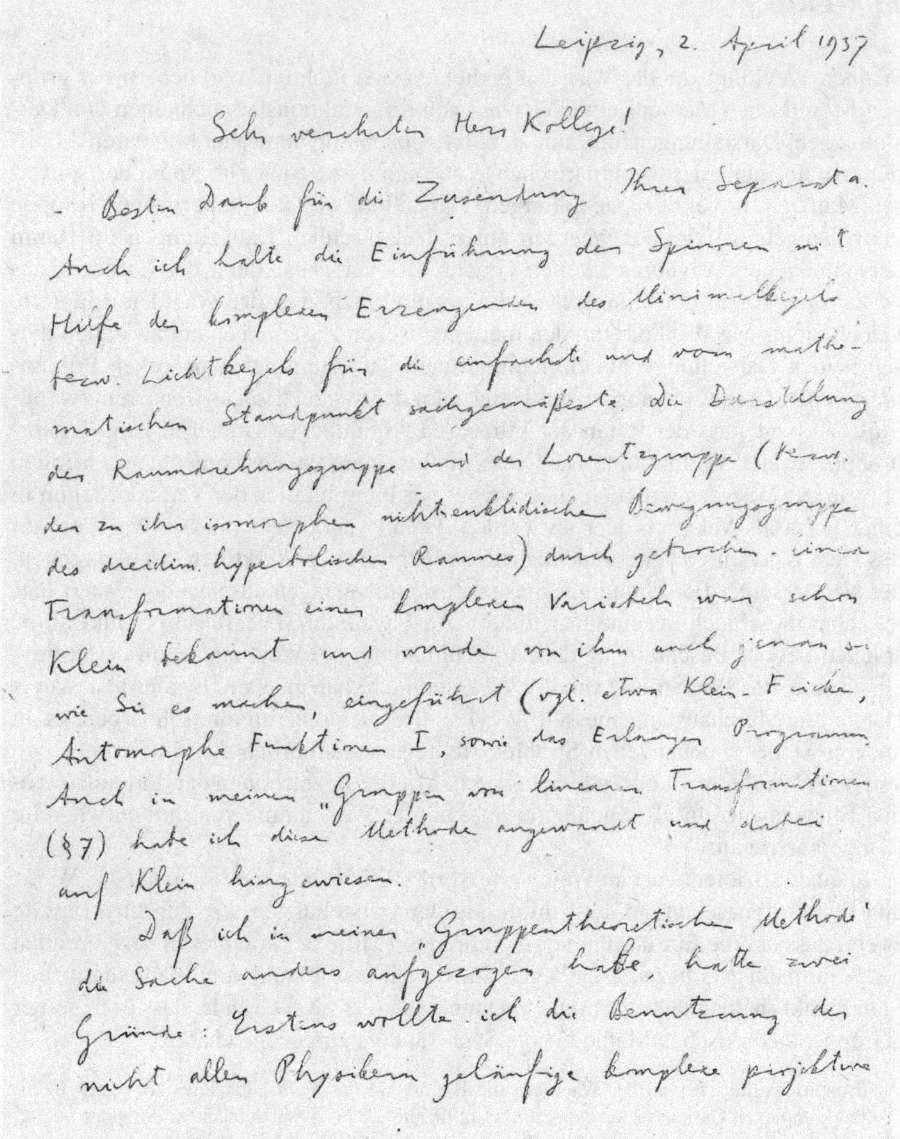

Leipzig, 2. April 1937

Sehr verehrter Herr Kollege!

Besten Dank für die Zusendung Ihres Separata. Auch ich halte die Einführung der Spinoren mit Hilfe der komplexen Erzeugenden des Minimalkegels bezw. Lichtkegels für die einfachste und vom mathematischen Standpunkt sachgemäßeste. Die Darstellung der Raumdrehungsgruppe und der Lorentzgruppe (bezw. der zu ihr isomorphen nichteuklidischen Bewegungsgruppe des dreidim. hyperbolischen Raumes) durch gebrochen-lineare Transformationen einer komplexen Variabeln war schon Klein bekannt und wurde von ihm auch genau so, wie Sie es machen, eingeführt (vgl. etwa Klein-Fricke, Automorphe Funktionen I, sowie das Erlanger Programm). Auch in meinen „Gruppen von linearen Transformationen" (§7) habe ich diese Methode angewandt und dabei auf Klein hingewiesen.

Daß ich in meiner „Gruppentheoretischen Methode" die Sache anders aufgezogen habe, hatte zwei Gründe: Erstens wollte ich die Benutzung der nicht allen Physikern geläufige komplexe projektive

Abb. 11.1: Briefentwurf von Bartel L. van der Waerden an Hermann Weyl vom 2. April 1937

Van der Waerden fuhr fort, den Aufbau seiner Monographie zu erklären. Dabei betonte er, dass er versucht habe, direkt aus den beobachteten Tatsachen die zweikomponentige Wellenfunktion und ihre Transformationsweise herzuleiten, ohne theoretische Vorstellungen wie z. B. die Diracsche Wellengleichung einzuführen. Dazu

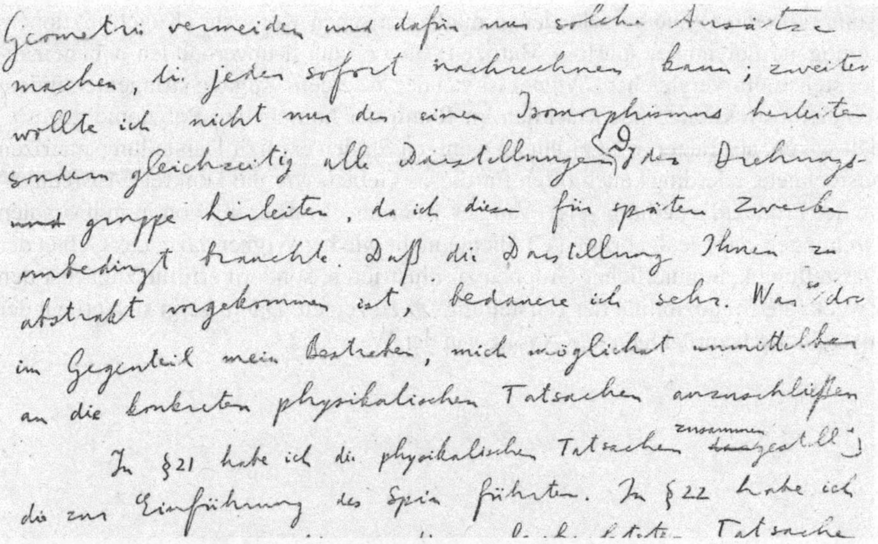

*[handschriftlicher Brieftext]*

Abb. 11.2: Ausschnitt aus einem Briefentwurf von Bartel L. van der Waerden an Hermann Weyl vom 2. April 1937 (Fortsetzung von Abb. 11.1)

wäre es aber notwendig gewesen, vorher alle Darstellungen der Drehungsgruppe herzuleiten.

> „Aus allen mir [van der Waerden] bekannten Beweisen habe ich dabei den elementarsten ausgesucht, der nur mit dem Begriff des Eigenwerts eines linearen Operators und mit den Vertauschungsrelationen operiert. So entstand zwangsläufig der Aufbau meines Buches"[781]

Bedauerlicherweise ist der Brief mit Weyls Kritik an van der Waerdens Darstellung nicht erhalten. Vermutlich hat sich Weyl zu dieser Zeit intensiver mit van der Waerdens Monographie beschäftigt. Dass Weyl van der Waerdens Zugang „zu abstrakt" erschien, mag erstaunen. Ein Grund für Weyls Ansicht könnte darin liegen, dass van der Waerdens Zugang nicht geometrisch und damit – aus Weyls Perspektive – eben nicht anschaulich war, sondern abstrakt. Van der Waerdens Antwort macht noch einmal deutlich, wie sehr diesem an einer für Physiker einfachen Darstellung gelegen war. Dies hieß für van der Waerden in diesem Fall, mit ,nachrechnenbaren' Ansätzen zu arbeiten und nicht mit mathematischen Theoriegebilden, die den meisten Physikern unbekannt waren, sowie aus Beobachtungsdaten Beziehungen abzuleiten statt aus physikalisch-theoretischen Konstrukten.

Während Weyl also einen mathematisch naheliegenden und allgemeineren Zugang wählte und van der Waerden sich auf Darstellungen in Räumen von homogenen Polynomen und bilinearen Formen beschränkte, ging Wigner einen anderen Weg. Für ihn standen immer die konkreten Darstellungsmatrizen und ihre Konstruktion im Vordergrund. Wigner gab, beispielsweise für die Drehungsgruppe, verschiedene Konstruktionsmöglichkeiten in verschiedenen Darstellungsräumen an, die alle

---

[781] Van der Waerden an Weyl, 2.4.1937, NvdW, HS 652:10044.

isomorph waren. Die verschiedenen mathematischen Kontexte (Kugelfunktionen, homogene Polynome, spurlose Matrizen) blieben quasi unverbunden nebeneinander stehen. Im Vergleich zu Wigner ist van der Waerdens Zugang stringenter, indem seine Konstruktionen hauptsächlich im Raum der homogenen Polynome angesiedelt waren, abstrakter, weil er nur an wenigen Stellen explizit Darstellungsmatrizen ausrechnete, allerdings auch offen für dieses Gebiet, wie die konkrete Ausreduktion der Produktdarstellung zeigt. Van der Waerdens Einführung von infinitesimalen Drehungen, der Liealgebra $sl_2(\mathbb{C})$, diente nicht wie bei Wigner dazu, das Gebiet der Darstellung kontinuierlicher Gruppen zu illustrieren, sondern erfüllte zunächst den Zweck, die Irreduzibilität der Darstellung $\mathscr{D}_J$ zu zeigen. Damit zeigt sich erneut der mathematisch zurückhaltende Ansatz van der Waerdens.

# Kapitel 12
# Anwendungen der Gruppentheorie in der Quantenmechanik

Der hier in der Überschrift verwendete Begriff der „Anwendung" sollte nicht dahin gehend verstanden werden, dass die Darstellungstheorie im Rahmen der Quantenmechanik ohne Weiteres eingesetzt werden konnte. Anwendung im hier gemeinten Sinne bezeichnet vielmehr die Folge eines Zurichtens beider Seiten, der Gruppentheorie und der Quantenmechanik. Wie im Kapitel 3 erläutert, mussten die Anwendungsmöglichkeiten erst entdeckt und geschaffen werden. Die betreffenden Teilbereiche wurden dabei so aneinander angepasst und entwickelt, dass sie für die Quantenmechanik nutzbar wurden. In diesem Prozess entstanden gruppentheoretische Werkzeuge für den quantenmechanischen Gebrauch. Der Spinorkalkül ist ein hervorragendes Beispiel für ein solches Werkzeug. Der darstellungstheoretische Hintergrund dafür war klar. Van der Waerden verpackte ihn in einem Kalkül, der (fast) mechanisch angewandt werden konnte. In der Quantenmechanik hatte der Einsatz dieses Werkzeugs zur Folge, dass die relativistische Wellenfunktion des Elektrons in $2 \times 2$ Komponenten zerfiel – eine Konsequenz, die, wie gezeigt, physikalisch nicht unproblematisch war. Gleichzeitig eröffnete er aber auch neue Möglichkeiten, wozu zunächst das einfache Operieren mit relativistischen Größen in der Quantenmechanik zählte.[782] Die Begriffe „Anwendung" und „Werkzeug" sollen auch nicht die konzeptionelle Rolle der Gruppentheorie für die Quantenmechanik verdecken.

In dem vorliegenden Kapitel werden einige Beispiele für die Anwendung der Gruppentheorie in der Quantenmechanik gegeben. Um die Spezifik des van der Waerdenschen Zugangs in seiner Monographie herauszuarbeiten, wird, wie in den vorangehenden Kapiteln, der Vergleich mit den Monographien von Weyl und Wigner gesucht. Die vergleichende Analyse der allgemeinen und grundlegenden Aussagen zur Rolle der Gruppentheorie bzw. Symmetrie bildet den Inhalt von Abschnitt 12.1. Anschließend wird die gruppentheoretische Ableitung der Quantenzahlen und Auswahlregeln für Atome mit mehreren Elektronen diskutiert (Abschn. 12.2). Dies wird in Bezug auf zweiatomige Moleküle erneut aufgegriffen allerdings in dem separaten Kapitel 14, da die Kontextualisierung dieses Themas den

---

[782] In weiteren epistemischen Konstellationen wurde beispielsweise der Spinorkalkül in den allgemein-relativistischen Kontext übertragen und für die Erfassung von Wellenfunktionen anderer Teilchen im Rahmen der Quantenfeldtheorie herangezogen. Vgl. Kap. 15.

M.R. Schneider, *Zwischen zwei Disziplinen*, Mathematik im Kontext,
DOI 10.1007/978-3-642-21825-5_12, © Springer-Verlag Berlin Heidelberg 2011

Rahmen und Umfang dieses Kapitels übersteigen würde. Van der Waerdens Ausarbeitung des Spinorkalküls im darstellungstheoretischen Kontext ist Gegenstand von Abschnitt 12.3. Zum Abschluss dieses Kapitels erfolgt ein kurzer Überblick über die Rezeption der gruppentheoretischen Methode im Allgemeinen mit Schwerpunkt auf den 1930er Jahren (Abschn. 12.4).

## 12.1 Die Basis der gruppentheoretischen Methode

Die Erklärungen in den Monographien von Weyl, Wigner und van der Waerden, wie und warum die Darstellungstheorie in der Quantenmechanik angewendet werden kann (vgl. auch Abschn. 3.2), unterscheiden sich deutlich voneinander. Differenzen lassen sich sowohl in der konkreten mathematischen Darstellung aufzeigen, als auch in der Allgemeinheit ihres Zugangs sowie der Verwendung des Begriffs der Symmetrie. Van der Waerdens Erklärungsansatz kann in gewisser Weise als der allgemeinste und strukturellste betrachtet werden. Im Folgenden werden die drei Erklärungsansätze kurz in ihrer chronologischen Reihenfolge skizziert.

### 12.1.1 Weyls Zugang über den Hilbertraum

Weyl ging ausführlich auf den Zusammenhang zwischen Quantenzahlen und Darstellungstheorie ein, allerdings gab er keine allgemeine Gesamtübersicht darüber, sondern behandelte jede Quantenzahl einzeln. Am Beispiel der inneren Quantenzahl, die zur Drehungsgruppe ($SO_3$) gehörte, soll Weyls Erklärung der gruppentheoretischen Methode betrachtet werden. Das Beispiel scheint insofern geeignet, als es das erste von Weyl behandelte war und damit Grundlegendes über den Zusammenhang erklärt wurde, das bei der Ableitung der anderen Quantenzahlen vorausgesetzt werden konnte.

Weyl betrachtete zunächst den Systemraum (auch Zustandsraum genannt). Der Systemraum ist der Lösungsraum der Schrödingerschen Wellengleichung, ein unendlich-dimensionaler Hilbertraum der Wellenfunktionen. Nachdem er die Darstellungstheorie dort nutzte, wandte er sie auf einen Unterraum des Systemraums an, nämlich auf den zu einem Energieterm (Eigenwert) gehörigen endlich-dimensionalen Eigenraum. Damit konnte er auf die gruppentheoretische Ordnung des Termspektrums näher eingehen.[783]

> „Im Zustandsraum des [sich in einem statischen kugelsymmetrischen Feld befindlichen] Elektrons $\Re$, dessen Vektoren die Wellenfunktionen $\psi(xyz)$ sind, induziert jede Drehung $s$, jede orthogonale Transformation der Cartesischen Raumkoordinaten $xyz$ in $x'y'z'$, eine unitäre Transformation $U(s) : \psi \to \psi'$ erklärt durch:

---

[783] Weyl wählte in der zweiten Auflage denselben Zugang wie in der ersten (Weyl, 1928b, S. 151 f.), allerdings hat er für die zweite Auflage die Passage gründlich überarbeitet.

$$\psi'(x'y'z') = \psi(xyz).$$

Die Korrespondenz $s \rightarrow U(s)$ ist eine bestimmte Darstellung $\mathfrak{E}$ der Drehungsgruppe $\mathfrak{d}_3$ von unendlich hohem Grad. Diese läßt sich in ihre irreduziblen Bestandteile $\mathfrak{D}_l$ zerlegen, und es stellt sich heraus, daß jedes $\mathfrak{D}_l$ mit ganzzahligem $l$ unendlich oft auftritt. Der totale Zustandsraum ist also zerlegt in wechselseitig zueinander orthogonale Teilräume $\mathfrak{R}(nl)$; $\mathfrak{R}(nl)$ hat die Dimension $2l+1$, und die Drehungsgruppe induziert in ihm die Darstellung $\mathfrak{D}_l$. [...] Die zu den verschiedenen Werten $l$ gehörigen unendlich dimensionalen Teilräume $\sum \mathfrak{R}(nl)$ sind eindeutig bestimmt, ihre weitere Zerlegung in die Summanden $\mathfrak{R}(nl)$ ist jedoch mit großer Willkür verbunden. Hierüber kann insbesondere so verfügt werden, daß in $\mathfrak{R}(nl)$ die *Energie* je einen bestimmten Wert $E(nl)$ besitzt."[784]

„Zu einem Eigenwert $E'$ der Energie $H$ gehört ein bestimmter Teilraum $\mathfrak{R}'$ von $\mathfrak{R}$, der Teilraum der Quantenzustände vom Energieniveau $E'$; er besteht aus allen Vektoren $\mathfrak{r}$, die durch den Operator $H$ in $E' \cdot \mathfrak{r}$ übergehen, oder er ist der zu dem Eigenwert $E'$ von $H$ gehörige Eigenraum $\mathfrak{R}(E')$. Weil die Energie ein Skalar ist, kann die im vorigen Paragraphen für den totalen Raum $\mathfrak{R}$ durchgeführte Überlegung [s.o.] auch an $\mathfrak{R}'$ angestellt werden: $\mathfrak{R}'$ geht durch die Operatoren [lineare Transformationen, MS], welche die Drehungsgruppe im Systemraum induziert, in sich über und ist damit Träger einer bestimmten Darstellung der Drehungsgruppe; diese kann in ihre irreduziblen Bestandteile zerlegt werden. Kommen nur endlich vielfache Energiestufen vor, so haben wir daher nur die Zerlegung von Darstellungen endlichen Grades auszuführen. Danach ist $\mathfrak{R}$ in solcher Weise in die zur Drehungsgruppe gehörigen ‚einfachen Räume‘ $\mathfrak{R}_j$ zerlegt, daß [...] auch die Energie in $\mathfrak{R}_j$ einen scharfen Wert $E_j$ hat. Dieses Energieniveau $E_j$ ist notwendig $(2j+1)$-fach ausgeartet. [...] *Auf diesem Wege wird die Zerlegung in einfache Zustände für die Termanalyse verwertbar*: jedes Energieniveau $E_j$ besitzt eine bestimmte innere Quantenzahl $j$, die dem Term die natürliche Vielfachheit $2j+1$ verleiht."[785]

Weyl entwickelte seine Theorie für ein Elektron in einem kugelsymmetrischen Feld und begründete, warum Elektronen in „einkernigen Atome[n] und Ionen" diese Bedingung erfüllten.[786] In der ersten Auflage war Weyl noch von einem „Atom oder Ion, um dessen festen Kern im Zentrum $O$ die $f$ Elektronen kreisen"[787], und damit von dem veralteten, anschaulichen Bohrschen Atommodell ausgegangen. Die Kugelsymmetrie der Atomkonfiguration diente Weyl in der ersten Auflage noch häufig als Begründung der Anwendung der Darstellungstheorie auf die Quantenmechanik.[788] Dies tat er in der zweiten Auflage nicht mehr.

Weyl nutzte sehr effektiv die Konzepte der modernen Algebra. Dadurch trat in struktureller Hinsicht der Zusammenhang zwischen Darstellungstheorie und Spek-

---

[784] Weyl (1931a, S. 166).

[785] Weyl (1931a, S. 171 f., Hervorhebung im Original).

[786] „[Die Nichtberücksichtigung der räumlichen Translation] hat seinen Grund darin, daß wir beim Studium eines Atoms oder Ions nur die Elektronen als Partikeln, den Kern aber als ein festes Kraftzentrum behandeln, in das wir den räumlichen Nullpunkt verlegen. Daß dies wenigstens näherungsweise erlaubt ist, beruht auf dem Umstand, daß die Kernmasse vielmal größer ist als die Elektronenmasse. Hierdurch verwandelt sich aber der Raum von einem homogenen in einen zentrierten Raum. Bei einer solchen Auffassung ist unsere Theorie beschränkt auf die einkernigen Atome und Ionen." (Weyl, 1931a, S. 171).

[787] Weyl (1928b, S. 151).

[788] Vgl. Weyl (1928b, S. 151). Beispielsweise: „Die Kugelsymmetrie besagt, daß mit $\psi$ auch $\psi'$ eine Lösung der Wellengleichung, ein naturgesetzlich möglicher Zustand des Atoms ist."

trum klar hervor. Weyl beschrieb aber auch viele Details, was vielleicht die rasche
Vermittelung der Grundidee behinderte. Beispielsweise ging er auf eine Voraussetzung ein, die sonst nicht diskutiert wurde, aber für die mathematische Analyse
wichtig war, nämlich dass nur „endlich vielfache Energiestufen" vorkommen, d. h.
dass die Terme im Spektrum nicht aus unendlich vielen Linien bestehen. Dies mag
für Physiker evident gewesen sein. Weyls Zugang über den Hilbertraum der Wellenfunktionen, den Weyl als mathematisch-physikalischen Rahmen ohne konkreten
Bezug zum Spektrum einführte, erscheint zudem nicht unbedingt notwendig zur
Erklärung der Quantenzahlen, wie die Arbeiten von Wigner und van der Waerden
zeigen. Insgesamt zeigt sich in Weyls Vorgehen, den Zusammenhang im unendlich-
dimensionalen Hilbertraum darzustellen und für eine Quantenzahl zu konkretisieren, sein Bemühen, sowohl von mathematischer wie auch von physikalischer Seite
dem Problem gerecht zu werden.

### 12.1.2 Wigners Konzept der Symmetriegruppe

Um den Zusammenhang zwischen Darstellungstheorie und Quantenmechanik zu
erklären, bemühte Wigner eine Reihe von Beispielen, ehe er diesen systematischer
erklärte. Er berechnete zunächst für einfache, sehr spezielle Beispiele explizit die
Konsequenzen bei Vertauschung von zwei Elektronen und bei einer Punktspiegelung.[789] Diese Beispiele verallgemeinerte Wigner, wobei er „die Rechnungen nach
Möglichkeit durch begriffliche Überlegungen ersetzen"[790] wollte. Die Möglichkeit
zu einer solchen Verallgemeinerung sah Wigner darin begründet, dass die „spezielle
Gestalt des *Hamilton*schen Operators" bei den diskutierten Beispielen „unwesent-
lich" war.[791] Für dieses Vorgehen mag Wigner didaktische Gründe gehabt haben; er
wiederholte damit im Grunde die Geschichte seines eigenen Zugangs zur Darstellungstheorie.[792]

Wigner betrachtete Transformationen **R** des Konfigurationsraumes, also des De-
finitionsbereichs der Wellenfunktion. Diejenigen Transformationen, die „physikalisch gleichwertige" Punkte des Konfigurationsraumes ineinander überführen, bilden eine Gruppe: Wigner nannte diese die „Gruppe der Schrödingergleichung" oder
die „Symmetriegruppe des Konfigurationsraumes". Diese von ihm bereits 1927 eingeführte Gruppe ließe sich, so betonte Wigner, „auf allgemeine physikalische Gründe zurückführen"[793], nämlich auf die Invarianz der Schrödingergleichung unter Vertauschen von gleichartigen Partikeln (symmetrische Gruppe) oder unter räumlichen
Drehungen und Spiegelungen, sowie auf Zusammensetzungen (direktes Produkt)

---

[789] Wigner (1931, S. 110-112).

[790] Wigner (1931, S. 112 f.).

[791] Wigner (1931, S. 113, Hervorhebung im Original).

[792] Vgl. Scholz (2006b, Abschn. 1 u. 2).

[793] Wigner (1931, S. 115). Vgl. Abschn. 3.2.1.

der beiden Gruppen – und damit auf Symmetrien, wie der Name „Symmetriegruppe" unterstreicht.

Jedem Element der Symmetriegruppe des Konfigurationsraumes, einer Transformation $\mathbf{R}$, ordnete Wigner einen ‚Operator' $\mathbf{P}_R$ zu, der auf Wellenfunktionen $f$ linear (und unitär) operierte.[794] Die Funktion $\mathbf{P}_R f$ definierte Wigner durch

$$\mathbf{P}_R f(x_1', x_2', \ldots, x_n') = f(x_1, x_2, \ldots, x_n),$$

wenn $(x_1, x_2, \ldots, x_n)$ durch $\mathbf{R}$ auf $(x_1', x_2', \ldots, x_n')$ abgebildet wird, also vermittels $\mathbf{R}$ physikalisch gleichwertige Punkte im Konfigurationsraum sind und $x_i$ für die drei Ortskoordinaten des $i$−ten Elektrons steht. Die Wellenfunktionen $f$ und $\mathbf{P}_R f$ nannte Wigner auch gleichwertig, weil sie wichtige Eigenschaften teilen, etwa demselben Eigenwert (derselben Energie) anzugehören.[795]

Wigner behauptete, die Operatoren bildeten eine Gruppe, die „holomorph", d. h. im heutigen Sprachgebrauch isomorph, zur Symmetriegruppe des Konfigurationsraums sei.[796] Diese Behauptung nahm er weiter hinten im Zusammenhang mit dem Spin zurück.[797] In dem vorliegenden Fall ohne Spin traf Wigners Behauptung zu. Wigner betrachtete eine Darstellung der Gruppe der Operatoren auf dem Raum der Eigenfunktionen zu einem festen Eigenwert $E$ durch Matrizen $\mathbf{D}(R)$

$$\mathbf{P}_R \psi_v(x_1, y_1, z_1, \ldots, x_n, y_n, z_n) = \sum_{\chi=1}^{l} \mathbf{D}(R)_{\chi v} \psi_\chi(x_1, y_1, z_1, \ldots, x_n, y_n, z_n),$$

wobei $R$ ein Element aus der Gruppe der Operatoren ist, $x_i, y_i, z_i$ die Ortskoordinaten des $i$−ten Elektrons sind und die Wellenfunktionen $\psi_\chi$ eine Basis des Eigenraums[798] zu $E$ bilden. Der Grad der Darstellung $l$ ist gerade die Anzahl der linear unabhängigen Eigenfunktionen zu $E$. Aufgrund der Isomorphie zwischen der Gruppe der Operatoren und der Symmetriegruppe des Konfigurationsraums ist $\mathbf{D}(R)$ auch eine Darstellung der Symmetriegruppe.

Nach dieser Darlegung des Zusammenhangs zwischen Darstellungstheorie und Quantenmechanik erklärte Wigner anschließend die Verbindung zu Termspektren:

„[...] zu jedem Eigenwert gehört eine bis auf eine Ähnlichkeitstransformation eindeutig bestimmte Darstellung der Gruppe der Schrödingergleichung. [...]

---

[794] Als (linearen) Operator bezeichnete Wigner, wie auch andere Physiker der Zeit, eine lineare Abbildung eines Vektorraums in sich.

[795] Wigner (1931, S. 113 f.).

[796] Wigner (1931, S. 114). Zu Wigners Sprachgebrauch vgl. Fußnote 745 auf S. 207.

[797] Im Fall des Spins entspräche $SO_3$ der Symmetriegruppe des Konfigurationsraumes. Jedem $R$ sind zwei Operatoren $\mathbf{O}_R$ und $-\mathbf{O}_R$ zugeordnet. Für diese Operatoren gilt nur $\mathbf{O}_{RS} = \pm \mathbf{O}_R \mathbf{O}_S$. Vgl. Wigner (1931, S. 133, 249). Die Gruppe der Operatoren ist in diesem Fall die universelle Überlagerungsgruppe $SU_2(\mathbb{C})$ der $SO_3$, die nur lokal isomorph sind. Auf diesen Zusammenhang ging Wigner erst später im Buch ein (Wigner, 1931, S. 268-270). Vgl. Abschn. 11.1.

[798] Im Unterschied zu Weyl benutzte Wigner nicht den Ausdruck Eigenraum, sondern umschrieb ihn, beispielsweise als „Eigenwert, zu dem $l$ linear unabhängige Eigenfunktionen $\psi_1, \psi_2, \ldots, \psi_l$ gehören" (Wigner, 1931, S. 116).

Die bis auf eine Ähnlichkeitstransformation eindeutig bestimmte Darstellung bildet das qualitative Merkmal, durch das sich die verschiedenen Termarten unterscheiden. Es wird zu Singulett-S-Termen eine andere Darstellung gehören, als etwa zu Triplett-P-Termen oder auch Singulett-D-Termen, während alle Darstellungen – die zu Singulett-S-Termen gehören – äquivalent, d. h. da sie wegen der willkürlichen Wählbarkeit der linear unabhängigen Eigenfunktionen nur bis auf eine Ähnlichkeitstransformation bestimmt sind, einander *gleich* sind. Diese Darstellungen werden praktisch immer irreduzibel sein, was die Wichtigkeit der irreduziblen Darstellungen erklärt."[799]

Wigner führte in seiner Darstellung des Zusammenhangs zwischen Quantenzahlen und Gruppentheorie zwei Gruppen ein: die Symmetriegruppe des Konfigurationsraums (Gruppe der Schrödingergleichung) und die Gruppe der Operatoren. Mit der Wahl der Bezeichnung „Symmetriegruppe" unterstrich Wigner die Bedeutung der Symmetrien. Gleichzeitig hob er hervor, dass die Symmetrien physikalisch begründet sind. Damit wurde durch Wigner klar die Relevanz von Symmetrien aufgezeigt und ihre fundamentale Bedeutung für die Ableitung der Quantenzahlen betont. Durch die Einführung des Konzepts der Symmetriegruppe gelang es Wigner, Permutationsgruppe und Drehungsgruppe gleichzeitig zu betrachten, und damit den Zusammenhang zwischen Darstellungstheorie und Quantenzahl allgemeiner zu fassen als Weyl, der die Quantenzahlen nur einzeln herleitete. Das Konzept der Symmetriegruppe hatte Wigner bereits 1927 eingeführt.[800] Die Gruppe der Operatoren war bereits von Eckart unter dem Namen „operator group" eingeführt worden.[801] Das Einführen zweier unterschiedlicher Gruppen und ihrer Darstellungen machte die Beziehung zwischen Quantenzahlen und Darstellungen nicht unbedingt übersichtlich. Dazu kam, dass Wigner mit konkreten Darstellungsmatrizen und Basen der Eigenräume arbeitete. Dies war für konkrete Berechnungen zwar notwendig, erschwerte allerdings dem Leser die Erkenntnis der wesentlichen strukturellen Zusammenhänge.

### 12.1.3  *Van der Waerdens allgemeine und strukturelle Darstellung*

Van der Waerden konkretisierte in seinem Kapitel zur Einführung in die Gruppen- und Darstellungstheorie den – bereits im Vorwort angedeuteten – Zusammenhang zwischen Darstellungstheorie und Quantenmechanik. Dazu erläuterte er unter Verwendung der eingeführten Begrifflichkeiten kurz und prägnant, wie und warum sich die Darstellungstheorie auf die Quantenmechanik anwenden lässt, und ihren Bezug zu den Quantenzahlen. Wie Wigner ging van der Waerden allgemein vor, wie Weyl nutzte er einen strukturellen Zugang. Damit kombinierte er die Vorzüge der beiden bereits veröffentlichten Monographien:

„Die Anwendung der Darstellungen von Gruppen auf die Quantenmechanik beruht auf folgendem.

---

[799] Wigner (1931, S. 118 f.). Zur Bezeichnungsweise von Multipletts vgl. Abschn. 13.1.

[800] Wigner (1927c). Vgl. Abschn. 3.2.1 u. 12.2.1.

[801] Eckart (1930, S. 312), vgl. Abschn. 12.4.

Die Schrödingersche Differentialgleichung eines Systems geht in sich über bei gewissen Transformationen der in der Wellenfunktion vorkommenden Variablen, wie z. B.:

a) die Vertauschung der Koordinaten der verschiedenen Elektronen (oder eventuell Kernen), welche in der Gleichung gleichwertig vorkommen;

b) die Translationen, Drehungen und Spiegelungen des Raumes, welche das vorhandene Kraftfeld ungeändert lassen. [...]

Die betrachteten Transformationen des Schroedingerschen Eigenwertproblems bilden jeweils eine *Gruppe*, nämlich im Fall a) die symmetrische Permutationsgruppe $S_f$, wenn $f$ Elektronen im Spiel sind, und im Fall b) eine Gruppe aus Drehungen und Spiegelungen. Die Transformationen dieser Gruppe ergeben jedesmal Transformationen der Wellenfunktion $\psi$, wenn festgesetzt wird, daß eine räumliche Transformation $T$ (Drehung oder Spiegelung), welche das Punktsystem $q_1, q_2, \ldots, q_f$ in $q'_1, q'_2, \ldots, q'_f$ überführt, die Wellenfunktion $\psi$ in $\psi'$ überführt, wo

$$\psi'(q'_1, \ldots, q'_f) = \psi(q_1, \ldots, q_f)$$

oder, was dasselbe ist,

$$\psi'(q_1, \ldots, q_f) = \psi(T^{-1}q_1, \ldots, T^{-1}q_f)$$

gesetzt wird. Die Funktionen $\psi$ werden in dieser Weise *linear* transformiert, und es gilt, wenn $S$ und $T$ zwei Transformationen sind,

$$(ST)\psi - S(T\psi).$$

Da bei diesen Transformationen die Schroedingersche Differentialgleichung sich nicht ändert, so müssen ihre Eigenfunktionen wieder in Eigenfunktionen zum gleichen Eigenwert übergehen. *Die Eigenfunktionen einer jeden Energiestufe werden also linear transformiert und diese Transformationen bilden eine Darstellung der fraglichen Gruppe.*

Wenn es gelingt, die verschiedenen überhaupt möglichen Darstellungen der in Betracht kommenden Gruppen aufzustellen und zu klassifizieren, so ist damit gleichzeitig eine Klassifikation der Eigenfunktionen und Eigenwerte der Atome und Moleküle gegeben. Darauf beruht die ‚gruppentheoretische Ordnung der Termsysteme'.“[802]

Van der Waerdens Beschreibung, in welcher der Wignersche Ansatz klar zu erkennen ist, lässt die Beziehung zwischen Darstellungstheorie und Quantenzahlen völlig durchsichtig und einfach erscheinen. Dazu trugen mehrere Faktoren bei: Van der Waerden führte – im Gegensatz zu Wigner – keine neue Terminologie ein, um beide Gruppen gleichzeitig zu betrachten. Er kam mit einem Minimum von Konzepten aus. Selbst das wichtige Konzept der irreduziblen Darstellung (ganz zu Schweigen von der Kenntnis der irreduziblen Darstellungen der $SO_3$, wie sie Weyl voraussetzte) gebrauchte van der Waerden nicht. Seine Beschreibung konnte daher sehr früh im Buch erscheinen, was gegebenenfalls die Motivation des Lesenden erhöhte.[803] Sein moderner struktureller Zugang zur Darstellungstheorie zahlte sich hier aus. Denn durch seine Definition von Darstellung als speziellen Gruppenhomomorphismus, der als Bildbereich lineare Transformationen eines Vektorraums hat,[804] konnte

---

[802] van der Waerden (1932, S. 32 f., Hervorhebung im Original).

[803] Van der Waerdens Beschreibung erschien auf S. 32 f., Wigners auf S. 110 ff., Weyls auf S. 166 ff.

[804] van der Waerden (1932, S. 32).

er einerseits Darstellungsmatrizen und Basen vermeiden, die Wigners Darstellung
etwas unübersichtlich machten, und andererseits ergaben sich die Darstellungen der
(beiden) Gruppen auf den Eigenräumen der Energieterme quasi von selbst.

Van der Waerden verwendete zwar in dieser Darstellung nicht explizit den Sym-
metriebegriff, dennoch trat das zugrunde liegende Prinzip klar hervor: die Invarianz
der Schrödingergleichung bei gewissen Transformationen. Bei der Formulierung der
Transformationen war van der Waerden sehr genau: Er sprach von „Vertauschung
der Koordinaten" von Teilchen, die in der Wellengleichung „gleichwertig" vorkamen, und Transformationen des Raumes, die das „vorhandene Kraftfeld" nicht stör-
ten. Damit ging er auf die unterschiedlichen physikalischen Bedingungen ein, die
sich auftaten. Einige von diesen Bedingungen konkretisierte van der Waerden im
Punkt b):

> „Wird beim Atom der Kern als festes Kraftzentrum angesehen, so kommen die Drehungen
> des Raumes um diesen Punkt und die Spiegelungen an diesem Punkt in Betracht. Beim
> Atom im homogenen magnetischen oder elektrischen Feld hat man die ganze Drehungs-
> gruppe durch die Untergruppe der Drehungen um eine feste Achse zu ersetzen. Werden im
> zweiatomigen Molekül die beiden Atomkerne (in erster Annäherung) als feste Kraftzen-
> tren betrachtet, so sind die Drehungen um die Kernverbindungslinie und die Spiegelungen
> an Ebenen durch diese zu betrachten. Bei zwei Kernen gleicher Ladung kommt noch die
> Spiegelung an der Mittelebene senkrecht zur Kernverbindungslinie dazu, usw."[805]

Diese Ausführungen zeigten die Vielfalt der ‚Symmetrien' und ihre Abhängigkeit
von den spezifischen Bedingungen.[806] Konsequenterweise sprach van der Waerden
dann auch von „einer Gruppe aus Drehungen und Spiegelungen" anstatt von einer
der „dreidimensionalen Drehgruppe holomorphe[n] Gruppe"[807]. Dies war in Hinblick auf seine Behandlung von Molekülen auch notwendig.


## 12.2 Quantenzahlen und Auswahlregeln

Als ein wichtiges Gebiet der Anwendung der Gruppentheorie in der Quantenmechanik gilt die Begründung der Auswahlregeln für die Quantenzahlen.[808] Die Auswahlregeln geben an, welche Übergänge zwischen quantenmechanischen Zuständen auftreten können. Damit machen sie Angaben, welche Linien im Spektrum eines Atoms
(oder Moleküls) zu beobachten sein sollten (und welche nicht). Die Herausbildung
der Auswahlregeln in der alten Quantenmechanik in den Arbeiten von Bohr, Sommerfeld, Epstein und Rubinowicz war, wie Borrelli (2009) überzeugend darstellt,
zunächst ein Prozess, der in erster Linie dem Ausbau des Theoriegebäudes diente.
Erst allmählich, Anfang der 1920er Jahre, kam es zu einem engen Austausch zwischen Theoretikern und Experimentalphysikern auf dem Gebiet der Spektroskopie.
Letztere hatten ihr eigenes Verfahren entwickelt, um durch die Kombination von

---

[805] van der Waerden (1932, S. 32).

[806] Auch Weyl (1931a, S. 171) wies in seiner zweiten Auflage darauf hin.

[807] Wigner (1931, S. 116).

[808] Beispielsweise Haken und Wolf (1993, Abschn. 16.1).

Frequenzen von Spektrallinien, die zu demselben „System" von Linien gehörten, Regularitäten zu finden. Landé gelang es 1921 durch das Zusammenbringen von Quantentheorie und spektroskopischem Wissen, den anomalen Zeemaneffekt mit Hilfe von drei Quantenzahlen und drei zugehörigen Auswahlregeln zu erklären.[809]

### 12.2.1 Wigners gruppentheoretischer Ansatz zur Deduktion von Auswahlregeln

Als Wigner 1927 im Rahmen der neuen Quantenmechanik die Gruppentheorie heranzog, um Quantenzahlen und Auswahlregeln abzuleiten und damit (nicht nur, aber hauptsächlich) qualitative Aspekte atomarer Spektren zu erklären, griff er implizit Denkfiguren aus der Kristallographie, genauer: den Zusammenhang zwischen Röntgenspektren und Symmetrien von kristallinen Strukturen betreffend, auf.[810] In der Zusammenarbeit mit Karl Weissenberg in Berlin Mitte der 1920er Jahre wurde Wigner nicht nur mit gruppentheoretischen Ansätzen in der Kristallographie vertraut, sondern auch mit deren physikalischen Potential. Borrelli (2009) lenkt den Blick auf die folgenden Ansätze:

- aus Abwesenheiten von Strahlung im Röntgenspektrum auf innere Strukturen bzw. Symmetrien im Kristall zu schließen;
- dies mittels „Auswahlregeln" zu erfassen;
- die große Bedeutung von Punktsymmetrie;
- Weissenbergs alternativer Ansatz, kristalline Strukturen mittels Untergruppen („Inseln") der 230 Raumgruppen zu klassifizieren;

und weist auf Parallelen zwischen diesen und Wigners Vorgehen in seinen gruppentheoretischen Arbeiten zur Quantenmechanik hin. Weissenbergs Studium von Untergruppen kann beispielsweise in Wigners Ansatz zur Erklärung des Aufsplittens einer Spektrallinie unter dem Einfluss eines Magnetfeldes (bzw. elektrischen Feldes; Zeeman- bzw. Starkeffekt) wiedergefunden werden:

Wigner deutete den Einfluss des Magnetfeldes als eine Störung der Symmetrie, welche die ursprüngliche „Symmetriegruppe" der Wellengleichung auf eine Untergruppe reduziert. Als gruppentheoretische Entsprechung fand Wigner, dass eine irreduzible Darstellung der (vollen) Symmetriegruppe als Darstellung der Untergruppe nicht notwendig irreduzibel ist, sondern in irreduzible Darstellungen bezüglich der Untergruppe zerfällt. Die Anzahl der irreduziblen Darstellungen der Untergruppe entspricht dann nach Wigner der Anzahl der Spektrallinien, in welche eine Linie in einem Spektrum unter Einfluss eines Magnetfeldes auseinander tritt. Den Grad der in der Zerlegung auftretenden irreduziblen Darstellungen der Untergruppe konnte er mit der „Feinstruktur" des Spektrums in Zusammenhang bringen, also der Tatsache, dass anstelle *einer* Linie im Spektrum bei verbesserter Messtechnik mehrere Linien traten.

---

[809] Forman (1970).

[810] Wigner (1927c).

Die von Wigner 1927 eingeführte Symmetriegruppe umfasste (je nach Situation) Permutationen (von Koordinaten von Elektronen und anderer gleichwertiger Teilchen), Drehungen $(SO_2, SO_3)$, Drehspiegelungen $(O_2(\mathbb{R}), O_3(\mathbb{R}))$ und/oder Punktspiegelungen. Damit ging er weit über die von Dirac, Heisenberg und ihm studierte Gruppe der Permutationen hinaus. Wigner versuchte, den rein gruppentheoretisch bestimmten Parameter $l$ der irreduziblen Darstellungen $\mathcal{D}_l(l \in \{0, 1, 2, \ldots\})$ von der Drehungsgruppe $SO_3$ der azimutalen Quantenzahl zuzuordnen. Dies war möglich, weil seine (falschen) Berechnungen zeigten, dass sich $l$ bei Übergängen zwischen zwei Zuständen genauso wie die azimutale Quantenzahl verhielt. Die „Auswahlregeln" waren also identisch. Dazu berechnete er die Übergangswahrscheinlichkeit zwischen zwei Zuständen in Abhängigkeit von $l$ mit Hilfe der Gruppentheorie.[811] War die Übergangswahrscheinlichkeit null, so trat der Übergang nicht auf. Diese Methode, die auf Einstein zurück ging, lief darauf hinaus, die „Polarisation" in Richtung der $Z-$Achse (und der anderen Achsen) vom ersten Elektron vermittels

$$\sum_{\lambda, \lambda'} \int D^l_{\kappa \lambda}(\alpha, \beta, \gamma) \chi_\lambda \overline{D^{l'}_{\kappa' \lambda'}(\alpha, \beta, \gamma)} \overline{\chi'_{\lambda'}} r_1 \cos(\beta)$$

(Wigners die Integrationsvariablen $(\mathrm{d}\alpha, \mathrm{d}\beta, \mathrm{d}\gamma)$ unterdrückende Notation[812]) zu berechnen, wobei $\lambda$ (bzw. $\lambda'$) $\in \mathbb{Z}$ von $-l$ (bzw. $-l'$) bis $l$ (bzw. $l'$) läuft, das Integral über die Parametrisierung der Drehungen im Raum mittels Eulerschen Winkeln genommen wird, die $\sum_\lambda D^l_{\kappa \lambda}(\alpha, \beta, \gamma) \chi_\lambda$ (bzw. mit Strich) die Wellenfunktion des ersten (bzw. zweiten) Elektrons darstellt, bezogen auf die Eigenfunktionen $\chi_\lambda$ (bzw. $\overline{\chi'_{\lambda'}}$), welche sich nach der irreduziblen Darstellung $\mathcal{D}_l$ (bzw. $\mathcal{D}_{l'}$) vom Grad $2l + 1$ (bzw. $2l' + 1$) von $SO_3$ transformieren, und $r_1 \cos(\beta)$ der Lage des ersten Elektrons zuzuordnen ist. Durch Umformung des Ausdrucks und unter Ausnutzung von Beziehungen zwischen den Elementen der Darstellungsmatrizen erhielt Wigner das obige Ergebnis.

In seiner Monographie widmete Wigner den Auswahlregeln ein eigenes Kapitel.[813] Die Ableitung der Auswahlregel erfolgte nach demselben Prinzip: die Berechnung der Übergangswahrscheinlichkeit. Allerdings gelang es Wigner, die gruppentheoretische Seite sehr viel durchsichtiger darzustellen: Diese reduziert sich auf das Auffinden der irreduziblen Darstellungen (der infrage kommenden Gruppe) für

$$(x_1 + x_2 + \cdots + x_n)\psi_E,$$

wobei die $x_i$ die $x-$Koordinaten der Ortskoordinaten $(x_i, y_i, z_i)$ des $i-$ten Elektrons sind und $\psi_E$ eine Wellenfunktion des Zustandes $E$. Im Fall der oben angesprochenen azimutalen Quantenzahl ist dies die Drehungsgruppe $SO_3$. Unter der Annahme, dass $\psi_E$ zur azimutalen Quantenzahl $l$ gehört, transformiert sich $\psi_E$ (nach einem Basiswechsel) nach der irreduziblen Darstellung $\mathcal{D}_l$. Der Faktor $(x_1 + x_2 + \cdots + x_n)$

---

[811] Wigner (1927c, S. 642 f.). Wigner machte einen Fehler im Bereich der Darstellungstheorie der $SO_3$, den er kurz darauf berichtigte.

[812] Wigner (1927c, S. 642).

[813] Wigner (1931, Kap. XVIII).

transformiert sich als Teil eines dreidimensionalen Vektors nach $\mathscr{D}_1$. Damit transformiert sich das Produkt nach der (Tensor-)Produktdarstellung $\mathscr{D}_1 \times \mathscr{D}_l$. Diese zerfällt nach der Clebsch-Gordan-Reihe in die Summe von irreduziblen Darstellungen

$$\mathscr{D}_1 \times \mathscr{D}_l = \mathscr{D}_{l+1} + \mathscr{D}_l + \mathscr{D}_{l-1}.$$

Aus dieser Aufspaltung des Produktes der beiden Darstellungen deduzierte Wigner die Auswahlregel der azimutalen Quantenzahl: Bei einem Übergang von einem Energielevel zum anderen kann sich die azimutale Quantenzahl nur um $\pm 1$ oder $0$ ändern. Für $l = 0$, zeigt dies zudem, dass Übergänge von 0 nach 0 nicht möglich sind.

Diesem gruppentheoretischen Ergebnis stellte Wigner das empirische Wissen gegenüber. Aus der Spektroskopie war bekannt, dass die Auswahlregel für $l$ nur für leichte Elemente ‚genau‘ gilt. Für schwere Elemente wiesen Spektren auch Spektrallinien auf, die von Übergängen herrührten, welche die Auswahlregel ausschloss. Wigner begründete dies dadurch, dass in der Schrödingergleichung von Elementen mit höherer Ordnungszahl Zusatzglieder zum magnetischen Moment der Elektronen stärker ins Gewicht fallen und daher ebenfalls berücksichtigt werden müssten. Beispielsweise trete dadurch zusätzlich die sogenannte „Quadrupolstrahlung" auf. In seiner Einleitung zu dem Kapitel hatte Wigner bereits auf die Voraussetzungen seiner Methode hingewiesen, welche zur Einschränkung ihrer Gültigkeit führte.[814] Den Vergleich zwischen gruppentheoretisch abgeleiteten Auswahlregeln und Empirie führte Wigner für alle Quantenzahlen durch. Dieses Vorgehen Wigners weist auf die große Bedeutung hin, welche die Forschung der engeren Verzahnung zwischen quantenmechanischer Theorie und Spektroskopie beimaß.

## 12.2.2 Die Herleitung von Auswahlregeln bei van der Waerden

Van der Waerden gab in seiner Monographie zwei Ableitungen für die Auswahlregel der azimutalen Quantenzahl $l$ an. Die erste befindet sich im einleitenden Kapitel und wird für ein Elektron in einem kugelsymmetrischen Feld gegeben.[815] Zur Berechnung der Übergangswahrscheinlichkeit nutzte er dort Kugelfunktionen $Y_l$ bzw. die Potentialformen $U_l$ (definiert durch $\Delta U_l = 0$; mit $U_l = r^l Y_l$) zur Entwicklung der Wellenfunktion.[816] Durch die Eigenschaften dieser Funktionen konnte er leicht nachweisen, dass in der Entwicklung von $x\psi_{nl}$ nach den Kugelfunktionen nur solche Terme $Y_{l'}$ auftauchen, deren Index $l' = l \pm 1$ ist. Daraus folgerte er die Auswahlregel für die azimutale Quantenzahl: $l \longrightarrow l \pm 1$. In dieser ersten Ableitung der Auswahlregeln kamen keine gruppentheoretischen Argumente vor. Van der Waerden nutzte den in der Potentialtheorie entwickelten Apparat der mathematischen Physik. Eine knappe Skizze zu Kugelfunktionen und Potentialformen gab er in den einleiten-

---

[814] Wigner (1931, S. 210).

[815] van der Waerden (1932, S. 14 f.).

[816] Vgl. Abschn. 9.2.

den Kapiteln. Etwas ausführlicher wurde dieser Komplex im Lehrbuch *Methoden der mathematischen Physik* von Courant und Hilbert dargestellt.[817] Damit bot van der Waerden seinen Lesern zunächst einen Weg, der ohne Darstellungstheorie von Gruppen auskam und mit Methoden bearbeitet werden konnte, die Physikern besser bekannt waren.

Van der Waerden erläuterte daran anschließend, warum die azimutale Quantenzahl den in der Spektroskopie eingeführten Serien $s, p, d, f, \ldots$ entspricht. Genau wie die Auswahlregel für $l$ nur Übergänge zwischen Termen, die um eins abweichen, zulasse, so entstehen die Spektrallinien im Spektrum gemäß der spektroskopischen Erfahrung nur durch Übergänge zwischen Termen aus „benachbarten" Serien. Diese Parallelität drückt sich in der Zuordnung von $s$ zu $l = 0$, $p$ zu $l = 1$, $d$ zu $l = 2$, usw. aus. Zur Illustration fügte van der Waerden dem eine schematische Abbildung des Lithiumspektrums bei.

Die zweite Ableitung der Auswahlregeln für die azimutale Quantenzahl $L$ betraf Atome mit mehreren Elektronen, wobei sich $L$ als Summe der Quantenzahlen $l$ der einzelnen Elektronen ergibt. Van der Waerdens Darstellung ist im Kern identisch zu der in Wigners Monographie. Das heißt, es lief auch dort auf die Ausreduktion der (Tensor-)Produktdarstellung $\mathscr{D}_1 \times \mathscr{D}_L$ hinaus. Aber van der Waerden beachtete dabei mathematische Feinheiten, nämlich, dass man nicht immer von einer Menge von linear unabhängigen Funktionen ausgehen konnte – wie Wigner dies tat. Van der Waerden zeigte die darstellungstheoretischen Konsequenzen auf, wenn man diese Annahme nicht machte. In Bezug auf die (Tensor-)Produktdarstellung bewies er folgendes:[818] Hat man (nicht unbedingt linear unabhängige) Größen $U_j^{(m)}, V_{j'}^{(m')}$ gegeben, die sich nach den Darstellungen $\mathscr{D}_j$ bzw. $\mathscr{D}_{j'}$ transformieren, dann transformieren sich die Produktgrößen $U_j^{(m)} V_{j'}^{(m')}$ nur nach *einigen* der in der Clebsch-Gordan-Reihe auftretenden Darstellungen $\mathscr{D}_J$ ($J \in \{j + j', \ldots, |j - j'|\}$), denn die Produktgrößen können linear abhängig sein. Bei der Ausreduktion der Produktdarstellung (für die Berechnung der Übergangswahrscheinlichkeiten) muss dies berücksichtigt werden. Für die Formulierung der Auswahlregel hat dies aber keine Konsequenz.

Weiterhin bewies van der Waerden den Zusammenhang zwischen einer Menge von Wellenfunktionen $\psi^{(1)}, \ldots, \psi^{(h)}$, die sich unter einer Gruppe nach einer vollständig reduziblen Darstellung $\mathscr{D}$ transformieren, mit einem vollständigen Orthogonalsystem von Eigenfunktionen

$$\varphi_1^{(1)}, \ldots, \varphi_1^{(m_1)}, \varphi_2^{(1)}, \ldots, \varphi_2^{(m_2)}, \ldots,$$

deren Untermengen $\varphi_\lambda^{(1)}, \ldots, \varphi_\lambda^{(m_\lambda)}$ sich für jedes $\lambda$ nach den irreduziblen Darstellungen $\mathscr{D}_\lambda$ transformieren: Entwickelt man die Menge der $\psi^{(i)}$ nach dem vollständigen Orthogonalsystem, so kommen nur solche $\varphi_\lambda^{(v)}$ vor, deren Darstellung $\mathscr{D}_\lambda$ auch

---

[817] Courant und Hilbert (1924, Kapitel zu Schwingungs- und Eigenwertproblemen).

[818] van der Waerden (1932, S. 75).

in der Zerlegung von $\mathscr{D}$ vorkommt.[819] Dieser „Hilfssatz" ist ebenfalls grundlegend für die Ableitung der Auswahlregeln, denn in der Berechnung der Übergangswahrscheinlichkeiten werden die auftretenden Wellenfunktionen zunächst nach einem Orthogonalsystem entwickelt. Er garantiert dann, dass die Zerlegung im Raum des Orthogonalsystems dieselbe ist wie im Raum der $\psi^{(i)}$.

## 12.3 Der Spinorkalkül – revisited

Der 1929 entwickelte Spinorkalkül bildete als weiterer Anwendungsbereich der Gruppentheorie in der Quantenmechanik einen Bestandteil van der Waerdens Monographie. Van der Waerden bettete ihn nun umfassend in den darstellungstheoretischen Rahmen ein, den er eingehend entwickelt hatte (vgl. Kap. 10 u. 11). Damit wählte er einen anderen Zugang als noch drei Jahre zuvor. Damals war er kaum auf die mathematische Theorie eingegangen. Diese unterschiedliche Zugangsweise war jedoch angesichts der Themenstellung des Buches zu erwarten. Van der Waerden gab eine neuerliche, mathematisch von der ersten Fassung leicht abweichende Einführung in Spinoren, ihren Kalkül sowie in invariante Ausdrücke mit Spinoren und stellte ausführlich den Bezug zur Quantenmechanik her. Dabei führte er den Begriff des „Spinraums" ein.

### 12.3.1 Einige kleinere Abweichungen zum Vorgehen von 1929

Spinoren tauchten in van der Waerdens Monographie zum ersten Mal in dem Kapitel zur Darstellung der Lorentzgruppe (§20) auf. Dieses bildete gewissermaßen den Abschluss der Erläuterungen zur Darstellungstheorie. Letztere beinhaltete viele Beispiele von Darstellungen von Gruppen, etwa für die symmetrische Gruppe $\mathfrak{S}_3$, die zyklische Gruppen, die orthogonalen Gruppen $(SO_2, O_2(\mathbb{R}), SO_3)$. Spinoren kamen ins Spiel, als van der Waerden zeigte, dass $SL(2,\mathbb{C})$ eine zweideutige Darstellung der eigentlichen orthochronen Lorentzgruppe $\mathscr{L}_+^\uparrow$ ist (vgl. Abschn. 11.3).[820] Dazu betrachtete er einerseits die Standarddarstellung der $SL(2,\mathbb{C})$ auf einem zweidimensionalen komplexen Vektorraum mit Basis $\overset{1}{u},\overset{2}{u}$ (vgl. Abschn. 11.1) und die dazu komplex-konjugierte Darstellung, die auf den Basisvektoren $\overset{\dot{1}}{u},\overset{\dot{2}}{u}$ operierte. Er gab die Transformation der Basenpaare durch $SL(2,\mathbb{C})$ an und nicht, wie in dem Aufsatz von 1929, die der Vektorkoordinaten – die Physikern vielleicht näher gelegen hätte.[821] Außerdem waren die beiden isomorphen Vektorräume, die im Folgenden

---

[819] van der Waerden (1932, S. 75).

[820] van der Waerden (1932, S. 78-80).

[821] Allerdings konnte van der Waerden auf die *Moderne Algebra* verweisen, in deren zweiten Band das Bilden der Transformationsmatrix für Vektorkomponenten, sogar unter der Verwendung derselben Bezeichnung für die Basis, erläutert wurde (van der Waerden, 1931a, S. 111 ff.).

mit $V, W$ bezeichnet werden (in Anknüpfung an die Notation in Abschn. 11.3) in keiner direkten Beziehung, insbesondere nicht durch komplexe Konjugation, wie das in van der Waerdens Konstruktion von 1929 der Fall war (vgl. Abschn. 7.2). Er stellte die Darstellung der $SL(2, \mathbb{C})$ im Raum der Bilinearformen $L^2(V, W; \mathbb{C})$:

$$c_{1\dot{1}} \overset{1\,\dot{1}}{uu} + c_{1\dot{2}} \overset{1\,\dot{2}}{uu} + c_{2\dot{1}} \overset{2\,\dot{1}}{uu} + c_{2\dot{2}} \overset{2\,\dot{2}}{uu}$$

auf, wobei die $\overset{\lambda}{u}, \overset{\dot{\lambda}}{u}$ nun als „Zahlengrößen" zu interpretieren waren. Van der Waerden wies ausdrücklich auf diesen Wechsel zwischen Basisvektoren und Zahlengrößen hin. Den damit mathematisch verbundenen Wechsel zwischen dem Tensorproduktraum $V \otimes W$ und $L^2(V, W; \mathbb{C})$ thematisierte er allerdings nicht. Schließlich änderte van der Waerden im Vergleich mit der Arbeit von 1929 die Reihenfolge der Faktoren im Tensorproduktraum bzw. bei der Bilinearform.

Diese Abweichungen haben Auswirkungen auf die Operation der $SL_2(\mathbb{C})$ auf die Bispinoren $C = (c_{\lambda \dot{\mu}})$. In dem Setting von 1932 kann die Operation der $SL_2(\mathbb{C})$ auf den Bispinoren in der heute geläufigen Matrizenschreibweise[822] als

$$MC\overline{M}^T, \qquad M \in SL(2, \mathbb{C})$$

beschrieben werden. Dies gilt nicht für die Vorgehensweise drei Jahre zuvor. Es ist vielmehr Folge des Wechsels der Reihenfolge der Faktoren. Ein Bispinor $D = (d_{\dot{\lambda}\mu})$ entspricht einem Bispinor $C = (c_{\lambda\dot{\mu}})$ mit $C = D^T$. Dann gilt gerade

$$MC\overline{M}^T = MD^T\overline{M}^T = (\overline{M}DM^T)^T.$$

Dieser Sachverhalt lässt sich in dem folgenden kommutativen Diagramm zusammenfassen

$$
\begin{array}{ccc}
(d_{\dot{\lambda}\mu}) & \xrightarrow{\ t\ } & (c_{\mu\dot{\lambda}}) \\
\downarrow{\scriptstyle M} & & \downarrow{\scriptstyle M} \\
\overline{M}DM^T & \xrightarrow{\ t\ } & MC\overline{M}^T
\end{array}
$$

wobei $t$ den durch Transposition gegebenen Isomorphismus zwischen $\dot{S} \otimes S$ und $V \otimes W$ bezeichnet.[823] Betrachtet man die Unterräume der Hermiteschen Bispinoren $\Delta \subset \dot{S} \otimes S$ und $\Delta' \subset V \otimes W$, so kann $t$ auch als komplexe Konjugation aufgefasst werden.

Die beiden Operationen der $SL_2(\mathbb{C})$ auf den Tensorprodukträumen induzieren – vermöge des Isomorphismus $h$ zwischen den Hermiteschen Bispinoren und dem Minkowskiraum $\mathscr{M}$, den van der Waerden wie in der Publikation von 1929 einführte (vgl. Gleichungen 7.1 und 7.2 auf Seite 131) – zwei Darstellungen der $SL_2(\mathbb{C})$ im Minkowskiraum. Mit der Bezeichnung $\Phi_1$ für die durch die Operation von 1929

---

[822] Vgl. etwa Sternberg (1994, S. 7).

[823] Zur Definition von $S$ bzw. $\dot{S}$ vgl. Kap. 7.

induzierte Darstellung und $\Phi_2$ für die 1932 eingeführte gilt: $\Phi_1$ und $\Phi_2$ sind äquivalent. Denn das Diagramm

$$\begin{array}{ccc} \Delta & \overset{t}{\longrightarrow} & \Delta' \\ h\downarrow & & \downarrow h \\ \mathscr{M} & \underset{g}{\longrightarrow} & \mathscr{M} \end{array}$$

kommutiert, wobei $g$ die Multiplikation mit der Diagonalmatrix, die die $y$–Komponente mit $-1$ multipliziert und alle anderen Komponenten unverändert lässt, repräsentiert. Also besteht zwischen der Darstellung $\Phi_1$ von 1929 und $\Phi_2$ von 1932 die Relation

$$\Phi_2 = g\Phi_1 g^{-1}.$$

Insgesamt lassen sich die Beziehung zwischen den Konstruktionen von 1929 und 1932 in folgendem kommutativen Würfel zusammenfassen:

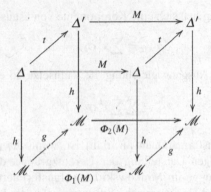

## 12.3.2 Invarianten und invariante Gleichungssysteme

Im Abschnitt zur Spinoranalyse[824] behandelte van der Waerden unter der Lorentzgruppe invariante Größen, Gleichungen und Gleichungssysteme. Mit Spinoren ließen sich diese gut fassen. Zunächst betrachtete er die Gleichung, die die Koordinaten eines Spinors $b^{\dot\mu}$ in $W$ in die dualen Koordinaten $a_\lambda$ überführte

$$a_\lambda = \sum_{\dot\mu=1}^{2} c_{\lambda\dot\mu} b^{\dot\mu}. \tag{12.1}$$

Diese war invariant unter $SL(2,\mathbb{C})$ und enthielt nur Spinoren. Um weitere derartige Gleichungen mit Hilfe von Spinoren zu schreiben, führte van der Waerden sogenannte „numerische" Spinoren ein, deren Komponenten unter Lorentztransformationen invariant sind. Er nannte als numerischen Spinoren die „gemischten" Spi-

[824] van der Waerden (1932, S. 82 f.).

noren $\sigma_{k\lambda\mu}$ (das sind die Paulischen Spinmatrizen), die als Bindeglied zwischen
Weltvektoren und Spinoren charakterisiert wurden, und den „reinen" Spinor $\varepsilon$ (mit
$\varepsilon_{11} = \varepsilon_{22} = 0, \varepsilon_{12} = 1, \varepsilon_{21} = -1$ bzw. genauso mit punktierten Indizes).

Die den Hermiteschen Bispinoren entsprechende Matrix $C = (c_{\lambda\dot{\mu}})$ ließ sich aber
mit Hilfe der Paulischen Spinmatrizen $\sigma_k$ (vgl. S. 137) schreiben als

$$C = \begin{pmatrix} z+ct & x-iy \\ x+iy & -z+ct \end{pmatrix} = x^1\sigma_1 + x^2\sigma_2 + x^3\sigma_3 + x^0\sigma_0,$$

wenn $(x^1, x^2, x^3, x^0)$ die Koordinaten des Weltvektors $(x, y, z, ct)$ bezeichnen und
$\sigma_0 = E$. Dass die Paulischen Spinmatrizen zusammen mit der Einheitsmatrix eine Basis für Hermiteschen Bispinoren bilden und damit Hermitesche Bispinoren als
vierdimensionaler Vektorraum über den reellen Zahlen betrachtet werden können,
legt die obige Darstellung zwar nahe, wird von van der Waerden aber nicht erwähnt.
Damit verzichtete van der Waerden an dieser Stelle auf die Erwähnung einer algebraischen Struktur.

Mit dieser Beziehung ließ sich eine Komponente von $C$ ausdrücken durch

$$c_{\lambda\dot{\mu}} = \sum x^k \sigma_{k\lambda\dot{\mu}}.$$

Wenn man dies in die Ausgangsgleichung 12.1 einsetzt, so erhält man, dass jede
Gleichung der Form

$$a_\lambda = \sum_k \sum_\lambda x^k \sigma_{k\lambda\dot{\mu}} b^{\dot{\mu}} \tag{12.2}$$

unter allen Lorentztransformationen invariant ist, wenn die $a_\lambda, b^{\dot{\mu}}$ nach der entsprechenden zweideutigen Darstellung der Lorentzgruppe, die $x^k$ nach der Darstellung der Lorentzgruppe im Minkowskiraum transformiert werden. Die Paulischen Spinmatrizen sind als numerische Spinoren unter der Lorentzgruppe invariant. Die Gleichung lässt sich auch nach den $b^{\dot{\mu}}$ auflösen (12.2)', was allerdings hier
nicht vorgeführt werden soll. Insbesondere die Ersetzung der $x^k$ durch Größen wie
$\frac{\partial}{\partial x_k}$ $(k = 1, 2, 3)$ und $-\frac{1}{c}\frac{\partial}{\partial t}$, die sich unter der Lorentzgruppe wie die Komponenten
eines Weltvektors transformieren, führte auf physikalisch bedeutsame Gleichungen.

Die Spiegelung $s$ (vgl. Abschn. 11.3 auf S. 221), die $a_\lambda$ in $a^{\dot{\lambda}}, b_\mu$ in $b^{\dot{\mu}}, x^k$ in
$-x^k (k = 1, 2, 3)$ transformiert, führt das Gleichungspaar bestehend aus (12.2) und
(12.2)' ineinander über. Damit ist es unter der orthochronen Lorentzgruppe invariant.

Mit Verweis auf die Invariantentheorie stellte van der Waerden fest, dass die
von ihm als numerische Spinoren genannten Größen – Paulische Spinmatrizen und
$\varepsilon$–Tensor – ausreichten, „um jedes invariante Gleichungssystem zwischen Spinoren
und Weltvektoren auch invariant zu schreiben".[825] In einer Fußnote deutete er den
invarianten-theoretisch geführten Beweis dafür an. Als Beispiel für diese Aussage
zeigte er, wie sich das Skalarprodukt schreiben ließ:

---

[825] van der Waerden (1932, S. 87).

$$x_k y^k = -\tfrac{1}{2}\varepsilon^{\chi\lambda}\varepsilon^{\mu\dot{\nu}}\zeta_{\chi\mu}\eta_{\lambda\dot{\nu}}.^{826}$$

Diese Schreibweise unterschied sich von der im Artikel von 1929 gegebenen, die noch ohne den $\varepsilon$–Tensor auskam.[827] Diese rein formale Umgestaltung war für Physiker zu dieser Zeit wahrscheinlich nicht bedeutsam.

Für eine „ausführliche Auseinandersetzung mit der Spinoranalyse mit vielen Beispielen und Anwendungen", auch im Bereich der invarianten Gleichungen, verwies van der Waerden an dieser Stelle auf die Arbeit von Laporte und Uhlenbeck (1931).[828] Die Übersetzungen von physikalisch relevanten Größen und Gleichungen in den Spinorkalkül, welche 1929 noch einen beachtlichen Teil der Publikation ausmachten und die Ehrenfest besonders interessierten, wurden also in der Monographie nicht mehr ausführlich behandelt.

### 12.3.3 Spinoren und die Darstellungen $\mathscr{D}_{JJ'}$

In dem mit „infinitesimale Transformationen" überschriebenen Abschnitt des §20 führte van der Waerden darstellungstheoretisch die Größen ein, die er 1929 als Spinoren höherer Stufe bezeichnet hatte. Dazu stellte er die irreduziblen Darstellungen $\mathscr{D}_{JJ'}$ der Lorentzgruppe auf, indem er die über $\mathbb{R}$ sechsdimensionale Lialgebra $sl(2,\mathbb{C})$ heranzog. Er zeigte, wie sich die Basis der Liealgebra durch Basiswechsel auf zwei Mengen von je drei Matrizen $A_k, B_l$ $k, l \in \{p, q, z\}$ zurückführen ließ. Die $A_k, B_l$ vertauschten miteinander und die übrigen Vertauschungsrelationen ließen sich wie folgt ausdrücken

$$
\begin{aligned}
A_z A_p - A_p A_z &= A_p & B_z B_p - B_p B_z &= B_p \\
A_z A_q - A_q A_z &= -A_q & B_z B_q - B_q B_z &= -B_q \\
A_p A_q - A_q A_p &= 2A_z & B_p B_q - B_q B_p &= 2B_z.
\end{aligned}
$$

Betrachtete man die Vertauschungsrelationen allein für $A_k$ bzw. für $B_l$, so waren sie bereits bekannt von der Darstellung der räumlichen Drehungsgruppe $SO_3$ (bzw. der $SL_2(\mathbb{C})$) mit infinitesimalen Transformationen, genauer von den daraus gebildeten Operatoren $L_p, L_q, L_z$ aus §17 (vgl. Abschn. 11.2).[829] Diese Darstellung der Drehungsgruppe im $(2J+1)$–dimensionalen Vektorraum hatte eine Basis aus Eigenvektoren $v_M$ ($M = J, J-1, \ldots, 1, 0, -1, \ldots, -J$) zum Eigenwert $J$ des Operators $L_z$. Der Operator $L_p$ war ein Aufstiegsoperator, während $L_q$ als ein Abstiegsoperator fungierte. Die Darstellung war isomorph zu der in §16 eingeführten irreduziblen Darstellung $\mathscr{D}_J$ ($J = 0, \tfrac{1}{2}, 1, \tfrac{3}{2}, 2, \tfrac{5}{2}, \ldots$), welche im Raum der homogenen Polynome von Grad $2J+1$ in zwei Unbekannten konstruiert worden war. (Vgl. Abschn. 11.1)

---

[826] Der Druckfehler $\varepsilon^{\mu\dot{\nu}}$ wurde korrigiert.

[827] van der Waerden (1929, S. 104). Vgl. S. 134.

[828] van der Waerden (1932, S. 87).

[829] van der Waerden (1932, S. 64).

Van der Waerden nutzte nun die Eigenheiten dieser Darstellungen aus, um $\mathscr{D}_{JJ'}$ zu konstruieren: Für die obigen Operatoren $A_k, B_l$ ergab sich die Existenz eines Eigenvektors $v_J$ zum größten Eigenwert $J$ von $A_z$. Durch Anwendung von $A_q$ erhielt man weitere $2J$ Eigenvektoren $v_{J-1}, \ldots, v_{-J}$. Der durch die $v_M$ aufgespannte Raum war invariant gegenüber den $B_l$-Operatoren, weil diese mit $A_k$ vertauschen. Man konnte nun genau wie eben in diesem Raum Eigenvektoren $v_{JM'}$ $(J' \geq M' \geq -J')$ zum Operator $B_z$ auswählen, wobei $J'$ der größte Eigenwert war. Damit fand man insgesamt $(2J+1)(2J'+1)$ Vektoren $v_{MM'}$, auf denen die Operatoren $A_k, B_l$ wie folgt operierten

$$
A_z v_{MM'} = M v_{MM'},
$$
$$
A_p v_{MM'} = \sqrt{(J-M)(J+M+1)}\, v_{M+1,M'},
$$
$$
A_q v_{MM'} = \sqrt{(J+M)(J-M+1)}\, v_{M-1,M'},
$$

$$
B_z v_{MM'} = M' v_{MM'},
$$
$$
B_p v_{MM'} = \sqrt{(J'-M')(J'+M'+1)}\, v_{M,M'+1},
$$
$$
B_q v_{MM'} = \sqrt{(J'+M')(J'-M'+1)}\, v_{M,M'-1}.
$$

Van der Waerden erhielt so irreduzible Darstellungen der $SL_2(\mathbb{C})$ und bezeichnete diese mit $\mathscr{D}_{JJ'}$. Diese sind zudem (bis auf Isomorphie) alle irreduziblen Darstellungen der $SL_2(\mathbb{C})$.

Van der Waerden gab dann für $v_{MM'}$ polynomiale Größen an, die sich unter $SL_2(\mathbb{C})$ gleich transformieren

$$
v_{MM'} = \frac{\overset{1}{u}^{J+M}\,\overset{2}{u}^{2+M}}{\sqrt{(J+M)!(J-M)!}} \frac{\overset{\dot{1}}{u}^{J'+M'}\,\overset{\dot{2}}{u}^{J'+M'}}{\sqrt{(J'+M')!(J'-M')!}}.
$$

Also entsprach eine Linearkombination der $v_{MM'}$ $(-J \leq M \leq J, -J' \leq M' \leq J')$ einem Polynom vom Grad $2J$ in $\overset{1}{u}\overset{2}{u}$ und vom Grad $2J'$ in $\overset{\dot{1}}{u}\overset{\dot{2}}{u}$ und konnte durch Spinoren der Form

$$
c_{\lambda\mu\ldots\nu\dot{\rho}\dot{\sigma}\ldots\dot{\tau}}\,\overset{\lambda}{u}\overset{\mu}{u}\ldots\overset{\nu}{u}\overset{\dot{\rho}}{u}\overset{\dot{\sigma}}{u}\ldots\overset{\dot{\tau}}{u}
$$

dargestellt werden, wobei $c_{\lambda\mu\ldots\nu\dot{\rho}\dot{\sigma}\ldots\dot{\tau}}$ jeweils symmetrisch in den $2J$ Indizes $\lambda\mu\ldots\nu$ und in den $2J'$ Indizes $\dot{\rho}\dot{\sigma}\ldots\dot{\tau}$ sind. Die genaue Zuordnungsvorschrift gab van der Waerden jedoch nicht an. Damit erhielt man in moderner Terminologie und Notation Tensoren

$$
c_{\lambda_1\lambda_2\ldots\lambda_{2J}\dot{\rho}_1\dot{\rho}_2\ldots\dot{\rho}_{2J'}}\,\overset{\lambda_1}{u}\otimes\overset{\lambda_2}{u}\otimes\cdots\otimes\overset{\lambda_{2J}}{u}\otimes\overset{\dot{\rho}_1}{u}\otimes\overset{\dot{\rho}_2}{u}\otimes\cdots\otimes\overset{\dot{\rho}_{2J'}}{u}
$$

im Raum $Sym^{2J}(V) \otimes Sym^{2J'}(W)$. Van der Waerden konstruierte also eine irreduzible Darstellung der $SL_2(\mathbb{C})$ im Raum $Sym^{2J}(V) \otimes Sym^{2J'}(W)$, die bis auf Äquivalenz die einzige war. Auf den Beweis, dass jede Darstellung der $SL_2(\mathbb{C})$ vollständig reduzibel war, und dass diese daher als Summe von Größen aus $Sym^{2J}(V) \otimes Sym^{2J'}(W)$ geschrieben werden konnte, verzichtete van der Waerden. Die Größen $c_{\lambda\mu...\nu\dot{\rho}\dot{\sigma}...\dot{\tau}}$, die sich unter der (eigentlichen) orthochronen Lorentzgruppe $\mathscr{L}^{\uparrow}$ ($\mathscr{L}_{+}^{\uparrow}$) linear transformierten, nannte van der Waerden Spinoren.

Man beachte, dass unter den Darstellungen $\mathscr{D}_{JJ'}$ mit $\mathscr{D}_{\frac{1}{2}\frac{1}{2}}$ die bereits konstruierte irreduzible Darstellung der Lorentzgruppe im Raum $V \otimes W$ (vgl. Abschn. 11.3) enthalten ist und dass sich die irreduziblen Darstellungen der Drehungsgruppe $\mathscr{D}_J$ als $\mathscr{D}_{J0}$ wiederfinden. Diese Bezeichnungsweise der irreduziblen Darstellungen der Lorentzgruppe und ihrer Untergruppen, die van der Waerden hier vermutlich als erster einführte, ist heute die in der Physik übliche.

## 12.3.4 Spinraum und innere Quantenzahl j

Nach dieser darstellungstheoretischen Einführung der Spinoren kam van der Waerden auf die Beziehungen zwischen Spinoren und dem „Spinning Elektron" zu sprechen. Im §21 wurde die Notwendigkeit der Einführung des Spins des Elektrons, dem, wie van der Waerden formulierte, „eigenen Drehimpuls des ‚Spinning' Elektron,"[830] experimentell begründet. Er verwies dabei auf folgende Experimente: die Ummagnetisierung ferromagnetischer Substanzen (Existenz des Spins), das Experiment von Stern-Gerlach (Quantisiertheit des Spins, Multiplettaufspaltung der Linien im Spektrum), empirisch bestimmter Landéfaktor (Faktor 2 für das magnetische Moment des Spins). Am Ende des Kapitels stellte van der Waerden drei aus den Experimenten gewonnene Thesen auf, die der Spin erfüllen musste. Im anschließenden Abschnitt (§22) wurden diese Thesen in die Quantenmechanik eingearbeitet. Dabei erläuterte van der Waerden das Konzept des Spinraums.[831]

Der Spinraum ergab sich, indem der Wellenfunktion $\psi$ (also einem Element des Raums $L^2(\mathbb{R}^3)$ der über $\mathbb{R}^3$ quadratintegrierbaren Funktionen) für ein Elektron neben den Ortskoordinaten ein zusätzlicher Freiheitsgrad für die $z-$Komponente des Spins zugestanden wurde:

$$\psi = \psi(x, y, z, \sigma_z).$$

Da der Spin quantisiert war und nur die Werte $\pm\frac{1}{2}h$ annehmen konnte, konnten für $\sigma_z$ die Werte $+1$ und $-1$ gewählt werden. Van der Waerden verwies hier auf den Artikel von Pauli (1927). Er schrieb $\psi$ dann als ein Funktionenpaar, als eine Wellenfunktion mit den zwei Komponenten

$$\psi_1 = \psi(x, y, z, 1), \quad \psi_2 = \psi(x, y, z, -1),$$

die jeweils nur vom Ort abhängen. Diese beiden Komponenten fasste van der Waerden als Koordinaten in einem zweidimensionalen $\mathbb{C}-$Vektorraum von ortsabhängigen Wellenfunktionen auf, den er „Spinraum" nannte. Dieser Ausdruck

---

[830] van der Waerden (1932, S. 87).

[831] van der Waerden (1932, S. 89-92).

(„spin-space") war bereits kurz davor in einer Arbeit von Schouten aufgetaucht.[832] Van der Waerdens Gebrauch des Ausdrucks scheint mit dem von Schouten im Wesentlichen kompatibel, wenn auch Schoutens mathematisches Setting ein anderes war. In van der Waerdens Darlegung ist zwischen dem Spinraum (der speziellen Relativitätstheorie) und dem Konzept des Elektronenspins an dieser Stelle klar unterschieden.

Im Anschluss untersuchte van der Waerden den Spinraum ganz allgemein. Er wählte eine Basis von konstanten, also nicht vom Ort abhängigen Wellenfunktionen $u_1, u_2$. Dann hatte ein Vektor $\psi$ im Spinraum bezüglich dieser Basis die Form

$$\psi = \omega_1 u_1 + \omega_2 u_2,$$

wobei $\omega_i$ vom Ort abhängen konnten und sich durch eine lineare Transformation mit konstanten Koeffizienten aus $\psi_i$ ($i \in \{1, 2\}$) ergaben. In erster Näherung, also bei Vernächlässigung der Störungsglieder, die auf die Spinkoordinate wirkten, erfüllten sowohl $\psi_i$ wie $\omega_i$ die Schrödingergleichung

$$H\omega_i = E\omega_i$$

Für die $\omega_i$ kann man also in erster Näherung die $\psi_i$ wählen. Für einen festen Energiewert $E$ mit $h$ linear unabhängigen Wellenfunktionen $\psi^{(n)}$ ohne Spin, ergaben sich also doppelt so viele linear unabhängige Komponenten im Spinraum:

$$\psi^{(n)} u_\lambda \quad (1 \leq n \leq h, 1 \leq \lambda \leq 2).$$

Van der Waerden zeigte mit Hilfe der Darstellungstheorie, dass die Auszeichnung des Spins in $z$−Richtung keine unzulässige Einschränkung bedeutete. Dazu untersuchte er, wie sich eine Wellenfunktion im Spinraum unter Drehungen und Spiegelungen, also bei der Anwendung der $O_3(\mathbb{R})$ verhielt. Er setzte also an, dass eine Drehung $D$ ($\in SO_3$) auf dem Produkt $\omega(x, y, z)u_\lambda$ aus einer reinen ortsabhängigen und einer reinen spinabhängigen Funktion auf den Faktoren getrennt operiert, und dass

$$D(\omega(x, y, z)u_\lambda) = \omega(D^{-1}(x, y, z))Du_\lambda$$

gilt, wobei $Du_\lambda = \sum u_\nu \alpha_{\nu\lambda}$ und $(\alpha_{\nu\lambda}) \in Mat(2, \mathbb{C})$ und $D$ auf den Ortskoordinaten mittels der (inversen) Standarddarstellung wirkt. Dies ist, nebenbei bemerkt, ein Beispiel, wie van der Waerdens durch das Konzept Gruppe mit Operatoren bestimmter Ansatz die formale Schreibweise vereinfacht. Weil die Wellenfunktion $\psi$ aber nur bis auf einen Faktor $\kappa$ bestimmt war – man arbeitete mit anderen Worten in einem projektiven Raum, konnte man die Koeffizienten $\alpha_{\nu\lambda}$ so normieren, dass $\alpha_{11}\alpha_{22} - \alpha_{12}\alpha_{21} = 1$ gilt. Dann war der Faktor $\kappa$ bis auf einen Faktor $\pm 1$ bestimmt. Van der Waerden zeigte dann mit darstellungstheoretischen Mitteln, dass man so die bekannte irreduzible, höchstens zweideutige Darstellung $\mathscr{D}_{\frac{1}{2}}$ der Drehungsgruppe $\partial_3$ ($= SO_3$) durch unitäre Matrizen

---

$$\begin{pmatrix} \alpha & \beta \\ -\overline{\beta} & \overline{\alpha} \end{pmatrix}$$

mit Determinante 1 (vgl. Abschn. 11.1) erhält.

Um eine Darstellung der orthogonalen Gruppe $O_3(\mathbb{R})$ im Spinraum zu erhalten, musste man noch eine Darstellung $S$ der Punktspiegelung am Ursprung $s$ konstruieren. Van der Waerden argumentierte dabei wieder algebraisch: $s$ vertauschte mit allen Drehungen, also musste die Darstellung $S$ von $s$ mit allen Matrizen von $\mathscr{D}_{\frac{1}{2}}$ vertauschen. Dies konnte aber nur durch eine Vielfache der Einheitsmatrix erreicht werden. Der Einfachheit halber wählte van der Waerden für $S$ die Einheitsmatrix. Damit hatte er eine (projektive) Darstellung der $O_3(\mathbb{R})$ im Spinraum konstruiert.

Van der Waerden bewies damit zum einen, dass die oben getroffene Unterscheidung von $\psi_i$ und $\omega_i$ nicht aufrecht erhalten werden muss. Da die Skalarprodukte $\overline{\omega_1}\omega_1 + \overline{\omega_2}\omega_2$ und $\overline{\psi_1}\psi_1 + \overline{\psi_2}\psi_2$ (und damit die Aufenthaltswahrscheinlichkeiten) unter Drehungen invariant und die Wellenfunktionen nur bis auf Phasenfaktoren $e^{i\theta}$ bestimmt sind, kann man $\psi_i = \omega_i$ annehmen. Dies zeigte, dass die Auszeichnung des Spins in $z-$Richtung keine Beschränkung der Allgemeinheit darstellte. Der Spinraum war also der Raum der Wellenfunktionen eines Elektrons mit Spin, in moderner Notation $\mathbb{P}(L^2(\mathbb{R}^3) \otimes \mathbb{C}^2)$. Zum anderen konnte er damit eine exakte qualitative Erklärung der Dublettaufspaltung in Spektren von Alkalielementen geben, also des Auftretens von zwei eng beieinander liegenden Linien anstelle von einer Linie, die bei einer hohen Auflösung des Spektrums sichtbar wurden: Die spinfreien Eigenfunktionen $\psi_l^{(m)}$ aufgefasst als Elemente im Spinraum sind dann Summen von Tensorprodukten und transformieren sich unter der Drehungsgruppe wie $\mathscr{D}_l \times \mathscr{D}_{\frac{1}{2}}$ (und nicht einfach nach $\mathscr{D}_l$). Diese Produktdarstellung kann mit Hilfe der Clebsch-Gordan-Formel ausreduziert werden zu

$$\mathscr{D}_l \times \mathscr{D}_{\frac{1}{2}} = \mathscr{D}_{l+\frac{1}{2}} + \mathscr{D}_{l-\frac{1}{2}}.$$

Die beiden Summanden entsprechen dann den beiden Linien. Weiterhin kann durch eine nicht kugelsymmetrische Störung eine weitere Aufspaltung dieser beiden Linien erfolgen. Dabei können bei der $\mathscr{D}_{l+\frac{1}{2}}$ entsprechenden Linie maximal $2(l + \frac{1}{2}) + 1 = 2l + 2$ Linien entstehen, bei der $\mathscr{D}_{l-\frac{1}{2}}$ entsprechenden Linie maximal $2(l - \frac{1}{2}) + 1 = 2l$. Dieses Aufspaltungverhalten konnte beim Zeeman- und Starkeffekt (bei Alkalielementen) beobachtet werden. Der Index $l \pm \frac{1}{2}$ konnte also als innere Quantenzahl $j$ identifiziert werden und zur Charakterisierung der beiden Linien benutzt werden.

## 12.3.5 Die relativistische Wellengleichung

Auch in der Monographie diskutierte van der Waerden, wie bereits in seinem Artikel zur Spinoranalysis von 1929, die relativistische Wellengleichung des Elektrons.[833] Er beschrieb dabei ihre Herleitung aus der relativistischen Schrödingergleichung nach Dirac.[834] Die relativistische Schrödingergleichung war eine partielle Differentialgleichung zweiten Grades für eine einkomponentige, vom Ort und Zeit abhängige Wellenfunktion $\Psi$ eines Elektrons:

$$(c^{-2}d_t^2 - d_x^2 - d_y^2 - d_z^2)\Psi = \mu^2 c^2 \Psi$$

mit $d_x = \frac{h}{i}\frac{\partial}{\partial x} - \frac{e}{c}\mathfrak{A}_x$, etc. und $d_t = -\mathrm{i}h\frac{\partial}{\partial t} - e\varphi$, wobei $\mathfrak{A}$ das magnetische Potential (Vektorpotential) und $\varphi$ das elektrische Potential bezeichnet. Zunächst wird die einkomponentige Wellenfunktion durch eine zweikomponentige $(\Psi_1, \Psi_2)$ ersetzt. Wie bereits gezeigt, war diese Ersetzung notwendig, wenn der Spin berücksichtigt werden sollte.

Dirac folgend zerlegte van der Waerden den linken Faktor in ein Produkt

$$(c^{-1}d_t - d_x\sigma_1 - d_y\sigma_2 - d_z\sigma_3)(c^{-1}d_t + d_x\sigma_1 + d_y\sigma_2 + d_z\sigma_3)\Psi = \mu^2 c^2 \Psi. \quad (12.3)$$

Die $\sigma_k$ bezeichneten dabei wieder die Paulischen Spinmatrizen (vgl. S. 137).

Diese Gleichung war nur dann mit der relativistischen Schrödingergleichung identisch, falls die Potentiale konstant waren. Anderenfalls waren die $d_k$ nicht kommutativ. Wenn man die Nichtkommutativität berücksichtigte, so erhielt man zwei zusätzliche Summanden auf der linken Seite

$$-\frac{he}{\mathrm{i}c}(\mathfrak{E}_x\sigma_1 + \mathfrak{E}_y\sigma_2 + \mathfrak{E}_z\sigma_3)\Psi - \frac{he}{c}(\mathfrak{H}_x\sigma_1 + \mathfrak{H}_y\sigma_2 + \mathfrak{H}_z\sigma_3)\Psi.$$

Der erste, „elektrische" Term ergab die richtige Spinstörung ohne äußeres Magnetfeld. Der zweite, „magnetische" Term ergab die Spinstörung bei der Dublettaufspaltung im Magnetfeld.

Um zu zeigen, dass die obige Gleichung invariant unter der ‚vollen' Lorentzgruppe, gemeint war die orthochrone Lorentzgruppe $\mathscr{L}^\uparrow$, war, benutzte van der Waerden den Spinorkalkül. Er zerlegte die Gleichung in zwei Differentialgleichungen erster Ordnung für zwei zweikomponentige Wellenfunktionen:

$$(c^{-1}d_t + d_x\sigma_1 + d_y\sigma_2 + d_z\sigma_3)\Psi = -\mu c\dot{\Psi},$$
$$(c^{-1}d_t - d_x\sigma_1 - d_y\sigma_2 - d_z\sigma_3)\dot{\Psi} = -\mu c\Psi$$

$\Psi$ genügte der faktorisierten Wellengleichung (12.3), $\dot{\Psi}$ ebenfalls, allerdings mit vertauschten Faktoren auf der linken Seite. Setzte man nun $c^{-1}d_t = d_0 = -d^0$, $d_x = d_1 = -d^1$, etc. dann schrieb sich das Gleichungspaar als

---

[833] van der Waerden (1932, §23).
[834] Dirac (1928a).

$$d^k \sigma'^{\dot{\nu}\lambda}_k \Psi_\lambda = \mu c \Psi^{\dot{\nu}}$$

$$d^k \sigma_{k\lambda\dot{\nu}} \Psi^{\dot{\nu}} = \mu c \Psi_\lambda.$$

Dies war gerade das Gleichungspaar $(12.2), (12.2)'$, dessen Invarianz unter der vollen (orthochronen) Lorentzgruppe van der Waerden bereits gezeigt hatte.

Van der Waerden erläuterte noch einmal, warum der Übergang zur vierkomponentigen Wellenfunktion sinnvoll war, auch wenn dieser kein direktes physikalisches Äquivalent hatte: Erstens, die Wellengleichung wurde invariant auch unter Punktspiegelungen $s$, und damit unter der *vollen (orthochronen)* Lorentzgruppe. Zweitens, die Wellengleichung wurde linear in $\frac{\partial}{\partial t}$. Drittens, sie nahm die Form

$$(\tfrac{h}{1}\tfrac{\partial}{\partial t} + H)\Psi = 0$$

an mit einem selbstadjungierten linearen Operator $H$. Dies hatte, viertens, zur Folge, dass die stationären Zustände sich als Lösungen eines Eigenwertproblems mit selbstadjungierten Operator und daher reellen Eigenwerten, also Energietermen ergaben. Darüber hinaus erhielt man auch die richtige Feinstruktur des Wasserstoffspektrums.

Allerdings wies van der Waerden auch auf die Problematik der relativistischen Wellengleichung von Dirac und Schrödinger hin: die sich ergebenden negativen Energieterme, die keine physikalische Korrespondenz hatten. Van der Waerden bemerkte:

> „Diese Schwierigkeit hängt eng mit der anderen zusammen, die darin besteht, daß die relativistische $\Psi$–Funktion vier statt zwei Komponenten hat, was bedeutet, daß das Elektron außer dem Spinfreiheitsgrad noch einen weiteren bisher unbeobachteten Freiheitsgrad haben müßte."[835]

Er verwies in einer Fußnote auf die Arbeiten von Schrödinger und Fock.[836]

Van der Waerden hat seine vierkomponentige Wellenfunktion erhalten, indem er die Invarianz unter der vollen (orthochronen) Lorentzgruppe gefordert hatte. Dabei entsprach die Wellenfunktion $\Psi_\lambda$ einem unter der eigentlichen (orthochronen) Lorentzgruppe invarianten Teilraum, während $\Psi^\mu$ dem anderen invarianten Teilraum entsprach. Van der Waerden führte nun eine neue vierkomponentige Wellenfunktion ein,

$$\Psi^s_\lambda = \Psi_\lambda + \Psi^{\dot{\lambda}}, \quad \Psi^a_\lambda = \Psi_\lambda - \Psi^{\dot{\lambda}} \quad \text{(Dirac-Spinor)},$$

die er als „zweckmäßig" bewertete und die implizit in Diracs Arbeiten benutzt wurde.[837] Dieser neuen Wellenfunktion entsprach eine Zerlegung des Vektorraums in invariante Teilräume bezüglich der Drehspiegelungsgruppe $O_3(\mathbb{R})$. Van der Waerden gab hier ein Weyl-nahes, strukturelles, gruppentheoretisches Argument für diese Wahl von Wellenfunktionen an.

---

[835] van der Waerden (1932, S. 98).

[836] Schrödinger (1931a,b), Fock (1931).

[837] van der Waerden (1932, S. 98).

Mit diesen Wellenfunktionen konnte van der Waerden die von Dirac benutzten relativistischen Wellengleichungen schreiben als:

$$(d_t + \mu c^2)\Psi^s + c(d_x\sigma_1 + d_y\sigma_2 + d_z\sigma_3)\Psi^a = 0$$
$$(d_t - \mu c^2)\Psi^s + c(d_x\sigma_1 + d_y\sigma_2 + d_z\sigma_3)\Psi^a = 0.$$

Er verwies auch auf das Problem, eine relativistische Wellengleichung für ein Atom mit mehr als einem Elektron aufzustellen.[838] Eine Lösung scheitere daran, so van der Waerden, dass man dann auch mehrere Zeiten berücksichtigen müsste, und daher keine Differentialgleichung der Form

$$\tfrac{h}{i}\tfrac{\partial}{\partial t}\Psi + H\Psi = 0$$

erhalten würde. In der aufkommenden „Quantenmechanik der Wellenfelder" – van der Waerden nannte an dieser Stelle explizit die Arbeiten von Heisenberg und Pauli (1929, 1930), die heute als Beginn der Quantenelektrodynamik angesehen werden und als äußerst schwer verständlich galten (und gelten) – sah van der Waerden einen Ausweg aus der Schwierigkeit. Er sollte mit dieser Vermutung Recht behalten.

Im Vergleich zu seinem Vorgehen in dem Artikel von 1929 (vgl. Abschn. 7.3) beschränkte sich van der Waerden in seiner Monographie auf die Ausarbeitung der Beziehung zwischen der relativistischen Wellengleichung von Dirac und der entsprechenden Gleichung mit Spinoren. Spekulationen über andere Formen von relativistischen Wellengleichungen unterließ er und problematisierte stattdessen die Diracsche Wellengleichung. Damit nahm er auf eine aktuelle Diskussion unter Physikern Bezug.

## 12.4 Zur Rezeption der gruppentheoretischen Methode

In diesem Abschnitt folgt ein Überblick, wie van der Waerdens Monographie und die gruppentheoretische Methode im Allgemeinen in den 1930er Jahren aufgenommen wurde. Er schließt an die Abschnitte 3.3 und 7.5 an und bietet einen Hintergrund für die nachfolgenden detaillierteren Analysen der Rezeption von einzelnen Aspekten der gruppentheoretischen Methode (siehe Kap. 13 sowie Abschn. 14.1.2, 14.2.3 und 15.4).

Van der Waerdens Monographie traf auf eine Forschergemeinschaft, welche Edward Lee Hill in seiner Rezension zu Wigners Monographie 1931 in *The Physical Review* als eine in zwei Lager gespaltene beschrieb: diejenigen, welche die Gruppentheorie gemeistert hatten, und solche, die sich weigerten, diese anzuwenden:

> „Theoretical physicists seem to be pretty well divided into two camps, one of which has championed the theory of groups while the other has consistently refused to use it. As one

---

[838] van der Waerden (1932, S. 99).

physicist put it, papers on atomic structure can be divided into two classes – those which quote Schur and those which don't!"[839]

Hills stark polarisierende Beschreibung lässt die Mitte des Spektrums unerwähnt, welche sich zwischen den beiden Polen auftat, und mag zu entsprechenden wissenschaftshistorischen Einschätzungen beigetragen haben. Dabei waren es doch gerade Physiker jener Mitte, die von Wigners Buch stark profitieren konnten. Hill führte die Lagerbildung auf zwei Gründe zurück: zum einen darauf, dass einige gruppentheoretisch erzielte Ergebnisse in der Zwischenzeit durch mathematisch elementarere Methoden erreicht werden konnten (vgl. Kap. 13 und 14), und zum anderen auf die Schwierigkeiten des Erlernens dieser Methode. Er schloss mit dem Fazit

„[...] it is small wonder that many do not consider the game worth the candle."[840]

Andererseits gab er zwei inhaltliche Gründe an, warum sich die Beherrschung der Gruppentheorie gerade zu diesem Zeitpunkt sehr nützlich erweisen könnte. Hill wies auf die enormen rechnerischen Schwierigkeiten hin, welche die elementareren Methoden nach sich zogen, und plädierte für eine Verbesserung des Ausgangspunktes, des „initial statement of the problem." In der Gruppentheorie meinte er ein „good culture medium for the germs of thought on this problem" zu erkennen aufgrund „the very power and generality of its methods."[841] Hier klingt Wigners Standpunkt an, auch wenn Hill nicht über Symmetrie sprach. Schließlich subsumierte Hill die Gruppentheorie unter Diracs „symbolische Methode", die er als sehr erfolgreich und vielversprechend beurteilte trotz einiger Unwägbarkeiten.

„Abstract group theory is, of course, a perfect example of the symbolic method, and one is encouraged to hope that the suggestiveness of its ideas will give valuable aid in the future development of a more correct quantum mechanics."[842]

Aus diesen beiden Gründen, so Hill, könne man sich „very favorably inclined towards a work such as this of Professor Wigner"[843] fühlen. Diese Einleitung seiner Rezension hatte denselben Umfang wie die eigentliche Buchbesprechung.

George Temple vertrat in seiner Rezension der englischen Ausgabe *The theory of groups and quantum mechanics* von Weyls zweiter Auflage in *Science Progress* die Ansicht, dass Weyls Stil die Frage nach der Notwendigkeit der gruppentheoretischen Methode geradezu herausfordere:

„In fact, the whole book is replete with delights for the pure mathematician, who will see with mingled surprise and pleasure that the most abstract results in group theory have an immediate application in quantum mechanics. The physicist, however, will put down this book with the inevitable query, "Are the methods of group theory really necessary and unavoidable in solving the problems of the quantum theory?" Nor will he be satisfied with the reply given by Dirac, that "group theory is just a theory of certain quantities that do not satisfy the commutative law of multiplication, and should thus form a part of quantum

---

[839] Hill (1931, S. 1794).

[840] Hill (1931, S. 1794).

[841] Hill (1931, S. 1794).

[842] Hill (1931, S. 1795).

[843] Hill (1931, S. 1795).

mechanics, which is the general theory of all quantities that do not satisfy the commutative law of multiplication." After all, the quantum theory is primarily a branch of physics (unless, indeed, it is the root of all physics!), and mathematical terminology is simply the language in terms of which it is expressed. It is therefore essential to discuss *ab initio* the fundamental question raised by this book, "In the development of quantum mechanics are the methods of group theory a necessity or a luxury?"[844]

Temple meinte, dass sie notwendig für einen bestimmten Teil der quantenmechanischen Gundlagenuntersuchungen seien, und führte vor, wie die Darstellungstheorie zusätzlich auch für konkrete Probleme im Bereich der Quantenzahlen herangezogen werden konnte. Die abstrakten Ergebnisse der Gruppentheorie erhielten so, in Temples Augen, eine neue Lebendigkeit („a new vitality"). Er nannte weitere Anwendungsbereiche und schloss seine mehrseitige Besprechung mit den Sätzen:

„Enough has been said to indicate the wide range and fundamental importance of the results obtained by group theory in quantum mechanics. The world of mathematical physicists is under great debt to Prof. Weyl for having expounded this subject with such charm and clarity. The theory of groups has long been the Cinderella of mathematics. Let us hope that the transformation scene is at hand."[845]

Auch wenn man Temples abschließende Einschätzung zur Rolle der Gruppentheorie in der Mathematik nicht teilt, so zeigen die Rezensionen von Temple und Hill, dass beide Wissenschaftler eine solche ‚Verteidigung' der gruppentheoretischen Methode zu dieser Zeit und in Hinblick auf ihre Leserschaft für notwendig erachteten.

Die Rezensionen zu van der Waerdens Monographie zur gruppentheoretischen Methode von David van Dantzig im *Zentralblatt für Mathematik und ihre Grenzgebiete* und von Herbert Jehle im *Jahrbuch über die Fortschritte der Mathematik* enthielten kein solches Plädoyer für die Verwendung der Gruppentheorie in der Quantenmechanik. Dies könnte am deutschen Kontext gelegen haben. Interessanterweise erwähnte van Dantzig van der Waerdens „Versuch in möglichst engen Kontakt mit der physikalischen Praxis zu bleiben"[846] – zumindest für das erste einleitende Kapitel. Jehle hatte dagegen als Physiker den Eindruck, dass van der Waerdens Abhandlung Kenntnisse der Gruppentheorie voraussetze. Dennoch nannte er diese „eine schöne Darlegung des Zusammenhanges zwischen Gruppentheorie [...] und Quantenmechanik." Die knappe Darstellung lasse, so Jehle, die wesentlichen Zusammenhänge nur um so deutlicher erscheinen.[847] Insgesamt äußerte sich Jehle positiv gegenüber dem gruppentheoretischen Ansatz in der Quantenmechanik.

In den 1930er Jahren wurde die gruppentheoretische Methode vor allem durch Wigner weiterhin stark propagiert und ihre Anwendungsmöglichkeiten erweitert, aber auch andere Physiker wandten sich ihr zu. Van der Waerdens Monographie wurde nicht selten zitiert, häufig zusammen mit Wigners und Weyls Werken und häufig in Bezug auf den Spinorkalkül (vgl. Kap. 15). Wigner bezog 1932 in seine Untersuchungen zur Quantenmechanik auch die „Zeitumkehr" ($t \rightarrow -t$) mit ein

---

[844] Temple (1932, S. 146, Hervorhebung im Original).
[845] Temple (1932, S. 150).
[846] van Dantzig (1932, S. 89).
[847] Jehle (1932, S. 121).

und versuchte so eine von Kramers gefundene Regelmäßigkeit gruppentheoretisch durch Einführung einer weiteren Symmetrieart zu erklären.[848] Im Bereich der Kernphysik, die durch die Entdeckung des Neutrons 1932 boomte, führten Heisenberg und Wigner ebenfalls neue Symmetriegruppen ($SU_2(\mathbb{C}), U_4(\mathbb{C})$) ein.[849] Schließlich publizierte Wigner 1939 eine wegweisende Studie zur Klassifikation irreduzibler unitärer Darstellungen der inhomogenen Lorentzgruppe – die bis auf die trivialen Darstellungen alle von unendlichem Grad waren – in den *Annals of mathematics*.[850] Diese Studie war physikalisch motiviert, gleichzeitig aber für die mathematische Forschung sehr bedeutend. Die genannten Arbeiten von Wigner und Heisenberg wurden allerdings nur langfristig wirksam.

Von den Mitgliedern des Ehrenfest-Kreises sei auf Arbeiten von G. Uhlenbeck (zusammen mit O. Laporte, vgl. Abschn. 7.5.1) und H. Kramers hingewiesen. In seinem Beitrag für das von A. Eucken und K. L. Wolf herausgegebene *Hand- und Jahrbuch der chemischen Physik, Theorien der Materie, Quantentheorie des Elektrons und der Strahlung* vermied Kramers explizit die Gruppentheorie bei der Darstellung der Quantentheorie des Elektrons, den Spinorkalkül nutze er aber dennoch. Im Vorwort heißt es dazu:

> „Die Form eines Lehrbuches, in welchem nach einheitlichen, physikalischen Gesichtspunkten die betreffenden Theorien auseinandergesetzt werden, schien mir [Kramers] am besten für diesen Zweck [der Klarlegung der modernen Quantentheorie und ihrer Anwendungen auf das Rutherfordsche Atommodell, MS] geeignet. Die Darstellung ist also weder historisch, noch axiomatisch gehalten; ausgehend von den experimentellen Resultaten und theoretischen Betrachtungen über die Wellennatur der freien Teilchen führt sie dem Leser [...] einen mehr oder weniger heuristischen Aufbau der modernen Quantentheorie vor Augen. [...]
>
> Der offenbare Mangel an mathematischer Moral, auf den im Text wiederholt mit Schuldbewußtsein hingewiesen wird, ist nicht ausschließlich auf das Unvermögen des Verfassers zurückzuführen; die physikalische Moral, sogar (oder besonders) in ihrer reinsten, d. h. von pädagogischen Hintergedanken ungehemmten, Erscheinungsform verträgt sich in der beschränkten Wohnung des menschlichen Geistes (sowie auch im beschränkten Bogenumfang einer Publikation) nicht gut mit ihrer mathematischen Schwester. Expliziter Gebrauch der Gruppentheorie ist vermieden. Trotzdem bin ich mir bewußt, daß die mathematischen Entwicklungen [...] die Anstrengung des Lesers bisweilen in Anspruch nehmen dürften. [...]
>
> Dem mathematischen Hilfsmittel der Spinbeschreibung, den Spinoren, wurde besondere Aufmerksamkeit gewidmet, und wir hielten es für angemessen, mit ihrer Hilfe, nach dem Vorgang *van der Waerdens* die *Dirac*sche Theorie des Elektrons zu entwickeln."[851]

Den Spinoren schrieb Kramers also die Rolle eines mathematischen Hilfsmittels zu, das selbst bei einem grundsätzlich eher physikalischen, auf die Gruppentheorie verzichtenden Ansatz zum Einsatz kommen konnte.[852] Damit scheint van der Waerdens

---

[848] Wigner (1932).

[849] Heisenberg (1932a,b); Wigner (1937).

[850] Wigner (1939).

[851] Kramers (1938, S. III f., Hervorhebungen im Original). Bis auf den letzten Absatz findet man die Passagen fast wörtlich im Vorwort der Ausgabe des ersten Abschnitts von 1933.

[852] Kramers (1938) verzichtete nicht auf Hinweise auf mathematische bzw. gruppentheoretische Sachverhalte. Neben den Spinoren (S. 279) erwähnte er auch die Eindeutigkeit der Diracmatri-

Bemühung um Ehrenfests Anliegen, einen einfachen Rechenmechanismus zu entwickeln, durchaus Erfolg gehabt und über Ehrenfest-Schüler Verbreitung gefunden zu haben.

In den USA stieß die gruppentheoretische Methode in den 1930er Jahren zunehmend auf Interesse, nicht zuletzt durch die Emigranten aus Nazideutschland, wozu u. a. Weyl, Wigner und von Neumann zählten. Carl Eckart publizierte 1930 einen umfangreichen Aufsatz mit dem Titel „On the application of group theory to the quantum dynamics of monatomic systems" in den *Reviews of Modern Physics*.[853] Darin gab er zunächst eine Exposition der wichtigsten Teile der Darstellungstheorie und daran anschließend eine ausführliche Anwendung auf den Bereich der Theorie von komplexen atomaren Spektren, also auf Spektren von Atomen mit mehreren Elektronen. Er führte das Konzept der Operatorgruppe, von unitären Operatoren auf dem Raum der Wellenfunktionen, ein und leitete explizite Formeln für die Berechnung der sogenannten Wigner-Eckart-Koeffizienten her.[854] Eckart publizierte weitere Artikel zur Anwendung der Gruppentheorie auch in anderen Bereichen, etwa im Bereich der Moleküle.[855] Eine weitere Veröffentlichung zum Spinorkalkül in einer US-amerikanischen Zeitschrift ist die bereits erwähnte Arbeit von Laporte und Uhlenbeck.[856] Anlässlich der Buchbesprechung von Weyls englischer Ausgabe von *Gruppentheorie und Quantenmechanik* versuchte Edward Condon, in dem Wissenschaftsmagazin *Science* eine allgemein verständliche Einführung in die Gruppentheorie und ihre Anwendung in der Quantenmechanik zu geben.[857] Wie Temple propagierte er ihre Nützlichkeit. Interessanterweise, und im US-amerikanischen Diskurs vielleicht nicht unerheblich, stellte er am Schluss einen historischen Zusammenhang mit einer Arbeit des in die USA emigrierten britischen Mathematikers James Joseph Sylvester zur Anwendung von Invariantentheorie in der Chemie von 1878 her.[858] Im Dezember 1934 organisierten der Übersetzer von Weyls quantenmechanischer Monographie H. P. Robertson und J. H. Van Vleck ein Symposium zur Gruppentheorie und Quantenmechanik während der Jahrestagung der American Mathematical Society in Pittsburgh.[859] Von Neumann trug dort zu Darstellungen und Strahldarstellungen in der Quantenmechanik vor, Wigner zu Symmetrieverhältnissen in verschiedenen physikalischen Problemen, wobei er sich bereits mit irredu-

---

zen-Darstellung (S. 286), die simultane Ausreduktion der Spinfunktion in Bezug auf die Permutations- und Drehungsgruppe (S. 362). Die gruppentheoretischen Methoden werden implizit in den Paragraphen zu Raumdrehungen und Impulsmomentoperatoren (§76) und zur Multiplettsituation (§77) behandelt.

[853] Eckart (1930). Er übersetzte im gleichen Jahr auch das Lehrbuch von Heisenberg (1930) ins Englische unter dem Titel *The physical principles of quantum theory*.

[854] Eckart (1930, S. 312 und S. 352 ff.). Diese Koeffizienten werden benötigt, um eine bestimmte Basis im ausreduzierten Tensorproduktraum von zwei irreduziblen Darstellungen der $SO_3$ zu geben.

[855] Eckart (1935).

[856] Laporte und Uhlenbeck (1931). Vgl. Abschn. 7.5.1.

[857] Condon (1932).

[858] Zu Sylvesters Arbeit vgl. Parshall (1997).

[859] *Bulletin of the American Mathematical Society* Bd. 41 (1935), Nr. 5, S. 305-307.

ziblen Darstellungen der inhomogenen Lorentzgruppe auseinandersetzte. Van Vleck und Gregory Breit sprachen zur Anwendung von Gruppentheorie auf nicht-relativistische physikalische Probleme bzw. auf Diracs relativistische Theorie. Im darauf folgenden Jahr erschien die Monographie *The theory of atomic spectra* von E. Condon und G. H. Shortley.[860] In ihrer Einleitung betonten sie, dass sie es schafften, in ihrer Abhandlung ohne Gruppentheorie auszukommen. Allerdings ging dies nicht mit einer grundsätzlich ablehnenden Haltung gegenüber den gruppentheoretischen Methoden in der Quantenmechanik einher, sondern hatte vielmehr didaktische Gründe:

> „This does not mean that we underestimate the value of group theory for atomic physics nor that we feel that physicists should omit the study of that branch of mathematics now it has been shown to be an important tool in the new theory. It is simply that the new developments bring with them so many new things to be learned that it seems unadvisable to add this additional burden to the load."[861]

Es folgte dann für den an der Gruppentheorie interessierten Leser der Hinweis auf die Monographien von Weyl (1931b), Wigner (1931) und van der Waerden (1932). Ein Jahr später rezensierte Marshall Harvey Stone im *Bulletin of the American Mathematical Society* nochmals ausführlich die drei bzw. vier Bände.[862] Die Hälfte dieser Sammelrezension widmete sich der Bedeutung der Gruppentheorie für die Physik und skizzierte die Entwicklung der gruppentheoretischen Methode in der Quantenmechanik ab 1927. Dabei charakterisierte Stone das Interesse der Physiker an der neuen Methode in den Anfangsjahren als „eager, almost feverish".[863] Im Jahr 1944 erschienen zudem Raubdrucke von Wigners und van der Waerdens Monographien zur gruppentheoretischen Methode in der Quantenmechanik durch den Verlag Edward Brothers in Ann Arbor. Dies belegt ebenfalls das fortdauernde Interesse an der Thematik.

In den 1950er und 1960er Jahren erlebte die Gruppentheorie im Zuge der Teilchenphysik einen Aufschwung. Sie wurde hauptsächlich zur Klassifikation der Teilchen eingesetzt. Die Anzahl und die Energien der Teilchenbeschleuniger wuchs beständig, die sogenannte Hochenergiephysik boomte. Es wurden verschiedene Symmetriebrechungen festgestellt, beispielsweise wurde bei der schwachen Wechselwirkung die Links-Rechts-Spiegelungssymmetrie (Parität) nicht erhalten. Anfang der 1960er Jahre zogen Murray Gell-Mann und Juval Ne'eman unabhängig voneinander die $SU_3(\mathbb{C})$ zur Klassifikation der Teilchen heran, die bereits von Shoichi Sakata fünf Jahre zuvor dazu genutzt worden war. Ihr als „Eightfold Way" bekannter Ansatz regte Experimentalphysiker am CERN und im Brookhaven Laboratory an, das durch diese Theorie vorhergesagte Teilchen nachzuweisen – was auch gelang. Der Nachweis der Existenz von weiteren auf einer modifizierten Interpretation des Eightfold Way beruhenden Teilchen, der Quarks, gelang nur langsam, andere theoretisch vorhergesagte Partikel, wie etwa das für das Standardmodell bedeuten-

---

[860] Condon und Shortley (1935).
[861] Condon und Shortley (1935, S. 10 f., Zitat: S. 11).
[862] Stone (1936).
[863] Stone (1936, S. 167).

de Higgs-Boson, konnten bisher nicht nachgewiesen werden.[864] Die wichtige Rolle der Gruppentheorie in der Teilchenphysik führte zu überarbeiteten Neuauflagen der Monographien von Wigner (1959) und van der Waerden (1974) in englischer Sprache. Von Weyls 1931 ins Englische übersetzter Monographie erschienen in diesem Zeitraum in den Jahren 1949, 1950 und 1955 Neuauflagen.

---

[864] Kragh (2002, Kap. 20, 21).

# Kapitel 13
# Zum Umgang mit Slaters gruppenfreier Methode

Im Juni 1929 reichte der junge amerikanische Physiker John Clarke Slater eine Arbeit mit dem Titel „The theory of complex spectra" bei der Zeitschrift *The Physical Reviews* ein.[865] Er behandelte darin die Multiplettaufspaltung der Spektren von Atomen mit mehreren Elektronen unter Berücksichtigung des Spins und des Pauli-Verbots. Slater ging einerseits auf die qualitative Bestimmung der möglichen Multipletts ein, andererseits auf die Berechnung ihrer Energiewerte. Letzteres war innovativ im engeren Sinne. Zur qualitativen Bestimmung („Klassifizierung") von Multipletts waren zu diesem Zeitpunkt ein von der ‚alten' Quantenmechanik stammender Ansatz und eine gruppentheoretische Methode, die auf der neuen Quantenmechanik beruhte, bekannt. Slater griff den gruppenfreien Ansatz auf und begründete seine Gültigkeit mit Hilfe der Wellenmechanik und ohne Gruppentheorie. Dazu konstruierte er eine antisymmetrische Wellenfunktion ohne Kenntnis der Darstellungen der symmetrischen Gruppe (Determinantenmethode). Außerdem ergab seine Approximation der Energieterme der Multipletts Werte, die in guter Übereinstimmung mit der Erfahrung waren – auch solche, die vorher als Ausnahmen (zu einer Regel von Hund) betrachtet wurden. Slater betonte mehrfach die mathematische Einfachheit der Methoden zur Klassifizierung von Multipletts und das Vermeiden der Gruppentheorie. Dies war ihm Grund genug für eine Veröffentlichung:

> „The first part contains no new results of physical interest [...]. Its value lies in the fact that this well-known scheme [of classification of the terms into multiplets of Hund] is shown in an elementary way to follow directly from wave mechanics. [...]"[866]

> „It will be noted that the objects of the present paper closely resemble those aimed at by Heisenberg, Wigner, Hund, Heitler, Weyl, and others, who employ the methods of group theory.[867] That method is not used at all in the present calculation, and, in contrast, no mathematics but the simplest is required, until one actually comes to the computation of

---

[865] Slater (1929).

[866] Slater (1929, S. 1293).

[867] Dass Slater die Arbeit von Hund (1927b) zu den gruppentheoretischen Arbeiten zählte, erstaunt ein wenig, weil Hund praktisch keine Darstellungstheorie benutzte und darauf explizit hinwies: „Trotz der weitgehenden Behandlung, die das Problem [durch Heisenberg, Dirac und Wigner] also schon erfahren hat, soll hier noch einmal von anderem Gesichtspunkt her darauf eingegan-

M.R. Schneider, *Zwischen zwei Disziplinen*, Mathematik im Kontext,
DOI 10.1007/978-3-642-21825-5_13, © Springer-Verlag Berlin Heidelberg 2011

integrals [for energy terms, MS]. This, it is believed, is sufficient justification for paralleling to some extent work already done."[868]

Wie in dem Abschnitt 3.3 dargestellt, bewirkte Slaters gruppenfreie Alternativmethode bei Physikern eine gewisse Erleichterung, weil sie dachten, auf die in den Vorjahren immer wieder in der neuen Quantenmechanik eingesetzten gruppentheoretischen Methoden in Zukunft verzichten zu können. Slaters Arbeit wurde auch deshalb gerne aufgegriffen.

Der Erfolg von Slaters Methode lässt sich auch daran messen, dass Weyl, Wigner und van der Waerden diese im Vorwort ihrer Lehrbücher zur Gruppentheorie und Quantenmechanik – direkt oder indirekt – erwähnten.[869] Umgekehrt kann man anhand der Behandlung von Slaters Methode in diesen Lehrbüchern feststellen, inwiefern die Autoren die weit verbreiteten Vorbehalte von Physikern gegenüber der gruppentheoretischen Methode ernst nahmen. Damit lässt sich nicht nur ein differenzierteres Bild von der Debatte um die Gruppentheorie in der Quantenmechanik, sondern auch von den hinter den unterschiedlichen Vorgehensweisen stehenden Standpunkten der drei Autoren gewinnen. Im Folgenden wird deshalb Slaters Methode kurz dargestellt und anschließend ihre unterschiedliche Behandlung in den drei Lehrbüchern von Weyl, Wigner und van der Waerden erörtert.

## 13.1  Slaters gruppenfreie Methoden für Atome mit mehreren Elektronen (1929)

Slater begründete eine semi-empirisch gefundene Methode zur qualitativen Bestimmung von Multipletts im Kontext der neuen Quantenmechanik. Diese Methode hatte im Wesentlichen Friedrich Hund bereits angewendet – allerdings beruhte sie auf dem Hundschen Vektorschema und damit auf dem theoretischen Fundament der alten Quantenmechanik.[870] Die stationären Zustände eines Elektrons in einem Atom werden durch die vier Quantenzahlen $n, l, m_l, m_s$ bestimmt. Wenn ein Atom mehrere Elektronen hat, so muss man zusätzlich die elektromagnetische und elektrostatische Wechselwirkung zwischen den einzelnen Elektronen berücksichtigen. Es

---

gen werden. Es erscheint nämlich nützlich, die nicht-kombinierenden Systeme [Multipletts] *ohne Voraussetzung gruppentheoretischer Sätze* direkt mit der Symmetrie der Eigenfunktionen in den *gleichen Partikeln* zu verknüpfen und *beliebige Koppelungsverhältnisse* zwischen den Partikeln zu betrachten. Wir werden auf diesem Wege eine einfache Ableitung der schon von *Wigner* gefundenen Ergebnisse erhalten und darüber hinaus die Möglichkeit, die Form der Eigenfunktionen der verschiedenen Termsysteme hinzuschreiben." (Hund, 1927b, S. 788 f.). Anscheinend war schon das Operieren mit Permutationen zu gruppentheoretisch für Slater. (Zu Hunds Arbeit vgl. Mehra und Rechenberg (2000, S. 499-501) und ausführlicher von einem mathematischen Standpunkt Hamermesh (1964, S. 231-238).)

[868] Slater (1929, S. 1294).

[869] Für Weyl siehe Zitat S. 264. Vgl. Wigner (1931, S. VI), van der Waerden (1932, S. V).

[870] Hund (1927a, §25). Das Vektorschema beruht auf Vektoraddition, wobei die Längen der resultierenden Vektoren mit dem Spin bzw. den Spinquantenzahlen in einfacher Beziehung stehen.

genügt also nicht, die stationären Zustände eines solchen Atoms durch die Angabe der Quantenzahlen der einzelnen Elektronen zu charakterisieren. Deshalb wurden neue Quantenzahlen $L, S$ (Gesamtdrehmoment, Gesamtspindrehmoment) eingeführt. Die Quantenzahlen $L, S$ bestimmen ein Multiplett: $L$ zusammen mit $S$ legen den Energieterm im Spektrum fest (elektrostatische Wechselwirkung) und $S$ gibt zusätzlich an, aus wievielen Linien, nämlich $2S + 1$, sich das Multiplett zusammensetzt (elektromagnetische Wechselwirkung). Der Name des Multipletts (Singulett, Dublett, Triplett, etc.) richtet sich nach der Anzahl der Linien. Die einzelnen Linien eines Multipletts können durch eine weitere Quantenzahl $J \in \{S, S-1, \ldots, -S\}$ unterschieden werden. Wenn man die elektromagnetische Wechselwirkung zwischen den Elektronen vernachlässigt, fallen sie zu einer Linie zusammen. Mit Hilfe der Quantenzahl $S$ konnten Termsysteme innerhalb des Spektrums unterschieden werden, die (in der Regel) nicht miteinander kombinierten, d. h. zwischen deren Termen keine Elektronenübergänge möglich waren – sogenannte „non-combining termsystems". Gruppentheoretisch entsprachen die Quantenzahlen $L$ bzw. $S$ gewissen endlich-dimensionalen irreduziblen Darstellungen der Drehungsgruppe $SO_3$ bzw. der symmetrischen Gruppe $S_f$ (bei $f$ Elektronen).

Slaters Klassifikationsmethode, die eine leichte Abwandlung des Hundschen Vorgehens darstellt, soll hier – wie in der Originalabhandlung[871] – anhand eines Beispiels erläutert werden. Man betrachte ein Atom mit zwei $p$–Elektronen, d. h. Quantenzahlen $l = 1, m_l \in \{1, 0, -1\}$ ($n$ beliebig, $m_s = \pm 1$). Als erstes stellte Slater eine Tabelle auf mit allen kombinatorisch möglichen Kombinationen von Quantenzahlen $(n, l, m_l, m_s)$ der beiden Elektronen in der einen Spalte und der Summen $\sum m_l$ und $\sum m_s$ in den beiden anderen Spalten:

| First notation | $\sum m_l$ | $\sum m_s$ |
|---|---|---|
| $(n\,1\,1\,\tfrac{1}{2})\,(n'\,1\,1\,\tfrac{1}{2})$ | 2 | 1 |
| $(n\,1\,0\,\tfrac{1}{2})\,(n'\,1\,1\,\tfrac{1}{2})$ | 1 | 1 |
| $(n\,1\,-1\,\tfrac{1}{2})\,(n'\,1\,1\,\tfrac{1}{2})$ | 0 | 1 |
| $(n\,1\,1\,-\tfrac{1}{2})\,(n'\,1\,1\,\tfrac{1}{2})$ | 2 | 0 |
| $(n\,1\,0\,-\tfrac{1}{2})\,(n'\,1\,1\,\tfrac{1}{2})$ | 1 | 0 |
| $(n\,1\,-1\,-\tfrac{1}{2})\,(n'\,1\,1\,\tfrac{1}{2})$ | 0 | 0 |
| $(n\,1\,1\,\tfrac{1}{2})\,(n'\,1\,0\,\tfrac{1}{2})$ | 1 | 1 |
| $(n\,1\,0\,\tfrac{1}{2})\,(n'\,1\,0\,\tfrac{1}{2})$ | 0 | 1 |
| $(n\,1\,-1\,\tfrac{1}{2})\,(n'\,1\,1\,\tfrac{1}{2})$ | -1 | 1 |
| etc. | | |

Tabelle 13.1: Slaters Konfigurationstabelle (leicht vereinfacht)

Diese Tabelle enthält im Ganzen 36 ($= 3 \cdot 2 \cdot 3 \cdot 2$) Zeilen. Slater visualisierte sie durch ein Diagramm. Er trug die Wertepaare $\sum m_s, \sum m_l$ jeder Zeile in ein Koordinatensystem ein und notierte durch eine eingekreiste Ziffer, wie oft das Wertepaar in der Tabelle vorkam:

---

[871] Slater (1929, S. 1295-1298).

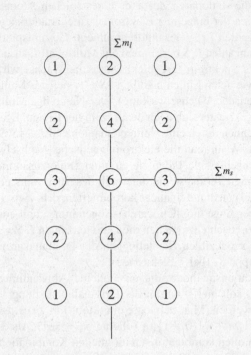

Anschließend benutzte Slater das Pauli-Verbot, um die Zeilenanzahl der Tabelle zu reduzieren bzw. um das Diagramm zu vereinfachen. Nach dem Pauli-Verbot können keine zwei Elektronen dieselben Quantenzahlen haben.[872] Deshalb fällt beispielsweise die erste Zeile der Tabelle 13.1 weg $(n = n')$. Außerdem identifizierte Slater Zeilen, die durch Vertauschung der Elektronen ineinander überführt werden konnten. In dem Beispiel würden so die zweite und die siebte Zeile miteinander identifiziert. Das liefert eine Tabelle mit 15 Zeilen bzw. ein Diagramm von der Form

---

[872] Vgl. Abschn. 2.2.2.

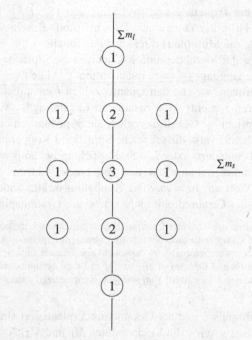

Man musste nun dieses vereinfachte Diagramm als Summe von noch einfacheren Diagrammen darstellen, welche den Quantenzahlen $L, S$ entsprachen. Letztere hatten eine rechteckige Form ($M_S \in \{S, S-1, \ldots, -S\}$ und $M_L \in \{L, L-1, \ldots, -L\}$) und bestanden nur aus Einsen. Beispielsweise entspricht $L = 1, S = 1$ das einfache Diagramm

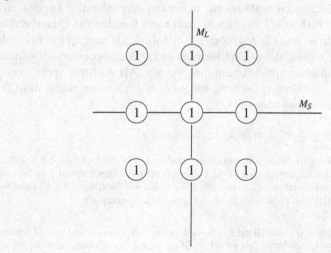

Das vereinfachte Diagramm der zwei $p-$Elektronen kann aus den drei einfachen Diagrammen mit $(L = 1, S = 1), (L = 0, S = 0)$ und $(L = 2, S = 0)$ zusammengesetzt werden. Daher geben zwei $p-$Elektronen zum gleichen Energiewert ($n = n'$) zu drei

Multipletts Anlass: ein Triplett $^3P$ und zwei Singuletts $^1S$, $^1D$.[873] Die Bestimmung der Multipletts mit Hilfe der Diagramme kam in Hunds Beschreibung noch nicht vor. Hund bestimmte die Multipletts direkt aus der Tabelle.

Slater begründete die Methode zunächst noch in der Sprache der alten Quantenmechanik, in „the language of space quantization":[874] Die Drehmomentvektoren der einzelnen Elektronen, welche den Quantenzahlen $l$ entsprechen, koppeln sich zu einem Gesamtdrehmomentvektor zusammen („coupling"), welcher der neuen Quantenzahl $L$ entspricht.[875] Genauso ergeben die Spinvektoren einen Gesamtspinvektor $S$. Slater betrachtete also die schwache Spin-Bahn-Koppelung, die auch unter den Namen Russell-Saunders- oder $L-S-$Koppelung bekannt war und ist. Projiziert man den Drehmomentvektor bzw. den Spin eines Elektrons auf die $z-$Achse, so erhält man den Wert $m_l$, bzw. $m_s$. Die Koppelungskräfte ändern nichts an der Raumquantisierung des Gesamtdrehimpulses bzw. des Gesamtspins:

> „As the coupling forces are introduced, torques appear which make the components of the individual $l$'s and $s$'s vary with time, so that the same space quantification is no longer possible. But the torques are internal; they cannot change the total angular momentum. The total sum of all the $l$'s and the sum of all the $s$'s, and their components along the axes, remain constant, and hence quantized: $\sum m_l$ and $\sum m_s$ are quantized even when the coupling has taken its full value. "[876]

Da der Gesamtdrehimpuls $L$ und der Gesamtspin $S$ quantisiert sind, erhält man bei der Projektion auf die $z-$Achse die Komponenten $M_L$ und $M_S$. Also kann man $\sum m_l$ mit $M_L$ bzw. $\sum m_s$ mit $M_S$ identifizieren. Genau dies passiert, wenn man das vereinfachte Diagramm durch Diagramme, die den Quantenzahlen $L, S$ entsprechen, zusammensetzt.

Im Anschluss begründete Slater die Methode zur qualitativen Bestimmung von Multipletts mit Hilfe der Wellenmechanik.[877] Dazu benutzte er (eine vereinfachte Version) der Hartreeschen Störungstheorie, in der das approximative kugelsymmetrische Feld für alle Elektronen das gleiche ist. Damit konnten die Quantenzahlen $n, l, m_l, m_s$ des Elektrons und die zugehörige Wellenfunktion $u(n_i|x_i)$ (wobei $n_i$ den Quantenzahlen $n_i, l_i, m_{l_i}, m_{s_i}$ des $i-$ten Elektrons und $x_i$ dessen drei Ortskoordinaten und der Spinkoordinate entspricht) bestimmt werden. Als nächstes approximierte er die Lösung der Schrödingergleichung für (alle) $N$ Elektronen durch das (Tensor-)Produkt der Wellenfunktionen $u(n_i|x_i)$:

$$u(n_1|x_1)u(n_2|x_2)\ldots u(n_N|x_N).$$

---

[873] Die Bezeichnungsweise für Multipletts mit Quantenzahlen $L, S$ ist die folgende: die Anzahl der Linien $2S+1$ wird in den Exponenten vor den $L$ entsprechenden Großbuchstaben gestellt, wobei die Zuordnung der Großbuchstaben zu $L$ in derselben Weise wie die Zuordnung der Kleinbuchstaben zu den Quantenzahlen $l$ im Falle eines Elektrons (siehe S. 238) geschieht.

[874] Slater (1929, S. 1296).

[875] Slater identifizierte den (Gesamt-)Drehmomentvektor mit der Quantenzahl und bezeichnete beide mit $l$ (bzw. $L$). Die Quantenzahl $l$ ist proportional zur Länge des Vektors, die Richtung wird durch die Quantenzahl $m_l$ bestimmt.

[876] Slater (1929, S. 1296).

[877] Slater (1929, S. 1298-1304). Vgl. auch Slater (1975, Kap. 9), Mehra und Rechenberg (2000, S. 503-508).

Dieses Produkt ist aber im Allgemeinen nicht antisymmetrisch. Slater konstruierte aus den $u(n_i|x_i)$ eine antisymmetrische (approximative) Wellenfunktion, indem er folgende Determinante betrachtete:[878]

$$
\begin{vmatrix}
u(n_1|x_1) & u(n_1|x_2) & \dots & u(n_1|x_N) \\
\vdots & \vdots & & \vdots \\
u(n_N|x_1) & u(n_N|x_2) & \dots & u(n_N|x_N)
\end{vmatrix},
$$

wobei $u(n_i|x_k)u(n_k|x_i)$ eine Transposition der Elektronen zusammen mit ihrem Spin $x_i, x_k$ bedeutet. Slater zeigte, dass die Determinantenmethode eine antisymmetrische Wellenfunktion der $N$ Elektronen lieferte, falls das Ergebnis ungleich null war, und dass sie die Anforderungen des Pauliprinzips erfüllte. Als Vorläufer der Determinantenmethode verwies Slater auf Arbeiten von Dirac, Waller und Hartree. Waller und Hartree verwendeten eine Determinantenmethode zur Bestimmung einer antisymmetrischen Wellenfunktion, Dirac betonte, dass die gesuchten Eigenfunktionen antisymmetrisch sein mussten bei gleichzeitiger Permutation von Elektronen und Spin.[879] Slater gelang ein entscheidender Schritt bei der Konstruktion von antisymmetrischen Wellenfunktionen, indem er den Spin von vornherein integrierte und diesen nicht erst nachträglich berücksichtigte. Wigner und van der Waerden hoben übereinstimmend diesen Schritt als vereinfachend hervor:

> „Obwohl weder das ungestörte Problem [Energieoperator der Wellengleichung ohne elektrostatische Wechselwirkung zwischen den Elektronen, MS] noch die Störung [durch die elektrostatische Wechselwirkung zwischen den Elektronen, MS] die Spinkoordinaten irgendwie enthält, führt *Slater* – im Gegensatz zu allen anderen Entwicklungen des Aufbauprinzips – die Spinkoordinate von vornherein ein. Durch diese scheinbare Komplikation erhält man in Wirklichkeit eine sehr große Vereinfachung, weil man sich so von vornherein auf die antisymmetrischen Eigenfunktionen beschränken kann."[880]

> „[Die Slatersche Methode] besteht darin, daß man auf die Diskussion der Permutation der Bahnen allein oder des Spins allein verzichtet, nur beide zugleich permutiert und sich dabei von vornherein auf die antisymmetrischen Eigenfunktionen [...] beschränkt."[881]

Diese Konstruktionsmethode einer antisymmetrischen Wellenfunktion ist unter dem Namen ‚(Slaters) Determinatenmethode' bekannt geworden und ist noch heute in Gebrauch.[882]

Die auf diese Weise konstruierten antisymmetrischen Eigenfunktionen benutzte Slater in einem störungstheoretischen Ansatz, der auf Hartree zurückging, um den approximierten Energieoperator so zu strukturieren, dass ein Zusammenhang

---

[878] Slater (1929, S. 1299 f.).

[879] Slater (1929, S. 1294) zitierte die Arbeit (Waller und Hartree, 1929). Dirac formulierte diesen Gedanken ebenfalls: „The exclusion principle now requires that $\psi$ shall be antisymmetrical in the $x$'s and $\sigma$'s together, *i.e.*, that if any permutation is applied to the $x$'s and also to the $\sigma$'s, $\psi$ must remain unchanged or change sign according to whether the permutation is an even or an odd one." (Dirac, 1929, S. 723, Hervorhebung im Original).

[880] Wigner (1931, S. 309, Hervorhebung im Original).

[881] van der Waerden (1932, S. 120).

[882] Z. B. in Straumann (2002, S. 213), Ehlotzky (2005, S. 207).

zwischen den zu $L = \sum m_{l_i}, S = \sum m_{s_i}$ gehörenden Eigenfunktionen und der Form des Energieoperators deutlich wurde. Dadurch konnte ein Bezug zwischen Multipletts und dem Energieoperator hergestellt werden. Damit begründete Slater Hunds Methode wellentheoretisch und stellte eine Alternativmethode zur gruppentheoretischen Methode der Klassifikation von Multipletts zur Verfügung.

Wie auch bei der zuvor benannten Methode zur Bestimmung der Multipletts konnten damit die Darstellungen der symmetrischen Gruppe umgangen werden.

## 13.2 Behandlung durch Weyl und Wigner (1931)

Weyl ging auf Slaters gruppenfreie Methode nur implizit ein. Er erwähnte zwar Slaters Arbeit in zwei Fußnoten, allerdings nur in Bezug auf den innovativen Teil der Berechnung der Energieterme der Multipletts und nicht zur Bestimmung der Quantenzahlen $L, S$ der Multipletts.[883] In seinem im November 1930 verfassten Vorwort wies Weyl jedoch indirekt auf Slaters gruppenfreie Methoden hin:

> „Es geht in jüngster Zeit die Rede, daß die „Gruppenpest" allmählich wieder aus der Quantenmechanik ausgeschieden wird. Dies ist gewiss unrichtig bezüglich der Rotations- und der Lorentz-Gruppe. Was die Permutationsgruppe anbelangt, so scheint ihr Studium in der Tat wegen des Pauliverbots einen Umweg einzuschließen. Dennoch müssen die Darstellungen der Permutationsgruppe ein natürliches Werkzeug der Theorie bleiben, solange die Existenz des spins berücksichtigt, seine dynamische Einwirkung aber vernachlässigt wird und man die daraus resultierenden Verhältnisse allgemein überblicken will. Soweit wie er berechtigt ist, bin ich [Weyl] dem Zuge der Zeit dadurch gefolgt, daß das Gruppentheoretische hier vollständig „elementarisiert" wurde."[884]

Weyl analysierte hier zunächst treffend die Bedeutung der Slaterschen Methode für den gruppentheoretischen Ansatz in der Quantenmechanik, nämlich lediglich als eine Möglichkeit zur Umgehung der Permutationsgruppe in bestimmten Fragestellungen – und nicht zur Verdrängung jedweder Gruppentheorie aus der Quantenmechanik. Er insistierte aus theoretischen Erwägungen – aber wahrscheinlich auch aufgrund ihrer Bedeutung für den Begriff der Valenz in der Quantenchemie[885] – auf dem Festhalten an der Permutationsgruppe als „natürliches Werkzeug" der Quantenmechanik. Zur qualitativen Bestimmung von Multipletts benutzte Weyl (1931a, Kap. V, §15) eine gruppentheoretische Methode, welche die irreduziblen Darstellungen der Permutationsgruppe und Young-Tableaus einschloss. Die Ablehnung der Gruppentheorie in weiten Kreisen der Physiker veranlasste Weyl nicht dazu, von der gruppentheoretischen Methode abzuweichen, sondern nur zu einer didaktisch besseren Aufarbeitung der Methode. Dieser Schritt mag in einem Buch über Gruppentheorie und Quantenmechanik nicht überraschend sein. Wigner und van der Waerden entschieden sich jedoch, Slaters Methoden in ihre Lehrbücher aufzunehmen.

---

[883] Weyl (1931a, S. 353, Fußnote 4; S. 356, Fußnote 314).
[884] Weyl (1931a, S. VII f.).
[885] Vgl. Kap. V in (Weyl, 1931a).

Wigner integrierte Slaters Methode zur qualitativen Bestimmung von Multipletts in seinem Lehrbuch.[886] Er gab eine gruppentheoretische Begründung der „sehr eleganten Slaterschen Methode"[887]. Für Wigner war Slaters Methode vornehmlich aus gruppentheoretischen Erwägungen interessant:

> „Die Bedeutung der Slaterschen Methode liegt darin, daß man mit ihrer Hilfe die Betrachtung der Symmetrie der Schrödingergleichung gegenüber Vertauschungen der Cartesischen Koordinaten allein gänzlich vermeiden bzw. sie durch Betrachtung der Invarianz gegenüber Drehungen $Q_R$ der Spinkoordinaten allein ersetzen kann."[888]

Nach Wigner illustrierte sie einen darstellungstheoretischen Zusammenhang zwischen den Raumdrehungen $SO_3$ und der symmetrischen Gruppe $S_n$ : Die Quantenzahl $S$, die zu irreduziblen Darstellungen der symmetrischen Gruppe korrespondierte, konnte über die irreduziblen Darstellungen der Raumdrehungsgruppe bestimmt werden. Diesen Zusammenhang hatte Wigner in einem vorangehenden Kapitel[889] erläutert, in welchem er eine gruppentheoretische Methode zur Bestimmung des Multiplettsystems erklärte. Er bettete Slaters Methode so stark in den darstellungstheoretischen Kontext ein, dass ihre Einfachheit verdeckt wurde und die Gruppentheoriefreiheit ihres Verfahrens nicht klar hervorging. Wigner stützte damit indirekt Weyls These, dass die Gruppentheorie in Bezug auf die Drehungsgruppe in der Quantenmechanik unverzichtbar sei. Wigners Interesse an der Slaterschen Methode war also in erster Linie gruppentheoretischer Natur und damit radikal verschieden von Slaters Motivation.[890]

Wie Slater wählte auch Wigner das Beispiel von zwei äquivalenten $p-$Elektronen (d.h. Elektronen mit gleichen Quantenzahlen $n, l$), um Slaters Methode zu veranschaulichen. Er stellte eine Tabelle auf mit allen nach den Pauli-Verbot zulässigen „(Elektronen-) Konfigurationen," deren Summe von azimuthalen Quantenzahlen $\mu_i$ ($\mu = \sum \mu_i$) und der Hälfte der Summe ihrer Spin-Quantenzahlen $\sigma_i$ ($\nu = 1/2 \sum \sigma_i$).[891] Die zulässigen Konfigurationen entsprachen den antisymmetrischen Eigenfunktionen $\chi_{N_1 l_1 \mu_1 \sigma_1 \ldots N_n l_n \mu_n \sigma_n}$, die Wigner mit Slaters Determinantenmethode konstruierte.[892] Es ergab sich Slaters vereinfachte Tabelle mit 15 Zeilen. Dann konstruierte Wigner daraus eine weitere Tabelle, welche dem vereinfachten Slaterschen Diagramm entsprach. Kommt ein Wert $\mu, \nu$ in einer Zeile der Konfigurationstabelle vor, so wurde ein Kreuzchen in eine Tabelle eingetragen, deren Spalten die Werte von $\mu$ und deren Zeilen die Werte von $\nu$ enthielt:

---

[886] Wigner (1931, S. 308-321).

[887] Wigner (1931, S. 198, Hervorhebung im Original).

[888] Wigner (1931, S. 316, Hervorhebung im Original).

[889] Wigner (1931, Kap. XXII., S. 279-282).

[890] Diese Interessensverschiebung kommt in Slaters Autobiographie nicht zum Ausdruck, wenn Slater sich erinnert: „Late in November [1929] I [Slater] had my first chance to meet Wigner, a young Hungarian physicist [...] and already a great expert on group theory and the nature of symmetry. I found that he had been studying my paper with much interest, that he was entirely in sympathy with it, and that in fact he had thought of doing the same thing himself, but had not got around to it." (Slater, 1975, S. 62 f.).

[891] Die Spinquantenzahl $\sigma$ hatte bei Wigner die Werte $\pm 1$.

[892] Wigner (1931, S. 311 f.).

| $\mu$ $\quad$ $\nu$ | -2 | -1 | 0 | 1 | 2 |
|---|---|---|---|---|---|
| -1 |  | + | + | + |  |
| 0 | + | ++ | +++ | ++ | + |
| 1 |  | + | + | + |  |

Tabelle 13.2: Wigners (Charakter-) Tabelle

Die Tabelle interpretierte Wigner als den Charakter der Nebenklasse des Gruppenelements $(\alpha, \alpha')$ in einer Darstellung $\Delta(R, R')$ von $SO_3 \times SO_3$ (im Raum der antisymmetrischen Eigenfunktionen $\chi_{N_1 l_1 \mu_1 \sigma_1 \dots N_n l_n \mu_n \sigma_n}$), wobei $\alpha$ bzw. $\alpha'$ Drehungen um die $z-$Achse im Cartesischen bzw. Spinraum sind. Die Charaktere von $(\alpha, \alpha')$ konnten berechnet werden, denn die Darstellung von $(\alpha, \alpha')$ in $\Delta(R, R')$ war eine Diagonalmatrix mit Einträgen $e^{i(\nu\alpha + \mu\alpha')}$ für jede zulässige Konfiguration antisymmetrischer Eigenfunktionen mit $\mu = \sum \mu_i$ und $\nu = 1/2 \sum \sigma_i$ bzw. der zugehörigen antisymmetrischen Eigenfunktion. Damit hatte man eine vollständige Charaktertafel von $\Delta(R, R')$. Die Darstellung $\Delta(R, R')$ von $SO_3 \times SO_3$ ließ sich mit Hilfe der Charaktertafel zerlegen in die irreduziblen Darstellungen $\mathscr{D}^{(S)} \otimes \mathscr{D}^{(L)}$, wobei $\mathscr{D}^{(S)}, \mathscr{D}^{(L)}$ irreduzible Darstellungen von $SO_3$ sind: Der Charakter von $(\alpha, \alpha')$ in $\mathscr{D}^{(S)} \otimes \mathscr{D}^{(L)}$ ist

$$\sum_{\mu=-L}^{L} \sum_{\nu=-S}^{S} e^{i(\nu\alpha + \mu\alpha')}.$$

Die Darstellung $\mathscr{D}^{(S)} \otimes \mathscr{D}^{(L)}$ kommt also in $\Delta(R, R')$ genau dann vor, wenn man ein Rechteck mit einer Ausdehnung von $-S$ bis $S$ (in $\nu-$Richtung) und von $-L$ bis $L$ (in $\mu-$Richtung) gefüllt mit je einem Kreuzchen in der Charaktertabelle entdecken kann. Dann ergibt sich ein Multiplett $(L, S)$.

Zur Bestimmung der Multipletts aus der Charakter-Tabelle gab Wigner eine Formel an: Sei $a_{\nu\mu}$ die Anzahl der Kreuzchen an der $\nu - \mu$-ten Stelle der Tabelle. Dann konnte man die Anzahl $A_{SL}$, wie oft die Darstellung $\mathscr{D}^{(S)} \otimes \mathscr{D}^{(L)}$ in der Darstellung $\Delta(R, R')$ von $SO_3 \times SO_3$ vorkam, berechnen durch

$$A_{SL} = a_{SL} - a_{S+1\,L} - a_{S\,L+1} - a_{S+1\,L+1}.$$

Dies war ein Fortschritt im Vergleich zu Slaters Ratemethode für $L, S$. Wigner erwähnte nicht, dass für $A_{SL}$ nach einem Satz von Weyl nur die beiden Werte 0 und 1 herauskommen konnten.[893]

Ein weiterer Vorteil der gruppentheoretischen Analyse war, dass Wigner die Grenzen der Slaterschen Methode angeben konnte: Sie galt nur für Teilchen mit Spin $1/2$. Teilchen mit anderem Spin – Wigner (1932, S. 316) erwähnte den Stickstoffkern – konnten mit ihr nicht behandelt werden. Ralph de Laer Kronig hatte 1928 aus Präzissionsmessungen des Spektrums, die im Utrechter Labor vorgenommen

---

[893] Vgl. Straumann (2002, S. 224 und Anhang D).

worden waren, geschlossen, dass der Stickstoffkern Spin 1 haben musste.[894] Diese Einschränkung für die Anwendbarkeit der Slaterschen Methode war für Wigner mit ein Grund, die gruppentheoretische Methode zur Bestimmung der Multipletts in seinem Lehrbuch ausführlich darzustellen – inklusive der irreduziblen Darstellungen der Permutationsgruppe.[895] In Hinblick auf die Entdeckung weiterer Teilchen in den 1930er Jahren war dies vorausschauend.

## 13.3 Van der Waerdens Optimierung

Im Gegensatz zu Weyl und Wigner nahm van der Waerden die Vorbehalte der Physiker gegen die Gruppentheorie so ernst, dass er auch Slaters gruppenfreie Methoden in sein Lehrbuch integrierte – und zwar in Slaters Sinne: Van der Waerden optimierte Slaters Methode.[896] Van der Waerden bewertete Slaters Methode dezidiert positiv:

> „Es gibt aber eine zweite, im Prinzip schon ältere, neuerdings vor allem von J. C. SLATER erfolgreich angewendete Methode, die mit viel einfacheren Hilfsmitteln auskommt und insbesondere die Darstellungstheorie der Permutationsgruppe nicht benötigt."[897]

Zuvor hatte van der Waerden allerdings die gruppentheoretische Methode präzise skizziert und für ihre Durchführung auf Weyls Buch verwiesen.[898]

Van der Waerden erläuterte seine optimierte Version der Slaterschen Methode zur Bestimmung von Multipletts anhand eines Beispiels (3 $p$ Elektronen). Er verwendete folgende Konfigurationstabelle

| | | | $M_L$ | $M_S$ |
|---|---|---|---|---|
| (2 1 1 +) | (2 1 0 +) | (2 1 -1 +) | 0 | $\frac{3}{2}$ |
| (2 1 1 +) | (2 1 0 +) | (2 1 1 -) | 2 | $\frac{1}{2}$ |
| (2 1 1 +) | (2 1 0 +) | (2 1 0 -) | 1 | $\frac{1}{2}$ |
| (2 1 1 +) | (2 1 0 +) | (2 1 -1 -) | 0 | $\frac{1}{2}$ |
| (2 1 1 +) | (2 1 -1 +) | (2 1 1 -) | 1 | $\frac{1}{2}$ |
| (2 1 1 +) | (2 1 -1 +) | (2 1 0 -) | 0 | $\frac{1}{2}$ |
| (2 1 1 +) | (2 1 -1 +) | (2 1 -1 -) | -1 | $\frac{1}{2}$ |
| (2 1 0 +) | (2 1 -1 +) | (2 1 1 -) | 0 | $\frac{1}{2}$ |
| (2 1 0 +) | (2 1 -1 +) | (2 1 0 -) | -1 | $\frac{1}{2}$ |
| (2 1 0 +) | (2 1 -1 +) | (2 1 -1 -) | -2 | $\frac{1}{2}$ |

Tabelle 13.3: Van der Waerdens Konfigurationstabelle

---

[894] Vgl. Pais (1986, S. 299-301).

[895] Zu den irreduziblen Darstellungen siehe Kap. XIII, zur gruppentheoretischen Berechnung der Multipletts siehe Kap. XXII. (S. 279-283) in Wigner (1931).

[896] van der Waerden (1932, S. 120-124).

[897] van der Waerden (1932, S. 120).

[898] van der Waerden (1932, S. 119 f.).

In der linken Spalte der Tabelle bezeichnete der $m$–te Ausdruck $(n, l, m_l, \pm)$ die Wellenfunktionen des $m$–ten Elektrons mit Quantenzahlen $n, l, m_l$ und $m_s = \pm 1/2$, wobei der Wert von $m_s$ allein durch das Vorzeichen angegeben wurde. Die Wellenfunktion des $m$–ten Elektrons bezeichnete van der Waerden durch

$$\psi(n, l, m_l | q_m) u_i$$

($i = 1$ für $m_s = +$, ansonsten $i = 2$). Der Gesamtausdruck in der linken Spalte stand für die (approximierte) antisymmetrische Wellenfunktion, die durch die Slatersche Determinantenmethode gebildet wurde. Beispielsweise stand

$$(211+)(210+)(21\text{-}1+)$$

für die (Tensorprodukt-) Summe

$$\sum_{P \in S_3} \delta_P P \psi(211|q_1) \psi(210|q_2) \psi(21\text{-}1|q_3) u_1 v_1 w_1,$$

wobei $\delta_P = $ signum $P$ und die Permutation $P$ auf den Ortskoordinaten $q_i$ und auf den Spins $u, v, w$ der Elektronen gleichzeitig operierte. In den Spalten $M_L$ bzw. $M_S$ war der Wert der Zeilensumme der $m_l$ bzw. $m_s$ verzeichnet. Van der Waerden ließ alle Zeilen weg, deren $M_S$ negativ war. Dies war möglich aufgrund von Symmetrien. Dadurch wurde van der Waerdens Konfigurationstabelle erheblich kürzer als Slaters vereinfachte Konfigurationstabelle: Während Slaters vereinfachte Konfigurationstabelle für *zwei* $p$–Elektronen noch 15 Zeilen hatte, umfasste van der Waerdens Konfigurationstabelle für *drei* $p$–Elektronen gerade einmal zehn Zeilen.

Anstatt den Umweg über die Diagramme zu gehen und deren Zusammensetzung zu erraten, präsentierte van der Waerden eine Anleitung, um direkt aus der Tabelle die möglichen Multipletts zu konstruieren: Man wähle die Zeile mit dem größten Wert $M_S$, etwa $S$. Ihr zugehöriger $M_L$–Wert sei $L$. Dann streiche man alle Zeilen mit den Kombinationen $M_L, M_S$ mit $M_L \in \{L, L-1, \ldots, -L\}$ und $M_S \in \{S, S-1, \ldots S_0| \text{ mit } S_0 \geq 0 \text{ und } S_0 - 1 < 0\}$. Sie ergeben ein Multiplett $L, S$. Dann wiederhole man den Vorgang. Sollten mehrere Zeilen denselben größten Wert für $M_S$ haben, so nehme man die Zeile mit dem größten Wert für $M_L$. In dem obigen Beispiel erhält man so die Multipletts $^4S$, $^2D$ und $^2P$. Anschließend stellte van der Waerden noch drei Regeln auf, welche die Berechnung der Multipletts beschleunigten - zum Teil waren diese Regeln in Slaters Beispielen bereits implizit zur Anwendung gekommen.[899] Zum Abschluss gab van der Waerden eine Übersicht über die möglichen Multipletts für Elektronen mit Quantenzahl $l \leq 2$. Seine Optimierung der

---

[899] Die erste Regel (van der Waerden, 1932, S. 122) besagte, dass eine volle Schale $(n, l)$ keine Multipletts zur Termstruktur beisteuert. Dies wurde bereits von Slater (1929, S. 1315) verwendet. Die zweite Regel (van der Waerden, 1932, S. 122 f.) gab ein Verfahren, wie aus der Kenntnis der Multipletts von zwei nicht vollen, verschiedenen Schalen auf ein gemeinsames Multiplettsystem geschlossen werden kann. Die dritte Regel (van der Waerden, 1932, S. 123) weist auf eine Symmetrie der Multiplettkonfiguration innerhalb einer Schale hin. Slater (1929, S. 1317) erwähnte ein Beispiel, das zu dieser Regel passt.

Slaterschen Methode war eine wirkliche Verbesserung. Noch heute findet sie sich gelegentlich in Lehrbüchern.[900]

Van der Waerden begründete Slaters Methode nicht ausführlich. Er griff weder auf Slaters noch auf Wigners Begründung zurück, sondern skizzierte lediglich die wesentlichen Merkmale aus Sicht der Gruppentheorie:

> „Sie [Slaters Methode] besteht darin, daß man auf die Diskussion der Permutationen der Bahnen allein oder des Spins allein verzichtet, nur beide zugleich permutiert und sich dabei von vornherein auf die antisymmetrischen Eigenfunktionen [...] beschränkt. [...] Man kann also im Raum der [antisymmetrischen Eigen-] Funktionen wieder die beiden miteinander vertauschbaren Gruppen von Transformationen, die durch die Drehungen induziert werden, ausreduzieren und erhält ein Rechteck, dessen Zeilen bei Raumdrehungen nach $\mathscr{D}_L$ und dessen Spalten bei Spindrehungen nach $\mathscr{D}_S$ transformiert werden. Bei gleichzeitiger Spin- und Raumdrehung erleidet das ganze Rechteck natürlich die Transformation $\mathscr{D}_L \times \mathscr{D}_S = \sum \mathscr{D}_J$."[901]

Durch diese knappe gruppentheoretische Analyse gelang van der Waerden zweierlei: zum einen die Rückbindung der Slaterschen Methode in den Kontext seines Lehrbuches, zum anderen die gruppenfreie – und damit im Slaterschen Sinne angemessene – Darstellung der Slaterschen Methode. Im Gegensatz zu Wigner, verzichtete van der Waerden auf eine ausführliche gruppentheoretische Analyse der Slaterschen Methode. Er wies auch nicht auf Wigners Analyse hin.

## 13.4 Ergebnis

Die Rezeption der Slaterschen Methode zur Berechnung der Quantenzahlen von Multipletts fiel in den frühen Lehrbüchern zur gruppentheoretischen Methode sehr unterschiedlich aus: Weyl ignorierte diese, Wigner gruppifizierte sie, van der Waerden optimierte sie. Diese unterschiedlichen Behandlungen können als Reaktionen auf das weit verbreitete Unbehagen der Physiker mit der Gruppentheorie interpretiert werden. Es erstaunt nur auf den ersten Blick, dass der Algebraiker van der Waerden dieses offensichtlich ernst nahm und weitreichende Zugeständnisse machte, indem er eine optimierte Version der Slaterschen Methode in seinem Lehrbuch präsentierte. Was mag van der Waerden dazu bewogen haben? Van der Waerden gab einen inhaltlichen Grund an: ihre mathematische Einfachheit und das Vermeiden der Darstellungstheorie der Permutationsgruppe, wobei letzteres sicher eine Reaktion auf die Debatte um die Gruppentheorie war. Er kannte die Probleme der Physiker mit der Gruppentheorie aus der engen Zusammenarbeit mit Ehrenfest, dem Kontakt mit seinen Groninger Kollegen aus der Physik und mit anderen Wissenschaftlern aus dem Ehrenfest-Kreis sowie aus dem Austausch mit Werner Heisenberg, Friedrich Hund und ihren Studierenden in Leipzig. Diese Kontakte hatten ihn für die Bedürf-

---

[900] Siehe etwa Kap. 6.4. in Straumann (2002), in dem eine leicht modifizierte Kombination aus der Wignerschen und van der Waerdenschen Ausführung zur Slaterschen Methode vorgestellt wird.

[901] van der Waerden (1932, S. 120 f.).

nisse der Physiker sensibilisiert.[902] Van der Waerdens Physikerkollegen in Leipzig waren zwar der Gruppentheorie gegenüber nicht abgeneigt, aber als ‚working physicists' hatten sie auch ein Interesse an einfachen Methoden wie der Slaterschen.[903] Daher darf man annehmen, dass van der Waerden dem nicht nur unter Leipziger Physikern verbreiteten Bedürfnis auf mathematisch einfache und vertraute Methoden nachkam. Darüber hinaus ist es nicht ungewöhnlich, dass Mathematiker in der Beschäftigung mit der Physik, die dort benutzten, mathematischen Methoden aufgreifen und diese optimieren. Nichts anderes tat van der Waerden. Die Debatte um die ‚Gruppenpest' war also wahrscheinlich nicht seine einzige Motivation zur Integration und Optimierung der Slaterschen Methode.

Weyl und Wigner, die Mitbegründer der gruppentheoretischen Methode, vertraten dagegen den gruppentheoretischen Standpunkt: Weyl, indem er Slaters Methode zur Deduktion der Quantenzahlen von Multipletts unerwähnt ließ, und Wigner, indem er diese gruppentheoretisch begründete. Weyls Überzeugung, dass die gruppentheoretische Methode konzeptionell überlegen war, und seine Forschungen zur Darstellungstheorie mögen ihn dazu veranlasst haben. Wigner integrierte Slaters Methode vor allem deshalb, weil sie gruppentheoretisch interessant, nicht weil sie mathematisch einfach war. Seine gruppentheoretische und damit mathematisch stichhaltige Begründung der Methode ist zudem eine traditionell eher Mathematikern zugeschriebene Vorgehensweise und macht deutlich, wie weit Wigner in die Mathematik und deren Denkmuster vorgedrungen war. Im Umgang mit der Slaterschen Methode zeigt sich zudem, dass Weyl und Wigner das intellektuelle Ziel einte, die gruppentheoretische Methode in der Quantenmechanik konsequent durchzusetzen.

---

[902] Vgl. Kap. 5, 6 und 8.

[903] Als Slater darüber bei seinem Aufenthalt in Leipzig im Dezember 1929 einen Vortrag hielt, waren auch Gäste anwesend, darunter Wigner, Pauli und London (Slater, 1975, S. 62 f.).

# Kapitel 14
# Molekülspektren

Erste Versuche, Molekülspektren mit Hilfe von gruppentheoretischen Methoden zu erfassen, bilden den Inhalt des folgenden Kapitels. Angesichts der Komplexität der Molekülspektren stellte dies eine große Aufgabe dar. Mit der neuen Quantenmechanik traten neben die Molekülmodelle der alten Quantentheorie auch die im Vergleich zu atomaren Wellengleichungen anspruchsvollen Wellengleichungen für Moleküle (Abschn. 14.1). Da jedoch einige Molekülsymmetrien als gesichert galten, war zu erwarten, dass man in diesem Bereich mit der gruppentheoretischen Methode weitere Fortschritte erzielen konnte – wie einige Wissenschaftler bemerkten. Wigner und Witmer veröffentlichten 1928 eine Arbeit zu molekularen Quantenzahlen (Abschn. 14.1.2). Van der Waerden war der erste, der die Entwicklung auf diesem Gebiet in einer Monographie zusammenfassend darstellte. Er brachte auch einige neue Aspekte ein (vgl. Abschn. 14.2). Zudem regte van der Waerden die Leipziger Dissertationsarbeit von H. A. Jahn zum Methanmolekül an, die 1935 publiziert wurde (Abschn. 14.3).

## 14.1 Von der alten Quantentheorie zur beginnenden Quantenchemie

### 14.1.1 Molekülmodelle in der alten Quantentheorie

In der alten, auf dem Bohrschen Atommodell basierenden Quantentheorie wurden eine Reihe von sehr stark idealisierten, semi-klassischen Modellen für Moleküle entwickelt. Meist wurde nur der einfachste Fall eines aus zwei Atomen bestehenden Moleküls modelliert, weil bereits dieser mathematisch schwer zu erfassen war – handelte es sich doch um mindestens drei Bestandteile, die beiden Kerne und mindestens ein Elektron, die berücksichtigt werden mussten. Ziel der Modelle war es, sowohl quantitative als auch qualitative Aussagen in Bezug auf Moleküle zu treffen. Allerdings stimmten die quantitativen Resultate der Modellrechnungen, etwa

M.R. Schneider, *Zwischen zwei Disziplinen*, Mathematik im Kontext,
DOI 10.1007/978-3-642-21825-5_14, © Springer-Verlag Berlin Heidelberg 2011

die Berechnung der Terme, in der Regel sehr schlecht mit den empirischen Befunden überein. Qualitative Aussagen über Quantenzahlen konnten dagegen für Teilbereiche recht gut mit den spektroskopischen Klassifikationen der Molekülspektren in Übereinstimmung gebracht werden.

Es wurden viele Molekülmodelle entwickelt und wieder verworfen. Hier sollen daher nachfolgend nur diejenigen kurz charakterisiert werden, welche in der frühen Entwicklung der hier zu besprechenden gruppentheoretischen Arbeiten zu Molekülen relevant waren:

- Das Modell fester Kerne (auch Kreiselmodell): Die Elektronen umkreisen die beiden als ruhend angenommenen Kerne. Dieses Modell wurde von Bohr eingeführt und später von Debye verbessert. Es konnte zu den Elektronenquantenzahlen (oder achsialen Quantenzahlen) in Beziehung gesetzt werden.
- Das Modell des starren Rotators (auch Hantelmodell): Darin wurde der Schwerpunkt des Moleküls und der Abstand zwischen den Kernen als fest betrachtet; die (als starr verbunden betrachteten) Kerne rotieren um den Schwerpunkt. Dieses Modell kann mathematisch durch einen starren Rotator erfasst werden. Es wurde in Verbindung mit den Rotationsquantenzahlen gebracht.
- Das Modell des harmonischen bzw. anharmonischen Oszillators: Hier wurden kleine eindimensionale Bewegungen der Kerne um den Äquilibriumsabstand modelliert. Mathematisch konnte dies durch eine Differentialgleichung für einen harmonischen bzw. für einen anharmonischen Oszillator erfasst werden. Das erste Modell wurde 1912 von dem dänischen Physiker Niels Bjerrum eingeführt, das zweite 1920 von dem Sommerfeld-Schüler Adolf Kratzer. Mit ihrer Hilfe konnten die Schwingungsquantenzahlen partiell erklärt werden.

In dem Artikel „Zur Quantentheorie der Moleküle" entwickelten Born und Heisenberg 1923 eine Störungstheorie, welche die einzelnen Modelle sowie Kombinationen verschiedener Modelle erfasste, um schließlich das ganze aus Elektronen- und Kernbewegungen bestehende Problem bei Molekülen zu modellieren.[904]

Angesichts der Komplexität der Bandenspektren leisteten die Modelle lediglich eine Erklärung für einige Teilstrukturen des Spektrums, die zuvor in Auseinandersetzung mit den von Henri Deslandres aufgestellten Gesetzmäßigkeiten spektroskopisch vorklassifiziert worden waren. Im Gegensatz zu den Linienspektren der Atome bestanden die von Molekülen herrührenden Bandenspektren aus Linien und aus Teilbereichen, welche den Eindruck eines Kontinuums erweckten. Man unterschied Rotations- und Schwingungsspektren, Rotationsschwingungsspektren sowie Bandenspektren im engeren Sinne (im sichtbaren Bereich). Die quasi-kontinuierlichen Abschnitte des Spektrums konnten zunächst nicht durch Quantenzahlen erfasst werden. Erst allmählich, durch verbesserte experimentelle Techniken, konnte gezeigt werden, dass auch diese Abschnitte in der Regel aus eng beieinander liegenden Linien bestanden. Die Dichte der Linien in Molekülspektren machte die Analyse ihrer Struktur wesentlich komplizierter als bei Atomspektren. Beispielsweise ist der Zeemaneffekt, also das Aufspalten von Linien unter dem Einfluss eines Magnetfeldes,

---

[904] Born und Heisenberg (1924).

für Moleküle viel schwieriger nachzuweisen als für Atome. Wie für die theoretische Modellierung galt auch für die experimentelle Erzeugung und Strukturanalyse von Bandenspektren, dass zunächst die einfachen, zweiatomigen Moleküle im Vordergrund des Interesses standen.

In dem für die *Encyklopädie der mathematischen Wissenschaften mit Einschluss ihrer Anwendungen* verfassten und im Mai 1925 beendeten Beitrag zu den Gesetzmäßigkeiten in den Bandenspektren hob Adolf Kratzer am Ende klar die Problematik der bisher gebräuchlichen theoretischen, auf mechanischen Modellen beruhenden Konzepte hervor:

> „Auch die mechanische Berechnung der Terme führt auf Schwierigkeiten, die es zweifelhaft erscheinen lassen, ob die Quantentheorie nur die Integrationskonstanten der Mechanik festlegt, oder ob sie darüber hinaus auch die Grundgesetze der Mechanik abändert. So werden wir von mehreren Seiten her auf die Frage geführt, ob es überhaupt möglich ist, durch ein mechanisches Modell die Eigenschaften der Materie restlos zu erfassen. Der Weg zur Beantwortung dieser Frage wird voraussichtlich von der weiteren Untersuchung der Spektren gewiesen werden."[905]

Die von Kratzer hier geäußerte Skepsis gegenüber der bisherigen Theorie fügt sich in das Gefühl einer Krise der (alten) Quantentheorie, das sich, wie im Abschn. 2.1.3 dargestellt, angesichts der Vielzahl von zu machender ad-hoc-Annahmen spätestens ab 1923/24 unter vielen Forschern ausbreitete.

### 14.1.2 Gruppentheoretische Methoden in der entstehenden Quantenchemie

Mit der Einführung der neuen Quantenmechanik durch Heisenberg, Born, Jordan, Schrödinger und Dirac 1925/26 änderte sich der theoretische Rahmen fundamental. Vor allem Physiker arbeiteten daran, auszuloten, inwiefern die neue Quantenmechanik auch zur Erklärung von Molekülen nutzbar gemacht werden konnte. Mit Hunds Worten: „[...] der Weg [war] frei für eine Anwendung auch auf Molekeln, festen Körper, Stoß- und Strahlungsvorgänge."[906] Die Differentialgleichungen der Molekülmodelle für starren Rotator und Oszillator wurden wellenmechanisch umgearbeitet.[907] Erste Versuche, eine Wellengleichung für einfache Moleküle aufzustellen, wurden von Hund, Mulliken, Kronig und anderen unternommen. Der Hamiltonoperator einer Wellengleichung für Moleküle war jedoch wesentlich komplizierter als für Atome, denn es galt, die kinetische Energie mehrerer unterschiedlicher Teilchen (Kerne/Elektronen) und die durch Wechselwirkung zwischen ihnen entstehende potentielle Energie zu berücksichtigen. Eine Wellengleichung für Moleküle war nur

---

[905] Kratzer (1925, S. 859).

[906] Hund (1933, S. 36).

[907] Dies geschah ab 1926 in vielen Einzelbeiträgen sowohl im wellenmechanischen (Erwin Fues, u. a.), wie auch matrizenmechanischen (Lucy Mensing, David Dennison u. a.) Rahmen. Für die wellenmechanische Behandlung vgl. die Zusammenfassung von Sommerfeld (1929).

mittels verschiedener Approximationsverfahren für diese Terme rechnerisch handhabbar.[908]

Die rechnerischen Schwierigkeiten, welche der neue quantenmechanische Rahmen mit sich brachte, hob Dirac 1929 klar hervor:

„[...] the underlying physical laws for the mathematical theory of a large part of physics and the whole of chemistry are thus completely known, and the difficulty is only that the exact application of these laws leads to equations much too complicated to be soluble."[909]

In diesem Zitat zeigt sich auch Diracs Einschätzung, die gesamte Chemie könne aus physikalischen Gesetzmäßigkeiten abgleitet werden. Die Einschätzung war sehr optimistisch in Bezug auf das Wissen über die chemische Theorie.[910] Diese reduktionistische Ansicht wurde von nicht wenigen Physikern vertreten. Wigner zufolge soll auch Walter Heitler, einer der Begründer der Quantenchemie, 1928 so gedacht haben. Wigner selbst war als ausgebildeter Chemie-Ingenieur vorsichtiger und skeptischer in Bezug auf die Leistungsfähigkeit der Quantenmechanik für die Chemie.[911]

Zusammen mit London entwickelte Heitler im neuen theoretischen Rahmen der Quantenmechanik einen neuen Erklärungsansatz für die Bindung zwischen zwei Atomen, die sogenannte kovalente (oder homöopolare) Bindung zwischen zwei Valenzelektronen. Damit konnten sie die 1916 von Gilbert Lewis gegebene Interpretation eines Valenzstriches als ein von den Atomen geteiltes Elektronenpaar theoretisch fundieren. Sie begründeten diese Bindungsart gruppentheoretisch als Spinkoppelung zwischen einem Paar von Valenzelektronen und wandten sie mit gutem Erfolg auf das Wasserstoffmolekül an.[912] Ihre Arbeiten zusammen mit den grundlegenden Arbeiten von Linus Pauling und von John C. Slater zur gerichteten Bindung von 1931, die beispielsweise die Tetraederstruktur der vier Bindungen des Kohlenstoffatoms in Methan erklärt,[913] werden als Geburtsstunde der Quantenchemie be-

---

[908] Eine diesbezüglich wegweisende Arbeit stammt von Born und Oppenheimer (1927), welche im Wesentlichen eine quantenmechanische Reformulierung des Ansatzes von Born und Heisenberg (1924) darstellt. Die Entstehung der Quantenchemie, in deren Kontext diese und die nachfolgenden Arbeiten zu stellen sind, nachzuzeichnen, ist nicht die Aufgabe dieser Arbeit. Es sei dazu auf die Übersichtdarstellungen von Gavroglu und Simões (1994); Gavroglu (1995); Nye (1996); Karachalios (2000); Simões (2003) und Mehra und Rechenberg (2000, Kap. III.5) verwiesen.

[909] Dirac (1929, S. 714).

[910] Der im Zitat geäußerte Pessimismus Diracs bezüglich der Lösbarkeit oder Berrschbarkeit dieser Gleichungen erscheint dagegen aus heutiger Sicht unangebracht: Heutzutage helfen (aufwändige) Computerberechnungen relativ gut weiter.

[911] „Wigner used to tease him [Heitler], since he was sceptical that the whole of chemistry could be derived in such a way. Wigner would ask Heitler to tell him what chemical compounds between nitrogen and hydrogen his theory could predict, and 'since he did not know any chemistry he couldn't tell me'." (Gavroglu, 1995, S. 54).

[912] Heitler und London (1927); Heitler (1928a). Vgl. Abschn. 3.2.3 zu Heitler, London und Weyl. Weyl (1930, 1931c) griff Heitler (1928b) auf und entwickelte neben der qualitativen gruppentheoretischen Methode auch einen quantitativen Ansatz zur Berechnung der molekularen Bindungsenergie, der auf der Invariantentheorie beruhte. Für eine ausführliche Darstellung aus mathematikhistorischer Perspektive vgl. Scholz (2006b).

[913] Pauling (1931a,b); Slater (1931a,b).

trachtet.[914] Weitere gruppentheoretische Ansätze in Bezug auf Moleküle folgten der Arbeit von Heitler und London: Kronig schlug 1927 vor, den Austausch der Kerne im zweiatomigen Molekül zu betrachten und verwies dazu auf Hunds Arbeiten.[915] Die gruppentheoretische Ableitung der Quantenzahlen von Molekülen haben dann jedoch umfassend erst Wigner und Witmer ein Jahr später durchgeführt.

Mit der gruppentheoretischen Exploration dieses neuen Anwendungsfeldes kam spätestens Ende 1928 das Gefühl unter Physikern und Chemikern auf, dass Kenntnisse der Gruppentheorie für die Quantenmechanik sehr wünschenswert, vielleicht gar in der Zukunft notwendig waren. Gleichzeitig wurde die Darstellungstheorie von vielen von ihnen als schwierig zu verstehen eingestuft.[916]

### 14.1.2.1 Molekulare Quantenzahlen: Wigner/Witmer (1928)

Wigner und Witmers Artikel zu molekularen Quantenzahlen entstand in Göttingen im Jahr 1927/28. Wigner war zu dieser Zeit der physikalische Assistent von Hilbert, dessen angeschlagene Gesundheit die Zusammenarbeit stark beschränkte. Der US-amerikanische Physiker Enos Eby Witmer nutzte ein Stipendium des International Education Board, um in Göttingen zu studieren. Witmer war 1923 an der University of Pennsylvania promoviert worden und hatte von 1925 bis 1927 als National Research Fellow in Harvard u. a. mit Robert Mulliken und Edwin Kemble zusammengearbeitet. Er hatte bereits einige Artikel zu Molekülspektren publiziert, allerdings meist noch im Rahmen der alten Quantentheorie.[917] Nur in einem Artikel, der die Rotation von Molekülen behandelte, machte er von der neuen Quantenmechanik Gebrauch.[918] Auch Slater war damals in Harvard und wurde von Mulliken motiviert, die Struktur von Molekülen mittels der neuen Theorie zu untersuchen.[919]

In der geistig anregenden Atmosphäre Göttingens, wo die Forschung zu Molekülen seit der Berufung von Max Born und James Franck 1921 eine gewisse Tradition hatte, trafen Wigner und Witmer aufeinander und publizierten gemeinsam eine grundlegende Arbeit zur konzeptionellen Erschließung von Bandspektren von zweiatomigen Molekülen mittels gruppentheoretischer Methoden.[920] Ihr Artikel bestand aus zwei Teilen: Im ersten Teil deduzierten sie einige der spektroskopisch, und damit semi-empirisch abgeleiteten Quantenzahlen und deren Auswahlregeln rein gruppentheoretisch, und stellten Intensitätsregeln auf. Im zweiten Teil entwickelten sie ein an das Aufbauprinzip für Atome angelehntes Schema, mit dessen Hilfe Aussagen über gruppentheoretisch mögliche Terme des Bandspektrums eines Mo-

---

[914] Vgl. Karachalios (2000). Karachalios schlägt vor, noch eine weitere Arbeit dazuzuzählen, nämlich Londons quantenmechanische Erklärung des chemischen Valenzkonzepts (London, 1928).

[915] Kronig (1928a).

[916] Vgl. Abschn. 3.3, insbesondere das Zitat von Hartree auf S. 64.

[917] Witmer (1926a,b); Kemble und Witmer (1926).

[918] Witmer (1927).

[919] Schweber (1990, S. 357, 380).

[920] Wigner und Witmer (1928).

leküls getroffen werden konnten. Dieses Schema wurde später nach ihnen benannt: Wigner-Witmersches Korrelationsprinzip. Die von ihnen gewählten Bezeichnungen für die Quantenzahlen wichen zum Teil von der im Frühjahr 1929 von Hund und Mulliken entwickelten einheitlichen Notation ab.

Die Idee zur gruppentheoretischen Deduktion von molekularen Quantenzahlen ist prinzipiell genau dieselbe wie für Atome, nämlich die Invarianz der Wellengleichung unter gewissen Gruppenoperationen. Wie oben bereits erwähnt, war aber die genaue Form der Wellengleichung für Moleküle immer noch Gegenstand der Forschung. Für den gruppentheoretischen Ansatz reichte jedoch das Wissen über deren Symmetrien. Wigner und Witmer nahmen an, dass die molekulare Wellengleichung die wichtigsten Symmetrien der Molekülmodelle aus der alten Quantentheorie erfüllen würde. Die irreduziblen Darstellungen dieser Symmetriegruppen konnten dann, wie im atomaren Fall, zu einigen der molekularen Quantenzahlen in Beziehung gesetzt werden. Wie in der Quantenmechanik der Atome, führten Wigner und Witmer den Spin des Elektrons ein, um die Feinstruktur von Bandspektren zu erklären.

Wigner und Witmer betrachteten die Symmetrien des Kreiselmodells und des Hantelmodells für zweiatomige Moleküle. Sie unterschieden dabei Moleküle mit identischen Kernen und mit Kernen unterschiedlicher Ladung und Masse. Das Kreiselmodell war invariant unter Rotationen um die Kernverbindungslinie, unter Permutationen der Elektronen, sowie im Fall gleicher Kerne unter Permutation der Kerne und unter Spiegelung der Elektronen und Kerne an der Mittelebene zwischen den beiden Kernen. Das Hantelmodell war invariant unter Rotationen der beiden (als verbunden gedachten) Kerne um den Molekülschwerpunkt, bei gleichen Kernen kam noch das Vertauschen der Kerne bzw. die (Punkt-)Spiegelung der Kerne und Elektronen am Schwerpunkt hinzu. Die irreduziblen Darstellungen der entsprechenden Gruppen hatte Wigner bereits in seinen vorhergehenden Arbeiten eingeführt, so dass von der mathematischen Seite nichts Neues hinzukam. Wigner und Witmer verwiesen daher für den gruppentheoretischen Hintergrund auf diese Arbeiten. Ihr Artikel war deshalb lediglich für diejenigen verständlich, welchen die Grundzüge der Darstellungstheorie geläufig waren. Dies galt aber zu diesem Zeitpunkt nur für die allerwenigsten Physiker und Chemiker. Die Reihenfolge, in der die einzelnen Gruppen/Quantenzahlen berücksichtigt werden mussten – dass beispielsweise zunächst die Kernbewegung vernachlässigt werden durfte oder dass der Einfluss des Spins auf die Termstruktur unterschiedlich war, konnten die beiden Autoren dem aktuellen Forschungsstand[921] entnehmen.

Wigner und Witmer gelang es so, eine Vielzahl von molekularen Quantenzahlen und deren Auswahlregeln rein gruppentheoretisch abzuleiten. Dabei mussten sie zwischen schweren und leichten Molekülen unterscheiden. Dies hatte Einfluss auf die Reihenfolge der Ausreduktion von Darstellungen. Sie konstatierten, dass das von ihnen gruppentheoretisch deduzierte Termschema für Moleküle „schon reichlich kompliziert"[922] sei.

---

[921] Grundlegend war die Arbeit von Born und Oppenheimer (1927).

[922] Wigner und Witmer (1928, S. 869).

Es sollen hier nur zwei ihrer Ergebnisse herausgegriffen werden. Zum einen führten sie eine neue Quantenzahl ein, welche nicht unter den semi-empirischen, auf der Strukturanalyse der Spektren basierenden war: Sie unterschieden zwischen positiver und negativer Wellenfunktion, je nachdem ob diese im Hantelmodell bei Spiegelung am Schwerpunkt invariant blieb oder mit dem Faktor −1 multipliziert wurde. Diese Eigenschaft wurde auch mit dem Ausdruck ‚gerade' bzw. ‚ungerade' und mit den Buchstaben $g$ bzw. $u$ bezeichnet. Diese Unterscheidung war bereits von Kronig unter Hinweis auf Wigners Arbeiten zu Atomspektren eingeführt worden,[923] aber erst Wigner und Witmer stellten sie in den größeren gruppentheoretischen Zusammenhang. Zum anderen zeigten sie, wie die Wellenfunktionen der beiden Molekülmodelle miteinander in Beziehung standen. Die Wellenfunktionen des Hantelmodells konnten als Linearkombination zweier Wellenfunktionen des Kreiselmodells dargestellt werden. Dies führte auch zu Beziehungen zwischen den Quantenzahlen der beiden Modelle, welche Wigner und Witmer ebenfalls ausarbeiteten.

Im zweiten Teil ihrer Arbeit stellten Wigner und Witmer eine Art Aufbauprinzip für zweiatomige Moleküle auf. Sie gaben an, wie mit Hilfe der Quantenzahlen der einzelnen Atome des Moleküls und der Quantenzahlen des ‚united atoms' – also des Atoms, in das das Molekül überführt würde, falls die beiden Kerne zu einem vereinigt werden würden – die (Elektronen-)Terme des Moleküls gruppentheoretisch bestimmt werden können.[924] Dieser adiabatische Ansatz ging auf Friedrich Hund und Robert Mulliken zurück.[925] Experimentelle Hinweise gab es nur für den ersten Fall: Man konnte das Auseinanderziehen eines Moleküls in seine atomaren Bestandteile spektroskopisch verfolgen. Sich hauptsächlich auf diesen Fall konzentrierend, gelang es Wigner und Witmer, Aussagen darüber zu treffen, welche Terme gruppentheoretisch möglich waren. Dass nicht alle „gruppentheoretisch möglichen Terme" auch im Spektrum auftraten, war ihnen klar, denn der Term konnte im kontinuierlichen Teil des Spektrums liegen. Am Ende ihrer Ausführungen wandten sie ihre Analyse auf das Wasserstoffmolekül an. Sie merkten an, dass sie die Analyse auch auf die Spektren des Helium- und Natriummoleküls mit gutem Erfolg angewendet hätten, dass aber die Anwendung auf das Spektrum des Sauerstoffmoleküls Schwierigkeiten zu bereiten scheine.

---

[923] Kronig (1928b, S. 351) Kronig, der die Arbeit während seiner Zeit an der ETH Zürich verfasste, hatte anscheinend Kontakt zu Pauli und Wigner, vgl. Kronig (1928b, S. 352, Fußnote **). Im ersten in Kopenhagen verfassten Teil der Arbeit (Kronig, 1928a) findet sich kein Hinweis auf Wigners Publikation.

[924] „Unsere Aufgabe besteht nun darin, daß wir die Terme des Moleküls bei festgehaltenen Kernen (Elektronenterme) kennenlernen wollen, die aus diesen Atomen durch adiabatisches Zusammenführen der Kerne entstehen, d. h. ihre Darstellungseigenschaften in bezug auf Vertauschung der Elektronenschwerpunkte und Drehspiegelungen um die $Z$−Achse bestimmen wollen." (Wigner und Witmer, 1928, S. 879 f.) „Wir müssen noch angeben, was für Moleküterme einem bestimmten Atomterm, der zu dem Atom mit den vereinigten Kernen gehört, zugeordnet werden müssen." (Wigner und Witmer, 1928, S. 884).

[925] Vgl. beispielsweise Hund (1927c). In einer gemeinsamen Arbeit mit von Neumann entwickelte auch Wigner einen Ansatz, welcher eine Zuordnung von Molekültermen zu den einzelnen Atomtermen und eine quantitative Übersicht ermöglichen sollte (von Neumann und Wigner, 1929b).

### 14.1.2.2 Zur Rezeption

Am Sauerstoffmolekül setzte der junge Chemieingenieur Gerhard Herzberg an. Aufgrund der Wigner-Witmerschen Arbeit konnte Herzberg bereits 1929 zeigen, dass die 1926 durch Raymond Birge und Hertha Sponer bestimmte Energie zur Trennung des Sauerstoffmoleküls $O_2$ in seine beiden atomaren Bestandteile, die sogenannte Dissoziationsenergie, zu hoch angesetzt war. Es wurde dabei ein Zustand angenommen, der nach Wigner und Witmers Schema gruppentheoretisch nicht möglich war.[926] In einer nachfolgenden Arbeit erweiterte Herzberg das Aufbauprinzip von Mulliken und Hund, so dass man damit zuverlässigere Aussagen über die Existenz von gruppentheoretisch möglichen Termen, die energetische Reihenfolge der Terme und die Stabilität der Terme treffen konnte.[927] Außerdem gelang es ihm, die Heitler-Londonsche Elektronenpaarbindung in seinen Ansatz einzubeziehen. Herzberg, der in Darmstadt 1928 promoviert worden war, forschte zu dieser Zeit bei Max Born, James Franck und Robert Pohl in Göttingen mittels eines Stipendiums der Studienstiftung des Deutschen Volkes. Herzberg tauschte sich dort u. a. mit Heitler, Hund, Ehrenfest, Casimir und Uhlenbeck zur quantenmechanischen Behandlung von Molekülen aus.[928]

In einem im September 1930 gehaltenen Vortrag über Methoden der Deutung und Vorhersage von Molekülspektren anlässlich des vierten Deutschen Physikertages in Königsberg hob Hund die Bedeutung der Symmetrien der Molekülstrukturen hervor und verwies auf Wigners Arbeiten mit von Neumann und Witmer:

> „In der Quantenmechanik sind es noch viel mehr die *Symmetrieeigenschaften* der Systeme, die Aussagen über ihr Verhalten ermöglichen. Das Vorhandensein bestimmter Symmetrieeigenschaften eines mechanischen Systems führt zu einer Einteilung der Terme nach den Symmetrieklassen der *Schrödinger*schen Eigenfunktionen. Durch Nummerierung der Symmetrieklassen kann man Quantenzahlen definieren. Besonders allgemeine Ergebnisse hierüber lieferte die Anwendung der Gruppentheorie (durch *Wigner, v. Neumann und Witmer*)"[929]

Hund erwähnte auch „Rezepte" zur Aufstellung von Termschemata von zweiatomigen Molekülen, darunter das Wigner-Witmersche. Allerdings betonte er, dass gelegentlich die so gewonnenen Ergebnisse nur in Kombination mit den empirischen Daten aus der Spektralanalyse zu verlässlichen Aussagen führten:

> „Bei diesem Verfahren geht es nicht immer ganz ohne Willkühr ab. Denn es handelt sich um eine *Systematik*, die manche nur angenähert erfüllte Symmetrieeigenschaft benutzt. Es kann nicht nur vorkommen, daß die Vorhersage eines Spektrums verschiedene Möglichkeiten offen lassen muß, zwischen denen die Erfahrung zu entscheiden hat, sondern es können sogar bei genauer Kenntnis der empirischen Spektren (allerdings wohl in selteneren Fällen) Unbestimmtheiten in der Zuordnung zum theoretischen Schema entstehen. In geringerem Maße kennt man so etwas von den Atomspektren her."[930]

---

[926] Herzberg (1929a). Vgl. Herzberg (1985).

[927] Herzberg (1929b).

[928] Zur Biographie Herzbergs vgl. Stoicheff (2002).

[929] Hund (1930, S. 877, Hervorhebung im Original).

[930] Hund (1930, S. 878, Hervorhebung im Original).

Abb. 14.1: Friedrich Hund in Leipzig

Der experimentellen Seite, der spektroskopischen Analyse von Molekülspektren kam also eine wichtige Rolle zu. Hund erwähnte daher die jüngsten Durchbrüche von dieser Seite bei der Analyse der einfachsten zweiatomigen Moleküle, dem Wasserstoff- und dem Heliummolekül. An denen war u. a. van der Waerdens Groninger Kollege Gerhard Dieke beteiligt (s. u.). Insgesamt stellte Hund fest, „daß die theoretisch aufgestellten Termschemata wirklich den empirisch gefundenen weitgehend entsprechen.“[931]

Wigner veröffentlichte 1930 einen weiteren Artikel „Über die elastischen Eigenschwingungen symmetrischer Systeme“ zur gruppentheoretischen Behandlung von Molekülen.[932] Er zeigte, wie sich auch die Eigenschwingungen der Kerne um die Gleichgewichtslage in gewissen Molekülsystemen gruppentheoretisch in verschiedene Klassen einteilen lassen. Wigner betrachtete dabei solche Moleküle, deren Gleichgewichtslage durch Drehungen um Achsen im Raum in sich überführt wird.[933] Die Eigenschwingung eines Systems mit $n$ Atomen kann durch dreidimensionale Vektoren $f_i(i = 1, \dots, n)$ beschrieben werden, die die maximale Verrückung der Atomkerne (Amplitude der Schwingung) aus der Gleichgewichtslage angeben,

---

[931] Hund (1930, S. 879).

[932] Wigner (1930).

[933] Sogenannte lineare Moleküle, das sind Moleküle wie die bereits erwähnten zweiatomigen Moleküle, deren Atome auf einer Geraden liegen, schloss Wigner (1930, S. 136) von seinen Betrachtungen aus.

bzw. durch den Vektor $f = (f_1, \ldots, f_n)$. Durch die Operation $\bar{R}$ der Symmetriegruppe des Moleküls (Kerngerüsts) wird eine Eigenschwingung $f$ einer bestimmten Frequenz in eine Eigenschwingung $\bar{R}f$ der gleichen Frequenz überführt. Im Raum der Eigenschwingungen einer bestimmten Frequenz erhält man also eine Darstellung der Symmetriegruppe. Da die Symmetriegruppe eines Moleküls nur endlich viele Elemente besitzt, gibt es nur endlich viele inäquivalente irreduzible Darstellungen, nämlich genauso viele, wie die Symmetriegruppe Nebenklassen hat. Die Eigenschwingungen einer festen Frequenz lassen sich also in „Typen" einteilen, je nachdem welcher (reellen) irreduziblen Darstellung der Symmetriegruppe sie angehören. Die Anzahl der linear unabhängigen Eigenschwingungen einer Frequenz wird dann durch die „Dimension" (den Grad) der Darstellung gegeben. Dies ist möglich, weil der Lösungsraum der elastischen Bewegungsgleichung linear ist.

Weiterhin stellte Wigner mit Hilfe der Gruppentheorie explizite Formeln auf zur Berechnung der Anzahl der verschiedenen Frequenzen, die die Eigenschwingungen eines Moleküls aufweisen können. Damit konnte er auch ableiten, wieviele linear unabhängige Eigenschwingungen zu einer Frequenz gehören.[934] Dies geschah im Wesentlichen durch die Zerlegung einer bestimmten Darstellung der Symmetriegruppe des Moleküls, die um Translationen und Rotationen erweitert wurde, in eine Summe von irreduzible. Damit konnte er einige qualitative (z. B. Anzahl der sogenannten aktiven Eigenschwingungen, die mit Dipolstrahlung verbunden sind) und quantitative (z. B. Bestimmung von Eigenfrequenzen) Aussagen über das Schwingungsspektrum ableiten. Wigner erläuterte seine Überlegungen am Beispiel des von David Dennison untersuchten Methans.[935] Um die Ausreduktion der Symmetriegruppe eines Moleküls zu erleichtern, fasste Wigner, an eine Arbeit von Hans Bethe anknüpfend, die irreduziblen Darstellungen der 32 Kristallklassen in Form von Charaktertafeln im Anhang zusammen.[936]

Diese Art der Einteilung von Eigenschwingungen hatte bereits Carel Jan Brester in seiner 1923 an der Universität Utrecht eingereichten Dissertation über Kristallsymmetrie und Reststrahlen, welche von Born angeregt und in Göttingen angefertigt worden war, mit elementaren Mitteln vorgenommen.[937] Wigner entschuldigte die nochmalige Bearbeitung der Aufgabe damit, „daß die eingangs erwähnten gruppentheoretischen Mittel ihr [der Aufgabe] ganz besonders angepaßt erscheinen und daß man mit ihrer Hilfe auch zu einer besseren Übersicht der BRESTER'schen Theorie gelangt."[938] Damit setzte er seinen Weg fort, die Einsatzmöglichkeiten der gruppentheoretischen Methode – auch in der Quantenchemie – auszuloten, und kehrte gleichzeitig zu einem Thema aus seiner Zeit mit Karl Weissenberg am Kaiser-Wilhelm-Institut für Faserstoffchemie in Berlin zurück, nämlich der Frage nach der Symmetrie von Kristallen.[939] Mulliken (1933, S. 280) wies auf die Bedeutung der

---

[934] Wigner (1930, S. 138 f.).

[935] Dennison (1925).

[936] Bethe (1929, Abschn. I) hatte die „Termaufspaltung in Kristallen" gruppentheoretisch untersucht. Dabei knüpfte er an von Neumann und Wigners Arbeiten an.

[937] Brester (1923). Brester bezog sich auf A. Schoenflies und A. Speiser. Vgl. auch Brester (1924).

[938] Wigner (1930, S. 133 f.).

[939] Vgl. Chayut (2001).

Symmetriegruppen des Kerngerüsts hin: Sowohl die Wellenfunktion der Elektronen als auch die Schwingungseigenfunktionen der Kerne, wie auch deren Produkte gehören zu bestimmten irreduziblen Darstellungen dieser Gruppen.

Die Einführung von gruppentheoretischen Methoden bei Fragen zu Molekülspektren und zur Erklärung von Bindungen bzw. Valenzen bewirkte bei einigen Wissenschaftlern auch ein Umdenken, was die Akzeptanz dieser Methoden betraf. Dies zeigt sich deutlich bei Max Born. Born änderte zwar seine grundsätzlich skeptische Haltung gegenüber der Gruppentheorie nicht wesentlich,[940] aber er gestand ihr doch wichtige Leistungen zu. Vielleicht geschah dies durch den direkten Austausch mit Weyl, der ab Mai 1930 als Hilbert-Nachfolger Borns Kollege war. In seinem Übersichtsartikel „Chemische Bindung und Quantenmechanik" für die *Ergebnisse der exakten Naturwissenschaften* im Jahr 1931 kommt dies in der Einleitung klar zur Geltung. Auf der einen Seite sprach Born von „große[n] mathematische[n] Komplikationen" und der Erfordernis von „so abstrakte[m] Rüstzeug wie Gruppen- und Invariantentheorie"[941], wenn man Molekülbindungen zwischen Atomen mit mehr als zwei Elektronen betrachtet, und kritisierte Weyls Darstellung 1930/31 als „unscheinbar[e], durch ihre Knappheit schwer verständlich[e] Form".[942] Auf der anderen Seite hob Born die Relevanz der Resultate hervor, die nicht ohne Gruppentheorie zu erzielen seien:

> „Für uns Physiker und Chemiker aber sind sie [die Ergebnisse Weyls, MS] so wichtig, daß es angemessen erscheint, wenigstens die Ergebnisse in leicht verständlicher Form darzustellen. Die Beweise allerdings eignen sich nicht hierfür, denn die völlige Vermeidung der ‚Gruppenpest', die SLATER und der Verfasser angestrebt hatten, hat sich nicht erreichen lassen."[943]

An dieser Stelle fügte Born in einer Fußnote ein:

> „Für den Physiker ist es als Fortschritt zu buchen, daß ein Zurückgreifen auf die schwierigen Arbeiten von FROBENIUS und SCHUR zur Theorie der ‚Darstellung' von Gruppen nicht mehr nötig ist."

Damit erkannte er die Leistungen von Weyl, Wigner und anderen durchaus an, welche versuchten, die Gruppentheorie für Naturwissenschaftler verständlich aufzubereiten, auch wenn er sich deutlich als Kritiker der gruppentheoretischen Methode zu erkennen gab. Gleichzeitig zeigt das Zitat, dass es nicht die moderne Algebra à la Noether war, welche vielen Physikern Schwierigkeiten bereitete. Die von Born als „wichtig" eingestuften Arbeiten seines Kollegen Weyl (1930, 1931c) hatten in der Folgezeit für die Chemie kaum Bedeutung. Weyls Methoden warfen praktische Probleme auf und wurden von Chemikern nicht aufgegriffen.[944] Stattdessen arbeitete man mit dem von Hund und Mulliken entwickelten Modell der Molekülorbitale. Born fuhr fort:

---

[940] Zu Borns Haltung um 1930 vgl. Scholz (2006b).

[941] Born (1931, S. 388).

[942] Born (1931, S. 390). Born bezog sich auf Weyl (1930, 1931c) zur Bindung und Bindungsenergie von Molekülen, die aus mehr als zwei Atomen bestehen. Vgl. Scholz (2006b).

[943] Born (1931, S. 390).

[944] Scholz (2006b).

„Aber hiermit [mit dem Weglassen der Beweise, MS] kann sich der Praktiker wohl abfinden, wenn nur die Begriffe und Rechenmethoden in verständlicher und handlicher Form dargeboten werden: so wie der Chemiker nach fertigen Regeln und Rezepten experimentiert, wird er auch bereit sein, nach fertigen Regeln zu rechnen."[945]

In seinem Artikel bemühte sich Born um die genannte Vereinfachung. Er sprach in dem Zitat unterschiedliche Bedürfnisse an. Dem Praktiker, zu denen er die Chemiker zählte, genügten seiner Meinung nach Regeln, mit denen dieser „rechnen" konnte. Ein tieferes theoretisches, in diesem Falle mathematisches Verständnis der Hintergründe, war für die Anwendung nicht nötig.[946]

Diese – auf den ersten Blick vielleicht überheblich erscheinende – Aussage weist vielleicht auf unterschiedliche Kulturen des Verstehens in den verschiedenen Disziplinen hin.[947] In einer noch stärker experimentell orientierten Wissenschaft wie der Chemie, in der wichtige Regeln, Begriffe und Klassifikationen aus dem Experimentieren heraus abgeleitet wurden und eine mathematische Theoriebildung zu dieser Zeit noch in ihren Anfängen steckte, waren „Regeln und Rezepte" integrale Bestandteile des Wissens und Erkennens. Die Zusammenfassung gruppentheoretischer Zusammenhänge in einfachen Tabellen und Schemata, in denen man bei Bedarf die entstehenden Quantenzahlen nachschlagen konnte, trifft in einem solchen Gebiet auf stärkere Akzeptanz als etwa in der Quantenmechanik. In der Quantenmechanik, gesehen als Teil der theoretischen Physik, war (und ist) Verstehen an das Verständnis von abstrakten mathematischen Strukturen (etwa des Hilbertraums) geknüpft. Ein rezeptmäßiges Benutzen von Gruppentheorie musste in diesem Kontext unbefriedigend bleiben. Ein tieferes mathematisches Verständnis war für theoretische Physiker notwendig, denn nur so konnten sie die wenig anschauliche, Interpretationsprobleme hervorrufende Theorie durchdringen und zu ‚verstehen' versuchen. Vielleicht kann dieser Ansatz auch miterklären, warum in der Quantenmechanik der Widerstand gegen die Gruppentheorie so stark ausfiel.

---

[945] Born (1931, S. 390).

[946] Schweber stellt weitere Unterschiede zwischen Physikern und Chemikern zusammen, die diese selbst beschrieben: das Datenzusammentragen des Chemikers versus am Experiment geleitetes Theoriebilden des Physikers (Schweber, 1990, S. 399); die Liebe zu und Kenntnis von einzelnen Molekülen versus der Konzentration auf Kraftfelder; die von Dirac ausgesprochene und von vielen Physikern geteilte Einschätzung, dass die physikalische Theorie zur vollständigen Erklärung der Chemie ausreicht, welche von Chemikern abgelehnt wurde (ebenda, S. 403 f.).

[947] Für diesen Hinweis bin ich Jeremy Gray dankbar.

## 14.2 Van der Waerdens Zusammenfassung zu zweiatomigen Molekülen

### 14.2.1 Zur Motivation

Van der Waerden beendete seine Monographie zur gruppentheoretischen Methode in der Quantenmechanik mit einem Kapitel über Molekülspektren.[948] Über seine diesbezüglichen Motive kann nur wenig belegt werden. Im Vorwort hob van der Waerden die Unterschiede zwischen Wigners und seinem Buch hervor, um seine Publikation zu „rechtfertigen". Das Kapitel zu Molekülspektren nannte er dabei an erster und damit prominenter Stelle:

> „Um das Erscheinen dieses Buches trotz des im vorigen Jahr erschienenen gleichgerichteten Buches von E. WIGNER: Gruppentheorie und ihre Anwendung auf die Quantenmechanik der Atome, Berlin 1931 zu rechtfertigen, möge (abgesehen von der abweichenden Behandlung mancher Einzelheiten) auf das letzte Kapitel über Moleküle und auf die Paragraphen über die Lorentzgruppe und über die relativistische Wellengleichung hingewiesen werden."[949]

In der Tat enthielt weder Wigners Monographie noch die überarbeitete Auflage des Weylschen Werks ein derartiges Kapitel. Van der Waerden lieferte damit erstmals in Buchform eine Übersicht über die Anwendung gruppentheoretischer Methoden zur Deduktion von molekularen Quantenzahlen. Ein 1930 erschienenes Lehrbuch von Ralph de Laer Kronig zu Bandenspektren und Molekülstruktur, das aus einer Vortragsreihe am Trinity College in Cambridge im Mai 1929 hervorgegangen war, gab zwar eine Zusammenfassung zur Theorie zweiatomiger Moleküle in der neuen Quantenmechanik, schloss aber aus didaktischen Gründen – Kronig wandte sich sowohl an theoretische als auch Experimentalphysiker als Leserschaft – kompliziertere mathematische Herleitungen und Beweise aus. Dazu zählten auch gruppentheoretische Deduktionen

> „In the derivation of the results the plan generally adhered to was to omit proofs which require the use of group theory. Besides, purely mathematical details [...] have often not been gone into. Full references have been given in these cases."[950]

Van der Waerden sah sein Kapitel zu Molekülspektren als eine Ergänzung zu Kronigs Monographie an, indem es den gruppentheoretischen Hintergrund lieferte, den Kronig nicht behandelte.[951] Van der Waerdens Buch füllte also in diesem Bereich eine (Markt-)Lücke. Mögliche Käufer und Leser schlossen auch solche Wissenschaftler ein, deren Forschungsschwerpunkt auf Molekülen und der sich formierenden Quantenchemie lag. Diese wurden in Weyls nur bedingt, Wigners Monographie überhaupt nicht fündig. Damit eröffnete sich für van der Waerdens Werk ein neuer Leserkreis in einem dynamischen Forschungsgebiet.

---

[948] van der Waerden (1932, Kap. VI).

[949] van der Waerden (1932, S. VI, Hervorhebung im Original).

[950] Kronig (1930, preface).

[951] van der Waerden (1932, S. 135, Fußnote 3).

Ein weiteres Motiv van der Waerdens, sich gerade diesem Gebiet zuzuwenden, kann in van der Waerdens Studium sowie in den Interessen seines wissenschaftlichen Umfeldes gesehen werden. Van der Waerden hatte in Amsterdam neben Mathematik, Physik und Philosophie auch Chemie studiert.[952] Das lässt sowohl auf ein grundsätzliches Interesse van der Waerdens an der Chemie schließen, als auch auf diesbezügliche grundlegende Kenntnisse. Van der Waerdens Beschäftigung mit Molekülspektren lag also nicht jenseits seines wissenschaftlichen Hintergrundes.

Wahrscheinlich entscheidender für die Beschäftigung mit Molekülspektren war van der Waerdens wissenschaftliches Umfeld. Bereits ab 1927/28 gab es dort Physiker, die sich intensiv mit Fragen der Molekülbildung auseinandersetzten. Als van der Waerden 1927 Assistent Courants in Göttingen war, hielten sich dort auch Heitler, Wigner und Witmer auf, die gerade entsprechende Arbeiten publiziert hatten bzw. zur Publikation vorbereiteten.[953] In Göttingen beschäftigten sich auch Max Born und sein US-amerikanischer Student Robert Oppenheimer mit Molekülbildung. Sie hatten kurz zuvor eine wegweisende Arbeit zur Quantenmechanik der Moleküle publiziert.[954] Allerdings bleibt offen, ob van der Waerden mit diesen Physikern tatsächlich kommunizierte und ob er ihre diesbezüglichen Arbeiten zu dieser Zeit bereits wahrnahm und studierte.

Für seine Groninger Zeit kann ein solcher Austausch belegt werden.[955]. Van der Waerden pflegte freundschaftliche Kontakte zu den beiden Experimentalphysikern Dieke und Coster. Die Erzeugung und Analyse von Spektren, auch von Molekülspektren, stand im Mittelpunkt ihrer Forschung. Man kann daher davon ausgehen, dass van der Waerden mit Dieke und Coster Fragen zu Molekülen diskutierte. Als Dieke im Frühjahr 1930 an die Johns Hopkins Universität ging, kam mit seinem Nachfolger Kronig ein Experte auf dem Gebiet der Molekülspektren nach Groningen. Auch im Kreis um Ehrenfest spielten Moleküle eine wichtige Rolle. Ehrenfest selbst hielt in seinem Notizbuch und in Briefen mehrmals entsprechende Hinweise fest.[956] Van der Waerdens Groninger wissenschaftliches Umfeld (im weitesten Sinne) hatte also ein großes Interesse an Molekülen.

Dasselbe galt auch für die Physiker in Leipzig. Pieter Debye und Werner Heisenberg hatten bereits 1928 eine Tagung zu Quantenmechanik und Chemie veranstaltet, die als erste sogenannte ‚Leipziger Vortragswoche‘ in die Geschichte einging. Im Sommer 1931 organisierten sie diese zusammen mit Friedrich Hund zum Schwerpunkt Molekülstruktur und luden ausgewiesene Spezialisten ein.[957] Hund beschäftigte sich bereits seit 1925 intensiv mit Molekültheorie. Zusammen mit Mulliken entwickelte er die sogenannte Molekülorbit-Theorie, welche für die Quantenchemie

---

[952] Vgl. Abschn. 4.2.

[953] Vgl. den vorangehenden Abschn. sowie 3.2.

[954] Born und Oppenheimer (1927).

[955] Vgl. Abschn. 5.2.

[956] Vgl. beispielsweise die Briefe von Ehrenfest an Kramers im August 1928 (siehe S. 63, 121) sowie ein Notizbucheintrag (MB, ENB 1:32, VII 1927 – IX 1928 (6703)). Die Einladung Heitlers in das Leidener Kolloquium im Herbst 1928 spiegelt ebenfalls Ehrenfests diesbezügliches Interesse wider.

[957] Vgl. Debye (1931).

grundlegend war. Damit arbeitete einer der führenden Experten für Molekültheorie in Leipzig, als van der Waerden im Mai 1931 einem Ruf dorthin folgte. An van der Waerdens Seminar zur Gruppentheorie und Quantenmechanik im Sommersemester 1931 nahmen u. a. Heisenberg und Hund teil. Es ist anzunehmen, dass Hund Fragen zu Molekülbildung und -spektren in die Diskussion dort einbrachte. Zu dem Zeitpunkt, als van der Waerden sein Buch zur gruppentheoretischen Methode verfasste, war also das Thema unter seinen Physikerkollegen in Leipzig hoch aktuell. Mit dem Kapitel zu Molekülspektren knüpfte van der Waerden an deren Interessen und Bedürfnisse an.

## 14.2.2 Quantitatives und Qualitatives zu Molekülspektren

Van der Waerdens Kapitel zu Molekülspektren bietet auf nur 22 Seiten eine sehr dichte Zusammenfassung der Materie. Diese reicht von qualitativen bis hin zu quantitativen Ergebnissen. Als erstes gab van der Waerden mit Hilfe der Molekülmodelle einen „rohen Überblic[k] über die möglichen Energieterme eines Moleküls [...]"[958] In seiner qualitativen Analyse zog er die folgenden zwei Modelle heran: das „System mit zwei festen Kernen" oder „Zweizentrenproblem" (entsprach im Wesentlichen dem Kreiselmodell; Terminologie angelehnt an Hund) sowie das „System von zwei beweglichen Kernen" oder „frei drehbares Molekül" (entsprach im Wesentlichen dem Hantelmodell). Die Betrachtung der zweidimensionalen Drehsymmetrie um die Kernverbindungslinie ($SO_2$) beim Zweizentrenproblem führte zur Einführung der „axialen Quantenzahl" $\Lambda$, welche den irreduziblen Darstellungen entsprechend die Werte $0^+, 0^-, 1, 2, 3, \ldots$ bzw. die Quantenzahlen $\Sigma^+, \Sigma^-, \Pi, \Delta, \Phi, \ldots$ annehmen kann. Das Modell des frei drehbaren Moleküls ist drehungsinvariant in Bezug auf den Schwerpunkt. Die irreduziblen Darstellungen der Drehspiegelungsgruppe ($O_3(\mathbb{R})$) liefern die Quantenzahlen $K$ der $SO_3$ und den Spiegelungscharakter $w = \pm 1$. Der Spin wurde zunächst vernachlässigt wie auch der Fall von zwei identischen Kernen. Van der Waerden stellte explizit die Frage nach Zusammenhängen:

> „Welche Beziehung besteht zwischen den Eigenfunktionen $\varphi_{\pm\Lambda}$ des Zweizentrenproblems und den Eigenfunktionen $\psi_K^{(m)}$ des frei drehbaren Moleküls? Welche zwischen der Quantenzahl $\Lambda$ und den Quantenzahlen $K, m, w$? Welche zwischen dem Energiewert $E(\rho)$ des Zweizentrenproblems mit Kernabstand $\rho$ und den wirklichen Eigenwerten, bei denen der Kernabstand nicht fest ist?"[959]

Um diese Fragen zu beantworten, arbeitete van der Waerden mit dem Konzept des fiktiven Kerns[960] und zeigte, wie die Wellenfunktionen $\psi^{(g)}$ ($g = K, K-1, \ldots, -K+1, -K$) des frei drehbaren Moleküls mit denjenigen $\psi_Q^{(g)}$ zusammenhängen, die den

---

[958] van der Waerden (1932, S. 135).

[959] van der Waerden (1932, S. 136).

[960] Anstelle von zwei Kernen mit Masse $M^0, M'$ und Koordinaten $q_0, q_1$ wird ein fiktiver Kern mit Masse $M = \frac{M^0 M'}{M^0 + M'}$ und Koordinaten $q^* = q_1 - q_0$ eingeführt. Dessen Koordinaten bezeichnete van der Waerden wieder mit $q_0$.

fiktiven Kern auf der mit der Kernverbindungslinie identifizierten $z$-Achse (an der Stelle $Q$) haben:

$$\psi^{(m)}(q_0, q_1, \ldots, q_f) = \sum_g a_{gm}(D)\psi^{(g)}(Q, Dq_1, \ldots, Dq_f) \qquad (14.1)$$

$$= \sum_g a_{gm}(D)\psi_Q^{(g)}(Dq_1, \ldots, Dq_f),$$

wobei die Drehung $D$ den fiktiven Kern $q_0$ auf die $z$-Achse dreht: $Dq_0 = Q$, und $a_{gm}(D)$ die Matrixelemente der Darstellungsmatrix von $D$ in der zu $K$ gehörigen irreduziblen Darstellung sind. Dann machte er die Annahme, dass $\psi_Q^{(g)}$ bis auf einen vom Kernabstand abhängigen Faktor näherungsweise mit $\varphi_\Lambda$ übereinstimmen und dass für $g \neq \pm\Lambda$ die Eigenfunktionen $\psi_Q^{(g)}$ in der obigen Gleichung 14.1 verschwinden. Dann gilt

$$\psi^{\pm\Lambda} = f_\pm(\rho)\varphi_{\pm\Lambda}$$

mit $K \geq \Lambda$. Durch die Untersuchung des Spiegelungsverhaltens von der Gleichung 14.1 bei einer Punktspiegelung am Schwerpunkt konnte van der Waerden aufzeigen, dass die beiden Faktoren $f_\pm(\rho)$ bis auf ein von den Quantenzahlen $K, \Lambda$ und dem Spiegelungsfaktor $w$ abhängiges Vorzeichen übereinstimmen, so dass er anstelle von $f_+(\rho)$ fortan $f(\rho)$ schrieb.

Die Rotationsquantenzahl $K$ konnte die Werte $K = \Lambda, \Lambda + 1, \Lambda + 2, \ldots$ annehmen. Sie bestimmte den Gesamtdrehimpuls des Moleküls $hK$ und $\mathscr{L}^2\psi^{(K)} = K(K+1)\psi^{(K)}$. Den Wert $h\Lambda$ interpretierte er als Größe des Gesamtdrehimpulses in Richtung der Kernverbindungslinie. Die Auswahlregeln für $K, w$ standen gruppentheoretisch fest. Um die für $\Lambda$ herzuleiten, mussten weitere Faktoren betrachtet werden. Damit waren die ersten beiden Fragen des obigen Zitats beantwortet.

Zur Rechtfertigung dieses Ansatzes und zur Beantwortung der dritten Frage arbeitete van der Waerden in §32 mit der Wellengleichung eines zweiatomigen Moleküls. Er setzte sie unter Vernachlässigung der kleinsten Glieder an als

$$\frac{h^2}{2M}\Delta_0\psi - \frac{h^2}{2\mu}\sum_1^f \Delta_\alpha\psi + U\psi = E\psi.$$

Die ersten beiden Operatoren der linken Seite beziehen sich auf die kinetische Energie des fiktiven Kerns (von fiktiver Masse $M$) bzw. der $f$ Elektronen (von Masse $\mu$). Der dritte Summand $U$ entspricht der potentiellen Energie aufgrund der Wechselwirkung zwischen Elektronen und (als ruhend angesehenen) Kernen. Die Lösung dieser Gleichung ist kompliziert – vor allem die Auswertung des ersten Terms bereitet Schwierigkeiten.

Mittels eines störungstheoretischen Ansatzes, Koordinatentransformation und einiger groben Abschätzungen vereinfachte van der Waerden diese Differentialgleichung zu

$$\frac{h^2}{2M}\left(-\frac{\partial^2}{\partial\rho^2}-\frac{2}{\rho}\frac{\partial}{\partial\rho}+\frac{K(K+1)-\Lambda^2}{\rho^2}\right)\psi-\frac{h^2}{2\mu}\sum_1^f\Delta_\alpha\psi+U\psi=E\psi \qquad (14.2)$$

Die Lösung dieser Gleichung gibt eine erste Approximation für $\psi^{(\pm\Lambda)}$.

Wenn man (14.2) durch den Ansatz

$$\psi=f(\rho)\varphi(\rho,q_2,\ldots,q_f)$$

löst, dann erhält man je eine Differentialgleichung für $f$ und für $\varphi$. Letztere hat die wellenmechanische Form des Zweizentrenproblems

$$-\frac{h^2}{2\mu}\sum_1^f\Delta_\alpha\varphi+U\varphi=E(\rho)\varphi$$

mit festem Abstand $\rho$ zwischen den beiden Kernen.

Die Funktion $f(\rho)$ bzw. $F=\rho f(\rho)$ kann durch eine Differentialgleichung bestimmt werden, welche die wellenmechanische Schwingungsgleichung eines Massepunktes darstellt, der sich auf einer Geraden unter dem Einfluss einer Kraft mit Potential

$$P=E(\rho)+\frac{h^2}{2M_0}\frac{K(K+1)-\Lambda^2}{\rho^2}$$

bewegt:

$$\left(-\frac{h^2}{2M_0}\frac{\partial^2}{\partial\rho^2}+P\right)F=EF.$$

Diese Differentialgleichung für einen Oszillator hat unter bestimmten Umständen – $P$ muss ein Minimum haben bzw. das Molekül muss stabil sein – endlich oder unendlich viele Eigenwerte oder Schwingungsterme $E$. Diese werden durch eine Schwingungsquantenzahl $v=1,2,3,\ldots$ unterschieden. Die Schwingungsterme $E_{v\Lambda\rho}$ ändern sich nicht sehr viel, wenn $K$ die Werte $\Lambda,\Lambda+1,\Lambda+2,\ldots$ durchläuft, weil der diesbezügliche zweite Term in $P$ sehr klein ist. Also gehört zu jedem Schwingungsterm $E_{v\Lambda}$ eine Reihe dicht beieinander liegender, zu den verschiedenen Werten von $K$ gehöriger Rotationsterme. Van der Waerden gab sogar eine Abschätzung für die ungefähre Lage der Rotationsterme an. Weiterhin beschrieb er die bekannte theoretische Erklärung, wie eine „Bande" im Spektrum eines Moleküls durch einen Quantensprung $\Lambda,v$ zustande kommt.

Mit dieser Verbindung von rein gruppentheoretischen Überlegungen zu Molekülspektren mit der molekularen Wellengleichung und der Differentialgleichung des Oszillators ging van der Waerden über den Wigner-Witmerschen Ansatz hinaus. Van der Waerden integrierte dabei sowohl quantitative Abschätzungen zur Energie als auch eine Quantenzahl, die Schwingungsquantenzahl, die nicht auf gruppentheoretische Weise deduzierbar ist. Er beschränkte sich also nicht auf gruppentheoretische Methoden. Seine Abschätzung für den zweiten Term in $P$ für die Oszillatorgleichung war anscheinend in dieser Art neu. Allerdings bleibt unklar, wie gut sie ist, denn in der zweiten überarbeiteten Auflage von 1974 wählte van der Waerden eine andere Abschätzung.[961]

In seinen folgenden Ausführungen berücksichtigte van der Waerden zusätzlich den Elektronenspin. Wie Wigner unterschied er zwei Fälle: a) die vom Spin herrührende Multiplettaufspaltung ist groß gegenüber der Rotationsaufspaltung und b) sie ist diesbezüglich klein. Der zweite Fall, der bei den leichteren Molekülen auftritt, war einfach zu behandeln. In Analogie zu Atomspektren bildete man aus jedem Rotationsterm $K$ durch Addition der Spinquantenzahl $S$ nach der Clebsch-Gordan-Formel ein Multiplett $J = K + S, K + S - 1, \ldots, |K - S|$. Im Fall a), der bei schwereren Molekülen eintritt, muss vor der Berechnung der Rotationsaufspaltung ein Produkt von Eigenfunktion und Spinfunktion eingeführt werden. Van der Waerden differenzierte anschließend zwischen dem Zweizentrenproblem und einem frei drehbaren Molekül. Er beschrieb die Abhängigkeiten der Eigenfunktionen bzw. Quantenzahlen dieser beiden Modelle und diskutierte die Verbindung mit den Schwingungsquantenzahlen. Abschließend leitete er die Auswahlregeln der neu eingeführten Quantenzahlen her.

Den wichtigen Spezialfall, dass das Molekül aus zwei gleichen Kernen besteht, behandelte van der Waerden in einem gesonderten Abschnitt. Er unterschied hinsichtlich Kernladung und Kernmasse. Bei gleicher Ladung der Kerne ergibt sich beim Zweizentrenproblem zusätzlich die Möglichkeit der Spieglung am Schwerpunkt bzw. an der zur Kernverbindungslinie senkrechten Mittelebene zwischen den beiden Kernen. Ersteres führt zur Einführung der Quantenzahl $\varepsilon = \pm 1$ und so zur Unterscheidung von „geraden" und „ungeraden" Termen – wie bei Kronig und Wigner/Witmer. Der Spiegelung an der Mittelebene, die von Wigner ebenfalls untersucht worden war, ging van der Waerden nicht nach, weil sie zu komplizierteren Formeln Anlass gebe. Bei gleicher Kernmasse und -ladung ist die Wellengleichung des frei drehbaren Moleküls zusätzlich invariant unter Vertauschung der beiden Kerne. Die Quantenzahl $\chi = \pm 1$ gibt dann Aufschluss, ob bei Ersetzung des fiktiven Kerns $q_0$ durch $-q_0$ die Wellenfunktion mit dem Faktor $\pm 1$ multipliziert wird, d. h. symmetrisch oder antisymmetrisch ist. Van der Waerden analysierte die Beziehung zwischen den beiden Quantenzahlen $\varepsilon$ und $\chi$ und stellte ihre Auswahlregeln auf.

Im Anschluss diskutierte van der Waerden, wie aus den Zuständen von zwei Atomen eines Moleküls Rückschlüsse auf die gruppentheoretisch möglichen Terme des aus den beiden Atomen zusammengesetzten Moleküls gezogen werden können. Wigner und Witmers Arbeit erwähnte er nur indirekt, indem er auf Kronig (1930) verwies. Kronig hatte die Wigner-Witmersche Arbeit zitiert und diese als – im Vergleich zu den Erklärungsansätzen mit Hilfe des Vektormodells – „rigorous justification of the results with the aid of group theory"[962] eingeschätzt. Wie zuvor ging van der Waerden dabei stufenweise vor: Zuerst betrachtete er das Zweizentrenproblem (ohne Spin). Die Eigenfunktionen der getrennten Atome sind dann in erster Näherung durch die (Tensor-)Produkte der Eigenfunktionen der beiden Atome gegeben, also etwa $\varphi_L^{(m)} \cdot \varphi_{L'}^{(m')}$. Durch die Wechselwirkung zwischen den Elektronen

---

[961] van der Waerden (1974, §36, S. 199).

[962] Kronig (1930, S. 24).

und Kernen der beiden Atome spaltet sich der Term $E + E'$ in mehrere Terme auf. Die Anzahl und die Quantenzahlen der auseinander tretenden Terme sowie die zugehörigen Eigenfunktionen können durch die Ausreduktion der Produktdarstellung der beiden Darstellungen der Drehspiegelungsgruppe erfasst werden. Van der Waerden stellte für niedrige Werte von $L, l'$ eine Tabelle auf. Bei zwei gleichen Kernen muss noch die Punktspiegelung am Schwerpunkt berücksichtigt werden, so dass in der Regel jeder der Terme noch in einen geraden und ungeraden spaltet.

Führt man jetzt Spin und Pauli-Verbot[963] ein und nimmt den Fall b) an, so haben die Wellenfunktionen der Atome die Form

$$\psi(m_L, m_s | q, \sigma) = \varphi(m_L | q) \cdot u(m_s | \sigma),$$

wobei $\sigma$ der Spinvektor und $m_s$ den Wert $\pm 1$ des Spins anzeigen und $q$ den Zustand der $f$ Elektronen bezeichnet. Sie sind also (kommutative) Produkte aus Wellen- und Spinfunktionen. Nach dem Pauli-Verbot erhält man eine antisymmetrische Wellenfunktion aus den Produktfunktionen durch

$$\psi_a = \sum \delta_P P \psi \psi' = \sum \delta_P P \varphi \varphi' u u',$$

wobei die Summe über alle Permutationen $P$ der $f + f'$ Objekte genommen wird. Durch Ausreduzieren der achsialen Drehspiegelungsgruppe für $\varphi \varphi'$ bzw. der räumlichen Drehungsgruppe für die Produkte der Spinfunktionen $u u'$, gegebenenfalls Berücksichtigung der Gleichheit der Terme, zeigte van der Waerden auf, welche Termzustände sich für das Molekül gruppentheoretisch ergeben können.

Van der Waerden schloss das Kapitel zu Molekülen mit einer äußerst kurzen Zusammenfassung über Methoden zur quantitativen Abschätzung der Energiezustände von Molekülen, und damit einem „schwierige[n] Problem". Bis auf den störungstheoretischen Ansatz, den er selbst in seinem Buch benutzt hatte, blieb es jedoch im Wesentlichen bei Literaturverweisen. Er erwähnte u. a. Heitler und Londons Ansatz zur Erklärung des Grundzustandes von Wasserstoff und der chemischen Bindung, sowie eine neue Methode von Slater.

Auch wenn van der Waerden in diesem Kapitel nur wenig Neues einführte, so gab er hier erstmals eine umfassende, im gruppentheoretischen Rahmen gehaltene Darstellung zur Deduktion von Quantenzahlen von zweiatomigen Molekülen. Zwar fiel diese eher knapp aus, aber sie stellte eine konzise Einleitung in die Thematik dar. Weitere Gebiete der Molekültheorie, in der gruppentheoretische Ansätze zum Tragen kamen, wie etwa die Erklärung von Valenzen und Bindungen, ließ van der Waerden jedoch unberücksichtigt.

---

[963] Vgl. Abschn. 2.2.2.

### 14.2.3 „A convenient survey ..." – Zur Rezeption

Mulliken erwähnte van der Waerdens gruppentheoretische Behandlung von Molekülspektren in einem seiner für die Quantenchemie grundlegenden Artikeln im Jahr 1933 über Elektronenstrukturen in polyatomaren Molekülen und Valenzen. In diesem gab er, anknüpfend an die Arbeiten von Wigner (1930) und Bethe (1929), eine kurze Einführung in die Gruppen- und Darstellungstheorie der Symmetriegruppen der Kerngerüste, der sogenannten Punktgruppen. Er bewertete van der Waerdens Kapitel als „convenient survey of the application of group theory to [...] diatomic problems".[964] Für die Anwendung auf Atome empfahl er in derselben Fußnote Wigners Monographie und einen Artikel von Eckart (1930). Weyls Arbeiten wurden nicht erwähnt. Mullikens positive Beurteilung mag sich förderlich für Verbreitung und Verkauf von van der Waerdens Monographie ausgewirkt haben. In weiteren einschlägigen Abhandlungen zur Molekültheorie finden sich ebenfalls Verweise auf gruppentheoretische Arbeiten, u. a. die von van der Waerden.

So etwa in Hunds Artikel „Allgemeine Quantenmechanik des Atom- und Molekelbaues" in Geiger und Scheels *Handbuch der Physik* von 1933. Hund hob die Bedeutung der Gruppentheorie klar hervor:

> „In manchen Fällen lassen sich die Symmetriecharaktere durch einfache Überlegungen finden. Aber nicht immer. Da war es wesentlich, daß die Mathematik in der *Gruppentheorie* schon die wesentlichen Ergebnisse bereitgestellt hatte. Ihre Nutzbarmachung für die Untersuchung der quantenmechanischen Systeme verdankt man in erster Linie E. WIGNER"[965]

Es folgt ein Hinweis auf die Bücher von Weyl (2. Auflage), Wigner und van der Waerden in Form einer Fußnote. Hund skizzierte die Verwendung der Gruppentheorie, um dann auf ein gerade für Moleküle wichtiges gruppentheoretisches, auf Wigner zurückgehendes Resultat einzugehen:

> In quantenmechanischen Systemen haben wir häufig mehrere Symmetriearten nebeneinander, und es taucht die Frage auf, wann man solche nebeneinander bestehende Symmetriearten einzeln behandeln darf und wann man sie zusammen behandeln muß. Die Gruppentheorie gibt auch auf diese Frage eine Antwort. [...] Das allgemeine Ergebnis ist nun das, *wenn verschiedene Symmetriearten bestehen und die Substitutionen, die verschiedenen Symmetriearten entsprechen, stets vertauschbar sind, so kann man die Symmetriearten getrennt behandeln.*"[966]

Etwas später erwähnte Hund auch Slaters Ansatz, bei der Berücksichtigung des Spins der Elektronen von vornherein nur antisymmetrische Wellenfunktionen zu betrachten, als eine Alternative zum gruppentheoretischen, in welcher der Spin erst im Nachhinein eingeführt wird.[967] Damit stellte Hund, beide Methoden gleichberechtigt nebeneinander. In seinem nachfolgenden Beispiel bevorzugte Hund jedoch den gruppentheoretischen Ansatz.

---

[964] Mulliken (1933, S. 287, Fußnote 5).

[965] Hund (1933, S. 580, Hervorhebung im Original).

[966] Hund (1933, S. 581, Hervorhebung im Original).

[967] Hund (1933, S. 589).

Van der Waerdens Kapitel zur Herleitung der Quantenzahlen zweiatomiger Moleküle kam also in Mullikens und Hunds Abhandlungen der Status einer Überblicksdarstellung zu. Inwiefern van der Waerdens Neuerungen (die Einführung der der Punktspiegelung am fiktiven Kern zugeordneten Quantenzahl $\chi$ sowie einige seiner Abschätzungen) wahrgenommen, kritisiert oder übernommen wurden, konnte im Rahmen dieser Untersuchung nicht nachgegangen werden, weil es zu tief in die Forschung zur Quantenchemie geführt hätte.

## 14.3 Jahns Doktorarbeit zum Methanmolekül (1935)

Wie bereits im Abschnitt 8.2 erwähnt, regte van der Waerden in Leipzig eine Doktorarbeit im Bereich der theoretischen Physik an. Er stellte Hermann Arthur Jahn[968] die Aufgabe, Schwingung und Rotation des Methanmoleküls quantenmechanisch zu fassen. Jahn, der in England geboren und aufgewachsen war und am University College in London ein Studium der Physik und Chemie abgeschlossen hatte, studierte in Leipzig Mathematik und theoretische Physik von November 1930 bis 1935. Das Dissertationsthema ging auf eine von Casimir in seiner Dissertation aufgeworfene Fragestellung[969] zurück. Casimir hatte die Frage ganz allgemein gestellt, aber nur für zwei grundlegende Spezialfälle (starrer Körper und Elektron bzw. Kern) untersucht. Er hatte keinen Versuch unternommen, dies zur Analyse von Molekülspektren heranzuziehen, auch wenn er andeutete, dies könne für Rotationsbanden sinnvoll sein. In seiner Dissertation zur *Rotation und Schwingung des Methanmoleküls*[970] dagegen tat Jahn genau dies: Er setzte eine Wellengleichung für Methan an und deduzierte dann auf dieser Grundlage nicht-kombinierende Teilsysteme von Rotationseigenfunktionen, von Schwingungseigenfunktionen und von Rotationsschwingungseigenfunktionen gruppentheoretisch. Er hielt seine Methoden für prinzipiell übertragbar auf andere Moleküle. Jahns Dissertation stellte den theoretischen Rahmen für die Ableitung des sogenannten Jahn-Teller-Effekts mit Hilfe gruppentheoretischer Methoden zur Verfügung.[971]

Das Methanmolekül $CH_4$ besteht aus einem Kohlenstoffatom und vier Wasserstoffatomen. Es besitzt also fünf Kerne und zehn Elektronen. Die Elektronenbewegung konnte nach einer Methode von Born und Oppenheimer durch ein Potentialfeld ersetzt werden. Damit konnte Jahn sich auf die Bewegung und Symmetrien der Kerne konzentrieren. Die $H-$Kerne formen ein Tetraeder, welches als Mittelpunkt/Schwerpunkt den schweren $C-$Kern hat (System mit festen Zentren). Die $H-$Kerne führen Schwingungen um diese Gleichgewichtslage aus und gleichzeitig führt das Tetraeder eine Kreiselbewegung im Raum aus (System mit beweglichen

---

[968] Vgl. Jahns Lebenslauf, den er seiner Promotion 1935 beifügte, abgedruckt in (Rechenberg und Wiemers, 2002, S. 111 f.).

[969] Casimir (1931a, S. XI).

[970] Sie wurde als Jahn (1935) publiziert. Da die Originalarbeit nicht aufgefunden werden konnte, orientiert sich die nachfolgende Analyse an diesem Artikel.

[971] Jahn und Teller (1937).

Kernen). Beide Bewegungen – Schwingung und Rotation der Kerne – gleichzeitig quantenmechanisch zu fassen, war Jahns Aufgabe.

Jahn entwickelte im ersten Teil die quantenmechanischen Bewegungsgleichungen für das Methanmolekül. Dazu führte er ein spezielles Koordinatensystem $x, y, z$ für das Tetraeder ein, so dass erstens die Trägheitsmomente der vier fiktiven Kerne[972] in Bezug auf irgendeine Achse durch den Schwerpunkt gleich der Trägheitsmomente der fünf wirklichen Kerne in Bezug auf dieselbe Achse sind und zweitens eine spezielle Lage des Tetraeders angenommen wird, in der die drei zweizähligen Achsen des Tetraeders mit den Koordinatenachsen zusammenfallen. Die vier fiktiven Kerne, die als starr bzw. im Gleichgewicht angenommen werden, haben dann bezüglich dieses Koordinatensystems bestimmte Koordinaten $q_0, q_1, q_2, q_3$ im $\mathbb{R}^3$. Jahn fasste diese Koordinaten zu einem Vektor $Q_0 := (q_0, q_1, q_2, q_3) \in \mathbb{R}^{12}$ zusammen. Er führte dann die „Gleichgewichtsmannigfaltigkeit" $M_0$ bzw. die „gespiegelte Gleichgewichtsmannigfaltigkeit" $M'_0$ ein, welche dadurch entstand, dass das Gleichgewichtstetraeder im Raum rotierte

$$M_0 := \{ RQ_0 \mid R \in SO_3 \}$$

bzw. zusätzlich eventuell einer Punktspiegelung am Ursprung ausgesetzt wurde

$$M'_0 := \{ SM \mid M \in M_0, SM = -M \}.$$

Die Schwingungen des Kernsystems wurden als Schwingungen eines System von fünf elastisch gekoppelten Massepunkten aufgefasst. Sie können dann mit Mitteln der Mechanik als Linearkombination von $3 \times 5 - 3 \times 2 = 9$ sogenannten Normalschwingungen in Richtung $Q_r \in \mathbb{R}^3$ mit Amplituden $\eta_r$ (mit $r \in \{1, 2, \ldots, 9\}$) ausgedrückt werden, wobei die Amplituden klein sind. Eine beliebige Kernkonfiguration $Q$ des schwingenden Kernsystems, also eine Konfiguration in der Nähe der Gleichgewichtsmannigfaltigkeit, kann damit eindeutig beschrieben werden als

$$Q = R(Q_0 + \sum_{r=1}^{9} Q_r \eta_r).$$

Jedem $Q$ kann dann in eindeutiger Weise eine Gleichgewichtskonfiguration $RQ_0$, also ein Punkt der Gleichgewichtsmannigfaltigkeit, und ein mitbewegtes, „molekülfestes" Koordinatensystem $X_1, X_2, X_3$ zugeordnet werden, dessen Orientierung zu $RQ_0$ dieselbe ist wie die von $x, y, z$ zu $Q_0$.

Im zweiten Teil klassifizierte Jahn die Rotations- bzw. die Rotationsschwingungseigenfunktionen der Kernbewegung des Methanmoleküls in nicht-kombinierende Teilsysteme. Dies beruhte im Wesentlichen auf einem Ansatz von Hund (1927d), der dazu sogenannte Symmetriecharaktere in Bezug auf Vertauschung gleicher Kerne einführte. Dieser Klassifikation entsprach dann eine sehr feine Eintei-

---

[972] Es war bekannt, wie man von fünf Kernen durch Abseparierung des Schwerpunkts zu vier fiktiven Kernen übergeht.

lung der Spektrallinien des Rotations- bzw. des Schwingungsspektrum des Moleküls. W. Elert (1928) wandte Hunds Methode auf das Methanmolekül an.

Im Unterschied zu diesen Arbeiten nahm Jahn die Klassifikation unter Einbeziehung der Gruppen- und Darstellungstheorie vor. Dazu zeigte er, dass eine Permutation $P$ der fiktiven Kerne einer beliebigen Kernkonfiguration $Q = SR(Q_0 + \sum_{r=1}^{9} Q_r \eta_r)$ (mit $S$ die Identität oder eine Vertauschung zweier Kerne, $R, \eta_r$ wie oben) ausgedrückt werden kann als

$$PQ = S'R'(Q_0 + \sum_{r=1}^{9} Q_r \eta_r'),  \tag{14.3}$$

wobei für $P = S_1 P_1$ (mit $S_1$ eine Transposition zweier Kerne und $P_1 \in A_4$ eine gerade Permutation) $S' = S_1 S, R' = RR_1$ gilt und $\eta'_r$ durch ein lineares Gleichungssystem berechnet werden kann.[973] Damit werden die bestimmenden Parameter $S, R, \eta_r$ einer Kernkonfiguration $Q$ in der Nähe der Gleichgewichtsmannigfaltigkeit durch eine Permutation getrennt transformiert. Jahn wies außerdem darauf hin, dass eine gerade Permutation $P_1$ von Kernen eines Punktes $(R) := R(Q_0)$ der Gleichgewichtsmannigfaltigkeit auch durch eine Drehung $\bar{R}_1$ um eine der molekülfesten Achsen $X_1, X_2, X_3$ bewirkt werden kann

$$P_1(R) = \bar{R}_1(R).$$

Also ist die Gruppe der geraden Permutationen zu einer gewissen Untergruppe von Drehungen um die molekülfesten Achsen äquivalent. Jahn hatte zuvor erläutert, dass die Gruppe der Drehungen um die molekülfesten Achsen des Tetraeders $(\bar{G})$ isomorph zur Gruppe der Drehungen im dreidimensionalen Raum $(SO_3)$ ist.

Die Wellenfunktion der Kernbewegung $\psi(Q)$ ist wegen (14.3) abhängig von den Parametern $S, R, \eta_r$ und kann näherungsweise als ein Produkt von Funktionen in den einzelnen Parametern angesetzt werden

$$\psi(Q) = \psi(S, R, \eta_r) \approx w(S)u(R)v(\eta_r),$$

wobei $w(S)$ ein Spiegelungsfaktor, $u(R)$ eine Rotationseigenfunktion und $v(\eta_r)$ eine Schwingungseigenfunktion der im ersten Teil abgeleiteten Wellengleichung des Moleküls ist. Wegen der Invarianz der Wellenfunktion unter Vertauschungen $P$ von gleichen Kernen setzt man

$$P(\psi(PQ)) = \psi(Q).$$

Für die einzelnen Faktoren gilt dann analoges, beispielsweise für die Rotationseigenfunktionen $Pu(PR) = u(R)$ bzw. $Pu(R) = u(P^{-1}R)$.

Um die Rotationseigenfunktionen in nicht-kombinierende Teilsysteme einzuteilen, zerlegte Jahn den Funktionenraum der Rotationseigenfunktionen in lineare Unterräume, welche irreduzibel bezüglich der Gruppe $A_4$ der geraden Permutationen

---

[973] Hier knüpfte Jahn an Wigner (1930) an und bemerkte, dass die Operatoren, die auf $Q_r$ wirken, gerade der von Wigner angegebenen Symmetriegruppe $\bar{R}$ entsprechen, vgl. Abschn. 14.1.2 auf S. 280.

von Kernen waren. Es war bekannt – Jahn verwies dafür auf van der Waerdens Monographie, dass es (bis auf Isomorphie) drei reelle irreduzible Darstellungen von
$A_4$ gibt: eine vom Grad 1 ($U_A$), eine vom Grad 2 ($U_B$) und eine vom Grad 3 ($U_C$).
Außerdem konnte Jahn mit Hilfe der Dissertation von Casimir (1931a) die Rotationseigenfunktionen in Unterräume $U_m^J$ einteilen, welche invariant und irreduzibel
gegenüber der Gruppe $\bar{G}$ aller Drehungen um die molekülfesten Achsen sind. Da
die Gruppe $A_4$ aber nur isomorph zu einer Untergruppe von $\bar{G}$ ist, ist $U_m^J$ nicht irreduzibel bezüglich $A_4$. Vielmehr gilt

$$U_m^J = aU_A + bU_B + cU_C.$$

Es gab also maximal drei verschiedene Teilsysteme. Mit Hilfe von Charaktertafeln
stellte Jahn eine Tabelle zusammen, wie sich die Koeffizienten $a, b, c$ für verschiedene $J$ berechnen ließen.

Die Schwingungseigenfunktionen ließen sich dann auf analoge Weise in drei
nicht-kombinierende Teilsysteme bzw. Unterräume $V_A, V_B, V_C$ einteilen. Die Rotationsschwingungseigenfunktionen sind dann Produkte von Rotationseigenfunktionen
und Schwingungseigenfunktionen. Der Raum der Rotationsschwingungseigenfunktionen lässt sich in (Tensor-)Produkträume

$$U_i V_j \qquad (i, j \in \{A, B, C\})$$

zerlegen. Diese Räume zerfallen wiederum in unter den geraden Permutationen von
Kernen invariante und irreduzible Unterräume $W_A, W_B, W_C$ und zwar genau in der
Weise, wie die (Tensor-)Produktdarstellung der entsprechenden reellen irreduziblen
Darstellungen von $A_4$ in irreduzible Darstellungen ausreduziert wird. Dies war bereits bekannt – Jahn verwies dazu nochmals auf van der Waerdens Monographie.
Damit hatte Jahn die nicht-kombinierbaren Systeme von Rotations-, Schwingungs-
und Rotationsschwingungseigenfunktionen gruppentheoretisch deduziert. Er ging
nicht darauf ein, wie sich diese Einteilung in dem entsprechenden Molekülspektrum
niederschlug.

Mit seiner Dissertation knüpfte Jahn an Arbeiten zur Molekültheorie von Hund,
Born und Oppenheimer an, sowie an deren Weiterentwicklungen durch Casimir und
durch die Ungarn Eduard Teller und Làszlò Tisza. Die letztgenannten hielten sich
beide ebenfalls in Leipzig auf: Tisza nur kurze Zeit im Jahr 1930, Teller dagegen
von 1929 bis 1934 und damit einige Jahre gleichzeitig mit Jahn.[974] Darstellungstheoretisch bezog Jahn sich hauptsächlich auf van der Waerdens Monographie, aber
auch auf Wigner (1930). Zudem erinnert Jahns Artikel von seiner Einteilung her und
auch inhaltlich stark an van der Waerdens Molekülkapitel, wodurch der Einfluss van
der Waerdens und des Leipziger Umfelds erkennbar wird.

Die Dissertation von Jahn wurde von van der Waerden, Heisenberg und Hund
begutachtet. Alle drei bewerteten diese als sehr gut. Der Erstgutachter van der Waerden betonte in Hinblick auf die Herleitung der Wellengleichung des Methanmole-

---

[974] Kleint und Wiemers (1993, S. 139 f.). Auch Hund hatte die Rotationseigenfunktionen des Methanmoleküls behandelt mit Hilfe seines adiabatischen Prinzips (Hund, 1928).

küls den mit der Aufgabenstellung verbundenen großen rechnerischen Aufwand, Jahns mathematisches Geschick bei der Bearbeitung und den Vorteil des von Jahn benutzten Ansatzes, nämlich dass damit die Wechselwirkungsglieder zwischen Rotation und Schwingung in zweiter Näherung „richtig und zum erstenmal vollständig herauskommen."[975] Methoden und Ergebnis des gruppentheoretischen Teils fasste er kurz (in nur vier Sätzen) zusammen. Abschließend begründete van der Waerden die Benotung mit „der weitgehenden Selbständigkeit des Verfassers und der Sicherheit, mit der er [Jahn] auch schwierige mathematische Methoden zu handhaben versteht."[976] Heisenberg hielt die Arbeit im Ganzen eher für mathematisch als für physikalisch interessant, „weil sie (zum Teil) Resultate mathematisch begründet, die die Physik gewöhnlich einfach der Anschauung entnimmt" – er mag hier an die spektroskopische Klassifizierung der Spektrallinien gedacht haben. Er sah sie als „ein erfreuliches Beispiel für die formale Schönheit der Methoden, die sich aus der Anwendung der Gruppentheorie auf die Quantenmechanik ergeben".[977] Heisenberg schlug Hund als weiteren Gutachter vor. Hund bestätigte Heisenbergs Einschätzung der Dissertation als eine „mathematische Leistung", betonte aber, dass „alle physikalischen Anwendungen, die sich machen lassen und wichtig sind, gemacht" und dass auch vermutete, unvollständige oder bloß teilweise bewiesene Resultate streng abgeleitet worden seien.[978] Damit strich Hund den physikalischen Nutzen von Jahns Dissertation klar heraus.

Jahn reichte eine vermutlich stark gekürzte und überarbeitete Fassung seiner Doktorarbeit als Aufsatz im Juni 1935 bei den *Annalen der Physik* zur Publikation ein.[979] Seine mündlichen Prüfungen in Chemie, Physik und Mathematik fanden im Februar 1935 statt, im September wurde die Promotionsurkunde ausgestellt.

Dass van der Waerden Jahn dieses Thema als Doktorarbeit stellte, deutet auf zweierlei in Bezug auf van der Waerden hin: zum einen eine Vertrautheit mit Casimirs Doktorarbeit und ihren Potentialen, zum anderen eine fundierte Kenntnis in Bezug auf Moleküle, welche über den in seinem Lehrbuch behandelten zweiatomigen Fall hinausgeht. Letzteres könnte sich van der Waerden beim Verfassen des Kapitels zu Molekülspektren in Leipzig angeeignet haben. Ersteres könnte noch aus seiner Groninger Zeit im Ehrenfest-Kreis stammen oder aber auch infolge seiner Auseinandersetzung mit dem Nachweis der vollständigen Reduzibilität der Darstellungen der halbeinfachen Liegruppen entstanden sein (siehe Kap. 16).

---

[975] Rechenberg und Wiemers (2002, S. 112).

[976] Rechenberg und Wiemers (2002, S. 112).

[977] Rechenberg und Wiemers (2002, S. 113).

[978] Rechenberg und Wiemers (2002, S. 113).

[979] Vgl. abschließende Bemerkung im Gutachten von van der Waerden (Rechenberg und Wiemers, 2002, S. 112 f.).

# Kapitel 15
# Allgemein-relativistische Spinoren

In diesem Kapitel wird der allgemein-relativistische Spinorkalkül behandelt, den Infeld und van der Waerden in den Jahren 1932 bis 1933 entwickelten. Wie bei dem ersten Artikel van der Waerdens zum Spinorkalkül kam der Anstoß dazu von außen, nämlich durch den polnischen Physiker Infeld. Die mathematische Theorie für das Aufstellen einer allgemein-relativistischen Wellengleichung für ein Elektron bereitete Anfang der 1930er Jahre Physikern, nicht zuletzt Infeld selbst, Schwierigkeiten. Van der Waerden und Infeld hofften, durch ihre Übertragung des Spinorkalküls in den Kontext der allgemeinen Relativitätstheorie Abhilfe zu schaffen.

In den ersten beiden Abschnitten wird der etwas verwickelte Entstehungskontext skizziert. In einem späten Stadium des Publikationsprozesses versuchte van der Waerden noch einen Ansatz von Schouten zu Spinordichten zu integrieren. Dies führte zu zwei parallelen Kalkülen (und zu einigen Fehlern). Es schließt sich in Abschnitt 15.3 eine technische Darstellung der beiden Kalküle an. Abschließend wird die Rezeption der Arbeit kurz angerissen, wobei die des Kalküls für die spezielle Relativitätstheorie mit einbezogen wird, so dass dieser Teil als eine Ergänzung zu Abschnitt 7.5 (und 12.4) gelesen werden kann. Der Schwerpunkt liegt dabei auf den 1930er Jahren.

## 15.1 Diracsche Wellengleichung und allgemeine Relativitätstheorie

Mit Diracs Konstruktion einer relativistischen Wellengleichung für das Elektron aus dem Jahr 1928 wurde ein physikalisch fruchtbarer Zusammenhang zwischen Quantenmechanik und spezieller Relativitätstheorie hergestellt. Kurz darauf versuchten einige Wissenschaftler diesen Zusammenhang auch auf die allgemeine Relativitätstheorie auszudehnen. Dabei kam dem von Albert Einstein 1928 eingeführten Konzept des Fernparallelismus zur Beschreibung einer einheitlichen Feldtheorie eine prominente Rolle zu.

M.R. Schneider, *Zwischen zwei Disziplinen*, Mathematik im Kontext,
DOI 10.1007/978-3-642-21825-5_15, © Springer-Verlag Berlin Heidelberg 2011

Tetrode und Wigner nahmen diese Idee als eine der ersten auf. Der niederländische Physiker Hugo Tetrode versuchte kurz nach dem Erscheinen der Einsteinschen Theorie eine „allgemein-relativistische Quantentheorie des Elektrons" aufzustellen.[980] Dazu führte er punktabhängige $\gamma$−Matrizen ein, indem er Diracs fundamentale Relation für die konstanten (Dirac-)Matrizen $\gamma_k$ $(k = 1, \dots, 4)$,

$$\gamma_k \gamma_l - \gamma_l \gamma_k = 2\delta_k^l,$$

für eine Riemannsche Mannigfaltigkeit verallgemeinerte

$$\gamma_k \gamma_l - \gamma_l \gamma_k = 2g_{kl}, \tag{15.1}$$

wobei $g_{kl}$ die Komponenten des metrischen punktabhängigen Fundamentaltensors waren und die verallgemeinerten $\gamma_k$ ebenfalls vom Punkt $P$ der Mannigfaltigkeit abhingen. Damit formulierte Tetrode die Diracschen Wellengleichungen des Elektrons allgemein-relativistisch und kovariant.[981] Im Anschluss diskutierte er, unter welchen Transformationen diese Gleichungen invariant sind. Wigner zeigte, dass Einsteins Theorie allgemein-kovariante Diracsche Gleichungen zuließ. In einer kurzen, Ende Dezember 1928 eingereichten Arbeit stellte er sein Ergebnis vor und kritisierte teilweise Tetrodes Ableitungen.[982]

Zu einem ähnlichen Resultat eines vom methodologischen Gesichtspunkt aus wesentlich umfassenderen Projektes gelangten kurze Zeit später Fock und Weyl. In Leningrad waren Vladimir Fock und Dmitrij Iwanenko 1929 auf der Suche nach einer einheitlichen Feldtheorie, die Quantenphysik und Gravitation umfassen sollte.[983] Sie hofften anfangs, diese mit Einsteins neuer Konzeption in Verbindung zu bringen. Fock merkte jedoch bald, dass die Weylsche Eichgeometrie besser für das Vorhaben geeignet war als Einsteins Fernparallelismus. Weyl selbst lehnte den Fernparallelismus ab. Im Sommer 1929 publizierten Fock und Weyl unabhängig voneinander Arbeiten, in welchen sie lokale Spinorstrukturen auf der zugrundeliegenden Raumzeitmannigfaltigkeit einführten.[984] Dazu schränkten sie die allgemeine lineare Gruppe auf die Gruppe der eigentlichen orthochronen Lorentztransformationen ein. Auf der Raumzeitmannigfaltigkeit betrachteten sie punktabhängige Lorentztransformationen $o(x) \in SO_{3,1}^+(\mathbb{R})$ des begleitenden Orthonormalsystems von Tangentialvektoren ($n$−Bein), welche differenzierbar von $x$ abhingen. Diese induzierten eine Transformation $\Lambda(o(x))$ der zugehörigen, von Dirac eingeführten vierkomponentigen relativistischen Wellenfunktion (in Spinorform), welche durch eine Darstellung $\Lambda$ der eigentlichen orthochronen Lorentzgruppe in $\mathbb{C}^4$ gegeben wurde. Fock und Weyl definierten für Spinoren einen Zusammenhang und einen Parallelentrans-

---

[980] Tetrode (1928).

[981] Tetrode (1928, S. 338).

[982] Wigner (1929). Vgl. Goenner (2004, Abschn. 9.4.5).

[983] Einen Überblick zur Geschichte der einheitlichen Feldtheorien mit Hinweisen auf weitere wissenschaftshistorische Literatur findet sich in Goenner (2004). Zu den in diesen Zusammenhang stehenden Arbeiten von Fock und Weyl von 1929 vgl. Scholz (2005).

[984] Darunter Weyl (1929); Fock (1929).

port, indem sie den Levi-Civita-Zusammenhang von der Raumzeit in den Raum der Spinoren lifteten. Weyl nutzte als Darstellung der Lorentzgruppe im Spinraum nicht Diracs reduzible Darstellung, sondern arbeitete mit irreduziblen Darstellungen $\Lambda \cong \rho \oplus \rho^+$ (mit $\rho$ der Standarddarstellung $SL(2,\mathbb{C})$, welche eine zweideutige Darstellung von $SO_{3,1}^+(\mathbb{R})$ ist, und $\rho^+$ der dazu adjungierten Darstellung, also $B := {}^t\bar{A}$ für $A \in SL(2,\mathbb{C})$). Es zeigte sich, dass die Liftung des Levi-Civita-Zusammenhangs (und damit der Spinorzusammenhang) nur bis auf einen rein imaginären Faktor bestimmt war. Die allgemein-relativistische Wellengleichung war in diesem Sinne Eich-invariant: Für die Wellenfunktion $\psi$ bzw. für die von Weyl betrachteten Spinoren ergab sich dadurch ein Eichfaktor $e^{i\lambda}$ (mit $\lambda$ eine differenzierbare ortsabhängige Funktion), der nicht von der Zweideutigkeit der Darstellung der Lorentzgruppe herrührte. Damit rückten Darstellungen von $SL(2,\mathbb{C}) \times U(1,\mathbb{C})$ in den Blick.

Schouten wurde durch Weyls obige Arbeit auf den Themenkomplex aufmerksam. Er hatte sich bereits im Kontext der speziellen Relativitätstheorie mit den in der relativistischen Wellengleichung von Dirac auftauchenden Größen algebraisch auseinandergesetzt.[985] In einer Publikation, die aus Vorlesungen 1930/31 am MIT und in Princeton hervorging, behandelte er die Diracsche Wellengleichung im Rahmen einer vier- und einer fünfdimensionalen Theorie der allgemeinen Relativität.[986] Zunächst definierte er einen „spin-space" $E_4$ für den Minkowskiraum, der isomorph zu der aus Linearkombinationen von 16 „Zahlen" bestehenden Algebra der Sedenionen war. Dann führte er für die Raumzeit der allgemeinen Relativitätstheorie lokal Spinräume ein. Die Definition der kovarianten Differentiation konnte er eindeutig festlegen, indem er bestimmte Anforderungen an Spingrößen stellte. Dabei spielten Spinordichten eine wichtige Rolle – ein Konzept, das an das Weylsche der Tensordichten angelehnt war und auf das van der Waerden zurückgreifen sollte (vgl. Abschn. 15.3.2). Er formulierte dann eine allgemein-relativistische Wellengleichung für ein Elektron in $E_4$.

Zusammen mit van Dantzig publizierte Schouten 1932 eine Arbeit zu diesem Gebiet mit dem Titel „Generelle Feldtheorie" in der *Zeitschrift für Physik*, weil sie überzeugt waren, dass ihre Methode, „als heuristisches Prinzip von *Physikern* angewandt, zu durchaus neuen Resultaten führen kann, welche wir, die wir nur Mathematiker sind, ihr noch nicht zu entlocken gewagt haben."[987] Die „Generelle Feldtheorie" war ihr gemeinsames aktuelles Forschungsprojekt.[988] Sie beruhte auf den von van Dantzig eingeführten „projektivzusammenhängenden Räumen". Schouten und van Dantzig propagierten ihre Theorie u. a. mit dem Argument, dass diese auch eine allgemein-relativistische Diracsche Wellengleichungen lieferte. Gegenüber anderen projektiven Theorien der Relativität, insbesondere denen von Veblen und Ba-

[985] Schouten (1929, 1930). Dieser Ansatz läuft im Wesentlichen auf die Benutzung von Quaternionen bzw. Sedenionen hinaus, was Schouten kurz darauf (s. u.) klar darlegte. Quaternionen benutzte zu dieser Zeit auch Cornelius Lánczos in seinen Arbeiten zur Reformulierung der Diracschen Wellengleichung im Rahmen einer vereinheitlichenden Feldtheorie, beispielsweise in seinen als Stipendiat der Notgemeinschaft bei Einstein in Berlin entstandenen Schriften: Lanczos (1929a,b,c).

[986] Schouten (1930/31).

[987] Schouten und van Dantzig (1932c, S. 639).

[988] Schouten und van Dantzig (1932a,b).

nesh Hoffmann sowie von Einstein und Mayer wie auch der Kaluza-Klein-Theorie, sahen sie ihren Ansatz überlegen. Die generelle Feldtheorie wurde sofort von Pauli leicht modifiziert aufgegriffen.[989] Hier kann auf diese Entwicklungen nicht näher eingegangen werden.

In der Arbeit „Diracsches Elektron im Schwerefeld I." entwarf Schrödinger 1932 eine Alternative zu dem von Fock und Weyl eingeführten $n-$Bein-Formalismus.[990] Anstelle der $n-$Beine traten die punktabhängigen $\gamma-$Matrizen als „Bezugssysteme". Dabei sollten die $\gamma_k$ hermitesch gewählt werden, wodurch diese bis auf eine unitäre Transformation bei gegebenen metrischen Fundamentaltensor bestimmt waren. Ausgehend von den von Tetrode eingeführten Vertauschungsrelationen (15.1) deduzierte er die für die kovariante Ableitung nötigen Operatoren $\Gamma_k$, welche Fock im Zusammenhang mit der Parallelverschiebung von Spinoren eingeführt hatte. Die $\Gamma_k$ „normierte" Schrödinger schließlich aufgrund physikalischer Erwägungen: Es sollten reinimaginäre elektromagnetische Feldstärken vermieden werden.[991] Auch die Ableitung weiterer fundamentaler Relationen gelang Schrödinger ohne die Benutzung von $n-$Beinen. Van der Waerden und Infelds Arbeit zu allgemein-relativistischen Spinoren entstand in Auseinandersetzung mit dieser Arbeit.

An die Schrödingersche Arbeit anknüpfend führte Valentin Bargmann im Juli 1932 ein spezielles lokales pseudoorthogonales „ausgezeichnetes $\gamma-$Feld" ein.[992] Damit umging er die bei Schrödinger nur bis auf eine Ähnlichkeitstransformation bestimmten $\gamma-$Systeme. Dies war naheliegend, da die von Schrödinger aufgestellte Diracsche Wellengleichung unter Ähnlichkeitstransformationen invariant war.

In seiner physikhistorischen Arbeit verdeutlichte van der Waerden, dass die Ansätze von Weyl und Fock auf der einen Seite und von Tetrode, Schrödinger und Bargmann auf der anderen im Kern äquivalent waren und sich nur in ihrer mathematischen Konzeption unterschieden.[993]

## 15.2 Infelds Zusammenarbeit mit van der Waerden

Auch der polnische Physiker Leopold Infeld wandte sich diesem Themengebiet Anfang der 1930er Jahre zu. Sein Ziel war, den van der Waerdenschen Spinorkalkül in den allgemein-relativistischen Kontext zu übertragen. Im ersten Anlauf (Infeld, 1932) misslang jedoch sein Projekt. Erst in der Zusammenarbeit mit van der Waerden ließ sich das Ziel erreichen. Diese begann 1932 mit einem Studienaufenthalt Infelds in Leipzig, wurde durch Korrespondenz fortgesetzt und mündete 1933 in ei-

---

[989] Pauli (1933d).

[990] Schrödinger (1932).

[991] Schrödinger (1932, §6).

[992] Bargmann (1932).

[993] van der Waerden (1960, Abschn. 12).

ner gemeinsamen Publikation mit dem Titel „Die Wellengleichung des Elektrons in der allgemeinen Relativitätstheorie".[994]

Infeld hatte in Lwów[995] Physik studiert und war – nach einem halbjährigen Studienaufenthalt in Berlin – 1921 bei Władysław Natanson in Kraków mit einer Arbeit zur Relativitätstheorie promoviert worden.[996] In Berlin traf er sich mit Albert Einstein, als er – als Jude und Pole – Schwierigkeiten bei der Immatrikulation an einer Berliner Universität hatte. Als außerordentlicher, nicht offiziell immatrikulierter Student besuchte Infeld in Berlin Vorlesungen von Max Planck und Max von Laue, sowie einen populärwissenschaftlichen Vortrag von Einstein. Seit dieser Zeit standen Infeld und Einstein in brieflichem Kontakt. Im Zeitraum bis 1932 korrespondierten sie nur selten.[997] Erst 1936, als Infeld – inzwischen Professor – durch Einsteins Hilfe ein Stipendium am Institute for Advanced Study in Princeton bekam, begann die Phase ihrer engen Zusammenarbeit.

Im Anschluss an die Promotion unterrichtete Infeld in Polen (Będzin, Konin, Warszawa) als Lehrer an verschiedenen Gymnasien. Infeld machte den Antisemitismus in Polen dafür verantwortlich, dass er keine Anstellung an einer Universität erhalten hatte. In Warszawa begann Infeld sich wieder wissenschaftlich mit der Physik auseinanderzusetzen. Er wurde von dem Experimentalphysiker Stanislaw Loria wahrscheinlich im Jahr 1928 als Assistent an die Universität Lwów berufen und habilitierte sich dort. Infeld hielt Vorlesungen zur theoretischen Physik. Als einziger in theoretischer Physik promovierter Pole fühlte er sich dort etwas isoliert.

Mit dreiunddreißig Jahren, wahrscheinlich im Frühjahr 1932,[998] besuchte Infeld die Universität Leipzig. Dort traf er mit Heisenberg und van der Waerden zusammen. Er hatte ursprünglich einen zweimonatigen Aufenthalt in Leipzig geplant, verkürzte diesen jedoch auf sechs Wochen, weil dann Heisenberg in die USA und van der Waerden nach Göttingen aufbrachen.[999] Während Infeld die politische Stim-

---

[994] Infeld und van der Waerden (1933).

[995] Deutsche Bezeichnung Lemberg, heute zur Ukraine, damals zu Polen gehörend.

[996] Die hier gegebene Kurzbiographie von Infeld orientiert sich an den Autobiographien (Infeld, 1969, 1980), sowie an den Aufsatzsammlungen (Infeld, 1978) und „The Infeld Centennial Meeting", Warsaw, Poland, June 22-23, 1998 (erschienen in *Acta physica polonica B*, Bd. 30, Nr. 10, 1999).

[997] Dabei ging es um Infelds Artikel „Zur Feldtheorie von Elektrizität und Gravitation" (Infeld, 1928) und um ein Empfehlungsschreiben für ein Rockefeller-Stipendium in Berlin bei Schrödinger, das nicht bewilligt wurde, siehe Stachel (1999, S. 2879-2884). Der Briefwechsel zwischen Einstein und Infeld wurde von Stachel (1999) analysiert, insbesondere hinsichtlich der Entwicklung ihrer persönlichen Beziehungen sowie ihrer Kommentare zu gesellschaftlichen, kulturellen und politischen Fragen.

[998] Für das Frühjahr 1932 spricht, dass Infeld Anfang Juni 1932 nach einem kurzen Zwischenstop in Berlin nach Polen zurückkehrte (Infeld, 1980, S. 178). Auch das Eingangsdatum 18. April 1932 des Artikels (Infeld, 1932) bei der *Physikalische[n] Zeitschrift* in Leipzig spricht für diesen Zeitraum. Infelds kurzer Aufenthalt in Leipzig ist in Kleint und Wiemers (1993, S. 137 f.) nicht aufgeführt.

[999] Infeld (1980, S. 175).

mung in der Stadt Leipzig als angespannt und antisemitisch wahrnahm[1000], fühlte er sich am Physikalischen Institut nicht unwohl.

> „In this sea of hatred and fighting the physics department formed a small peaceful island free of anti-Semitism. Heisenberg's assistant was a Jew. Toward a foreigner from Poland the atmosphere was reserved but correct."[1001]

Infeld genoss den lockeren und offenen Umgang zwischen Studierenden und Professoren, der am Physikalischen Institut in Leipzig gepflegt wurde und der für die damalige Zeit sehr ungewöhnlich war.[1002] Von van der Waerden berichtete er folgende Episode:

> „Once during a discussion he [van der Waerden] said he could prove something which I [Infeld] believed to be wrong. In proceeding with the proof he made the same mistake which I had made when working on the same question, then stopped and asked: 'Is it all right up to now?'
> 'No. I believe it is wrong.' I was sure that in a moment he would find his error. He looked at the blackboard for a little while and remarked: 'It is quite wrong. I am an idiot.' I am sure there is no professor in all Poland who would make such a remark about himself."[1003]

Leopold Infeld brachte ein Manuskript nach Leipzig, das er mit van der Waerden diskutierte.[1004] Es handelte sich höchstwahrscheinlich um das Manuskript des Artikels „Die verallgemeinerte Spinorrechnung und die Diracschen Gleichungen"[1005], der im April bei der *Physikalische[n] Zeitschrift* in Leipzig eingereicht wurde. Darin versuchte Infeld den van der Waerdenschen Spinorkalkül der speziellen Relativitätstheorie auf die allgemeine Relativitätstheorie zu übertragen. Allerdings arbeitete Infeld nicht mit der ‚richtigen' Geometrie. Van der Waerden meinte, Infeld habe eine eigene Relativitätstheorie entworfen, die nur konform-euklidische Räume zuließe.[1006]

Aus der gemeinsamen Diskussion des Schrödingerschen Artikels zum „Diracsche[n] Elektron"[1007] entstand der von Infeld und van der Waerden gemeinsam publizierte Artikel zur Wellengleichung des Elektrons in der allgemeinen Relativitätstheorie. Infeld arbeitete auf Anregung van der Waerdens das Manuskript nach seiner Rückkehr nach Polen aus.

---

[1000] „It was the last year of the Weimar republic. The air was full of hate and tension. On Sundays I [Infeld] saw brown-shirted parades through the windows of my room; later the blue shirts of the Social Democrats; still later, Communists with raised fists. Nazi beer parlors and announcements of Nazi meetings bore the sentence ‚Jews not admitted.' Each day the press brought news of clashes between Nazis and Communists." (Infeld, 1980, S. 173).

[1001] Infeld (1980, S. 173).

[1002] Infeld (1980, S. 174 f.).

[1003] Infeld (1980, S. 174). An eine ähnliche Episode erinnerte sich Herbert Beckert. Der Bulgare Yaroslav Tagamlitzki soll während einer Vorlesung van der Waerdens einen dort angeführten Beweis aus der Maßtheorie durch ein Gegenbeispiel widerlegt haben. Van der Waerden reagierte gelassen und versprach einen neuen Beweis für die folgende Stunde (Beckert, 2007, S. 70).

[1004] Infeld (1980, S. 174).

[1005] Infeld (1932).

[1006] Van der Waerden an Schouten, 6.6.1933, CWI, WG, Schouten. (Vgl. Abschn. 15.3.4).

[1007] Schrödinger (1932).

Abb. 15.1: Werner Heisenberg in Leipzig

„Two weeks after I [Infeld] had arrived in Leipzig Van der Waerden and I began to work together. The problem arose from our discussion of Schroedinger's paper. It concerned the connection between general relativity theory and the quantum theory of an electron. Our collaboration proceeded very well. It was my first real scientific adventure, my first collaboration with a man of great international fame. The realization that this brief visit to Leipzig, these few weeks in a vived scientific atmosphere, was enough to produce results strengthened my self-confidence. Since Heisenberg had left for a summer session in America and Van der Waerden had gone to Goettingen on a visit, I decided to shorten my stay in Leipzig and plan my summer vacation with Halina [Infeld's second wife, MS]. The essentials of the paper had been worked out; Van der Waerden suggested that I prepare the manuscript and that we finish our collaboration by correspondence."[1008]

Van der Waerden informierte Schrödinger im Juni 1932 in einem Brief über seine neue Methode in Hinblick auf die $\gamma^k$-Systeme.[1009] Er kritisierte die indirekte Definition der $\gamma_k$-Transformationen in Schrödingers Artikel und schlug eine Alternative vor:

---

[1008] Infeld (1980, S. 175).

[1009] Van der Waerden an Schrödinger, Leipzig, 14.6.1932, AHQP. Infeld wurde darin nicht erwähnt.

„Ich [van der Waerdeen] glaube nämlich, einen Weg zu finden, wodurch man von Vornherein die Willkür in den $\gamma_k$−Systemen beschränken kann, indem man nicht 4-Reihige, sondern nur 2-Reihige Matrizen einführt, wodurch Ihre nachträglichen Normierungen unnötig
werden."[1010]

Mit den „nachträglichen Normierungen" meinte van der Waerden die Normierung
der $\Gamma_k$ (siehe S. 300 f.). Zur Erläuterung skizzierte er den Spinorkalkül, wie er ihn
in seinen vorherigen Arbeiten[1011] dargelegt hatte, und wies vor allem auf die mathematischen Vorteile dessen hin:

„Ich [van der Waerden] meine, daß die Theorie des Diracelektrons um Vieles leich-
ter und durchsichtiger wird, indem man statt der Diracschen 4 $\psi$−Komponenten meine
$2+2$ $\psi$−Komponenten $\psi_\lambda, \psi^{\dot\lambda}$ (vgl. 23 meines Buches) einführt (Fußnote: Die 4 Dirac-
schen sind durch die meinigen ausgedrückt, $\psi_\lambda + \psi^{\dot\lambda}$ und $\psi_\lambda - \psi^{\dot\lambda}$.) und nur 2-Reihige
Matrices benutzt. Man stützt sich dabei auf eine bei der engeren Lorentzgruppe invariante
Zerlegung des Spinraums in 2 invariante Teilräume, und man hat bei Übersetzung in die
Sprache der 4-Reihigen Matrices nur solche von der Form

$$\begin{pmatrix} A & 0 \\ 0 & B \end{pmatrix} \begin{pmatrix} 0 & C \\ D & 0 \end{pmatrix}$$

$[A,B,C,D \in Mat(2 \times 2)]$ zu betrachten."[1012]

Van der Waerden hob hier die Irreduzibilität der Darstellung der Lorentzgruppe im
Spinraum als den Schlüssel zur *mathematischen* Klarheit und Einfachheit hervor.
Damit ging van der Waerden methodisch wie Hermann Weyl vor – ohne dass van der
Waerden die Nähe zu Weyl betonte. Die Motivation beider war jedoch verschieden.
Van der Waerden wählte diese Methode aus rein algebraisch-strukturellen und damit
mathematischen Gründen. Bei Weyl schwang dagegen wahrscheinlich die Hoffnung
mit, die Welt mit Hilfe von mathematisch einfachsten Konzepten beschreiben zu
können. Zu dieser Zeit nahm Weyl in seinen Ausarbeitungen physikalischer Theorie stärker auf empirische Ergebnisse Rücksicht und hatte sich – wahrscheinlich
infolge der Reaktionen auf sein Buch *Raum, Zeit, Materie* – von einer ontologi-
schen Grundüberzeugung, die mathematisch einfachen Strukturen von vornherein
physikalische Relevanz zusprach, abgewandt.[1013]

Im Anschluss erläuterte van der Waerden die Übertragung des Spinorkalküls auf
die allgemeine Relativitätstheorie. Dazu benutzte er die Parametrisierung des Lichtkegels mittels zweier konjugiert-komplexer Parameter – ähnlich wie er sie in seinem
physikhistorischen Artikel beschrieb.[1014] Schließlich machte van der Waerden An-
deutungen über die Bezüge zwischen seiner Methode und denen von Schrödinger
und Fock. Er beendete den Brief mit einer Frage an Schrödinger zur physikalischen
Relevanz seiner Vorgehensweise:

---

[1010] Van der Waerden an Schrödinger, Leipzig, 14.6.1932, AHQP.

[1011] van der Waerden (1929, 1932).

[1012] Van der Waerden an Schrödinger, Leipzig, 14.6.1932, AHQP.

[1013] Vgl. beispielsweise Scholz (2004, 2005).

[1014] van der Waerden (1960, S. 236-238). Vgl. Kap. 7, insbesondere Abschn. 7.4.

„Ich [van der Waerden] habe im Moment nicht die Geduld, alles auszurechnen und den Vergleich mit Ihrer Theorie vorzunehmen. Mir scheint aber, daß die Benutzung von nur 2-Reihigen Matrices dem Problem angemessen ist, natürlich vor allem vom *mathematischen* Standpunkt. Ob das hier Skizzierte auch *physikalisch* zu etwas Vernünftigem führen könnte, darüber möchte ich sehr gerne Ihr Urteil gelegentlich vernehmen."[1015]

Dies zeigt noch einmal mehr den Unterschied zwischen van der Waerden und Weyl. Van der Waerden war sich der physikalischen Relevanz dieser algebraisch naheliegenden Vereinfachung nicht sicher.

Die gemeinsame Arbeit an dem Artikel, die seit Infelds Abreise aus Leipzig per Briefwechsel erfolgte, zog sich hin. Van der Waerden gab anderen Arbeiten den Vorrang.[1016] Der plötzliche Tod der Ehefrau von Infeld, Halina Infeld, der Infelds wissenschaftliche Arbeit für ein Jahr lähmte, schien dagegen die Ausarbeitung nicht verzögert zu haben.

Infeld setzte Einstein über seine gemeinsame Arbeit mit van der Waerden in Kenntnis.[1017] Er hatte ihm eine Abschrift des Manuskripts zugeschickt und Einstein wollte ihren Artikel in seiner Arbeit zitieren – dies geschah in der im November 1932 zusammen mit Walther Mayer eingereichten Publikation „Semi-Vektoren und Spinoren".[1018] Einstein empfahl ihnen die *Sitzungsberichte der Preussischen Akademie der Wissenschaften* als Publikationsorgan. Schrödinger reichte ihren Artikel am 12. Januar 1933 dort ein, nicht ohne vorher eine Reihe von Änderungen vorgeschlagen zu haben.[1019] Es geht aus den zur Verfügung stehenden Quellen leider nicht hervor, welcher Art die Änderungsvorschläge Schrödingers waren.

Nach dem Einreichen des Artikels entdeckte van der Waerden eine Arbeit Schoutens zur Diracgleichung in der allgemeinen Relativitätstheorie.[1020] Es handelt sich vermutlich um den in der Arbeit zitierten Artikel „Dirac Equations in General Relativity", in dem Schouten mit Sedenionen arbeitete und Spinordichten einführte.[1021] Daraufhin entwickelte van der Waerden an Schouten anknüpfend einen weiteren Formalismus, den sogenannten „$\varepsilon$–Formalismus", der auf Spinordichten beruhte. Dieser fand Eingang in (Infeld und van der Waerden, 1933) – allerdings mit dem Hinweis, dass dieser Formalismus etwas komplizierter sei.[1022] Nach dieser Erweiterung sandte van der Waerden das Manuskript an Schouten, der einige Einwände

---

[1015] Van der Waerden an Schrödinger, Leipzig, 14.6.1932, AHQP, Hervorhebungen MS.

[1016] Van der Waerden an Schrödinger, 26.11.1932, AHQP. Van der Waerden hat wahrscheinlich an den Artikeln „Zur algebraischen Geometrie. III. Über irreduzible algebraische Mannigfaltigkeiten" (van der Waerden, 1933a, eingereicht am 27.10.1932) und „Die Klassifikation der einfachen Lieschen Gruppen" (van der Waerden, 1933b, eingereicht am 10.11.1932) gearbeitet.

[1017] Das Folgende geht indirekt aus einem Brief von Infeld an Einstein, 15.11.1932, zitiert nach Stachel (1999, S. 2885) hervor.

[1018] Einstein und Mayer (1932, S. 544).

[1019] „Today I [Infeld] got Schrödinger's letter from v. d. Waerden. He will be glad to referee the paper for the Prussian Academy. He doesn't like the way it is presented, however, and he proposes many changes to us [van der Waerden and Infeld] privately, which can easily be taken care of." Infeld an Einstein, 15.11.1932, zitiert nach Stachel (1999, S. 2885).

[1020] Van der Waerden an Schouten, 6.6.1933, CWI, WG, Schouten.

[1021] Schouten (1930/31).

[1022] Infeld und van der Waerden (1933, S. 381).

hatte und van der Waerden auf Fehler hinwies.[1023] Es folgte ein intensiver Briefwechsel mit Schouten.[1024] Die von Schouten entdeckten Fehler wurden als Berichtigung mit Hinweis auf Schouten veröffentlicht.[1025] Schouten hatte sich kurz zuvor
mit der Thematik intensiv auseinander gesetzt. Im Frühjahr 1933 hatte er zwei Artikel zur Raumzeit und Spinraum im Kontext seiner projektiven „generellen Feldtheorie" bei der *Zeitschrift für Physik* zur Publikation eingereicht.[1026] Darin führte
er lokal Spinräume ein und entwickelte für sein Setting ebenfalls zwei Arten von
„Kurzschriften", also Notationsformen für einen Kalkül.

## 15.3 Der allgemein-relativistische Spinorkalkül von Infeld und van der Waerden (1933)

Infeld und van der Waerden übertrugen den Spinorkalkül der speziellen Relativitätstheorie auf die allgemeine Relativitätstheorie. Sie gaben zwei mathematische
Lösungen an: zum einen die Erweiterung des Spinorkalküls von 1929, die sie
$\gamma$−Formalismus nannten, zum anderen eine Formulierung mit Spinordichten, die
sie als $\varepsilon$−Formalismus bezeichneten. Der $\varepsilon$−Formalismus beruhte auf einer Verallgemeinerung des Spinorbegriffs, welche analog zur Verallgemeinerung des Ten-
sorbegriffs zu Tensordichten war. Dieser Abschnitt zu den beiden Formalismen ist
mathematisch-physikalisch sehr anspruchsvoll und kann bei einer ersten Lektüre
überblättert werden.

In der Einleitung ordneten Infeld und van der Waerden ihr Vorgehen in die aktuelle Forschung ein. Ihr Rechenapparat leiste dasselbe wie die Theorien von Fock
und Schrödinger „unter Vermeidung der erwähnten Mängel". Als Mangel führten
sie im Wesentlichen die mathematisch-rechnerische Seite an: bei Fock die „etwas
ungeläufige $n$−Beinrechnung", der Schrödingersche Rechenapparat erschien ihnen
„unnötig kompliziert".[1027] Van der Waerdens persönliche Beurteilung fiel, wie ein
Brief an Schouten zeigt, leicht unterschiedlich zu der veröffentlichten aus (siehe
Abschn. 15.4.1, S. 321): Seiner Meinung nach waren es vor allem Physiker, insbe-

---

[1023] Schouten an van der Waerden, 2.6.1933, CWI, WG, Schouten. Van der Waerden hat das Manuskript vor dem 17. Mai 1933 an Schouten geschickt, denn es gibt vier Seiten handschriftliche
Notizen (der Schrift nach zu beurteilen waren diese nicht von Schouten; als Verfasser käme aus inhaltlichen Gründen van Dantzig infrage) unter der Überschrift „Infeld en v.d.Waerden" von diesem
Datum (CWI, WG, Schouten).

[1024] Briefwechsel zwischen van der Waerden und Schouten, 2.6.1933, 6.6.1933, 30.6.1933,
7.7.1933, CWI, WG, Schouten.

[1025] Infeld und van der Waerden (1933, Berichtigung).

[1026] Schouten (1933a,b).

[1027] Infeld und van der Waerden (1933, S. 380). Der Rezensent dieser Arbeit, van Dantzig, teilte die
dort vertretene Ansicht: „Verff. beabsichtigen, die bekannte van der Waerdensche Spinoranalyse
auf die *allgemeine* Relativitätstheorie zu erweitern, und zwar unter Vermeidung sowohl der un-
nötigen orthogonalen Bestimmungszahlen („$n$−Beinkomponenten") als der viel zu komplizierten
Methode von *Schrödinger*." (van Dantzig, 1934, S. 184, Hervorhebungen im Original, MS).

sondere Schrödinger, Infeld und seine Leipziger Kollegen, welche den $n$−Beinen aus dem Weg gingen − er selbst nicht.

### 15.3.1 Der $\gamma$−Formalismus

Anstelle des reellen, vierdimensionalen Minkowskiraums mit global konstantem metrischem Tensor von Signatur −2 trat (und tritt) in der allgemeinen Relativitätstheorie eine vierdimensionale, reelle Raumzeitmannigfaltigkeit, die einen von Punkt zu Punkt variablen, von der Gravitation abhängigen metrischen Tensor $g_{kl}$ ($1 \leq k,l \leq 4$) besitzt (Lorentzmannigfaltigkeit). Daher musste auch das Spinorkonzept lokalisiert werden. Jedem Punkt $P_0$ wurde ein zweidimensionaler komplexer Vektorraum, der „Spinraum"[1028] $S$, und ein dazu isomorpher komplexer Vektorraum $\tilde{S}$ zugeordnet. Auf $S$ operierte die $GL(2,\mathbb{C})$ − nicht wie in der speziellen Relativitätstheorie die Untergruppe $SL(2,\mathbb{C})$ − und auf $\tilde{S}$ operierte dieselbe Gruppe durch die komplex-konjugierte Standarddarstellung. Durch diese Erweiterung der Transformationsgruppe des Spinraums gelang van der Waerden, den Weylschen „Eichfaktor" aus $U(1,\mathbb{C})$ zu integrieren und die Schoutensche „Pseudogrößen" zu vermeiden.[1029] Desweiteren waren Transformationen der Raumzeit und des Spinraums unabhängig voneinander.

Die Forderung, dass der Spinraum abhängig von der Wahl des Punktes $P_0$ war, hatte zur Folge, dass der bisher konstante, dem konstanten metrischen Fundamentaltensor entsprechende Spinor $\varepsilon_{\lambda\mu}$ ($\lambda,\mu \in \{1,2\}$), der zum Hinauf- und Hinabziehen der Indizes im Spinraum diente, als eine punktabhängige, alternierende Größe $\gamma_{\lambda\mu}$ angenommen werden musste:

$$(\gamma_{\lambda\mu}) = \begin{pmatrix} 0 & \gamma_{12} \\ -\gamma_{12} & 0 \end{pmatrix}, \qquad \gamma_{12} \in \mathbb{C}.$$

Wie im Spinorkalkül üblich wurde mit $\gamma_{\dot{\lambda}\dot{\mu}}$ die konjugiert-komplexe Matrix und durch $\gamma^{\lambda\mu}$ die Inverse bezeichnet. Außerdem wurden die Größen $\gamma$ und $\theta$ eingeführt:

$$\gamma := \gamma_{12}\gamma_{\dot{1}\dot{2}} \in \mathbb{R}, \qquad \gamma_{12} = \sqrt{\gamma}e^{i\theta}.$$

---

[1028] Dieser hat nichts mit dem im Abschn. 12.3.4 eingeführten Konzept zu tun.

[1029] Offensichtlich hatte Schouten dieses Vorgehen kritisiert, denn van der Waerden rechtfertigte sich in einem Brief: „Nun Deine letzte Frage: Ich [van der Waerden] fand es recht hübsch [„aardig"], die Umeichung [dt. im Original] und die Spintransformation zusammenzuformen, zu einer komplexen Transformation zu vereinigen. Ich seh da auch prinzipiell das Unmögliche davon nicht ein. [...] Ich fasse $\psi$ und $\psi e^{i\theta}$ als denselben Zustand auf, von einem anderen Standpunkt aus gesehen (Standpunkt: Koordinatensystem im Welt- und Spinraum). Übrigens: bei Dir [Schouten] ist die Umeichung [dt. im Original] auch eine Koordinatentransformation, bzgl. dem Hilfsraum der Variable $\zeta_0$, wenn ich es richtig verstehe." (Van der Waerden an Schouten, 6.6.1933, CWI, WG, Schouten, Übersetzung MS).

Die Größe $\gamma_{\lambda\mu}$ bezeichnet man heute gewöhnlich als Dualitätsoperator, weil damit zwischen ko- und kontravarianten Größen, also zwischen einem Vektorraum und seinem Dualraum gewechselt werden kann. Da der mit dem metrischen Fundamentaltensor verträgliche Dualitätsoperator $\gamma^{\lambda\mu}$ im Folgenden eine zentrale Rolle spielte, nannten Infeld und van der Waerden den Spinorkalkül der allgemeinen Relativitätstheorie auch „$\gamma$–Formalismus."

Für die Relativitätstheorie spielen die Hermiteschen Bispinoren eine besondere Rolle, denn ihnen entsprechen Weltvektoren im Minkowskiraum. Hermitesche Bispinoren $a_{\lambda\mu}$ bilden einen Untervektorraum der zweikomponentigen Spinoren aus $\tilde{S}\otimes S$ mit

$$a_{\lambda\mu} = a_{\mu\dot\lambda}.^{1030}$$

Der bekannte Isomorphismus zwischen Weltvektor $a^k$ ($k \in \{1,2,3,4\}$) und Hermiteschen Bispinoren $a_{\dot\lambda\mu}$ konnte in der speziellen Relativitätstheorie mit Hilfe der gemischten konstanten Tensoren $\sigma^{k\dot\lambda\mu}$ als

$$a^k = \sigma^{k\dot\lambda\mu} a_{\dot\lambda\mu}$$

geschrieben werden, wobei die gemischten konstanten Tensoren $\sigma^{k\dot\lambda\mu}$ gerade die hermiteschen (Paulischen Spin-) Matrizen sind:

$$(\sigma^{1\dot\lambda\mu}) = \begin{pmatrix} 0 & 1 \\ 1 & 0 \end{pmatrix}, (\sigma^{2\dot\lambda\mu}) = \begin{pmatrix} 0 & i \\ -i & 0 \end{pmatrix}, (\sigma^{3\dot\lambda\mu}) = \begin{pmatrix} 1 & 0 \\ 0 & -1 \end{pmatrix}, (\sigma^{4\dot\lambda\mu}) = \begin{pmatrix} 1 & 0 \\ 0 & 1 \end{pmatrix}.$$

In der allgemeinen Relativitätstheorie mussten die $\sigma^{k\dot\lambda\mu}$ ebenfalls als abhängig vom gewählten Punkt $P_0$ betrachtet werden und, damit $a^k$ reell war, als hermitesch angenommen werden. Infeld und van der Waerden bestimmten diese bis auf eine Spintransformation eindeutig. Dazu forderten sie erstens, dass diese „der Bedingung genügen müssen, eine eineindeutige Beziehung zwischen den reellen Vektoren $a^k$ und den [hermitesch, MS] symmetrischen Tensoren $a_{\dot\lambda\mu}$ zu vermitteln,"[1031] und zweitens, dass die Lorentzinvariante Metrik $g_{kl}$ bei $P_0$ zu dem Dualitätsoperator $\gamma_{\lambda\mu}$ im Spinraum passte:

$$g_{kl}a^k a^l = g_{kl}\sigma^{k\dot\lambda\mu}\sigma^{l\dot\rho\sigma}a_{\dot\lambda\mu}a_{\dot\rho\sigma} = \gamma^{\dot\lambda\dot\rho}\gamma^{\mu\sigma}a_{\dot\lambda\mu}a_{\dot\rho\sigma}.$$

Das bedeutete

$$g_{kl}\sigma^{k\dot\lambda\mu}\sigma^{l\dot\rho\sigma} = \gamma^{\dot\lambda\dot\rho}\gamma^{\mu\sigma}. \tag{15.2}$$

Daraus folgte nach einigen Umformungen

$$g^{kl} = \sigma^{k\dot\lambda\mu}\sigma^l_{\dot\lambda\mu}.$$

---

[1030] Diese Charakterisierung Hermitescher Bispinoren ist äquivalent zu der früheren.

[1031] Infeld und van der Waerden (1933, S. 385).

Dies zeigte, dass die $\sigma^{k\dot\lambda\mu}$ zusammen mit $\gamma_{\lambda\mu}$, wie gefordert, den metrischen Tensor $g_{kl}$ bestimmten. Infeld und van der Waerden betonten diesen Zusammenhang explizit.[1032]

Um die gemischten Tensoren $\sigma^{k\dot\lambda\mu}$ bis auf eine Spintransformation lokal eindeutig festzulegen, wurden noch einige Normierungsbedingungen eingeführt (zeitartige Vektoren sollten definiten hermiteschen Bilinearformen entsprechen; in die Zukunft gerichtete Vektoren sollten positiv-definiten Bilinearformen entsprechen; die rein-imaginäre Determinante gebildet aus den Spaltenvektoren $\sigma^{k\dot11}, \sigma^{k\dot12}, \sigma^{k\dot21}, \sigma^{k\dot22}$ sollte positiv-imaginär ausfallen).

Mit Hilfe des Dualitätsoperators konnte im Raum der Hermiteschen Bispinoren eine quadratische Form

$$a_{\dot\lambda\mu}a^{\dot\lambda\mu} = \gamma^{\dot\lambda\dot\rho}\gamma^{\mu\sigma}a_{\dot\lambda\mu}a_{\dot\rho\sigma}$$

definiert werden. Diese stimmte bis auf einen reellen Faktor mit der durch $\varepsilon_{\dot\lambda\mu}$ in der speziellen Relativitätstheorie definierten (vgl. S. 242) überein und sie war mit der quadratischen Form $g_{kl}$ im obigen Sinn (15.2) verträglich.

Im Anschluss definierten van der Waerden und Infeld die kovariante Differentiation von Spinoren $\psi_\alpha$, um Differentialgleichungen aufstellen zu können. Sie setzten diese an als

$$\psi_{\alpha|k} = \partial_k\psi_\alpha - \Gamma^\rho_{\alpha k}\psi_\rho$$
$$\psi^\alpha_{|k} = \partial_k\psi^\alpha + \Gamma^\alpha_{\rho k}\psi^\rho$$

Die zu bestimmenden Größen $\Gamma^\alpha_{\beta k}$ definierten den affinen Zusammenhang im Spinraum. Für $\tilde{S}$ wurden die Formeln analog angesetzt, wobei statt der griechischen Indizes nun punktierte griechische Indizes standen mit $\Gamma^{\dot\alpha}_{\dot\beta k} = \overline{\Gamma^\alpha_{\beta k}}$. Denn die Beziehung zwischen $\psi^\alpha$ und $\psi^{\dot\alpha}$ sollte bei Parallelverschiebungen aufrecht erhalten bleiben. Spintensoren höheren Grades sollten wie Produkte von Spinoren ersten Grades betrachtet und mit Hilfe der Produktregel kovariant abgeleitet werden.

Um $\Gamma^\alpha_{\beta k}$ zu bestimmen, forderten Infeld und van der Waerden, dass die kovariante Ableitung im Spinraum volumentreu sei, und erhielten so die Bedingungen

$$\partial_k\gamma - (\Gamma^\alpha_{\alpha k} + \Gamma^{\dot\alpha}_{\dot\alpha k})\gamma = 0 \qquad (15.3a) \qquad\qquad (15.3)$$
$$\Gamma^\alpha_{\alpha k} + \Gamma^{\dot\alpha}_{\dot\alpha k} = \partial_k\log\gamma \qquad (15.3b)$$

Da jedem Hermiteschen Bispinor $a_{\dot\lambda\mu}$ ein Weltvektor $a^k$ zugeordnet werden konnte, definierte die Parallelverschiebung von $a_{\dot\lambda\mu}$ eine Parallelverschiebung des zugehörigen Weltvektors. Die zugehörige kovariante Ableitung wurde durch

$$a^k_{|l} = \sigma^{k\dot\lambda\mu}a_{\dot\lambda\mu|l}$$

gegeben.

---

[1032] Infeld und van der Waerden (1933, S. 386). Roger Penrose gelang es Ende der 1960er Jahre mit der von ihm entwickelten Twistortheorie, nicht nur die metrische Lichtkegel-Struktur der Raumzeit, sondern auch die Raumzeitmannigfaltigkeit an sich von einer Art Spinraum abzuleiten. Vgl. Penrose (1967), Penrose (1999, S. 2983).

Diese Formel erhielt man auch, wenn man von der kovarianten Differentiation auf der Raumzeitmannigfaltigkeit ausging und die zugehörigen $\Gamma_{kl}^s$ so wählte, dass die kovariante Differentiation von $\sigma^{k\lambda\mu}$ verschwand. Dann ergab sich die Bedingung

$$\sigma^{k\lambda\mu}_{\phantom{k\lambda\mu}|s} = \partial_s\sigma^{k\lambda\mu} + \Gamma_{rs}^k\sigma^{r\lambda\mu} + \Gamma_{\dot\rho s}^{\dot\lambda}\sigma^{k\dot\rho\mu} + \Gamma_{\sigma s}^{\mu}\sigma^{k\lambda\sigma} = 0. \tag{15.4}$$

Aus der Symmetrieforderung an die unteren Indizes von $\Gamma_{kl}^s$,

$$\Gamma_{kl}^s = \Gamma_{lk}^s, \tag{15.5}$$

folgte, dass die $\Gamma_{kl}^s$ die Christoffelsymbole waren. Die Symmetrieanforderung sei physikalisch sinnvoll, da sonst ein physikalisch nicht erklärbarer Vektor auftauche, erläuterten Infeld und van der Waerden.

Zur eindeutigen Bestimmung der $\Gamma_{\beta k}^{\alpha}$ reichten die bisherigen Anforderungen nicht aus, es blieben vier reelle Parameter $\Phi_s$ übrig, die bestimmt wurden durch

$$\Gamma_{\alpha s}^{\alpha} - \Gamma_{\dot\alpha s}^{\dot\alpha} = 2\mathrm{i}\Phi_s.$$

Anhand des Transformationsverhaltens von $\Phi_s$ wurde der reelle Vektor $\Phi_s$ mit dem elektromagnetischen Potential identifiziert. Das elektromagnetische Potential ging auf diese Weise in die allgemein-relativistische Spinoranalyse ein.[1033] Es ergab sich ein weiterer, physikalisch nicht deutbarer Vektor $\Phi_s^* = \Phi_s - \partial_s\theta$. Dieser wurde u. a. in der kovarianten Ableitung des metrischen Fundamentaltensors $\gamma_{\lambda\mu}$ gebraucht.

Van der Waerden und Infeld gaben nun Werte für den metrischen Fundamentaltensor $g_{kl}$, den dazu analogen Spinor $\gamma_{\lambda\mu}$, die gemischten Größen $\sigma^{k\lambda\mu}$ und die affinen Zusammenhänge $\Gamma_{sk}^l, \Gamma_{\alpha k}^{\beta}$ an, die den Bedingungen (15.2-15.5) genügten.[1034] Dabei gingen sie vom einfachen (pseudo-)euklidischen Fall der speziellen Relativitätstheorie aus, der bei Wahl einer besonderen Basis das Muster für die allgemeine Relativitätstheorie abgab. Im (pseudo-)euklidischen Fall, der aus der grundlegenden Arbeit von van der Waerden (1929) bekannt war, ließen sich der metrischen Fundamentaltensor als

$$(g_{kl}) = \begin{pmatrix} -1 & 0 & 0 & 0 \\ 0 & -1 & 0 & 0 \\ 0 & 0 & -1 & 0 \\ 0 & 0 & 0 & 1 \end{pmatrix} = (\overset{o}{g}_{kl})$$

---

[1033] Penrose bemerkte dazu: „In this paper (Infeld und van der Waerden, 1933, MS), the ingenious suggestion was made that the *spinor phase* should be the gauge quantity that generates electromagnetism. However, this idea has not stood the test of time (at least not in its original form) because it appears to imply a direct relation between the spin and the charge of a particle. (The spin/charge value for the neutron would appear to be in conflict, the neutron having been discovered in 1932, at about the same time as this paper was written.)" Penrose (1999, S. 2982, Hervorhebungen im Original, MS)

[1034] Infeld und van der Waerden (1933, Kap. 5, S. 391 ff.).

und der entsprechende Spinor als

$$(\gamma^{\lambda\mu}) = \begin{pmatrix} 0 & 1 \\ -1 & 0 \end{pmatrix} = (\varepsilon^{\lambda\mu})$$

ansetzen. Die gemischten Größen waren dann

$$\sigma^{k\dot{\lambda}\mu} = \overset{o}{\sigma}{}^{k\dot{\lambda}\mu},$$

wobei die $\overset{o}{\sigma}{}^{k\dot{\lambda}\mu}$ für $k = 1, 2, 3$ gerade die Paulischen Spinmatrizen und für $k = 4$ die Einheitsmatrix jeweils multipliziert mit $(\sqrt{2})^{-1}$ waren. Also galt

$$(\overset{o}{\sigma}{}^{1\dot{\lambda}\mu}) = \frac{1}{\sqrt{2}}\begin{pmatrix} 0 & 1 \\ 1 & 0 \end{pmatrix}, (\overset{o}{\sigma}{}^{2\dot{\lambda}\mu}) = \frac{1}{\sqrt{2}}\begin{pmatrix} 0 & i \\ -i & 0 \end{pmatrix},$$

$$(\overset{o}{\sigma}{}^{3\dot{\lambda}\mu}) = \frac{1}{\sqrt{2}}\begin{pmatrix} 1 & 0 \\ 0 & -1 \end{pmatrix}, (\overset{o}{\sigma}{}^{4\dot{\lambda}\mu}) = \frac{1}{\sqrt{2}}\begin{pmatrix} 1 & 0 \\ 0 & 1 \end{pmatrix}.$$

Aus der Euklidizität des Minkowskiraums folgte

$$\Gamma^l_{sk} = \left\{ \begin{matrix} l \\ sk \end{matrix} \right\} = 0.$$

Für den Spinraum galt dann

$$\Gamma^\beta_{\alpha s} = \tfrac{1}{2}i\Phi_s \delta^\beta_\alpha.$$

Diese Konstanten waren invariant unter den Transformationen der Lorentzgruppe und der entsprechenden Transformation aus $SL(2,\mathbb{C})$, die gleichzeitig ausgeführt werden mussten. Die $\sigma^{k\dot{\lambda}\mu}$ waren bis auf eine Lorentztransformation oder eine Transformation aus $SL(2,\mathbb{C})$ im Spinraum eindeutig bestimmt.

Im allgemeinen Fall gingen Infeld und van der Waerden zu einer Basis im Punkt $P_0$ der Raumzeit und des Spinraums über, welche eine besonders einfache Berechnung der Größen möglich machte. Sie nannten diese „vollständig geodätisches Koordinatensystem"[1035] und zeigten, dass die Wahl einer solchen Basis immer möglich war. Das vollständig geodätische Koordinatensystem wurde durch die Bedingungen

$$(g_{kl})_{P_0} = \overset{o}{g}_{kl}, \qquad\qquad (\partial_s g_{kl})_{P_0} = 0 \qquad (15.6a) \qquad (15.6)$$

$$(\gamma_{\lambda\mu})_{P_0} = \varepsilon_{\lambda\mu}, \qquad\qquad (\partial_s \gamma_{\lambda\mu})_{P_0} = 0 \qquad (15.6b)$$

$$(\sigma^{k\dot{\lambda}\mu})_{P_0} = \overset{o}{\sigma}{}^{k\dot{\lambda}\mu}, \qquad\qquad (\partial_s \sigma^{k\dot{\lambda}\mu})_{P_0} = 0 \qquad (15.6c)$$

charakterisiert.

Für den affinen Zusammenhang im Spinraum galt dann

$$(\Gamma^\beta_{\alpha s})_{P_0} = \tfrac{1}{2}i\delta^\beta_\alpha \Phi_s.$$

---

[1035] Infeld und van der Waerden (1933, S. 393).

Damit war gezeigt, dass der affine Zusammenhang im Spinraum durch den Vektor $\Phi_s$ eindeutig bestimmt war.

Als nächstes untersuchten Infeld und van der Waerden Krümmungstensoren.[1036] Sie führten einen gemischten Krümmungstensor im Spinraum ein

$$P^{\mu}_{\lambda ps} = -\partial_s \Gamma^{\mu}_{\lambda p} + \partial_p \Gamma^{\mu}_{\lambda s} - \Gamma^{\rho}_{\lambda p} \Gamma^{\mu}_{\rho s} + \Gamma^{\mu}_{\rho p} \Gamma^{\rho}_{\lambda s}$$

$$P^{\mu}_{\dot{\lambda} ps} = -\partial_s \Gamma^{\mu}_{\dot{\lambda} p} + \partial_p \Gamma^{\mu}_{\dot{\lambda} s} - \Gamma^{\dot{\rho}}_{\dot{\lambda} p} \Gamma^{\mu}_{\dot{\rho} s} + \Gamma^{\mu}_{\dot{\rho} p} \Gamma^{\dot{\rho}}_{\dot{\lambda} s}.$$

Durch Kontraktion erhielt man den Welttensor der elektromagnetischen Feldstärke multipliziert mit i bzw. $(-i)$ :

$$P^{\rho}_{\rho ps} = \mathrm{i} F_{ps} \qquad P^{\dot{\rho}}_{\dot{\rho} ps} = -\mathrm{i} F_{ps}$$

Infeld und van der Waerden zeigten außerdem, wie man aus dem gegebenen Riemannschen Krümmungstensor und der elektromagnetischen Feldstärke den gemischten Krümmungstensor berechnen konnte.

$$P^{\lambda}_{\rho sp} = \tfrac{1}{2} R_{krsp} \sigma^{k\lambda\dot{v}} \sigma^{r}_{v\rho} + \tfrac{1}{2} i F_{sp} \delta^{\lambda}_{\rho}$$

$$P^{\lambda}_{\rho sp} = \tfrac{1}{2} R_{krsp} \sigma^{k\dot{\lambda}v} \sigma^{r}_{v\dot{\rho}} - \tfrac{1}{2} i F_{sp} \delta^{\dot{\lambda}}_{\dot{\rho}}.$$

Im nächsten Kapitel wurden die Diracgleichungen für ein Elektron in der allgemeinen Relativitätstheorie untersucht.[1037] Infeld und van der Waerden gingen vom Erhaltungssatz und dem Stromvektor $\mathscr{J}^k$ aus. Der reelle Stromvektor musste dem Erhaltungssatz genügen, also $\mathscr{J}^k_{|k} = 0$, und induzierte im Spinraum einen Spinor $\varkappa_{\lambda\mu}$ mit

$$\mathscr{J}^k = \sigma^{k\lambda\mu} \varkappa_{\lambda\mu}.$$

Aus der Realität, Zeitartigkeit und Zukunftsgerichtetheit von $\mathscr{J}^k$ folgte, dass sich $\varkappa^{\dot{\lambda}\mu}$ schreiben ließ als

$$\varkappa^{\dot{\lambda}\mu} = \psi^{\dot{\lambda}} \psi^{\mu} + \chi^{\dot{\lambda}} \chi^{\mu}, \tag{15.7}$$

wobei $\psi, \chi$ Spinvektoren waren. Auch der Spintensor $\varkappa$ musste dem Erhaltungsgesetz genügen. Diese Forderung führte direkt zu den Diracgleichungen für ein Elektron in der allgemeinen Relativitätstheorie:

$$\sigma^{k}_{\lambda\mu} \psi^{\dot{\lambda}}_{|k} = a\chi_{\mu}$$

$$\sigma^{k\dot{\lambda}\mu} \chi_{\lambda\,|k} = -a\psi^{\mu}$$

bzw. durch komplexe Konjugation zu

---

[1036] Infeld und van der Waerden (1933, Kap. 6, S. 394 f.).

[1037] Infeld und van der Waerden (1933, Kap. 7, S. 395-398).

$$\sigma^k_{\lambda\,\mu}\,\psi^\lambda_{|k} = \overline{a}\chi_\mu$$
$$\sigma^{k\lambda\mu}\chi_{\lambda\,|k} = -\overline{a}\psi^\mu$$

mit $a \in \mathbb{C}$. Diese Gleichungspaare waren kovariant unter Transformationen der Raumzeitmannigfaltigkeit sowie unter Transformationen im Spinraum. Der Faktor $a$ konnte zwar als komplexwertige Ortsfunktion angenommen werden, physikalisch sinnvoller schien ihnen jedoch, $a$ mit dem konstanten Masseterm des Elektrons zu identifizieren. Beide Gleichungspaare zusammen genommen ergaben die Diracgleichung in der Form

$$\sigma^{k\mu\dot\lambda}\chi_{\lambda\,|k} = -a\psi_\mu \qquad\qquad (15.8a) \qquad\qquad (15.8)$$
$$\sigma^k_{\mu\lambda}\,\psi^\lambda_{|k} = \overline{a}\chi_\mu = -a\chi_\mu \qquad\qquad (15.8b).$$

Darüber hinaus erhielt man im Falle eines vollständig geodätischen Koordinatensystems im Punkt $P_0$ und für

$$a = \frac{2\pi i m c}{h\sqrt{2}}, \quad \Phi_s = \frac{2\pi}{h}\phi_s,$$

wobei $m$ die Masse des Elektrons, $c$ die Lichtgeschwindigkeit, $h$ das Plancksche Wirkungsquantum und $\phi_s$ das elektromagnetische Potential ist, die bekannten Diracschen Gleichungen, die in einer Umgebung von $P_0$ galten. Deshalb machte es auch Sinn $\Phi_s$ als elektromagnetisches Potential und $F_{pq}$ als Feldstärke anzusprechen.

Infeld und van der Waerden bewiesen, dass die allgemein-relativistischen Diracgleichungen ein lineares selbstadjungiertes Eigenwertproblem der Form

$$\left(\frac{h}{2\pi i}\frac{\partial}{\partial t} + H\right)\Psi = 0$$

darstellten.

Ferner wurde erläutert, wie ihre Diracgleichungen mit den Gleichungen, die von Schrödinger und Bargmann aufgestellt worden waren, zusammenhingen. Während sich bei Infeld und van der Waerden durch die spezielle Wahl des Spinraums und der Basen automatisch Gleichungen mit hermiteschen Matrizen ergaben, nämlich

$$\sum_k p_k \begin{pmatrix} \sqrt{2}\sigma^k & 0 \\ 0 & \sqrt{2}\,'\sigma^k \end{pmatrix}\begin{pmatrix} \psi \\ \chi \end{pmatrix} + \begin{pmatrix} 0 & mc \\ mc & 0 \end{pmatrix}\begin{pmatrix} \psi \\ \chi \end{pmatrix} = 0,$$

wobei $p_k$ der mit $\frac{h}{2\pi i}$ multiplizierte Operator der kovarianten Differentiation war, $\sigma^k = (\sigma^k_{\dot\alpha\beta})$ und $'\sigma^k = (\sigma^{k\alpha\dot\beta})$ galt. Schrödinger und Bargmann benutzten die von Tetrode eingeführten, nicht-hermiteschen, vierreihigen Matrizen $\gamma^k$. Für die $\gamma^k$ galt

$$\gamma^k\gamma^l + \gamma^l\gamma^k = 2g^{kl},$$

wobei der kontravariante metrische Tensor $g^{kl}$ bereits auf Diagonalform gebracht worden war.[1038] Die $\gamma^k$ wurden von Schrödinger durch eine lokale, von Bargmann durch eine globale Methode in hermitesche Matrizen überführt. Man erhielt die $\gamma^k$ von Tetrode, indem man nicht die Diracgleichungen von Infeld und van der Waerden, sondern

$$\sum_k p_k \begin{pmatrix} 0 & \sqrt{2}\,'\sigma^k \\ \sqrt{2}\sigma^k & 0 \end{pmatrix} \begin{pmatrix} \psi \\ \chi \end{pmatrix} = -mc \begin{pmatrix} \psi \\ \chi \end{pmatrix}$$

konstruierte. Dann waren die auftauchenden Matrizen gerade die $\gamma^k$.

Van der Waerden und Infeld hoben hervor, dass ihre Wahl des Spinraums dadurch charakterisiert werden konnte, dass die beiden Spinvektoren $\psi, \chi$ durch eine Lorentztransformation jeweils in sich überführt wurden, also die Spinräume $S$ und $\tilde{S}$ unter Lorentztransformationen invariante Unterräume von $S \otimes \tilde{S}$ waren.

Im nächsten Kapitel wurden die Gleichungen zweiter Ordnung für ein Elektron hergeleitet, die in der speziellen Relativitätstheorie als Gordon-Kleinsche Gleichungen bekannt waren.[1039] Aus den verallgemeinert-relativistischen Gleichungen erhielt man durch Einsetzen der einen in die andere Gleichung eine Differentialgleichung zweiter Ordnung:

$$\sigma^{k\lambda\mu}\sigma^l_{\lambda\rho}\psi^\rho_{|lk} = -a\bar{a}\psi^\mu.$$

Diese Gleichung wird durch geschickte Umformungen auf die Form

$$g^{lk}\psi^\mu_{|lk} + \tfrac{1}{4}R\psi^\mu + \tfrac{i}{2}F_{lk}\sigma^{l\lambda\mu}\sigma^k_{\lambda\sigma}\psi^\sigma = -2a\bar{a}\psi^\mu \qquad (15.9a) \qquad\qquad (15.9)$$

($R$ ist der Krümmungsskalar) gebracht. Durch Vertauschen der Rollen der Ausgangsgleichungen erhielt man

$$g^{lk}\chi_{\dot\mu\,|lk} + \tfrac{1}{4}R\chi_{\dot\mu} + \tfrac{i}{2}F_{lk}\sigma^l_{\lambda\dot\mu}\sigma^{k\lambda\dot\sigma}\chi_{\dot\sigma} = -2a\bar{a}\chi_{\dot\mu} \qquad (15.9b).$$

Die Gordon-Kleinsche Gleichung bestand aus dem ersten Glied der linken Seite und der rechten Seite. Zusätzlich ergaben sich Terme, die den Krümmungsskalar und die elektromagnetischen Feldstärke enthielten.

Zum Abschluss konstruierten Infeld und van der Waerden den Energie-Impuls-Tensor $T_{kl}$, der bei der Aufstellung der Gravitationsgleichungen nötig war.[1040] Der Energie-Impuls-Tensor musste drei Bedingungen genügen: Er sollte reell sein, symmetrisch und den Erhaltungssatz erfüllen, also

$$T^{lk}_{\ \ |l} = F^{sk}\mathscr{J}_s.$$

Der Welttensor

---

[1038] Tetrode (1928, S. 336).

[1039] Infeld und van der Waerden (1933, Kap. 8, S. 398 f.). Vgl. Abschn. 2.2, S. 40.

[1040] Infeld und van der Waerden (1933, Kap. 9, S. 400 f.).

$$'T_k^l = \mathrm{i}(\psi^\lambda \sigma_{\lambda\dot\mu}^l \psi^{\dot\mu}{}_{|k} - \psi^{\dot\lambda} \sigma_{\lambda\dot\mu}^l \psi^\mu{}_{|k}) - \mathrm{i}(\chi_\lambda \sigma^{l\lambda\dot\mu}\chi_{\dot\mu|k} - \chi_{\dot\lambda}\sigma^{l\dot\lambda\mu}\chi_{\mu|k})$$

erfüllte alle diese Forderungen bis auf die Symmetrie. Deshalb wurde für den Energie-Impuls-Tensor der Tensor $'T_k^l$ symmetrisiert:

$$T^{lk} = \tfrac{1}{2}('T_k^l + 'T_l^k).$$

Van der Waerden und Infeld zeigten, dass dann auch der Erhaltungssatz galt.

Als Beispiel wurde der Fall eines freien Elektrons durchgerechnet. In diesem Fall war die elektromagnetische Feldstärke $F_{sk}$ null, also galt auch

$$T^{lk}{}_{|k} = 0.$$

Es stellte sich heraus, dass

$$-R = \varkappa T = 2\mathrm{i}\varkappa(a\chi_\lambda\psi^\lambda - \bar{a}\chi_{\dot\lambda}\psi^{\dot\lambda})$$

($\varkappa$ war die Gravitationskonstante der Einsteinschen Feldgleichung) und dass $T = T_k^k$ als Massendichte angesehen werden konnte, wenn keine anderen Massen im betrachteten Gebiet anwesend waren. Infeld und van der Waerden nahmen an, dass die Gravitationswirkung des Elektrons auf sich selbst dadurch berücksichtigt wurde, indem der sich ergebende Wert für den Krümmungsskalar $R$ in die Gleichungen zweiter Ordnung (15.9a,b) eingesetzt wurde.[1041] Dann hatten diese die Form

$$g^{kl}\psi^\mu_{|lk} - \tfrac{\mathrm{i}}{2}\varkappa\psi^\mu(a\chi_\lambda\psi^\lambda - \bar{a}\chi_{\dot\lambda}\psi^{\dot\lambda}) = -2a\bar{a}\psi^\mu$$

$$g^{kl}\psi_{\dot\mu|lk} - \tfrac{\mathrm{i}}{2}\varkappa\chi_{\dot\mu}(a\chi_\lambda\psi^\lambda - \bar{a}\chi_{\dot\lambda}\psi^{\dot\lambda}) = -2a\bar{a}\chi_{\dot\mu}.$$

Der Term mit der Gravitationskonstanten $\varkappa$ war sehr klein im Vergleich zur rechten Seite der Gleichung. Daher erhielt man in erster Annäherung die Gordon-Kleinsche Gleichung in einem in $P_0$ vollständig geodätischen Koordinatensystem.

### 15.3.2 Der ε−Formalismus

Infeld und van der Waerden entwickelten parallel zu dem allgemein-relativistischen Spinorkalkül auch einen Kalkül der Spinordichten, den „ε−Formalismus"[1042]. Spinordichten waren von Schouten im Zusammenhang mit der Übertragung der Diracgleichung in die allgemeine Relativitätstheorie im Rahmen seiner projektiven „Generellen Feldtheorie" entwickelt worden. Sie stellten eine Verallgemeinerung

---

[1041] Dieser Ansatz wird in der Rezension van Dantzigs als „[b]emerkenswert" bezeichnet (van Dantzig, 1934, S. 185).

[1042] Infeld und van der Waerden (1933, S. 381).

des Spinorbegriffs dar.[1043] Infeld und van der Waerden konnten Schoutens Formalismus etwas vereinfachen.

Zunächst wurden die Begriffe Spindichte und Spinordichte eingeführt: Eine skalare Spindichte vom Gewicht $\mathfrak{k}$ ($\mathfrak{k} \in \mathbb{Z}$) war eine Größe, die bei Transformationen der Raumzeitmannigfaltigkeit wie ein Skalar transformiert wurde, bei Transformationen des Spinraums mit Determinante $\Delta$ jedoch mit $\Delta^{-\mathfrak{k}}$ multipliziert wurde. Eine Spinordichte vom Gewicht $\mathfrak{l}$ ($\mathfrak{l} \in \mathbb{Z}$) war eine Größe, die sich wie ein Produkt aus einem Spinor und einer Spindichte transformierte. Als Beispiel für eine Spinordichte vom Gewicht $(-1)$ wurde der konstante Spinor $\varepsilon_{\lambda\mu}$ genannt – eine „Spinbivektordichte" in der Schoutenschen Terminologie.

Arbeitete man mit Spinordichten, so diente der $\varepsilon$–Tensor zum Herauf- und Herabziehen von Indizes, z. B.

$$a_\mu = a^\rho \varepsilon_{\rho\mu},$$

wobei $a_\mu$ nicht als Vektor, sondern für den Spinor $a^\rho$ als eine Spinordichte vom Gewicht $(-1)$ aufgefasst wurde. Die inverse Größe $\varepsilon^{\lambda\mu}$ war eine Spinordichte vom Gewicht 1.

Ganz analog wurden die Spinordichten im Spinraum $\tilde{S}$ definiert: Eine Spinordichte, die bei Spintransformationen mit dem Faktor $(\overline{\Delta})^{-\mathfrak{k}}$ multipliziert wurde, hieß Spinordichte vom Gewicht $\dot{\mathfrak{k}}$.

Schließlich wurden Spinordichten vom Absolutgewicht $\mathfrak{k}$ ($\mathfrak{k} \in \mathbb{Q}$) eingeführt als Größen, die bei Spintransformationen mit dem Faktor $|\Delta|^{-\mathfrak{k}}$ multipliziert wurden. Als Beispiel von Spinordichten zum Absolutgewicht -2 bzw. 2 wurden die Produkte $\varepsilon_{\lambda\mu}\varepsilon_{\dot{\rho}\dot{\sigma}}$ bzw. $\varepsilon^{\lambda\mu}\varepsilon^{\dot{\rho}\dot{\sigma}}$ genannt.

Jede algebraische Formulierung im $\gamma$–Formulismus konnte in den $\varepsilon$–Formulismus übertragen werden.

Um eine Korrespondenz zwischen Spinordichten und Weltvektoren zu erhalten, modifizierten Infeld und van der Waerden die für die gemischten Größen $\sigma^{k\lambda\mu}$ aufgestellten Bedingungen ein wenig. Zunächst wurde die Forderung (15.2), dass die Metrik im Spinraum und in der Raumzeitmannigfaltigkeit für korrespondierende Größen gleich sein sollte, so umgeschrieben, dass der dem metrischen Fundamentaltensor entsprechende Spinor ($\gamma^{\lambda\mu}$) nicht mehr auftauchte. Dazu wurde $\gamma^{\dot\lambda\dot\mu}\gamma^{\sigma\rho}$ durch $\varepsilon^{\dot\lambda\dot\mu}\varepsilon^{\sigma\rho}$ ersetzt. Dann erhielt man für (15.2)

$$g_{kl}\sigma^{k\dot\lambda\mu}\sigma^{l\dot\rho\sigma} = \varepsilon^{\dot\lambda\dot\rho}\varepsilon^{\mu\sigma}.$$

Die rechte Seite der Gleichung war eine Spinordichte vom Absolutgewicht 2. Damit die linke Seite ebenfalls eine Spinordichte vom Absolutgewicht 2 wurde, musste $\sigma^{k\lambda\mu}$ eine gemischte Dichte vom Absolutgewicht 1 sein.

Damit die Zuordnung zwischen Weltvektor und Spinordichte

$$a^k = \sigma^{k\dot\lambda\mu}a_{\dot\lambda\mu}$$

---

[1043] Schouten (1930/31).

unter Transformationen des Spinraums ($GL(2, \mathbb{C})$) invariant blieb, konnten also nur
Spinordichten $a_{\lambda\mu}$ vom Absolutgewicht -1 Weltvektoren entsprechen, bzw. Spinor-
dichten $a^{\lambda\mu}$ vom Absolutgewicht 1. Alle anderen Gleichungen für die gemischten
Spinoren $\sigma^{k\lambda\mu}$ (vgl. S. 308 f.) blieben unverändert bestehen.

Es war kompliziert, die kovariante Differentiation auf Spinordichten zu übertragen. Infeld und van der Waerden setzten die kovariante Differentiation einer Spindichte $a$ vom Gewicht $\mathfrak{k}$ an als

$$a_k = \partial_k a - \mathfrak{k}\Gamma_k a.$$

Die Größe $a_k$ sollte eine Vektordichte sein. Daher musste sich $\Gamma_k$ bei einer Raum-
transformation wie Vektorkomponenten transformieren, bei einer Spintransformation jedoch wie

$$\Gamma_k' = \Gamma_k - \partial_k \log \Delta.$$

Die kovariante Differentiation von Spinordichten $A$ von Gewicht $\mathfrak{k}$ konnte als kovariante Differentiation eines Produkts aus einem Spinor und einer skalaren Spindichte von Gewicht $\mathfrak{k}$ betrachtet werden. Dann ergab sich beispielsweise als kovariante
Ableitung für eine Spinordichte $A$ vom Grad 1 und Gewicht $\mathfrak{k}$ gerade

$$A_{\alpha\,|k} = \partial_k A_\alpha - \Gamma_{\alpha k}^{\rho} A_\rho - \mathfrak{k}\Gamma_k A_\alpha$$

und für eine Spinordichte $A$ vom Grad 2 und Gewicht $\mathfrak{k}$ gerade

$$A_{\alpha\beta\,|k} = \partial_k A_{\alpha\beta} - \Gamma_{\alpha k}^{\rho} A_{\rho\beta} - \Gamma_{\beta k}^{\sigma} A_{\alpha\sigma} - \mathfrak{k}\Gamma_k A_{\alpha\beta}.$$

Indem Infeld und van der Waerden die kovariante Differentiation der Spinordich-
te $\varepsilon_{\lambda\mu}$ vom Gewicht -1 null setzten, ließen sich die $\Gamma_k$ eindeutig bestimmen als

$$\Gamma_k = \Gamma_{\alpha k}^{\alpha}.$$

Um die kovariante Ableitung einer Spin- bzw. Spinordichte vom Gewicht $\dot{\mathfrak{k}}$ zu
erhalten, sollte in der Gleichung für die kovariante Ableitung einer Spin- bzw. Spi-
nordichte vom Gewicht $\mathfrak{k}$ anstelle der $\Gamma_k$ der komplex-konjugierten Wert $\overline{\Gamma}_k$ benutzt
werden.

Die kovariante Ableitung $b_k$ von Spindichten $b$ zum Absolutgewicht $\mathfrak{k}$ bzw. $\dot{\mathfrak{k}}$
wurde mit Hilfe des Produkts zweier Spindichten von Gewicht $\mathfrak{k}$ und $\dot{\mathfrak{k}}$ bestimmt als

$$b_k = \partial_k b - \mathfrak{k}\Pi_k b$$

mit

$$\Pi_k = \tfrac{1}{2}(\Gamma_k + \overline{\Gamma}_k).$$

Die kovariante Ableitung einer Spinordichte vom Absolutgewicht $\mathfrak{k}$ bzw. $\dot{\mathfrak{k}}$ konnte
daher als kovariante Ableitung des Produkts aus einer Spindichte vom Absolutge-
wicht $\mathfrak{k}$ bzw. $\dot{\mathfrak{k}}$ und eines Spinors gebildet werden. Beispielsweise ergibt sich für eine
Spinordichte $C$ vom Grad 1 und Absolutgewicht $\mathfrak{k}$:

$$C_{\alpha\,|k} = \partial_k C_\alpha - \Gamma^\rho_{\alpha k} C_\rho - \mathfrak{k}\Pi_k C_\alpha.$$

Gemischte Dichten vom (Absolut-)Gewicht $l$ setzten sich zusammen aus Tensordichten und Spinordichten vom selben Gewicht und mussten daher wie ein Produkt kovariant differenziert werden. Dies führten Infeld und van der Waerden am Beispiel der gemischten Größe $\sigma^{k\dot\lambda\mu}$ vor, die das Absolutgewicht $+1$ hatte:

$$\sigma^{k\dot\lambda\mu}_{\quad|s} = \partial_s \sigma^{k\dot\lambda\mu} + \Gamma^k_{rs}\sigma^{r\dot\lambda\mu} + \Gamma^{\dot\lambda}_{\dot\rho s}\sigma^{k\dot\rho\mu} + \Gamma^\mu_{\sigma s}\sigma^{k\dot\lambda\sigma} - \Pi_s\sigma^{k\dot\lambda\mu}$$

Wie im allgemein-relativistischen Spinorkalkül wurde die kovariante Differentiation der Spin(or)dichten und der Weltvektoren dadurch miteinander verträglich gemacht, indem

$$\sigma^{k\dot\lambda\mu}_{\quad|s} = 0$$

gefordert wurde. Dann ließen sich die $\Gamma^k_{rs}$ durch $\Gamma^{\dot\lambda}_{\dot\rho s}$ und $\Gamma^\mu_{\sigma s}$ ausdrücken. Die Symmetrie der $\Gamma^k_{rs}$ ließ Raum für acht reelle Parameter. Infeld und van der Waerden setzten

$$\Gamma_s = \Gamma^\alpha_{\alpha s} = \Pi_s + \mathrm{i}\Phi_s, \quad \overline\Gamma_s = \Gamma^{\dot\alpha}_{\dot\alpha s} = \Pi_s - \mathrm{i}\Phi_s,$$

wobei die $\Pi_s$ und $\Phi_s$ willkürliche reelle Variablen waren. Während $\Phi_s$ wegen des Transformationsverhaltens bezüglich Raumzeit- und Spinortransformationen mit dem elektromagnetischen Potential identifiziert werden konnte, spielten die $\Pi_s$ in der Physik keine Rolle, weil sie in den Formeln annuliert wurden. Denn es traten, wie später noch gezeigt wurde, nur ko- bzw. kontravariante Spinvektordichten vom Absolutgewicht $-\frac{1}{2}$ bzw. $+\frac{1}{2}$ auf.[1044] Leitete man die Spinvektordichten kovariant ab, so ergaben sich Terme

$$\Gamma^\mu_{\rho s} - \tfrac{1}{2}\delta^\mu_\rho \Pi_s \quad \text{und} \quad \Gamma^{\dot\mu}_{\dot\rho s} - \tfrac{1}{2}\delta^{\dot\mu}_{\dot\rho}\Pi_s,$$

deren $\Pi_s$-Glieder sich mit denen der $\Gamma_s$ aufhoben.

Es sollte ein vollständiges geodätisches Koordinatensystem in einem Punkt $P_0$ im Spinordichtenformalismus angegeben werden. Die Bedingung (15.6b)

$$(\gamma_{\lambda\mu})_{P_0} = \varepsilon_{\lambda\mu} \quad \text{und} \quad (\partial_s \gamma_{\lambda\mu})_{P_0} = 0$$

war dort trivialerweise erfüllt. Daher wurde das vollständige geodätische Koordinatensystem im Spinordichtenformalismus nur bis auf eine Spintransformation der Form

$$a'^\lambda = \beta a^\lambda$$

mit $\beta = \rho e^{\mathrm{i}\theta}$ bestimmt.

Die obige Bedingung für die Verträglichkeit der kovarianten Ableitung im Spinraum und in der Raumzeit, $\sigma^{k\dot\lambda\mu}_{\quad|s} = 0$, ergab

---

[1044] Im Artikel steht an dieser Stelle statt „Absolutgewicht" nur „Gewicht". Auf diesen Fehler wies Schouten die Autoren hin (Infeld und van der Waerden, 1933, Berichtigung).

$$(\Gamma^{\mu}_{\sigma s})_{P_0} = \tfrac{1}{2}(\Pi_s + \mathrm{i}\Phi_s)\delta^{\mu}_{\sigma} \quad \text{und} \quad (\Gamma^{\dot{\lambda}}_{\dot{\rho}s})_{P_0} = \tfrac{1}{2}(\Pi_s - \mathrm{i}\Phi_s)\delta^{\dot{\lambda}}_{\dot{\rho}}$$

mit willkürlichen reellen $\Phi_s, \Pi_s$. Dabei konnte auf $\Pi_s$ für ko- bzw. kontravariante Spinvektordichten vom Absolutgewicht $-\tfrac{1}{2}$ bzw. $+\tfrac{1}{2}$ verzichtet werden. Dann konnte man statt $\Gamma^{\mu}_{\rho s}$ und $\Gamma^{\dot{\lambda}}_{\dot{\rho}s}$ die Größen

$$\overset{*}{\Gamma}{}^{\mu}_{\rho s} = \Gamma^{\mu}_{\rho s} - \tfrac{1}{2}\delta^{\mu}_{\rho}\Pi_s \quad \text{und} \quad \overset{*}{\Gamma}{}^{\dot{\lambda}}_{\dot{\rho}s} = \Gamma^{\dot{\mu}}_{\dot{\rho}s} - \tfrac{1}{2}\delta^{\dot{\mu}}_{\dot{\rho}}\Pi_s$$

benutzen.

Um den Krümmungstensor zu definieren, konnte also sowohl auf $\Gamma^{\mu}_{\rho s}$ als auch auf $\overset{*}{\Gamma}{}^{\mu}_{\rho s}$ zurückgegriffen werden. Infeld und van der Waerden wählten zur Bestimmung des gemischten Krümmungstensors im Spinraum ($P^{\mu}_{\lambda\,ps}$ bzw. $P^{\dot{\mu}}_{\dot{\lambda}\,ps}$) die $\overset{*}{\Gamma}{}^{\mu}_{\rho s}$, weil sie den physikalisch unbedeutenden Vektor $\Pi_s$ vermeiden wollten. Die für den Spinorformalismus hergeleiteten Formeln galten dann nur für ko- bzw. kontravariante Spinvektordichten vom Absolutgewicht $-\tfrac{1}{2}$ bzw. $+\tfrac{1}{2}$.

Zum Abschluss behandelten Infeld und van der Waerden die Diracgleichungen. Der dem Stromvektor $\mathscr{J}^k$ entsprechende Spinor $\varkappa^{\dot{\lambda}\mu}$ musste einer Spinordichte vom Absolutgewicht $+1$ entsprechen. Denn nur Spinordichten vom Absolutgewicht $+1$ korrespondierten zu Vektoren des Minkowskiraums. Damit die Gleichung (15.7)

$$\varkappa^{\dot{\lambda}\mu} = \psi^{\dot{\lambda}}\psi^{\mu} + \chi^{\dot{\lambda}}\chi^{\mu} = \psi^{\dot{\lambda}}\psi^{\mu} + \varepsilon^{\dot{\lambda}\dot{\rho}}\varepsilon^{\mu\sigma}\chi_{\dot{\rho}}\chi_{\sigma}$$

auch für Spinordichten galt, konnte $\psi^{\lambda}$ (und $\psi^{\dot{\lambda}}$) als Spinordichten vom Absolutgewicht $+\tfrac{1}{2}$ aufgefasst werden. Aus der Diracschen Gleichung in Spinorform (15.8a,b) folgte dann, dass $\chi_{\lambda}$ (und $\chi_{\dot{\lambda}}$) Spinordichten vom Absolutgewicht $-\tfrac{1}{2}$ waren.

Infeld und van der Waerden zogen daraus den folgenden Schluss: Unter der Annahme, dass nur $\psi^{\lambda}$ und $\chi_{\mu}$ „physikalisch-bedeutsame Größen"[1045] waren, galt, dass nur kontravariante Spinordichten vom Absolutgewicht $\tfrac{1}{2}$ und kovariante Spinordichten vom Absolutgewicht $-\tfrac{1}{2}$ und daraus gebildete Ausdrücke eine Rolle spielten. Als Begründung führten sie an, dass nur solche Spinordichten in der Diracgleichung (15.8a,b) vorkamen und dass sich $\psi_{\lambda}$ immer durch $\varepsilon_{\rho\lambda}\psi^{\rho}$ und $\chi^{\mu}$ durch $\varepsilon_{\dot{\mu}\dot{\rho}}\chi_{\dot{\rho}}$ ersetzen ließen.[1046]

## 15.3.3 Verhältnis zwischen $\gamma-$ und $\varepsilon-$Formalismus

Der Spinordichtenformalismus war eine Verallgemeinerung des Spinorkalküls und übertrug das Konzept der Tensordichte auf den Spinraum. Infeld und van der Waer-

---

[1045] Infeld und van der Waerden (1933, S. 474).

[1046] Infeld und van der Waerden (1933, Berichtigung).

den sahen im Spinordichten-Formulismus zwar eine „formale Belastung"[1047], aber den Vorteil, dass man den – dem metrischen Fundamentaltensor entsprechenden – Spinor $\gamma_{kl}$, der nicht immer reell war, vermeiden konnte. Sie enthielten sich allerdings eines abschließenden Urteils zu Gunsten eines der beiden Formalismen.

> „Welche[r] von diesen Formalismen den Vorzug verdient, das können wir der weiteren Entwicklung der Theorie überlassen."[1048]

Der Spinorkalkül wurde als erster und ausführlich behandelt, der Spinordichtenkalkül war dagegen in kleineren Typen gesetzt worden. Damit wurde der Spinorkalkül sowohl optisch, als auch quantitativ in den Vordergrund gerückt. Dies erscheint angesichts der Tatsachen, dass Physiker mit dem Spinorkalkül der speziellen Relativitätstheorie zu dieser Zeit noch nicht vertraut waren und dass von Infeld und von van der Waerden der Spinordichtenkalkül als der „kompliziertere"[1049] Kalkül betrachtet wurde, durchaus sinnvoll.

### 15.3.4 Vergleich mit Infelds Artikel von 1932

Im Vergleich zu der früheren Arbeit von Infeld mit dem Titel „Die verallgemeinerte Spinorrechnung und die Diracschen Gleichungen"[1050] ist der hier gewählte Ansatz allgemeiner und geometrisch ausgereifter. Zum einen legte Infeld in der früheren viel Wert auf die rechentechnische Handhabung des Kalküls. Beispielsweise betonte er:

> „Es lassen sich alle Beziehungen der speziellen Relativitätstheorie *rein mechanisch* in die Spinorsymbolik übertragen, und zwar durch folgende Zuordnung:
>
> $$A^i \rightarrow a^{\dot\lambda\mu}; A^{ik} \rightarrow a^{\dot\lambda\mu\dot\nu\sigma}; \frac{\partial}{\partial x^k} \rightarrow \partial_{\dot\lambda\mu}."^{[1051]}$$

Zum anderen wurden geometrische Aspekte nur indirekt angesprochen – insbesondere der lokale Charakter des Spinraumes, sowie des dem metrischen Fundamentaltensor entsprechenden Spinors $\gamma_{\lambda\mu}$, wie auch die Basiswahl. Dies hatte zur Folge, dass Infeld seinen Kalkül nicht in dem sonst üblichen Raum der allgemeinen Relativitätstheorie entwickelte. Zudem war der Spinor $\gamma_{\lambda\mu}$ auf reelle, statt komplexe, Werte von $\gamma_{12}$ beschränkt und auf dem Spinraum operierte die $SL(2,\mathbb{C})$, nicht die $GL(2,\mathbb{C})$.[1052] Letzteres bedeutete, dass Lorentztransformationen und Transformationen des Spinraums als aneinander gekoppelt betrachtet wurden. Die von van der

---

[1047] Infeld und van der Waerden (1933, S. 384).

[1048] Infeld und van der Waerden (1933, S. 384).

[1049] Infeld und van der Waerden (1933, S. 381).

[1050] Infeld (1932).

[1051] Infeld (1932, S. 476, Hervorhebungen MS).

[1052] Infeld (1932, S. 477).

Waerden eingeführten gemischten Größen $\sigma^{k\lambda\mu}$, die eine wichtige Rolle in der Infeld-van-der-Waerdenschen Arbeit spielen, wurden in der früheren Arbeit nicht erwähnt. Die aus geometrischer Perspektive naheliegende Übertragung des Konzepts des affinen Zusammenhangs auf den Spinorraum kommt in Infelds Artikel nicht vor. Sie stellt eine weitere fundamentale Errungenschaft der späteren gemeinsamen Arbeit dar. Schließlich ist der Spinordichtenformalismus neu hinzu gekommen.

Zusammengenommen bedeutet dies, dass, obwohl die behandelten Themen (Spinorformalismus in der allgemeinen Relativitätstheorie, Krümmungsspinoren, Diracgleichungen erster und zweiter Ordnung in Spinorform und Berechnung letzterer am Beispiel eines freien Elektrons) ähnlich sind, der Zugang und die Resultate sich stark unterscheiden. Die mehr geometrische Perspektive eröffnete eine allgemeinere und breitere Herangehensweise an den Spinorkalkül der allgemeinen Relativitätstheorie.

## 15.4 Zur Rezeption des Kalküls und der Spinoren im allgemeinen

Das Konzept der Spinoren war seit den 1930er Jahren Gegenstand zahlreicher Untersuchungen von Seiten der Mathematiker wie auch der Physiker. Van der Waerdens Notation der Spinoren mit punktierten Indizes ist noch heute im Gebrauch. Im Folgenden werden lediglich einige Arbeiten zu diesem Themenkomplex aus den 1930er Jahren erwähnt und die wesentlichen Entwicklungsstränge der Theorie der Spinoren bis heute benannt. Zunächst wird van der Waerdens Einschätzung seiner Arbeit mit Infeld wiedergegeben, welche sich im Verlauf der Jahrzehnte von einer eher kritischen zu einer positiven wandelte.

### 15.4.1 Zu van der Waerdens wechselnden Einschätzungen

Während Infeld den gemeinsamen Artikel mit van der Waerden als seinen Einstieg in das Abenteuer Wissenschaft in Erinnerung behielt (vgl. Abschn. 15.2), war van der Waerden 1933 weniger enthusiastisch. In einem Brief an Schouten im Juni 1933 hielt van der Waerden ihre Arbeit für nicht so bedeutend:

> „Bevor ich [van der Waerden] nun Deine [Schoutens] weiteren Fragen beantworte, muss ich Dir sagen, dass ich auf den ganzen Artikel vdW.-I. nicht soviel Wert lege, angesichts dessen dass (so wie in der Einleitung bereits angemerkt wurde) die einzige physikalisch interessante Frage: Ist die Diracgleichung in der gewöhnlichen allg[emeinen] Relativitätstheorie möglich? bereits durch Fock ein und für allemal gelöst worden war. Anlass für das Aufstellen meines Formalismus war lediglich der Ärger über Schroedingers unsinnig komplizierten Entwurf. Es war Schroedinger (ich wahrhaftig nicht!), der an dem Gebrauch der „ungeläufigen" $n$-Beinkomponenten bei Fock Anstoß nahm; und ich wollte ihm zeigen, dass man auch ohne $n$-Beine die Sache auf eine einfache Weise ansetzen kann. Ich fand die Sache nicht wichtig genug, um sie selbst auszuarbeiten und ließ es Infeld tun, weil ich

hoffte, dadurch diesen Mann selbst ein bisschen auf die richtige Spur zu setzen. Er hatte nämlich (auch schon aus Angst vor den $n$−Beinen von Fock!) eine eigene Relativitätsth[eorie] entworfen, worin die Spinoranalyse eingearbeitet war, die aber nur konform-euklidische Räume zuließ! Er ist davon nun bekehrt, was jedenfalls ein günstiges Ergebnis ist. Hätte ich jedoch damals schon gewusst, dass man in der projektiven Relativitätstheorie doch mit $\psi$−Funktionen mit 4 Komponenten arbeiten muss und dass also auf lange Sicht die 4-Komp[onenten]-Schreibweise gegen die $2 \times 2$ (Spinoranalyse) gewinnt, dann wäre das ganze Stück in der Schreibfeder geblieben. [...] wie gesagt, <u>meine</u> Physiker nehmen eine Seitenstraße, wenn sie einem $n$−Bein-Feld auf ihrem Weg begegnen."[1053]

Interessant an dieser Einschätzung ist zunächst van der Waerdens Unterscheidung von physikalisch Interessantem und dessen mathematischer Ausformulierung. Van der Waerden und Infeld verbesserten lediglich letztere, weil sie Schrödingers Ansatz als „unsinnig kompliziert" einschätzten. Sein zweites Urteil, dass die Arbeit angesichts der projektiven Relativitätstheorie überflüssig und überholt sei, kann als Anerkennung der Arbeiten zur generellen Feldtheorie seines Briefpartners Schouten und seines Freundes van Dantzig gewertet werden und zeigt die Hoffnungen, die damals mit dieser Theorie verbunden waren (vgl. Abschn. 15.1). Schouten hatte gezeigt, dass man dort auch vierdimensional arbeiten konnte, und schloss daraus, dass

> „die vereinfachte Spinortheorie [mit $2 \times 2$ Komponenten, MS] für die wirkliche Rechnung doch nicht einfacher [ist], da sie die Anzahl der Gleichungen und der zu berücksichtigenden Größen verdoppelt. Man rechnet also wohl am besten durchweg vierdimensional [...]"[1054]

Schoutens „vereinfachte Spinortheorie" führte auf van der Waerdens Spinorkalkül zurück und für Schouten hatte sie „vor allen Dingen historisches Interesse".[1055] Das Zitat aus dem Brief van der Waerdens an Schouten verdeutlicht aber auch nochmals van der Waerdens Unsicherheit in Bezug auf die physikalische Relevanz seines mathematischen Kalküls, wie sie bereits in dem Schreiben an Schrödinger zutage trat

---

[1053] „Voordat ik nu je verdere vragen beantwoord, moet ik je zeggen, dat ik aan het hele artikel vdW.-I. niet zoveel waarde hecht, aangezien (zoals in de inleiding reeds werd opgemerkt) de enige fysies interessante vraag: Is de Dirac-vergelijking in de gewone alg. relativiteitstheorie mogelik? reeds door Fock ééns en vooral was opgelost. Aanleiding tot de opstelling van mijn formalisme was slechts de ergernis over Schroedinger's onzinnig gekompliceerde opzet. Het was Schroedinger (ik waarachtig niet!) die aan het gebruik der „ungeläufige" $n$−been-komponenten bij Fock aanstoot nam; en ik wilde hem laten zien, dat men ook zonder $n$−benen de zaak op een makkelike wijze kan opzetten. Ik vond de zaak niet belangrijk genoeg om zelf uit te werken en liet 't Infeld doen, omdat ik hoopte, die man zelf daardoor 'n beetje op 't rechte spoor te brengen. Hij had namelik (ook al uit angst voor de $n$−benen van Fock!) een eigen relativiteitsth. opgezet, waarin de spinoranalyse verwerkt was, maar die alleen conform-euklidiese ruimten toeliet! Hij is daarvan nu bekeerd, wat altans één gunstig resultaat is. Had ik echter toen reeds geweten, dat men in de projektieve relativiteitstheorie tòch met $\psi$−funkties met 4 komponenten moet werken en dat dus op de lange baan de 4-komp.-schrijfwijze het van de $2 \times 2$ (spinorananlyse) wint, dan was het hele stuk in de pen gebleven. [...] als gezegd, <u>mijn</u> fysici lopen een straatje om als ze een $n$−been-veld op hum weg tegenkomen." (Van der Waerden an Schouten, 6.6.1933, CWI, WG, Schouten, Übersetzung MS).
[1054] Schouten (1933b, S. 103).
[1055] Schouten (1933b, S. 103).

(siehe S. 305). Van der Waerden revidierte diese negative Beurteilung seiner Arbeit fast dreißig Jahre später (s. u.).

Außerdem geht aus dem Zitat hervor, dass für die Publikation des gemeinsamen Artikels mit Infeld für van der Waerden eine seiner Meinung nach verbreitete Abneigung der Physiker gegen den von Fock entwickelten $n$–Bein-Formalismus ausschlaggebend war. Van der Waerden lag offensichtlich daran, insbesondere Schrödinger eine Alternative ohne $n$–Bein-Formalismus zur Verfügung zu stellen.[1056] Aber dieses Motiv allein reichte für eine Publikation nicht aus. Es musste dafür anscheinend noch eine persönliche Komponente hinzutreten, in diesem Fall ein didaktisches Moment hinsichtlich Infeld.

In Bezug auf die Zerlegung von vierkomponentigen Größen in $2 \times 2$– komponentige Größen in der Spinoranalyse bemerkte Pauli 1933 in seinem Beitrag „Die allgemeinen Prinzipien der Wellenmechanik" zum *Handbuch der Physik*

> „Wir möchten hier bemerken, dass dieser Kalkül trotz seiner formalen Geschlossenheit nicht immer vorteilhaft ist, da die durch die Spezialisierung von $\gamma_5$ auf Diagonalform bewirkte Zerspaltung aller vierkomponentigen Größen in zweikomponentige manchmal eine unnötige Komplikation der Formeln mit sich bringt."[1057]

Dabei ergibt sich $\gamma_5$ als Produkt der Diracschen $\gamma$–Matrizen

$$\gamma_1 \gamma_2 \gamma_3 \gamma_4 = \gamma_5$$

und ist bei van der Waerden – wie schon bei von Neumann (1928) – eine Diagonalmatrix mit den Werten $+1, +1, -1, -1$ auf der Diagonale.

Diesen Einwand Paulis nahm van der Waerden so ernst, dass er ihn 1960 in seiner physikhistorischen Arbeit „Exclusion principle and spin" zitierte.[1058] Dort fiel seine Bewertung der gemeinsamen Arbeit jedoch wesentlich positiver aus

> „The formalism of Infeld and myself [van der Waerden] is somewhat simpler than that of Weyl and Fock, and much simpler than that of Schrödinger and Bargmann, but the physical conclusions are just the same. The main conclusion is, that Dirac's wave equation or, in fact, any one-particle wave equation which is invariant in the sense of special relativity, can also be incorporated into general relativity."[1059]

Über zwanzig Jahre später modifizierte er diese Einschätzung leicht in einem Brief an Hendrik Casimir. Er beschrieb die von Infeld und ihm entwickelte Methode als „formal einfachste, aber nicht sehr anschauliche", die von Fock und Weyl dagegen als anschaulich, aber algebraisch komplizierter und die von Bargmann und Schrödinger als „sehr verwickelt".[1060]

---

[1056] Vgl. van der Waerden an Schrödinger, 14.6.1932, AHQP. Vgl. auch die Briefe vom 26.11.1932, 9.1.1932[33], AHQP.

[1057] Pauli (1933a, S. 239 f.).

[1058] van der Waerden (1960, S. 239 f.).

[1059] van der Waerden (1960, S. 236).

[1060] „Die [methode] van Infeld + vdW is formeel de eenvoudigste, maar niet erg aanschouwlijk. De methode van Weyl en Fock is wel aanschouwelijk, maar de algebra is iets gecompliceerder. Die van Bargmann en Schroedinger (een uitwerking van't idee van Tetrode) is voor mijn gevoel erg ingewikeld." Van der Waerden an Casimir, 4.11.1982, NvdW, HS 652:10621, Übersetzung MS.

Zu diesem Zeitpunkt war der von Infeld und van der Waerden entwickelte allgemein-relativistische Spinorkalkül bereits von einer Reihe von Wissenschaftlern aufgegriffen worden und hatte sich als sehr nützlich erwiesen:

> „Many years after the article by Infeld and van der Waerden had appeared, their spinor calculus has found numerous new applications in studies of gravitation and geometry. Owing to the work of E. T. Newman, R. Penrose and others, two-component spinors of Infeld and van der Waerden serve now as a universal, powerful and elegant tool in general relativity."[1061]

Der eben erwähnte Mathematiker Roger Penrose beschrieb 1999 den Spinorkalkül als wirkmächtig:

> „His [Infeld's, MS] seminal work showing how spinor calculus may be applied in general curved space-times has been extremely influential, and it has profoundly affected my own researches, these having greatly been concerned with the relationship between spinor theory and Einstein's general relativity."[1062]

Er skizzierte vier weitere Entwicklungen, die auf der Arbeit von Infeld und van der Waerden aufbauen: Erstens, die Anwendung des Spinorkalküls, um die Raumzeit der allgemeinen Relativitätstheorie zu untersuchen – hier war ein 1935/36 am Institute for Advanced Study in Princeton abgehaltenes Seminar von Oswald Veblen und John von Neumann zur „Geometry of complex domains" wegweisend[1063]; zweitens, der Formalismus der Spin-Koeffizienten, der in den 1960er Jahren entwickelt wurde; drittens, eine globale Untersuchung des Spinorkonzepts; viertens, die Entwicklung der Twistortheorie.[1064] Diese Entwicklungsstränge sollen hier nur genannt werden, um die Fruchtbarkeit des Spinorkonzepts aufzuzeigen. Van der Waerdens Notation des Kalküls wurde dabei häufig übernommen, wie auch seine Arbeiten zum Spinorkalkül meistens zitiert wurden. Auf eine tiefergehende historische Analyse muss aufgrund ihres Umfangs an dieser Stelle verzichtet werden.

## 15.4.2  Spinoren in der Mathematik und Physik in den 1930er Jahren

Nach diesem Ausflug in die jüngere Vergangenheit wird im Folgenden die zeitnahe Rezeption des Konzepts der Spinoren in den 1930er Jahren skizziert. Eine komplette Übersicht über alle Arbeiten zu Spinoren in dieser Zeitspanne kann hier nicht gegeben werden. Spinoren tauchten in der Physik in vielen Arbeiten auf, in denen Quantenmechanik und Relativitätstheorie zusammengebracht werden sollten, also insbesondere in der Forschung zu vereinheitlichenden Feldtheorien. Von mathematischer Seite wurde eine systematische Theorie der Spinoren in Räumen von beliebiger Dimension entwickelt. Van der Waerden, der zu diesen Gebieten nichts mehr

---

[1061] Bialynicki-Birula (1978, S. 15).

[1062] Penrose (1999, S. 2979).

[1063] Veblen u. a. (1955).

[1064] Penrose (1999, S. 2982 ff.).

publizierte, verfolgte diese Entwicklung. Dies belegen seine zahlreichen Rezensionen diesbezüglicher mathematischer und physikalischer Arbeiten im *Zentralblatt für Mathematik und ihre Grenzgebiete*.[1065] Im Nachfolgenden sollen einige der Arbeiten erwähnt werden, die entweder auf van der Waerdens Spinorkalkül in irgendeiner Weise eingehen oder für die weitere Entwicklung in der Mathematik oder Physik wichtig waren. Es zeigt sich, dass der $\varepsilon$–Formalismus zunächst kaum aufgegriffen wurde.

### 15.4.2.1 Spinoren und Semivektoren: Einstein, Mayer und Bargmann

Ehrenfest überzeugte Albert Einstein, dass der Spinorbegriff sowohl in mathematischer als auch in physikalischer Hinsicht noch erklärungsbedürftig sei.[1066] Daraufhin entwickelte Einstein mit seinem Mitarbeiter Walther Mayer das scheinbar physikalisch und mathematisch einfachere Konzept des ‚Semivektors‘.[1067] Da Einstein die Arbeit von Infeld und van der Waerden durch die Korrespondenz mit Infeld schon vor deren Publikation bekannt war, konnten Einstein und Mayer das Verhältnis zu den Infeld-van-der-Waerdenschen Spinoren aufzeigen und auf deren Artikel verweisen.[1068] Mit Einsteins Arbeit verknüpfte van der Waerden im November 1932 die Hoffnung, dass sie „etwas dazu beitragen wird, die Spinoranalyse den Physikern verständlicher zu machen."[1069] Diese Hoffnung sollte sich jedoch nicht erfüllen.

In der Einleitung zu dem ersten von vier Artikeln zu Semivektoren priesen Einstein und Mayer die Vorzüge des neuen Konzepts

> „Unsere Bemühungen haben zu einer Ableitung geführt, welche nach unserer Meinung allen Ansprüchen an Klarheit und Natürlichkeit entspricht und undurchsichtige Kunstgriffe völlig vermeidet. Dabei hat sich – wie im Folgenden gezeigt wird – die Einführung neuartiger Größen, der ‚Semi-Vektoren‘, als notwendig erwiesen, welche die Spinoren in sich begreifen, aber einen wesentlich durchsichtigeren Transformationscharakter besitzen als die Spinoren."[1070]

Semivektoren hatten vier Komponenten, deren Indizes mit dem metrischen Tensor der Raumzeit $g^{ij}$ herauf und hinunter gezogen wurden, und konnten daher als

---

[1065] Beispielsweise van der Waerden (1934, 1935b, 1937b, 1938, 1941b).

[1066] „Bei der großen Bedeutung, welche der von Pauli und Dirac eingeführte Spinor-Begriff in der Molekularphysik erlangt hat, kann doch nicht behauptet werden, daß die bisherige mathematische Analyse dieses Begriffs allen berechtigten Ansprüchen genüge. Dem ist es zuzuschreiben, daß *P. Ehrenfest* bei dem einen von uns mit großer Energie darauf gedrungen hat, wir sollten uns bemühen, diese Lücke zu füllen." (Einstein und Mayer, 1932, S. 552, Hervorhebung im Original, MS). Vgl. auch van Dongen (2004, S. 224-226).

[1067] Einstein und Mayer (1932, 1933a,b, 1934). Van Dongen (2004) analysiert das Konzept des Semivektors und geht dessen Entstehung und Rezeption nach. Er sieht Semivektoren als ein Beispiel dafür, dass Einstein durch seinen methodologischen Ansatz, der die Konstruktion von Semivektoren stark beeinflusste, in die Irre geleitet wurde. Die kurzen Erläuterungen hier beruhen auf seiner Darstellung.

[1068] Einstein und Mayer (1932, S. 544, 549 f.).

[1069] Van der Waerden an Schrödinger, Leipzig, 26.11.1932, AHQP.

[1070] Einstein und Mayer (1932, S. 522).

zur Raumzeit gehörig interpretiert werden. Im Raum der Semivektoren konstruierten Einstein und Mayer eine neue Darstellung der Lorentzgruppe. Sie mussten feststellen, dass sie von ihren hohen physikalischen Erwartungen an das Konzept der Semivektoren nur die einheitliche Beschreibung von Elektron und Proton realisieren konnten, und dass das Konzept des Spinors unumgänglich war.

Valentin Bargmann analysierte – wahrscheinlich auf Anregung Wolfgang Paulis hin – die Beziehung zwischen Semivektoren und Spinoren mit Hilfe des Infeld-van-der-Waerdenschen Spinorkalküls.[1071] Er kam zu dem Schluss, dass der Semivektor eine Erweiterung eines Spinors auf vier Komponenten darstellte, dessen neue Komponenten sich bei einer Lorentztransformation mit der Identität transformierten. Also sind Semivektoren in Wirklichkeit unnötig kompliziert. Auch das Transformationsverhalten der Semivektoren unter der Lorentzgruppe wurde nicht einfacher.[1072] Die einheitliche Gleichung für Elektron und Proton wurde von Bargmann auch untersucht und als, wie van Dongen formuliert, „opaque mix-up of the equations for two separate particles"[1073] demaskiert. Während sich Bargmann seinerzeit mit einer Bewertung der Theorie der Semivektoren zurückhielt, urteilt van Dongen

> „The semivector enterprise thus appears to have been a shot in the dark: Einstein had replaced the spinor concept, deemed unnatural, by the semivector, and consequently found that its most general equation of motion described rather miraculously at the same time the proton and electron – but the entire semivector analysis seems to have been redundant and might as well have been carried out for spinors."[1074]

Mit solchen mathematischen Problemen mit Spinoren waren Einstein und Mayer zu dieser Zeit nicht allein. Auch andere Physiker hatten Schwierigkeiten mit dem mathematischen Theoriegebäude, wie die vorherigen Ausführungen in diesem Kapitel zeigen. Ein weiteres Beispiel dafür sah van der Waerden in Gustav Mies Arbeit *Die Geometrie der Spinoren*. In seiner Rezension meinte van der Waerden, dass Mies Entwicklungen nur für die euklidische Metrik gelten würden und nicht auf eine Lorentzsche Metrik übertragen werden könnten.[1075] Die mathematische Komplexität der geometrischen Theorien der Relativitätstheorie behinderte also bisweilen weitere Fortschritte.

### 15.4.2.2 Geometrie der Spinoren: Veblen

Am Institute for Advanced Study in Princeton entwickelte Oswald Veblen Anfang der 1930er Jahre eine geometrische Theorie der Spinoren.[1076] Er war auf diesen Ansatz bei dem Versuch gestoßen, eine Theorie Eddingtons zur Wechselwirkung von

---

[1071] Bargmann (1934).

[1072] Siehe van Dongen (2004, S. 236, Fußnote 59).

[1073] van Dongen (2004, S. 249).

[1074] van Dongen (2004, S. 248).

[1075] van der Waerden (1934).

[1076] Zu Veblens physikalischem Forschungsprogramm vgl. Ritter (2011).

elektrischen Ladungen geometrisch zu interpretieren. Er schlug diesen dann Schouten bei dessen Besuch in den USA als eine mögliche geometrische Interpretation seiner Spingrößen vor.[1077] Die Arbeiten von Dirac zur relativistischen Wellengleichung des Elektrons sowie von Weyl und Fock zu deren Verallgemeinerung auf die allgemeine Relativitätstheorie regten ihn an, die dortigen Ideen mathematisch auszuarbeiten.

Veblen veröffentlichte 1933 zwei Artikel, welche die Geometrie der zweikomponentigen und der vierkomponentigen Spinoren zum Inhalt hatten.[1078] Den ersten Artikel sah er als „a sort of geometric commentary on the paper of [Weyl (1929), MS]."[1079] Infeld und van der Waerdens Artikel war im März 1933, als Veblen seine Arbeit einreichte, noch nicht publiziert. Veblen verallgemeinerte seinerseits van der Waerdens (speziell-relativistische) Spinoren auf den allgemein-relativistischen Fall. Allerdings ging es ihm nicht in erster Linie um die Entwicklung eines Kalküls, ja, er nutzte nicht einmal van der Waerdens Notationsweise, sondern es ging ihm um eine geometrische Interpretation der Spinoren im Kontext der (projektiven) allgemeinen Relativitätstheorie. Er stellte ausführlich die von Weyl (und implizit auch von van der Waerden) genutzte Parametrisierung des Lichtkegels durch Geraden dar (vgl. Abschn. 7.4), nutzte aber anstelle der den Lichtkegel erzeugenden Geraden häufig Ebenen. Er definierte Spinoren $\psi^A$ der ersten Stufe vom Gewicht $\frac{1}{2}$ durch ihre Transformationsregeln in Bezug auf Koordinatenwechsel und Umeichung. Weiterhin definierte er kovariante Differentiation von Spinoren durch die Einführung eines sogenannten Spinorzusammenhangs. In seiner zweiten Arbeit nutzte er die Plücker-Kleinsche Korrespondenz zwischen Geraden im projektiven dreidimensionalen Raum $P_3$ und den Punkten einer Quadrik in einem projektiven fünfdimensionalen Raum $P_5$, allerdings „in a manner inverse to that intended by Klein."[1080] Bei der ursprünglichen Korrespondenz ging es darum, die Geraden zu studieren, indem man sie als Punkte auf einer Quadrik betrachtete. Veblen dagegen betrachtete den Tangentialraum $T_4$ an einen Punkt der vierdimensionale Raumzeit der allgemeinen Relativitätstheorie als einen Unterraum von $P_5$. Durch die Korrespondenz des $T_4$ mit Geraden im $P_3$ konstruierte Veblen dann eine Parametrisierung des $T_4$. Veblen ließ affine, projektive und konforme Tangentialräume zu.

Im November 1934 erschien ein kurzer Artikel Veblens zu Spinoren in der Zeitschrift *Science*.[1081] Er beruhte auf Aufzeichnungen eines Vortrags, den dieser vor der Philosophical Society of Washington im März gehalten hatte. Veblen versuchte das Konzept des Spinors gänzlich untechnisch zu erklären und stellte dessen Bezug zur Quantenmechanik und Relativitätstheorie her.

In den folgenden Jahren bettete Veblen die Theorie der Spinoren in seine projektive Relativitätstheorie weiter ein, definierte beispielsweise eine projektive Differentiation von Spinoren, und erweiterte sie, Brauer und Weyl folgend (s. u.), auf

---

[1077] Veblen (1933b, S. 517). Mit Spinoren bzw. Ehrenfests Fragen danach hätte Veblen schon bei seinem Besuch in den Niederlanden 1929 konfrontiert gewesen sein können (vgl. Abschn. 6).

[1078] Veblen (1933a,b).

[1079] Veblen (1933a, S. 462).

[1080] Veblen (1933b, S. 503).

[1081] Veblen (1934).

*n* Dimensionen. Diese Arbeiten führten schließlich zu der von Penrose erwähnten Abhandlung *Geometry of complex domains.*[1082]


### 15.4.2.3 Spinoren in *n* Dimensionen: Weyl, Brauer und Cartan

Während Veblen Spinoren in projektiven Räumen untersuchte, entwickelten Brauer, Weyl und Cartan Spinoren in (pseudo-)euklidischen Räumen und auf Riemannschen Mannigfaltigkeiten. Brauer und Weyl konstruierten 1935 auf einfache Weise die zweideutige Darstellung $\Delta$ vom Grad $2^\nu$ der orthogonalen Gruppe eines $n$–dimensionalen komplexen Vektorraums (mit $n = 2\nu$ oder $n = 2\nu + 1$) und leiteten mit rein algebraischen Mitteln deren wichtigsten Eigenschaften ab.[1083] Diese Darstellung war 1913 von Cartan mit infinitesimalen Methoden eingeführt worden. Sie ist insofern von zentraler Bedeutung, als $\Delta$ die einzige irreduzible zweideutige Darstellung der Gruppe ist und sich also aus ihr sämtliche zweideutigen Darstellungen der orthogonalen Gruppen ergeben. Die Vektoren des Darstellungsraumes von $\Delta$ heißen dann Spinoren. $\Delta$ ist zwar irreduzibel, aber bei Einschränkung der orthogonalen Gruppe auf die eigentliche orthogonale Gruppe (Determinante $+1$), so zeigten Brauer und Weyl, zerfällt die Darstellung in zwei irreduzible Darstellungen. Für reelle orthogonale Gruppen untersuchten sie speziell auch die zu $\Delta$ konjugiert-komplexe Darstellung.

Gegen Ende der Arbeit kamen Brauer und Weyl auf die Physik zurück. Sie untersuchten, welche Charakteristika der Diracschen Theorie auch für höher dimensionale Räume bestehen bleiben. Sowohl die Diracsche Wellengleichung für das Elektron und der Vektor der „Stromdichte" seien, so ihr Ergebnis, auch im höher dimensionalen Fall eindeutig bestimmt.

Eine leicht verständliche und systematische Einführung in die Theorie der Spinoren und ihre Beziehung zur Physik gab Élie Cartan 1938 in einem Lehrbuch.[1084] Cartan ging dabei von einer rein geometrischen Definition von Spinoren aus und betrachtete euklidische, pseudoeuklidische Räume und Riemannsche Mannigfaltigkeiten. Cartan berührte die Beziehung zwischen Clifford-Algebren und orthogonalen Gruppen, welche später in der Physik wichtig wurde. Er verwies zudem auf van der Waerdens Arbeiten (van der Waerden, 1929, 1932; Infeld und van der Waerden, 1933), übernahm aber nicht die dortige Notationsweise.

Aus Cartans Perspektive wirkte der Ansatz von Infeld und van der Waerden zu allgemein-relativistischen Spinoren nicht überzeugend. Infelds und van der Waerdens Spinoren sah Cartan als Objekte, die gewissermaßen indifferent bezüglich Rotationen sind, Rotationen, denen klassische geometrische Objekte (Vektoren etc.) unterworfen sind, und deren Komponenten, in einem gegebenen Bezugssystem, linearen Transformationen unterworfen sind, welche in einem gewissem Sinne auto-

---

[1082] Veblen u. a. (1955). Vgl. auch Zund (1976).

[1083] Brauer und Weyl (1935).

[1084] Cartan (1938).

nom sind. Diese Interpretation empfand Cartan als geometrisch und sogar physikalisch anstößig („choquant"). [1085]

### 15.4.2.4 Verhältnis zwischen Spinorkalkül und Tensorkalkül: Whittaker

Der britische Mathematiker Edmund Taylor Whittaker untersuchte das Verhältnis zwischen Tensorkalkül und Spinorkalkül – und damit einen Komplex von Fragen, den auch Ehrenfest seiner Zeit beschäftigt hatte. [1086] Aus diesem Grund soll die Arbeit, stellvertretend für viele weitere hier ungenannte Arbeiten, kurz skizziert werden.

Whittaker zeigte, dass bestimmte Sechservektoren $R^{pq}$ ($p, q \in \{0, 1, 2, 3\}$) des Minkowksiraums, nämlich solche, die dual zu sich selbst sind

$$R_{01} = iR_{23}, \quad R_{02} = iR_{31}, \quad R_{03} = iR_{12}$$

und deren Invariante $R_{01}^2 + R_{02}^2 + R_{03}^2 = 0$ ist, Spinoren $\phi_A$ ($A \in \{1, 2\}$) entsprechen

$$\sqrt{2}\phi_1 := (R_{01} + iR_{02})^{\frac{1}{2}}, \quad \sqrt{2}\phi_2 := (-R_{01} + iR_{02})^{\frac{1}{2}},$$

bzw.

$$R_{01} = \phi_1^2 - \phi_2^2, \qquad R_{02} = -i(\phi_1^2 + \phi_2^2), \quad R_{03} = -2\phi_1\phi_2,$$
$$R_{23} = -i(\phi_1^2 - \phi_2^2), \quad R_{31} = -(\phi_1^2 + \phi_2^2), \quad R_{12} = -2i\phi_1\phi_2.$$

Damit gelang es ihm, eine Korrespondenz zwischen Tensoranalysis und Spinoranalysis aufzustellen. Er zeigte, welche Tensor- und Spinoroperationen sich entsprachen und stellte fest, dass die Spinoroperationen oft mathematisch einfacher waren als die entsprechenden Tensoroperationen. Allerdings sah Whittaker die Spinoren in erster Linie als Objekte an, die zur speziellen Relativitätstheorie gehörten. Die Übertragung in die allgemeine Relativitätstheorie war für ihn mit Schwierigkeiten verbunden. Whittaker nahm nur Bezug auf van der Waerdens Arbeit zur Spinoranalysis von 1929, nicht aber auf den Aufsatz von Infeld und van der Waerden von 1933. Die Übertragung von Tensorgleichungen in die allgemeine Relativitätstheorie erschien ihm dagegen einfach. Am Beispiel Diracs relativistischer Wellengleichung für ein Elektron führte er vor, welche rechnerischen Vorteile das Hin- und Herwechseln zwischen Tensor- und Spinorkalkül bringen konnte.

---

[1085] Cartan (1938, II, S. 89-91).

[1086] Whittaker (1937). Vgl. Abschn. 7.5.

#### 15.4.2.5  Relativistische Wellengleichungen für beliebige Teilchen und Wellenfelder: Dirac, Fierz, Pauli

Als Mitte der 1930er Jahre die Idee aufkam, dass es noch andere Elementarteilchen mit anderen Spinzahlen geben könnte, war es für theoretische Physiker von Interesse, für diese ebenfalls Wellengleichungen aufzustellen. Paul A. M. Dirac, G. Petiau und Alexandru Proca entwickelten 1936 drei unterschiedliche Ansätze.[1087] Dirac (1936) benutzte dabei den von van der Waerden entwickelten Spinorformalismus. Mit Hinweis auf die Arbeiten von van der Waerden (1929) sowie Laporte und Uhlenbeck (1931) konstruierte er Wellengleichungen für Teilchen beliebigen Spins, die linear bezüglich des Energieoperators waren. Der Spin eines Teilchens, so folgerte Dirac, musste für die relativistische Theorie durch zwei Zahlen $k, l \in \{0, \frac{1}{2}, 1, \frac{3}{2}, 2, \ldots\}$ charakterisiert werden. Für ein Elektron galt $k = l = \frac{1}{2}$. Dirac stellte die relativistischen Wellengleichungen für Teilchen mit und ohne Restmasse 0 auf. Für erstere ($m = 0$) war dies einfacher, weil, wie in van der Waerdens alternativer Wellengleichung (vgl. Abschn. 7.3), nur Wellenfunktionen mit – zumindest für kleine Spinzahlen – wenigen Komponenten (nämlich $2k + 1$, also nur von einer Spinzahl abhängig) auftraten.[1088]

Dirac formulierte die Wellengleichungen im Spinorformalismus und gab dann eine physikalischere Formulierung bzw. Interpretation. Am Ende des Artikels stellte er zusätzlich einen alternativen Ansatz zur Konstruktion der relativistischen Wellengleichungen im Rahmen der Spinortheorie vor. So erhielt er als Wellenfunktionen Spinoren, welche jeweils symmetrisch in den punktierten und unpunktierten Indizes waren. Die entsprechende Wellengleichung beurteilte er als „a very simple way of writing our fundamental equations."[1089] Diese Arbeit war wegweisend für die Teilchenphysik in den 1950er und 1960er Jahren. Wahrscheinlich ist es größtenteils dieser Arbeit von Dirac zu verdanken, dass van der Waerdens Spinorkalkül an Bedeutung gewann und bis heute von vielen Physikern aufgegriffen wurde und wird.

Ebenfalls von weitreichender Bedeutung für die weitere Entwicklung in der Physik in Richtung Quantenfeldtheorie war die Habilitation mit dem Titel „Über die relativistische Theorie kräftefreier Teilchen mit beliebigem Spin" von Markus Fierz bei Pauli in Zürich und deren gemeinsame Arbeit zu relativistischen Wellengleichungen von Teilchen mit beliebigem Spin in einem elektromagnetischen Feld.[1090] Fierz hatte u. a. bei Weyl in Göttingen und Pauli in Zürich Anfang der 1930er Jahre studiert und arbeitete nach seiner Promotion für kurze Zeit als Gastwissenschaftler bei Heisenberg in Leipzig. In seiner Habilitation untersuchte er die relativistische Theorie von Wellenfeldern. In Anschluss an Dirac stellte er ein Verfahren vor für die sogenannte zweite Quantisierung bei Abwesenheit eines externen Feldes. Damit ließ sich einem Teilchen beliebigen Spins ein Wellenfeld zuordnen. Er zeigte

---

[1087] Vgl. Kragh (1990, S. 177).

[1088] Van der Waerdens alternative lineare Wellengleichung für ein masseloses Teilchen mit Spin $\frac{1}{2}$, die er als Wellengleichung für das Elektron verwarf, wies zwei Komponenten auf, so dass Diracs Verallgemeinerung damit übereinstimmte.

[1089] Dirac (1936, S. 459).

[1090] Fierz (1939); Fierz und Pauli (1939).

zudem, dass Teilchen mit ganzzahligen Spin der Bose-Statistik und solche mit halb-zahligen Spin $f = \frac{2n+1}{2}$ ($n \in \mathbb{N}^0$) der Fermi-Statistik unterlagen. Fierz baute zwar auf Diracs obige Arbeit auf, allerdings hielt er, im Gegensatz zu Dirac, wenig von dem van der Waerdenschen Spinorkalkül, den er als „recht schwerfällig" bezeich-nete.[1091] Dennoch konnte er ihn auch nicht ganz vermeiden und musste ihn für die Beschreibung von Feldern von Teilchen mit halbzahligen Spin $f$ hinzuziehen. Fierz hielt sich dabei an die Darstellung in van der Waerdens Lehrbuch zur gruppentheo-retischen Methode.

In der gemeinsamen Arbeit mit Pauli verallgemeinerte Fierz die Betrachtung auf den Fall, dass ein externes elektromagnetisches Feld vorliegt. In diesem Fall lieferte Diracs Ansatz ihrer Meinung nach inkonsistente Ergebnisse für Spinzahlen größer als 1. Sie stellten dagegen explizite alternative Verfahren für Teilchen mit Spin $\frac{3}{2}$ und 2 vor und zeigten, dass dies auch für Teilchen beliebigen Spins zu konsistenten Wellengleichungen führte. In ihrer Darstellung nutzten sie den Spinorkalkül und auch die punktierte Schreibweise van der Waerdens. Im Anhang fassten sie unter Verweis auf Laporte und Uhlenbeck (1931) und van der Waerden (1932) die wich-tigsten Regeln des Spinorkalküls zusammen, den sie für ihren Zweck leicht modifi-ziert hatten.[1092]

Durch die Bedeutung dieser den Spinorkalkül heranziehenden Arbeiten in der Entwicklung der Quantenfeldtheorie (und später im Bereich der sogenannten Su-persymmetrie) wie auch durch die im vorangegangenen Abschnitt 15.4.1 angespro-chene Entwicklung neuer physikalischer Anwendungsgebiete für Spinoren wird der Spinorformalismus in der theoretischen Physik bis heute genutzt. Insofern war die von Ehrenfest angeregte Konzeption eines Kalküls für Spinoren, die vom mathema-tischen Standpunkt aus keine allzu große Herausforderung darstellte, sehr fruchtbar. Bei allen Schwierigkeiten mit der Handhabung ermöglichte der von van der Waer-den ausgearbeitete Kalkül doch eine übersichtliche und einfache Darstellung sowie Manipulation von grundlegenden Objekten der theoretische Physik.

Nach diesen chronologisch vorgreifenden Ausführungen kehren wir im folgen-den Kapitel wieder in die 1930er Jahre zurück.

---

[1091] Fierz (1939, S. 3).

[1092] Fierz und Pauli (1939, Appendix (2), S. 229-231). Die Modifikation betraf die gemischte Größe $\sigma^4_{\alpha\beta}$, welche sie anders ansetzten, weil sie mit $x_4 = \mathrm{i}ct$ arbeiteten, van der Waerden aber mit $x_4 = ct$.

# Kapitel 16
# Rückwirkung auf die Mathematik: Der Casimiroperator

Das Aufkommen von gruppentheoretischen Methoden in der Quantenmechanik hatte nicht nur Auswirkungen auf die Entwicklung der Quantenmechanik, sondern es ergaben sich auch Rückwirkungen auf die Entwicklung der Gruppentheorie. Als Beispiel für letzteres wird im Folgenden die gemeinsame Arbeit von Casimir und van der Waerden zur vollen Reduzibilität der halbeinfachen Liegruppen angeführt, welche den gewünschten, rein algebraischen Beweis dieser bereits 1925 durch Weyl analytisch bewiesenen Eigenschaft erbrachte. Dieser algebraische Beweis, der im Abschnitt 16.3 untersucht wird, beruhte auf dem sogenannten Casimiroperator, der einige Jahre zuvor von Casimir im Rahmen seiner Dissertation konstruiert worden war (Abschn. 16.1). Die Gruppentheorie wurde in Casimirs diesbezüglichen Arbeiten selbst zum Gegenstand rein mathematisch ausgerichteter Forschung. Dieser Wechsel im Status der Gruppentheorie von einem quantenmechanischen Werkzeug zum mathematischen Forschungsgegenstand in den Händen von Physikern ist zu dieser Zeit selten, vor allem dann, wenn kein direkter Bezug zu Problemen der Physik erkennbar ist. Im vorliegenden Fall war, wie ich im Folgenden aufzeigen werde, das durch die gruppentheoretische Behandlung der Quantenmechanik entstandene Netzwerk zwischen Mathematikern und Physikern von entscheidender Bedeutung für diese Entwicklung (Abschn. 16.2).

Als Abschluss des Kapitels (Abschn. 16.4) werden zwei weitere algebraische Alternativbeweise der vollen Reduzibilität der halbeinfachen Liegruppen erörtert, die beide an die Arbeit von Casimir und van der Waerden anknüpfen, aber unterschiedliche Wege gehen. Während der eine Beweis von dem Algebraiker Richard Brauer stammt, lieferte den anderen der Physiker Giulio Racah, der sich zu dieser Zeit intensiv mit gruppentheoretischen Methoden zur Erklärung der Atom- und Kernspektren auseinandersetzte. Damit kommt, neben Wigner, ein weiterer Wissenschaftler in den Blick, der während der 1940er und 50er Jahre gruppentheoretisch arbeitete. Außerdem ergeben sich weitere interessante Details über die Ausformung des oben angesprochenen Netzwerks.

M.R. Schneider, *Zwischen zwei Disziplinen*, Mathematik im Kontext,
DOI 10.1007/978-3-642-21825-5_16, © Springer-Verlag Berlin Heidelberg 2011

## 16.1 Die Konstruktion des Casimiroperators (1931)

Casimir begann 1926, Mathematik, Physik und Astronomie in Leiden zu studieren. Ein Jahr später durfte er bereits Ehrenfests Kolloquium besuchen, in dem ein handverlesenes Publikum aktuelle Forschungsfragen diskutierte. Dass der erst 18-jährige Casimir im dritten Semester daran teilnehmen durfte, zeigte, für wie begabt Ehrenfest diesen hielt. Im Juni 1928 legte Casimir das „Doctoraaleksamen" ab und verlegte seinen Studienschwerpunkt auf die theoretische Physik: Relativitätstheorie und Quantenmechanik. Er verbrachte den Sommer in Göttingen, einem der Zentren der quantenmechanischen Forschung. Dort hielt sich auch van der Waerden auf. Als Casimir Ende des Sommers nach Leiden zurückkehrte, bot sich ihm die Gelegenheit, an der von Ehrenfest organisierten Veranstaltungsreihe von Gastvorträgen über die Anwendung der Gruppentheorie auf die Quantenmechanik teilzunehmen.[1093]

Im April 1929 begleitete Casimir Ehrenfest zu einem Treffen von Quantenphysikern in Kopenhagen. Niels Bohr lud ihn ein, bis zu den Sommerferien in Kopenhagen zu bleiben. Casimir nahm diese Einladung an und bis 1930 hielt er sich mehrfach in Kopenhagen auf. Er diskutierte vor allem mit Bohr sowie Oscar Klein und schrieb seine Doktorarbeit zur Rotation starrer Körper in der Quantenmechanik.[1094] Seine Dissertation war stark theoretisch orientiert. Er entwickelte die quantenmechanischen Bewegungsgleichungen für Kreisel, wobei er den matrizenmechanischen Ansatz von O. Klein aufgriff, erweiterte und so einige der beim asymmetrischen Kreisel auftretenden Schwierigkeiten des wellenmechanischen Ansatzes überwinden konnte. Im ersten Kapitel gab er eine mathematisch elegante Ableitung der klassischen Bewegungsgleichungen des Kreisels. Im zweiten stellte er diese für den quantenmechanischen Kontext dar und zeigte die Äquivalenz der wellenmechanischen und matrizenmechanischen Formulierungen. Die nächsten beiden Kapitel behandelten die Darstellungstheorie. Im letzten Kapitel zeigte er auf, wie der Formalismus genutzt werden konnte, um die externe Drehung von Molekülen zu erfassen. Wie bereits im Kapitel 14.3 dargestellt, wurde vier Jahre später Hermann Jahn bei van der Waerden in Leipzig mit einer Arbeit über die Rotation und Schwingung des Methanmoleküls promoviert, die wesentlich auf Casimirs Überlegungen aufbaute.

Im Zusammenhang mit den Forschungen zu seiner Doktorarbeit entwickelte Casimir den später nach ihm benannten Casimiroperator. In einem im Mai 1931 in Den Haag verfassten Brief[1095] an Hermann Weyl in Zürich erläuterte er den für seine Entdeckung wesentlichen Gedankengang, der im Folgenden dargestellt wird:

Casimir betrachtete den Spezialfall des symmetrischen Kugelkreisels. Er setzte dessen quantenmechanische Bewegungsgleichung, die sogenannte Schrödingergleichung, an als[1096]

---

[1093] Vgl. Abschn. 6.2.

[1094] Casimir (1931a).

[1095] Der Brief ist abgedruckt in von Meyenn (1989, S. 110-113).

[1096] von Meyenn (1989, S. 110).

$$\left( \sum_{i=1}^{3} Q_i^2 \right) \psi = \lambda \psi,$$

wobei $\psi$ eine von Eulerwinkeln $\varphi$ abhängige Funktion ist, die $Q_i$ Operatoren sind, die einer infinitesimalen Drehung um die $i$—te Achse ($i = 1, 2, 3$) entsprechen, und der Eigenwert $\lambda$ eine Konstante ist, die aus Energie, Radius des Kugelkreisel und Planckschem Wirkungsquantum gebildet wird. Den Operator auf der linken Seite der Gleichung nannte er den Schrödingeroperator des symmetrischen Kugelkreisels

$$S = \sum_{i=1}^{3} Q_i^2.$$

Der Schrödingeroperator $S$ ist gerade das quantenmechanische Analogon zum aus der klassischen Mechanik als „Quadrat des Gesamtimpulsoperators" bekannten Operator.[1097] Casimir wies auf die bekannte Tatsache hin, dass die Matrixelemente $P_{nm}$ einer irreduziblen Darstellung $P(\varphi)$ der dreidimensionalen Drehungsgruppe $SO_3$ Eigenfunktionen von $S$ sind, und hob hervor, dass der Beweis dieser Tatsache vor allem auf der Vertauschbarkeit von $Q_i$ mit $S$ beruhte:[1098]

$$0 = (SQ_r - Q_r S) P_{nm}(\varphi)$$

$$0 = \sum_{k=1}^{3} \left( \sum_{i=1}^{3} M_i^2 M_r - M_r \sum_i M_i^2 \right)_{nk} P_{km}(\varphi),$$

wobei $M_i$ die zu $P(\varphi)$ gehörende Darstellung der infinitesimalen Drehungen $Q_i$ sind. Dann gilt aber

$$\sum_{i=1}^{3} M_i^2 M_r - M_r \sum_{i=1}^{3} M_i^2 = \mathbf{0}$$

und mit dem Schurschen Lemma folgt wegen der Irreduzibilität der Darstellung

$$\sum_{i=1}^{3} M_i^2 = \lambda \mathbf{1}.$$

Man erhält also eine partielle Differentialgleichung

$$SP_{nm}(\varphi) = \lambda P_{nm}(\varphi).$$

---

[1097] $S$ ist meine, nicht Casimirs Notation. Van der Waerden nutzte die Bezeichnung $\mathcal{L}^2$, vgl. Abschn. 9.2 bzw. 11.2.

[1098] von Meyenn (1989, S. 111). Die folgende Argumentation knüpft an Casimir (1931a, S. 91 f.) an, wobei $\mathcal{H}$ durch $S$ ersetzt wurde.

Casimirs Ziel war es, diesen Beweis von der dreidimensionalen Drehungsgruppe auf „allgemeine Gruppen", das sind in diesem Fall halbeinfache Liegruppen, zu übertragen.

> „Gäbe es nun einen Differentialoperator $G$, vertauschbar mit allen $\mathscr{L}_i$ [Casimirs Notation für die $i$−te infinitesimale Transformation einer Liegruppe, MS], und von der Form
>
> $$h^{ik}\mathscr{L}_i\mathscr{L}_k \qquad (h^{ik} \text{ konstant}),$$
>
> dann würde dazu eine Matrix gehören, die mit allen $\|L_i\|$ [Casimirs Notation der Darstellungsmatrix von $\mathscr{L}_i$, MS] vertauschbar und folglich proportional der Einheitsmatrix wäre. Die Matrixelemente würden also Eigenfunktionen dieses Operators sein."[1099]

Casimir setzte den Operator, der die Rolle von $S$ übernehmen sollte, an mit

$$G = \sum_{i,k} g^{ik} L_i L_k,$$

wobei $g^{ik}$ kontragredient zu den Koeffizienten $g_{ik}$ der Killingform der Liegruppe gewählt sind mit

$$g_{ik} = \sum_{l,m} c_{im}^l c_{kl}^m$$

und $c_{im}^l$ die Strukturkonstanten der Liealgebra. Die kontragredienten Matrixelemente $g^{ik}$ existieren genau dann, wenn die Liealgebra halbeinfach ist. $G$ wird später Casimiroperator genannt. Für irreduzible Darstellungen $P(\varphi')$ von halbeinfachen Liegruppen, die durch die Arbeiten von Cartan und Weyl bekannt waren, gibt es dann in völliger Analogie zu dem obigen Beweis eine partielle Differentialgleichung der Form

$$GP_{nm}(\varphi') = \lambda P_{nm}(\varphi').$$

Casimir erkundigte sich bei Weyl, ob diese Argumentation für einen neuen Beweis des Vollständigkeitssatzes, dass also die Matrixelemente der irreduziblen Darstellungen von halbeinfachen Liegruppen ein vollständiges Orthogonalsystem bilden, verwendet werden könne. Der Vollständigkeitssatz war 1927 von Fritz Peter und Weyl mit Hilfe von Integralgleichungen bewiesen worden.[1100] Casimirs Beweis gründete sich dagegen im Wesentlichen auf algebraische Argumente. Weyls Antwort auf Casimirs Anfrage ist nicht bekannt, aber Weyl muss Casimir ermutigt haben und noch einige weiterführende Anregungen gegeben haben. Denn Ehrenfest reichte Ende Juni 1931 einen kurzen diesbezüglichen Artikel von Casimir mit dem Titel „Ueber die Konstruktion einer zu den irreduziblen Darstellungen halbeinfacher kontinuierlicher Gruppen gehörigen Differentialgleichung" bei den *Proceedings of the Section of Sciences* der Koninklijke Nederlandse Akademie van Wetenschap-

---

[1099] Casimir an Weyl vom 1.5.1931, zitiert nach von Meyenn (1989, S. 111).

[1100] Peter und Weyl (1927). Zur Arbeit von Peter und Weyl vgl. Abschn. 1.2.2 und ausführlicher Hawkins (2000, Kap. 12.7). Brauer erwähnte Casimirs Arbeit im Zusammenhang mit einem alternativen Beweis zum Peter-Weyl Theorem in seinen „Notes" zu Weyls *The structure and representations of continuous groups*, Institute for Advanced Study, 1934–35 (Borel, 1986, S. 63).

pen ein.[1101] Den quantenmechanischen Hintergrund seiner Arbeit erwähnte Casimir kurz im einleitenden Satz. Er zeigte in dem Artikel auch, dass $G$ selbstadjungiert ist, und erwähnte eine von Weyl erkannte Möglichkeit zur Erweiterung. Der Artikel ist kurz und die Beweise von vielen Behauptungen nur angedeutet.[1102]

Etwas ausführlicher, aber die Beweisstruktur im Wesentlichen beibehaltend, argumentierte Casimir in seiner im November eingereichten Doktorarbeit im Kapitel IV.B 9: „A partial differential equation belonging to a semi-simple group".[1103] Dort ging er folgendermaßen vor: Er zeigte als erstes, dass, wenn ein Differentialoperator der Form

$$\mathscr{H} = \sum_{\lambda,\mu} h^{\lambda\mu} \mathscr{D}_\lambda \mathscr{D}_\mu$$

mit allen erzeugenden infinitesimalen Transformationen $\mathscr{D}_\rho$ einer halbeinfachen Liegruppe kommutiert, die Matrixelemente der irreduziblen Darstellungen der halbeinfachen Liegruppe Eigenfunktionen von $\mathscr{H}$ sind (siehe oben). Dann bewies er, dass, wenn die Eigenräume von $\mathscr{H}$ endlich-dimensional sind, jede Eigenfunktion von $\mathscr{H}$ eine Linearkombination von endlich vielen Matrixelementen von irreduziblen Darstellungen ist. Schließlich zeigte er, dass der oben definierte Operator $G$ mit allen $\mathscr{D}_\rho$ vertauscht und dass $G$ selbstadjungiert ist. Er folgerte daraus den Vollständigkeitssatz, die endliche Dimension der Eigenräume von $G$ und damit, dass die Matrizenelemente der irreduziblen Darstellungen ein vollständiges Orthogonalsystem bilden.

Mit diesen Arbeiten hat Casimir ein neues Objekt, den später nach ihm benannten Casimiroperator, in die Mathematik eingeführt.[1104] Der Casimiroperator ist kein Element der Liealgebra, sondern gehört zum Zentrum der universellen einhüllenden Algebra. Die Struktur des Zentrums der universellen einhüllenden Algebra geriet Ende der 1940er Jahre, Anfang der 1950er Jahre in den Fokus der Forschungen einiger Mathematiker allerdings aus ganz anderen Gründen.[1105] Casimirs Vorgehensweise bei der Konstruktion des Casimiroperators – von der dreidimensionalen Drehungsgruppe auf halbeinfache Liegruppen zu verallgemeinern – sowie sein Versuch, einen alternativen Beweis für einen bereits bewiesenen Satz aufzufinden, kennzeichnen auch seine Herangehensweise im Fall der vollen Reduzibilität.

---

[1101] Casimir (1931b).

[1102] Freudenthal bemerkte in seiner Rezension im *Jahrbuch über die Fortschritte der Mathematik*: „Ob sich die Überlegungen mit aller Exaktheit durchführen lassen, ist aus der kurzen Note allerdings nicht ersichtlich." (Freudenthal, 1931, S. 496).

[1103] Casimir (1931a, S. 91-95).

[1104] Den Nutzen des Casimiroperators für dynamische Symmetrien und Supersymmetrien im Bereich der Kern- und Elementarteilchenphysik in der zweiten Hälfte des 20. Jahrhunderts skizziert Iachello (1989).

[1105] Beispielsweise von Claude Chevalley und Harish-Chandra in Princeton. Harish-Chandra hatte zunächst theoretische Physik u. a. bei Dirac studiert und beschloss kurz nach seiner Promotion zu den unendlich-dimensionalen unitären Darstellungen der Lorentzgruppe $SO_{3,1}$ (1947), Mathematik zu betreiben.

## 16.2 Casimir unter Paulis Einfluss (1931–1933)

Noch bevor Casimir im November 1931 in Leiden promoviert wurde, trat er im September 1931 eine Stelle als Assistent bei Wolfgang Pauli an der ETH Zürich an. Pauli war durchaus an gruppentheoretischen Methoden in der Quantenmachnik interessiert. In einer frühen Arbeit hatte er den Spin des Elektrons als eine Art intrinsischer Zweiwertigkeit der Wellenfunktion des Elektrons interpretiert und gleichzeitig eine „zweideutige Darstellung" der Drehungsgruppe vom Grad 2 gegeben.[1106] Gleich zu Beginn der Zusammenarbeit machte Pauli Casimir darauf aufmerksam, dass ein algebraischer Beweis für die volle Reduzibilität von halbeinfachen Liegruppen fehle.

Abb. 16.1: Wolfgang Pauli

Paulis Interesse an dieser rein mathematischen Aufgabe geht anscheinend auf zwei Faktoren zurück: seine Teilnahme an einer Vorlesung von Artin und seine pessimistische Haltung gegenüber der damaligen physikalischen Forschung. Während seiner Zeit als Assistent in Hamburg nahm Pauli - wahrscheinlich im Wintersemes-

---

[1106] Vgl. Abschn. 2.2.2 sowie Giulini (2008b). Zum hohen Stellenwert von Symmetrie in Paulis Gesamtwerk vgl. Giulini (2008a).

ter 1926/27 - an einer Vorlesung Artins zu Hyperkomplexen Systemen (Algebren) teil.[1107] Er erinnerte sich 1955 in einem Brief an Weyl:

> „Am Beginn der Vorlesung erklärte Artin, die kontinuierlichen Gruppen könne er nicht in der Vorlesung bringen, weil für das Theorem der vollen Reduzibilität der Darstellungen halbeinfacher kontinuierlicher gruppen[sic!] kein algebraischer Beweis vorliege. Der einzige bekannte Beweis von Weyl verwende leider Integrale über die Gruppenmannigfaltigkeit. Bei diesen Worten warf Artin die seinen Hörern wohlbekannten zornigen Blicke um sich. Ich [Pauli] war beeindruckt davon, wie Artin als Vertreter der algebraischen Richtung, zu welcher der damals [...] anwesende van der Waerden, sowie Emmy Noether gehörte, das asketische Weglassen eines ganzen Gebietes der Benützung einem vom Standpunkt seiner Richtung aus als inadäquat beurteilten Beweismethode vorzog [...]"[1108]

Mit diesem Vorgehen war Artin nicht allein. Van der Waerden hatte – vielleicht beeinflusst durch Artin – in seiner Vorlesung zu kontinuierlichen Gruppen (Liegruppen) im Sommersemester 1929 in Göttingen, Weyls Beweismethode nur angedeutet und die Studierenden auf dessen Arbeiten (Weyl, 1925, 1926a,b) verwiesen.[1109] Als Pauli Casimir erklärte, wie unzufrieden die Mathematiker mit diesem Zustand waren, soll er gesagt haben:

> „Da sind die Mathematiker weinend umhergegangen"[1110]

Obwohl der von Artin erwähnte Beweis Weyls zur vollen Reduzibilität der halbeinfachen Liegruppen von 1925/26 einen großen Durchbruch darstellte, war es sowohl Weyl, als auch Élie Cartan 1925 klar, dass ein rein algebraischer Beweis dieser algebraischen Eigenschaft fehlte.[1111] Weyl selbst bemerkte in seinem Artikel explizit: „Den Beweis des Satzes, daß eine reduzible Darstellung notwendig zerfällt, vermag ich [Weyl] nicht mehr durch die infinitesimale Methode zu erbringen; von jetzt ab bedienen wir uns der transzendenten Integrationsmethode [...]"[1112] Casimir zufolge haben viele Mathematiker, allen voran aber Weyl selbst, nach einem solchen algebraischen Beweis gesucht.[1113]

Von einem weiteren Grund für Paulis Hinwendung zu mathematischen Problemen erfährt man aus einem Brief Casimirs an Ehrenfest im Oktober 1932:

> „Pauli findet, in seinen düsteren Anflügen, dass die Theorie in allen Punkten festgefahren ist und dass man besser Mathematik betreiben soll."[1114]

---

[1107] von Meyenn (1989, S. 114). Zur Frage der Datierung der Vorlesung siehe Fußnote 366 auf S. 102.

[1108] Zitiert nach von Meyenn (1989, S. 114).

[1109] B. L. van der Waerden, Kontinuierliche Gruppen, S. 203 (Vgl. Fußnote 416 auf S. 115).

[1110] Casimir an Ehrenfest, Zürich, 7.11.1932, MB, ESC 2, S.9, 201.

[1111] Hawkins (2000, S. 494), vgl. Kap. 12.1 zu Weyls Beweis.

[1112] Weyl (1925, S. 288).

[1113] Casimir an Ehrenfest, Zürich, 7.11.1932, MB, ESC 2, S.9, 201.

[1114] „Pauli vindt, in zijn sombere buien, dat de theorie in allen punten is vast gelopen en dat een mens nog beter wiskunde kan gaan doen." Casimir an Ehrenfest, Zürich, 10.10.1932, MB, ESC 2, S.9, 199, Übersetzung MS.

Paulis pessimistische Haltung gegenüber der theoretischen Physik erklärt sich wahrscheinlich aus den Problemen, die er mit Diracs Theorie sowie mit anderen relativistischen quantenfeldtheoretischen Ansätzen sah. Pauli war ihnen gegenüber äußerst kritisch. Casimir gelang es in zwei Fällen, nämlich im Bereich der Strahlungstheorie und bei der Klein-Nishina-Formel, zu zeigen, dass Paulis Kritik berechtigt war.[1115]

Angeregt durch Pauli begab sich Casimir nach seiner Ankunft auf die Suche nach einem algebraischen Beweis der vollen Reduzibilität. Im Austausch mit Pauli brauchte er ein Jahr, um einen Beweis für die dreidimensionale Drehungsgruppe zu finden.[1116] Allerdings schaffte es Casimir nicht, diesen Beweis zu verallgemeinern. In einem Brief teilte er seinem Professor Ehrenfest im Oktober 1932 mit:

> „Mit Pauli habe ich [Casimir] bis jetzt eigentlich nur über eine rein mathematische Frage gesprochen. Es ging um den Beweis der Behauptung, dass jede reduzible Darstellung von einer halbeinfachen kontinuierlichen Gruppe ‚vollständig reduzibel‘ ist [...] Den Mathematikern ist dies [ein diesbezüglicher algebraischer Beweis, MS] noch nicht gelungen und wir [Pauli und Casimir, MS] sind nicht in der Lage mit van der Waerden (der darüber schon viel nachgedacht hat) zu konkurrieren, aber für die dreidimensionale Drehungsgruppe ist es uns doch geglückt; nach heftigen Versuchen haben wir es wirklich aufgeben müssen weiterzukommen. Ich habe schwer daran gearbeitet und ich bin glücklich, dass zumindest das [ein rein algebraischer Beweis der vollen Reduzibilität für $SO_3$, MS] rausgekommen ist, obschon das nicht weltbewegend ist.“[1117]

Casimir wandte sich mit dem Problem und seiner partiellen Lösung an van der Waerden, den er durch Ehrenfest und seine Kolloquiumsteilnahme kannte. Van der Waerden schickte schon bald eine Postkarte an Casimir mit dem Wort „Victorie!“ und einige Tage später einen Brief mit dem ausführlichen Beweis.[1118] Bereits einen Monat nach seinem ersten Brief teilte Casimir Ehrenfest den Durchbruch mit. Van der Waerden war es gelungen, Casimirs Beweis so zu verallgemeinern, dass er für beliebige halbeinfache Liegruppen gilt. Der Casimiroperator, der schon in Casimirs Beweis eine zentrale Rolle spielte, wurde auch von van der Waerden benutzt. Anfang November schrieb Casimir an Ehrenfest:

> „Natürlich ist mir [Casimir] klar, dass das mehr Glück als Verstand ist, dass alles so gelaufen ist, aber ich bin doch sehr glücklich damit. Und Pauli hat einen Mordsgefallen: Er hat immer schon gesagt, dass es nichts Tiefsinniges sein kann.“[1119]

---

[1115] von Meyenn (1989, S. 124 f.).

[1116] Im Artikel Casimir und van der Waerden (1935) wird Paulis Mithilfe nicht mehr erwähnt. Hermann Weyl hatte Zürich zu diesem Zeitpunkt bereits für die Nachfolge Hilberts in Göttingen verlassen.

[1117] „Met Pauli heb ik tot nog toe eigenlik alleen over een zuiver wiskundige kwestie gesproken. ’t Ging over het bewijs van de stelling dat iedere reducibele representatie van een half-enkelvoudige kontinue groep ‚volledig reducibel‘ is [...] De wiskundigen is dat nog niet gelukt en natuurlik zijn wij er ook niet in geslaagd van der Waerden (die hier veel over gedacht heeft) en vlieg af te vangen, maar voor de groep van 3-dimensionale draaiingen is het ons toch mogen lukken; na hevig pogen hebben wij het echter moeten opgeven om verder te komen. Ik heb er hard aan gewerkt en ik ben blij dat er tenminste ’t is uitgekomen ook al is dat niet wereldschokkend.“ Casimir an Ehrenfest, Zürich, 10.10.1932, MB, ESC 2, S.9, 199, Übersetzung MS. Vgl. Abb. 16.2.

[1118] Casimir an Ehrenfest, Zürich, 7.11.1932, MB, ESC 2, S.9, 201.

[1119] „Naturlijk weet ik best, dat het meer geluk dan wijsheid is, dat alles zo gelopen is, maar ik ben er toch erg blij mee. En Pauli heeft een duivels plesier: die heeft nl. altijd al gezegd, dat het niets

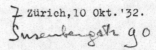

Zürich, 10 Okt.'32.

Beste Professor Ehrenfest,

Teneinde U niet in toorn de doen ontvlammen,zal ik U maar vast eens schrijven,hoewel er niets te schrijven is,dat U erg zal interesseren,tenminste op het gebied van de natuurkunde niet.

Met Pauli heb ik tot nog toe eigenlik alleen over een zuiver wiskundige kwestie gesproken.'t ging over het bewijs van de stelling dat iedere reducibele representatie van een half-enkelvoudige kontinue groep "volledig reducibel"is,d.w.z. in vierkantjes langs de diagonaal gesplitst kan worden.(Voor een eindige groep staat het bewijs in van der Waerden.,Door Schur en Weyl is dit bewijze bewezen met behulp van integratie over de "Gruppenmannigfaltigheit";het is echter een zuivere alge-braiese eigenschap,die men moet kunnen afleiden uit de eigen-schappen der infinitesimale transformaties.De wiskundigen is dat nog niet gelukt en natuurlik zijn wij er ook niet in ge-slaagd van der Waerden (die hier veel over gedacht heeft)een vlieg af te vangen,maar voor de groep van 3-dimensionale draai-ingen is het ons toch mogen lukken;na hevig pogen hebben wij het echter moeten opgeven om verder te komen.Ik heb er hard aan gewerkt en ik ben blij dat er teminste wat is uitgekomen ook al is dat niet wereldschokkend.Verder heb ik nog even over mijn hyperfijn stukje gepraat;dat is wel in orde en een raar geval.Verder nieuws is er nietop de wereld.Aan het nieuwste meesterwerk van Eddington gelooft Pauli niet,maar hij heeft niet geprobeerd het te lezen;dat zal ik nu moeten doen,maar het is bijna onmogelik.

Abb. 16.2: Auszug aus einem Brief von Hendrik Brugt Gerhard Casimir an Paul Ehrenfest vom 10. Oktober 1932

---

diepzinnigs kon zijn." Casimir an Ehrenfest, Zürich, 7.11.1932, MB, ESC 2, S.9, 201, Übersetzung MS.

Abb. 16.3: Hendrik Brugt Gerhard Casimir (2. von rechts) in Zürich (1935)

Im Gegensatz zu Casimir, der sich freute, dass der Casimiroperator zum Zuge kam, war – laut Casimir – van der Waerden mit dem Beweis nicht allzu zufrieden. Der Grund dafür war die darin enthaltene Fallunterscheidung in (zwei bzw.) drei Fälle. Van der Waerden versuchte daher noch eine Weile, seinen Beweis zu vereinfachen und durch Umgehung des Casimiroperators die Fallunterscheidung zu vermeiden – jedoch ohne Erfolg. Im Januar 1933 teilte Casimir Ehrenfest mit, dass der Beweis nun publiziert werden solle.[1120] Allerdings reichten sie ihre Arbeit erst im Oktober 1934 bei den *Mathematische[n] Annalen* ein.[1121] Vermutlich versuchte van der Waerden weiterhin einen eleganteren Beweis zu finden, was 1936 Richard Brauer gelingen sollte.[1122]

## 16.3 Beweis der vollen Reduzibilität halbeinfacher Liegruppen (1935)

Mit voller, vollständiger oder kompletter Reduzibilität einer Gruppe ist hier gemeint, dass jede endlich-dimensionale Darstellung der Gruppe (über einem alge-

---

[1120] Casimir an Ehrenfest, Zürich, 7.11.1932, MB, ESC 2, S.9, 201; Casimir an Ehrenfest, Zürich, 27.11.1932, MB, ESC 2, S.9, 203; Casimir an Ehrenfest, Zürich, 30.1.1933, MB, ESC 2, S.9, 204.

[1121] Casimir und van der Waerden (1935).

[1122] Vgl. Abschn. 16.4

braisch abgeschlossenen Körper von Charakteristik null) in eine direkte Summe von irreduziblen Darstellungen zerfällt.[1123] Im Folgenden sei als erstes der Beweis für die dreidimensionale Drehungsgruppe ($SO_3$) skizziert, den Casimir und van der Waerden gemeinsam publizierten. Der Beweis ist folgendermaßen strukturiert: Es wird gezeigt, dass es ausreicht von einer reduziblen Darstellung auszugehen, die genau aus zwei irreduziblen Darstellungen besteht. Die Darstellungsmatrizen haben dann die Form

$$\begin{pmatrix} A & B \\ 0 & C \end{pmatrix}, \tag{16.1}$$

wobei $A, B, C$ Matrizen, $A$ und $C$ Darstellungsmatrizen der beiden irreduziblen Darstellungen sind. Um zu zeigen, dass eine derartige Darstellung vollständig reduzibel ist, muss man eine Basis finden, bezüglich der $B$ aus lauter Nullen besteht.

Das Verschwinden von $B$ folgt, wie van der Waerden und Casimir in einem Hilfssatz zeigten, aus der Existenz einer Matrix der Form

$$G = \begin{pmatrix} \lambda I & K \\ 0 & \lambda' I \end{pmatrix},$$

die mit allen Darstellungsmatrizen vertauscht, wobei $I$ eine Einheitsmatrix bezeichnet und $\lambda \neq \lambda'$ Körperelemente sind. Denn in diesem Fall existiert eine Matrix

$$P = \begin{pmatrix} I & (\lambda - \lambda')^{-1} K \\ 0 & I \end{pmatrix},$$

so dass

$$PGP^{-1} = \begin{pmatrix} \lambda I & 0 \\ 0 & \lambda' I \end{pmatrix}$$

ist und $PMP^{-1}$ (mit $M$ eine Darstellungsmatrix) mit $PGP^{-1}$ vertauscht und in zwei Blöcke zerfällt entsprechend der Kästchen $\lambda I$ und $\lambda' I$.[1124] Die Rolle der Matrix $G$ wird der Casimiroperator der Darstellung übernehmen.

Die irreduziblen Darstellungen der Liegruppen waren bereits bekannt. Für $SO_3$ werden sie durch $\mathcal{D}_j$ gegeben mit Basisvektoren $v_j, v_{j-1}, \ldots v_{-j+1}, v_{-j}$ (vgl. Kap. 11). Man beachte, dass der von Casimir und van der Waerden benutzte Index $j$ den Quantenzahlen entspricht, also $j \in \{0, \frac{1}{2}, 1, \frac{3}{2}, 2, \frac{5}{2}, \ldots\}$, und nicht dem in der Mathematik von der polynomialen Darstellung herrührenden Index $n = 2j$. Wenn $M_i (i = 1, 2, 3)$ wie oben die den infinitesimalen Drehungen um die drei Achsen $(x, y, z)$ entsprechenden Darstellungsmatrizen sind, dann ist der Casimiroperator durch

$$G = -(M_1^2 + M_2^2 + M_3^2)$$

---

[1123] Für Darstellungen von Liegruppen über einem Körper von Charakteristik $p \neq 0$ gilt im Allgemeinen nicht die volle Reduzibilität. Für unendlich-dimensionale Darstellungen ist die Situation ebenfalls komplizierter.

[1124] Casimir und van der Waerden (1935, S. 2 f.).

gegeben, bzw. in der von Cartan eingeführten Basis $H = iM_3, E_1 = i(M_1 + iM_2)$ und $E_{-1} = i(M_1 - iM_2)$ gilt

$$G = \tfrac{1}{2}(E_1E_{-1} + E_{-1}E_1) + H^2.$$

Im Fall der irreduziblen Darstellung $\mathscr{D}_j$ hat der Casimiroperator die Gestalt

$$G = j(j+1)I,$$

kann also durch $j$ charakterisiert werden. Außerdem gilt für die obige Basis $Hv_m = mv_m$, d. h. $v_m$ ist Eigenvektor bezüglich $H$ zum Eigenwert $m$.

Casimir und van der Waerden unterschieden in ihrem Beweis der vollen Reduzibilität von $SO_3$ zwei Fälle:[1125] (A) die beiden irreduziblen Darstellungen $\mathscr{D}_j$ und $\mathscr{D}_{j'}$ sind inäquivalent, also $j \neq j'$, und (B) sie sind äquivalent. Im ersten Fall (A) führt der Casimiroperator schnell zum Ziel: Er hat die Form

$$\begin{pmatrix} j(j+1)I & K \\ \mathbf{0} & j'(j'+1)I \end{pmatrix}$$

und vertauscht nach Konstruktion mit allen Matrizen. Also zerfällt nach dem Hilfssatz die Darstellung in eine direkte Summe von zwei irreduziblen Darstellungen. Im zweiten Fall (B) konstruierten Casimir und van der Waerden mit einfachen Mitteln der linearen Algebra eine Basis $v_j, v_{j-1}, \ldots v_{-j+1}, v_{-j}, v'_j, v'_{j-1}, \ldots v'_{-j+1}, v'_{-j}$, so dass sich die Vektoren $v'_m$ unter $H, E_1, E_{-1}$ wie die $v_m$ transformieren und einen zu den von $v_m$ aufgespannten komplementären Raum aufspannen, der sich unter $SO_3$ mit der Darstellung $\mathscr{D}_j$ transformiert. Damit ist die volle Reduzibilität auch im Fall (B) bewiesen.

Diesen von Casimir im Oktober 1932 bewiesenen Spezialfall der dreidimensionalen Drehungsgruppe stellten Casimir und van der Waerden dem allgemeinen Beweis voran, weil sie glaubten, dass darin die „einfachen begrifflichen Gedanken [...] klar hervortreten".[1126] Sie betrachteten also den allgemeinen Beweis als eine Verallgemeinerung des Casimirschen – eine Ansicht, die nicht von jedem geteilt wurde.[1127]

Für andere Liegruppen wird die Beweisführung komplizierter. Nach der Cartanschen Theorie gibt es eine Basis $H_1, \ldots, H_n, E_\alpha, E_\beta, \ldots$ von infinitesimalen Transformationen, wobei die $H_i$ untereinander kommutieren und die $\alpha, \beta, \ldots$ Wurzeln sind, d. h. Eigenwerte zu $H = \sum_{i=1}^n H_i$. In Bezug auf die Lieklammer gelten die Relationen

---

[1125] Casimir und van der Waerden (1935, S. 3-5).

[1126] Casimir und van der Waerden (1935, S. 2).

[1127] Vgl. dazu die Einschätzung von G. Racah im nachfolgenden Abschnitt.

$$[H_i, H_k] = 0$$
$$[H, E_\alpha] = \alpha E_\alpha$$
$$[E_\alpha, E_{-\alpha}] = H_\alpha$$
$$[E_\alpha, E_\beta] = N_{\alpha\beta} H_{\alpha+\beta} \quad \text{oder } 0$$

(für alle $i, k \in \{1, \dots, n\}$ und für alle $\alpha, \beta$), wobei die Koeffizienten $N_{\alpha\beta}$ Zahlen sind. Diese Relationen müssen von jeder Darstellung respektiert werden. Aufgrund der Halbeinfachheit der Gruppe lässt sich der Casimiroperator $G$ konstruieren und hat bezüglich dieser Basis die Form

$$G = \sum_{i=1}^{n} \sum_{k=1}^{n} q^{ik} H_i H_k + \sum_\alpha N_\alpha^{-1} E_\alpha E_{-\alpha},$$

wobei sich $q^{ik}$ und $N_\alpha^{-1}$ aus der Killingform berechnen lassen.

Die irreduziblen Darstellungen können mit Cartan nach ihrem höchsten Gewicht $\Lambda$ klassifiziert werden, wobei $\Lambda$ ein Eigenwert von $H$ ist. Die Gewichte lassen sich (nach einem bestimmten Schema) ordnen ($\Lambda > \Gamma$). Der zum höchsten Gewicht $\Lambda$ einer irreduziblen Darstellung gehörige Eigenraum ist eindimensional (mit Eigenvektor $e_0$). Durch Anwenden von $A = E_\alpha E_\beta \dots E_\delta$ auf $e_0$ erhält man eine Basis des zu $\Lambda$ gehörigen Darstellungsraums. Die so konstruierten Basisvektoren sind Eigenvektoren von $H$ zum Eigenwert $\Lambda + \alpha + \beta + \dots + \delta$.

Diese kompliziertere Struktur der Liealgebra und der irreduziblen Darstellungen erschwert den Beweis der vollen Reduzibilität. Van der Waerden musste drei Fälle unterscheiden:[1128]

(A)  Die beiden Darstellungen $\mathscr{D}_\Gamma$ und $\mathscr{D}_\Lambda$ sind inäquivalent, aber das höchste Gewicht der einen Darstellung ist zugleich ein Gewicht der anderen Darstellung.

(B)  Die beiden Darstellungen $\mathscr{D}_\Gamma$ und $\mathscr{D}_\Lambda$ sind inäquivalent, und das höchste Gewicht der einen Darstellung ist weder ein Gewicht der anderen noch umgekehrt.

(C)  Die beiden Darstellungen $\mathscr{D}_\Gamma$ und $\mathscr{D}_\Lambda$ sind äquivalent.

Nur der erste Fall lässt sich mit Hilfe des Casimiroperators leicht lösen. In den Fällen (B) und (C) führen einfache, aber teilweise langwierige Analysen[1129] aus dem Bereich der linearen Algebra zum Ziel. Die Lösung des Falls (C) entspricht dabei der Lösung des Falls (B) für den Spezialfall der dreidimensionalen Drehungsgruppe. Der Fall (B) wird notwendig, weil die Zuordnung zwischen Eigenwert des Casimiroperators und irreduzibler Darstellung im Allgemeinen nicht mehr bijektiv ist (vgl. unten). Der von van der Waerden ersonnene allgemeine Beweis, dessen genaue Argumentation hier nicht wiedergegeben wird, kann also einerseits im gewissen Sinne als analog zu Casimirs Beweis für $SO_3$ betrachtet werden, andererseits fällt die Lösung des allgemeinen Falles (B) aus dem Casimirschen Ansatz heraus.

---

[1128] Casimir und van der Waerden (1935, S. 10-12).

[1129] So Hans Freudenthal (1935) in seiner Rezension im *Jahrbuch über die Fortschritte der Mathematik*.

## 16.4 Weitere Entwicklungen: Brauer und Racah

Die hier skizzierten Entwicklungen regten weitere Forschungen an. Kôshichi Toyoda bewies im Anschluss an die Casimir und van der Waerdensche Arbeit erneut die Kommutativität des Casimiroperators, indem er die Cartansche Basis benutzte.[1130] Der Casimiroperator bildete den Ausgangspunkt für zahlreiche algebraische Forschungen zum Zentrum einer universellen einhüllenden Algebra – der Menge, zu welcher der Casimiroperator gehört. Der Beweis der vollen Reduzibilität von Liegruppen wurde vereinfacht bzw. die Fragestellung auf andere Körperbereiche (Charakteristik ungleich null, nicht algebraisch abgeschlossen) ausgedehnt oder für unendlich-dimensionale Darstellungen behandelt. Im Folgenden werden aus diesen Entwicklungen zwei Beiträge herausgegriffen: zum einen Richard Brauers Beweis der vollen Reduzibilität, zum anderen eine fundamentale Arbeit des Physikers Giulio Racah zur Struktur des Zentrums einer universellen einhüllenden Algebra. Damit wird an van der Waerdens Unbehagen über die Fallunterscheidung angeknüpft sowie ein Beispiel von einer durch eine physikalische Problemstellung motivierten Forschung im Bereich der Algebra, durchgeführt von einem Physiker, angeführt. Darüber hinaus zeigen sich in den von Brauer und Racah gegebenen Alternativbeweisen teils implizit verschiedene Auffassungen darüber, worin die ursprüngliche Casimirsche Beweisidee bestand. Dementsprechend fallen die beiden Ansätze unterschiedlich aus.

Nur ein Jahr nach der Publikation von Casimirs und van der Waerdens algebraischen Beweises der vollen Reduzibilität von Liegruppen erschien eine Arbeit von Richard Brauer, welche ohne Fallunterscheidung auskam, aber dennoch den Casimiroperator nutzte.[1131] Brauer hatte unter anderem bei Schur in Berlin studiert und dort mit einer Arbeit im Bereich der Darstellungstheorie – zur Bestimmung aller stetigen, endlich-dimensionalen irreduziblen Darstellungen der reellen orthogonalen und der Drehungsgruppen – 1926 promoviert.[1132] Nach der Machtübernahme durch die Nationalsozialisten wurde Brauer aus seiner Tätigkeit als Assistent an der Universität Königsberg entlassen, wo seine bedeutenden Arbeiten zur Theorie der einfachen Algebren entstanden waren. Er emigrierte in die USA. Dort arbeitete er u. a. ein Jahr (1934/35) als Assistent von Weyl am Institute for Advanced Study in Princeton. Gemeinsam publizierten sie die grundlegende Arbeit zu Spinoren in $n$ Dimensionen.[1133] Ihre Zusammenarbeit bezeichneten beide als sehr fruchtbar. In Princeton kam Brauer über Weyl in Kontakt mit dem Konzept des Casimiroperators.[1134] Im August 1935 erhielt Brauer eine Assistenzprofessur an der Universität von Toronto. 1936 erschien Brauers im Dezember 1935 eingereichter Alternativbeweis zur vollständigen Reduzibilität von Liegruppen unter dem Titel „Eine Bedin-

---

[1130] Toyoda (1935).

[1131] Brauer (1936).

[1132] Zu Brauer vgl. Green (1978).

[1133] Brauer und Weyl (1935).

[1134] Borel (1986, S. 63).

gung für vollständige Reduzibilität von Darstellungen gewöhnlicher und infinitesimaler Gruppen" in der *Mathematische[n] Zeitschrift*.[1135]

Der Beweis beruhte auf dem von Brauer dort bewiesenen Satz, dass es für den
Nachweis der vollen Reduzibilität einer halbeinfachen Liealgebra ausreichend ist zu
zeigen, dass alle Darstellungen $\mathfrak{R}$ gegeben durch Darstellungsmatrizen der Form

$$\begin{pmatrix} \mathfrak{A} & \mathbf{0} \\ \mathfrak{C} & \mathfrak{E} \end{pmatrix}$$

vollständig reduzibel sind, wobei $\mathfrak{E}$ die Darstellungsmatrix der „Hauptdarstellung"
(heute: triviale Darstellung), die jedes Gruppenelement auf 0 abbildet, ist und $\mathfrak{A}$
die Darstellungsmatrizen einer irreduziblen Darstellung, die nicht zur trivialen Darstellung äquivalent ist, sind.[1136] Damit erscheint nur eine (beliebige) irreduzible
Darstellung (anstelle von zweien wie bei Casimir und van der Waerden, vgl. Abschn. 16.1) in der Matrix, die andere auftauchende Darstellung ist fest. Im dritten
Paragraphen bewies Brauer damit explizit die volle Reduzibilität halbeinfacher Liegruppen und demonstrierte damit sehr effektiv die Nützlichkeit seines Satzes.[1137]
Der zugehörige Casimiroperator hat in diesem Fall die Form

$$V_{\mathfrak{R}} = \begin{pmatrix} V_{\mathfrak{A}} & \mathbf{0} \\ * & 0 \end{pmatrix}, \tag{16.2}$$

wobei $\mathfrak{A}$ eine irreduzible Darstellung ist und $V_{\mathfrak{A}}$ der zu $\mathfrak{A}$ gehörige Casimiroperator.
Brauer zeigte, dass für eine irreduzible Darstellung $\mathfrak{A}$, die nicht die triviale Darstellung ist, die Casimir-Matrix $V_{\mathfrak{A}}$ nicht die Nullmatrix ist.[1138] Da der Casimiroperator
mit allen Darstellungsmatrizen vertauscht und daher auch die Matrix 16.2, folgt wie
im Fall (*A*) des ursprünglichen Casimir( und van der Waerden)schen Beweises die
volle Reduzibilität der Darstellung.

Dies war eine sehr elegante Lösung. Brauer hob in der Einleitung mit Verweis
auf die Arbeit von Casimir und van der Waerden hervor, dass man einen Beweis

> „[...] mit Hilfe desselben Grundgedankens führen [kann], der keine Fallunterscheidung
> erfordert und sich fast unmittelbar aus der Grundeigenschaft des Casimiroperators und be-
> kannten Formeln aus der Strukturtheorie halbeinfacher infinitesimaler Gruppen ergibt."[1139]

Dies ist nicht das erste Mal, dass das Wort „Casimiroperator" in der Literatur erscheint.[1140] Der Frage, wann Brauer die Idee zu diesem Beweis kam, ob noch im

---

[1135] Brauer (1936).

[1136] Brauer (1936, S. 337, Satz 3). Den Fall, dass $\mathfrak{A}$ die triviale Darstellung ist, schloss Brauer aus
(S. 338). Brauer wies auch auf die Bedeutung des Satzes für den Nachweis der vollen Reduzibilität
einer gegebenen Darstellung hin.

[1137] Brauer (1936, S. 337 ff., Satz 4).

[1138] Brauer (1936, S. 338 f.).

[1139] Brauer (1936, S. 330)

[1140] Borel (1986, S. 63) meint, dass der Ausdruck erstmals 1934/35 in Aufzeichnungen von Weyls
*The structure and representations of continuous groups* von N. Jacobson und Brauer gebraucht
wurde.

Abb. 16.4: Richard Brauer (1929)

Austausch mit Weyl oder erst in Toronto, konnte nicht nachgegangen werden. Es ist jedoch anzunehmen, dass sich Weyl und Brauer über den Casimir und van der Waerdenschen Beweis austauschten.[1141] Deren Beweis charakterisierte Brauer zudem als einen, „der ausschließlich im ‚infinitesimalen' operiert"[1142]. Dies scheint dem zu entsprechen, was hier mit „rein algebraisch" bezeichnet wurde, und als Abgrenzung gegenüber dem Weylschen Beweis zu dienen.[1143]

Das Zentrum einer universellen einhüllenden Algebra wurde gegen Ende der 1940er Jahre zum Untersuchungsgegenstand. Zu diesem Forschungsgebiet leistete der italienisch-israelische Physiker Giulio Racah einen entscheidenden Beitrag. Racah wurde 1930 in Florenz bei Enrico Persico mit einer Arbeit zu Fermis Strahlungstheorie promoviert.[1144] Im Anschluss arbeitete er ein Jahr als Assistent von

---

[1141] Eine Sichtung des Briefwechsels zwischen Brauer und Weyl (NSUB, Cod. Ms. R. Brauer A 47) in den Jahren 1933 bis 1938 brachte jedoch keinen diesbezüglichen Hinweis.

[1142] Brauer (1936, S. 330).

[1143] Zu weiteren Entwicklungslinien vgl. Borel (2001, S. 17 f.).

[1144] Zu Racah siehe Unna (2000); Zeldes (2009).

Enrico Fermi in Rom. Zu der von Fermi und Franco Rasetti gegründeten Gruppe für theoretische Physik gehörte zu dieser Zeit auch Ettore Majorana, der sich bereits damals mit gruppentheoretischen Methoden in der Quantenmechanik, insbesondere mit Weyls *Gruppentheorie und Quantenmechanik*, intensiv auseinandersetzte.[1145] Racah verbrachte dann ein Jahr 1931/32 bei Pauli in Zürich. Dies ist genau der Zeitraum, als auch Casimir als Paulis Assistent in Zürich weilte und an einem rein algebraischen Beweis der vollen Reduzibilität arbeitete. In einem Gutachten für eine Professur in Jerusalem attestierte Pauli Racah 1939 u. a. ein außergewöhnliches mathematisches Talent.[1146]

Auch wenn Racah in Rom und Zürich gewiss mit der gruppentheoretischen Methode in Berührung kam, so ist doch fraglich, ob er sich schon damals mit ihr eingehender beschäftigte. Es gibt einen Hinweis, dass dies erst 1937 geschah.[1147] In den 1940er Jahren publizierte Racah eine in vier Teilen erscheinende, wegweisende Arbeit zur Theorie komplexer Spektren von Atomen mit vielen Elektronen.[1148] Er führte dort u. a. eine weitere Quantenzahl, die sogenannte Seniorität $v$ ein, welche Eigenwert eines Operators, des sogenannten Senioritätsoperators, war. Die ersten drei Teile der Arbeit basierten im Wesentlichen auf den pragmatischen numerischen Methoden von Slater, erst im letzten, mit großem Abstand 1949 erschienenen Teil benutzte Racah Darstellungstheorie von Liegruppen. Mit diesen Arbeiten legte Racah die mathematischen Fundamente für eine moderne Theorie atomarer Spektren.[1149] Später konnten seine Methoden erfolgreich zur Erklärung von Kernspektren herangezogen werden.

In der Arbeit „Sulla caratterizzazione delle rappresentazione irriducibili dei gruppi semisemplici di Lie" von 1950 zeigte Racah, dass es zu jeder halbeinfachen Liegruppe von Rang $l$ genau $l$ linear unabhängige Casimiroperatoren gibt, das heißt

---

[1145] Vgl. Drago und Esposito (2004). Majoranas Notizbücher belegen, dass er sich zwischen 1929 und 1932 mit Weyls Buch beschäftigte. Majorana veröffentlichte nur wenige Arbeiten, darunter eine, in der er eine relativistische Wellengleichung für unendlich viele Teilchen von beliebigem Spin entwickelte und eine unendlich-dimensionale unitäre Darstellung der Lorentzgruppe aufstellte (Majorana, 1932). Wigner (1939) entdeckte diese wieder und erst in den späten 1940er Jahren wurde die Darstellung durch Izrael Gel'fand und Mark Najmark systematisch studiert. Ab Januar 1933 verbrachte Majorana sechs Monate (mit einer kleinen Unterbrechung) als Gast bei Heisenberg und Hund in Leipzig. Dort wusste anscheinend van der Waerden dessen Ansatz zu schätzen. In dieser Zeit arbeitete Majorana zur Kerntheorie.

[1146] Unna (2000, S. 372).

[1147] Nach einer Erinnerung von Valentine L. Telegdi scheint sich Racah erst nach der Publikation zweier Artikel zur Kernphysik von Wigner und Hund – vermutlich (Wigner, 1937; Hund, 1937) – mit gruppentheoretischen Konzepten eingehender auseinandergesetzt zu haben in der Hoffnung, mit Hilfe der Gruppentheorie die Kernstruktur zu erkennen. Diese Idee habe Racah jedoch aufgegeben aufgrund des mangelnden Wissens über Kerne und habe stattdessen komplizierte Spektren von Atomen mit vielen Elektronen mit der neu erlernten, gruppentheoretischen Methode untersucht, da ihm dies plausibler schien. (Zeldes, 2009, S. 312).
Racah hat A. Pais erzählt, dass er sich nach seinem im November 1939 erfolgten Wechsel nach Jerusalem ein Jahr lang intensiv mit Weyls Monographie *Gruppentheorie und Quantenmechanik* auseinandergesetzt habe (Pais, 1986, S. 267).

[1148] Racah (1942a,b, 1943, 1949). Racah korrespondierte mit Weyl 1947 und 1949.

[1149] Zeldes (2009, Abschn. 3).

Operatoren, die mit allen Elementen der Liegruppe vertauschen, und dass man Systeme von diesen benutzen kann, um die irreduziblen Darstellungen halbeinfacher Liegruppen zu charakterisieren.[1150] Sein Ziel war es, Casimirs Beweisidee für die volle Reduzibilität von $SO_3$ direkt aufzugreifen. Im Gegensatz zu der von van der Waerden und Casimir in ihrem gemeinsamen Artikel vertretenen Ansicht, dass van der Waerdens Beweis eine Verallgemeinerung des Casimirschen Ansatzes sei, unterschied Racah deutlich zwischen Casimirs Beweis für $SO_3$, den er für sehr einfach und elegant hielt, und van der Waerdens Verallgemeinerung:

> „[...] der Originalbeweis von Casimir ist aber nur auf diese Gruppe [Drehungsgruppe in drei Dimensionen, MS] anwendbar, weil er sich auf die nur für diesen Fall gültige Eigenschaft stützt, dass irreduziblen, nicht-äquivalenten Darstellungen verschiedene Eigenwerte $\gamma$ des Operators $G$ entsprechen. Die Erweiterung des Beweises auf alle halbeinfachen Gruppen wurde von van der Waerden mit einer langen Reihe von Überlegungen und vielen recht schwierigen Berechnungen gemacht, welche der Einfachheit der Methode von Casimir widersprechen."[1151]

Racah beabsichtigte also, in Analogie zu dem Eigenwert von $G$ etwas zu finden, das die irreduziblen Darstellungen beliebiger halbeinfacher Liegruppen eindeutig charakterisierte. Er zeigte im Folgenden, dass der von Casimir konstruierte Operator nicht der einzige seiner Art ist, sondern dass jede halbeinfache Liegruppe von Rang $l$ genau $l$ Operatoren dieser Art hat, die von infinitesimalen Transformationen abhängen, mit allen Gruppenelementen vertauschen und unabhängig von der gewählten Basis sind. Die Eigenwerte dieser Systeme von Casimiroperatoren konnten dann, so Racah, zur eindeutigen Charakterisierung von nicht-äquivalenten irreduziblen Darstellungen genutzt werden. Ohne den Beweis explizit zu führen, folgerte Racah:

> „Wenn man dieses System von Operatoren anstelle des alleinigen Operators $G$ nützt, ist der ursprüngliche Beweis von Casimir für jede halbeinfache Gruppe gültig."[1152]

Eine Ausarbeitung dieses Beweises lieferte Racah im Frühjahr 1951 in Seminarvorträgen zu Gruppentheorie und Spektroskopie während eines Gastaufenthalts am Institute for Advanced Study in Princeton 1950/51, auf Einladung von Robert Oppenheimer.[1153] Dort präzisierte Racah, was er als Casimirs Problem bei der Verallgemeinerung des Beweises von $SO_3$ auf andere halbeinfache Liegruppen vom

---

[1150] Racah (1950).

[1151] „[...] la dimostrazione originale di Casimir è però applicabile solo a questo gruppo, perchè è basata sulla proprietà, valida solo in questo caso, che a rappresentazioni irriducibili non equivalenti corrispondono differenti autovalori $\gamma$ dell'operatore $G$. L'estensione della dimostrazione a tutti i gruppe semisemplici è stata fatta da van der Waerden con una lunga serie di considerazioni e calcoli assai complicati, che contrastano con la semplicità del metodo di Casimir." (Racah, 1950, S. 109, Übersetzung MS).

[1152] „Se si usa questo sistema di operatori anzichè il solo operatore $G$, la dimostrazione originaria di Casimir è valida per tutti i gruppi semisemplici." (Racah, 1950, S. 109, Übersetzung MS).

[1153] Eine zwar nicht vollständige, auf Mitschriften beruhende Zusammenfassung der Vorträge wurde 1961 vom CERN publiziert und später in der Springerreihe *Ergebnisse der exakten Naturwissenschaften* (Racah, 1965, Part III, 3 u. 4) erneut veröffentlicht.

Abb. 16.5: Giulio Racah (4. von links)

Rang $l > 1$ ansah: Während bei der $SO_3$ der Eigenwert des Casimiroperators $G$ einer irreduziblen Darstellung diese eindeutig charakterisiert, war es im Allgemeinen so, dass es inäquivalente irreduzible Darstellungen gab, die zu demselben Eigenwert von $G$ führten:

> „CASIMIR used the operator $G$ in order to extend to any semi-simple group his proof of full reducibility, but was unable to apply it to the cases where inequivalent representations belong to the same eigenvalue of $G$. The latter case was treated by VAN DER WAERDEN by the use of considerations entirely foreign to CASIMIR's original approach."[1154]

Racahs Formulierung des Sachverhalts kann entweder als Racahs Vermutung zum Vorgehen Casimirs angesehen werden oder, weil Racah zur selben Zeit wie Casimir in Zürich war, als ein Hinweis darauf, wie Casimir damals vorgegangen war. Letzteres wäre insofern interessant, weil dieser Aspekt nicht in anderen Quellen auftaucht.

Betrachtet man van der Waerdens Beweisstruktur nun erneut aus Racahs (und vielleicht auch Casimirs) Perspektive, so kann van der Waerdens Fallunterscheidung so gesehen werden, dass im Fall (A) gerade die Voraussetzung zur Anwendung von Casimirs Beweisidee gegeben ist, während im Fall (B) die Situation behandelt wird,

---

[1154] Racah (1965, S. 53, Hervorhebungen im Original).

in der Casimirs Idee scheitert, und im Fall (C), wie bei Casimir auch, die äquivalenten Darstellungen behandelt werden. Dies war eine Möglichkeit, Casimirs Beweis zu übertragen. Racah schien sich stärker in Casimirs Tradition zu sehen, wenn er versuchte, den Zusammenhang zwischen Eigenwert des Casimiroperators und irreduzibler Darstellung für alle halbeinfachen Liegruppen herzustellen. Dies gelang ihm durch das Einführen weiterer Casimiroperatoren. Denn die Eigenwerte dieser $l$ linear unabhängigen, mit allen Gruppenelementen vertauschenden Operatoren charakterisierten die irreduziblen Darstellungen eindeutig, so dass Casimirs Beweis im obigen Racahschen Sinne verallgemeinert werden konnte.[1155] Der Brauersche Beweis setzte dagegen gleichsam tiefer an: Casimirs Beweisidee konnte durch eine Verschärfung des Hilfssatzes übertragen werden.

Bedenkt man, dass Racah mit der Einführung der Seniorität als neuer Quantenzahl die Bedeutung von Eigenwerten für die Charakterisierung von Spektren noch unterstrich, so erscheint Racahs Beschäftigung mit den Eigenwerten der Casimiroperatoren auch im Rahmen seiner physikalischen Fragestellung durchaus naheliegend. Racah nutzte dann auch Anfang der 1950er Jahre in einer physikalischen Arbeit die Eigenwerte der Casimiroperatoren.[1156] Seine mathematische Forschung zum Zentrum einer universellen einhüllenden Liealgebra war also mit seinen physikalischen Forschungsinteressen enger verknüpft als Casimirs Beitrag zum algebraischen Beweis der vollen Reduzibilität.

---

[1155] Zur Durchführung des Beweises siehe Racah (1965, S. 53-55).
[1156] Zeldes (2009, S. 310).

# Teil IV
# Ausblick: Van der Waerden und die Physik
# nach 1945

Als Abrundung und Abschluss der vorliegenden Untersuchung bietet sich ein kurzer Ausblick auf van der Waerdens weiteren Werdegang und seine Beschäftigung mit physikalischen Themen nach 1945 an. In den folgenden beiden Kapiteln wird van der Waerdens weitere wissenschaftliche Karriere skizziert.

In den Nachkriegsjahren (1945–1951) versuchte van der Waerden, in den Niederlanden beruflich Fuß zu fassen (Kap. 17). Vorbehalte gegen sein Verbleiben in Nazi-Deutschland behinderten zunächst die Ernennung zum Universitätsprofessor.[1157] Im niederländischen Kontext spielten jedoch, wie sich hier zeigt, auch andere Aspekte eine Rolle bei der Bewertung seines Verhaltens: insbesondere Kollaboration und der Umgang mit Kollaborateuren in der Nachkriegszeit in den Niederlanden. Dabei trägt das Beispiel van der Waerdens dazu bei, die Situation ausländischer Wissenschaftler und Wissenschaftlerinnen zu erhellen, die in Nazi-Deutschland arbeiteten, während ihr Heimatland von Deutschland okkupiert worden war, und die nach dem Krieg in ihr Heimatland zurückkehrten. Van der Waerden erhielt bei seiner Rückkehr keine Stelle an einer Universität, sondern musste mit einer Anstellung in der Industrie vorlieb nehmen. Später war er verantwortlich für die angewandte Mathematik am Mathematisch Centrum (MC), dem neu gegründeten mathematischen Forschungsinstitut der Niederlande. Dies muss auch vor dem Hintergrund eines nach dem zweiten Weltkrieg deutlich erhöhten Interesses an angewandter mathematischer Forschung von privater wie von öffentlicher Seite gesehen werden. Diese außeruniversitären Stellen trugen zu van der Waerdens Profilierung auf diesem wissenschaftspolitisch geförderten Gebiet bei. Schließlich wurde van der Waerden doch noch als Professor an die Universität Amsterdam berufen. Weitere Archivalien, insbesondere aus dem Gemeindearchiv Amsterdam, ergänzen dabei die von Soifer gegebene Darstellung zur Nachkriegszeit van der Waerdens.[1158]

Im Jahr 1951, nach nur einem Semester als Ordinarius in Amsterdam, folgte van der Waerden einem Ruf an die Universität Zürich, an der er bis zu seiner Emeritierung 1972 lehrte (Kap. 18). Dort gehörte die Vermittlung von Mathematik für Naturwissenschaftler zu seinen Lehraufgaben und damit ergab sich eine gewisse Kontinuität in Bezug auf van der Waerdens Beschäftigung mit angewandter Mathematik und mathematischer Physik über die Nachkriegsperiode hinaus. In die Zürcher Zeit fallen weitere Veröffentlichungen van der Waerdens zur Physik und zur Geschichte der Quantenmechanik in den 1960er und frühen 1970er Jahren – und damit die zweite Phase seiner wissenschaftlichen Auseinandersetzung mit der Physik. Sein Engagement auf diesen Gebieten wird kurz skizziert. Auf seine weiteren Forschungsinteressen kann im Rahmen dieser Untersuchung jedoch nicht eingegangen werden. Der letzte Abschnitt (18.4) behandelt van der Waerdens Rede anlässlich seiner Emeritierung 1972, die das Verhältnis von Mathematik, Astronomie und Physik zum Gegenstand hatte. Nach vielen Jahren aktiver Forschung zur Mathematik, zur Physik und zur Wissenschaftsgeschichte wählte van der Waerden den Begriff der Symbiose, um dieses Verhältnis zu charakterisieren.

---

[1157] Vgl. Exkurs im Abschn. 8.3.

[1158] Soifer (2004b, 2005) sowie Soifer (2009, Kap. 38 u. 39).

# Kapitel 17
# Wende hin zur angewandten Mathematik (1945–1951)

An der Universität Leipzig fiel das Sommersemester 1945 komplett aus. Alle Angestellten der Universität wurden von der sowjetischen Besatzungsmacht entlassen. Die Familie van der Waerden wurde von den Amerikanern aus Österreich, wo sie das Kriegsende verbracht hatte, per Bus in die Niederlande transportiert. Die Rückführung der Ausländer in ihre Heimat war gängige Politik der US-amerikanischen Besatzungsmacht. In den Niederlanden bezog die Familie das Haus der Eltern von van der Waerden in Laren in der Nähe Amsterdams. Die Eltern waren inzwischen beide tot.[1159]

## 17.1 Widerstände gegen die Berufung van der Waerdens

Van der Waerden erwartete, dass er die Professur in Utrecht, die noch immer unbesetzt war, nun antreten könne. Hans Freudenthal, Amsterdamer Mathematiker, der seine Universitätsstelle als Konservator und Privatdozent aufgeben musste, weil er jüdisch war, und während der Besatzung der Niederlande zeitweise untertauchen musste, unterstützte ihn darin. Die Erwartung van der Waerdens und der Utrechter Fakultät, die ihn im August 1945 erneut auf Platz 1 der Berufungsliste für eine Professur in Geometrie setzte[1160], war jedoch etwas naiv angesichts der Tatsache, dass van der Waerden während der Besatzungszeit freiwillig im Land der Besatzer gearbeitet hatte. Van der Waerden sah sich in den Nachkriegsjahren – offen oder verdeckt – konfrontiert mit Vorbehalten gegen sein Verhalten während des ‚Dritten Reiches'.[1161] Von verschiedenen Seiten in den Niederlanden wurde versucht, die

---

[1159] Theo van der Waerden starb am 12.6.1940 an Krebs, Dorothea Adriana van der Waerden wählte am 14.11.1942 den Freitod (Soifer, 2004b, S. 73).

[1160] van Dalen (2005b, S. 802).

[1161] Beispielsweise lehnte Dirk Struik die Bitte van der Waerdens ab, einen Teil der *Ontwakende Wetenschap* ins Englische zu übersetzen. Van der Waerden gegenüber nannte er Zeitmangel als Grund, seinem Freund Schouten nannte er einen tieferen Beweggrund: „Ich [Struik] habe ihm [van der Waerden] nicht geschrieben, was ich mir weiter dazu gedacht habe, nämlich, dass ich meinen

M.R. Schneider, *Zwischen zwei Disziplinen*, Mathematik im Kontext,
DOI 10.1007/978-3-642-21825-5_17, © Springer-Verlag Berlin Heidelberg 2011

Besetzung eines Lehrstuhls mit van der Waerden zu verhindern.[1162] Van der Waerden versuchte, angesichts der Zerstörung in Europa, auch eine Professur in den USA
oder in der Schweiz zu erhalten – was zwar direkt nach Kriegsende misslang, aber
später doch erfolgreich war.[1163]

In den Niederlanden wurde nach der Besatzung in lokalen ‚Säuberungskommis-
sionen' (Colleges van Herstel en Zuivering), die von den einzelnen Universitäten
eingerichtet worden waren, geprüft, wer weiterhin an den Universitäten lehren durfte. Die Kommission versuchte jüdischen Angestellten, die von den Nazis entlassen
worden waren, wie etwa Freudenthal, ihre früheren Positionen zurückzugeben und
Angestellte, die mit den Besatzern kooperiert hatten, ausfindig zu machen, um ihr
Fehlverhalten disziplinarisch zu ahnden. Die disziplinarischen Maßnahmen reichten von befristeten Arbeits- bzw. Lehrverboten bis hin zu dem Verlust von Pensi-
onsansprüchen oder Entlassungen.[1164] Bei der Besetzung von freien Professuren in
Mathematik wurde der Minister G. van der Leeuw von einer anderen, von ihm im
Oktober 1945 eingerichteten Kommission beraten: der Kommission zur Koordina-
tion des höheren Unterrichts in Mathematik in den Niederlanden (Commissie tot
Coördinatie van het Hooger Onderwijs in de Wiskunde in Nederland), kurz Koordinationskommission genannt. Diese stand unter der Leitung von van der Waerdens
ehemaligen Groninger Kollegen van der Corput.[1165] Van der Waerden rechtfertigte
in mehreren Briefen sein Verhalten in der Nazizeit gegenüber van der Corput.[1166]
Er musste auch seine Frau gegen Vorwürfe einer antisemitischen und nationalsozialistischen Einstellung verteidigen. Ende des Jahres 1945 sah die Kommission ihn
als tragbar an und van der Waerden kam ins Gespräch für eine Professur an der

---

Namen nicht zusammen auf demselben Titelblatt mit einem Naziprofessor haben will." (Struik an
Schouten, 5.4.1947, CWI, WG, Schouten, Übersetzung MS).

[1162] Zu van der Waerdens Problemen in den Niederlanden in der Nachkriegszeit vgl. Soifer (2004b,
2005) sowie Soifer (2009, Kap. 38 u. 39).

[1163] Vgl. Soifer (2004b, S. 74-80), Soifer (2005).

[1164] Beispielsweise wurde Brouwer vorübergehend der Lehrauftrag entzogen. Dem oben erwähnten Dijksterhuis, der während der Besatzungszeit eingestellt worden war und dem man Antisemitismus und pro-deutsches Verhalten vorwarf, wurde ebenfalls der Lehrauftrag in Amsterdam entzogen. Weitzenböck, der während der Besatzung pro-nationalsozialistisch eingestellt war, wurde
verhaftet und angeklagt. Schließlich entzog man ihm die Professur und die 1942 erworbene deutsche Staatsangehörigkeit, strich seine Pensionsansprüche und konfiszierte Teile seines Eigentums
(Zu Weitzenböck vgl. van Dalen, 2005b, S. 740-742, 774-776, 791).

[1165] Zur Zusammensetzung und Einfluss dieser Kommission siehe Alberts (1998, S. 152-165).

[1166] Vgl. Briefwechsel mit van der Corput, NvdW, insbesondere: Van der Corput an van der Waerden, 24.10.1945, NvdW, HS 652:12166; van der Corput an van der Waerden, 26.11.1945, NvdW,
HS 652:12168; van der Corput an van der Waerden, 8.12.1945, NvdW, HS 652:12169; van der
Waerden an van der Corput, 10.12.1945, NvdW, HS 652:12170. (Auszüge aus dieser Korrespondenz findet man in Soifer (2004b, S. 82-95) in englischer Übersetzung.) Van der Waerden wies van
der Corput darauf hin, dass bei Berufungen allein die Fähigkeiten ausschlaggebend sein sollten und
nicht, wie im faschistischen Deutschland, Charakter und politische Überzeugung (van der Waerden an van der Corput, 10.12.1945, NvdW, HS 652:12170). Aber auch in den Niederlanden war
in der Vergangenheit die politische Überzeugung eines Mathematikers als Nichteinstellungsgrund
herangezogen worden: Dirk Struik war wegen seiner kommunistischen Haltung eine Gastprofessur
an der TH Delft verweigert worden (Alberts, 1994).

Universität von Amsterdam. Van der Corput unterstützte van der Waerden in dem Wiedererlangen einer Professur, sei es an der Universität Amsterdam oder an dem zu gründenden nationalen mathematischen Zentrum.[1167]

Gegen eine Professur van der Waerdens gab es Widerstände innerhalb und außerhalb der Universität. Innerhalb der Fakultät für Mathematik und Naturwissenschaften in Amsterdam versuchte Brouwer die Berufung van der Waerdens als Nachfolger von Weitzenböck zu verhindern. Er schlug einen seiner eigenen Schüler, A. Heyting, für diese Stelle vor.[1168] Nach den Aussagen zweier Sitzungsteilnehmer soll Brouwer, der selbst nicht anwesend war, mit seinem Rücktritt gedroht haben, falls van der Waerden eine Professur in Amsterdam erhalten sollte.[1169] Anscheinend war für diese Reaktion eine persönliche Abneigung Brouwers gegen van der Waerden verantwortlich. Diese Gefühle würde Brouwer jedoch zurückstellen, falls mit der Nichtberufung van der Waerdens in Amsterdam, der Sitz des neu zu gründenden Mathematischen Zentrums in Amsterdam gefährdet wäre. Zumal Brouwer nicht mit van der Waerden zusammenarbeiten müsse, falls dieser am MC beschäftigt wäre.[1170] Es könnte sich aber auch um ein machtpolitisches Kalkül handeln. Brouwer war in Amsterdam und in den Niederlanden unangefochtene Autorität. Durch einen zweiten herausragenden Mathematiker wie van der Waerden wäre diese Stellung innerhalb der Fakultät gefährdet gewesen. Soifer wies zudem auf ein Aufbegehren der jüngeren Generation von niederländischen Mathematikern gegen Brouwers Autorität hin.[1171] Van der Waerden war der Widerstand von Brouwer durchaus bekannt.[1172] Jacob Clay, Vorsitzender der Fakultät und Unterstützer einer Professur von van der Waerden, bot van der Waerden im Dezember ein Extraordinariat an, das van der Waerden als Übergangslösung akzeptieren wollte.[1173] Dieser Vorschlag wurde an das Ministerium weitergereicht.

---

[1167] Van der Corput an van der Waerden, 26.11.1945, NvdW, HS 652:12168. Zum MC siehe Kap. 17.3, S. 363 ff.

[1168] Fakultätssitzung der Fakultät für Mathematik und Naturwissenschaft der Universität von Amsterdam vom 10.10.1945, GAA, Archivnr. 1020, inv.nr. 8.

[1169] Fakultätssitzung vom 7.11.1945, GAA, Archivnr. 1020, inv.nr. 8.

[1170] Fakultätssitzung vom 1.12.1945, GAA, Archivnr. 1020, inv.nr. 8. Für einen möglichen Grund dieser Abneigung vgl. S. 113.

[1171] Soifer (2009, Kap. 38.5). Das Gerangel um van der Waerdens Professur interpretierte er als das Austragen dieser Auseinandersetzung. Allerdings zeigen die obigen Archivalien, dass die Situation vielschichtiger ist.

[1172] An Freudenthal schrieb er: „Denn mein Kommen nach Amsterdam macht allein Sinn, wenn Sie [Freudenthal] und ich [van der Waerden] dort zusammen den Ton angeben können, und nicht wenn Sie in einer untergeordneten Position bleiben und wir beide immer gegen Brouwer und seine Kreaturen kämpfen müssen" (Van der Waerden an Freudenthal, 22.9.1945, RANH, Freudenthal, inv.nr. 89, Übersetzung MS). Freudenthal, der wegen Brouwer 1930 von Berlin nach Amsterdam gegangen war und ein gutes Verhältnis zu Brouwer gehabt hatte, war bei Brouwer 1937 in Ungnade gefallen aufgrund eines vermeintlichen Prioritätsanspruchs beim ‚Triangulierungsproblem' von Seiten Freudenthals. Eine Rückkehr Freudenthals auf die Position, die er vor der Besatzung in Amsterdam hatte, verhinderte Brouwer. Vgl. van Dalen (2005a) und van Dalen (2005b, Kap. 19.2).

[1173] Van der Waerden an van der Corput, 22.12.1945, NvdW, HS 652:12171.

Im Januar 1946 wurde die Presse auf diesen Berufungsvorschlag aufmerksam.[1174] Von ihrer Seite kamen starke Bedenken gegen die Berufung. Neben der Frage nach einem individuellen Fehlverhalten wurde auch die Frage nach der gesellschaftspolitischen Bedeutung einer solchen Berufung gestellt. Die Tageszeitung *Het Parool*, die aus einem im Juli 1940 von dem Sozialdemokraten Pieter 't Hoen gegründeten Widerstandsblatt hervorgegangen war[1175], veröffentlichte einen scharfen, rhetorisch brillanten Artikel, der die Verhinderung der Professur van der Waerdens zum Ziel hatte:

' „Der??
Nein, der nicht!

Der Antrag zur Ernennung von Dr. B. C.[sic!] van der Waerden zum Professor in der Fakultät von Mathematik und Naturwissenschaft an der Universität von Amsterdam muss all diejenigen mit Erstaunen erfüllen, die wissen, dass der Herr van der Waerden den ganzen Krieg über dem Feind gedient hat. Seine „Kollaboration" datiert nicht erst von heute oder gestern. Als der Krieg im September 1939 ausbrach und die Niederlande aus Angst vor einem Überfall mobilisierten, stand der Herr van der Waerden hinter seinem Katheder an der Universität … Leipzig. Da stand er schon Jahre. Und er blieb dort auch stehen. Er sah den Sturm wohl schon heranziehen, aber ans Zurückkehren in sein Vaterland dachte er nicht. Als im Mai 1940 die Deutschen unser Land überfielen, stand der Herr van der Waerden immer noch hinter seinem Katheder in … Leipzig. Und dort blieb er stehen. Fünf Jahre lang kämpften die Niederlande gegen Deutschland und all die fünf Jahre lang ließ der Herr van der Waerden das Licht der Wissenschaft scheinen in … Leipzig. Er erzog Hitler-Anhänger. Seine ganze Arbeitskraft – eine sehr große – und all seine Begabung [–] eine sehr große – standen im Dienst des Feindes. Nicht weil der Herr van der Waerden zum *Arbeitseinsatz* [Dt. im Original] eingezogen worden wäre, nicht weil es dem Herrn van der Waerden unmöglich gewesen wäre unterzutauchen; nein, der Herr van der Waerden diente dem Feind, weil er es schön in Leipzig fand; er war ein vollkommen freiwilliger Helfer des Feindes, der – das kann dem Herrn van der Waerden nicht unbekannt geblieben sein – den ganzen Universitätsunterricht plus alle Ergebnisse von aller wissenschaftlicher Arbeit in den Dienst seines „*totalen Krieges*" [Dt. im Original] stellte.

Der Herr van der Waerden kann daraufhin befragt nicht antworten, was der Durchschnittsdeutsche antwortet, wenn er von den maßlosen Greueltaten hört, hierzulande von dem Feind verübt: „*Ich hab es nicht gewusst*" [Dt. im Original]. Denn mitten in den Kriegsjahren kam der Herr van der Waerden in sein vergessenes Geburtsland und er hörte und sah, wie schändlich seine Brotherren hier am Wirtschaften waren. Ließ ihn das eiskalt? Wenige Wochen später stand der Herr van der Waerden wieder hinter seinem Katheder in … Leipzig. In den Niederlanden knallten die Sturmabteilungen hunderte nieder. In den Konzentrationslagern, als Zeichen von *Kultur* [Dt. im Original] durch die Deutschen in dem zweiten Vaterland von Herrn van der Waerden errichtet, starben viele unserer besten: auch ein paar niederländische Berufskollegen von dem Herrn van der Waerden. Berührte ihn das nicht? Die Geschichte beginnt eintönig zu werden: der Herr van der Waerden erzog die deutsche Jugend von hinter seinem Katheder aus in … Leipzig.

Jedoch: da fiel das Kartenhaus zusammen. Deutschland, auch Leipzig kapitulierte. Das Dritte Reich, wovon der Herr van der Waerden hoffte, dass es, wenn schon nicht tausend Jahre, dann doch seine Lebenszeit schon überdauern sollte, wird eine große Ruine. Und genau in diesem Augenblick erinnerte sich der Herr van der Waerden, dass es da noch soetwas wie die Niederlande gab und dass er sich damit persönlich noch immer verbunden fühlte. Er

---

[1174] Nach J. A. Schouten war dafür jemand in van der Waerdens Verwandtschaft verantwortlich (Soifer, 2005, S. 138 f.). Vgl. ausführliche Darstellung in Soifer (2009, Kap. 39.1).

[1175] Vgl. de Keizer (1991). Zu Frans Johannes Goedhart alias Pieter 't Hoen siehe de Keizer (2001).

sah sich seinen Pass an: jawohl, es war ein niederländischer Pass. Er packte seine Koffer. Er reiste in „das Vaterland". Nun hatte Leipzig seinen Reiz verloren. Der ganze Schutt und all die Besatzungstruppen – pfui. Der Herr van der Waerden, nach fünf Jahren eifrigsten Dienstes für den Todfeind seines Volkes, war jetzt wohl bereit, im anderen Lager zu lehren.

Davon gibt es mehrere. Aber schlimmer ist, dass die Universität von Amsterdam bereit scheint, diesen Herrn van der Waerden sofort zu einem anderen Katheder zu verhelfen. Die Mathematik hat kein Vaterland, sagen Sie? Zu Ihren Diensten, aber in den Niederlanden muss von einem Professor für Mathematik anno 1946 verlangt werden, dass er wohl eines hat und dass er sich daran eher erinnert als an dem Tag, wo ihm sein Katheder in seines Feindes Land unter seinen Füßen zu heiß wurde."[1176]

---

[1176] „Die? Neen, die niet! De voordracht tot benoeming van dr. B.C. van der Waerden tot hoogleeraar in de faculteit der wis- en natuurkunde aan de Universiteit van Amsterdam, moet al diegenen met verbazing vervullen, die weten, dat de heer Van der Waerden héél den oorlog door den vijand heeft gediend. Zijn „collaboratie" dateert niet van vandaag of gisteren. Toen de oorlog in September 1939 uitbrak en Nederland bevreesd voor een inval, mobiliseerde stond de heer Van der Waerden achter zijn katheder in de Universiteit van ... Leipzig. Daar stond hij al jaren. En hij blééf er staan. Hij zag de bui óók wel aankomen, maar aan terugkeeren naar zijn vaderland dacht hij niet. Toen in Mei 1940 de Duitschers ons land overvielen stond de heer Van der Waerden noch altijd achter zijn katheder in ... Leipzig. En hij blééf er staan. Vijf jaar lang vocht Nederland tegen Duitschland en al die vijf jaar lang liet de heer Van der Waerden het licht der Wetenschap schijnen in ... Leipzig. Hij voedde Hitler-Adepten op. Zijn totale werkkracht – een zeer groote – en al zijn begaafdheid [–] een zeer groote – stonden in den dienst van den vijand. Niet omdat de heer Van der Waerden geronseld was voor den Arbeitseinsatz, niet omdat het den heer Van der Waerden onmogelijk was onder te duiken; neen, de heer Van der Waerden diende den vijand, omdat hij het prettig vond in Leipzig; hij was een volkomen vrijwillige helper van de vijand, die – dat kan den heer Van der Waerden niet onbekend zijn gebleven – heel het hooger onderwijs plus alle resultaten van allen wetenschappelijken arbeid dienstbaar maakte aan zijn „totale Krieg".
De heer Van der Waerden kan desgevraagd niet antwoorden, wat de doorsnee-Duitscher antwoordt wanneer hij hoort van de matelooze gruwelen, hier te lande door den vijand bedreven: „Ich habe es nicht gewuszt". Immers midden in de oorlogsjaren kwam de heer Van der Waerden naar zijn vergeten geboorteland en hij hóórde en zàg, hoe schandelijk zijn broodheeren hier aan het huishouden waren. Liet het hem Sibirisch koud? Luttele weken later stond de heer Van der Waerden weer achter zijn katheder in ... Leipzig. In Nederland knalden de vuurpelotons honderden neer. In de concentratiekampen, als teekenen van Kultur door de Duitschers opgericht in 's heeren Van der Waerden's tweede vaderland, stierven velen van de besten onzer: ook een paar Nederlandsche ambtgenooten van den heer Van der Waerden. Deed hem dat niets? Het verhaal begint eentonig te worden: de heer Van der Waerden voedde de Duitsche jeugd op van achter zijn katheder in ... Leipzig.
Edoch: daar viel het kaartenhuis ineen. Duitschland, ook Leipzig, capituleerde. Het Derde Rijk, waarvan de heer Van der Waerden gehoopt had, dat het, zoo al geen duizend jaar, dan toch zijn tijd wel duren zou, werd één groote ruïne. En op dat eigenste oogenblik herinnerde zich de heer Van der Waerden, dat er nog zooiets als een Nederland bestond en dat hij daar persoonlijk nog altijd iets mee te maken had. Hij bekeek zijn paspoort: jawel, het was een Nederlandsch paspoort. Hij pakte zijn koffers. Hij reisde naar „het vaderland". Nu was er in Leipzig geen aardigheid meer aan. Al dat puin en al die bezettingstroepen – bah. De heer Van der Waerden, na vijf jaar volijverigen dienst voor den doodsvijand van zijn volk, was thans wel bereid, in het andere kamp te gaan doceeren. Zoo zijn er meer. Maar erger is, dat de Universiteit van Amsterdam bereid blijkt, om dezen heer Van der Waerden prompt aan een anderen katheder te helpen. De wiskunde heeft geen vaderland, zegt u? Tot uw dienst, maar in Nederland moet van een hoogleeraar in de wiskunde anno 1946 worden verlangd, dat hij er wèl een heeft, en dat hij zich dat tijdiger herinnert dan op den dag, waarop zijn katheder in 's vijands land hem te warm wordt onder zijn schoenen." *Het Parool*, Jahrgang 6, Nr. 312, 16.1.1946, S. 3, Übersetzung MS. Vgl. auch die englische Übersetzung in Soifer (2005,

Der Zeitungsartikel, der just an dem Tag lanciert worden war, an dem der Gemeinderat über die Ernennung van der Waerdens beraten sollte, zeigte sofortige Wirkung. Der Antrag, van der Waerden zum außerordentlichen Professor zu benennen, wurde vertagt.[1177] Brouwer sah sich angesichts dieses Artikels übergangen, weil er van der Waerden nur am MC dulden wollte, und bemühte nun seinerseits van der Waerdens Verbleiben im ‚Dritten Reich‘, um seinen Kandidaten Heyting durchzudrücken. Es stand auch noch van der Waerdens Berufung nach Utrecht im Raum, der die Amsterdamer Fakultät – mit Ausnahme von Brouwer – zuvorkommen wollte.[1178]

Van der Waerden reichte eine Gegendarstellung zu diesem Zeitungsartikel ein, welche er auch an die Amsterdamer Studentenwochenzeitung *Propria Cures* schickte. Darin rückte er zwei Behauptungen zurecht: Zum einen habe er nicht gehofft, dass das Dritte Reich lang andauere – im Gegenteil: er sei ein Gegner des Naziregimes gewesen. Zum anderen sei er nicht in die Niederlande zurückgekehrt, weil ihm das Pflaster in Leipzig zu heiss geworden war, sondern weil er einen Ruf nach Utrecht erhalten habe.[1179] Den Ruf nach Utrecht als Motiv für seine Rückkehr in die Niederlande anzugeben, mag der Wahrheit entsprochen haben, allerdings hätte sich dann van der Waerden fragen lassen müssen, warum er den Ruf nicht schon früher angenommen hat. Die Zeitungsredaktion von *Het Parool* stellte in einem Kommentar van der Waerdens Rechtfertigung als zweifelhaft dar – ohne dass sie auf den Zeitpunkt der Berufung nach Utrecht näher einging – und wies abermals auf van der Waerdens unpatriotisches Verhalten und die problematische gesellschaftspolitische Wirkung einer Ernennung van der Waerdens hin:

> „Wer freiwillig von Mai ’40 bis Mai ’45 dem Feind diente, ist ein schlechter Niederländer. Wer ihn danach auf die niederländische Jugend loslässt, begreift die Forderungen der Zeit nicht. Und geht die Ernennung von van der Waerden durch, dann höre man sofort damit auf, Bedenken gegen Arbeiter und Studenten zu äußern, die sich für einen *Arbeitseinsatz*[1180] [Dt. im Original] etc. gemeldet haben. Der *Arbeitseinsatz* [Dt. im Original] von van der Waerden war vollständiger als der von so manch einem Niederländer. Eine ‚Belohnung‘ dafür mit einer Professur bedeutet, dass alle anderen freiwilligen Arbeiter für den Feind eine Auszeichnung und eine Prämie verdient haben.“[1181]

---

S. 138 f.). Der niederländische Originalartikel ist hier zum ersten Mal in voller Länge wiedergegeben, wie auch die weiteren Zitate aus Zeitungsausschnitten.

[1177] *Het Parool*, Jahrgang 6, Nr. 313 bzw. 320, 17.1.1946 bzw. 25.1.1946, S. 1. (Soifer, 2005, S. 127, 130) bzw. Soifer (2009, S. 451, 453 f.).

[1178] Fakultätssitzung vom 24.1.1946 und 26.1.1946, GAA, Archivnr. 1020, inv.nr. 8. (Soifer, 2005, S. 128 ff.).

[1179] *Het Parool*, Jahrgang 6, Nr. 326, 1.2.1946, S. 3 bzw. Propria Cures, Jahrgang 56, Nr. 21, 1.2.1946. Vgl. auch van der Waerden an Freudenthal, 22.1.1946, RANH, Freudenthal, inv.nr. 89.

[1180] Seit dem 1.4.1942 waren Niederländer zwischen 18 und 24 Jahren zu einem Arbeitseinsatz gesetzlich verpflichtet. Nach dem Krieg wurden Studenten, die sich dazu freiwillig gemeldet haben, stark angegriffen und es drohte eine Studiensperre. (Knegtmans, 1998, Kap. 6, 10).

[1181] „Wie vrijwillig van Mei ’40 tot Mei ’45 den vijand diente, is ’n slecht Nederlander. Wie hem daarna op de Nederlandsche jeugd loslaten, begrijpen de eischen van den tijd niet. En gaat de benoeming van Van der Waerden door, dan houde men prompt op met bezwaren maken tegen arbeiters en studenten, die zich voor Arbeitseinsatz etc. meldden. De Arbeitseinsatz van Van der Waerden was completer dan die van eenigen Nederlander. „Belooning“ daarvan met een hoo-

Auch Teile der Studentenschaft in Amsterdam sahen die bevorstehende Berufung van der Waerdens kritisch.[1182] Die Stadt Amsterdam reagierte auf die öffentlichen Proteste und publizierte eine Informationsbroschüre zu van der Waerden, welche sich mit van der Waerdens Zeit in Leipzig auseinandersetzte. *Het Parool* bezeichnete diese als Werbebroschüre für van der Waerden und kritisierte die Darstellung der Widerstandsbewegung bei van der Waerdens Besuch in den Niederlanden im November 1942.[1183] Zu diesem Zeitpunkt sei, laut der Broschüre, keine Rede vom Untertauchen gewesen und es habe noch keine starke Widerstandsbewegung gegeben.[1184] *Het Parool* dagegen wies darauf hin, dass damals führende Personen des Widerstands bereits im Gefängnis saßen oder untergetaucht waren, dass Journalisten in den Untergrund gegangen waren, dass viele erschossen worden waren oder in Lagern interniert waren. Darüber hinaus wurde in dem Artikel behauptet, dass van der Waerden damals den Rat bekommen habe, nicht nach Deutschland zurückzukehren.[1185]

Laut Soifer (2005, S. 134 f.) wurde die Berufung van der Waerdens im April 1946 endgültig aufgegeben, weil die niederländische Regierung ihre Ablehnung signalisierte. Obwohl die Universität von Amsterdam keine Reichsuniversität war, war eine Zustimmung zur Berufung durch die Königin gesetzlich notwendig. Allerdings handelte die Königin in dieser Angelegenheit in der Regel nicht eigenmächtig, sondern auf Vorschlag des Ministers für Unterricht, Künste und Wissenschaft, also G. van der Leeuw.[1186] Anscheinend war van der Waerden so kurz nach Kriegsende politisch nicht durchsetzbar. Darüber hinaus führte die öffentliche Diskussion um van der Waerdens Berufung dazu, dass die Regierung nun prinzipiell niemanden mehr im Staatsdienst einstellte, der während der Besatzungszeit der Niederlande

---

gleeraarsplaats beteekent, dat alle andere vrijwillige werkers voor den vijand een pluim en een premie hebben verdiend." *Het Parool*, Jahrgang 6, Nr. 326, 1.2.1946, S. 3, Übersetzung MS. Siehe auch Soifer (2005, S. 129 f.).

[1182] Siehe Soifer (2009, S. 455 ff.).

[1183] *Het Parool*, Jahrgang 6, Nr. 336, 13.2.1946, S. 3. (Soifer, 2005, S. 131), vgl. auch Soifer (2009, Abschn. 39.1). Die Informationsbroschüre zu van der Waerden liegt der Autorin nicht vor. Das angegebene Datum von van der Waerdens Besuch – November 1942 – könnte im Zusammenhang mit dem Tod von seiner Mutter stehen.

[1184] Genau so hatte van der Waerden die Situation in einem Brief an van der Corput geschildert (van der Waerden an van der Corput, 31.7.1945, NvdW, HS 652:12160).

[1185] Dies widersprach van der Waerdens Darstellung in einem Brief an van der Corput (van der Waerden an van der Corput, 31.7.1945, NvdW, HS 652:12160). Da im Artikel keine genaue Quelle für diese Behauptung genannt wurde, lässt sich diese Widersprüchlichkeit nicht aufheben. Van der Waerden hat anscheinend auch nicht darüber nachgedacht, sich der niederländischen Untergrundsbewegung anzuschließen: „Auf die Idee, nach 1940 nach Holland zu kommen und hier unterzutauchen, bin ich wirklich nicht gekommen. Ende 1942 war ich noch in Holland und habe mit allerlei Menschen (wirklich keine NSBler [Anhänger der niederländischen nationalsozialistischen Partei Nationaal Socialistische Beweging, MS], weil die nicht zu meinem Freundeskreis gehörten) gesprochen, aber da gab es keinen, der mir diesen Rat gab;" (Van der Waerden an van der Corput, 31.7.1945, NvdW, HS 652:12160, Übersetzung MS).

[1186] Es gibt aber ein unbestätigtes Gerücht, demzufolge die Königin Wilhelmina, die für Härte gegenüber Kollaborateuren eintrat, van der Waerdens Berufung persönlich verhinderte. Vgl. Dold-Samplonius (1994, S. 141), van Dalen (2005b, S. 803).

freiwillig in Deutschland gearbeitete hatte. Damit war auch eine Berufung van der Waerdens nach Utrecht vorerst unmöglich. Die Episode um die Berufung van der Waerdens unmittelbar nach dem Krieg legt nahe, dass die mathematischen Fachgremien hauptsächlich nach fachlichen Kriterien entschieden und ihnen die gesamtgesellschaftliche Brisanz ihrer Entscheidung für van der Waerden nicht klar war. Etwa in dem gleichen Zeitraum erwägte man an der Universität Zürich, van der Waerden zu berufen.[1187]

## 17.2 Arbeitsstelle in der Industrie

Da die Berufung van der Waerdens auf eine Professur in Utrecht bzw. Amsterdam seit van der Waerdens Rückkehr von Beginn an nur schleppend vorankam und auf Widerstände stieß, nahm van der Waerden ein Arbeitsangebot aus der Industrie an. Durch die Vermittlung von Hans Freudenthal, bei dem sich Anfang August 1945 ein Mitarbeiter der niederländischen Ölfirma Bataafsche Petroleum Maatschappij (BPM, heute Shell), wahrscheinlich W. J. D. van Dijck, nach Mathematikern für das Labor erkundigt hatte[1188], hatte van der Waerden bereits im Oktober 1945 eine Stelle bei BPM angetreten.[1189] Er arbeitete in einer Forschungsabteilung in Den Haag.

Niederländische Firmen hatten seit dem ersten Weltkrieg erkannt, dass eigene Forschungseinrichtungen gewinnbringend sein konnten. Die Zahl der in der niederländischen Industrie beschäftigten Wissenschaftler stieg von 100 im Jahr 1900, über 350 im Jahr 1915, auf 1800 (davon waren 400 keine Ingenieure) im Jahr 1940.[1190] BPM hatte 1920 ihr erstes Forschungslabor eingerichtet.

Über seine Arbeit bei BPM sagte van der Waerden fast 50 Jahre später:

> „Es [Probleme zu lösen, die den Ingenieuren zu schwer waren, MS] hat mir Spaß gemacht. Die hatten die verschiedensten Probleme, z. B. was ist die beste Schaltung bei den Regelapparaten, Optimierungsprobleme. Da war noch ein Mathematiker bei der Shell, mit dem habe ich zusammen über Optimierungsfragen gearbeitet und sehr schöne Lösungen gefunden."[1191]

Van der Waerden war von den Kenntnissen seiner Kollegen bei BPM angetan – er erwähnte dabei ausdrücklich ihr Wissen um die gruppentheoretische Methode in der Quantenmechanik.[1192] Bei BPM hielt van der Waerden eine Vorlesung zur mathematischen Statistik.[1193]

---

[1187] Vgl. Soifer (2005, S. 136–140).

[1188] RANH, Freudenthal, inv.nr. 89, Redemanuskript anlässlich van der Waerdens 80. Geburtstag.

[1189] Vgl. van der Waerden an van der Corput, 26.10.45, NvdW, HS 652:12167.

[1190] Zur zunehmenden Verflechtung zwischen Industrie und Universität in den Niederlanden siehe van Berkel u. a. (1999, S. 198–206) und Heijmans (1994).

[1191] Dold-Samplonius (1994, S. 141).

[1192] Van der Waerden an van der Corput, 26.10.45, NvdW, HS 652:12167.

[1193] Alberts (1998, S. 206, Fußnote 10).

# 17.3 Wechsel ans Mathematische Centrum in Amsterdam (1946–1950)

Die Koordinationskommission hatte als vornehmste Aufgabe die Einrichtung eines nationalen Zentrums für Mathematik, welches den engen Austausch zwischen reiner Mathematik und ihren Anwendungen fördern sollte.[1194] Diese wurde äußerst schnell umgesetzt. Bereits im Februar 1946 war das ‚Institut für reine und angewandte Mathematik', das ‚Mathematisch Centrum' (MC) als Stiftung (Stichting) in Amsterdam gegründet worden. Das MC war unabhängig von den Universitäten. Im Oktober 1946 wurde van der Waerden Mitglied im Aufsichtsrat (Raad van Beheer), wo er für die angewandte Mathematik im Sinne der mathematischen Physik zuständig war. In das MC flossen städtische, staatliche und private Gelder. Zu den privaten Sponsoren gehörten die Firmen BPM und Philips, die an einer anwendungsorientierten Forschung und Lehre interessiert waren. Die erste Vortragsreihe kam im Frühjahr 1947 zustande. Van der Waerden hielt darin eine Vorlesung zur Frage „Was hat Mathematik mit Öl zu tun?", in welcher er Probleme bei der Ölgewinnung und -verarbeitung behandelte.

Anfangs arbeitete van der Waerden nur samstags für das MC, später kehrte sich das Verhältnis um: er war von BPM fünf Tage die Woche für seine Forschung am MC freigestellt worden, nur einen Tag pro Woche arbeitete er für BPM. BPM bezahlte auch indirekt van der Waerdens Gehalt am MC. Van der Waerden leitete bis 1950 die Abteilung für angewandte Mathematik am MC. Er sollte Vorlesungen zur angewandten Mathematik halten – es ist eine zu Laplace-Transformationen 1948 bekannt[1195] – und eine nationale Arbeitsgemeinschaft zur mathematischen Physik ins Leben rufen. Letzteres war ein „wirklich visionäres Projekt", wie G. Alberts betonte.[1196] Offensichtlich mochte van der Waerden seine Arbeit in der angewandten Mathematik.[1197] Neben ihm lehrten auch J. M. Burgers, J. A. Schouten, J. G. van der Corput und S. C. van Veen in den ersten Jahren zur angewandten Mathematik. Van der Waerdens Abteilung fiel in der Zeit bis 1950 nicht durch neue Forschungsergebnisse und -ansätze auf, sondern wirkte integrativ, indem sie die verschiedenen Akteure auf diesem Gebiet zusammenbrachte.[1198] Neben dieser Abteilung gab es am MC noch eine zur reinen Mathematik (geleitet von van der Corput), eine Abteilungen zur Statistik und zum wissenschaftlichen Rechnen. Die Abteilungen reine und angewandte Mathematik waren in den Anfangsjahren noch nicht sauber von einander getrennt. So arbeiteten Mitarbeiter der einen Abteilung auch an Themen der anderen – was nicht nur van der Waerden entgegen kam.[1199]

---

[1194] Zur Entstehung des Zentrums und dessen Anfangsjahre siehe Alberts u. a. (1987) und Alberts (1998, Kap. 3 und 4).

[1195] Alberts u. a. (1987, S. 158).

[1196] Alberts (1998, S. 202, 206, 208).

[1197] Soifer (2009, S. 464).

[1198] Alberts u. a. (1987, Kap. 7.2).

[1199] Alberts u. a. (1987, Kap. 7.1).

## 17.4 Professur an der Universität von Amsterdam (1948–1951)

Im Herbst 1947 ging van der Waerden als Gastprofessor an die Johns Hopkins Universität in Baltimore. Dort lehrte er zu Topologie und Riemannschen Flächen.[1200] Zur gleichen Zeit war dort auch sein ehemaliger Groninger Kollege aus der Physik F. Zernike.[1201] Van der Waerden wurde dort gegen Ende seines Aufenthalts eine befristete Professur angeboten, die er ablehnte und auf die er seinen ehemaligen Leipziger Schüler Wei-Liang Chow[1202] erfolgreich vermittelte. Van der Waerdens Gründe für die Ablehnung sind nicht bekannt. Ein möglicher Grund könnten Vorbehalte gegen sein Verbleiben im nationalsozialistischen Deutschland seitens der Kollegen in Amerika gewesen sein,[1203] ein weiterer scheint seine Sorge um seine Familie im Falle eines erneuten Krieges. Van der Waerden fragte sich, inwiefern Baltimore als große US-amerikanische Stadt ein mögliches Ziel eines nuklearen Angriffs werden könnte.[1204]

Van der Waerden erhielt 1948 eine außerordentliche Professur an der Universität von Amsterdam. Dies ermöglichte eine Stiftung, welche zu eben diesem Zweck eingerichtet worden war. Dass van der Waerden zur gleichen Zeit ein Angebot für eine Professur in Baltimore hatte, beschleunigte die Berufungsverhandlungen.[1205]

---

[1200] Auskunft der Bibliothekarin des Archivs der Johns Hopkins University M. Burri. Dort ist eine Vorlesungsmitschrift von Aurel Wintner erhalten. Aurel Wintner wurde in Leipzig promoviert und verließ Leipzig 1930 für eine Professur an der Johns Hopkins University kurz vor van der Waerdens Ankunft. Zu van der Waerdens Gastprofessur in Baltimore vgl. Soifer (2005, S. 140 ff.).

[1201] Brinkman (1988, S. 9).

[1202] Chow hatte bei van der Waerden 1936 mit einer Dissertation zur geometrischen Theorie der algebraischen Funktionen für beliebige vollkommene Körper promoviert und blieb bis zu seiner Emeritierung an der Johns Hopkins University.

[1203] „Bartel [van der Waerden] scheint in Baltimore leidlich zufrieden zu sein. Im ganzen, zu meinem großen Bedauern, habe ich [Courant] das Gefühl, dass er von den amerikanischen Mathematikern nicht so vorbehaltlos aufgenommen wird, wie ich erwartet hatte. Die Menschen sind vielfach etwas reserviert, obwohl er ganz besonders nett und sachlich ist, so muss es ihn doch etwas betroffen machen." (Courant an Rellich, 9.2.1948, NSUB, Cod. Ms. F. Rellich 1:14). In Struiks Brief an Schouten aus den USA kommt die dortige Stimmung zum Ausdruck: „Ich [Struik] bin nicht der einzige hier [am M.I.T., USA], der mit Ungenügen seinen [van der Waerdens] Verbleib in Deutschland angesehen hat. Gerade vorgestern [?] wir Bericht, dass er an Johns Hopkins ernannt ist, und ein paar Kollegen sind darüber sehr entsetzt. [...] Die Tatsache, dass eine niederländische Kommission mit unverdächtigen Namen den Mann [van der Waerden] „gesäubert" hat, ist ein befriedigender Grund, um ihn als gewöhnlichen Menschen zu behandeln, und wenn er hierher kommt, werde ich auch nicht bei einer Kampagne gegen ihn mitmachen. Tatsächlich ist es nun einmal so, dass das Kriterium für eine Ernennung zum Professor in der Mathematik Kompetenz im Fach ist – und da gehört vdW [van der Waerden] zu den Führenden – und nicht Charakter. Ich kann dem Mann als Menschen nicht so einfach vergeben, dass er in Deutschland blieb, bis ihn die Russen rausschmissen. Es scheint sonnenklar, dass er jederzeit eine Anstellung in Amerika hätte bekommen können, zumindest bis 1941 (und selbst später). Aber wenn ihr ihn ok findet, dann ist es selbstverständlich, dass wir das hier auch akzeptieren müssen." (Struik an Schouten, 18.5.1947, CWI, WG, Schouten, Übersetzung MS).

[1204] Soifer (2009, S. 474).

[1205] Alberts (1998, S. 206 f., Fußnote 11). Brouwer versuchte wieder gegen van der Waerden zu intervenieren (Protokoll der Fakultätssitzung, 22.3.1948, GAA, Archivnr. 1020, inv.nr. 9, Bl. 84 f.;

Van der Waerden blieb weiterhin Leiter der Abteilung für angewandte Mathematik am MC.

In den Nachkriegsjahren war van der Waerden im Gespräch für mehrere Professuren: neben Amsterdam, Zürich, Baltimore, Seattle und Tübingen auch in Göttingen. Franz Rellich, van der Waerdens Schwager in Göttingen, war hierfür mitverantwortlich und van der Waerden war einer Professur in Göttingen gegenüber nicht grundsätzlich abgeneigt. Für die Nachfolge von G. Herglotz kam van der Waerden offiziell noch nicht ins Gespräch, bei der Nachfolge von Wilhelm Magnus im November 1949 stand er aber an erster Stelle. Van der Waerden lehnte jedoch ab.[1206] Wenn van der Waerden nach so kurzer Zeit nach Deutschland zurückgekehrt wäre, dann wäre dies bestimmt auf Unverständnis seiner niederländischen Kollegen gestoßen und hätte in der Öffentlichkeit vielleicht erneut den Vorwurf unpatriotischen Verhaltens provoziert. Allerdings scheint van der Waerden solche Überlegungen nicht angestellt zu haben, denn in einen Brief an Hellmuth Kneser schrieb er: „Sie [H. Kneser] sehen daraus schon, daß mir ein Ruf nach Deutschland keineswegs unangenehm wäre."[1207]

Van der Waerden nutzte den Ruf nach Seattle, um seine Stellung in Amsterdam zu verbessern.[1208] Zwei Jahre nach seiner Ernennung zum Extraordinarius erhielt er im April 1950 eine ordentliche Professur an der Universität von Amsterdam zugesprochen. Er war an erster Stelle für die Nachfolge des Lektorats von F. Loonstra, der an die TH Delft wechselte, vorgeschlagen worden – vor van Veen und J. de Groot (beide Delft). Das Lektorat für propädeutischen Unterricht in Analysis und Lehre in Mathematik für Examenskandidaten sollte in eine ordentliche Professur für reine und angewandte Mathematik umgewandelt werden.[1209] Van der Corput – in seiner Funktion als Vorsitzender der ersten Abteilung der Fakultät für Mathematik und Naturwissenschaft – fragte vorher vorsichtig beim zuständigen Minister an, ob es Einwände gegen eine Berufung van der Waerdens, der inzwischen Mitglied der Königlich-niederländischen Akademie der Wissenschaften (Koninklijke Nederlandse Akademie van Wetenschappen) war, gebe.[1210] Im April 1950 wurde van der Waerden zum 1. Oktober 1950 zum ordentlichen Professor für reine und angewand-

Protokoll der Sitzung der Curatoren, 12.4.1948, GAA, Archivnr. 279, inv.nr. 100). Vgl. auch van Dalen (2005b, S. 827 ff.).

[1206] Rellich an van der Waerden, 18.11.1949, NSUB, Cod. Ms. F. Rellich, 7:3; Briefwechsel zwischen Rellich und Siegel, NSUB, Cod. Ms. F. Rellich, 1:82; Rellich an Courant, 7.7.1948, NSUB, Cod. Ms. F. Rellich, 1:14.

[1207] van der Waerden an H. Kneser, 26.1.1950, NSUB, Cod. Ms. H. Kneser, 14.

[1208] van der Waerden an H. Kneser, 26.1.1950, NSUB, Cod. Ms. H. Kneser, 14.

[1209] Van Arkel an das College van Curatoren, 2.2.1950 (2), GAA, Archivnr. 1020, inv.nr. 390. Brouwer versuchte in einer gesonderten Stellungnahme die Bedeutung des Lektors Bruins für die angewandte Mathematik an der Universität von Amsterdam hervorzuheben und dadurch van der Waerdens Position zu schwächen (Brouwer an das College van Curatoren, 5.2.1950, GAA, Archivnr. 1020, inv.nr. 390).

[1210] Van Arkel an das College van Curatoren, 2.2.1950 (1), GAA, Archivnr. 1020, inv.nr. 390. Seit 1948 war Wilhelminas Tochter Juliana Königin der Niederlande, deren Thronbesteigung eine „Phase der Begnadigungen" (Fühner, 2005) von NS-Verbrechern einleitete. Die gesellschaftliche Aufmerksamkeit für NS-Verbrecher und Kollaborateure nahm zwischen 1948 und ca. 1959 stark

te Mathematik ernannt. Zu seinen Kollegen in Amsterdam zählten u. a. Brouwer, van der Corput, van Dantzig und Schouten.[1211]

Als van der Waerden in Amsterdam seine Professur im Oktober antrat, hatte er bereits einen Ruf an die Universität Zürich erhalten und angenommen.[1212] Dies hatte er kurz vorher, am 29. September 1950, dem Vorsitzenden der Fakultät van Arkel telefonisch mitgeteilt. Allerdings war bereits Mitte September ein diesbezüglicher Bericht in der Presse und im Radio erschienen. Der so informierte van Dantzig teilte dies unmittelbar den Curatoren mit und kritisierte van der Waerdens Vorgehensweise.[1213] Van der Waerden verließ Amsterdam nach nur einem Semester zum 1. April 1951 – den Wunsch der Universität Zürich, dass er bereits im Wintersemester 1950/51 dort lehrte, hatte er abgelehnt. Die Curatoren waren durch dieses Verhalten verstimmt: „die Geste von Prof. v[an] d[er] Waerden [...] hat die Versammlung unangenehm getroffen."– heißt es dazu im Sitzungsprotokoll.[1214] In seiner Antrittsvorlesung im Dezember 1950 kündigte van der Waerden seinen Weggang nach Zürich öffentlich an.[1215] Über die Gründe für den Wechsel nach Zürich kann nur spekuliert werden.[1216]

Man kann sich die Enttäuschung unter den niederländischen Kollegen über van der Waerdens Weggang nach Zürich vorstellen. Sie hatten jahrelang gegen innere und äußere Widerstände versucht für ihn eine Professur zu erhalten. Genau in dem Moment, als ihnen das glückte, entschied sich van der Waerden, die Niederlande zu verlassen. In Amsterdam waren nun wegen der Emeritierung Brouwers und dem Verlust van der Waerdens 1951 zwei Professuren für Mathematik neu zu besetzen.

---

ab (Fühner, 2005, S. 435). Vor diesem Hintergund war eine ordentliche Professur van der Waerdens politisch vertretbar.

[1211] Vgl. auch Soifer (2005, S. 142 ff.).

[1212] Laut Soifer (2005, S. 150) hat van der Waerden den Ruf der Universität Zürich am 20.9.1950 erhalten und ihn am 24.9.1950 angenommen.

[1213] Sitzung der Curatoren, 18.9.1950, GAA, Archivnr. 279, inv.nr. 101

[1214] „de geste van Prof. v.d. Waerden [...] heeft de vergadering onaangenaam getroffen." (Sitzung der Curatoren, 6.11.1950, GAA, Archivnr. 279, inv.nr. 101, Übersetzung MS). Sitzung der Curatoren, 18.9.1950, GAA, Archivnr. 279, inv.nr. 101; Fakultätssitzung, 18.10.1950, GAA, Archivnr. 1020, inv.nr. 9.

[1215] van der Waerden (1950b). Diese Passage findet sich nicht in der als Zeitschriftenartikel veröffentlichten Fassung (van der Waerden, 1951).

[1216] Beispielsweise in Soifer (2005, S. 150-153).

# Kapitel 18
# Van der Waerden als Professor in Zürich (1951–1972)

An die für van der Waerden unruhigen Nachkriegsjahre in den Niederlanden schloss sich eine Zeit der Stabilität an – zumindest was den Ort seiner Tätigkeit betraf. Van der Waerden blieb trotz manch eines Rufes an eine andere Universität bis an sein Lebensende in Zürich tätig.

## 18.1 Berufung und Kollegen

Die mathematische Fakultät der Universität Zürich ergriff nach dem Krieg bewusst die Gelegenheit, „für kurze Zeit berühmte hochbedeutende Mathematiker an die Universität zu berufen."[1217] Als erstes wurde Rolf Hermann Nevanlinna als Nachfolger von Lars Valerian Ahlfors, der eine Professur in Harvard antrat, berufen. Bei dieser Berufung hatte man bereits van der Waerden ins Spiel gebracht. Van der Waerden wurde dann als erster Kandidat um die Nachfolge von Karl Rudolf Fueter genannt, der im Herbst 1950 verstarb. An zweiter Stelle stand George Pólya. Auch in Zürich erkundigte man sich vorher, inwiefern van der Waerden politisch tragbar sei. Im April 1951 erfolgte die Ernennung van der Waerdens zum ordentlichen Professor für Mathematik und zum Direktor des Mathematischen Instituts an der Universität Zürich.[1218] J. J. Burckhardt, der dort ebenfalls lehrte, half van der Waerden sich in Zürich zurecht zu finden und machte ihn mit den schweizerischen Gepflogenheiten vertraut.

Neben Nevanlinna lehrte und forschte auch Paul Finsler bis 1962 als Professor an der Universität Zürich. Auf Finsler folgte der Topologe Albrecht Dold, der bald darauf einen Ruf nach Heidelberg annahm. Als Nachfolger von Dold wurde Hans Heinrich Keller, als Nachfolger von Nevanlinna 1964 dessen Schüler Kurt Strebel berufen. Zwei neu geschaffene Lehrstühle wurden 1964 mit Guido Karrer und 1967

---

[1217] Zitiert nach Frei und Stammbach (1994, S. 28 f.). Vgl. auch Soifer (2005, S. 136-140, 144-153).

[1218] Frei und Stammbach (1994, S. 29 f.).

mit Herbert Gross besetzt.[1219] Der Physiker Walter Heitler, den van der Waerden
von seiner Göttinger Zeit her kannte, lehrte ebenfalls an der Universität Zürich.

Abb. 18.1: Bartel Leendert van der Waerden (1951)

An der benachbarten ETH Zürich waren u. a. Heinz Hopf, Wolfgang Pauli und
Beno Eckmann tätig. Letzterer gab zusammen mit van der Waerden die Gelbe Rei-
he „Grundlehren der mathematischen Wissenschaften in Einzeldarstellung mit be-
sonderer Berücksichtigung der Anwendungsgebiete" bei Springer heraus. Van der
Waerden war Mitherausgeber der *Mathematische[n] Annalen* (seit 1934), sowie der
Zeitschrift *Archive for history of exact sciences*.

Auch wenn van der Waerden 1972 emeritiert wurde, so blieb er dennoch – vor
allem in der Wissenschaftsgeschichte – wissenschaftlich aktiv. Sein Nachfolger an
der Universität Zürich wurde Peter Gabriel.

## 18.2 Mathematik und ihre Anwendungen

Van der Waerden führte in seiner Zürcher Zeit alle seine früheren Forschungsstränge
fort, wobei neue, wie etwa Didaktik und Philosophie der Mathematik, hinzutraten.
Die Publikationen zur reinen Mathematik (Algebra, algebraische Geometrie) gingen
allerdings quantitativ stark zurück und van der Waerden veröffentlichte hauptsächlich zur Geschichte der Mathematik und Astronomie. Seine Beiträge zur angewand-

---

[1219] Frei und Stammbach (1994, S. 30 f.).

ten Mathematik nahmen in den 1950er und 1960er Jahren zu.[1220] Diese Verschiebungen in den Forschungsinteressen sind mit Einschränkungen auch in der Lehre van der Waerdens zu beobachten.

## Mathematik als Service für Naturwissenschaftler

Van der Waerden las regelmäßig im Wintersemester (1951/52–1970/71) die vierstündige Vorlesung „Einführung in die mathematische Behandlung der Naturwissenschaft" und hielt eine einstündige Übung dazu. Diese Vorlesung war für Chemiker, Biologen, Geologen und andere Studierende der Naturwissenschaften gedacht. Durch seine Tätigkeit bei BPM und am MC in den Niederlanden und den kollegialen Austausch mit Physikern in Leipzig und Groningen war van der Waerden für diese Aufgabe bestens gerüstet. Aus der Vorlesung entstand 1975 das Lehrbuch *Mathematik für Naturwissenschaftler*.[1221] In diesem behandelte van der Waerden kurz analytische Geometrie und Vektorrechnung sowie Fehlerrechnung und Statistik und gab eine ausführlichere Darstellung der Differential- und Integralrechnung.

Darüber hinaus hielt van der Waerden immer wieder eine vierstündige Vorlesung zu Methoden der mathematischen Physik.[1222] Zweimal las er „Mathematik für Chemiker und Physiker".[1223] Desweiteren hielt er Vorlesungen zur Wahrscheinlichkeitsrechnung, Laplace-Transformationen und zur mathematischen Statistik.[1224] Zur mathematischen Statistik publizierte van der Waerden 1957 ein Lehrbuch, nachdem er in Leipzig und in den Niederlanden bereits dazu geforscht und gelehrt hatte.[1225] Seine Vorlesungen wurden auch von Studierenden der theoretischen Physik belegt und er nahm gelegentlich am Seminar für theoretische Physik teil.[1226]

## Mathematische Physik: Quantenmechanik

Van der Waerden beschäftigte sich in den 1960er Jahre, als die Quantenfeldtheorie einen Aufschwung erlebte, nochmals intensiver mit der Quantenmechanik. Diese zweite Phase seiner Forschung zur Quantenmechanik begann wahrscheinlich auf Anregung Kurt Friedrichs hin. Während des Sommersemesters 1958 war van der Waerden an der Universität Berkeley, USA. Sein ehemaliger Kollege und Freund Kurt Friedrichs, den van der Waerden aus seiner Göttinger Zeit kannte und der in New York lehrte, lud van der Waerden zu einer Konferenz zur Mathematik der

---

[1220] Vgl. Top und Walling (1994).

[1221] Universität Zürich (1912–1981). Vgl. auch das Vorwort in van der Waerden (1975a).

[1222] SS 1952, WS 1954/55, WS 1959/60, WS 1962/63, SS 1965 & WS 1965/66, WS 1970/71 (Universität Zürich, 1912–1981).

[1223] SS 1968, SS 1970 (Universität Zürich, 1912–1981).

[1224] SS 1956, SS 1961 bzw. SS 1967 (Universität Zürich, 1912–1981).

[1225] van der Waerden (1957).

[1226] Mitteilung von Norbert Straumann, der u. a. bei van der Waerden studierte und später sein Kollege würde.

Quantenfeldtheorie ein, die Anfang Juni stattfinden sollte. Van der Waerden nahm die Einladung an.[1227] Dies ist der erste Hinweis, dass sich van der Waerden auch mit der sich gerade entwickelnden Quantenfeldtheorie auseinandersetzte.

Auch sein ehemaliger Leipziger Kollege Werner Heisenberg, der inzwischen am Max-Planck-Institut (MPI) für Physik und Astrophysik in München forschte, versuchte van der Waerden für die Quantenfeldtheorie zu gewinnen:

> „Ich [Heisenberg] denke dabei mit etwas Wehmut an die Zeit unseres Leipziger Seminars, in der mir durch Sie [van der Waerden] der Rat der Mathematiker immer zur Verfügung gestanden hat, und ich habe manchmal die leise Hoffnung, Sie noch einmal für die in der Feldtheorie auftauchenden mathematischen Probleme interessieren zu können."[1228]

Van der Waerden besuchte in den folgenden Jahren Heisenberg in München, um Vorträge zu halten.[1229] Heisenberg lockte ihn mit Gesprächen über Quantenfeldtheorie und über die Theorie der Elementarteilchen sowie mit der Anwesenheit von weiteren Physikern, wie den ihnen aus Leipzig bekannten Carl F. von Weizsäcker und Edward Teller. Van der Waerden trug dort zweimal zur physikhistorischen Themen vor. Ob er je zur Quantenfeldtheorie vorgetragen hat, konnte nicht eruiert werden, scheint aber wahrscheinlich, weil er 1963 einen Artikel zur Quantenfeldtheorie publizierte.[1230] In einem anderen Rahmen, nämlich auf dem holländischen Mathematikerkongress 1966, beabsichtigte er zwar nicht über Quantenfeldtheorie als solche, aber über „Die Anwendung der Laplace-Transformation auf Probleme der Quantenfeldtheorie" zu referieren.[1231]

In den Sommersemestern 1960, 1966, 1972 und als Gastprofessor in Göttingen im Sommersemester 1963 hielt van der Waerden die vier- bzw. dreistündige Vorlesung „Die gruppentheoretische Methode in der Quantenmechanik", an der beispielsweise der Physiker Norbert Straumann teilnahm.[1232] Ebenfalls 1960 publizierte er einen physikhistorischen Artikel zur Entwicklung des Pauli-Prinzips und des Spins.[1233] Im Jahr 1963 verfasste er einen Artikel zur Quantentheorie der Wellenfelder, den er seinem Zürcher Kollegen Walter Heitler zum 60. Geburtstag widmete.[1234] Darin fasste er nach eigenen Angaben bekannte Konzepte der Quantenfeldtheorie, die von V. Fock und K. Friedrichs entwickelt worden waren, mathematisch exakt oder – wie van der Waerden es bescheiden ausdrückte – so, „dass jeder Mathematiker sie verstehen kann"[1235]. Bei der Behandlung des Neutrinos griff van der

---

[1227] Friedrichs an van der Waerden, NvdW, HS 652:2612, 2612a.

[1228] Heisenberg an van der Waerden, 9.7.1959, NvdW, HS 652:3551.

[1229] Aus dem Briefwechsel zwischen van der Waerden und Heisenberg im NvdW [HS 652:3553, 3557, 3560, 3564, 3569, 9561] geht hervor, dass van der Waerden in den Jahren 1960, 1962, 1964, 1965 und 1968 das MPI in München besucht haben könnte.

[1230] van der Waerden (1963).

[1231] van der Waerden an Freudenthal, 2.11.1965, NvdW, HS 652:2555, Übersetzung MS. Es ist unklar, ob van der Waerden an diesem Kongress teilgenommen hat.

[1232] Siehe Vorwort von Straumann (2002).

[1233] van der Waerden (1960).

[1234] van der Waerden (1963).

[1235] van der Waerden (1963, S. 945).

Waerden auf seinen Artikel zur Spinoranalyse von 1929 zurück, um die Wellengleichung eines Neutrinos bzw. Antineutrinos zu beschreiben. Außerdem entwickelte er eine eigene ‚Theorie der Linienbreite‘[1236], die von seinen Doktoranden Marianne Friedrich und Ketill Ingólfsson (1965) aufgegriffen und erweitert wurde.[1237]

In einem weiteren Artikel ging van der Waerden der Frage nach, was bei einer quantenmechanischen Messung geschieht.[1238] Er widmete diesen Friedrich Hund zum 70. Geburtstag. Van der Waerden untersuchte ein System, das aus einem Elektron oder einem Atom mit einem Valenzelektron besteht und welches durch eine zeitabhängige Schrödinger-Gleichung beschrieben werden kann. Er betrachtete die Messung der Geschwindigkeit des Systems in einer Wilson-Kammer bzw. des Spins mit der Methode nach Stern-Gerlach. Anstelle des von Dirac vorgeschlagenen Quantensprungs von einem Zustand in einen Eigenzustand bei einer Messung fasste van der Waerden die Messung als einen Prozess auf, der aus einem kontinuierlichen Teil (der Interaktion des zu messenden Systems mit dem Messapparat) und einem diskreten Teil (dem Ablesen des Messergebnisses) besteht.[1239] So konnte der Zustand des Systems vor der Messung als ein Zustand interpretiert werden, der approximativ bereits ein Eigenzustand war. Zum Abschluss wies van der Waerden auf Problematiken des Messprozesses hin, wie etwa den Energieverlust, der bei der Kollision des Systems mit einem Molekül in der Wilson-Kammer auftritt und Einfluss auf die gemessene Geschwindigkeit hat.

Bereits 1967 plante van der Waerden sein Lehrbuch zur gruppentheoretischen Methode in der Quantenmechanik in überarbeiteter Form und auf Englisch herauszugeben.[1240] Die Neuauflage[1241] erschien allerdings erst sieben Jahre später und damit lange nach der stark überarbeiteten englischen Ausgabe des Lehrbuchs von Wigner (1959). Schließlich wurde 1980 eine weitere verbesserte englische Auflage herausgegeben.

## 18.3 Beiträge zur Wissenschaftsgeschichte

Van der Waerdens Interesse an der Geschichte der Mathematik geht bis in seine Studienzeit zurück. Bereits während seiner Zeit in Leipzig publizierte er zur Geschichte der Astronomie und frühen Mathematik. Mit der Veröffentlichung des Buchs *Ontwakende wetenschap* 1950 wurde er als Mathematikhistoriker weithin bekannt.[1242]

---

[1236] Van der Waerden an Werner Heisenberg, 8.8.1960, NvdW, Hs 652:3554.

[1237] Vgl. van der Waerdens Gutachten über die Dissertation von Ingólfsson, NvdW, HS 652:4177. Beide Dissertationen wurden publiziert: Friedrich (1966); Ingólfsson (1967).

[1238] van der Waerden (1966).

[1239] Das Problem der Wechselwirkung zwischen atomaren Systemen und Messgeräten wird heute noch auf verschiedene Weisen angegangen.

[1240] Van der Waerden an Kuhn, 26.4.1967, NvdW, Hs 652:5221.

[1241] van der Waerden (1974).

[1242] van der Waerden (1950a). Eine deutsche Fassung (übersetzt von van der Waerdens Tochter Helga) mit dem Titel *Erwachende Wissenschaft* erschien 1956.

Es wurde in viele Sprachen übersetzt. Van der Waerden stellte darin dar, wie die ägyptische, babylonische und griechische Mathematik miteinander verbunden waren. Seine späten historischen Arbeiten wurden zum Teil kontrovers diskutiert.[1243] Van der Waerden lehrte in Zürich gelegentlich zur Geschichte der Mathematik, Astronomie und Naturwissenschaft.

Nach seiner Emeritierung 1972 beschäftigte er sich hauptsächlich mit Wissenschaftsgeschichte – insbesondere mit der Geschichte der Mathematik (der Algebra, der algebraischen Geometrie, der Geometrie) und der griechischen, ägyptischen, persischen und indischen Astronomie. Er übernahm die Leitung des Instituts für Geschichte der Mathematik, das 1973 anlässlich seines 70. Geburtstags gegründet worden war. Er kündigte ein Seminar zur Geschichte der Wissenschaft an, hielt eine Vorlesung zur Geschichte der Quantenmechanik und der Wahrscheinlichkeitsrechnung und installierte zusammen mit Erwin Neuenschwander, der bei ihm mit einer mathematikhistorischen Arbeit zu Euklid[1244] promoviert hatte, eine Arbeitsgemeinschaft zur Geschichte der Mathematik. Die zugehörige Institutsbibliothek ergänzte er mit seinen Privatbüchern. Das Institut wurde bereits 1979, nur sechs Jahre nach der Gründung, unter seinem Nachfolger Gabriel aufgelöst. Van der Waerden leitete zusammen mit anderen Kollegen auch das wissenschaftshistorische Kolloquium an der Universität Zürich.

## Zur Geschichte der Quantenmechanik

Van der Waerden beschäftigte sich mit der Geschichte der Quantenmechanik und zwar in dem Zeitraum, als er sich erneut mit der Quantentheorie aktiv auseinandersetzte, und darüber hinaus. Wie bereits erwähnt, publizierte er einen Artikel zur Entwicklung des Pauli-Prinzips und des Spins.[1245] Darüber hinaus gab er ein Quellenbuch zur Quantenmechanik heraus.[1246] In dem Quellenbuch, das auf eine Idee von Max Born zurückgeht, sind die grundlegenden Originalarbeiten aus den Jahren 1924 bis 1926 – mit Ausnahme der Beiträge zur Wellenmechanik, die in einem nicht realisierten zweiten Band zusammengefasst werden sollten[1247] – zusammengestellt und, falls nötig, ins Englische übersetzt. Van der Waerden verfasste dazu eine Einleitung, die die historische Entwicklung der Quantenmechanik behandelte. Außerdem war er Zweitgutachter für eine Doktorarbeit von Fritz Kubli, der die Entwicklung der Wellenmechanik untersuchte.[1248] Als Emeritus hielt van der Waerden im Wintersemester 1972/73 eine zweistündige Vorlesung zur Geschichte der Quantentheorie. Daraus entstand ein Artikel, der die Entwicklung von Matrizenmechanik

---

[1243] Vgl. Scriba (1996b, S. 248 f.). Zur Geschichte der Astronomie siehe Hogendijk (1994).

[1244] Neuenschwander (1972).

[1245] van der Waerden (1960).

[1246] van der Waerden (1967).

[1247] Für den zweiten Band waren Beiträge von de Broglie, Einstein, Langevin, Debye, von Neumann und Schrödinger vorgesehen. (Van der Waerden an Kuhn, 26.4.1967, NvdW, HS 652:5221). Vgl. auch das Vorwort von van der Waerden (1967).

[1248] (Kubli, 1970). Erstgutachter war Markus Fierz.

und Wellenmechanik zu einer einheitlichen Quantenmechanik im Frühjahr 1926 behandelte und im darauf folgenden Jahr publiziert wurde.[1249] Er wies darin auf eine Arbeit von Cornelius Lánczos hin, die damals anscheinend unterschätzt worden war.

## 18.4 Das symbiotische Verhältnis zwischen Mathematik und Physik

Als Thema seiner Abschiedsrede, die van der Waerden im Juli 1972 im Anschluss an die Vorlesung über Gruppentheorie und Quantenmechanik hielt, wählte van der Waerden die Wechselwirkung zwischen Mathematik und Physik.[1250] Er untersuchte darin das Verhältnis zwischen Mathematik und Physik, das er als ein Verhältnis von wechselseitiger Abhängigkeit charakterisierte und als Symbiose bezeichnete.

Weil allgemein bekannt sei, dass die Physiker die Mathematiker bräuchten, und diese These während der Vorlesung durch viele Beispiele belegt worden sei, wandte sich van der Waerden in seinem Vortrag der umgekehrten These zu:

> „Ich [van der Waerden] möchte Ihnen nun an Beispielen zeigen, dass auch die Mathematik für ihr Blühen und Gedeihen die Physik braucht. Ganze Zweige der klassischen und auch der modernen Mathematik sind nur durch Anregungen aus der Physik und Astronomie entstanden."[1251]

Van der Waerdens Auswahl von Beispielen reicht von den Pythagoreern über Archimedes, Newton, Riemann bis in das 20. Jahrhundert.

Den Einfluss der Physik auf die Mathematik im 20. Jahrhundert belegte van der Waerden anhand von mathematischen Entwicklungen, die ihren Impuls aus der Quantenmechanik bezogen. Er nannte hier an erster Stelle den von John von Neumann bewiesenen Satz, dass jeder selbstadjungierte Operator in einem Hilbertraum eine Spektralzerlegung hat. Van der Waerden führte weitere Belege an: Marshall Stone hatte einen Satz über Gruppen von unitären Transformationen, die von einem Parameter abhängen, bewiesen. Dieses Problem entstand aus einer Fragestellung um die zeitabhängige Schrödingergleichung und hatte wichtige Konsequenzen für die Quantenfeldtheorie. Eugene Wigner regte die Untersuchung von (unendlich-dimensionalen) Darstellungen von Liegruppen in Hilberträumen an, welche für semikompakte Liegruppen interessante Ergebnisse hervorbrachte. Schließlich widmeten sich F. Rellich, K. Friedrichs, T. Kato und A. S. Wightman der Störungstheorie von Schrödinger, die mathematisch noch nicht einwandfrei war. Alle Beispiele führten zu umfangreichen mathematischen Untersuchungen, welche wiederum Konsequenzen für die Physik hatten.

Der im Kapitel 16 untersuchte Beitrag von Casimir und van der Waerden, einen algebraischen Beweis für die vollständige Reduzibilität der Darstellungen von halbeinfachen Liegruppen zu finden, passt in diese Reihe von Beispielen dagegen nur

---

[1249] van der Waerden (1973b) bzw. van der Waerden (1997).

[1250] van der Waerden (1973a).

[1251] van der Waerden (1973a, S. 33).

bedingt hinein. Denn hier beschäftigte sich ein Physiker mit einem mathematischen Satz, der bereits bewiesen war – allerdings mit den ‚falschen' Methoden. Es handelte sich also nicht primär um ein physikalisches Problem, sondern um ein innermathematisches, zu dessen Lösung Casimir beitrug.

Van der Waerden beschloss seinen Vortrag mit den emphatischen Sätzen:

> „Jeder Zweig der Mathematik kann als logisches System für sich allein bestehen. Wenn man aber die Mathematik als lebendige, wachsende Wissenschaft betrachtet, so kann man sie nur in der Symbiose mit der Physik und Astronomie verstehen. Nur in dieser Symbiose kann unsere geliebte Wissenschaft blühen und gedeihen und immer jung bleiben."[1252]

Hier zeigt sich nochmals deutlich, dass sich van der Waerdens Einstellung von dem alten Göttinger Credo der prästabilierten Harmonie unterscheidet: Van der Waerden verzichtete auf eine metaphysische Überhöhung der Beziehung zwischen Mathematik und Physik. Stattdessen benutzte er einen Begriff aus der Biologie, den der Symbiose, um diese Beziehung zu charakterisieren. Mathematik, Physik und Astronomie bilden eine Art Zweckgemeinschaft und profitieren gegenseitig voneinander. Durch den Begriff der Symbiose ist die Eigenständigkeit der Disziplinen garantiert. Die Mathematik als rein ‚logisches System' zu betrachten, war in den 1960er Jahren durch den Einfluss von Bourbaki weit verbreitet. Die Nostrifizierung der Physik durch die Mathematik, von der in einigen Äußerungen u. a. von David Hilbert gesprochen wurde,[1253] wird durch die Verwendung des Begriffs der Symbiose ausgeschlossen. Van der Waerdens Auffassung beruht – das zeigt seine Abschiedsrede deutlich – wesentlich auf seinen Forschungen zur Geschichte der Mathematik, Astronomie und Quantenphysik. Sie erinnert aber auch an seine Charakterisierung der Beziehung zwischen „Konkretisten" und „Abstrakisten" innerhalb der Mathematik in der Groninger Antrittsrede 1928 und damit an den von Courant vertretenen Standpunkt.[1254] Die Verschiebung von einer metaphysischen Charakterisierung des Verhältnisses der beiden Disziplinen durch Hilbert und Klein am Beginn des 20. Jahrhunderts hin zu einer biologischen in den 1970ern durch van der Waerden korrespondiert auch mit der zunehmenden Bedeutung der Biologie innerhalb der Wissenschaften im 20. Jahrhundert und einem gleichzeitigen Bedeutungsverlust der Metaphysik.

Van der Waerdens Abschiedsrede verdeutlicht ebenso wie die weiteren, hier im vierten Teil der Arbeit zusammengestellten Beispiele, dass man zu kurz greift, ja, vielleicht van der Waerden sogar Unrecht angedeihen lässt, wenn man ihn ausschließlich als Mitbegründer der modernen Algebra dar- und vorstellt. Van der Waerdens Beiträge zur angewandten Mathematik und zur Physik sind in seinem Sinne als integrale Bestandteile seines mathematischen Schaffens anzusehen. Ihnen sollte deswegen derselbe Stellenwert und die gleiche Beachtung zukommen wie den Beiträgen zur reinen Mathematik.

*

Van der Waerden starb am 12. Januar 1996 im Alter von 92 Jahren in Zürich.

---

[1252] van der Waerden (1973a, S. 41).

[1253] Siehe S. 90 ff.

[1254] Vgl. Abschn. 5.1, insbesondere S. 111.

# Verzeichnis der benutzten Archive

Archives for the History of Quantum Physics, Deutsches Museum, München (AHQP)

Centraal Bureau voor Genealogie, Den Haag

Centrum voor Wiskunde en Informatica, Amsterdam (CWI)

Deutsches Museum, München (DM)

ETH-Bibliothek Zürich, Spezialsammlungen, Nachlässe (ETHZH) und Bildarchiv

American Institute for Physics (AIP), Emilio Segre Visual Archives

Groninger Archieven (GA)

Gemeentearchief Amsterdam (GAA)

Museum Boerhaave, Leiden (MB)

Niedersächsische Landes- und Universitätsbibliothek, Handschriftenabteilung,
Göttingen (NSUB)

Rijksarchief Noordholland, Haarlem (RANH)

Rockefeller Archive Center, New York (RAC)

Rijksuniversiteit Groningen Archief (RuGA)

Universitätsarchiv Göttingen (UAG)

Universitätsarchiv Leipzig (UAL)

Universiteit Leiden Archief (ULA)

M.R. Schneider, *Zwischen zwei Disziplinen*, Mathematik im Kontext,
DOI 10.1007/978-3-642-21825-5, © Springer-Verlag Berlin Heidelberg 2011

# Literaturverzeichnis

[Abbott 1920]    ABBOTT, Edwin Abbott (alias Een Vierkant): *Platland. Een roman van vele afmetingen*. Amsterdam : Emmering, 1920. – (Übersetzung aus dem Engl. durch L. van Zanten)

[Alberts 1994]    ALBERTS, Gerard: On connecting socialism and mathematics: Dirk Struik, Jan Burgers, and Jan Tinbergen. In: *Historia mathematica* 21 (1994), S. 280–305

[Alberts 1998]    ALBERTS, Gerard: *Jaren van berekening. Toepassingsgerichte initiatieven in de Nederlandse wiskundebeoefening 1945–1960*. Amsterdam : Amsterdam University Press, 1998

[Alberts u. a. 1999]    ALBERTS, Gerard ; ATZEMA, Eisso ; MAANEN, Jan van: Mathematics in the Netherlands: a brief survey with an emphasis on the relation to physics, 1560–1960. In: (van Berkel u. a., 1999), S. 367–404

[Alberts u. a. 1987]    ALBERTS, Gerard (Hrsg.) ; BLIJ, F. van der (Hrsg.) ; NIUS, J. (Hrsg.): *Zij mogen uiteraard daarbij de zuivere wiskunde niet verwaarloozen*. Amsterdam : CWI, 1987

[Alexandroff 1981]    ALEXANDROFF, Pawel S.: In memory of Emmy Noether. In: BREWER, James W. (Hrsg.) ; SMITH, Martha K. (Hrsg.): *Emmy Noether. A tribute to her life and work*. New York : Dekker, 1981, S. 99–114. – (Engl. Übersetzung der Gedenkrede vor der Moskauer Mathematischen Gesellschaft vom 5.9.1935; auch in: N. Jacobson (Hrsg.), Emmy Noether. Collected Papers, Springer, Berlin 1983)

[Artin und van der Waerden 1926]    ARTIN, Emil ; WAERDEN, Bartel L. van der: Die Erhaltung der Kettensätze der Idealtheorie bei beliebigen endlichen Körpererweiterungen. In: *Nachrichten von der Gesellschaft der Wissenschaften zu Göttingen, Math.-Phys. Klasse* (1926), S. 23–27

[Bargmann 1932]    BARGMANN, Valentin: Bemerkungen zur allgemein-relativistischen Fassung der Quantentheorie. In: *Sitzungsberichte der Preussischen Akademie der Wissenschaften. Phys.-math. Klasse* (1932), S. 346–354. – (vorgelegt am 28.7.1932)

[Bargmann 1934]    BARGMANN, Valentin: Über den Zusammenhang zwischen Semivektoren und Spinoren und die Reduktion der Diracgleichungen für Semivektoren. In: *Helvetia Physica Acta* 7 (1934), S. 57–82. – (eingegangen am 4.11.1932)

[Beckert 2007]    BECKERT, Herbert: Begegnungen. In: BEYER, Klaus (Hrsg.): *Angewandte Analysis in Leipzig von 1922 bis 1985. In memoriam Herbert Beckert*. Stuttgart, Leipzig : S. Hirzel, 2007 (Abhandlungen der Sächsischen Akademie der Wissenschaften zu Leipzig 64(3)), S. 66–87

[Beckert und Schumann 1981]    BECKERT, Herbert (Hrsg.) ; SCHUMANN, Horst (Hrsg.): *100 Jahre mathematisches Seminar der Karl-Marx-Universität Leipzig*. Berlin : VEB Deutscher Verlag der Wissenschaften, 1981

[Beju u. a. 1983]    BEJU, I. ; SOÓS, E. ; TEODORESCU, P. P.: *Spinor and non-Euclidian tensor calculus with applications*. Tunbridge Wells : Abacus Press, 1983

[Beller 1999]    BELLER, Mara: *Quantum dialogue. The making of a revolution*. Chicago, London : The University of Chicago Press, 1999

[van Berkel u. a. 1999]    BERKEL, Klaas van (Hrsg.) ; HELDEN, Albert van (Hrsg.) ; PALM, Lodewijk (Hrsg.): *The history of science in the Netherlands. Survey, themes and references.* Leiden : Brill, 1999

[Bertin u. a. 1978a]    BERTIN, E. M. J. (Hrsg.) ; BOS, H. J. M. (Hrsg.) ; GROOTENDORST, A. W. (Hrsg.): *Two decades of mathematics in the Netherlands 1920–1940. A retrospection on the occasion of the bicentennial of the Wiskundig Genootschap.* Bd. 1. Amsterdam : Mathematical Centre, 1978

[Bertin u. a. 1978b]    BERTIN, E. M. J. (Hrsg.) ; BOS, H. J. M. (Hrsg.) ; GROOTENDORST, A. W. (Hrsg.): *Two decades of mathematics in the Netherlands 1920–1940. A retrospection on the occasion of the bicentennial of the Wiskundig Genootschap.* Bd. 2. Amsterdam : Mathematical Centre, 1978

[Bethe 1929]    BETHE, Hans: Termaufspaltung in Kristallen. In: *Annalen der Physik* 3(5. F.) (1929), S. 133–208

[Beyer 1996]    BEYER, Klaus: Leipziger Mathematiker in der Sächsischen Akademie. In: HAASE, Günter (Hrsg.) ; EICHLER, Ernst (Hrsg.): *Wege und Fortschritte der Wissenschaft.* Leipzig : Akademieverlag, 1996, S. 339–355. – (hrsg. durch die Sächsische Akademie der Wissenschaften zu Leipzig)

[Bialynicki-Birula 1978]    BIALYNICKI-BIRULA, Iwo: Infeld's work on spinors and nonlinear electrodynamics. In: (Infeld, 1978), S. 15–16

[Bloemen 1986]    BLOEMEN, Eric: Theodorus van der Waerden. In: (Meertens u. a., 1986–2003), S. 174–179. – 1. Bd

[Böhme 1935]    BÖHME, Siegfried (Hrsg.): *Bearbeitung der Aufnahmen von F. Hayn zur Ortsbestimmung des Mondes am Normalrefraktor der Leipziger Sternwarte in den Jahren 1920–1928.* Kiel : Schaidt, 1935. – (Dissertation, Universität Leipzig)

[Borel 1986]    BOREL, Armand: Hermann Weyl and Lie Groups. In: CHANDRASEKHARAN, K. (Hrsg.): *Hermann Weyl 1885–1985.* Berlin, Heidelberg : Springer, 1986, S. 53–82

[Borel 1998]    BOREL, Armand: Full reducibility and invariants for $SL_2(\mathbb{C})$. In: *L'Enseignment Mathématique* 44 (1998), Nr. 2, S. 71–90

[Borel 2001]    BOREL, Armand: *Essays in the history of Lie groups and algebraic groups.* Providence, Rhode Island : American Mathematical Society, 2001 (History of Mathematics 21)

[Born 1922]    BORN, Max: Hilbert und die Physik. In: *Die Naturwissenschaften* 10 (1922), S. 88–93

[Born 1931]    BORN, Max: Chemische Bindung und Quantenmechanik. In: *Ergebnisse der exakten Naturwissenschaften* 10 (1931), S. 387–444

[Born 1963]    BORN, Max: *Ausgewählte Abhandlungen.* Göttingen : Vandenhoek & Ruprecht, 1963. – (2 Bde., herausgegeben von der Akademie der Wissenschaften zu Göttingen)

[Born und Heisenberg 1924]    BORN, Max ; HEISENBERG, Werner: Zur Quantentheorie der Molekeln. In: *Annalen der Physik* 74(4. F.) (1924), S. 1–31. – (eingereicht am 16.11.1923)

[Born und Jordan 1930]    BORN, Max ; JORDAN, Pascual: *Elementare Quantenmechanik.* Bd. 2. Berlin : Springer, 1930

[Born und Oppenheimer 1927]    BORN, Max ; OPPENHEIMER, Robert: Zur Quantentheorie der Molekel. In: *Annalen der Physik* 84(4. F.) (1927), S. 457–484. – (eingereicht am 25.8.1927)

[Born und Wiener 1926]    BORN, Max ; WIENER, Norbert: Eine neue Formulierung der Quantengesetze für periodische und nichtperiodische Vorgänge. In: *Zeitschrift für Physik* 36 (1926), S. 174–187. – (eingereicht am 5.1.1926)

[Borrelli 2009]    BORRELLI, Arianna: The emergence of selection rules and their encounter with group theory, 1913–1927. In: *Studies In History and Philosophy of Science Part B: Studies In History and Philosophy of Modern Physics* 40 (2009), Nr. 4, S. 327–337

[Bradley und Thiele 2005]    BRADLEY, Robert E. ; THIELE, Rüdiger: Gespräch mit Peter D. Lax. In: *Mitteilungen der DMV* 13 (2005), Nr. 2, S. 90–96

[Brauer 1936]    BRAUER, Richard: Eine Bedingung für vollständige Reduzibilität von Darstellungen gewöhnlicher und infinitesimaler Gruppen. In: *Mathematische Zeitschrift* 41 (1936), S. 330–336

[Brauer und Schur 1930] BRAUER, Richard ; SCHUR, Issai: Zum Irreduzibilitätsbegriff in der Theorie der Gruppen linearer homogener Substitutionen. In: *Sitzungsberichte der Preussischen Akademie der Wissenschaften. Phys.-math. Klasse* (1930), S. 209–226

[Brauer und Weyl 1935] BRAUER, Richard ; WEYL, Hermann: Spinors in $n$ dimensions. In: *American Journal of Mathematics* 57 (1935), S. 425–449

[Brester 1923] BRESTER, Carel J.: *Kristallsymmetrie und Reststrahlen*, Universität Utrecht, Dissertation, 1923

[Brester 1924] BRESTER, Carel J.: Kristallsymmetrie und Reststrahlen. In: *Zeitschrift für Physik* 51 (1924), S. 324–344

[Brinkman 1971] BRINKMAN, H.: Terugblik op 50 jaar experimentele fysica in Nederland. In: *Nederlands Tijdschrift voor Natuurkunde* 37 (1971), Nr. 7, S. 148–156

[Brinkman 1980] BRINKMAN, H.: *Honderd jaar experimenteel-natuurkundig onderzoek in Groningen*. Amsterdam : Noord-Hollandsche Uitgeversmaatschappij, 1980

[Brinkman 1988] BRINKMAN, H.: *Frits Zernike. Groninger nobelprijsdrager, 1888–1966*. Amsterdam : North-Holland Publishing Company, 1988

[Brinkman u. a. 1994] BRINKMAN, M. (Hrsg.) ; KEIZER, M. de (Hrsg.) ; ROSSEM, M. van (Hrsg,): *Honderd jaar sociaal-democratie in Nederland 1894–1994*. Amsterdam : Bert Bakker/WBS, 1994

[de Bruijn 1977] BRUIJN, N. G. de: Johannes G. van der Corput (1890–1975). A biographical note. In: *Acta arithmetica* 32 (1977), S. 207–208

[Burnside 1897] BURNSIDE, William: *Theory of groups of finite order*. Cambridge : Cambridge University Press, 1897. – (zweite, stark erweiterte Aufl. 1911)

[Burnside 1898a] BURNSIDE, William: On the continuous group that is defined by any given group of finite order. In: *Proceedings of the London Mathematical Society* 29(1. Ser.) (1898a), S. 207–224

[Burnside 1898b] BURNSIDE, William: On linear homogeneous continuous groups whose operations are permutable. In: *Proceedings of the London Mathematical Society* 29(1. Ser.) (1898b), S. 325–352

[Burnside 1898c] BURNSIDE, William: On the continuous group that is defined by any given group of finite order (Second paper). In: *Proceedings of the London Mathematical Society* 29(1. Ser.) (1898c), S. 546–565

[Burnside 1900] BURNSIDE, William: On group-characteristics. In: *Proceedings of the London Mathematical Society* 33(1. Ser.) (1900), S. 146–162

[Burnside 1904a] BURNSIDE, William: On the representation of a group of finite order as an irreducible group of linear substitutions and the direct establishment of the relations between the group-characteristics. In: *Proceedings of the London Mathematical Society* 1(2. Ser.) (1904a), S. 117–123

[Burnside 1904b] BURNSIDE, William: On the reduction of a group of homogeneous linear substitutions of finite order. In: *Acta mathematica* 28 (1904b), S. 369–387

[Burnside 1905] BURNSIDE, William: On the condition of reducibility of any group of linear substitutions. In: *Proceedings of the London Mathematical Society* 3(2. Ser.) (1905), S. 430–434

[Carmeli und Malin 2000] CARMELI, Moshe ; MALIN, Shimon: *Theory of spinors: an introduction*. Singapore, New Jersey : World Scientific, 2000

[Cartan 1893a] CARTAN, Élie: Sur la structure des groupes finis et continus. In: *Comptes rendus hebdomadaires des séances de l'Académie des Sciences* 116 (1893a), S. 784–786

[Cartan 1893b] CARTAN, Élie: Sur la structure des groupes finis et continus. In: *Comptes rendus hebdomadaires des séances de l'Académie des Sciences* 116 (1893b), S. 962–964

[Cartan 1893c] CARTAN, Élie: Über die einfachen Transformationsgruppen. In: *Berichte über die Verhandlungen der Königlich Sächsischen Gesellschaft für Wissenschaften zu Leipzig. Math.-Phys. Classe* 45 (1893c), S. 395–420

[Cartan 1894] CARTAN, Élie: *Sur la structure des groupes de transformations finis et continus*, Paris, Dissertation, 1894. – (2. Aufl., Paris 1933)

[Cartan 1913]    CARTAN, Élie: Les groupes projectifs qui ne laissent invariante aucune multiplicité plane. In: *Bulletin de la Société Mathématique de France* 41 (1913), S. 53–96

[Cartan 1914a]    CARTAN, Élie: Les groupes projectifs continus réels qui ne laissent invariante aucune multiplicité plane. In: *Journal de mathématiques pures et appliquées* 10(6. Ser.) (1914), S. 149–186

[Cartan 1914b]    CARTAN, Élie: Les groupes réels simples, finis et continus. In: *Annales scientifiques de l'École Normale Supérieure Paris* 31 (1914), S. 263–355

[Cartan 1938]    CARTAN, Élie: *Leçons sur la théorie des spineurs: I. Les spineurs de l'espace à trois dimensions. II. Les spineurs de l'espace à n > 3 dimensions, les spineurs en géométrie riemannienne.* Paris : Hermann, 1938. – (Übersetzung ins Engl.: Theory of spinors, Hermann, Paris, 1966)

[Casimir 1931a]    CASIMIR, Hendrik B. G.: *Rotation of a rigid body in quantum mechanics.* Groningen : Wolters, 1931. – (Dissertation, Universität Leiden)

[Casimir 1931b]    CASIMIR, Hendrik B. G.: Ueber die Konstruktion einer zu den irreduziblen Darstellungen halbeinfacher kontinuierlicher Gruppen gehörigen Differentialgleichung. In: *Proceedings of the Section of Sciences. Afdeling Natuur (Koninklijke Nederlandse Akademie van Wetenschappen te Amsterdam)* 34 (1931), S. 844–846. – (eingereicht durch Paul Ehrenfest am 27.6.1931)

[Casimir 1982]    CASIMIR, Hendrik B. G.: My life as a physicist. In: ZICHICHI, Antonio (Hrsg.): *Pointlike structures inside and outside hadrons.* New York, London : Plenum Press, 1982, S. 697–712. – (Proceedings of the 17th Course of the "International School of Subnuclear Physics" 1979)

[Casimir 1984]    CASIMIR, Hendrik B. G.: *Haphazard reality. Half a century of science.* New York, et al. : Harper & Row, 1984

[Casimir und van der Waerden 1935]    CASIMIR, Hendrik B. G. ; WAERDEN, Bartel L. van der: Algebraischer Beweis der vollständigen Reduzibilität der Darstellungen halbeinfacher Liescher Gruppen. In: *Mathematische Annalen* 111 (1935), S. 1–12. – (eingegangen am 15.10.1934)

[Cassidy 2001]    CASSIDY, David C.: *Werner Heisenberg. Leben und Werk.* 2. Aufl. Heidelberg, Berlin : Spektrum Akademischer Verlag, 2001. – (erste dt. Aufl. 1995, Übersetzung der amerikanischen Ausgabe von 1992)

[Chayut 2001]    CHAYUT, Michael: From the periphery: the genesis of Eugene P. Wigner's application of group theory to quantum mechanics. In: *Foundations of Chemistry* 3 (2001), S. 55–78

[Condon 1932]    CONDON, Edward U.: Rezension: H. Weyl, The theory of groups and quantum mechanics. Translated from the 2nd (revised) German edition by H. P. Robertson. In: *Science* 75 (1932), Nr. 1953, S. 586–589

[Condon und Shortley 1935]    CONDON, Edward U. ; SHORTLEY, G. H.: *The theory of atomic spectra.* Cambridge : University Press, 1935

[Cornelissen u. a. 1965]    CORNELISSEN, Igor (Hrsg.) ; HARMSEN, Ger (Hrsg.) ; JONG, Rudolf de (Hrsg.): *De taaie rooie rakkers. Een documentaire over het socialisme tussen de wereldoorlogen.* Utrecht : Ambo-Boeken, 1965

[Corry 1995]    CORRY, Leo: *David Hilbert and the axiomatization of physics (1894–1905).* Berlin : Max-Planck-Institut für Wissenschaftsgeschichte, 1995. – Preprint 39

[Corry 1996a]    CORRY, Leo: *Hilbert and physics (1900–1915).* Berlin : Max-Planck-Institut für Wissenschaftsgeschichte, 1996. – Preprint 43

[Corry 1996b]    CORRY, Leo: *Modern algebra and the rise of mathematical structures.* Basel, Boston, Berlin : Birkhäuser, 1996 (Science Network, Historical Studies 17)

[Corry 1997b]    CORRY, Leo: David Hilbert and the axiomatization of physics (1894–1905). In: *Archive for History of Exact Sciences* 51 (1997b), S. 83–198

[Corry 1998]    CORRY, Leo: David Hilbert between mechanical and electromagnetic reductionism (1910–1915). In: *Archive for History of Exact Sciences* 53 (1998), S. 489–527

[Corry 1999]    CORRY, Leo: Hilbert and physics (1900–1915). In: (Gray, 1999), S. 145–188

[Corry 2004]    CORRY, Leo: *David Hilbert and the axiomatization of physics: from Grundlagen der Geometrie to Grundlagen der Physik.* Dordrecht : Kluwer, 2004

[Corry u. a. 1997]    CORRY, Leo ; RENN, Jürgen ; STACHEL, John:  Belated decision in the Hilbert-Einstein priority dispute. In: *Science* 278 (1997), S. 1270–1273

[Courant 1928]    COURANT, Richard: Über die allgemeine Bedeutung des mathematischen Denkens. In: *Die Naturwissenschaften* 16 (1928), Nr. 6, S. 89–94. – (Vortrag, gehalten auf der Tagung Deutscher Philologen und Schulmänner, Göttingen, September 1927)

[Courant u. a. 1928]    COURANT, Richard ; FRIEDRICHS, Kurt ; LEWY, Hans: Über die partiellen Differenzengleichungen der mathematischen Physik. In: *Mathematische Annalen* 100 (1928), S. 32–74. – (eingereicht am 1.9.1927)

[Courant und Hilbert 1924]    COURANT, Richard ; HILBERT, David: *Methoden der mathematischen Physik.* 1. Aufl. Berlin : Springer, 1924. – (2. verbesserte Aufl. 1931)

[Curtis 1999]    CURTIS, Charles W.: *Pioneers of representation theory: Frobenius, Burnside, Schur, and Brauer.* Providence, RI : American Mathematical Society, 1999 (History of Mathematics 15)

[van Dalen 1999]    DALEN, Dirk van (Hrsg.): *Mystic, geometer, and intuitionist. The life of L. E. J. Brouwer. The dawning revolution.* Bd. 1. Oxford : Clarendon Press, 1999

[van Dalen 2005a]    DALEN, Dirk van: Freudenthal 100 symposium: Amsterdamse jaren. In: *Nieuw Archief voor Wiskunde* 5/6 (2005), Nr. 4, S. 287–293

[van Dalen 2005b]    DALEN, Dirk van (Hrsg.): *Mystic, geometer, and intuitionist. The life of L. E. J. Brouwer. Hope and disillusion.* Bd. 2. Oxford : Clarendon Press, 2005

[van Dantzig 1932]    DANTZIG, David van: Rezension: Waerden, B. L. van der, Die gruppentheoretische Methode in der Quantenmechanik. In: *Zentralblatt für Mathematik und ihre Grenzgebiete* 4 (1932), S. 89–90

[van Dantzig 1934]    DANTZIG, David van: Rezension: Infeld, L. und Waerden, B. L. van der, Die Wellengleichung des Elektrons in der allgemeinen Relativitätstheorie. In: *Zentralblatt für Mathematik und ihre Grenzgebiete* 7 (1934), Nr. 8, S. 184–185

[van Dantzig und van der Waerden 1928]    DANTZIG, David van ; WAERDEN, Bartel L. van der: Über metrisch homogene Räume. In: *Abhandlungen aus dem Mathematischen Seminar der Universität Hamburg* 6 (1928), S. 367–376

[Darrigol 2003]    DARRIGOL, Olivier: Quantum theory and atomic structure, 1900–1927. In: (Nye, 2003), S. 331–349

[Debye 1931]    DEBYE, Peter (Hrsg.): *Leipziger Vorträge 1931. Molekülstruktur.* Leipzig : Hirzel, 1931

[van Delft 2007]    DELFT, Dirk van: De afscheidsbrief van Paul Ehrenfest. In: *Nederlands Tijdschrift voor Natuurkunde* (2007), Nr. Dec., S. 18–20

[Dennison 1925]    DENNISON, David M.: The molecular structure and infra-red spectrum of methane. In: *Astrophysical Journal* 62 (1925), S. 84–103

[Deppert u. a. 1988]    DEPPERT, Wolfgang (Hrsg.) ; HÜBNER, Kurt (Hrsg.) ; OBERSCHELP, Arnold (Hrsg.) ; WEIDEMANN, Volker (Hrsg.): *Exact sciences and their philosophical foundations. Vorträge des Internationalen Hermann-Weyl-Kongresses, Kiel 1985.* Frankfurt am Main, et al. : Peter Lang, 1988

[Dieudonné 1970]    DIEUDONNÉ, Jean A.: The work of Nicholas Bourbaki. In: *The American Mathematical Monthly* 77 (1970), S. 134–145

[Dirac 1926]    DIRAC, P. A. M.: On the theory of quantum mechanics. In: *Proceedings of the Royal Society of London A* 112 (1926), S. 661–677. – (eingegangen am 26.8.1926)

[Dirac 1928a]    DIRAC, P. A. M.: The quantum theory of the electron. In: *Proceedings of the Royal Society of London A* 117 (1928), S. 610–624. – (eingegangen am 2.1.1928)

[Dirac 1928b]    DIRAC, P. A. M.: The quantum theory of the electron. Part II. In: *Proceedings of the Royal Society of London A* 118 (1928), S. 351–361. – (eingegangen am 2.2.1928)

[Dirac 1929]    DIRAC, P. A. M.: Quantum mechanics of many-electron systems. In: *Proceedings of the Royal Society of London A* 123 (1929), S. 714–733. – (eingegangen am 12.3.1929)

[Dirac 1930]    DIRAC, P. A. M.: *Die Prinzipien der Quantenmechanik.* Leipzig : Hirzel, 1930. – (Übersetzung aus dem Engl. durch Werner Bloch)

[Dirac 1936]    DIRAC, P. A. M.: Relativistic wave equations. In: *Proceedings of the Royal Society of London A* 155 (1936), S. 447–459. – (eingegangen am 25.3.1936)

[Dold-Samplonius 1994]   DOLD-SAMPLONIUS, Yvonne:  Bartel Leendert van der Waerden befragt von Yvonne Dold-Samplonius. In: *NTM. Internationale Zeitschrift für Geschichte und Ethik der Naturwissenschaften, Technik und Medizin* 2 (N.S.) (1994), S. 129–147

[Dold-Samplonius 1997]   DOLD-SAMPLONIUS, Yvonne:  In memoriam: Bartel Leendert van der Waerden. In: *Historia Mathematica* 24 (1997), Nr. 2, S. 125–130

[van Dongen 2004]   DONGEN, Jeroen van: Einstein's methodology, semivectors and the unification of electrons and protons. In: *Archive for History of Exact Sciences* 58 (2004), S. 219–254

[Drago und Esposito 2004]   DRAGO, A. ; ESPOSITO, S.: *Following Weyl on quantum mechanics: the contribution of Ettore Majorana.* 2004. – Online Article: cited August 1st, 2008, arXiv: physics/0401062v1

[Dresden 1987]   DRESDEN, M. (Hrsg.): *H. A. Kramers. Between tradition and revolution.* New York : Springer, 1987

[Eckart 1930]   ECKART, Carl:  The application of group theory to the quantum dynamics of monatomic systems. In: *Reviews of Modern Physics* 2 (1930), Nr. 3, S. 305–380

[Eckart 1935]   ECKART, Carl: Some studies concerning rotating axes and polyatomic molecules. In: *The Physical Review* 47 (1935), S. 552–558

[Ehlotzky 2005]   EHŁOTZKY, Fritz: *Quantenmechanik und ihre Anwendungen.* Berlin, Heidelberg, New York : Springer, 2005

[Ehrenfest 1913]   EHRENFEST, Paul: *Zur Krise der Lichtätherhypothese.* Leiden : Eduard Ijdo, 1913. – (auch: Springer, Berlin 1913)

[Ehrenfest 1932]   EHRENFEST, Paul: Einige die Quantenmechanik betreffende Erkundigungsfragen. In: *Zeitschrift für Physik* 78 (1932), S. 555–559. – (eingegangen am 16.8.1932)

[Ehrenfest-Afanassjewa 1916]   EHRENFEST-AFANASSJEWA, Tatjana: Der Dimensionsbegriff und der analytische Bau physikalischer Gleichungen. In: *Mathematische Annalen* 77 (1916), S. 259–276. – (eingegangen am 15.3.1916)

[Einstein 1920]   EINSTEIN, Albert: *Über die spezielle und allgemeine Relativitätstheorie (gemeinverständlich).* 10., erw. Aufl. Braunschweig : Vieweg, 1920

[Einstein und Mayer 1932]   EINSTEIN, Albert ; MAYER, Walther: Semi-Vektoren und Spinoren. In: *Sitzungsberichte der Preussischen Akademie der Wissenschaften. Phys.-math. Klasse* (1932), S. 522–550. – (vorgelegt am 10.11.1932)

[Einstein und Mayer 1933a]   EINSTEIN, Albert ; MAYER, Walther: Die Dirac Gleichungen für Semi-Vektoren. In: *Proceedings of the Section of Sciences. Afdeling Natuur (Koninklijke Nederlandse Akademie van Wetenschappen te Amsterdam)* 36 (1933), S. 497–519

[Einstein und Mayer 1933b]   EINSTEIN, Albert ; MAYER, Walther: Spaltung der natürlichsten Feldgleichungen für Semi-Vektoren in Spinor-Gleichungen vom Diracschen Typus. In: *Proceedings of the Section of Sciences. Afdeling Natuur (Koninklijke Nederlandse Akademie van Wetenschappen te Amsterdam)* 36 (1933), S. 615–619

[Einstein und Mayer 1934]   EINSTEIN, Albert ; MAYER, Walther: Darstellung der Semi-Vektoren als gewöhnliche Vektoren von besonderem Differentiationscharakter. In: *Annals of Mathematics* 35 (1934), S. 104–110

[Eisenreich 1981]   EISENREICH, Günther:  B.L. van der Waerdens Wirken von 1931 bis 1945 in Leipzig. In: (Beckert und Schumann, 1981), S. 218–244

[Elert 1928]   ELERT, W.:  Über das Schwingungs- und Rotationsspektrum einer Molekel vom Typ $CH_4$. In: *Zeitschrift für Physik* 51 (1928), Nr. 1-2, S. 6–33

[Engler 2007]   ENGLER, Fynn O.: *Wissenschaftliche Philosophie und moderne Physik I. Hans Reichenbach und Moritz Schlick über Naturgesetzlichkeit, Kausalität und Wahrscheinlichkeit im Zusammenhang mit der Relativitäts- und der Quantentheorie.* Berlin : Max-Planck-Institut für Wissenschaftsgeschichte, 2007. – Preprint 331

[Enz 2002]   ENZ, Charles P.: *No time to be brief. A scientific biography of Wolfgang Pauli.* Oxford : Oxford University Press, 2002

[Fierz 1939]   FIERZ, Markus: Über die relativistische Theorie kräftefreier Teilchen mit beliebigem Spin. In: *Helvetica Physica Acta* 12 (1939), S. 3–37. – (eingegangen am 3.9.1928)

[Fierz und Pauli 1939]    FIERZ, Markus ; PAULI, Wolfgang: On relativistic wave-equations for particles of arbitrary spin in an electromagnetic field. In: *Proceedings of the Royal Society of London A* 173 (1939), S. 211–232. – (eingegangen am 31.5.1939)

[Fock 1929]    FOCK, Vladimir: Geometrisierung der Diracschen Theorie des Elektrons. In: *Zeitschrift für Physik* 57 (1929), S. 261–277. – (eingegangen am 5.7.1929)

[Fock 1931]    FOCK, Vladimir: Die inneren Freiheitsgrade des Elektrons. In: *Zeitschrift für Physik* 68 (1931), S. 522–534. – (eingegangen am 5.2.1931)

[Forman 1970]    FORMAN, Paul: Alfred Landé and the anomalous Zeeman effect, 1919–1921. In: *Historical studies in the physical sciences* 2 (1970), S. 153–261

[Forman 1971]    FORMAN, Paul: Weimar culture, causality, and quantum theory, 1918 – 1927: Adaptation by German physicists and mathematicians to a hostile intellectual environment. In: *Historical studies in the physical sciences* 3 (1971), S. 1–115

[Frank und Rothe 1911]    FRANK, Philipp ; ROTHE, Hermann: Über die Transformation der Raumzeitkoordinaten von ruhenden auf bewegte Systeme. In: *Annalen der Physik* 34(4. F.) (1911), S. 825–855

[Frei 1993]    FREI, Günther: Dedication: Bartel Leendert van der Waerden. Zum 90. Geburtstag. In: *Historia Mathematica* 20 (1993), Nr. 1, S. 5–11

[Frei 1998]    FREI, Günther: Zum Gedenken an Bartel Leendert van der Waerden (2.2.1903 – 12.1.1996). In: *Elemente der Mathematik* 53 (1998), Nr. 4, S. 133–138

[Frei und Stammbach 1994]    FREI, Günther ; STAMMBACH, Urs: *Die Mathematiker an den Zürcher Hochschulen*. Basel, Boston, Berlin : Birkhäuser, 1994

[Frei u. a. 1994]    FREI, Günther ; TOP, Jaap ; WALLING, Lynne: A short biography of B. L. van der Waerden. In: *Nieuw Archief voor Wiskunde* IV/12 (1994), Nr. 3, S. 137–144

[Freudenthal 1931]    FREUDENTHAL, Hans: Rezension: H. B. G. Casimir, Ueber die Konstruktion einer zu den irreduziblen Darstellungen halbeinfacher kontinuierlicher Gruppen gehörigen Differentialgleichung. In: *Jahrbuch über die Fortschritte der Mathematik* 57 (1931), S. 495–496. – (erschienen 1936)

[Freudenthal 1935]    FREUDENTHAL, Hans: Rezension: H. B. G. Casimir und B. L. van der Waerden, Algebraischer Beweis der vollständigen Reduzibilität der Darstellungen halbeinfacher Liescher Gruppen. In: *Jahrbuch über die Fortschritte der Mathematik* 61 (1935), S. 475

[Friedrich 1966]    FRIEDRICH, Marianne: Mathematisches zur Theorie der Linienbreite. In: *Communications in Mathematical Physics* 2 (1966), S. 327–353

[Frobenius 1896a]    FROBENIUS, Georg: Über Gruppencharaktere. In: *Sitzungsberichte der Königlich Preussischen Akademie der Wissenschaften. Phys.-math. Classe* (1896a), S. 985–1021

[Frobenius 1896b]    FROBENIUS, Georg: Über die Primfactoren der Gruppendeterminante. In: *Sitzungsberichte der Königlich Preussischen Akademie der Wissenschaften. Phys.-math. Classe* (1896b), S. 1343–1382

[Frobenius 1897]    FROBENIUS, Georg: Über die Darstellung der endlichen Gruppen durch lineare Substitutionen. In: *Sitzungsberichte der Königlich Preussischen Akademie der Wissenschaften. Phys.-math. Classe* (1897), S. 994–1015

[Frobenius 1898]    FROBENIUS, Georg: Über Relationen zwischen den Charakteren einer Gruppe und denen ihrer Untergruppe. In: *Sitzungsberichte der Königlich Preussischen Akademie der Wissenschaften. Phys.-math. Classe* (1898), S. 501–515

[Frobenius 1899]    FROBENIUS, Georg: Über die Darstellung der endlichen Gruppen durch lineare Substitutionen II. In: *Sitzungsberichte der Königlich Preussischen Akademie der Wissenschaften. Phys.-math. Classe* (1899), S. 482–500

[Frobenius 1900]    FROBENIUS, Georg: Über die Charaktere der symmetrischen Gruppe. In: *Sitzungsberichte der Königlich Preussischen Akademie der Wissenschaften. Phys.-math. Classe* (1900), S. 516–534

[Frobenius 1903]    FROBENIUS, Georg: Über die charakteristischen Einheiten der symmetrischen Gruppe. In: *Sitzungsberichte der Königlich Preussischen Akademie der Wissenschaften. Phys.-math. Classe* (1903), S. 328–358

[Fuchs und Göbel 1993]    FUCHS, László ; GÖBEL, R.: Friedrich Wilhelm Levi, 1888–1966. In: FUCHS, László (Hrsg.): *Abelian groups: proceedings of the 1991 Curaçao conference [International Conference on Torsion Free Abelian Groups]*. New York : Dekker, 1993, S. 1–14

[Fühner 2005]    FÜHNER, Harald: *Nachspiel. Die niederländische Politik und die Verfolgung von Kollaborateuren und NS-Verbrechern, 1945–1989*. Münster, New York : Waxmann, 2005 (Niederlande-Studien 35)

[Fulton und Harris 2004]    FULTON, William ; HARRIS, Joe: *Representation theory. A first course*. 9. Aufl. New York : Springer, 2004 (Graduate Texts in Mathematics; Readings in Mathematics 129)

[Gavroglu 1995]    GAVROGLU, Kostas: *Fritz London – a scientific biography*. Cambridge : Cambridge University Press, 1995

[Gavroglu und Simões 1994]    GAVROGLU, Kostas ; SIMÕES, Ana: The Americans, the Germans, and the beginnings of quantum chemistry: The confluence of diverging traditions. In: *Historical Studies in the Physical and Biological Sciences* 25 (1994), Nr. 1, S. 47–110

[Gay 2008]    GAY, Peter: *Die Moderne. Eine Geschichte des Aufbruchs*. Frankfurt am Main : S. Fischer Verlag, 2008. – (Übersetzung aus dem Engl. „Modernism. The lure of heresy. From Baudelaire to Beckett and beyond" durch Michael Bischoff)

[Gerstengarbe 1994]    GERSTENGARBE, Sybille: Die erste Entlassungswelle von Hochschullehrern deutscher Hochschulen aufgrund des Gesetzes zur Wiederherstellung des Berufsbeamtentums vom 7.4.1933. In: *Berichte zur Wissenschaftsgeschichte* 17 (1994), Nr. 1, S. 17–39

[Gillispie 1970–1990]    GILLISPIE, Charles C. (Hrsg.): *Dictionary of Scientific Biography*. New York : Charles Scribner's Sons, 1970–1990. – (16 Bde.)

[Giulini 2008a]    GIULINI, Domenico: *Concepts of symmetry in the work of Wolfgang Pauli*. Online Article: cited August 2008, arXiv:0802.434v1 [physics.hist-ph]. 2008

[Giulini 2008b]    GIULINI, Domenico: Electron spin or 'Classically non-describable two-valuedness'. In: JOAS, Christian (Hrsg.) ; LEHNER, Christoph (Hrsg.) ; RENN, Jürgen (Hrsg.): *HQ-1: Conference on the history of quantum physics* Bd. 1. Berlin : Max-Planck-Institut für Wissenschaftsgeschichte, 2008, S. 131–158. – Preprint 350

[Goenner 2004]    GOENNER, Hubert: On the history of unified field theories. In: *Living Reviews in Relativity* 7 (2004), Nr. 2, S. 1–151. – Online Article: cited June 2nd, 2004, http://www.livingreviews.org/lrr-2004-2

[Gray 1999]    GRAY, Jeremy (Hrsg.): *The symbolic universe. Geometry and physics 1890–1930*. Oxford : Oxford University Press, 1999

[Gray 2006]    GRAY, Jeremy: *Space ships and jungles: mathematics and modernism*. 2006. – (unveröffentlichtes Manuskript eines Vortrags im Rahmen der Tagung „Modernism in the Sciences, 1900 – 1940" in Frankfurt am Main, 22. bis 24. März 2006)

[Gray 2008]    GRAY, Jeremy: *Plato's ghost. The modernist transformation of mathematics*. Princeton, Oxford : Princeton University Press, 2008

[Green 1978]    GREEN, James A.: Richard Dagobert Brauer. In: *The Bulletin of the London Mathematical Society* 10 (1978), S. 317–342

[Green 1980]    GREEN, James A.: *Polynomial representations of $Gl_n$*. Berlin, Heidelberg : Springer, 1980 (Lecture notes in mathematics 830)

[Gross 1973]    GROSS, H.: Herr Professor B. L. van der Waerden feierte seinen siebzigsten Geburtstag. In: *Elemente der Mathematik* 28 (1973), S. 25–32

[Grüttner 1995]    GRÜTTNER, Michael: *Studenten im Dritten Reich*. Paderborn : Schöningh, 1995

[Haken und Wolf 1993]    HAKEN, Hermann ; WOLF, Hans C.: *Atom- und Quantenphysik. Einführung in die experimentellen und theoretischen Grundlagen*. 5. verbesserte und erweiterte Aufl. Berlin, Heidelberg, New York : Springer, 1993

[Hamermesh 1964]    HAMERMESH, Morton: *Group theory and its application to physical problems*. 2. Aufl. Reading, Mass. : Addison-Weseley Publishing Company, 1964. – (1. Aufl. 1962)

[Harmsen 1982]    HARMSEN, Ger: *Nederlands kommunisme; Gebundelde opstellen*. Nijmegen : SUN, 1982

[Harmsen und Voerman 1998]   HARMSEN, Ger ; VOERMAN, Gerrit:  Gerrit Mannoury.  In: (Meertens u. a., 1986–2003), S. 137–141. – Bd. 7

[Hartwich 2005]   HARTWICH, Yvonne:  *Eduard Study (1862–1930): ein mathematischer Mephistopheles im geometrischen Gärtchen*, Johannes Gutenberg Universität Mainz, Dissertation, 2005

[Hasse 1930]   HASSE, H.:  Die moderne algebraische Methode. In: *Jahresbericht der Deutschen Mathematiker-Vereinigung* 39 (1930), S. 22–34. – (Vortrag gehalten auf der Jahresversammlung der DMV in Prag am 16.9.1929)

[Hawkins 1971]   HAWKINS, Thomas:  The origins of the theory of group characters. In: *Archive for History of Exact Sciences* 7 (1971), S. 142–170

[Hawkins 1972]   HAWKINS, Thomas:  Hypercomplex numbers, Lie groups, and the creation of group representation theory. In: *Archive for History of Exact Sciences* 8 (1972), S. 243–287

[Hawkins 1974]   HAWKINS, Thomas:  New light on Frobenius' creation of the theory of group characters. In: *Archive for History of Exact Sciences* 12 (1974), S. 217–243

[Hawkins 1982]   HAWKINS, Thomas:  Wilhelm Killing and the structure of Lie algebras. In: *Archive for History of Exact Sciences* 26 (1982), S. 127–192

[Hawkins 1998]   HAWKINS, Thomas:  From general relativity to group representations. The background to Weyl's papers of 1925–1926. In: *Matériaux pour l'histoire des mathématiques au XXe siècle. Actes du colloque à la mémoire de Jean Dieudonné (Nice, 1996)*. Paris : Société Mathématique de France, 1998 (Séminaires & Congrès, Collection SMF 3), S. 67–100

[Hawkins 1999]   HAWKINS, Thomas:  Weyl and the topology of continuous groups. In: JAMES, I. M. (Hrsg.): *History of topology*. Amsterdam, Lausanne, New York : Elsevier, 1999, S. 169–198

[Hawkins 2000]   HAWKINS, Thomas:  *Emergence of the theory of Lie groups. An essay in the history of mathematics 1869–1926*. New York, Berlin, Heidelberg : Springer, 2000 (Sources and Studies in the History of Mathematics and Mathematical Physics)

[Hazewinkel 1990]   HAZEWINKEL, M. (Hrsg.):  *Encyclopaedia of mathematics*. Bd. 6. Dordrecht : Kluwer, 1990

[Heijmans 1994]   HEIJMANS, Henri G.:  *Wetenschap tussen universiteit en industrie. De experimentele natuurkunde in Utrecht onder W. H. Julius en L. S. Ornstein 1896–1940*. Rotterdam : Erasmus Publishing, 1994

[Heisenberg 1926a]   HEISENBERG, Werner:  Mehrkörperproblem und Resonanz in der Quantenmechanik. In: *Zeitschrift für Physik* 38 (1926a), S. 411–426. – (eingereicht am 11.6.1926)

[Heisenberg 1926b]   HEISENBERG, Werner:  Über die Spektra von Atomsystemen mit zwei Elektronen. In: *Zeitschrift für Physik* 39 (1926b), S. 499–518. – (eingereicht am 24.7.1926)

[Heisenberg 1927]   HEISENBERG, Werner:  Mehrkörperproblem und Resonanz in der Quantenmechnik II. In: *Zeitschrift für Physik* 41 (1927), S. 239–267. – (eingereicht am 22.12.1926)

[Heisenberg 1928]   HEISENBERG, Werner:  Rezension: Hermann Weyl, Gruppentheorie und Quantenmechanik. In: *Deutsche Literaturzeitung für Kritik der internationalen Wissenschaft* 49 (N. F. 5) (1928), S. 2474

[Heisenberg 1930]   HEISENBERG, Werner:  *Die physikalische Prinzipien der Quantentheorie*. Leipzig : Hirzel, 1930

[Heisenberg 1932a]   HEISENBERG, Werner:  Über den Bau der Atomkerne I. In: *Zeitschrift für Physik* 77 (1932), S. 1–11

[Heisenberg 1932b]   HEISENBERG, Werner:  Über den Bau der Atomkerne II. In: *Zeitschrift für Physik* 78 (1932), S. 156–164

[Heisenberg 1975]   HEISENBERG, Werner:  *Der Teil und das Ganze: Gespräche im Umkreis der Atomphysik*. 2. Aufl. München : Pieper, 1975. – (1. Aufl. 1973)

[Heisenberg und Pauli 1929]   HEISENBERG, Werner ; PAULI, Wolfgang:  Zur Quantendynamik der Wellenfelder. In: *Zeitschrift für Physik* 56 (1929), S. 1–61

[Heisenberg und Pauli 1930]   HEISENBERG, Werner ; PAULI, Wolfgang:  Zur Quantendynamik der Wellenfelder. II. In: *Zeitschrift für Physik* 59 (1930), S. 168–190

[Heitler 1927a]   HEITLER, Walter:  Störungsenergie und Austausch beim Mehrkörperproblem. In: *Zeitschrift für Physik* 46 (1927a), S. 47–72. – (eingegangen am 12.10.1927)

[Heitler 1927b]    HEITLER, Walter:  Elektronenaustausch und Molekülbildung.  In: *Nachrichten von der Gesellschaft der Wissenschaften zu Göttingen, Math.-Phys. Klasse*  (1927b), S. 368–374. – (vorgelegt am 10.2.1928)

[Heitler 1928a]    HEITLER, Walter: Zur Gruppentheorie der homöopolaren chemischen Bindung. In: *Zeitschrift für Physik* 47 (1928), S. 835–858. – (eingegangen am 9.12.1927)

[Heitler 1928b]    HEITLER, Walter: Zur Gruppentheorie der Wechselwirkung von Atomen. In: *Zeitschrift für Physik* 51 (1928), S. 805–816. – (eingegangen am 13.9.1928)

[Heitler 1929]    HEITLER, Walter: Die Quantentheorie der Valenz. In: *Physikalische Zeitschrift* 30 (1929), S. 713–716. – (Auszug aus einem Vortrag vor der Theoretisch-physikalischen Konferenz in Charkow, 19.-25.5.1929)

[Heitler und London 1927]    HEITLER, Walter ; LONDON, Fritz: Wechselwirkung neutraler Atome und homöopolare Bindung nach der Quantenmechanik. In: *Zeitschrift für Physik* 44 (1927), S. 455–472. – (eingegangen am 30.6.1927)

[Hendry 1984]    HENDRY, John: *The creation of quantum mechanics and the Bohr-Pauli dialog.* Dordrecht : Reidel, 1984

[Hentschel 1990]    HENTSCHEL, Klaus: *Interpretationen und Fehlinterpretationen der speziellen und der allgemeinen Relativitätstheorie durch Zeitgenossen Albert Einsteins.* Basel, Boston, Berlin : Birkhäuser, 1990

[Hentschel 2002]    HENTSCHEL, Klaus: *Mapping the spectrum. Techniques of visual representation in research and teaching.* Oxford : Oxford University Press, 2002

[Hermann 1935]    HERMANN, Grete: Die naturphilosophischen Grundlagen der Quantenmechanik. In: MEYERHOF, Otto (Hrsg.) ; OPPENHEIMER, Franz (Hrsg.) ; SPECHT, Minna (Hrsg.): *Abhandlungen der Fries'schen Schule. Neue Folge* Bd. 6. Berlin : Verlag „Öffentliches Leben", 1935, S. 69–152

[Herzberg 1929a]    HERZBERG, Gerhard: Die Dissoziationsarbeit von Sauerstoff. In: *Zeitschrift für physikalische Chemie, B* 4 (1929a), S. 223–226. – (eingereicht am 6.6.1929)

[Herzberg 1929b]    HERZBERG, Gerhard: Der Aufbau der zweiatomigen Moleküle. In: *Zeitschrift für Physik* 57 (1929b), S. 601–630. – (eingereicht am 13.7.1929)

[Herzberg 1985]    HERZBERG, Gerhard: Molecular spectroscopy: a personal history. In: *Annual review of physical chemistry* 36 (1985), S. 1–30

[Hesseling 2003]    HESSELING, Dennis E.: *Gnomes in the fog. The reception of Brouwer's intuitionism in the 1920s.* Basel, Boston, Berlin : Birkhäuser, 2003

[Hilbert 1900]    HILBERT, David: Mathematische Probleme. In: *Nachrichten von der Königlichen Gesellschaft der Wissenschaften zu Göttingen, Math.-phys. Klasse* (1900), S. 253–297. – (Vortrag, gehalten auf dem Internationalen Mathematiker-Kongreß zu Paris 1900)

[Hilbert 1917]    HILBERT, David: Axiomatisches Denken. In: *Mathematische Annalen* 78 (1917), S. 405–415. – (Vortrag vor der Schweizerischen Mathematischen Gesellschaft, gehalten am 11.9.1917 in Zürich)

[Hilbert 1924]    HILBERT, David: *Über die Einheit in der Naturerkenntnis.* 1924. – Vorlesung WS 1923/24, Maschinenschrift, Mathematisches Institut, Göttingen

[Hill 1931]    HILL, E. L.: Rezension: Eugen Wigner, Gruppentheorie und ihre Anwendung auf die Quantenmechanik der Atomspektren. In: *The Physical Review* 38 (1931), S. 1794–1795

[Hirschfeld 1984]    HIRSCHFELD, Gerhard (Hrsg.): *Fremdherrschaft und Kollaboration. Die Niederlande unter deutscher Besatzung 1940–1945.* Stuttgart : Deutsche Verlags-Anstalt, 1984 (Studien zur Zeitgeschichte 25)

[Hirschfeld 1997]    HIRSCHFELD, Gerhard: Die Universität Leiden unter dem Nationalsozialismus. In: *Geschichte und Gesellschaft* (1997), S. 560–591

[Hogendijk 1994]    HOGENDIJK, Jan: B. L. van der Waerden's detective work in ancient and medieval mathematical astronomy. In: *Nieuw Archief voor Wiskunde* 12 (1994), Nr. 4, S. 145–158

[Hund 1927a]    HUND, Friedrich: *Linienspektren und periodisches System der Elemente.* Berlin : Springer, 1927

[Hund 1927b]    HUND, Friedrich: Symmetriecharaktere von Termen bei Systemen mit gleichen Partikeln in der Quantenmechanik. In: *Zeitschrift für Physik* 43 (1927), S. 788–804. – (eingegangen am 27.5.1927)

[Hund 1927c]   HUND, Friedrich: Zur Deutung der Molekelspektren. I. In: *Zeitschrift für Physik* 40 (1927), S. 742–764. – (eingegangen am 19.11.1926)

[Hund 1927d]   HUND, Friedrich: Zur Deutung der Molekelspektren. III. Bemerkungen über das Schwingungs- und Rotationsspektrum bei Molekeln mit mehr als zwei Kernen. In: *Zeitschrift für Physik* 43 (1927), S. 805–826. – (eingegangen am 28.5.1927)

[Hund 1928]   HUND, Friedrich: Bemerkung über die Figenfunktioncn des Kugelkreisels in der Quantenmechanik. In: *Zeitschrift für Physik* 51 (1928), S. 1–5. – (eingegangen am 26.7.1928)

[Hund 1930]   HUND, Friedrich: Methoden der Deutung und Vorhersage von Molekelspektren. In: *Physikalische Zeitschrift* 31 (1930), S. 876–880. – (Vorträge und Diskussionen des VI. Deutschen Physikertages in Königsberg, Pr., vom 4.–7. September 1930)

[Hund 1931]   HUND, Friedrich: Rezension: Courant, R. und Hilbert, D., Methoden der mathematischen Physik. In: *Zentralblatt für Mathematik und ihre Grenzgebiete* 1 (1931), S. 5

[Hund 1933]   HUND, Friedrich: Allgemeine Quantenmechanik des Atom- und Molekclbaues. In: SMEKAL, Adolf (Hrsg.) ; BETHE, Hans (Hrsg.): *Quantentheorie*. 2. Aufl. Berlin : Springer, 1933 (Handbuch der Physik, hrsg. von H. Geiger und K. Scheel, Bd. 24, Teil 1), S. 561–694

[Hund 1937]   HUND, Friedrich: Symmetrieeigenschaften der Kräfte in Atomkernen und Folgen für deren Zustände, insbesondere der Kerne bis zu sechszehn Teilchen. In: *Zeitschrift der Physik* 105 (1937), S. 202–228

[Hurwitz 1897]   HURWITZ, Adolf: Ueber die Erzeugung der Invarianten durch Integration. In: *Nachrichten von der Gesellschaft der Wissenschaften zu Göttingen. Math.-Phys. Klasse* (1897), S. 71–90

[Iachello 1989]   IACHELLO, F.: Dynamic symmetries and supersymmetries in nuclear and particle physics. In: (Sarlemijn und Sparnaay, 1989), S. 217–233

[Infeld 1978]   INFELD, Eryk (Hrsg.): *Leopold Infeld. His life and scientific work*. Warszawa : Polish Scientific Publishers, 1978

[Infeld 1928]   INFELD, Leopold: Zur Feldtheorie von Elektrizität und Gravitation. In: *Physikalische Zeitschrift* 29 (1928), S. 145–147. – (eingegangen am 20.1.1928)

[Infeld 1932]   INFELD, Leopold: Die verallgemeinerte Spinorrechnung und die Diracschen Gleichungen. In: *Physikalische Zeitschrift* 33 (1932), S. 475–483. – (eingegangen am 18.4.1932)

[Infeld 1969]   INFELD, Leopold: *Leben mit Einstein. Kontur einer Erinnerung*. Wien, Frankfurt, Zürich : Europa Verlag, 1969. – (Übersetzung von ‚Sketches from the Past‘ durch W. Hacker)

[Infeld 1980]   INFELD, Leopold: *Quest – an autobiography*. New York : Chelsea Publishing Company, 1980. – (geschrieben 1940)

[Infeld und van der Waerden 1933]   INFELD, Leopold ; WAERDEN, Bartel L. van der:  Die Wellengleichung des Elektrons in der allgemeinen Relativitätstheorie. In: *Sitzungsberichte der Preussischen Akademie der Wissenschaften. Phys.-math. Klasse* (1933), S. 380–401. – (vorgelegt am 12.1.1933; Berichtigung, ebenda, S. 474)

[Ingólfsson 1967]   INGÓLFSSON, Ketill: Zur Formulierung der mathematischen Theorie der natürlichen Linienbreite. In: *Helvetica Physica Acta* 40 (1967), S. 237–263

[Jahn 1935]   JAHN, Hermann A.: Rotation und Schwingung des Methanmoleküls. In: *Annalen der Physik* 23(5. F.) (1935), S. 529–554. – (eingereicht am 22.6.1935, Dissertation, Universität Leipzig)

[Jahn und Teller 1937]   JAHN, Hermann A. ; TELLER, Edward: Stability of polyatomic molecules in degenerate electronic states. In: *Proceedings of the Royal Society of London A* 161 (1937), S. 220–235

[Jakob 1985]   JAKOB, Barbara: *Die Briefsammlung B. L. van der Waerden*. 1985. – (Diplomarbeit der Vereinigung Schweizerischer Bibliothekare; DOI 10.3929/ethz-a-000362792)

[Jehle 1932]   JEHLE, Herbert: Rezension: Waerden, B. L. van der, Die gruppentheoretische Methode in der Quantenmechanik. In: *Jahrbuch über die Fortschritte der Mathematik* (1932), S. 121–122

[de Jong und van Lunteren 2003]   JONG, Kai de ; LUNTEREN, Frans van: Fokkers greep in de verte. Nederlandse fysica en filosofie in het interbellum. In: *Gewina* 26 (2003), S. 1–21

[Karachalios 2000]   KARACHALIOS, Andreas: On the making of quantum chemistry in Germany. In: *Studies in History and Philosophy of Modern Physics* 31 (2000), Nr. 4, S. 493–510

[Kastrup 1987]    KASTRUP, Hans A.: The contributions of Emmy Noether, Felix Klein and Sophus Lie to the modern concept of symmetries in physical systems. In: DONCEL, Manuel G.
(Hrsg.) ; HERMANN, Armin (Hrsg.) ; MICHEL, Louis (Hrsg.) ; PAIS, Abraham (Hrsg.): *Symmetries in physics (1600–1980). Proceedings of the first international meeting on the history
of scientific ideas held at Sant Feliu de Guíxols, Catalonia, Spain, September 20-26, 1983.*
Barcelona : Bellaterra, 1987, S. 113–163

[de Keizer 1991]    KEIZER, Madelon de: *Het Parool 1940–1945 Verzetsblad in Oorlogstijd.* 2.
Aufl. Amsterdam : Otto Cramwinckel Uitgever, 1991

[de Keizer 2001]    KEIZER, Madelon de: Frans Johannes Goedhart (Pieter 't Hoen). In: (Meertens
u. a., 1986–2003), S. 50–57. – (Bd. 8)

[Kemble und Witmer 1926]    KEMBLE, Edwin C. ; WITMER, Enos E.: Interpretation of Wood's
iodine resonance spectrum. In: *The Physical Review* 28 (1926), S. 633–641

[Killing 1888a]    KILLING, Wilhelm: Die Zusammensetzung der stetigen endlichen Transformationsgruppen. In: *Mathematische Annalen* 31 (1888a), S. 252–290

[Killing 1888b]    KILLING, Wilhelm: Die Zusammensetzung der stetigen endlichen Transformationsgruppen. Zweiter Theil. In: *Mathematische Annalen* 33 (1888b), S. 1–48

[Killing 1889]    KILLING, Wilhelm: Die Zusammensetzung der stetigen endlichen Transformationsgruppen. Dritter Theil. In: *Mathematische Annalen* 34 (1889), S. 57–122

[Killing 1890]    KILLING, Wilhelm: Die Zusammensetzung der stetigen endlichen Transformationsgruppen. Vierter Theil (Schluss). In: *Mathematische Annalen* 36 (1890), S. 161–189

[Klein 1884]    KLEIN, Felix: *Vorlesungen über das Ikosaeder und die Auflösung von Gleichungen
vom fünften Grade.* Leipzig : Teubner, 1884

[Klein 1970]    KLEIN, Martin J.: *Paul Ehrenfest – the making of a theoretical physicist.* Bd. 1.
Amsterdam, London : North-Holland publishing company, 1970

[Klein 1989]    KLEIN, Martin J.: Physics in the making: Paul Ehrenfest as teacher. In: (Sarlemijn
und Sparnaay, 1989), S. 29–44

[Kleint und Wiemers 1993]    KLEINT, Christian (Hrsg.) ; WIEMERS, Gerald (Hrsg.): *Werner
Heisenberg in Leipzig 1927–1942.* Berlin : Akademie Verlag, 1993 (Abhandlung der Sächsi-
schen Akademie der Wissenschaften zu Leipzig, Mathematisch-naturwissenschaftliche Klasse,
Bd. 58, H. 2)

[Klomp 1997]    KLOMP, Hendrik A.: *De relativiteitstheorie in Nederland. Breekijzer voor de-
mocratisering in het interbellum.* Utrecht : Epsilon Uitgaven, 1997

[Knegtmans 1998]    KNEGTMANS, Peter J.: *Een kwetsbaar centrum van de geest. De Universiteit
van Amsterdam tussen 1935 en 1950.* Amsterdam : Amsterdam University Press, 1998

[Knegtmans 1999]    KNEGTMANS, Peter J.: Die Universität Amsterdam unter deutscher Besatzung. In: *Österreichische Zeitschrift für Geschichtswissenschaften* 10 (1999), S. 71–104

[Kox 1992]    KOX, A. J.: General relativity in the Netherlands, 1915–1920. In: EISENSTAEDT,
Jean (Hrsg.) ; KOX, A. J. (Hrsg.): *Studies in the history of general relativity: based on the
proceedings of the 2nd international conference on the history of general relativity, Luminy,
France, 1988.* Boston : Birkhäuser, 1992 (Einstein Studies 3), S. 39–56

[Kragh 1990]    KRAGH, Helge: *Dirac – a scientific biography.* Cambridge : Cambridge University Press, 1990

[Kragh 2002]    KRAGH, Helge: *Quantum generations. A history of physics in the twentieth century.* 5. Aufl. Princeton : Princeton University Press, 2002. – (1. Aufl. 1999)

[Kramers 1938]    KRAMERS, H. A.: *Hand- und Jahrbuch der chemischen Physik.* Bd. 1: *Theorien
der Materie, 1: Die Grundlagen der Quantentheorie, 2: Quantentheorie des Elektrons und der
Strahlung.* Leipzig : Akademische Verlagsgesellschaft, 1938. – hrsg. von A. Eucken und
K. L. Wolf

[Kratzer 1925]    KRATZER, Adolf: Die Gesetzmäßigkeiten in den Bandenspektren. In: *Encyklopädie der mathematischen Wissenschaften mit Einschluss ihrer Anwendungen* Bd. V (Teil 3,
Beitrag 27). Leipzig : Teubner, 1925, S. 821–859. – (abgeschlossen im Mai 1925)

[Krömer 2007]    KRÖMER, Ralf: *Tool and object. A history and philosophy of category theory.*
Basel, Boston, Berlin : Birkhäuser, 2007

[Kronig 1928a]  KRONIG, Ralph de Laer: Zur Deutung der Theorie der Bandenspektren I. In: *Zeitschrift für Physik* 46 (1928), S. 814–825

[Kronig 1928b]  KRONIG, Ralph de Laer: Zur Deutung der Theorie der Bandenspektren II. In: *Zeitschrift für Physik* 50 (1928), S. 347–362

[Kronig 1930]  KRONIG, Ralph de Laer: *Band spectra and molecular structure*. Cambridge : Cambridge University Press, 1930

[Kronig 1949]  KRONIG, Ralph de Laer: D. Coster in zijn Groningse tijd. In: *Nederlands Tijdschrift voor Natuurkunde* 15 (1949), S. 288–292

[Krull 1925]  KRULL, Wolfgang: Über verallgemeinerte endliche Abelsche Gruppen. In: *Mathematische Zeitschrift* 23 (1925), S. 161–196. – (eingegangen am 14.12.1923)

[Krull 1926]  KRULL, Wolfgang: Theorie und Anwendung der verallgemeinerten Abelschen Gruppen. In: *Sitzungsberichte der Heidelberger Akademie der Wissenschaften* 1926 (1926), Nr. 1, S. 1–32

[Kubli 1970]  KUBLI, Fritz: *Louis de Broglie und die Entdeckung der Materiewelle*, ETH Zürich, Dissertation, 1970. – (siehe auch: *Archive for History of Exact Sciences*, 7 (1970/71), S. 26–68)

[Lacki 2000]  LACKI, Jan: The early axiomatizations of quantum mechanics: Jordan, von Neumann and the continuation of Hilbert's program. In: *Archive for History of Exact Sciences* 54 (2000), S. 279–319

[Lam 1998a]  LAM, T. Y.: Representation theory of finite groups: a hundred years, part I. In: *Notices of the American Mathematical Society* 45 (1998a), Nr. 3, S. 361–372

[Lam 1998b]  LAM, T. Y.: Representation theory of finite groups: a hundred years, part II. In: *Notices of the American Mathematical Society* 45 (1998b), Nr. 4, S. 465–474

[Lambrecht 2006]  LAMBRECHT, Ronald: *Politische Entlassungen in der NS-Zeit. Vierundvierzig biographische Skizzen von Hochschullehrern der Universität Leipzig*. Leipzig : Evangelische Verlagsanstalt, 2006

[Lanczos 1929a]  LANCZOS, Cornelius: Die tensoranalytischen Beziehungen der Diracschen Gleichung. In: *Zeitschrift für Physik* 57 (1929a), S. 447–473

[Lanczos 1929b]  LANCZOS, Cornelius: Zur kovarianten Formulierung der Diracschen Gleichung. In: *Zeitschrift für Physik* 57 (1929b), S. 474–483

[Lanczos 1929c]  LANCZOS, Cornelius: Die Erhaltungssätze in der feldmäßigen Darstellung der Diracschen Theorie. In: *Zeitschrift für Physik* 57 (1929c), S. 484–493

[Laporte und Uhlenbeck 1931]  LAPORTE, Otto ; UHLENBECK, George E.: Application of spinor analysis to the Maxwell and Dirac equations. In: *The Physical Review* 37 (1931), S. 1380–1397

[Levi und van der Waerden 1932]  LEVI, Friedrich ; WAERDEN, Bartel L. van der: Über eine besondere Klasse von Gruppen. In: *Abhandlungen aus dem Mathematischen Seminar der Universität Hamburg* 9 (1932), S. 154–158

[Lie 1893]  LIE, Sophus: *Theorie der Transformationsgruppen III*. Leipzig : Teubner, 1893. – (unter Mitwirkung von Friedrich Engel)

[Litten 1994]  LITTEN, Freddy: Die Carathéodory-Nachfolge in München 1938–1944. In: *Centaurus* 37 (1994), S. 154–172

[London 1927]  LONDON, Fritz: Zur Quantentheorie der homöopolaren Valenzzahlen. In: *Zeitschrift für Physik* 46 (1927), S. 455–477. – (eingegangen am 9.12.1927)

[London 1928]  LONDON, Fritz: Zur Quantenmechanik der homöopolaren Valenzchemie. In: *Zeitschrift für Physik* 50 (1928), S. 24–51. – (eingegangen am 29.5.1928)

[Maas 2001]  MAAS, A. J. P.: *Atomisme en individualisme. De Amsterdamse natuurkunde tussen 1877 en 1940*. Hilversum : Verloren, 2001

[Maas 2005]  MAAS, Ad: Institutionalised individualism. Amsterdam physics between the World Wars. In: *Centaurus* 47 (2005), S. 30–59

[Mackey 1949]  MACKEY, George W.: Imprimitivity for representations of locally compact groups. In: *Proceedings of the National Academy of Sciences of the United States of America* 35 (1949), S. 537–544

[Mackey 1988a]  MACKEY, George W.: Hermann Weyl and the application of group theory to quantum mechanics. In: (Deppert u. a., 1988), S. 131–159

[Mackey 1988b]   MACKEY, George W.: Weyl's program and modern physics. In: BLEULER, K. (Hrsg.) ; WERNER, M. (Hrsg.): *Differential geometrical methods in theoretical physics: proceedings of the NATO advanced research workshop and the 16th international conference on differential geometrical methods in theoretical physics, Como, Italy, 24-29 August, 1987.* Dordrecht : Kluwer, 1988, S. 11–36

[Mackey 1992]   MACKEY, George W.: *The scope and history of commutative and noncommutative harmonic analysis.* Rhode Island : American Mathematical Society, 1992

[Mackey 1993]   MACKEY, George W.: The mathematical papers. Annotation. In: WIGHTMAN, Arthur S: (Hrsg.): *The collected works of Eugene Paul Wigner* Bd. I, Part A: The Scientific Papers. Berlin, Heidelberg, New York : Springer, 1993, S. 241–290

[Majer 2001]   MAJER, Ulrich: The axiomatic method and the foundations of science: historical roots of mathematical physics in Göttingen (1900–1930). In: (Rédei und Stöltzner, 2001), S. 11–33

[Majorana 1932]   MAJORANA, Ettore: Teoria relativistica di particelle con momento intrinseco arbitrario. In: *Il Nuovo Cimento* 9 (1932), S. 335–344

[Maschke 1899]   MASCHKE, Heinrich: Beweis des Satzes, dass diejenigen endlichen linearen Substitutionsgruppen, in welchen einige durchgehends verschwindende Coefficienten auftreten, intransitiv sind. In: *Mathematische Annalen* 52 (1899), S. 363–368

[Meertens u. a. 1986–2003]   MEERTENS, P. J. (Hrsg.) ; CAMPFENS, Mies (Hrsg.) ; HARMSEN, Ger (Hrsg.) ; HOUKES, Jannes (Hrsg.) ; MELLINK, Albert F. (Hrsg.) ; NAS, Dik (Hrsg.) ; REINALDA, Bob (Hrsg.) ; SNOEK-MULDER, Ypke M. (Hrsg.) ; WELCKER, Johanna M. (Hrsg.): *Biografisch Woordenboek van het Socialisme en de Arbeidersbeweging in Nederland.* Amsterdam : Stichting tot Beheer van Materialen op het Gebied van de Sociale Geschiedenis IISG, 1986–2003. – (9 Bände)

[Mehra und Rechenberg 1982–2000]   MEHRA, Jagdish (Hrsg.) ; RECHENBERG, Helmut (Hrsg.): *The historical development of quantum theory.* Bd. 1-6. New York, Heidelberg, Berlin : Springer, 1982–2000

[Mehra und Rechenberg 2000]   MEHRA, Jagdish ; RECHENBERG, Helmut: *The historical development of quantum theory: the completion of quantum mechanics 1926–1941: the probability interpretation and the statistical transformation theory, the physical interpretation and the empirical and mathematical foundations of quantum mechanics 1926–1932.* Bd. 6. New York, Heidelberg, Berlin : Springer, 2000

[Mehrtens 1985]   MEHRTENS, Herbert: Die „Gleichschaltung" der mathematischen Gesellschaften im nationalsozialistischen Deutschland. In: *Jahrbuch Überblicke Mathematik* (1985), S. 83–103

[von Meyenn 1985]   MEYENN, Karl von (Hrsg.): *Wolfgang Pauli. Wissenschaftlicher Briefwechsel mit Bohr, Einstein, Heisenberg u. a. (1930–1939).* Bd. 2. Berlin, Heidelberg, New York, Tokyo : Springer, 1985

[von Meyenn 1989]   MEYENN, Karl von: Physics in the making in Pauli's Zürich. In: (Sarlemijn und Sparnaay, 1989), S. 93–130

[Miller und Müller 2001]   MILLER, Susanne ; MÜLLER, Helmut: In der Spannung zwischen Naturwissenschaft, Pädagogik und Politik. Zum 100. Geburtstag von Grete Henry-Hermann / Philosophisch-Politische Akademie e. V., Bonn. 2001. – Forschungsbericht

[Möglich 1928]   MÖGLICH, Friedrich: Zur Quantentheorie des rotierenden Elektrons. In: *Zeitschrift für Physik* 48 (1928), S. 852–867. – (eingegangen am 11.4.1928)

[Molien 1893]   MOLIEN, Theodor: Ueber Systeme höherer complexer Zahlen. In: *Mathematische Annalen* 41 (1893), S. 83–156

[Molien 1897]   MOLIEN, Theodore: Über die Invarianten der linearen Substitutionsgruppen. In: *Sitzungsberichte der Königlich Preussischen Akademie der Wissenschaften. Phys.-math. Classe* (1897), S. 1152–1156

[Mulliken 1933]   MULLIKEN, Robert S.: Electronic structures of polyatomic molecules and valence. IV. Electronic states, quantum theory of the double bond. In: *The Physical Review* 43 (1933), S. 279–302

[Naber 1992]   NABER, Gregory L.: *The geometry of Minkowski spacetime. An introduction to the mathematics of the special theory of relativity.* New York, Berlin, Heidelberg : Springer, 1992

[Neuenschwander 1972]   NEUENSCHWANDER, Erwin: *Die ersten vier Bücher der Elemente Euklids: Untersuchungen über den mathematischen Aufbau, die Zitierweise und die Entstehungsgeschichte*, Universität Zürich, Dissertation, 1972

[von Neumann 1927a]   NEUMANN, J. von: Mathematische Begründung der Quantenmechanik. In: *Nachrichten von der Gesellschaft der Wissenschaften zu Göttingen, Math.-phys. Klasse* (1927), S. 1–57. – (vorgelegt am 20.5.1927)

[von Neumann 1927b]   NEUMANN, J. von: Zur Theorie der Darstellungen kontinuierlicher Gruppen. In: *Sitzungsberichte der Preussischen Akademie der Wissenschaften. Phys.-math. Klasse* (1927), S. 76–90. – (vorgelegt am 17.3.1927)

[von Neumann 1928]   NEUMANN, J. von: Einige Bemerkungen zur Diracschen Theorie des relativistischen Drehelektrons. In: *Zeitschrift für Physik* 48 (1928), S. 868–881. – (eingegangen am 15.3.1928)

[von Neumann 1931]   NEUMANN, J. von: Die Eindeutigkeit der Schrödingerschen Operatoren. In: *Mathematische Annalen* 104 (1931), S. 570–578. – (eingegangen am 31.8.1930)

[von Neumann 1932]   NEUMANN, J. von: *Mathematische Grundlagen der Quantenmechanik.* Berlin : Springer, 1932

[von Neumann und Wigner 1928a]   NEUMANN, Johann von ; WIGNER, Eugene: Zur Erklärung einiger Spektren aus der Quantenmechanik des Drehelektrons. Erster Teil. In: *Zeitschrift für Physik* 47 (1928a), S. 203–220. – (eingegangen am 28.12.1927)

[von Neumann und Wigner 1928b]   NEUMANN, Johann von ; WIGNER, Eugene: Zur Erklärung einiger Spektren aus der Quantenmechanik des Drehelektrons. Zweiter Teil. In: *Zeitschrift für Physik* 49 (1928b), S. 73–94. – (eingegangen am 2.3.1928)

[von Neumann und Wigner 1928c]   NEUMANN, Johann von ; WIGNER, Eugene: Zur Erklärung einiger Spektren aus der Quantenmechanik des Drehelektrons. Dritter Teil. In: *Zeitschrift für Physik* 51 (1928c), S. 844–858. – (eingegangen am 19.6.1928)

[von Neumann und Wigner 1929a]   NEUMANN, Johann von ; WIGNER, Eugene: Über merkwürdige diskrete Eigenwerte. In: *Physikalische Zeitschrift* 30 (1929a), S. 465–467

[von Neumann und Wigner 1929b]   NEUMANN, Johann von ; WIGNER, Eugene: Über das Verhalten von Eigenwerten bei adiabatischen Prozessen. In: *Physikalische Zeitschrift* 30 (1929b), S. 467–470

[Noether 1924]   NOETHER, Emmy: Rezension: E. Study, Einleitung in die Theorie der Invarianten linearer Transformationen auf Grund der Vektorenrechnung. In: *Physikalische Zeitschrift* 25 (1924), S. 167–168

[Noether 1927]   NOETHER, Emmy: Abstrakter Aufbau der Idealtheorie in algebraischen Zahl- und Funktionenkörpern. In: *Mathematische Annalen* 96 (1927), S. 26–61. – (eingegangen am 13.8.1925)

[Noether 1929]   NOETHER, Emmy: Hyperkomplexe Größen und Darstellungstheorie. In: *Mathematische Zeitschrift* 30 (1929), S. 641–692. – (eingegangen am 12.8.1928)

[Nye 1996]   NYE, Mary J.: *Before big science: the persuit of modern chemistry and physics.* Cambridge, Mass. : Harvard University Press, 1996

[Nye 2003]   NYE, Mary J. (Hrsg.): *The Cambridge History of Science. The modern physical and mathematical sciences.* Bd. 5. Cambridge : Cambridge University Press, 2003

[Pais 1986]   PAIS, Abraham: *Inward bound. Of matter and forces in the physical world.* Oxford, New York : Clarendon Press, 1986

[Pais 2000]   PAIS, Abraham: *The genius of science. A portrait gallery.* Oxford : Oxford University Press, 2000

[Parak 2002]   PARAK, Michael: Hochschule und Wissenschaft: Nationalsozialistische Hochschul- und Wissenschaftspolitik in Sachsen 1933–1945. In: VOLLNHALS, Clemens (Hrsg.): *Sachsen in der NS-Zeit.* Leipzig : Gustav Kiepenheuer Verlag, 2002, S. 118–132

[Parak 2005]   PARAK, Michael: Politische Entlassungen an der Universität Leipzig in der Zeit des Nationalsozialismus. In: HEHL, Ulrich von (Hrsg.): *Sachsens Landesuniversität in*

*Monarchie, Republik und Diktatur. Beiträge zu Geschichte der Universität Leipzig vom Kaiserreich bis zur Auflösung des Landes Sachsen 1952*. Leipzig : Evangelische Verlagsanstalt, 2005 (Beiträge zu Leipzig Universitäts- und Wissenschaftsgeschichte A 13), S. 241–262

[Parshall 1997]   PARSHALL, Karen H.: Chemistry through invariant theory? James Joseph Sylvester's mathematization of the atomic theory. In: THEERMAN, Paul (Hrsg.) ; PARSHALL, Karen H. (Hrsg.): *Experiencing nature. Proceedings of a conference in honor of Allan G. Debus*. Boston, Dordrecht : Kluwer, 1997, S. 81–111

[Pauli 1925]   PAULI, Wolfgang: Über den Einfluß der Geschwindigkeitsabhängigkeit der Elektronenmasse auf den Zeemaneffekt. In: *Zeitschrift für Physik* 31 (1925), S. 373–385. – (eingegangen am 2.12.1924)

[Pauli 1926]   PAULI, Wolfgang: Quantentheorie. In: GEIGER, Hans (Hrsg.): *Quanten*. Berlin : Springer, 1926 (Handbuch der Physik, hrsg. von H. Geiger und K. Scheel, Bd. 23), S. 1–278

[Pauli 1927]   PAULI, Wolfgang: Zur Quantenmechanik des magnetischen Elektrons. In: *Zeitschrift für Physik* 43 (1927), S. 601–623. – (eingegangen am 3.5.1927)

[Pauli 1933a]   PAULI, Wolfgang: Die allgemeinen Prinzipien der Wellenmechanik. In: SMEKAL, Adolf (Hrsg.) ; BETHE, Hans (Hrsg.): *Quantentheorie*. Berlin : Springer, 1933 (Handbuch der Physik, hrsg. von H. Geiger und K. Scheel, Bd. 24, Teil 1), S. 83–272

[Pauli 1933b]   PAULI, Wolfgang: Einige die Quantenmechanik betreffende Erkundigungsfragen. In: *Zeitschrift für Physik* 80 (1933), S. 573–586. – (eingegangen am 17.12.1932)

[Pauli 1933c]   PAULI, Wolfgang: Paul Ehrenfest. In: *Die Naturwissenschaften* 21 (1933), S. 841–843

[Pauli 1933d]   PAULI, Wolfgang: Über die Formulierung der Naturgesetze mit fünf homogenen Koordinaten. I. Klassische Theorie. II. Die Diracschen Gleichungen für Materiewellen. In: *Annalen der Physik* 18(5. F.) (1933), S. 305–336, 337–372

[Pauli 1979]   PAULI, Wolfgang: *Wissenschaftlicher Briefwechsel mit Bohr, Einstein, Heisenberg u. a. (1919–1929)*. Bd. 1. New York, Heidelberg, Berlin : Springer, 1979. – (hrsg. von A. Hermann, K. von Meyenn, V. F. Weisskopf)

[Pauling 1931a]   PAULING, Linus: The nature of the chemical bond: application of results obtained from the quantum mechanics and from a theory of paramagnetic susceptibility to the structure of molecules. In: *Journal of the American Chemical Society* 53 (1931), S. 1367–1400

[Pauling 1931b]   PAULING, Linus: The nature of the chemical bond II: the one-electron bond and the three-electron bond. In: *Journal of the American Chemical Society* 53 (1931), S. 3225–3237

[Penrose 1967]   PENROSE, Roger: Twistor algebra. In: *Journal of Mathematical Physics* 8 (1967), S. 345–366

[Penrose 1999]   PENROSE, Roger: Lecture in honour of Leopold Infeld: Spinors in general relativity. In: *Acta physica polonica B* 30 (1999), S. 2879–2887

[Penrose und Rindler 1982]   PENROSE, Roger ; RINDLER, Wolfgang: *Spinors and space-time. Two-spinor calculus and relativistic fields*. Bd. 1. Cambridge : Cambridge University Press, 1982

[Peter und Weyl 1927]   PETER, F. ; WEYL, H.: Die Vollständigkeit der primitiven Darstellungen einer geschlossenen kontinuierlichen Gruppe. In: *Mathematische Annalen* 97 (1927), S. 737–755

[Pflüger 1920]   PFLÜGER, Alexander: *Das Einsteinsche Relativitätsprinzip – gemeinverständlich dargestellt*. 10. Aufl. Bonn : Cohen, 1920

[Pinl 1972]   PINL, M.: Kollegen in einer dunklen Zeit. III. Teil. In: *Jahresbericht der DMV* 73 (1972), S. 153–208

[Pool 1966]   POOL, J. C. T.: Mathematical aspects of the Weyl correspondence. In: *Journal for mathematical physics* 7 (1966), S. 66–76

[Pyenson 1982]   PYENSON, Lewis: Relativity in late Wilhelmian Germany: the appeal to a preestablished harmony between mathematics and physics. In: *Archive for History of Exact Sciences* 27 (1982), S. 137–155

[Pyenson 1983]   PYENSON, Lewis: *Neohumanism and the Persistence of Pure Mathematics in Wilhelmian Germany*. Philadephia : American Philosophical Society, 1983

[Racah 1942a]   RACAH, Giulio: Theory of complex spectra I. In: *The Physical Review* 61 (1942), S. 186–197

[Racah 1942b]   RACAH, Giulio: Theory of complex spectra II. In: *The Physical Review* 62 (1942), S. 438–462

[Racah 1943]   RACAH, Giulio: Theory of complex spectra III. In: *The Physical Review* 63 (1943), S. 367–382

[Racah 1949]   RACAH, Giulio: Theory of complex spectra IV. In: *The Physical Review* 76 (1949), S. 1352–1365

[Racah 1950]   RACAH, Giulio: Sulla caratterizzazione delle rappresentazioni irriducibili dei gruppi semisemplici di Lie. In: *Atti della Accademia Nazionale dei Lincei, VIII. Ser., Rendiconti Classe di Scienze fisiche, matematiche e naturali* 8 (1950), S. 108–112

[Racah 1965]   RACAH, Giulio: Group theory and spectroscopy. In: *Ergebnisse der exakten Naturwissenschaften* 37 (1965), S. 28–84. – (erstmalig publ. als CERN-report 61–68)

[Rechenberg 1995]   RECHENBERG, Helmut: Quanta and quantum mechanics. In: BROWN, Laurie M. (Hrsg.) ; PAIS, Abraham (Hrsg.) ; PIPPARD, Brian (Hrsg.): *Twentieth Century Physics* Bd. 1. Bristol, New York : Institute of Physics Publ., 1995, Kap. 3, S. 143–248

[Rechenberg und Wiemers 2002]   RECHENBERG, Helmut (Hrsg.) ; WIEMERS, Gerald (Hrsg.): *Werner Heisenberg: Gutachten- und Prüfungsprotokolle für Promotionen und Habilitationen.* Berlin : ERS-Verlag, 2002 (Berliner Beiträge zur Geschichte der Naturwissenschaften und der Technik)

[Rédei und Stöltzner 2001]   RÉDEI, Miklós (Hrsg.) ; STÖLTZNER, Michael (Hrsg.): *John von Neumann and the foundations of quantum physics.* Dordrecht, Boston, London : Kluwer, 2001

[Reich 2011]   REICH, Karin: Der erste Professor für Theoretische Physik an der Universität Hamburg: Wilhelm Lenz. In: (Schlote und Schneider, 2011), S. 89–143

[Reid 1970]   REID, Constance: *Hilbert.* Berlin, Heidelberg, New York : Springer, 1970

[Reid 1979]   REID, Constance: *Richard Courant 1888–1972. Der Mathematiker als Zeitgenosse.* Berlin, Heidelberg, New York : Springer, 1979. – (Übersetzung des engl. Orginals „Courant in Göttingen und New York. the story of an improbable mathematician", Springer, New York 1976)

[Remmert 2004a]   REMMERT, Volker R.: Die Deutsche Mathematiker-Vereinigung im „Deutschen Reich": Krisenjahre und Konsolidierung. In: *Mitteilungen der DMV* 12 (2004a), Nr. 3, S. 159–177

[Remmert 2004b]   REMMERT, Volker R.: Die Deutsche Mathematiker-Vereinigung im „Deutschen Reich": Fach- und Parteipolitik. In: *Mitteilungen der DMV* 12 (2004b), Nr. 4, S. 223–245

[Remmert 2008]   REMMERT, Volker R.: Wissen kommunizierbar machen – Zur Rolle des Fachberaters im mathematischen Verlag. In: REMMERT, Volker R. (Hrsg.) ; SCHNEIDER, Ute (Hrsg.): *Publikationsstrategien einer Disziplin – Mathematik in Kaiserreich und Weimarer Republik.* Wiesbaden : Harrassowitz, 2008 (Mainzer Studien zur Buchwissenschaft 19), S. 161–187

[Renn und Stachel 1999]   RENN, Jürgen ; STACHEL, John: *Hilbert's foundation of physics: from a theory of everything to a constituent of general relativity.* Berlin : Max-Planck-Institut für Wissenschaftsgeschichte, 1999. – 1–113 S. – Preprint 118

[Rijksuniversiteit Groningen 1964]   RIJKSUNIVERSITEIT GRONINGEN (Hrsg.): *Universitas Groningana, 1924–1964. Gedenkboek ter gelegenheid van 350-jarig bestaan der Rijksuniversiteit te Groningen.* Groningen : J.B. Wolters, 1964. – (in Auftrag gegeben durch den Academische Senaat)

[Ritter 2011]   RITTER, Jim: Geometry as Physics. Oswald Veblen and the Princeton School. In: (Schlote und Schneider, 2011), S. 145–179

[Rowe 1989a]   ROWE, David E.: Interview with Dirk Jan Struik. In: *The Mathematical Intelligencer* 11 (1989), Nr. 1, S. 14–26

[Rowe 1989b]   ROWE, David E.: Klein, Hilbert, and the Göttingen mathematical tradition. In: *Osiris* 5 (1989), S. 186–213

[Rowe 1999]   ROWE, David E.: The Göttingen response to general relativity and Emmy Noether's theorems. In: (Gray, 1999), S. 189–233

[Rowe 2001]    ROWE, David E.: Einstein meets Hilbert: at the crossroads of physics and mathematics. In: *Physics in Perspective* 3 (2001), S. 379–424

[Rowe 2004]    ROWE, David E.: Making mathematics in an oral culture: Göttingen in the era of Klein and Hilbert. In: *Science in Context* 17 (2004), Nr. 1-2, S. 85–131

[Sarlemijn und Sparnaay 1989]    SARLEMIJN, A. (Hrsg.) ; SPARNAAY, M. J. (Hrsg.): *Physics in the making: essays on developments in 20th century physics. In honour of H. B. G. Casimir.* Amsterdam, Oxford, New York, Tokyo : North Holland (Elsevier Science Publishers), 1989

[Sauer 1999]    SAUER, Tilman: The relativity of discovery: Hilbert's first note on the foundations of physics. In: *Archive for History of Exact Sciences* 53 (1999), S. 529–575

[Schappacher 2007]    SCHAPPACHER, Norbert: A historical sketch of B. L. van der Waerden's work on algebraic geometry 1926–1946. In: GRAY, Jeremy J. (Hrsg.) ; PARSHALL, Karen H. (Hrsg.): *Episodes in the history of modern algebra (1800–1950).* Providence, R.I. : American Mathematical Society, 2007 (History of mathematics 32), S. 245–283

[Schappacher und Kneser 1990]    SCHAPPACHER, Norbert ; KNESER, Martin: Fachverband – Institut – Staat. In: FISCHER, G. (Hrsg.) ; HIRZEBRUCH, F. (Hrsg.) ; SCHARLAU, W. (Hrsg.) ; TÖRNIG, W. (Hrsg.): *Ein Jahrhundert Mathematik 1890 – 1990 – Festschrift zum Jubiläum der DMV.* Braunschweig : Vieweg, 1990, S. 1–82

[Schappacher und Scholz 1992]    SCHAPPACHER, Norbert ; SCHOLZ, Erhard: Oswald Teichmüller – Leben und Werk. In: *Jahresbericht der DMV* 94 (1992), S. 1–39

[Schirrmacher 2002]    SCHIRRMACHER, Arne: The establishment of quantum physics in Göttingen 1900–1924. Conceptual preconditions – resources – research politics. In: KRAGH, Helge (Hrsg.) ; VANPAEMEL, Geert (Hrsg.) ; MARAGE, Pierre (Hrsg.): *History of modern physics* Bd. 14. Turnhout : Brepols, 2002, S. 295–309. – (Proceedings of the XXth International Congress of History of Science, Liège, 20-26 July, 1997)

[Schirrmacher 2003a]    SCHIRRMACHER, Arne: Die Entwicklung der Sozialgeschichte der modernen Mathematik und Naturwissenschaft und die Frage nach dem sozialen Raum zwischen Disziplin und Wissenschaftler. In: *Berichte zur Wissenschaftsgeschichte* 26 (2003), S. 17–34

[Schirrmacher 2003b]    SCHIRRMACHER, Arne: Planting in his neighbor's garden: David Hilbert and early Göttingen quantum physics. In: *Physics in Perspective* 5 (2003), S. 4–20

[Schlick 1920]    SCHLICK, Moritz (Hrsg.): *Raum und Zeit in der gegenwärtigen Physik: zur Einführung in das Verständnis der Relativitäts- und Gravitationstheorie.* 3., vermehrte und verbesserte Aufl. Berlin : Springer, 1920

[Schlote 2005]    SCHLOTE, Karl-Heinz: B. L. van der Waerden, Moderne Algebra, first edition (1930–1931). In: GRATTAN-GUINNESS, Ivor (Hrsg.): *Landmark writings in western mathematics, 1640–1940.* Amsterdam : Elsevier, 2005, S. 901–916

[Schlote 2008]    SCHLOTE, Karl-Heinz: *Von geordneten Mengen bis zur Uranmaschine. Zu den Wechselbeziehungen zwischen Mathematik und Physik an der Universität Leipzig in der Zeit von 1905 bis 1945.* Frankfurt am Main : Harri Deutsch, 2008 (Studien zur Entwicklung von Mathematik und Physik in ihren Wechselbeziehungen)

[Schlote und Schneider 2011]    SCHLOTE, Karl-Heinz (Hrsg.) ; SCHNEIDER, Martina (Hrsg.): *Mathematics meets physics. A contribution to their interaction in the 19th and the first half of the 20th century.* Frankfurt am Main : Harri Deutsch, 2011 (Studien zur Entwicklung von Mathematik und Physik in ihren Wechselbeziehungen)

[Schmidt 1928]    SCHMIDT, Otto: Über unendliche Gruppen mit endlicher Kette. In: *Mathematische Zeitschrift* 29 (1928), S. 34–41. – (eingegangen am 14.7.1927)

[Scholz 1989]    SCHOLZ, Erhard: *Symmetrie – Gruppe – Dualität.* Basel, Boston, Berlin : Birkhäuser, 1989 (Science networks 1)

[Scholz 2001]    SCHOLZ, Erhard (Hrsg.): *Hermann Weyl's Raum-Zeit-Materie and a general introduction to his scientific work.* Basel, Boston, Berlin : Birkhäuser, 2001

[Scholz 2004]    SCHOLZ, Erhard: Hermann Weyl's analysis of the "problem of space" and the origin of gauge structures. In: *Science in Context* 17 (2004), Nr. 1-2, S. 165–197

[Scholz 2005]    SCHOLZ, Erhard: Local spinor structures in V. Fock's and H. Weyl's work on the Dirac equation (1929). In: FLAMENT, D. (Hrsg.) ; KOUNEIHER, J. (Hrsg.) ; NABONNAND, P.

(Hrsg.) ; Szsceciniarz, J.-J. (Hrsg.): *Géométrie au vingtième siècle, 1930–2000*. Paris : Hermann, 2005, S. 284–301

[Scholz 2006a]    Scholz, Erhard:   The changing concept of matter in H. Weyl's thought, 1918–1930. In: Hendricks, Vincent F. (Hrsg.) ; Jørgensen, Klaus F. (Hrsg.) ; Lützen, Jesper (Hrsg.) ; Pedersen, Stig A. (Hrsg.): *Interactions: Mathematics, physics and philosophy, 1860–1930*. Dordrecht : Springer Netherlands, 2006 (Boston studies in the philosophy of science 251), S. 281–305

[Scholz 2006b]    Scholz, Erhard:   Introducing groups into quantum theory (1926–1930). In: *Historia Mathematica* 33 (2006), S. 440–490

[Scholz 2008]    Scholz, Erhard: Weyl entering the 'new' quantum mechanics discourse. In: Joas, Christian (Hrsg.) ; Lehner, Christoph (Hrsg.) ; Renn, Jürgen (Hrsg.): *HQ-1: Conference on the history of quantum physics* Bd. 2. Berlin : Max-Planck-Institut für Wissenschaftsgeschichte, 2008, S. 253–271. – Preprint 350

[Schouten 1924]    Schouten, J. A.:   *Der Ricci-Kalkül. Eine Einführung in die neueren Methoden und Probleme der mehrdimensionalen Differentialgeometrie*. Berlin : Springer, 1924 (Die Grundlehren der mathematischen Wissenschaften in Einzeldarstellungen mit besonderer Berücksichtigung der Anwendungsgebiete 10)

[Schouten 1929]    Schouten, J. A.:   Ueber die in der Wellengleichung verwendeten hyperkomplexen Zahlen. In: *Proceedings of the Section of Sciences. Afdeling Natuur (Koninklijke Akademie van Wetenschappen te Amsterdam)* 32 (1929), S. 105–108. – (vorgelegt am 23.2.1929)

[Schouten 1930]    Schouten, J. A.:   Die Darstellung der Lorentzgruppe in der komplexen $E_2$, abgeleitet aus den Diracschen Zahlen. In: *Proceedings of the Section of Sciences. Afdeling Natuur (Koninklijke Akademie van Wetenschappen te Amsterdam)* 33 (1930), S. 189–197. – (vorgelegt am 22.2.1930)

[Schouten 1930/31]    Schouten, J. A.:   Dirac equations in general relativity: 1. Four dimensional theory, 2. Five dimensional theory. In: *Journal of Mathematics and Physics* 10 (1930/31), S. 239–271, 272–283

[Schouten 1933a]    Schouten, J. A.:   Zur generellen Feldtheorie. Raumzeit und Spinraum (G. F. V). In: *Zeitschrift für Physik* 81 (1933), S. 405–417. – (eingegangen am 12.1.1933)

[Schouten 1933b]    Schouten, J. A.:   Zur generellen Feldtheorie. Raumzeit und Spinraum (G. F. VII). In: *Zeitschrift für Physik* 84 (1933), S. 92–111. – (eingegangen am 15.4.1933)

[Schouten und van Dantzig 1932a]    Schouten, J. A. ; Dantzig, D. van:   Zum Unifizierungsproblem der Physik. Skizze einer generellen Feldtheorie. In: *Proceedings of the Section of Sciences. Afdeling Natuur (Koninklijke Akademie van Wetenschappen te Amsterdam)* 35 (1932a), S. 642–655. – (vorgelegt am 30.4.1932)

[Schouten und van Dantzig 1932b]    Schouten, J. A. ; Dantzig, D. van:   Zur generellen Feldtheorie. Diracsche Gleichungen und Hamiltonsche Funktion (G. F. II). In: *Proceedings of the Section of Sciences. Afdeling Natuur (Koninklijke Akademie van Wetenschappen te Amsterdam)* 35 (1932b), S. 843–853. – (vorgelegt am 28.5.1932)

[Schouten und van Dantzig 1932c]    Schouten, J. A. ; Dantzig, D. van: Generelle Feldtheorie. (G. F. III). In: *Zeitschrift für Physik* 78 (1932c), S. 639–667. – (eingegangen am 24.6.1932)

[Schreier 1926]    Schreier, Otto: Abstrakte kontinuierliche Gruppen. In: *Abhandlungen aus dem Mathematischen Seminar der Universität Hamburg* 4 (1926), S. 15–32

[Schreier 1927]    Schreier, Otto:   Die Verwandtschaft stetiger Gruppen im Großen. In: *Abhandlungen aus dem Mathematischen Seminar der Universität Hamburg* 5 (1927), S. 233–244

[Schrödinger 1931a]    Schrödinger, Erwin: Zur Quantendynamik des Elektrons. In: *Sitzungsberichte der Preussischen Akademie der Wissenschaften. Phys.-math. Klasse* (1931a), S. 63–72. – (vorgelegt am 29.1.1931)

[Schrödinger 1931b]    Schrödinger, Erwin: Spezielle Relativitätstheorie und Quantenmechanik. In: *Sitzungsberichte der Preussischen Akademie der Wissenschaften. Phys.-math. Klasse* (1931b), S. 238–247. – (vorgelegt am 16.4.1931)

[Schrödinger 1932]    Schrödinger, Erwin:   Diracsches Elektron im Schwerefeld I. In: *Sitzungsberichte der Preussischen Akademie der Wissenschaften. Phys.-math. Klasse* (1932), S. 105–128. – (vorgelegt am 25.2.1932)

[Schur 1901]    SCHUR, Issai: *Ueber eine Klasse von Matrizen, die sich einer gegebenen Matrix zuordnen lassen*, Berlin, Dissertation, 1901

[Schur 1904]    SCHUR, Issai: Über die Darstellung der endlichen Gruppen durch gebrochene lineare Substitutionen. In: *Journal für die reine und angewandte Mathematik* 127 (1904), S. 20–50

[Schur 1905]    SCHUR, Issai: Neue Begründung der Theorie der Gruppencharaktere. In: *Sitzungsberichte der Königlich Preussischen Akademie der Wissenschaften. Phys.-math. Classe* (1905), S. 406–432

[Schur 1907]    SCHUR, Issai: Untersuchungen über die Darstellung der endlichen Gruppen durch gebrochene lineare Substitutionen. In: *Journal für die reine und angewandte Mathematik* 132 (1907), S. 85–137

[Schur 1911]    SCHUR, Issai: Über die Darstellung der symmetrischen und der alternierenden Gruppe durch gebrochene lineare Substitutionen. In: *Journal für die reine und angewandte Mathematik* 139 (1911), S. 155–250

[Schur 1924a]    SCHUR, Issai: Neue Anwendungen der Integralrechnung auf Probleme der Invariantentheorie. In: *Sitzungsberichte der Preussischen Akademie der Wissenschaften. Phys.-math. Klasse* (1924a), S. 189–209

[Schur 1924b]    SCHUR, Issai: Neue Anwendungen der Integralrechnung auf Probleme der Invariantentheorie. II. Über die Darstellung der Drehungsgruppe durch lineare homogene Substitutionen. In: *Sitzungsberichte der Preussischen Akademie der Wissenschaften. Phys.-math. Klasse* (1924b), S. 297–321

[Schur 1924c]    SCHUR, Issai: Neue Anwendungen der Integralrechnung auf Probleme der Invariantentheorie. III. Vereinfachung des Integralkalküls. Realitätsfragen. In: *Sitzungsberichte der Preussischen Akademie der Wissenschaften. Phys.-math. Klasse* (1924c), S. 346–355

[Schur 1927]    SCHUR, Issai: Über die rationalen Darstellungen der allgemeinen linearen Gruppe. In: *Sitzungsberichte der Preussischen Akademie der Wissenschaften. Phys.-math. Klasse* (1927), S. 58–75

[Schur 1928]    SCHUR, Issai: Über die stetigen Darstellungen der allgemeinen linearen Gruppe. In: *Sitzungsberichte der Preussischen Akademie der Wissenschaften. Phys.-math. Klasse* (1928), S. 100–124

[Schweber 1990]    SCHWEBER, Sylvan S.: The young John Clarke Slater and the development of quantum chemistry. In: *Historical Studies in the Physical and Biological Sciences* 20 (1990), Nr. 2, S. 339–406

[Scriba 1996a]    SCRIBA, Christoph J.: Bartel Leendert van der Waerden 1903–1996. In: *Mitteilungen der Mathematischen Gesellschaft in Hamburg* 15 (1996), S. 13–18

[Scriba 1996b]    SCRIBA, Christoph J.: Bartel Leendert van der Waerden 2. Februar 1903 – 12. Januar 1996. In: *Berichte zur Wissenschaftsgeschichte* 19 (1996), S. 245–251

[Segal 1992]    SEGAL, Sanford L.: Ernst August Weiss: Mathematical pedagogical innovation in the Third Reich. In: DERMIDOV, Sergei S. (Hrsg.) ; FOLKERTS, Menso (Hrsg.) ; ROWE, David E. (Hrsg.) ; SCRIBA, Christoph J. (Hrsg.): *Amorpha. Festschrift für Hans Wussing zu seinem 65. Geburtstag*. Basel, Boston, Berlin : Birkhäuser, 1992, S. 693–704

[Segal 2003]    SEGAL, Sanford L.: *Mathematicians under the Nazis*. Princeton, Oxford : Princeton University Press, 2003

[Serret 1868]    SERRET, Joseph A.: *Handbuch der höheren Alegbra*. Leipzig : Teubner, 1868

[Sexl und Urbantke 1992]    SEXL, Roman U. ; URBANTKE, Helmuth K.: *Relativität, Gruppen, Teilchen. Spezielle Relativitätstheorie als Grundlage der Feld- und Teilchentheorie*. 3. neubearbeitete Aufl. New York, Wien : Springer, 1992

[Siegmund-Schultze 2001]    SIEGMUND-SCHULTZE, Reinhard: *Rockefeller and the internationalization of mathematics between the two world wars*. Basel, Boston, Berlin : Birkhäuser, 2001 (Historical Studies, Science Networks 25)

[Siegmund-Schultze 2009]    SIEGMUND-SCHULTZE, Reinhard: *Mathematicians fleeing from Nazi Germany. Individual fates and global impact*. Princeton, Oxford : Princeton University Press, 2009. – (Übersetzung und Erweiterung des dt. Originals von 1998)

[Siegmund-Schultze 2011] SIEGMUND-SCHULTZE, Reinhard: Bartel Leendert van der Waerden (1903–1996) im Dritten Reich: Moderne Algebra im Dienste des Anti-Modernismus. In: HOFFMANN, Dieter (Hrsg.) ; WALKER, Mark (Hrsg.): *«Fremde» Wissenschaftler im Dritten Reich: die Debye-Affäre im Kontext*. Göttingen : Wallstein-Verlag, 2011, S. 200–229

[Sigurdsson 1991] SIGURDSSON, Skuli: *Hermann Weyl, mathematics and physics, 1900–1930*, Harvard University, Cambridge, Massachusetts, Dissertation, 1991

[Sigurdsson 1994] SIGURDSSON, Skuli: Unification, geometry and ambivalence: Hilbert, Weyl and the Göttingen community. In: GAVROGLU, Kostas (Hrsg.) ; CHRISTIANIDIS, Jean (Hrsg.) ; NICOLAIDIS, Efthymios (Hrsg.): *Trends in the historiography of science*. Dordrecht, Boston, London : Kluwer, 1994, S. 355–367

[Simões 2003] SIMÕES, Ana: Chemical physics and quantum chemistry in the 20th century. In: (Nye, 2003), S. 394–412

[Slater 1928] SLATER, John C.: The self-consistent field and the structure of atoms. In: *The Physical Review* 32 (1928), S. 339–348. – (eingereicht am 31.5.1928)

[Slater 1929] SLATER, John C.: The theory of complex spectra. In: *The Physical Review* 34 (1929), S. 1293–1322. – (eingereicht am 7.6.1929)

[Slater 1931a] SLATER, John C.: Directed valence in polyatomic molecules. In: *The Physical Review* 37 (1931), S. 481–489. – (eingereicht am 22.1.1931)

[Slater 1931b] SLATER, John C.: Molecular energy levels and valence bonds. In: *The Physical Review* 38 (1931), S. 1109–1144. – (eingereicht am 4.8.1931)

[Slater 1975] SLATER, John C.: *Solid State and Molecular Theory. A Scientific Biography*. New York : J. Wiley, 1975

[Slodowy 1999] SLODOWY, Peter: The early development of the representation theory of semisimple Lie groups: A. Hurwitz, I. Schur, H. Weyl. In: *Jahresbericht der Deutschen Mathematiker-Vereinigung* 101 (1999), S. 97–115

[Soifer 2004a] SOIFER, Alexander: In search of van der Waerden: Leipzig and Amsterdam, 1931–1951: Part I: Leipzig. In: *Geombinatorics* 14 (2004), Nr. 1, S. 21–40

[Soifer 2004b] SOIFER, Alexander: In search of van der Waerden: Leipzig and Amsterdam, 1931–1951: Part II: Amsterdam, 1945. In: *Geombinatorics* 14 (2004), Nr. 2, S. 72–102

[Soifer 2005] SOIFER, Alexander: In search of van der Waerden: Leipzig and Amsterdam, 1931–1951: Part III: Amsterdam, 1946–1951. In: *Geombinatorics* 14 (2005), Nr. 3, S. 124–161

[Soifer 2009] SOIFER, Alexander: *The mathematical coloring book: Mathematics of coloring and the colorful life of its creators*. 1. Aufl. New York : Springer, 2009

[Sommerfeld 1919] SOMMERFELD, Arnold: *Atombau und Spektrallinien*. 1. Aufl. Braunschweig : Vieweg, 1919

[Sommerfeld 1929] SOMMERFELD, Arnold: *Atombau und Spektrallinien. Wellenmechanischer Ergänzungsband*. Braunschweig : Vieweg, 1929

[Speiser 1923] SPEISER, Andreas: *Die Theorie der Gruppen von endlicher Ordnung. Mit Anwendungen auf algebraische Zahlen und Gleichungen sowie auf die Kristallographie*. Berlin : Springer, 1923 (Die Grundlehren der mathematischen Wissenschaften in Einzeldarstellungen mit besonderer Berücksichtigung der Anwendungsgebiete 5)

[Speiser 1988] SPEISER, David: Gruppentheorie und Quantenmechanik: the book and its position in Weyl's work. In: (Deppert u. a., 1988), S. 160–189

[Stachel 1999] STACHEL, John: Einstein and Infeld, seen through their correspondence. In: *Acta physica polonica B* 30 (1999), Nr. 10, S. 2879–2908

[Staley 2005] STALEY, Richard: On the co-creation of classical and modern physics. In: *Isis* 96 (2005), S. 530–558

[Sternberg 1994] STERNBERG, S.: *Group theory and physics*. Cambridge : Cambridge University Press, 1994

[Stoicheff 2002] STOICHEFF, Boris: *Gerhard Herzberg. An illustrious life in science*. Ottawa : NRC Press, 2002

[Stöltzner 2001] STÖLTZNER, Michael: Opportunistic axiomatics – von Neumann on the methodology of mathematical physics. In: (Rédei und Stöltzner, 2001), S. 35–62

[Stone 1930]    STONE, Marshall H.: Linear operators in Hilbert space. In: *Proceedings of the National Academy of Sciences of the United States of America* 16 (1930), S. 172–175

[Stone 1936]    STONE, Marshall H.: Rezension: Four books on group theory and quantum mechanics. In: *Bulletin of the American Mathematical Society* 42 (1936), Nr. 3, S. 165–170

[Straumann 2002]    STRAUMANN, Norbert: *Quantenmechanik. Ein Grundkurs über nichtrelativistische Quantentheorie*. Berlin : Springer, 2002

[Strubecker 1943]    STRUBECKER, Karl: Ernst August Weiss. Ein Nachruf. In: *Deutsche Mathematik* 7 (1943), S. 254–298

[Struik 1978]    STRUIK, D. J.: J. A. Schouten and the tensor calculus. In: *Nieuw Archief voor Wiskunde* 26 (1978), Nr. 3, S. 96–107

[Study 1923]    STUDY, Eduard: *Einleitung in die Theorie der Invarianten linearer Transformationen auf Grund der Vektorrechnung*. Braunschweig : Vieweg, 1923

[Tamarkin 1932]    TAMARKIN, J. D.: Rezension: Courant, R. und D. Hilbert, Methoden der mathematischen Physik. Bd. I, zweite verbesserte Auflage. In: *Bulletin of the American Mathematical Society* 38 (1932), S. 21–22

[Temple 1932]    TEMPLE, G.: Rezension: H. Weyl, The theory of groups and quantum mechanics. Translated from the 2nd (revised) German edition by H. P. Robertson. In: *Science Progress* 27 (1932), S. 145–150

[Ter Haar 1998]    TER HAAR, D. (Hrsg.): *Master of modern physics. The scientific contributions of H. A. Kramers*. Princeton : Princeton University Press, 1998

[Tetrode 1928]    TETRODE, Hugo: Allgemein-relativistische Quantentheorie des Elektrons. In: *Zeitschrift für Physik* 50 (1928), S. 336–346. – (eingegangen am 19.6.1928)

[Thiele 2004]    THIELE, Rüdiger: Van der Waerdens Leipziger Jahre 1931-1945. In: *Mitteilungen der DMV* 12 (2004), Nr. 1, S. 8–20

[Thiele 2009]    THIELE, Rüdiger: *Van der Waerden in Leipzig*. Leipzig : Edition am Gutenbergplatz, 2009

[Top und Walling 1994]    TOP, Jaap ; WALLING, Lynne: Bibliography of B. L. van der Waerden. In: *Nieuw Archief voor Wiskunde* 12 (1994), Nr. 3, S. 179–193

[Toyoda 1935]    TOYODA, Kôshichi: On Casimir's theorem of semi-simple continuous groups. In: *Japanese Journal of Mathematics* 12 (1935), Nr. 1, S. 17–20

[Universität Zürich 1912–1981]    UNIVERSITÄT ZÜRICH (Hrsg.): *Verzeichnis der Vorlesungen*. Zürich : Aschemann & Scheller, 1912–1981

[Universiteit van Amsterdam 1919–26]    UNIVERSITEIT VAN AMSTERDAM (Hrsg.): *Jaarboek der Universiteit van Amsterdam*. Amsterdam : UvA, 1919–26

[Unna 2000]    UNNA, Issachar: The genesis of physics at the Hebrew University of Jerusalem. In: *Perspectives in Physics* 2 (2000), S. 336–380

[Veblen 1933a]    VEBLEN, Oswald: Geometry of two-component spinors. In: *Proceedings of the National Academy of Science of the United States of America* 19 (1933a), S. 462–474

[Veblen 1933b]    VEBLEN, Oswald: Geometry of four-component spinors. In: *Proceedings of the National Academy of Science of the United States of America* 19 (1933b), S. 503–517

[Veblen 1934]    VEBLEN, Oswald: Spinors. In: *Science* 80 (1934), S. 415–419

[Veblen u. a. 1955]    VEBLEN, Oswald ; NEUMANN, John von ; GIVENS, James W. ; TAUB, Abraham H.: *Geometry of complex domains. A seminar conducted by Professors Oswald Veblen and John von Neumann, 1935-36*. Princeton : Princeton University Press, 1955 (Mathematical notes). – (Neuauflage der Erstausgabe aus den 1930ern)

[Voigt 1910]    VOIGT, Woldemar: *Lehrbuch zur Kristallphysik (mit Ausschluß der Kristalloptik)*. Leipzig : Teubner, 1910

[van der Waals jr. 1921]    WAALS JR., Johannes D. van der: *Over den wereldaether*. Haarlem : Bohn, 1921

[van der Waals jr. 1923]    WAALS JR., Johannes D. van der: *De relativiteitstheorie*. Haarlem : Bohn, 1923

[van der Waerden 1921]    WAERDEN, Bartel L. van der: Over Einsteins relativiteitstheorie. In: *De socialistische gids: maandschrift der Sociaal-Democratische Arbeiderspartij* 6 (1921), S. 54–73, 185–204

[van der Waerden 1922]   WAERDEN, Bartel L. van der: Ueber Determinanten aus Formenkoeffizienten. In: *Proceedings of the Section of Sciences. Afdeling Natuur (Koninklijke Akademie van Wetenschappen te Amsterdam)* 25 (1922), S. 354–358. – (vorgelegt am 28.10.1922)

[van der Waerden 1923]   WAERDEN, Bartel L. van der: Ueber das Komitantensystem zweier und dreier ternärer quadratischer Formen. In: *Proceedings of the Section of Sciences. Afdeling Natuur (Koninklijke Akademie van Wetenschappen te Amsterdam)* 26 (1923), S. 2–11. – (vorgelegt am 24.2.1923)

[van der Waerden 1926]   WAERDEN, Bartel L. van der: *De algebraiese grondslagen der meetkunde van het aantal*, Universität Amsterdam, Dissertation, 1926

[van der Waerden 1928a]   WAERDEN, Bartel L. van der: *De strijd om de abstraktie*. Groningen : P. Noordhoff, 1928. – (Antrittsrede an der Rijksuniversiteit Groningen gehalten am 6.10.1928)

[van der Waerden 1928b]   WAERDEN, Bartel L. van der: Eine Verallgemeinerung des Bézoutschen Theorems. In: *Mathematische Annalen* 99 (1928), S. 497–541. – (eingegangen am 3.6.1927)

[van der Waerden 1929]   WAERDEN, Bartel L. van der: Spinoranalyse. In: *Nachrichten von der Gesellschaft der Wissenschaften zu Göttingen, Math.-Phys. Klasse* (1929), S. 100–109. – (vorgelegt am 26.7.1929)

[van der Waerden 1930]   WAERDEN, Bartel L. van der: *Moderne Algebra I*. Berlin : Springer, 1930 (Die Grundlehren der mathematischen Wissenschaften in Einzeldarstellungen mit besonderer Berücksichtigung der Anwendungsgebiete 33). – (1. Aufl.)

[van der Waerden 1931a]   WAERDEN, Bartel L. van der: *Moderne Algebra II*. Berlin : Springer, 1931 (Die Grundlehren der mathematischen Wissenschaften in Einzeldarstellungen mit besonderer Berücksichtigung der Anwendungsgebiete 34). – (1. Aufl.)

[van der Waerden 1931b]   WAERDEN, Bartel L. van der: Rezension: Weyl, Hermann, Gruppentheorie und Quantenmechanik. In: *Zentralblatt für Mathematik und ihre Grenzgebiete* 1 (2) (1931), S. 175

[van der Waerden 1932]   WAERDEN, Bartel L. van der: *Die gruppentheoretische Methode in der Quantenmechanik*. Berlin : Springer, 1932 (Die Grundlehren der mathematischen Wissenschaften in Einzeldarstellungen mit besonderer Berücksichtigung der Anwendungsgebiete 37). – (Nachdruck durch Edward Brothers, Ann Arbor, 1944)

[van der Waerden 1933a]   WAERDEN, Bartel L. van der: Zur algebraischen Geometrie. III. Über irreduzible algebraische Mannigfaltigkeiten. In: *Mathematische Annalen* 108 (1933a), S. 694–698. – (eingegangen am 27.10.1932)

[van der Waerden 1933b]   WAERDEN, Bartel L. van der: Die Klassifikation der einfachen Lieschen Gruppen. In: *Mathematische Zeitschrift* 37 (1933b), S. 446–462. – (eingegangen am 10.11.1932)

[van der Waerden 1934]   WAERDEN, Bartel L. van der: Rezension: Mie, Gustav, Die Geometrie der Spinoren. In: *Zentralblatt für Mathematik und ihre Grenzgebiete* 7 (8) (1934), S. 185

[van der Waerden 1935a]   WAERDEN, Bartel L. van der: Nachruf auf Emmy Noether. In: *Mathematische Annalen* 111 (1935), S. 469–476. – (eingegangen am 21.6.1935)

[van der Waerden 1935b]   WAERDEN, Bartel L. van der: Rezension: Brauer, Richard und Weyl, Hermann, Spinors in $n$ dimensions. In: *Zentralblatt für Mathematik und ihre Grenzgebiete* 11 (1935), S. 244–245

[van der Waerden 1937a]   WAERDEN, Bartel L. van der: Reihenentwicklungen und Überschiebungen in der Invariantentheorie, insbesondere im quaternären Gebiet. In: *Mathematische Annalen* 113 (1937), S. 14–35. – (eingegangen am 30.1.1936)

[van der Waerden 1937b]   WAERDEN, Bartel L. van der: Rezension: Whittaker, E., T., On the relations of the tensor-calculus to the spinor-calculus. In: *Zentralblatt für Mathematik und ihre Grenzgebiete* 16 (1937), S. 79

[van der Waerden 1938]   WAERDEN, Bartel L. van der: Rezension: Veblen, Oswald, Spinors and projective geometry. In: *Zentralblatt für Mathematik und ihre Grenzgebiete* 18 (1938), S. 326–327

[van der Waerden 1941a]   WAERDEN, Bartel L. van der: Die lange Reichweite der regelmäßigen Atomanordnung in Mischkristallen. In: *Zeitschrift für Physik* 118 (1941), S. 473–488. – (eingegangen am 16.9.1941)

[van der Waerden 1941b]   WAERDEN, Bartel L. van der: Rezension: Taub, A. H., Tensor equations equivalent to Dirac equations. In: *Zentralblatt für Mathematik und ihre Grenzgebiete* 23 (1941), S. 430

[van der Waerden 1950a]   WAERDEN, Bartel L. van der: *Ontwakende wetenschap*. Groningen : Noordhoff, 1950. – (dt. Übersetzung durch Helga Habicht-van der Waerden unter dem Titel: Erwachende Wissenschaft, Birkhäuser, Basel 1956)

[van der Waerden 1950b]   WAERDEN, Bartel L. van der: *Over de ruimte*. Groningen : Noordhoff, 1950. – (Antrittsrede an der Universität Amsterdam, gehalten am 4.12.1950)

[van der Waerden 1951]   WAERDEN, Bartel L. van der: Over de ruimte. In: *Euclides* 26 (1951), S. 207–218. – (Antrittsrede an der Universität Amsterdam, gehalten am 4.12.1950)

[van der Waerden 1957]   WAERDEN, Bartel L. van der: *Mathematische Statistik*. Berlin : Springer, 1957

[van der Waerden 1960]   WAERDEN, Bartel L. van der: Exclusion principle and spin. In: FIERZ, M. (Hrsg.) ; WEISSKOPF, V. F. (Hrsg.): *Theoretical physics in the twentieth century. A memorial volume to Wolfgang Pauli*. New York, London : Interscience Publishers Inc., 1960, S. 199–244

[van der Waerden 1963]   WAERDEN, Bartel L. van der: Zur Quantentheorie der Wellenfelder. In: *Helvetica Physica Acta* 36 (1963), S. 945–962. – (eingegangen am 15.8.1963)

[van der Waerden 1965]   WAERDEN, Bartel L. van der: Synthetische Urteile a priori. In: *Acta Philosophica Fennica* 18 (1965), S. 277–291

[van der Waerden 1966]   WAERDEN, Bartel L. van der: On measurements in quantum mechanics. In: *Zeitschrift für Physik* 190 (1966), S. 99–109. – (eingegangen am 19.10.1965)

[van der Waerden 1967]   WAERDEN, Bartel L. van der (Hrsg.): *Sources of quantum mechanics*. Amsterdam : North-Holland Publishing Company, 1967

[van der Waerden 1973a]   WAERDEN, Bartel L. van der: Über die Wechselwirkung zwischen Mathematik und Physik. In: *Elemente der Mathematik* 28 (1973a), S. 33–41. – (Abschiedsrede, gehalten am 12.7.1972 als Abschluss einer Vorlesung über Gruppentheorie und Quantenmechanik)

[van der Waerden 1973b]   WAERDEN, Bartel L. van der: From matrix mechanics and wave mechanics to unified quantum mechanics. In: MEHRA, J. (Hrsg.): *The physicist's conception of nature*. Dordrecht : Reidel, 1973b, S. 276–293

[van der Waerden 1974]   WAERDEN, Bartel L. van der: *Group theory and quantum mechanics*. Berlin, Heidelberg, New York : Springer, 1974. – (verbesserte Aufl. 1980)

[van der Waerden 1975a]   WAERDEN, Bartel L. van der: *Mathematik für Naturwissenschaftler*. Mannheim, Wien, Zürich : Bibliographisches Institut, 1975a

[van der Waerden 1975b]   WAERDEN, Bartel L. van der: On the sources of my book *Moderne Algebra*. In: *Historia Mathematica* 2 (1975b), S. 31–40

[van der Waerden 1983]   WAERDEN, Bartel L. van der: The school of Hilbert and Emmy Noether. In: *The Bulletin of the London Mathematical Society* (1983), S. 1–7

[van der Waerden 1997]   WAERDEN, Bartel L. van der: From matrix mechanics and wave mechanics to unified quantum mechanics. In: *Notices of the American Mathematical Society* 44 (1997), Nr. 3, S. 323–329

[van der Waerden 1997(1979)]   WAERDEN, Bartel L. van der: Meine Göttinger Lehrjahre. In: *Mitteilungen der DMV* 2 (1997(1979)), S. 20–27. – (Gastvortrag in der Algebravorlesung, gehalten am 26.1.1979 in Heidelberg, mit einem Nachwort von Peter Roquette)

[Wagner 2001]   WAGNER, Andreas: *Mutschmann gegen Killinger. Konfliktlinien zwischen Gauleiter und SA-Führer während des Aufstiegs der NSDAP und der „Machtergreifung" im Freistaat Sachsen*. Beucha : Sax-Verlag, 2001

[Wagner 2004]   WAGNER, Andreas: *„Machtergreifung" in Sachsen. NSDAP und staatliche Verwaltung 1930–1935*. Köln, Weimar, Wien : Böhlau, 2004

[Waller und Hartree 1929] WALLER, I. ; HARTREE, D. R.: On the intensity of total scattering of X-rays. In: *Proceedings of the Royal Society of London A* 124 (1929), S. 119–142

[Walter 1999] WALTER, Scott: Minkowski, mathematicians, and the mathematical theory of relativity. In: GOENNER, Hubert (Hrsg.) ; RENN, Jürgen (Hrsg.) ; RITTER, Jim (Hrsg.) ; SAUER, Tilman (Hrsg.): *The expanding worlds of general relativity*. Boston, Basel, Berlin : Birkhäuser, 1999 (Einstein Studies 7), S. 45–86

[Weber 1895/96] WEBER, Heinrich: *Lehrbuch der Algebra: in zwei Bänden*. Braunschweig : Vieweg, 1895/96

[Weiß 1924] WEISS, Ernst A.: *Ein räumliches Analogon zum Hesseschen Übertragungsprinzip*. Greifswald : Julius Abel GmbH, 1924. – (Dissertation, Rheinische Friedrich-Wilhelms-Universität Bonn)

[Weitzenböck 1921] WEITZENBÖCK, Roland: *Aufgaben und Methoden der Invariantentheorie*. Groningen : Noordhoff, 1921. – (Antrittsrede, gehalten am 1.6.1921 an der Universität Amsterdam)

[Weitzenböck 1923] WEITZENBÖCK, Roland: *Invariantentheorie*. Groningen : Noordhoff, 1923

[von Weizsäcker 1936] WEIZSÄCKER, Carl F. von: *Über die Spinabhängigkeit der Kernkräfte*. Berlin : Springer, 1936. – (Habilitationsschrift Universität Leipzig, Abdruck aus: *Zeitschrift für Physik*, Bd. 102 (1936), H. 9/10, S. 573–602)

[Weyl 1918] WEYL, Hermann: *Raum Zeit Materie*. 1. Aufl. Berlin : Springer, 1918

[Weyl 1924a] WEYL, Hermann: Das gruppentheoretische Fundament der Tensorrechnung. In: *Nachrichten von der Gesellschaft der Wissenschaften zu Göttingen, Math.-Phys. Klasse* (1924), S. 218–224

[Weyl 1924b] WEYL, Hermann: Über die Theorie der Tensoren und die Tragweite der symbolischen Methode in der Invariantentheorie. In: *Rendiconti del Circolo Matematico di Palermo* 48 (1924), S. 29–36

[Weyl 1924c] WEYL, Hermann: Zur Theorie der Darstellung der einfachen kontinuierlichen Gruppen (Aus einem Schreiben an Hrn. I. Schur [vom 28. November 1924]). In: *Sitzungsberichte der Preussischen Akademie der Wissenschaften. Phys.-math. Klasse* (1924), S. 338–345. – (vorgelegt am 11.12.1924)

[Weyl 1925] WEYL, Hermann: Theorie der Darstellung kontinuierlicher halb-einfacher Gruppen durch lineare Transformationen. I. In: *Mathematische Zeitschrift* 23 (1925), S. 271–309. – (eingegangen am 21.1.1925)

[Weyl 1926a] WEYL, Hermann: Theorie der Darstellung kontinuierlicher halb-einfacher Gruppen durch lineare Transformationen. II. In: *Mathematische Zeitschrift* 24 (1926), S. 328–376. – (eingegangen am 11.2.1925)

[Weyl 1926b] WEYL, Hermann: Theorie der Darstellung kontinuierlicher halb-einfacher Gruppen durch lineare Transformationen. III. In: *Mathematische Zeitschrift* 24 (1926), S. 377–395, 789. – (eingegangen am 23.4.1925)

[Weyl 1928a] WEYL, Hermann: Quantenmechanik und Gruppentheorie. In: *Zeitschrift für Physik* 46 (1928a), S. 1–46. – (eingegangen am 13.10.1927)

[Weyl 1928b] WEYL, Hermann: *Gruppentheorie und Quantenmechanik*. Leipzig : Hirzel, 1928b

[Weyl 1929] WEYL, Hermann: Elektron und Gravitation I. In: *Zeitschrift für Physik* 56 (1929), S. 330–352. – (eingegangen am 8.5.1929)

[Weyl 1930] WEYL, Hermann: Zur quantenmechanischen Berechnung molekularer Bindungsenergie. In: *Nachrichten von der Gesellschaft der Wissenschaften zu Göttingen, Math.-phys. Klasse* (1930), S. 285–294. – (vorgelegt am 21.11.1930)

[Weyl 1931a] WEYL, Hermann: *Gruppentheorie und Quantenmechanik*. 2. umgearbeitete Aufl. Darmstadt : Wissenschaftliche Buchgesellschaft, 1931. – (unveränderter reprographischer Nachdruck der 2. Aufl., Leipzig 1931, erschienen 1977)

[Weyl 1931b] WEYL, Hermann: *The theory of groups and quantum mechanics*. London : Methuen, 1931. – (Engl. Übersetzung der 2. umgearb. Aufl. von *Gruppentheorie und Quantenmechanik* durch H. P. Robertson)

[Weyl 1931c] WEYL, Hermann: Zur quantenmechanischen Berechnung molekularer Bindungsenergie II. In: *Nachrichten von der Gesellschaft der Wissenschaften zu Göttingen, Math.-phys.
Klasse* (1931), S. 33–39. – (vorgelegt am 20.2.1931)

[Weyl 1949] WEYL, Hermann: Relativity theory as a stimulus in mathematical research. In:
*Proceedings of the American Philosophical Society* 93 (1949), Nr. 7, S. 535–541

[Whittaker 1937] WHITTAKER, E. T.: On the relations of the tensor-calculus to the spinor-calculus. In: *Proceedings of the Royal Society of London A* 158 (1937), S. 38–46. – (eingegangen
am 28.8.1936)

[Wigner 1927a] WIGNER, Eugene: Über nicht kombinierende Terme in der neueren Quantentheorie. Erster Teil. In: *Zeitschrift für Physik* 40 (1927a), S. 492–500. – (eingegangen am
12.11.1926)

[Wigner 1927b] WIGNER, Eugene: Über nicht kombinierende Terme in der neueren Quantentheorie. Zweiter Teil. In: *Zeitschrift für Physik* 40 (1927b), S. 883–892. – (eingegangen am
26.11.1926)

[Wigner 1927c] WIGNER, Eugene: Einige Folgerungen aus der Schrödingerschen Theorie
für die Termstrukturen. In: *Zeitschrift für Physik* 43 (1927c), S. 624–652. – (eingegangen
am 5.5.1927); Berichtigung zur Arbeit, ebenda, Bd. 45 (1927), S. 601 f., (eingegangen am
8.9.1927)

[Wigner 1927d] WIGNER, Eugene: Über die Erhaltungssätze in der Quantenmechanik.
In: *Nachrichten von der Gesellschaft der Wissenschaften zu Göttingen, Math.-Phys. Klasse*
(1927d), S. 375–381. – (vorgelegt am 10.2.1928)

[Wigner 1929] WIGNER, Eugene: Eine Bemerkung zu Einsteins neuer Formulierung des allgemeinen Relativitätsprinzips. In: *Zeitschrift für Physik* 53 (1929), S. 592–596. – (eingegangen
am 29.12.1928)

[Wigner 1930] WIGNER, Eugene: Über die elastischen Eigenschwingungen symmetrischer
Systeme. In: *Nachrichten von der Gesellschaft der Wissenschaften zu Göttingen, Math.-Phys.
Klasse* (1930), S. 133–146. – (vorgelegt am 23.5.1930)

[Wigner 1931] WIGNER, Eugene: *Gruppentheorie und ihre Anwendung auf die Quantenmechanik der Atomspektren.* Braunschweig : Vieweg, 1931. – (Nachdruck durch Edwards Brothers,
Ann Arbor, 1944)

[Wigner 1932] WIGNER, Eugene: Über die Operation der Zeitumkehr in der Quantenmechanik.
In: *Nachrichten von der Gesellschaft der Wissenschaften zu Göttingen, Math.-Phys. Klasse*
(1932), S. 546–559. – (vorgelegt am 25.11.1932)

[Wigner 1937] WIGNER, Eugene: On the consequences of symmetry of the nuclear Hamiltonian
on the spectroscopy of nuclei. In: *Physical review* 51 (1937), Nr. 1, S. 106–119. – (eingegangen
am 23.10.1936)

[Wigner 1939] WIGNER, Eugene: On the unitary representations of the inhomogeneous Lorentz
group. In: *Annals of Mathematics* 40 (1939), S. 149–204. – (eingegangen am 22.12.1937)

[Wigner 1959] WIGNER, Eugene: *Group theory and its application to the quantum mechanics
of atomic spectra.* New York, London : Academic Press, 1959. – (übersetzt von James J.
Griffin)

[Wigner und Witmer 1928] WIGNER, Eugene ; WITMER, Enos E.: Über die Struktur der zweiatomigen Molekelspektren nach der Quantenmechanik. In: *Zeitschrift für Physik* 51 (1928),
S. 859–886. – (eingegangen am 23.7.1928)

[Willink 1991] WILLINK, Bastiaan: Origins of the second golden age of Dutch science after
1860. Intended and unintended consequences of the educational reform. In: *Social studies of
science* 21 (1991), S. 503–526

[Willink 1998] WILLINK, Bastiaan: *De tweede gouden eeuw. Nederland en de Nobelprijzen
voor natuurwetenschappen 1870–1940.* Amsterdam : Bert Bakker, 1998

[Wintgen 1942] WINTGEN, Georg: *Zur Darstellungstheorie der Raumgruppen*, Universität
Leipzig, Phil. Fak., Dissertation, 1942. – (auch in: *Mathematische Annalen*, Bd. 118 (1941/43),
H. 2, S. 195–215, eingegangen am 14.3.1941)

[Witmer 1926a]  WITMER, Enos E.: The critical potentials and the heat of dissociation of hydrogen as determined from its ultra-violet band-spectrum. In: *Proceedings of the National Academy of Sciences of the United States of America* 12 (1926), S. 238–244

[Witmer 1926b]  WITMER, Enos E.: The rotational energy of the polyatomic molecule as an explicit function of the quantum numbers. In: *Proceedings of the National Academy of Sciences of the United States of America* 12 (1926), Nr. 20, S. 602–608

[Witmer 1927]  WITMER, Enos E.: The quantization of the rotational motion of polyatomic molecules by the new wave mechanics. In: *Proceedings of the National Academy of Sciences of the United States of America* 13 (1927), Nr. 2, S. 60–65

[Wußing 1984]  WUSSING, Hans: *The genesis of the abstract group concept.* Cambridge, USA : MIT Press, 1984. – (Übersetzung von *Die Genesis des abstrakten Gruppenbegriffs*, VEB, Berlin 1969)

[Zeldes 2009]  ZELDES, Nissan: Guilio Racah and theoretical physics in Jerusalem. In: *Archive for History of Exact Sciences* 63 (2009), Nr. 3, S. 289–323

[Zund 1976]  ZUND, J. D.: A memoir on the projective geometry of spinors. In: *Annali di matematica pura ed applicata* 110 (1976), S. 29–136

[Zwikker 1971]  ZWIKKER, C.: Stand natuurkunde rondom 1921. In: *Nederlands Tijdschrift voor Natuurkunde* 37 (1971), Nr. 7, S. 125–130

# Personenverzeichnis